v. Mises / Hohenemser

Fluglehre

Theorie und Berechnung der Flugzeuge in elementarer Darstellung

Sechste Auflage

neu bearbeitet von

Dr.-Ing. Kurt Hohenemser

Abteilungsleiter der McDonnell Aircraft Corp. und Gastprofessor
an der Washington Universität St. Louis, Mo/USA.

Mit 199 Abbildungen

Springer-Verlag

Berlin / Göttingen / Heidelberg

1957

ISBN-13: 978-3-642-99861-4   e-ISBN-13: 978-3-642-99860-7
DOI: 10.1007/978-3-642-99860-7

Vorwort zur sechsten Auflage

Das Buch, das hier, vier Jahre nach RICHARD VON MISES' Tod, zum sechsten Male vor das deutsche Publikum tritt, ist aus Vorträgen hervorgegangen, die der ursprüngliche Verfasser 1913 und 1916 vor deutschen und österreichischen Fliegeroffizieren hielt und die er in wiederholten akademischen Vorlesungen weiter ausbaute. In die dritte, 1926 erschienene Auflage wurde erstmalig ein Kapitel über den Segelflug aufgenommen. Eine vierte, unter Mitwirkung von Herrn H. PHILLIPS bearbeitete Auflage erschien 1933. Die Neubearbeitung einer fünften, 1936 herausgekommenen Auflage wurde vom ursprünglichen Verfasser dem Unterzeichneten übertragen, der unter anderem ein Kapitel über das Drehflügelflugzeug hinzufügte.

Als eine neue, sechste Auflage wünschenswert schien, wandte sich der Verlag wieder an den Unterzeichneten, der nach einigem Zögern sich bereit erklärte, den Versuch zu unternehmen, das Buch, ohne dessen elementaren Charakter aufzugeben und ohne wesentliche Vergrößerung des Umfangs, dem heutigen Stande unseres Wissens anzupassen. Im Hinblick auf den außerordentlichen Fortschritt der Flugtechnik in den zwanzig Jahren seit dem Erscheinen der letzten Auflage mag dies Unterfangen manchem dreist erscheinen. Entscheidend für den Entschluß war die Tatsache, daß nach Ansicht des Unterzeichneten die in dem Buche entwickelten Grundelemente noch heute in voller Gültigkeit bestehen, und er daher die Möglichkeit sah, dem Buche, auch nach der Umarbeitung, fast ein Drittel des ursprünglichen Textes zu bewahren, der trotz der elementaren Darstellungsweise in seiner Klarheit und auf das Wesentliche gerichteten Knappheit ein Denkmal eines großen und universellen Geistes darstellt.

Der Zweck des Buches kann auch heute nicht besser beschrieben werden als durch das folgende Zitat aus dem Vorwort zur dritten Auflage:

„Die Ausführungen des Buches sind für Leser bestimmt, die, ohne in den einschlägigen Fragen über mehr als gute Schulbildung zu verfügen, aus Beruf oder Neigung die mechanischen Grundlagen kennenzulernen wünschen, auf denen unser heutiges Flugwesen beruht. Es sind daher alle Überlegungen und Untersuchungen fortgeblieben, zu denen höhere mathematische Hilfsmittel erforderlich wären; auch sonst ist an Vorkenntnissen nicht mehr vorausgesetzt, als was an höheren Schulen (in Österreich: Mittelschulen) gelehrt zu werden pflegt. Doch mag vielleicht das Buch auch dem Ingenieur, der sich der Flugtechnik erst zuwenden will, als erste Einführung dienen, dem Flieger oder dem im Flugdienst tätigen Praktiker als theoretische Ergänzung zu selbstgewonnenen Anschauungen und Erfahrungen.

Es besteht kein Zweifel darüber, daß bei der Beschränkung auf die elementarsten Hilfsmittel vieles unvollkommen oder überhaupt nicht zur Darstellung kommen kann, was heute schon zu den gesicherten Ergebnissen der Flugwissenschaft gehört. Die Erfahrung scheint aber zu zeigen, daß ein Bedürfnis nach einem weiteren Kreisen verständlichen Buche besteht, und nur von diesem Standpunkt bitte ich das in folgendem Gebotene zu beurteilen. Übrigens war ich bei allen Fragen bemüht, immer die wesentliche Seite der mechanischen Erscheinungen in den Vordergrund treten zu lassen und begriffliche Schwierigkeiten, die in der Natur der Sache liegen, nicht zu umgehen."

Neu hinzugekommen sind die folgenden Abschnitte: Kompressible Strömung, Luftwiderstand in Überschallströmung, Die Tragfläche in Überschallströmung, Die Kennlinien von Verstellschrauben, Allgemeines über Flugzeugtriebwerke, Strömungstriebwerke und ihre Kennlinien, Aufbau der Gasturbinentriebwerke und ihre Einzelteile, Automatische Flugzeugsteuerung, mehrere Abschnitte über den Hubschrauber, ein Abschnitt über Funknavigation und ein Abschnitt über die direkten Kosten der Flugbeförderung. Um Raum für die Erweiterungen zu schaffen, waren Kürzungen in der Darstellung mancher heute weniger wichtig erscheinenden Gegenstände unvermeidlich.

St. Louis (Missouri) im März 1957

Kurt Hohenemser

Inhaltsverzeichnis

Einleitung

Entwicklung des Flugwesens und der Fluglehre, Rekordtabelle

1. *Bis zum ersten Motorflug.* Dem Franzosen ALPHONSE PÉNAUD glückte um das Jahr 1870 die Entdeckung, daß ein Flugzeug, um in der Längsrichtung stabil zu sein, nur einer geeigneten Schwanzflosse – Dämpfungsfläche – bedarf. Er fand auch, daß die seitliche Unstabilität durch Aufbiegen oder Aufwärtskrümmen der Tragflächen vermindert wird. Am 18. August 1871 ließ er vor Zeugen ein durch gespannte Gummizüge betriebenes Flugzeugmodell frei fliegen. Dies war der erste Flug eines „künstlichen Vogels". Wenige Jahre darauf nahm sich PÉNAUD, 30 Jahre alt, aus Kränkung über die Nichtbeachtung seiner Erfindung das Leben.

Der Deutsche OTTO LILIENTHAL entdeckte um 1890, daß gewölbte Tragflügel ebenen Flächen an Tragkraft bedeutend überlegen seien. Er suchte der Lösung des Flugproblems dadurch näher zu kommen, daß er Tragflügel am eigenen Körper befestigte und in dieser Weise von kleinen Anhöhen aus Gleit- und Schwebeversuche ausführte. Nach zahlreichen wohlgelungenen Versuchen fand er durch Absturz am 11. August 1896 seinen Tod.

Durch LILIENTHAL und PÉNAUD beeinflußt, arbeitete der Amerikaner O. CHANUTE weiter. Als seine Schüler gelten die Brüder WILBUR und ORVILLE WRIGHT, Träger des bedeutendsten Namens, den die Geschichte des Flugwesens zu nennen hat. Sie erfanden in der Verwindung der Tragflächen das Mittel zur Stabilisierung eines Flugzeuges in der Querrichtung. Sie bauten ein Flugzeug mit gewölbten Tragflächen, mit Dämpfungsfläche und Verwindung, rüsteten es mit einem rund 15pferdigen Motor aus und machten damit am 17. Dezember 1903 in Dayton, Staat Ohio, den ersten Flug von etwa einer Minute Dauer über eine Strecke von 260 m. So wurden die Brüder Wright die ersten Menschen, die wirklich geflogen sind.

2. *Die französische Schule.* Zur Zeit der ersten Versuche der Brüder WRIGHT begann in Frankreich, geführt von Hauptmann FERBER, eine große Reihe von Männern sich mit Flugversuchen zu

beschäftigen. SANTOS-DUMONT gelang im Oktober 1906 der erste Motorflug in Europa. Unterstützt wurde die hier einsetzende Entwicklung, die durch die Namen FARMAN, BLÉRIOT, VOISIN u. a. gekennzeichnet wird, durch die Schaffung des leichten Umlaufmotors (Gnôme), der in seiner vollkommenen Anpassung an die Bedürfnisse des Fluges lange Zeit hindurch unübertroffen blieb. Als im Juni 1908 auch die Brüder WRIGHT nach Frankreich übersiedelten, war die Vorherrschaft Frankreichs auf dem Gebiete des Fluges auf Jahre hinaus fest begründet. Fast alle sportlichen Höchstleistungen wurden in Frankreich geschaffen, fast alle Länder der Welt wurden von der französischen Industrie mit Flugzeugen und Motoren versorgt.

In Deutschland begann AUGUST EULER um 1909 mit Flugversuchen und dem Bau von Flugzeugen im Anschluß an französische Vorbilder.

3. *Entwicklung des deutschen Flugwesens vor dem ersten Weltkrieg.* Die Entwicklung des deutschen Flugwesens knüpfte jedoch nicht unmittelbar an die Ergebnisse der französischen Schule an, sondern nahm ihren Ausgangspunkt von Österreich. Hier hatte nach verdienstvollen Vorarbeiten von WELLNER, POPPER-LYNKEUS und anderen, WILHELM KRESS, der schon im Jahre 1880, unabhängig von PÉNAUD, ein freifliegendes Modell eines Flugzeuges vorführen konnte, jahrzehntelang Versuche mit Drachenfliegern unternommen. Um 1899 begann IGO ETRICH, dem das letzte Gleitflugzeug LILIENTHALS zur Verfügung stand, mit Versuchen, die dahin zielten, die Flügelform des Zanonia-Samens (einer Gurkenpflanze aus Java) für Flugzwecke nutzbar zu machen. Er entwickelte auf Grund dieses Gedankens in Gemeinschaft mit HUGO WELS die „Taube", deren wesentliches Merkmal die nach Art der Zanonia nach hinten aufwärts gebogenen Tragflächenenden waren; damit schuf er das Flugzeug, das bis zum Beginn des Krieges kennzeichnend für das deutsche Flugwesen blieb. Im Juli 1909 glückte der erste Flug in Wiener-Neustadt, von wo aus dann HELLMUTH HIRTH, der erste deutsche Flieger von großem Ruf, die Taube nach dem Deutschen Reich mitnahm. Fast die ganze deutsche Industrie beschäftigte sich 1910 bis 1913 mit der Vervollkommnung der Taubenbauart, unter ausschließlicher Verwendung der aus dem Automobilmotor entwickelten Standmotoren. Erst seit 1913 gewannen, zum Teil unter dem Einflusse französischer Vorbilder,

Doppeldecker mit wesentlich glatten Tragflächen, aber – im Gegensatz zu Frankreich – durchweg mit Standmotoren ausgerüstet, allmählich größere Geltung. Namhafte Erfolge dieser Typen kennzeichneten die Entwicklung in Deutschland in der Zeit vor dem ersten Weltkrieg.

4. *Fortschritte während des ersten Weltkrieges.* Die Weiterbildung der Flugzeugtypen während des Krieges und in den darauf folgenden Jahren, so energisch sie auch von allen Seiten betrieben wurde, war beherrscht von der durchgreifenden Tatsache, daß die Entwicklung in den Grundzügen abgeschlossen war und das Flugzeug, im großen gesehen, in seinem allgemeinen Aufbau und in der Mehrzahl seiner Konstruktionsteile allmählich endgültige Formen annahm. Der Unterschied der Typen in den verschiedenen Ländern ist mehr und mehr in den Hintergrund getreten und schließlich fast ganz geschwunden. Verhältnismäßig am besten und am endgültigsten durchgebildet wurde die Bauart des kleinen raschen und leichten Flugzeuges, das mit einem einzigen Insassen ohne jede entbehrliche Belastung, mit dem leichten französischen Umlaufmotor ausgerüstet, gut 200 km/st erreichte. Für größere Bauarten schien der deutsche und österreichische Standmotor mindestens gleichwertig, wenn nicht überlegen zu sein. Durchgreifend war die Steigerung der Motorstärke, die vor dem Krieg nie mehr als 100 PS betragen hatte, dann aber bald allgemein 200 PS und mehr erreichte. Flugzeuge mit mehreren Motoren und Tausenden von Pferdestärken, die zum Tragen großer Lasten und zahlreicher Bemannung bestimmt, die Tätigkeit der Luftschiffe übernehmen sollten, wurden schon während des Krieges erprobt, sind aber zur Verwendung in größerem Umfang nicht mehr gelangt.

5. *Die Zeit zwischen den beiden Weltkriegen.* Nach Beendigung des ersten Weltkrieges war auf allen Teilgebieten des Flugwesens zunächst in allen Ländern eine naturgemäße Ermattung eingetreten. Allmählich begann man dann, die im Kriege geschaffenen Konstruktionen für die Aufgaben des militärischen Dienstes weiter auszugestalten und ausgedehnte Luftflotten mit besonders gewählten Flugzeugtypen zu schaffen. Daneben wurde auch die Entwicklung des Luftverkehrs in allen Ländern mit größtem Nachdruck verfolgt. Abmessungen und Motorstärke, Tragfähigkeit und Reichweite, Geschwindigkeit und Flughöhe erreichten immer größere Werte, und der mehrmotorige Ganzmetalleindecker wurde die nor-

male Bauweise für größere Transport- und Verkehrsflugzeuge. Verstellbare Luftschraubenblätter und einziehbare Fahrwerke trugen wesentlich zu den Fortschritten bei. Die Höchstgeschwindigkeiten der schnellsten Jagdflugzeuge stiegen von etwa 200 km/st am Ausgang des ersten Weltkrieges auf über 600 km/st zu Beginn des zweiten Weltkrieges, während mehrmotorige Verkehrsflugzeuge Geschwindigkeiten von über 300 km/st erreichten. Kurz vor dem zweiten Weltkrieg wurde der erste Transatlantikflugverkehr errichtet.

In die Zeit zwischen den beiden Weltkriegen fielen auch die ersten erfolgreichen Flüge von Schraubenflugzeugen. Obwohl das Schraubenflugzeug, bei welchem das Gewicht im Fluge durch eine oder mehrere Schrauben mit vertikaler Achse getragen wird, eine ältere Geschichte hat als das Drachenflugzeug, gelang es erst CIERVA, in den zwanziger Jahren das erste brauchbare Schraubenflugzeug zu entwickeln. CIERVAS Autogiroflugzeug hatte eine vom Fahrtwind angetriebene Tragschraube. Die von CIERVA in England entwickelte Tragschraubenbauart mit angelenkten Drehflügeln wurde dann in Deutschland von H. FOCKE übernommen, der im Jahre 1937 den ersten praktischen Hubschrauber fertigstellte, welcher mechanisch angetriebene Schrauben hatte und im Gegensatz zum CIERVASchen Autogiroflugzeug vertikale Flugbewegungen ausführen konnte. Erst der vertikale Flug brachte die vollkommene Beherrschung des Luftraumes und machte das Flugzeug unabhängig von dem Flugfeld.

6. *Fortschritte während des zweiten Weltkrieges.* Der zweite Weltkrieg brachte eine weitere und beschleunigte Steigerung aller Flugzeugleistungen, welche im allgemeinen weniger durch neue Errungenschaften als durch Vergrößerung der Flugzeugabmessungen und durch Verwendung stärkerer Motoren erreicht wurde. Während des Krieges wurden jedoch die Vorarbeiten geleistet, welche die stürmische Nachkriegsentwicklung des Überschallflugzeuges ermöglichten. Es waren dies hauptsächlich zwei umwälzende Entwicklungen im Antrieb für Flugzeuge, die vor allem in Deutschland auf eine relativ hohe Stufe der Vervollkommnung gebracht wurden: das Düsentriebwerk und das Raketentriebwerk. Beide Antriebsarten machen die Luftschraube überflüssig und ersetzen den Luftschraubenschub durch den Schub eines Strahles, der entweder durch Verbrennung in vorkomprimierter Luft erzeugt wird

wie in dem Düsentriebwerk, oder der ohne Verwendung von Luft durch Verbrennung eines Brennstoffs in mitgeführtem Sauerstoff erzeugt wird wie in dem Raketentriebwerk. Ein Luftstrahltriebwerk ohne Kompressor, das Argus-Schmidtrohr, kam in den geflügelten Bomben der V-1 zur Anwendung. Ein Raketentriebwerk diente zum Antrieb des Langstreckengeschosses V-2. Gegen Ende des Krieges kamen auf deutscher Seite Flugzeuge mit Düsentriebwerken zum beschränkten Einsatz, und es gab ein Versuchsmuster mit Raketenantrieb. Düsentriebwerke und Raketentriebwerke ermöglichen wesentlich höhere Fluggeschwindigkeiten als Luftschraubenantriebe und bilden zusammen mit den ebenfalls im zweiten Weltkrieg vervollkommneten Entwicklungen der automatischen Flugzeugsteuerung und der Funknavigation die Grundlage der heutigen Flugtechnik.

7. *Der gegenwärtige Stand der Flugtechnik.* Im Gegensatz zu der Zeit nach dem ersten Weltkrieg brachte die gegenwärtige Nachkriegszeit eine steile Fortsetzung der während des Krieges erzielten Fortschrittskurve. Wenige Jahre nach dem Kriege wurden Propellertriebwerke zunächst in allen neuen Jagdflugzeugen durch Düsentriebwerke ersetzt, und ein wenig später wurden auch neue Bombenflugzeuge nur noch mit Düsentriebwerken ausgerüstet. Die Geschwindigkeitsrekorde überstürzten sich. 1947 wurde zum erstenmal die Schallgeschwindigkeit überschritten, wenige Jahre später bereits die zweifache Schallgeschwindigkeit. Auch die Entwicklung der Verkehrsflugzeuge nach dem Kriege zeigt einen raschen Anstieg der Geschwindigkeiten, der Reichweiten und der Nutzlasten. Das Düsentriebwerk beginnt auch in Verkehrsflugzeugen einen Anwendungsbereich zu finden, und jahrelange Betriebserfahrungen liegen bereits mit einem englischen Düsenverkehrsflugzeug vor. Eine weitere bedeutende Neuerung der Nachkriegszeit ist das Turbinenpropellertriebwerk, das sich rasch für mittlere Geschwindigkeiten einführt, da es wirtschaftliche Vorteile bietet. Hubschrauber, die während des Krieges in Deutschland und in den Vereinigten Staaten eine recht fortgeschrittene Entwicklungsstufe erreichten, wurden nach dem Kriege in größeren Zahlen hergestellt und für militärische und zivile Aufgaben verwendet. Ihre Weiterentwicklung in Richtung auf vergrößerte Nutzlast und verbesserte Flugeigenschaften ist im Fortschreiten. Um einen Einblick in das für Düsenflugzeuge, Motorflugzeuge und Hubschrauber

zur Zeit Erreichbare zu geben, ist eine Tabelle mit den wichtigsten internationalen Rekorden nach dem Stande vom Januar 1956 hinzugefügt.

8. *Entwicklung der Fluglehre.* Die Grundlagen, auf denen die Fluglehre oder die „Theorie des Flugzeuges" beruht, sind zweierlei Art. Sie bestehen einmal aus bestimmten Ergebnissen der wissenschaftlichen Mechanik, die bekanntlich einen allgemeinen Rahmen für die Erklärung aller Bewegungserscheinungen abgibt; dann aus zahlreichen, durch planmäßige Beobachtung gewonnenen Erfahrungssätzen, die das besondere Erscheinungsgebiet, mit dem man es in der Flugtechnik zu tun hat, kennzeichnen. In beiden Richtungen, in der Erweiterung der Anwendungen mechanischer Theorien und in der Vertiefung der experimentellen Forschung, kann man eine stetige Entwicklung, die den Fortschritten der Flugtechnik parallel läuft, feststellen. Einem großen Teil der oben angeführten Namen begegnen wir in der Reihe erfolgreicher Forscher wieder, so PÉNAUD, LILIENTHAL, FERBER u. a. Besonders große Verdienste um die Beschaffung und Verbreitung zuverlässiger Versuchsergebnisse erwarb sich im Anfang der Entwicklung G. EIFFEL, der Erbauer des Eiffelturmes und Begründer der ersten großen aerodynamischen Versuchsanstalt in Frankreich. In Deutschland wirkte die Göttinger Versuchsanstalt seit 1908 unter PRANDTLS Leitung mit großem Erfolg auf diesem Gebiete. Heute besitzen alle Kulturländer weitläufige Einrichtungen, die dem experimentellen Studium der flugtechnischen Fragen dienen.

Die theoretische Forschung hatte in ihren Anfängen namentlich drei bedeutende Ergebnisse aufzuweisen: G. BRYAN eröffnete 1903 eine Reihe von Arbeiten, in denen die Stabilitätstheorie der allgemeinen Mechanik auf das Flugzeugproblem angewandt wird, N. JOUKOWSKI gelang es 1910, die Ansätze der klassischen Hydrodynamik für eine Berechnung des Auftriebes bestimmter Tragflächenprofile nutzbar zu machen, und endlich vermochte L. PRANDTL 1917 durch eine geistreiche Anwendung hydrodynamischer Sätze auch Anhaltspunkte für die Ermittlung des Tragflächenwiderstandes zu gewinnen. In den Jahren zwischen den beiden Weltkriegen wurden unter anderem durch Arbeiten von J. ACKERET, L. PRANDTL und A. BUSEMANN Fortschritte in der Theorie der kompressiblen Strömung erreicht, welche im Mittelpunkt der modernen Hochgeschwindigkeitsaerodynamik steht. Nach

Rekordtabelle

(Stand vom Januar 1956)

Düsenflugzeuge

Rekordart		Rekordwert	Flugzeug	Triebwerk	Datum	Land
Entfernung in gerader Linie	km	2331	Mistral	1 Hispano Suiza Nene	1. März 1955	Frankreich
Höhe	m	20083	Canberra B	2 Bristol Olympus	29. Aug. 1955	England
Geschwindigkeit über 15 km	km/st	1323,3	F-100	1 P. & W. J-57-p	20. Aug. 1955	USA

Motorflugzeuge

Rekordart		Rekordwert	Flugzeug	Triebwerk	Datum	Land
Entfernung in gerader Linie	km	18082	Lockheed P_2V-1	2 Wright R-3350	Sept. 1946	USA
Höhe	m	17083	Caproni 161	Piaggio XI	22. Okt. 1938	Italien
Geschwindigkeit über 3 km	km/st	755,1	Me-109	D. B 601	26. April 1939	Deutschland

Drehflügler

Rekordart		Rekordwert	Hubschrauber	Triebwerk	Datum	Land
Entfernung in gerader Linie	km	1959	Bell 47 D-1	Franklin	17. Sept. 1952	USA
Höhe	m	8209	Alouette	Artouste II	6. Juni 1955	Frankreich
Geschwindigkeit über 3 km	km/st	251,0	XH-39	Artouste II	26. Aug. 1954	USA

allen Richtungen hat die Theorie des Fluges im Laufe der Jahre Ausbau und Vertiefung erfahren, sie ist zu einem der umfangreichsten und wichtigsten Zweige der angewandten Mechanik geworden. Hier können nur die einfachsten und am leichtesten verständlichen Elemente der Fluglehre besprochen werden. Wer sich weiter unterrichten will, wird die mehr und mehr anwachsende Buch- und Zeitschriftenliteratur der wissenschaftlichen Flugtechnik verfolgen müssen. Auf einzelne der einschlägigen Veröffentlichungen ist an verschiedenen Stellen des vorliegenden Buches hingewiesen[1].

---

[1] Über die Geschichte der Fluglehre unterrichtet das unterhaltsame und geistreiche Buch von TH. VON KARMAN, Aerodynamics Selected Topics in the light of their Historical Development, New York 1954, dessen deutsche Übersetzung 1957 erscheinen wird.

I. Allgemeines über Luftkräfte. Luftwiderstand

1. Luftdruck

Luftdruck in Meereshöhe. Unter Luftdruck versteht man die auf die Flächeneinheit ausgeübte Druckkraft der atmosphärischen Luft. Man denke sich etwa einen Hohlraum luftleer ausgepumpt, so daß seine Wände nur außen den Druck der Luft auszuhalten haben. Jedes cm² der Wand erfährt dann eine Kraft, die in Meereshöhe rund 1,033 kg beträgt. Für die Maßeinheit „Kilogramm je Quadratzentimeter" schreibt man zur Abkürzung at, gesprochen „Atmosphäre". Also: normaler Luftdruck in Meereshöhe p_0 = 1,033 at = 10330 kg/m².

Ein oft gebrauchtes Maß für den Luftdruck ist die Höhe der Quecksilbersäule im Barometer. Da das spezifische Gewicht des Quecksilbers etwa 13,60 kg/l oder kg/dm³ beträgt, ist das Gewicht einer Säule von 1 cm² Querschnitt und 760 mm Höhe gleich $0,01 \cdot 7,60 \cdot 13,60 = 1,033$ kg. Dem normalen Luftdruck von 1,033 at entspricht somit der Barometerstand 760 mm.

Druckabnahme mit der Höhe. Für das Fliegen ist die *Veränderlichkeit des Luftdruckes* im Raume von größter Bedeutung, da vom jeweiligen Luftdruck die Dichte der Luft und von dieser die Flugmöglichkeit abhängt. Folgende Hauptgesetze gelten für ruhende oder gleichförmig bewegte Luft:

a) In jeder waagrechten Schichte ist der Luftdruck überall gleich groß. (Dabei ist nicht an Punkte von großer Ortsentfernung gedacht.)

b) Mit der Höhe nimmt der Luftdruck ab.

c) Das Maß der Abnahme hängt von der Temperatur am Boden und von der Stärke der Temperaturabnahme mit der Höhe ab.

Der Temperaturabfall für 100 m Höhe, der sog. „Temperaturgradient", beträgt – solange man nicht in allzu weite Entfernung von der Erdoberfläche aufsteigt – ungefähr 0,5 °C und liegt nach theoretischen Erwägungen zwischen 0° und 1°.

Abb. 1 gibt den Luftdruck in mm Quecksilber für verschiedene Höhen an, und zwar nicht nur für den mittleren Temperaturgradienten 0,5°, sondern auch für 0° und 1° Abfall auf 100 m. Als Bodentemperatur ist 10° angenommen, als Barometerstand am Boden 760 mm. Der ziemlich rasche Druckabfall mit der Höhe – in 6000 m Höhe ist der Druck bereits um mehr als die Hälfte des

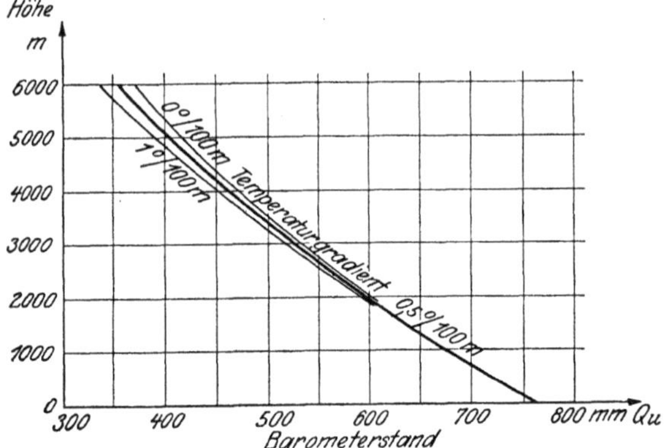

Abb. 1. Druckabnahme mit der Höhe

Bodendruckes gesunken – ist als ein für die Luftfahrt besonders wichtiger Umstand hervorzuheben. Man erkennt aus Abb. 1, daß die Abnahme des Luftdruckes mit der Größe des Temperaturgradienten wächst. Dies rührt daher, daß die Dichte der Luft – wie wir noch im folgenden Abschnitt erörtern werden – mit zunehmender Temperatur abnimmt und daß der Luftdruckunterschied zwischen zwei waagrechten Schichten lediglich *durch das Gewicht der zwischen ihnen liegenden Luftmasse* bedingt wird. Ist die Dichte und somit das Gewicht dieser Luftmenge kleiner, so sinkt auch der Druckunterschied zwischen den betreffenden Schichten.

Normalatmosphäre. Obwohl in Wirklichkeit Bodendruck, Bodentemperatur und Temperaturabfall je 100 m Höhendifferenz vielfachen Schwankungen unterworfen sind, ist es für die Luftfahrt wichtig, einen „Normaltag" festzulegen, auf den man sich bei Angaben von Flugleistungen beziehen kann und der bei der Eichung von Fluggeräten, wie Geschwindigkeits- und Höhenmessern, zugrunde gelegt wird. Der internationale Normaltag setzt Bodenwerte von 760 mm Qu (1,033 kg/cm²) Luftdruck und 15 °C Lufttemperatur voraus. Der Temperaturgradient wird bis zu 11 km Höhe zu 0,65 °C je 100 m angenommen, und es wird für größere

Höhen als 11 km die Temperatur konstant gleich $-56{,}5°$C gesetzt[1]. Zahlentafel 5 auf S. 395 enthält die Temperaturen t °C und die Druckverhältnisse $\delta = p/p_0$ in der internationalen Normalatmosphäre als Funktion der Höhe in km. In 6 km Höhe ist z. B. der Druck auf den 0,466fachen Bodenwert abgesunken, also auf $760 \cdot 0{,}466 = 354$ mm Qu, in Übereinstimmung mit Abb. 1. Auf die übrigen in Zahlentafel 5 enthaltenen Werte der Normalatmosphäre werden wir später eingehen.

Barometrische Höhenmessung. Für die Höhenmessung im Flugzeug bedient man sich eines Luftdruckmessers, der so geeicht ist, daß jedem Luftdruck eine Höhenzahl zugeordnet ist, wie sie unter Annahme eines Normaltages sich bestimmen läßt. Für genauere Ermittlung der Flugleistungen benutzt man einen selbstschreibenden Luftdruckmesser oder Barographen, der die jeweilige Größe des Luftdruckes während des Fluges auf einen gleichmäßig abrollenden Papierstreifen aufzeichnet. In Abb. 2 ist für das Beispiel

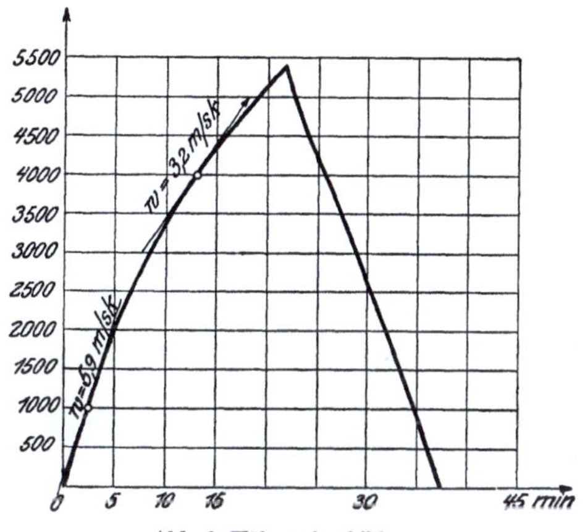

Abb. 2. Höhenschaubild

eines Steigfluges mit anschließendem Gleitflug ein Höhenschaubild dargestellt, wie es unter Verwendung eines solchen für einen Normaltag geeichten Luftdruckschreibers gewonnen werden kann. Wenn zur Zeit des Fluges Temperaturen vorlagen, welche von

---

[1] In der amerikanischen Normalatmosphäre, die im übrigen identisch mit der internationalen Normalatmosphäre ist, wird von 10,8 km Höhe an aufwärts die Temperatur konstant gleich $-55°$C gesetzt.

denen des Normaltages abwichen, sind Höhenkorrekturen anzubringen, auf die im nächsten Abschnitt eingegangen werden soll. Es wird dann auch gezeigt werden, wie man aus dem Höhenschaubild der Abb. 2, in welchem die Flughöhe in m als Funktion der Flugzeit in Minuten aufgetragen ist, die eingetragenen Steiggeschwindigkeiten in m/sek ermitteln kann.

2. Luftdichte

Luftdichte in Meereshöhe. Unter der Dichte ϱ eines Körpers versteht man die Masse der Raumeinheit dieses Körpers. Unter spezifischem Gewicht γ versteht man das Gewicht der Raumeinheit. Da Gewicht gleich Masse mal Schwerebeschleunigung g ist, gilt also

$$\varrho = \gamma/g .$$

Führt man, was wir immer tun werden, als Raumeinheit m³, als Gewichtseinheit kg und als Zeiteinheit sek ein, so findet man an einem Normaltag in Meereshöhe (760 mm Q Luftdruck, 15°C Lufttemperatur) in diesen Einheiten den Wert der Dichte zu $\varrho_0 = 0{,}125$ kgsek²/m⁴. Diese Zahl, welche häufig gebraucht werden wird, ist leicht zu merken, da sie gerade ein Achtel beträgt. Das normale spezifische Gewicht von Luft erhält man durch Multiplikation mit $g = 9{,}81$ m/sek² zu $\gamma_0 = 1{,}226$ kg/m³.

Einfluß von Druck und Temperatur. Es gelten die folgenden zwei Gesetze:

a) Bei konstanter Temperatur ändert sich die Dichte ϱ proportional dem Luftdruck p,

$$\varrho/\varrho_0 = p/p_0 .$$

Hierin sind ϱ_0 und p_0 Dichte und Druck an einem Normaltag in Meereshöhe. Wird also bei konstanter Temperatur der Luftdruck verringert, so verringert sich die Luftdichte im gleichen Verhältnis wie der Druck.

b) Bei konstantem Luftdruck ändert sich das Volumen der Masseneinheit Luft proportional der Größe $273 + t$, wo t die Temperatur in °C ist. Nach diesem Gesetz würde also das Volumen der Masseneinheit bei -273 °C null sein. Man nennt die Größe $T = 273 + t$ die absolute Temperatur, und das Gesetz der Proportionalität kann

$$\varrho/\varrho_0 = T_c/T$$

geschrieben werden, da die Luftdichte dem Volumen der Masseneinheit umgekehrt proportional ist.

Wir werden im folgenden oft absolute Temperaturen verwenden und in °K (Kelvin) messen. Die Temperatur in °K ist also gleich der Temperatur in °C plus 273.

$$°K = °C + 273.$$

c) In Zusammenfassung beider Gesetze folgt somit

$$\varrho/\varrho_0 = (p/p_0)\,(T_0/T)\,.$$

An Stelle von ϱ/ϱ_0 kann natürlich auch γ/γ_0 gesetzt werden, da sich Dichte ϱ und Raumgewicht γ nur durch den Faktor g (Erdbeschleunigung) unterscheiden.

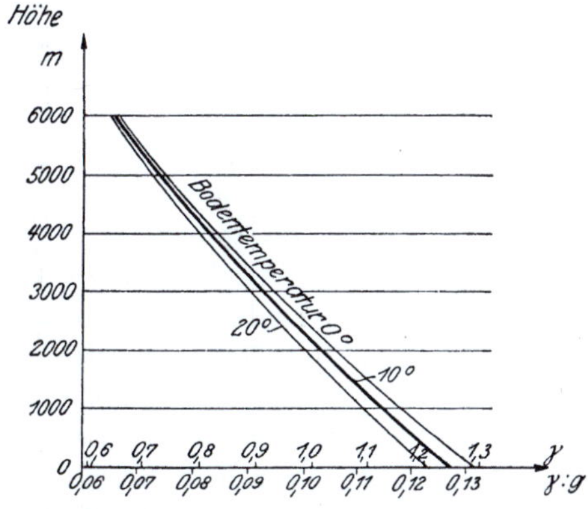

Abb. 3. Dichteabnahme für Temperaturgradient 0,5°/100 m

Für einen bestimmten Temperatur- und Druckverlauf mit der Höhe kann nach dieser Formel der Verlauf der Dichte oder des Raumgewichts mit der Höhe berechnet werden. Abb. 3 zeigt für einen Temperaturgradienten von 0,5° je 100 m Höhendifferenz den Verlauf der Luftdichte mit der Höhe für 0°, 10° und 20 °C am Boden. Als Abszissen sind zwei Skalen angeschrieben, eine für das Raumgewicht γ, die andere für die Dichte $\varrho = \gamma/g$. Die Verhältnisse $\sigma = \varrho/\varrho_0$ sind für die Normalatmosphäre in Abhängigkeit von der Höhe in Zahlentafel 5 auf S. 395 gegeben.

Zustandsgleichung für Gase. Man kann die oben angeführte Gleichung noch in etwas andere Form bringen, in welcher wir sie später verwenden werden. An Stelle des spezifischen Gewichts γ

benutzen wir dessen reziproken Wert, das spezifische Volumen $v_s = 1/\gamma$ m³/kg. Die obige Gleichung kann dann auch in der Form

$$(p/p_0)\,(v_s/v_{s0}) = T/T_0$$

geschrieben werden. Setzt man noch

$$p_0\,v_{s0}/T_0 = R,$$

so erhält man die Zustandsgleichung für Gase

$$p\,v_s = RT,$$

wobei die Gaskonstante R für Luft den Wert 29,27 m kg/kg ° hat. Das Produkt pv_s hat die Dimension einer Arbeit je kg, und die Gaskonstante R hat die Dimension einer Arbeit je kg je Grad. In der Zustandsgleichung muß der Druck in kg/m² eingesetzt werden, wenn spezifisches Volumen und Gaskonstante die angegebenen Dimensionen haben.

Die wirkliche Atmosphäre. In Abschnitt 1 wurde ausgeführt, daß man zur Eichung der Höhenmeßgeräte eine bestimmte Normalatmosphäre zugrunde legt. Die Verteilung des Druckes, der Dichte und der Temperatur über die Höhe ändert sich natürlich von Tag zu Tag, aber selbst die Jahresmittelwerte weichen nicht unerheblich von der Normalatmosphäre ab. Abb. 4 zeigt z. B. den Temperaturverlauf und den Temperaturgradienten des Jahresmittels über Mitteleuropa. Die mittlere Bodentemperatur ist 10 °C. Der Temperaturgradient schwankt in Höhen bis zu 10 km zwischen 0,4 und 0,7° je 100 m Höhendifferenz. Von etwa 11 km an ist der Gradient Null und

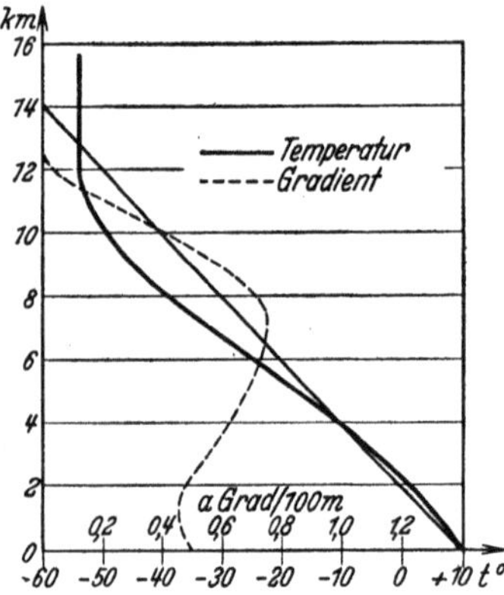

Abb. 4. Jahresmittel des Temperaturverlaufs in Abhängigkeit von der Höhe über Mitteleuropa

die Temperatur konstant. Bei noch größeren Höhen – was hier nicht mehr gezeichnet wurde – werden die Temperaturen wieder höher, d. h. die schon einmal eingenommenen Temperaturzustände werden noch einmal „umgekehrt" durchlaufen. Dem ganzen Vorgang legt man aus diesem Grunde den Namen „Temperaturumkehr" oder auch „Temperaturinversion", der Grenzfläche zwischen Troposphäre und Stratosphäre entsprechend den Namen „Inversionsgrenze" bei. In die Abbildung ist außerdem noch die Gerade eingezeichnet, die den Temperaturabfall bei konstantem Temperaturgradienten darstellen würde.

Der Wert 11 km für die Inversionsgrenze ist nur ein Mittelwert. In den Tropen liegt die Inversionsgrenze mit 16 km fast doppelt so hoch wie in den polaren Regionen (Lappland 9 km).

Berichtigung der Steiggeschwindigkeit. Abb. 2 sei das Ergebnis einer barographischen Höhenmessung während eines Fluges. Die Ordinaten sind eigentlich Luftdrucke, und die Höhen sind auf Grund der Druckverteilung in der Normalatmosphäre angeschrieben. An einem Normaltag erhält man die Steiggeschwindigkeit etwa in 4000 m Höhe, indem man in diesem Punkt die Tangente an die Höhenkurve legt, eine gewisse Höhendifferenz Δh (lies delta h) auf der Tangente abgreift und die zugehörige Zeitdifferenz Δt ermittelt. Die Steiggeschwindigkeit ist dann $w_a = \Delta h / \Delta t$[1]. Wenn in der Höhe, in welcher der Barograph 4000 m aufzeichnete, eine andere als die an einem Normaltag zu dieser Höhe gehörende Temperatur vorlag (also nach Zahlentafel 5 eine andere Temperatur als $-11°C$), muß die Steiggeschwindigkeit berichtigt werden. Die berichtigte zur abgelesenen Steiggeschwindigkeit verhält sich wie die tatsächliche zur normalen absoluten Temperatur in dieser Höhe:

$$w/w_a = T/T'.$$

Hierin sind w_a und T' die abgelesene Steiggeschwindigkeit und die normale Temperatur, w und T die berichtigte Steiggeschwindigkeit und die tatsächliche Temperatur, die natürlich gemessen werden muß. Ist die gemessene Temperatur z. B. höher als die normale, so ist nach der Gasgleichung die Dichte im umgekehrten Verhältnis der Temperaturen kleiner als die normale. Zu einer bestimmten Druckänderung gehört aber einer der Dichte umgekehrt proportionale Höhenänderung. Also ist bei zu hoher Temperatur und zu kleiner Dichte die Höhenänderung in Wirklichkeit größer als nach Abb. 2, d.h. die abgelesene Steiggeschwindigkeit w_a muß im Ver

---

[1] In Abb. 2 ist die Neigung der Tangente im Punkt 4000 m durch ein $\Delta h = 2000$ m und eine zugehörige Zeitdifferenz von $\Delta t = 10,4$ min $= 624$ sek bestimmt. Die Steiggeschwindigkeit in 4000 m ist daher $w_a = 2000/624 = 3,2$ m/sek.

hältnis der Temperaturen erhöht werden, um die wahre Steiggeschwindigkeit zu erhalten.

Umrechnung auf Normalatmosphäre. Man könnte aus den berichtigten Steiggeschwindigkeiten ein berichtigtes Höhenschaubild, ähnlich wie das in Abb. 2, konstruieren, wobei dann die wahre Höhe als Funktion der Zeit aufgetragen wäre. Im allgemeinen ist ein solches berichtigtes Schaubild nicht sehr interessant, da es lediglich für die zufällig herrschenden atmosphärischen Bedingungen die Höhenleistung des Flugzeuges angibt. Von weit größerem Interesse ist es jedoch, festzustellen, welche Höhenleistung das Flugzeug an einem Normaltag haben würde. Die Normalatmosphäre wird allgemein für die Voraussage von Flugleistungen verwendet, und Flugmessungen unter anderen als normalen Bedingungen sind nur dann mit den Voraussagen vergleichbar, wenn sie für normale Verhältnisse berichtigt werden.

Wir müssen hier vorgreifend erwähnen, daß maßgebend für die zum Fluge erforderliche Leistung die Luftdichte ist. Wir wissen, daß nach der Gasgleichung die gleiche Dichte bei hohem Druck und hoher Temperatur, oder bei niedrigem Druck und bei niedriger Temperatur vorhanden sein kann. Die zum Fliegen erforderliche Leistung ist nicht vom Luftdruck, auch nicht von der Lufttemperatur, allein von der Luftdichte abhängig. Wir erhalten daher in der Normalatmosphäre die gleichen Steiggeschwindigkeiten wie in der wirklichen Atmosphäre, wenn wir jedem Meßpunkt in der wirklichen Atmosphäre eine Höhe der Normalatmosphäre zuordnen, welche die gleiche Luftdichte hat.

Wenn die vom Barographen oder Höhenmeßgerät angezeigte Höhe H_a genannt wird, die zugehörige normale Dichte ϱ', die zugehörige normale Temperatur T'', dann ist die wirkliche Dichte in diesem Punkt nach der Gasgleichung

$$\varrho = \varrho' \, T'/T,$$

und wir können die Höhe H, in welcher die Normalatmosphäre diese Dichte hat, mit Hilfe der Zahlentafel 5 auf S. 395 aufsuchen. Wir wissen dann, daß in dieser Höhe H die Steiggeschwindigkeit den berichtigten Wert $w = w_a T/T'$ hat. Das Höhenschaubild für die Normalatmosphäre entsteht nun dadurch, daß man für eine Reihe von angezeigten Höhen H_a die in der Normalatmosphäre zugeordneten Höhen H und die zugehörigen wahren Steiggeschwin digkeiten w ermittelt. Dann bildet man einen Linienzug aus einzelnen Geradenstücken, indem man jedesmal in H (und zwar ein Stück darunter und darüber) eine kurze gerade Linie der Neigung w zeichnet.

In Abb. 5 ist das Ergebnis des Verfahrens an einem Beispiel gezeigt. p ist der gemessene Luftdruck, T die gemessene absolute Temperatur. Die Barographenlinie ist unter der Annahme gezeichnet, daß jedem Druck p die normale Höhe zugeordnet ist. Infolge der Abweichung $T - T'$ der wirklichen von der normalen Temperatur T' entsteht auf die angegebene Weise die berichtigte Steiglinie. Wie man sieht, ergeben sich bereits bei relativ kleinen Abweichungen der wirklichen Temperatur von der normalen Temperatur erhebliche Abweichungen im Höhenschaubild, das an einem Normaltag gelten würde. Die hier vorgenommene Umrechnung des

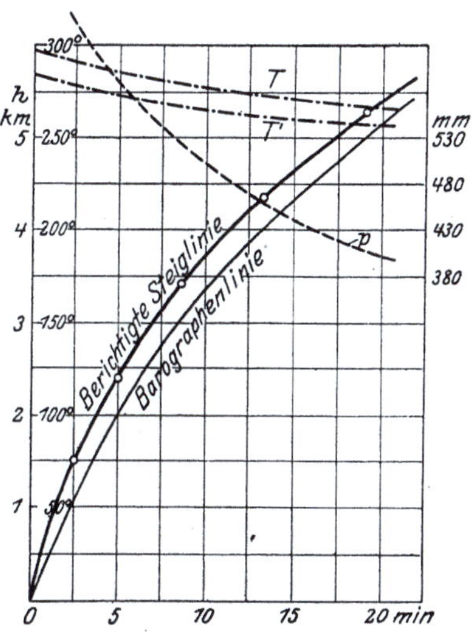

Abb. 5. Berichtigung eines Höhenschaubildes

Höhenschaubildes auf Normalatmosphäre beantwortet die Frage: Wie sieht das Höhenschaubild des Flugzeuges in der Normalatmosphäre aus, wenn die zum Fliegen erforderliche und die vom Triebwerk gelieferte Leistung nur von der Luftdichte abhängen, nicht jedoch von Luftdruck oder Lufttemperatur? Wie wir später sehen werden, ist die Triebwerksleistung bei gleicher Luftdichte nicht unabhängig von der Lufttemperatur. Es muß daher noch eine weitere, vom Triebwerk herrührende Berichtigung des Höhenschaubildes vorgenommen werden, auf die wir erst in Abschnitt 28 eingehen können[1].

---

[1] Die dargestellte Methode der Berichtigung von Höhenschaubildern wurde von R. v. MISES in Z. f. Flugtechn. u. Motorluftsch. 1917, H. 23/24, S. 173, entwickelt.

3. Inkompressible Strömung

Druck und Geschwindigkeit im Stromfaden. Wir haben in Abschnitt 1 von der Veränderlichkeit des Luftdruckes mit der Höhe gesprochen; die dort aufgestellten Gesetze gelten sowohl für ruhende Luft wie für gleichförmig bewegte (Wind). Im großen kommen auch andere als gleichförmige Bewegungen für uns nicht in Betracht. Dagegen haben wir es *in der nahen Umgebung der Flugzeuge* noch mit einer andern Erscheinung zu tun, die der Besprechung an dieser Stelle bedarf: Durch die Bewegung des Flugzeuges, wie überhaupt durch jede Bewegung eines Körpers in der Luft, werden die Luftteilchen der nächsten Umgebung in eine *ungleichförmige Bewegung* versetzt. Denn die dem Körper zunächst liegenden Teilchen müssen mit der vollen Geschwindigkeit mitgehen oder ausweichen, bei den etwas ferner liegenden verliert sich diese Bewegung allmählich. In Zusammenhang mit dieser ungleichförmigen Geschwindigkeitsverteilung steht eine Verschiedenheit des Druckes; der Druck ist, wie wir später sehen werden, auf der Unterseite eines Tragflügels immer größer als auf der Oberseite – übrigens die grundlegende Erscheinung für die Möglichkeit des Fliegens.

Der Zusammenhang zwischen Druck- und Geschwindigkeitsunterschieden wird durch das Grundgesetz aller Mechanik:

$$\text{Kraft} = \text{Masse} \times \text{Beschleunigung}$$

beherrscht. Um uns über die am Flugzeug auftretenden Erscheinungen zu verständigen, wollen wir uns zunächst vorstellen, daß das Flugzeug *ruht* und dabei von einem waagerecht gerichteten Luftstrom angeblasen wird. Die Bewegung der Luft hat dann die Eigenschaft, „*stationär*“ zu sein, d.h. an jedem Ort geschieht im Laufe der Zeit immer dasselbe: Druck und Geschwindigkeit sind wohl von Punkt zu Punkt veränderlich, an jedem einzelnen Punkt aber mit der Zeit unveränderlich.

Denken wir uns nun, Abb. 6, eine Reihe geradlinig oder fast geradlinig hintereinander strömender Luftteilchen, deren Geschwindigkeit auf der Strecke $AB = l$ von v_1 auf v_2 zunimmt. Wir wollen Kraft, Masse und Beschleunigung dieser Teilchen berechnen. Der Druck in A sei p_1, der Druck in B sei p_2 und der mittlere Querschnitt des Luftfadens gleich f. Da dann die Kraft $p_1 \cdot f$ in der Bewegungsrichtung, $p_2 \cdot f$ in der entgegengesetzten wirkt, hat die resultierende Kraft für die betrachteten Luftteilchen die Größe $(p_1 - p_2)f$. Die Druckdifferenz $p_1 - p_2$ sei klein im Verhältnis zu p_1, so daß wir die Änderung der Luftdichte mit dem Druck vernachlässigen können. Der Rauminhalt der Luftteilchen ist $f \cdot l$, daher die Masse $\varrho \cdot f \cdot l$, weil ϱ die Luftdichte oder die Masse der Raumeinheit bezeichnet. Es kommt also nur noch darauf an, die Größe der Beschleunigung zu bestimmen.

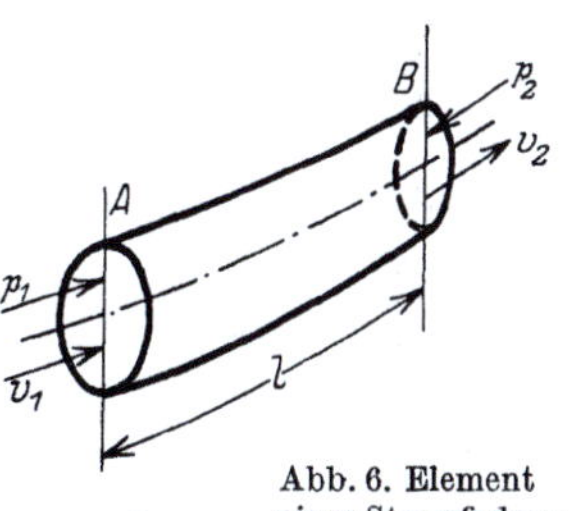

Abb. 6. Element eines Stromfadens

Beschleunigung ist die Geschwindigkeitszunahme in der Zeiteinheit. Wir haben vorausgesetzt, daß die Geschwindigkeit beim Durchlaufen der Strecke l von v_1 auf v_2 zunimmt. Wie groß ist die Zeit, in der diese Zunahme erfolgt? Setzen wir die mittlere Geschwindigkeit gleich $\dfrac{v_1 + v_2}{2}$, so ist die Zeit, gleich dem Quotienten aus Weg durch Geschwindigkeit,

$$l : \frac{v_1 + v_2}{2} = \frac{2l}{v_1 + v_2},$$

und die Beschleunigung demnach:

$$(v_2 - v_1) : \frac{2l}{v_1 + v_2} = \frac{v_2^2 - v_1^2}{2l}.$$

Multiplizieren wir diesen Ausdruck mit der Masse $\varrho \cdot f \cdot l$, so erhalten wir $\varrho f \dfrac{v_2^2 - v_1^2}{2}$, und wenn wir dieses Produkt aus Masse mal Beschleunigung der resultierenden Kraft $(p_1 - p_2) \cdot f$ gleichsetzen, fällt der Querschnitt f heraus, und es bleibt:

$$p_1 - p_2 = \varrho \frac{v_2^2 - v_1^2}{2} = \varrho \frac{v_2^2}{2} - \varrho \frac{v_1^2}{2},$$

d. h. der Druckunterschied zwischen zwei Punkten ist gleich dem Unterschied der halben Produkte aus Dichte und Geschwindigkeitsquadrat.

Geschwindigkeitsmessung. Dieses Gesetz gibt uns vor allem ein Mittel an die Hand, um *Geschwindigkeiten zu messen.* Die Messung geschieht durch ein sog. *Staugerät*, dessen Grundgedanken Abb. 7 darstellt. In letzter Linie wird hier die Messung der Geschwindigkeit (ähnlich wie die der Höhe mit Hilfe des Barometers) auf eine *Druck*bestimmung zurückgeführt. Man bringt das Ende A des Gerätes an die zu untersuchende Stelle, an der die unbekannte Geschwindigkeit v_1 und der schon anderweitig bestimmte Druck p_1 herrschen. Innerhalb des Röhrchens, das in A beginnt, dann rechtwinklig abbiegt und in die Kammer B einmündet, Abb. 7, verliert sich die Geschwindigkeit der Luftteilchen sehr rasch, so daß $v_2 = 0$ zu setzen ist; es tritt demgemäß eine Druckerhöhung ein, die man durch Anschluß eines Manometers in B messen kann. Kennt man so den Druck p_2 neben dem schon bekannten p_1, so kann man jetzt aus

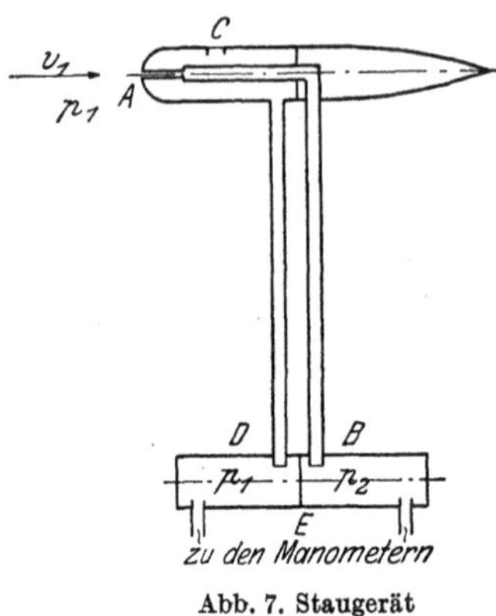

Abb. 7. Staugerät

$$p_2 - p_1 = \varrho\,\frac{v_1^2}{2}$$

die gesuchte Geschwindigkeit v_1 berechnen. Die vorstehende Gleichung geht aus der allgemeinen Beziehung hervor, sobald man darin $v_2 = 0$ setzt. Das Gerät Abb. 7 ist überdies so eingerichtet, daß es zugleich die Messung von p_1 ermöglicht, indem an D ein zweites Manometer angeschlossen wird (von der Öffnung C aus wird der Druck p_1 nach D übertragen), oder unmittelbar die Messung der Differenz $p_2 - p_1$, indem der Druckunterschied zwischen B und D an der Scheidewand E bestimmt wird. Die obige Gleichung zur Berechnung von v_1 aus $p_2 - p_1$ liefert nur für kleine relative Druckdifferenzen $(p_2 - p_1)/p_1$ infolge der dann zulässigen Vernachlässigung der Dichteänderung richtige Werte.

Staudruck. Für das in der Fluglehre sehr häufig auftretende Produkt aus Luftdichte und halbem Geschwindigkeitsquadrat hat man eine eigene Bezeichnung eingeführt; man nennt es den *Staudruck* und setzt dafür in der Regel den Buchstaben q:

$$q = \varrho\,\frac{v^2}{2}\,.$$

Im Anschluß an die Ausdrucksweise der Mechanik fester Körper kann man den Staudruck auch als die *lebendige Kraft einer Raum-*

einheit Luft bezeichnen, da ϱ die Masse der Raumeinheit ist. Gemessen wird q, so wie der Luftdruck, in kg je Flächeneinheit, also für uns immer in kg/m². Zum Beispiel entspricht einer Geschwindigkeit $v = 40$ m/sek bei der normalen Luftdichte $\varrho = 1/8$ der Staudruck

$$\frac{1}{8} \cdot \frac{1600}{2} = 100 \; \text{kg/m}^2.$$

Da wir die Dichte stets als bekannt voraussetzen dürfen, ist für uns der *Staudruck einfach ein Maß der Geschwindigkeit*, ähnlich wie die Höhe der Quecksilbersäule ein Maß des Luftdruckes ist. Wir können auch leicht eine anschauliche Vorstellung vom Staudruck gewinnen. Stellen wir nämlich in einen mit der Geschwindigkeit v bewegten Luftstrom einen Körper hinein, so wird es an einer Vorderseite einen Punkt geben, an dem die auftreffenden Stromfäden sich teilen. Zwischen den beiden Scharen sich teilender Stromfäden gibt es gerade eine Stromlinie (siehe z.B. Abb. 17), die an dem Körper endet. An dieser Stelle herrscht die Geschwindigkeit Null; der Punkt heißt „Staupunkt" der Strömung. Die Druckdifferenz zwischen dem Staupunkt und einem Punkt der ungestörten Strömung, wo noch die Geschwindigkeit v besteht, ist genau gleich $\varrho \frac{v^2}{2}$, also gleich dem zu v gehörigen „Staudruck".

BERNOULLIsche Gleichung. Führt man die Bezeichnung q in die oben abgeleitete Formel für die Druckdifferenz ein, so erhält man $p_1 - p_2 = q_2 - q_1$ oder

$$p_1 + q_1 = p_2 + q_2,$$

in Worten: die Summe aus Luftdruck und Staudruck ist an allen Stellen eines bewegten Luftfadens gleich. Für unsere Probleme ist überdies, wie man leicht erkennt, diese Summe auch für die verschiedenen einzelnen Luftfäden gleich (weil nämlich in einiger Entfernung vom Flugzeug q und p als konstant angesehen werden darf), so daß man überhaupt von einer *Konstanz der Summe von Luftdruck und Staudruck* sprechen kann: Je größer an irgendeiner Stelle die Geschwindigkeit und damit der Staudruck, um so kleiner der Luftdruck, und umgekehrt. Dieser Satz läßt uns in vielen Fällen das Zustandekommen der verschiedenen Luftkräfte besser verstehen. Man bezeichnet die Gleichung $p_1 + q_1 = p_2 + q_2$ vielfach als die „Energiegleichung der strömenden Flüssigkeit" oder nach ihrem Urheber als die „BERNOULLIsche *Gleichung*".

Man darf aber dieser Beziehung, so wichtig sie auch ist, nicht eine Bedeutung beimessen, die über das, was ihr nach der Ableitung zukommt, hinausgeht. Wir haben bei der Ableitung angenommen, daß außer den beiden Druckkräften $p_1 \cdot f$ und $p_2 \cdot f$ keinerlei andere Kräfte auf die Luftteilchen wirken. Dies ist nicht genau richtig, da bewegte Luft sich bis zu einem gewissen Grade wie eine *zähe Masse* verhält, in der noch innere Kräfte verschiedener Art, ähnlich der Reibung fester Körper, wirksam sind. Daher stimmt auch die Konstanz der Summe von Luftdruck und Staudruck in solchen Fällen nicht, in denen die Zähigkeit eine größere Rolle spielt. Bei der Anwendung des Satzes ist auch zu beachten, daß er unter der Voraussetzung *stationären* Verhaltens der Luft gewonnen wurde, d. h. unter der Annahme, daß an ein und derselben Stelle des Raumes dauernd die gleiche Geschwindigkeit herrscht. Wir müssen also immer von der Vorstellung ausgehen, daß das Flugzeug oder der Körper, dessen Luftkräfte wir ins Auge fassen, *ruht* und von einem Windstrahl getroffen wird (so wie beim Versuch im Luftkanal); dort wo die auftreffenden Luftteilchen gebremst werden, also geringere Geschwindigkeit haben, ist dann der Druck erhöht usf. Wie aus der Ableitung hervorgeht, verliert die BERNOULLISche Gleichung ihre Gültigkeit auch in den Fällen, in denen die Dichteänderungen der Luft nicht mehr vernachlässigbar klein sind.

Impulssatz. Eine zweite allgemeine Beziehung, die ähnlich wie die BERNOULLISche Gleichung den Einblick in das Zustandekommen der von der Luft ausgeübten Kräfte fördert, finden wir durch folgende Überlegung. Es sei zunächst wieder vorausgesetzt, daß die Bewegung stationär erfolgt, d. h. daß dauernd an gleichen Stellen des Raumes das gleiche geschieht. Die in der Bewegung aufeinanderfolgenden Teilchen erfüllen einen Stromfaden wie in Abb. 6. Wir haben in der Abb. 8 einen solchen Stromfaden wieder gezeichnet und ihn dabei der Länge nach in einzelne Stücke eingeteilt, deren jedes die gleiche Luftmasse ϱV aufweist: dort wo die Röhre dicker wird, ist die Höhe des abgeteilten Stückes geringer und umgekehrt. Wir können die Größe ϱV und damit den Abstand der Teilstriche so bemessen, daß die Entfernung von einem zum nächsten gerade dem in einer Sekunde zurückgelegten Weg entspricht. Die Größe ϱV bezeichnet dann die „je Sekunde durch den Faden fließende Luftmasse". Im Zeitraum einer Sekunde verändert sich der Zustand derart, daß das Stück 1 an die Stelle 2, das Stück 2 an die Stelle von 3 tritt usf. Sind die Geschwindigkeiten der einzelnen Stücke der Reihe nach v_1, v_2, v_3 usf., so erfährt das erste Stück von der Masse ϱV offenbar gerade die Beschleunigung $v_2 - v_1$ (nämlich Geschwindigkeitszunahme dividiert durch die Zeitdauer eine Sekunde). Der hierzu notwendige Kraftaufwand beträgt nach dem Grundgesetz der Mechanik: Kraft

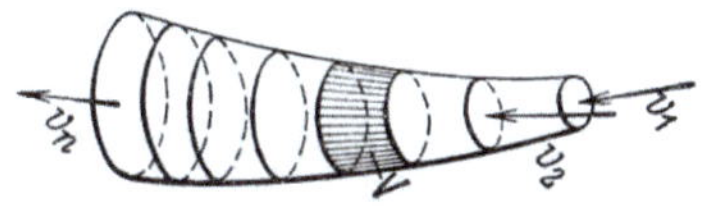

Abb. 8. Stromfaden

= Masse × Beschleunigung, $\varrho V (v_2 - v_1)$. Ebenso erfordert die Geschwindigkeitsveränderung, die das Stück 2 des Stromfadens gerade erfährt, den Kraftaufwand $\varrho V (v_3 - v_2)$. Beide Kräfte zusammen geben die Größe $\varrho V (v_2 - v_1 + v_3 - v_2) = \varrho V (v_3 - v_1)$. Addiert man jetzt noch die Kraft, die das dritte Stück erfährt und die offenbar die Größe $\varrho V (v_4 - v_3)$ besitzt, so erhält man als Summe der drei Kräfte $\varrho V (v_3 - v_1 + v_4 - v_3) = \varrho V (v_4 - v_1)$. So geht die Rechnung weiter, und man sieht, daß die Gesamtsumme aller Kräfte, die nötig sind, um die stationäre Bewegung in dem Faden aufrechtzuerhalten, nichts anderes ist als das Produkt von ϱV in die Differenz: Endgeschwindigkeit weniger Anfangsgeschwindigkeit. Oder anders ausgedrückt: *Die Kraftwirkung, die die stationäre Bewegung in einem Stromfaden begleitet oder aufrechterhält, ist gleich dem Produkt aus den zwei Faktoren: sekundlich durch den Faden fließende Masse ϱV und Geschwindigkeitszuwachs im Faden $v_n - v_1$.* Dieser wichtige Satz gilt auch für endliche Änderungen der Luftdichte. Wir haben bei der Ableitung nur vorausgesetzt, daß das Produkt ϱV für jedes Element das gleiche sei, dagegen können ϱ und V einzeln verschiedene Werte annehmen. Da die sekundlich durch den Faden fließende Masse auch durch $\varrho f v$ ausgedrückt werden kann, wo f der Querschnitt des Fadens ist, läßt sich der obige Satz auch schreiben:

$$p_1 f_1 - p_2 f_2 = \varrho_2 f_2 v_2^2 - \varrho_1 f_1 v_1^2.$$

In dieser Betrachtung haben wir vorausgesetzt, daß man Geschwindigkeiten (und Kräfte) so addieren bzw. subtrahieren kann wie einfache Zahlen. Das ist nur dann ohne weiteres richtig, wenn es sich um untereinander gleichgerichtete Geschwindigkeiten (bzw. Kräfte) handelt, wenn also der betrachtete Stromfaden geradlinig verläuft. Bildet er eine beliebige ebene Kurve etwa in einer Vertikalebene, so muß man so verfahren, daß man jede Kraft und jede Geschwindigkeit erst in ihre waagrechte und lotrechte Komponente zerlegt und dann mit diesen Komponenten wie mit einfachen Zahlen rechnet. Der abgeleitete Satz sagt dann Doppeltes aus, nämlich: Damit die stationäre Bewegung in dem gekrümmten Stromfaden bestehe, muß eine waagrechte und lotrechte Kraft vorhanden sein; die erstere gleich ϱV mal dem Zuwachs an Waagrechtgeschwindigkeit, die letztere gleich dem Produkt von ϱV in die Zunahme an lotrechter Geschwindigkeit zwischen Beginn und Ende des Fadens. (Bei einer doppelt gekrümmten Bahnkurve gilt der Satz analog für drei Komponenten.) Dieser Satz, den man den *Impulssatz* oder Satz von der Bewegungsgröße nennt, wird uns später manche aufklärende Bemerkung gestatten. Seine Geltung ist nur daran gebunden, daß die betrachtete Bewegung *stationär* ist. Dagegen ist – anders als bei der BERNOULLIschen Gleichung – nichts darüber vorausgesetzt, ob Reibungs- (Zähigkeits-) Einflüsse in der Luft wirksam sind oder nicht, oder ob vernachlässigbar kleine Dichteänderungen auftreten oder nicht[1].

4. Kompressible Strömung

MACHscher Kegel. Mit den Druckunterschieden in der Umgebung des Flugzeuges sind nach unseren Ausführungen in Abschnitt 2 natürlich auch Dichteunterschiede verbunden. Für nicht zu große Strömungsgeschwindigkeit sind die Dichteunterschiede jedoch unbedeutend. Zum Beispiel ist der Staudruck für eine Geschwindigkeit von 40 m/sek oder 144 km/st in Meereshöhe an einem Normaltag 100 kg/m² = 0,01 kg/cm² = 0,01 at. Da der Luftdruck etwa 1 at beträgt, macht somit eine Druckerhöhung, welche dem Staudruck entspricht, 1 vH des Luftdruckes aus, und da die Dichte dem Druck verhältnisgleich ist, würde auch diese nur um 1 vH zunehmen.

Die Vernachlässigung der Dichteänderungen in der Umgebung des Flugzeuges ist jedoch nicht mehr zulässig, wenn es sich um

---

[1] Der Stoff dieses Abschnittes bildet die Grundlage der Hydro- bzw. Aerodynamik und ist unter Verwendung höherer mathematischer Hilfsmittel in vielen Lehrbüchern dargestellt, z. B. L. PRANDTL, Führer durch die Strömungslehre, 3. Aufl., Braunschweig 1949, oder W. KAUFMANN, Technische Hydro- und Aerodynamik, Berlin 1954.

Geschwindigkeiten von der Größenordnung der Schallgeschwindigkeit handelt. Die Schallgeschwindigkeit ist diejenige Geschwindigkeit, mit welcher sich kleine Druckstörungen in der Luft fortpflanzen. Wird ein Körper mit Unterschallgeschwindigkeit durch die Luft bewegt, so können die durch die Bewegung verursachten Druckwellen den Raum erreichen, der vor dem Körper in dessen Bewegungsrichtung liegt. Die Bewegung des Körpers beeinflußt daher die Druck- und Geschwindigkeitsverteilung der Luft in seiner ganzen Umgebung. Wird ein Körper jedoch mit Überschallgeschwindigkeit durch die Luft bewegt, so können die Druckwellen den Raum vor dem Körper nicht erreichen, und es ist einzusehen, daß sich eine völlig andere Strömung um den Körper ausbilden muß als bei Unterschallgeschwindigkeit.

Bewegt sich z. B. eine andauernde punktförmige Druckstörung, wie sie an der Spitze eines fliegenden Geschosses auftritt, mit einer Geschwindigkeit v relativ zum Luftraum, welche größer ist als die Schallgeschwindigkeit c, so erfüllen zu einem bestimmten Zeitpunkt alle von der Druckstörung ausgegangenen Kugelwellen einen Kegel, der in Abb. 9 im Schnitt dargestellt ist. Zum betrachteten Zeitpunkt ist die Druckstörung in A an der Spitze des Kegels. Zu einer um t früheren Zeit war die Druckstörung im Punkte B, und die zu dieser Zeit ausgesandte Druck-

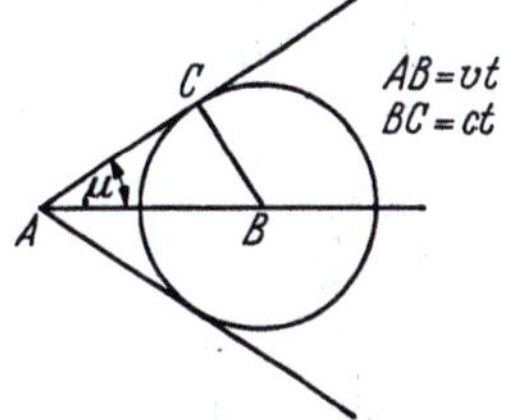

Abb. 9. Machscher Kegel

welle hat inzwischen die Kegelfläche erreicht. Während die Druckstörung von B nach A um die Strecke vt gewandert ist, hat sich die Kugelwelle um den Radius ct ausgedehnt. Man liest aus der Abbildung für den Winkel μ die Beziehung

$$\sin \mu = c/v = 1/M, \quad \text{oder} \quad \operatorname{tang} \mu = \frac{1}{\sqrt{M^2-1}}$$

ab, wobei das Verhältnis der Fluggeschwindigkeit v zur Schallgeschwindigkeit c mit M bezeichnet wurde. Man nennt dieses Verhältnis nach dem Physiker MACH die MACHsche Zahl. Je größer die MACHsche Zahl, desto kleiner ist der Spitzenwinkel des Kegels, welcher den von der Druckstörung erfaßten Luftraum einschließt. Außerhalb dieses Kegels verbleibt die Luft völlig ungestört. Die obigen Beziehungen gelten nur für $M > 1$. Für $M < 1$ gibt es keinen die Druckwirkungen begrenzenden Kegel, und die Wirkung der Druckstörung breitet sich theoretisch unbegrenzt in den Luftraum aus, wenn die Strömung lange genug aufrecht erhalten wird.

Schwache Verdichtungswelle. Wir wollen jetzt einen Ausdruck für die Fortpflanzungsgeschwindigkeit einer schwachen Druckwelle aufstellen. Eine Druckwelle läßt sich sehr schön in einer langen weichen Spiralfeder mit zahlreichen Windungen beobachten. Hält man das eine Ende einer solchen Feder in der Hand und läßt die Feder frei herabhängen, so kann man durch eine kurze ruckartige vertikale Bewegung der Hand eine Druckwelle in der Feder erzeugen, welche deutlich sichtbar mit einer gewissen Geschwindigkeit nach abwärts wandert. Eine kurze Strecke der Feder ist etwas komprimiert, und diese komprimierte Strecke wandert mit der Wellengeschwindigkeit über die Länge der Feder, wobei immer neue Windungen vorübergehend zusammengedrückt werden.

Wir wollen annehmen, daß wir an Stelle der Spiralfeder ein luftgefülltes Rohr haben, an dessen einem Ende wir durch eine rasche kurze Bewegung eines Stempels eine Verdichtung erzeugen. Es entsteht dann, genau wie in der Spiralfeder, eine Verdichtungs-

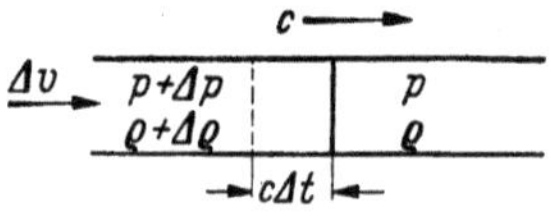

Abb. 10. Luftdruckwelle in einem Rohr

welle, die sich mit der Geschwindigkeit c im Rohr ausbreitet. Am Kopf der Verdichtungswelle findet ein kleiner Drucksprung Δp statt, dem eine Erhöhung der Luftdichte um $\Delta \varrho$ entspricht. Abb. 10 zeigt das Rohr, das einen Querschnitt eins haben möge, mit dem Wellenkopf, der sich nach rechts bewegt. Vor dem Wellenkopf ist Druck und Dichte p und ϱ, hinter dem Wellenkopf ist Druck und Dichte $p + \Delta p$ und $\varrho + \Delta \varrho$. In der kleinen Zeit Δt hat sich der Wellenkopf um die Strecke $\Delta t c$ nach rechts bewegt und die Luft in diesem Abschnitt um die Masse $\Delta t c \Delta \varrho$ verdichtet. Aus Kontinuitätsgründen muß diese Masse von links her zufließen. Es muß also hinter dem Wellenkopf die Luft eine kleine Geschwindigkeit Δv nach rechts haben, welche durch

$$\Delta v \varrho \, \Delta t = \Delta t c \, \Delta \varrho$$

gegeben ist, so daß die von links in den Abschnitt $\Delta t c$ zufließende Masse den Raum ausfüllen kann, der durch die Verdichtung in diesem Abschnitt frei geworden ist.

Durch den Drucksprung Δp wird auf die Luft im Abschnitt $\Delta t c$ eine Kraft nach rechts ausgeübt, welche nach NEWTONS Gesetz gleich der Masse in diesem Abschnitt mal ihrer Beschleunigung $\Delta v/\Delta t$ sein muß, also

$$\Delta p = \Delta t c \varrho \, \Delta v/\Delta t .$$

Durch Eliminieren von Δv aus diesen beiden Gleichungen ergibt sich

$$c^2 = \Delta p/\Delta \varrho .$$

Das Quadrat der Wellenfortpflanzungsgeschwindigkeit ist also gleich dem Quotienten einer kleinen Druckänderung und der dadurch bewirkten kleinen Dichteänderung.

Falls die Druckänderung bei gleicher Temperatur erfolgen würde, könnten wir die Dichteänderung aus der Gasgleichung ermitteln. Die Druckänderungen, welche mit der Fortpflanzung einer Druckwelle in Luft verbunden sind, erfolgen jedoch so rasch, daß keine Zeit zum Temperaturausgleich vorhanden ist. Die Energieänderungen in einem Luftteilchen, das durch die Druckwelle verdichtet wird, betreffen daher nur dieses Teilchen selbst, und es wird keine Wärmeenergie aus der umgebenden Luft an das Teilchen abgegeben oder ihm entzogen. Zur Ermittlung des Quotienten $\Delta p/\Delta \varrho$ sind einige thermodynamische Betrachtungen erforderlich, die wir zunächst anstellen wollen.

Innere Wärmeenergie. Wärme ist bekanntlich eine Energieform und kann unter gewissen Bedingungen in Arbeit verwandelt werden. Hierbei entsprechen einer Kilogrammkalorie eine Arbeit von 427 mkg. Wir werden im folgenden Wärmemengen meist in Arbeitseinheiten, also in mkg, messen.

Abb. 11 zeigt einen Zylinder mit der Grundfläche von $f = 1\,\mathrm{m}^2$ und mit 1 kg Luftinhalt. Die Höhe des Zylinders ist dann gleich dem spezifischen Volumen v_s. Der Arbeitskolben erlaubt entweder Arbeit durch Verdichtung der Luft zuzuführen, oder Arbeit durch Ausdehnung der Luft zu entziehen. Außerdem nehmen wir an, daß

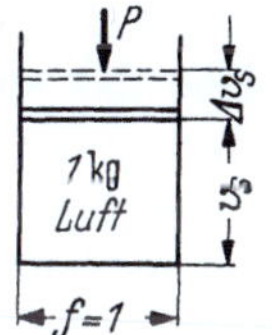

Abb. 11. Zylinder mit Grundfläche 1 m² und 1 kg Luftinhalt

der Luft Wärme zugeführt oder entzogen werden kann. Der Zustand der Luft ist durch Angabe von zwei Größen festgelegt, z.B. durch den Druck und durch das spezifische Volumen bzw. die Dichte. Die Temperatur ergibt sich dann aus der Zustandsgleichung. Wir wollen jetzt als weitere Zustandsgröße die innere Energie der Luft einführen, das ist diejenige Wärme, welche vom absoluten Nullpunkt an bei konstantem Volumen zugeführt werden muß, um die Luft in den Zustand mit dem Druck p zu bringen. Es ist ein Erfahrungssatz, daß für vollkommene Gase diese innere Energie der absoluten Temperatur proportional ist

$$u = c_v T.$$

Man nennt c_v die spezifische Wärme bei konstantem Volumen, das ist die Wärmemenge, welche einem kg Gas zugeführt werden muß, um die Temperatur um $1°$ zu erhöhen. Die obige Beziehung ist für Luft nur angenähert richtig, da Luft kein vollkommenes Gas ist. Im Bereich der in der Atmosphäre anzutreffenden Temperaturen ist für Luft $c_v = 0,172$ Kal./kg °, oder in Arbeitsmaß $c_v = 73,5$ mkg/kg °. Für die in Verbrennungskraftmaschinen auftretenden hohen Lufttemperaturen ist c_v jedoch etwas größer.

Energiesatz und adiabatische Zustandsänderung. Wir wollen jetzt unserem kg Luft in dem Zylinder der Abb. 11 eine bestimmte Wärmemenge q_{12} zuführen und wollen der Luft eine bestimmte Arbeit a_{12} entziehen. Nach dem Satz von der Erhaltung der Energie ist dann die Differenz der inneren Energien für die Zustände 1 und 2 plus der entzogenen Arbeit gleich der zugeführten Wärmemenge:

$$q_{12} = a_{12} + u_2 - u_1.$$

Eine Zustandsänderung ohne Wärmezufuhr oder Wärmeabfuhr heißt eine adiabatische Zustandsänderung. Es sei eine kleine adiabatische Zustandsänderung an unserem kg Luft vorgenommen, welche das spezifische Volumen von v_s auf $v_s + \Delta v_s$ erhöht. Die Änderung der inneren Energie ist dann $\Delta u = c_v \Delta T$, die der Luft entzogene Arbeit ist nach Abb. 11 $p \Delta v_s$ und die obige Energiegleichung heißt:

$$c_v \Delta T + p \Delta v_s = 0.$$

Bei adiabatischer Expansion – positives Δv_s – ergibt sich also eine Temperaturerniedrigung. Entsprechend bewirkt adiabatische Verdichtung eine Temperaturerhöhung.

Den Zusammenhang zwischen Druck p und spezifischem Volumen v_s bzw. Dichte ϱ bei adiabatischen Zustandsänderungen können wir ermitteln, wenn wir die Zustandsgleichung des Gases

$p v_s = RT$ mit der obigen Energiegleichung verbinden. Durch Anschreiben der Zustandsgleichung für die ein wenig veränderten Größen $p + \Delta p$, $v_s + \Delta v_s$, $T + \Delta T$ erhält man unter Vernachlässigung des kleinen Produktes $\Delta v_s \Delta p$

$$R \Delta T = p \Delta v_s + v_s \Delta p.$$

Setzt man ΔT aus dieser Beziehung in die Energiegleichung ein, so ergibt sich mit der Abkürzung $\varkappa = 1 + R/c_v$ (für Luft ist $\varkappa = 1 + \dfrac{29{,}3}{73{,}5} = 1{,}4$)

$$\varkappa p \Delta v_s + v_s \Delta p = 0.$$

Aus $v_s \varrho = 1/g$ folgt, wenn man diese Gleichung für $v_s + \Delta v_s$ und $\varrho + \Delta \varrho$ anschreibt und $\Delta \varrho \Delta v_s$ vernachlässigt,

$$\Delta v_s = - \Delta \varrho \, v_s / \varrho,$$

so daß man schließlich für kleine adiabatische Zustandsänderungen die Gleichung

$$\frac{\Delta p}{\Delta \varrho} = \varkappa \, \frac{p}{\varrho}$$

erhält. Diese Gleichung ist mathematisch gleichbedeutend mit

$$\frac{p}{\varrho^\varkappa} = \text{konstant,}$$

welches die Beziehung zwischen Druck und Dichte bei endlichen Zustandsänderungen darstellt[1]. Unter Zuhilfenahme der Zustandsgleichung $p/\varrho = gRT$ kann man dies auch so ausdrücken, daß die Anfangs- und Endgrößen für adiabatische Zustandsänderung den Gleichungen

$$\frac{p_1}{p_2} = \left(\frac{\varrho_1}{\varrho_2}\right)^{\varkappa} = \left(\frac{T_1}{T_2}\right)^{\frac{\varkappa}{\varkappa-1}}$$

genügen.

Schallgeschwindigkeit. Der oben für die Fortpflanzungsgeschwindigkeit einer schwachen Druckwelle in einem luftgefüllten Rohr

---

[1] Für den mit den Elementen der Integralrechnung vertrauten Leser sei bemerkt, daß die obige Gleichung nach Umschreiben in $\dfrac{\Delta p}{p} = \varkappa \dfrac{\Delta \varrho}{\varrho}$ durch Integration in $\ln p = \varkappa \ln \varrho + \ln C$ oder $\dfrac{p}{\varrho^\varkappa} = C$ übergeht.

ermittelte Ausdruck $c^2 = \Delta p / \Delta \varrho$ läßt sich auch auf die Ausbreitung von Druckwellen im Raum anwenden und liefert eine Beziehung für die Schallgeschwindigkeit, wenn wir die für kleine adiabatische Zustandsänderungen geltende Gleichung $\Delta p / \Delta \varrho = \varkappa p / \varrho$ einsetzen. Man erhält dann unter Hinzunahme der Gasgleichung:

$$c^2 = \varkappa g R T .$$

Man sieht, daß die Schallgeschwindigkeit lediglich von der Lufttemperatur, nicht aber vom Luftdruck abhängt. Für 15 °C ergibt die obige Gleichung in Luft mit $\varkappa = 1{,}4$, $R = 29{,}3$ m/°, $g = 9{,}81$ m/sek^2 einen Wert von $c = 340$ m/sek. Für die Normalatmosphäre ist c in Abhängigkeit von der Höhe in Zahlentafel 5 auf S. 395 angegeben.

Wärmeinhalt (Enthalpie). Als nächstes wollen wir eine Zustandsgröße einführen, welche in der Thermodynamik, ähnlich wie die innere Energie, von großer Bedeutung ist: die Enthalpie oder der Wärmeinhalt i von 1 kg eines Gases. Diese Größe wird durch die Gleichung

$$i = u + p\,v_s = u + p / \varrho\, g$$

definiert. Ihre Bedeutung machen wir uns durch folgendes Gedankenexperiment klar. Es seien zwei große gasgefüllte Kessel gegeben, in welchen die Drücke p_1 und p_2 herrschen, und wir wollen die gegenüber den Gasmassen in den Kesseln als klein angenommene Gewichtseinheit des Gases von einem Kessel in den anderen überführen. Gefragt ist nach der Arbeit, welche hierbei frei wird bzw. geleistet werden muß. Wir verwenden zur Überführung des Gases einen Zylinder mit einem Kolben nach Art der Abb. 11, bewegen den Kolben ganz nach unten und schließen den Zylinder an den ersten Kessel an, so daß Gas vom Kessel in den Zylinder strömen kann, sowie der Kolben bewegt wird. Der Kolben steht jetzt unter dem Druck p_1 des Kessels und es kann die Arbeit $p_1 v_{s1}$ am Kolben gewonnen werden, wenn die Gewichtseinheit Gas in den Zylinder übergeht. Nachdem die Gewichtseinheit sich im Zylinder befindet, schließen wir die Öffnung und expandieren das Gas adiabatisch vom Druck p_1 auf den Druck p_2. Hierbei wird die weitere Arbeit $u_1 - u_2$ gewonnen, wenn p_1 größer als p_2 war. Nunmehr schließen wir den Zylinder an den zweiten Kessel an und drücken das Gas aus dem Zylinder in den Kessel. Da der Kolbenweg v_{s2} beträgt und der Kolben den Kesseldruck p_2 überwinden muß, ist hierzu die Arbeit $p_2 v_{s2}$ erforderlich. Die insgesamt gewonnene Arbeit ist daher

$$p_1 v_{s1} + u_1 - u_2 - p_2 v_{s2} = i_1 - i_2 \, .$$

Die Änderung der Enthalpie ist also gleich der Arbeit, die frei wird (oder geleistet werden muß), wenn 1 kg eines Gases aus einer Umgebung mit dem Druck p_1 auf adiabatischem Wege in eine andere Umgebung mit dem Druck p_2 überführt wird. Bezeichnen wir die dem Gas entzogene Arbeit wieder mit a_{12} und nehmen wir an, daß während der Überführung dem kg Gas die Wärme q_{12} zugeführt wurde, so haben wir nach dem Satz von der Erhaltung der Energie

$$q_{12} = a_{12} + i_2 - i_1 \, .$$

Diese Gleichung ist mit der für eine abgeschlossene Gasmenge geltenden Energiegleichung identisch bis auf die Ersetzung der inneren Energie u durch die Enthalpie i. Es ist wichtig, daß man sich die beiden Formen der Energiegleichung klar macht und versteht, wann die eine und wann die andere Form benutzt werden muß. Um es zu wiederholen: Die innere Energie wird in der Energiegleichung verwendet, wenn es sich um eine Zustandsänderung einer abgeschlossenen Gasmenge handelt, die Enthalpie wird in der Energiegleichung verwendet, wenn es sich um Überführung von Gas aus einer Umgebung mit einem gewissen Druck in eine andere Umgebung mit einem anderen Druck handelt, wobei angenommen werden muß, daß diese Überführung den Druck der Umgebung nicht stört. Die Umgebung ist dabei an der Energiebilanz mitbeteiligt, da eine Arbeit frei wird, wenn die Umgebung ein Gasteilchen entläßt, und da Arbeit aufgewendet werden muß, wenn das Gasteilchen in eine andere Umgebung „hineingepreßt" wird, wie wir uns das an Hand der beiden Druckkessel veranschaulichten.

Energiesatz für Gasströmungen. Der Fall der Überführung von Gasteilchen aus einer Umgebung mit dem Druck p_1 in eine andere Umgebung mit dem Druck p_2 ist deshalb praktisch so bedeutungsvoll, weil er in jeder Gasströmung vorkommt. Verfolgen wir in einer stationären Gasströmung ein Teilchen auf seinem Weg von einer Stelle 1 zu einer Stelle 2, so können wir die obige Energiegleichung für das Teilchen verwenden, wenn wir noch die kinetische Energie der Energiebilanz hinzufügen. Wir setzen also voraus, daß zwischen der Stelle 1 und 2 die Wärmemenge q_{12} je kg Gas zugeführt wird, die Arbeit a_{12} je kg Gas entzogen wird (z. B. durch ein Schaufelrad), die Enthalpie sich von i_1 auf i_2 ändert, die Geschwindigkeit sich von v_1 auf v_2 ändert, und daß im übrigen keine Kräfte auf die Strömung wirken (z. B. keine Gravitationskräfte). Entlang des Stromfadens gilt dann, da $v^2/2\,g$ die kinetische Energie je kg ist,

$$q_{12} = a_{12} + i_2 + \frac{v_2^2}{2\,g} - i_1 - \frac{v_1^2}{2\,g}.$$

Von dieser wichtigen Beziehung werden wir wiederholt Gebrauch machen.

Die Größen u und $p\,v_s$ sind der absoluten Temperatur proportional, daher:

$$i = c_v\,T + p\,v_s = c_p\,T.$$

Die Größe c_p ist die spezifische Wärme bei konstantem Druck. Bei einer Erwärmung um $\varDelta T$ Grad steigt das spezifische Volumen um $\varDelta v_s$, und es muß nicht nur Wärme zur Deckung der inneren Energiesteigerung um $c_v\varDelta T$, sondern auch zur Deckung der Arbeit $p\varDelta v_s$ aufgebracht werden. Durch Vergleich mit der Zustandsgleichung $p\,v_s = R\,T$ sieht man, daß $R = c_p - c_v$, so daß man für den früher verwendeten Exponenten der adiabatischen Zustandsänderung

$$\varkappa = 1 + R/c_v = c_p/c_v$$

erhält. Der Exponent $\varkappa$ ist also gleich dem Verhältnis der spezifischen Wärmen bei konstantem Druck und bei konstantem Volumen. Dieses Verhältnis hat für Luft in dem uns interessierenden Bereich den Wert $\varkappa = 1{,}4$. Mit Hilfe der Zustandsgleichung ergeben sich für die innere Energie und die Enthalpie die Beziehungen

$$u = c_v\,T = \frac{1}{\varkappa - 1}\,p\,v_s = \frac{1}{\varkappa - 1}\,\frac{p}{\varrho\,g}.$$

$$i = c_p\,T = \frac{\varkappa}{\varkappa - 1}\,p\,v_s = \frac{\varkappa}{\varkappa - 1}\,\frac{p}{\varrho\,g}.$$

Bei Abwesenheit von Wärmezufuhr oder Arbeitsentzug heißt die Energiegleichung für eine Gasströmung[1]

$$\frac{\varkappa}{\varkappa - 1}\,\frac{p}{\varrho} + \frac{v^2}{2} = \text{konstant}.$$

---

[1] Diese Energiegleichung hat eine gewisse Ähnlichkeit mit der in Abschnitt 3 abgeleiteten Bernoullischen Gleichung für inkompressible Strömungen. Wenn wir die Energiegleichung für kleine Änderungen $\varDelta p$, $\varDelta v_s$, $\varDelta(v^2/2g)$ anschreiben:

$$\frac{\varkappa}{\varkappa - 1}\,(p\,\varDelta v_s + v_s\,\varDelta p) + \varDelta\left(\frac{v^2}{2\,g}\right) = 0,$$

Die Gültigkeit dieser Energiegleichung beschränkt sich nicht auf
verlustfreie und reversible Umsetzungen der kinetischen Energie
in Enthalpie. Die kinetische Energie könnte z.B. auch durch ein
engmaschiges Filter vernichtet, d.h. direkt in Wärme umgesetzt
werden, ohne die obige Energiegleichung zu verletzen. Ein solcher
Vorgang wäre aber nicht reversibel, da „geordnete" Energie der
Strömung in „ungeordnete" Molekular- oder Wärmeenergie umgewandelt wurde. Nach einer solchen irreversiblen Energieumset-
zung kann das Gas ohne Einwirkung von außen nie mehr in den
gleichen Zustand gebracht werden, den es vorher hatte.

Verlustfreie Gasströmung. Wir wollen nun die gewonnenen
thermodynamischen Beziehungen auf eine verlustfreie adiabatische
Strömung anwenden, die entsteht, wenn Gas vom Druck p_0,
der Dichte ϱ_0 und der absoluten Temperatur T_0 aus einem Druckbehälter durch eine Düse ins Freie strömt. Wenn F der Querschnitt
an einer Stelle der Düse ist, so haben wir die drei Gleichungen:

$$F \varrho v = \text{konstant} \qquad \text{Konstanter Massenfluß}$$

$$\frac{\varkappa}{\varkappa - 1} p/\varrho + v^2/2 = \frac{\varkappa}{\varkappa - 1} p_0/\varrho_0 \qquad \text{Energiegleichung}$$

$$p/\varrho^\varkappa = p_0/\varrho_0^\varkappa \qquad \text{Adiabatengleichung}$$

Diese drei Gleichungen gestatten es, für jede Stelle der Düse den
Zusammenhang zwischen Strömungsgeschwindigkeit, Düsenquerschnitt, Druck und Dichte zu finden, und damit nach der Gasgleichung auch die Temperatur. Die Rechnungen sind elementarer
Natur, doch etwas umständlich und sollen hier nicht wiedergegeben werden. Die Ergebnisse lassen sich in sehr einfacher Weise
darstellen, wenn an Stelle der Geschwindigkeit v die MACHsche
Zahl $M = v/c$ verwendet wird, wobei c für die jeweilige Temperatur
in der Strömung die Schallgeschwindigkeit darstellt. Die Bezugsgeschwindigkeit c ist also nicht konstant, sondern sie verändert
sich längs des Stromfadens mit der Wurzel aus der absoluten

---

und die für kleine adiabatische Zustandsänderungen geltende Beziehung
$\varkappa p \varDelta v_s + v_s \varDelta p = 0$ berücksichtigen, ergibt sich

$$\varDelta p v_s + \varDelta \left(\frac{v^2}{2g} \right) = 0 \quad \text{oder} \quad p_2 - p_1 + \frac{\varrho}{2} (v_2^2 - v_1^2) = 0 .$$

Wir haben also aus der Energiegleichung für kleine adiabatische Zustandsänderungen die BERNOULLIsche Gleichung wiedergewonnen.

Temperatur, da wir für die Schallgeschwindigkeit den Ausdruck $c = \sqrt{\varkappa g R T}$ gefunden hatten.

Stautemperatur. Für das Verhältnis der Temperatur T_0 im Kessel zur Temperatur T in der Strömung mit der MACHschen Zahl M findet man den einfachen Ausdruck

$$T_0/T = 1 + \frac{\varkappa - 1}{2} M^2 = 1 + 0{,}2\, M^2\,,$$

wobei wieder $\varkappa = 1{,}4$ gesetzt wurde. Die Temperatur in der Strömung nimmt also mit wachsender Strömungsgeschwindigkeit ab. Man kann umgekehrt die obige Gleichung dazu benutzen, um die Temperatur T in einer Gasströmung auf die „Stautemperatur" T_0 zu reduzieren. Die Stautemperatur ist ein praktischeres Maß für die Temperaturmessung, da sie nicht von der jeweiligen Strömungsgeschwindigkeit abhängt. Auch ist es meistens kaum vermeidbar, eine Temperaturmessung vorzunehmen, ohne daß dabei das Gas gestaut wird. Wogegen die Messung der Stautemperatur z.B. in einer Staudüse nach Abb. 7 keine Schwierigkeiten macht. Die obige Gleichung lehrt, daß bei Schallgeschwindigkeit, $M = 1$, die Stautemperatur 20 vH höher ist als die Temperatur in der Strömung.

Staupunktsdruck und Staudruck. Mit Hilfe der Adiabatengleichung erhält man für das Verhältnis des Druckes p_0 im Kessel zum Druck p in der Strömung

$$p_0/p = (T_0/T)^{\frac{\varkappa}{\varkappa-1}} = \left(1 + \frac{\varkappa - 1}{2} M^2\right)^{\frac{\varkappa}{\varkappa-1}} = (1 + 0{,}2\, M^2)^{3{,}5}.$$

Der Druck fällt also ebenfalls mit wachsender Strömungsgeschwindigkeit ab. Bei Schallgeschwindigkeit, $M = 1$, ist das Druckverhältnis $p_0/p = 1{,}9$. Man nennt dies das „kritische" Druckverhältnis. Man kann wieder umgekehrt die obige Gleichung dazu benutzen, um aus dem Druck p in der Strömung und der MACHschen Zahl M den „Staupunktsdruck" p_0 zu bestimmen. Man nimmt dabei an, daß die kinetische Energie der Strömung verlustfrei in Druckenergie umgesetzt werden kann. Der Staupunktsdruck p_0, wie er durch die obige Gleichung definiert ist, tritt an die Stelle des Gesamtdruckes $p + q$, den wir bei Besprechung der BERNOULLIschen Gleichung für inkompressible Strömungen kennen lernten. Der Staupunktsdruck ist, wie der Name sagt, der Druck, welcher in einem Staupunkt der Strömung herrschen würde. Er ist nicht mit dem Staudruck q zu verwechseln, welcher den Zuwachs an Druck beim Stau der Strömung darstellt. Für die inkompressible Strömung hatten wir den Staudruck zu $q = \varrho v^2/2$ gefunden, siehe S. 20. Durch Einführung von $M = v/c$ und $c^2 = \varkappa p/\varrho$ (siehe S. 30) erhält man

$$q = p\,M^2\,\varkappa/2 = 0{,}7\,p\,M^2.$$

Für kompressible Strömungen ergibt sich für den Staudruck q':

$$q' = p_0 - p = p\,[(1 + 0{,}2\,M^2)^{3,5} - 1].$$

Das Verhältnis des Staudrucks in der kompressiblen Strömung zum Staudruck der inkompressiblen Strömung ist daher

$$q'/q = [(1 + 0{,}2\,M^2)^{3,5} - 1]/0{,}7\,M^2$$

oder für $M < 1$ angenähert

$$q'/q = 1 + M^2/4,$$

wie man sich durch Einsetzen von Zahlenwerten für M überzeugt.

Überschalldüse (Lavaldüse). Die oben aufgestellten Gleichungen für die verlustfreie Gasströmung erlauben auch eine Beziehung für den Querschnitt der Strömung als Funktion der MACHschen Zahl aufzustellen. Diese Beziehung heißt

$$F/F^* = \frac{1}{M}\left(\frac{1 + \dfrac{\varkappa - 1}{2}\,M^2}{1 + \dfrac{\varkappa - 1}{2}}\right)^{\frac{\varkappa + 1}{2\,(\varkappa - 1)}} = \frac{1}{M}\left(\frac{5 + M^2}{6}\right)^3,$$

wenn wieder für Luft $\varkappa = 1{,}4$ gesetzt wird.

Für den Fall, daß die Strömungsgeschwindigkeit gleich der Schallgeschwindigkeit ist, $M = 1$, hat F/F^* den Kleinstwert 1. Für kleinere wie für größere Strömungsgeschwindigkeiten ist F/F^* größer als 1, siehe Abb. 12. Die obige Gleichung gibt also den Düsenquerschnitt im Verhältnis zu dem engsten Querschnitt. *Wir haben den wichtigen Satz gewonnen, daß ein mit Schallgeschwindigkeit strömendes Gas weniger Querschnitt erfordert als bei allen anderen Geschwindigkeiten.* Bei der Erhöhung der Geschwindigkeit nimmt gleichzeitig die Dichte des Gases ab. Wegen der erhöhten Geschwindigkeit wird weniger Querschnitt erfordert, wegen der verringerten Dichte wird mehr Querschnitt erfordert. Unterhalb der Schall-

3*

geschwindigkeit überwiegt der Einfluß der Geschwindigkeitserhöhung auf den erforderlichen Querschnitt, oberhalb der Schallgeschwindigkeit überwiegt der Einfluß der Dichteverringerung auf
den erforderlichen Querschnitt.

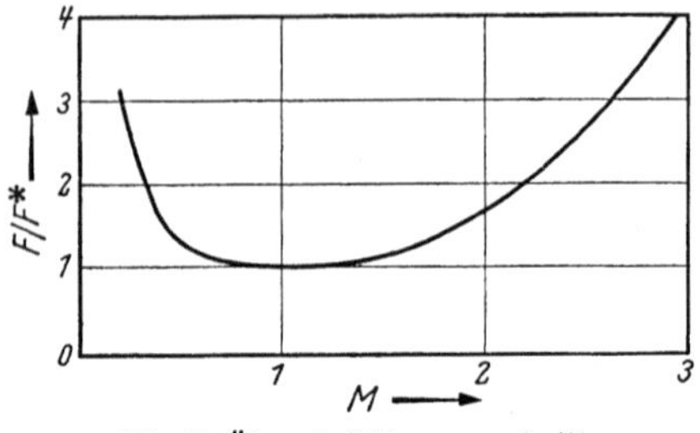
Abb. 12. Überschalldüsenquerschnitte

Die hier gegebenen Beziehungen für adiabatische Strömungen treffen
angenähert auf Luftströmungen mit Überschallgeschwindigkeiten zu,
wenn es sich um Expansionsströmungen handelt,
bei denen längs eines Stromfadens die Geschwindigkeit zunimmt und
die Dichte abnimmt. Das heißt die Umsetzung von Kompressionsenergie in kinetische Energie erfolgt angenähert verlustfrei. Ein
Beispiel dafür ist die Expansionsströmung in einer Lavaldüse.
Wenn die Düse richtig konstruiert ist, d.h. wenn das Verhältnis
von Kesseldruck zu Mündungsdruck und das Verhältnis von Mündungsquerschnitt zum engsten Querschnitt den oben angegebenen
Gleichungen für ein und dieselbe MACHsche Zahl M entspricht,
entwickelt sich tatsächlich eine Strömung, welche sehr angenähert
diesen Gleichungen folgt. Man hat solche Strömungen im expandierenden Teil einer Lavaldüse mit Hilfe von durchsichtigen Wänden und mit Hilfe von geeigneter Beleuchtung sichtbar gemacht. Von den
kleinen Unebenheiten der Wände
gehen im Überschallbereich schwache
Druckwellen unter dem MACHSchen
Winkel μ aus, die unter Anwendung

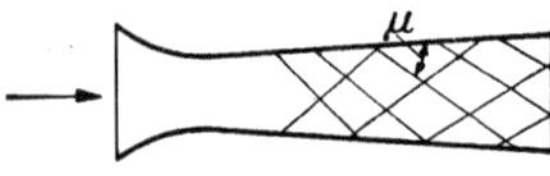
Abb. 13. MACHsche Linien
im Expansionsteil einer Lavaldüse

einer gewissen Beleuchtungstechnik sichtbar gemacht werden
können. Man erhält dann ein Bild wie in Abb. 13 skizziert. Der
Winkel μ der MACHschen Linien mit der Düsenwand wird mit zunehmender MACHscher Zahl M spitzer, entsprechend der zu Anfang
dieses Abschnittes abgeleiteten Beziehung[1].

Gerader Verdichtungsstoß. Während für Expansionsströmungen
unsere Gleichungen zutreffend sind, treten für verzögerte Über

---

[1] Solche Messungen wurden zuerst unter L. PRANDTL in Göttingen 1908
vorgenommen.

schallströmungen, wo kinetische Energie abgebaut wird, gänzlich andere Verhältnisse auf. Es entwickelt sich dann ein sog. Verdichtungsstoß, den wir hier kurz besprechen wollen. Der Verdichtungsstoß ist eine plötzliche, unstetige endliche Zustandsänderung des Gases. Der Vorgang ist nicht mehr reversibel, da ein Teil der kinetischen Energie direkt in Wärme umgesetzt wird, statt sich in Kompressionsenergie zu verwandeln. Wir nehmen an, daß die Unstetigkeitsfläche längs deren die Verdichtung erfolgt, senkrecht zur Strömungsrichtung steht. Man nennt diesen Fall den geraden Verdichtungsstoß. Wir haben für den Zusammenhang der Zustandsgrößen des Gases auf den beiden Seiten der Unstetigkeitsfläche die drei Gleichungen

$$\varrho_1\, v_1 = \varrho_2\, v_2 \qquad \text{Konstanter Massenfluß}$$

$$\frac{\varkappa}{\varkappa-1}\, p_1/\varrho_1 + v_1^2/2 = \frac{\varkappa}{\varkappa-1}\, p_2/\varrho_2 + v_2^2/2 \qquad \text{Energiegleichung}$$

$$\varrho_1\, v_1^2 + p_1 = \varrho_2\, v_2^2 + p_2 \qquad \text{Impulsgleichung}$$

Die ersten Gleichungen sind dieselben wie bereits früher verwendet mit dem einzigen Unterschied, daß hier die Querschnittsflächen auf beiden Seiten des Verdichtungsstoßes gleich sind und sich aus der Massengleichung wegheben. An Stelle der dritten früher verwendeten Adiabatengleichung ist jetzt die im vorigen Abschnitt abgeleitete Impulsgleichung getreten. Mit Hilfe dieser drei Gleichungen und der Zustandsgleichung des Gases lassen sich die Verhältnisse der Geschwindigkeiten, Temperaturen, Drucke und Dichten zu beiden Seiten eines geraden Verdichtungsstoßes ermitteln. Die Rechnungen sind elementar aber zu umständlich, um hier wiedergegeben zu werden. Die Ergebnisse lassen sich wieder in einfacher Weise darstellen, wenn statt der Geschwindigkeiten v_1 und v_2 vor und hinter dem Verdichtungsstoß die MACHschen Zahlen $M_1 = v_1/c_1$ und $M_2 = v_2/c_2$ verwendet werden, wobei c_1 und c_2 die Schallgeschwindigkeiten vor und hinter dem Verdichtungsstoß sind.

Stoßverluste. Hinter dem Verdichtungsstoß ist die MACHsche Zahl

$$M_2 = \sqrt{\frac{1 + \dfrac{\varkappa-1}{2}\, M_1^2}{\varkappa\, M_1^2 - \dfrac{\varkappa-1}{2}}} = \sqrt{\frac{5 + M_1^2}{7\, M_1^2 - 1}}\,.$$

Diese Beziehung ist in Abb. 14 dargestellt. Man sieht, daß ein Verdichtungsstoß immer eine Überschallgeschwindigkeit in eine Unterschallgeschwindigkeit überführt. Im reinen Überschallgebiet gibt es keine geraden Verdichtungsstöße. Je größer die MACHsche Zahl vor dem Verdichtungsstoß, desto kleiner ist sie dahinter. Zum Beispiel ist für $M_1 = 2$ die MACHsche Zahl hinter dem Verdichtungsstoß $M_2 = 0{,}577$.

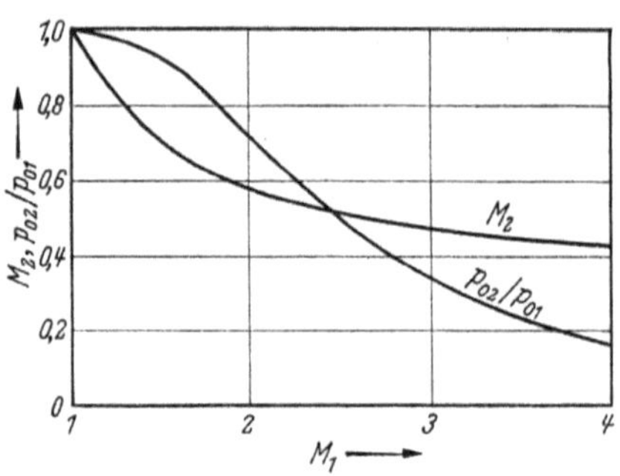

Abb. 14. Geschwindigkeit und Staupunktsdruckverlust bei geradem Verdichtungsstoß

Das Verhältnis der Staupunktsdrucke p_{02}/p_{01} vor und hinter dem Verdichtungsstoß ist ein Maß dafür, wieviel verfügbare Energie durch den Verdichtungsstoß verlorenging. Es ergibt sich gleich mit $\varkappa = 1{,}4$

$$p_{02}/p_{01} = \left(\frac{6\,M_1^2}{5 + M_1^2}\right)^{3,5} \left(\frac{6}{7\,M_1^2 - 1}\right)^{2,5}.$$

Dieses Verhältnis ist ebenfalls in Abb. 14 dargestellt. Zum Beispiel ist für $M_1 = 2$ der Staupunktsdruck hinter dem Verdichtungsstoß nur 0,72mal demjenigen davor. Für reversible verlustfreie Strömung müßte der Staupunktsdruck unverändert bleiben. Man erkennt, daß erhebliche Verluste mit einem Verdichtungsstoß verbunden sind.

Staudruck in Überschallströmung. Ein Verdichtungsstoß tritt vor einem mit Überschallgeschwindigkeit bewegten Körper mit stumpfer Nase auf, siehe Abb. 15. Die Unstetigkeitsfläche liegt bei hohen Überschallgeschwindigkeiten nahe am Körper an und rückt bei niedrigeren Überschallgeschwindigkeiten weiter nach vorne vom Körper ab. Man sieht aus der Abbildung, daß die Unstetigkeitsfläche sich zu beiden Seiten der Mittellinie nach rückwärts krümmt. Die Verhältnisse des oben formulierten geraden Verdichtungsstoßes sind nur in der Nähe der Mittellinie verwirklicht, während weiter außen kompliziertere Verhältnisse vorliegen.

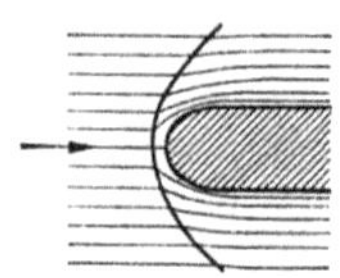

Abb. 15. Verdichtungsstoß
vor einem Körper in Über-
schallströmung

Bei Überschallströmung liegt der Staupunkt eines Körpers nach Abb. 15 hinter einem geraden Verdichtungsstoß. Für den Stau-

druck gilt daher eine andere Beziehung als die S. 35 für verlustfreie Strömung abgeleitete angenäherte Gleichung $q'/q = 1 + M^2/4$. ($q = 0,7\ pM^2$ war der Staudruck für inkompressible Strömung, q' der Staudruck für kompressible Strömung). Abb. 16 zeigt das Verhältnis q'/q im Bereich von $M = 0$ bis 3. Für $M < 1$ ist die Strömung

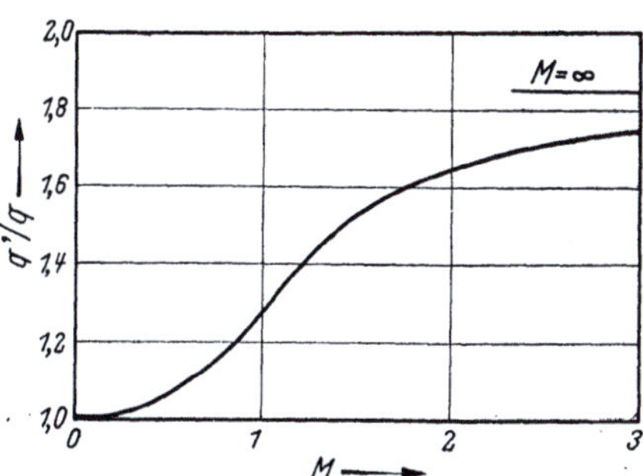

Abb. 16. Verhältnis des Staudruckes q' in kompressibler Strömung zum Staudruck q in inkompressibler Strömung

verlustfrei und die obige Beziehung ist gültig. Für $M > 1$ gilt

$$q'/q = \frac{1}{0,7\,M^2}\left[1,2\,M^2\left(\frac{7,2\,M^2}{7\,M^2 - 1}\right)^{2,5} - 1\right],$$

und dieses Verhältnis nähert sich für große M dem Wert 1,85.

Überschallwelle. Wir betrachteten hier den Verdichtungsstoß als ruhend und die Luft vor und hinter der Verdichtungsebene als strömend. Von einem ruhenden Koordinatensystem aus gesehen, begleitet der Verdichtungsstoß einen mit Überschallgeschwindigkeit bewegten Körper, siehe Abb. 15, und wir haben daher im ruhenden System eine Verdichtungswelle, die sich mit Überschallgeschwindigkeit ausbreitet. Auch mag hier erwähnt werden, daß die Annahme einer rein adiabatischen Zustandsänderung der Luft vor und hinter der Verdichtungswelle, welche zu einer scharfen Unstetigkeit führt, in Wirklichkeit nicht ganz zutrifft. Der geringe Wärmeübergang von den bereits verdichteten und wärmeren Gasteilchen auf die noch unverdichteten und kühleren Teilchen bewirkt einen stetigen Druckübergang an Stelle des unstetigen. Der Übergangsbereich ist allerdings sehr klein und in der Größenordnung von 1/1000 mm[1].

---

[1] Der Stoff dieses Abschnittes bildet die Grundlage für die sogenannte „Gasdynamik", über die es mehrere gute Lehrbücher gibt, das neuste von K. Oswatitsch, Gasdynamik, Wien 1952. Siehe auch R. Sauer, Einführung in die theoretische Gasdynamik, 2. Auflage, Berlin 1951. Für die thermo-

Fortsetzung S. 40

5. Luftwiderstand in Unterschallströmung

Widerstand durch Wirbelbildung. Wird irgendein Körper mit einer Geschwindigkeit v durch die Luft bewegt, so entstehen in seiner unmittelbaren Umgebung Druckunterschiede. Im allgemeinen wird der Druck auf der Vorderseite des Körpers größer, auf der Hinterseite kleiner werden, so daß eine resultierende Kraft entsteht, die der Bewegung entgegenwirkt, und die man *Luftwiderstand* nennt.

Wird ein zunächst ruhender Körper in einem völlig reibungsfreien Medium in Bewegung gesetzt, so kann nach den Sätzen der klassischen Hydrodynamik kein Widerstand des Körpers entstehen.

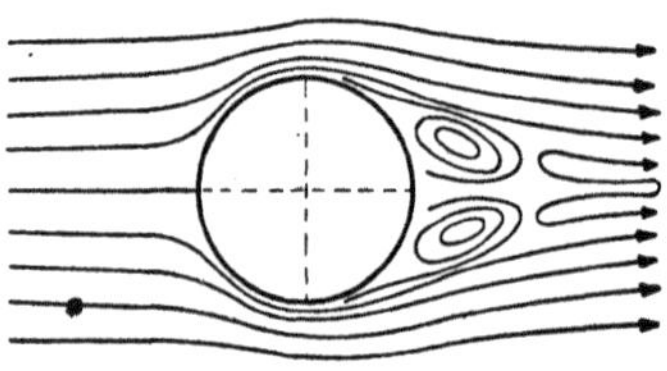

Abb. 17. Strömung um ein Kreisrohr

In einem solchen Medium schmiegen sich die Stromlinien der Körperoberfläche an. Nun sind die physikalischen Medien, z. B. Luft, nicht völlig reibungsfrei, insbesondere ist der Reibungseinfluß in unmittelbarer Nähe der Körperoberfläche recht erheblich und verursacht in vielen Fällen ein Strömungsbild, das von dem in einem völlig reibungsfreien Medium zu erwartenden erheblich abweicht. Die Strömung um ein Kreisrohr z. B. verläuft nach Abb. 17. Im rückwärtigen Teil des Körpers schmiegen sich die Stromlinien nicht mehr der Körperoberfläche an, sondern lösen sich ab; es bildet sich ein von Wirbeln erfüllter Totraum. Im Wirbelraum herrscht ein geringerer Luftdruck als auf der Vorderseite des Körpers, so daß ein Widerstand des Körpers entsteht. In einer völlig reibungsfreien Strömung würde das Strömungsbild auf der Rückseite des Rohres genau so aussehen wie auf der Vorderseite, der Luftdruck an gegenüberliegenden Punkten der Rohroberfläche wäre der gleiche, die Luftkräfte auf Vorder- und Rückseite würden sich gerade aufheben und keinen resultierenden Widerstand bilden. Ein derartiges Strömungsbild läßt sich auch versuchsmäßig gewinnen; es entsteht im ersten Augenblick des „Anfahrens", wenn man das zunächst ruhende Rohr in Bewegung setzt. Sehr bald wird jedoch durch den Einfluß der Reibung in der Nähe der Körperoberfläche die Strömungsform entsprechend Abb. 17 umgebildet.

---

dynamischen Grundlagen siehe z. B. Schüle, Technische Thermodynamik, 5. Auflage von E. Schmidt, Berlin 1953.

Es ist von großer praktischer Bedeutung, daß man Körperumriß-
formen finden kann, bei denen ein Abheben der Strömung auf der
Rückseite des Körpers weitgehend unterdrückt ist. Es sind das die
Stromlinienkörper, bei denen die Rückseite der Form der abfließenden Strömung angepaßt ist (siehe Abb. 18). Auf
die Ausbildung der Vorderseite der Körper
kommt es dabei weniger an. Ein solcher Stromlinienkörper hat tatsächlich einen äußerst geringen Widerstand, der nur einen Bruchteil des
Widerstandes einer Kugel von gleicher Stirn-

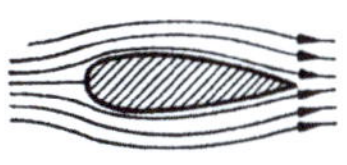

Abb. 18.
Stromlinienkörper

fläche beträgt. (Unter Stirnfläche eines Körpers versteht man die
Projektion seines Umrisses auf eine Ebene senkrecht zur Anströmrichtung).

Reibungswiderstand. Wir haben bis jetzt den Luftwiderstand
eines Körpers dadurch erklärt, daß auf seiner Vorder- und Rückseite ein verschieden hoher Druck herrscht, und dabei angenommen, daß dieser Druck senkrecht auf der Körperoberfläche steht.
Man nennt den bisher besprochenen Widerstand *Druckwiderstand*.
Er ist nur in indirekter Weise durch die Luftreibung verursacht.
In Wirklichkeit ist aber längs der ganzen Oberfläche der Druck
nicht genau senkrecht auf das Flächenstück zu gerichtet, auf das
er wirkt, sondern hat eine kleine, der Bewegungsrichtung des Körpers entgegengesetzte, tangentiale Komponente; die Resultante
dieser Teilkräfte nennt man den *Reibungswiderstand*. Eine sehr
dünne ebene Platte, die, an den Kanten zugeschärft, in ihrer Ebene
selbst bewegt wird, würde vielleicht am reinsten den Fall bloßen
Reibungswiderstandes darstellen. Die Beobachtung zeigt, daß die
Luft unmittelbar an dem bewegten Körper haftet, d.h. überall, wo
der Luftstrom die Körperoberfläche berührt, wird die Luft mit der
vollen Geschwindigkeit des Körpers mitgenommen; aber schon in
sehr kleinen Abständen, oft von Bruchteilen eines Millimeters,
treten erheblich geringere Geschwindigkeiten auf. Die schmale
Zone, innerhalb deren dieser starke Geschwindigkeitsabfall erfolgt[1],

---

[1] Man nennt diese Zone auch die Grenzschicht des Körpers, deren theo-
retische und experimentelle Untersuchung durch L. PRANDTL und seine
Schüler viel zur Aufklärung des Luftwiderstandsvorganges beigetragen hat.
Denn die Vorgänge in der Grenzschicht sind es auch, die das oben erwähnte
Abheben der Strömung verursachen. Siehe das in Abschnitt 3 zitierte Buch
von L. PRANDTL. Eine umfassende Darstellung ist gegeben in H. SCHLICH-
TING, Grenzschichttheorie, 2. Aufl., Karlsruhe 1954.

ist der Sitz der Reibungskräfte, deren Resultierende den Reibungswiderstand ergibt.

Widerstandsbeiwert. Wir können mit einiger Näherung ein
Widerstandsgesetz annehmen, wonach der Widerstand eines angeströmten Körpers proportional ist dem Strömungsdruck an irgendeiner Stelle des Körpers. Wir wählen hierfür den Staupunkt des
Körpers, also denjenigen Punkt, an dem die Stromlinie senkrecht
auf die Körperoberfläche auftrifft. Das heißt, wir setzen den Widerstand proportional dem Staudruck q der Strömung. Wird der Staudruck der Strömung erhöht, dann erhöhen sich unter der Voraussetzung, daß das Strömungsbild unverändert bleibt, die Drucke an
allen Stellen der Körperoberfläche im entsprechenden Verhältnis,
also auch der Widerstand. Außerdem ist der Widerstand proportional der Oberfläche O des Körpers. Wir können das Widerstandsgesetz in der Form schreiben:

$$W = q\,O\,c_R.$$

Hierin ist c_R eine dimensionslose Zahl, deren Größe von der Strömungsform abhängt. Man verwendet das Widerstandsgesetz in dieser Form, wenn es sich im wesentlichen um Reibungswiderstände
handelt. In anderen Fällen verwendet man in der Widerstandsformel an Stelle von O die Stirnfläche F des Körpers. Das Widerstandsgesetz heißt dann:

$$W = q\,F\,c_w,$$

wobei $c_w = \dfrac{c_R}{F}\,O$ ist. Der Widerstandsbeiwert c_w hängt genau wie
c_R von der Form der Strömung um den Körper ab. Diese Strömungsform ist erstens bedingt durch die Körpergestalt, so daß der
Widerstandsbeiwert c_w von den geometrischen Formen des Körpers abhängt. Zweitens ist die Strömung aber auch abhängig von
der Geschwindigkeit, mit welcher der Körper angeströmt wird.
Abb. 19 zeigt die Strömung um eine Kugel. Das linke Bild entspricht einer kleinen Geschwindigkeit, das rechte einer größeren
Geschwindigkeit. Der von Wirbeln erfüllte Totraum ist bei der
größeren Geschwindigkeit kleiner geworden, und die Messung ergibt, daß auch der Widerstandsbeiwert c_w für größere Geschwindigkeiten kleiner ist als bei kleineren Geschwindigkeiten. Das bedeutet nicht, daß der Widerstand W bei größeren Geschwindigkeiten kleiner geworden ist, denn der Widerstand W ist außerdem

proportional dem Staudruck der Strömung, der mit dem Quadrat der Geschwindigkeit zunimmt.

Der Übergang von der einen zur anderen Strömungsform in Abb. 19 erfolgt nicht allmählich, sondern setzt bei einer bestimm-

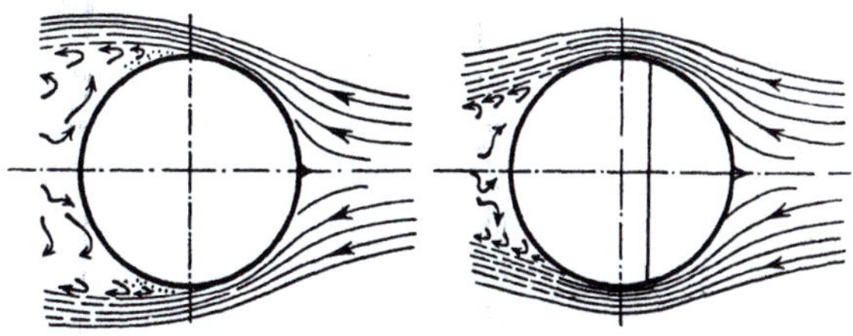

Abb. 19. Strömung um eine Kugel

ten kritischen Geschwindigkeit verhältnismäßig plötzlich ein. In Abb. 20 sind die Widerstandsbeiwerte von zwei Ellipsoiden und einer Kugel in Abhängigkeit von der Anströmgeschwindigkeit aufgetragen. In allen drei Fällen gibt es eine mehr oder weniger scharfe Geschwindigkeitsgrenze, oberhalb der der Widerstandsbeiwert

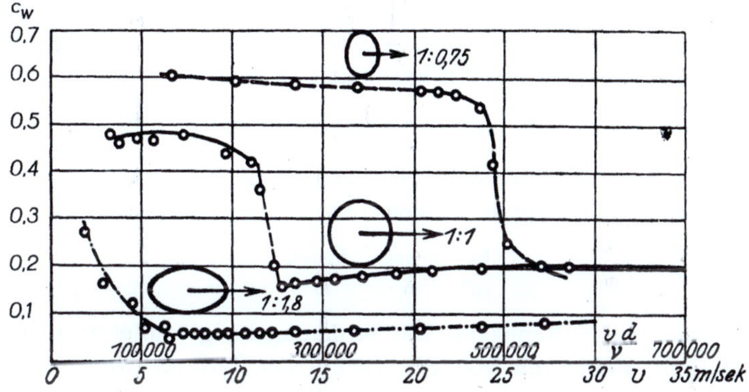

Abb. 20. Widerstandsbeiwerte für Kugel und Ellipsoid

stark abfällt. Diese Grenze liegt um so tiefer, je mehr der Körper sich der Stromlinienform nähert. Die kritische Geschwindigkeit ist am geringsten für ein in der Bewegungsrichtung gestrecktes Ellipsoid.

Luft als zähe Flüssigkeit. Wir sahen bisher, daß bei gleichbleibender Größe des Körpers die Strömungsform von der Strömungsgeschwindigkeit abhängt. Es zeigt sich nun, daß auch die absolute

Größe des Körpers, also nicht nur seine geometrische Form, einen Einfluß auf die Strömungsform und somit auf den Widerstandsbeiwert hat. Wir wollen jetzt eine Überlegung anstellen, die zeigen soll, unter welchen Umständen gleiche Strömungsformen zu erwarten sind. Wir gehen von der Tatsache aus, daß Luft genaugenommen eine *zähe* Flüssigkeit ist, in der nicht nur Normaldrucke (Luftdruck), sondern zwischen zwei aneinander gleitenden Schichten auch Schubkräfte oder Tangentialspannungen auftreten können. Wenn etwa in Abb. 21 die rechts liegenden Teilchen vorauseilen, so wie es die eingezeichneten Geschwindigkeitspfeile in ihren verschiedenen Größen andeuten, so wirken in jeder Schnittfläche, die den Geschwindigkeiten parallel ist, Tangentialkräfte, durch welche die Schichten auf der rechten Seite gehemmt, die auf der linken beschleunigt werden. Nach einer noch von Newton herrührenden Vorstellung nimmt man an, daß die Größe der auf die Flächeneinheit entfallenden Schubkraft proportional ist dem Geschwindigkeitsgefälle, also dem Quotienten Geschwindigkeitszunahme durch Abstand der Schichten. Wir haben also:

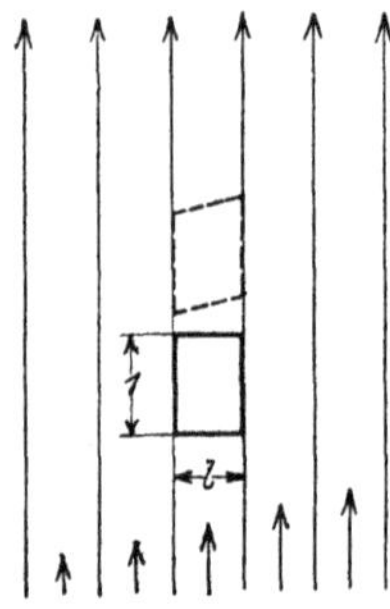

Abb. 21. Stromschichten

$$\text{Schubspannung} = \varkappa \cdot \text{Geschwindigkeitsgefälle},$$

wobei $\varkappa$ ein Maß für die Zähigkeit der Luft ist. $\varkappa$ hat entsprechend der obigen Gleichung die Dimension

$$\frac{\text{kg}}{\text{m}^2} : \frac{\text{m/sek}}{\text{m}} = \frac{\text{kg sek}}{\text{m}^2}.$$

Reynoldssche Kennzahl. Die Strömung hängt außer von der Zähigkeit weiter ab von der Dichte der Luft ϱ (Dimension: $\frac{\text{kg}}{\text{m}^3} : \frac{\text{m}}{\text{sek}^2} = \frac{\text{kg sek}^2}{\text{m}^4}$) und von einer kennzeichnenden Längenabmessung des umströmten Körpers. (Dimension m.) Aus den vier für die Strömung kennzeichnenden Größen: Zähigkeit $\varkappa$, Dichte ϱ, Strömungsgeschwindigkeit v, Längenabmessung l des umströmten Körpers läßt sich, wie man durch Einsetzen der Dimensionen erkennt, eine dimensionslose Zahl $\frac{l\,v}{\varkappa/\varrho}$ bilden. Unter der Voraussetzung, daß, abgesehen von der geometrischen Form des Körpers, die aufgezählten Größen die einzigen sind, die für die Strömung eine maßgebende Rolle spielen, ist die Strömung eindeutig gekennzeichnet durch den Zahlenwert des Ausdruckes

$$\frac{v\,l}{\varkappa/\varrho},$$

da sich die vier Größen nur in dieser einen Weise zu einer dimensionslosen Zahl zusammenfassen lassen[1]. Tatsächlich ist durch Versuche erwiesen worden, daß die Strömungsformen für näherungsweise inkompressible Strömungen bei geometrisch ähnlichen Körpern nur noch von dieser Zahl, der sog. REYNOLDSschen Kennzahl abhängen. Allerdings kommt es bei der geometrischen Ähnlichkeit zweier Körper nicht nur darauf an, daß die Umrißformen im großen geometrisch ähnlich sind, sondern daß außerdem die kleinen Unebenheiten der Oberfläche, die für den Luftwiderstand eine maßgebende Rolle spielen, ebenfalls geometrische Ähnlichkeit aufweisen. Man kann dies auch so ausdrücken, daß bei ähnlichen Körperformen auch die relative Rauhigkeit der Oberfläche die gleiche sein muß, damit bei gleichen REYNOLDSschen Kennzahlen ähnliche Strömungsformen entstehen.

Zähigkeitszahl. Den Quotienten $\varkappa/\varrho$, der nur von der Natur des Mediums, nicht von dem besondern Strömungsproblem abhängt, bezeichnet man schlechthin als *Zähigkeitszahl* des Mediums. Sie hat für Luft unter normalen Verhältnissen etwa den Wert $1,4 \cdot 10^{-5}\,\mathrm{m^2/sek}$, für Wasser von 20 °C den Wert $0,1 \cdot 10^{-5}\,\mathrm{m^2/sek}$. Bezeichnet man die Zähigkeitszahl mit dem griechischen Buchstaben v, so zeigt unsere Überlegung, daß es auf den Ausdruck

$$\frac{l\,v}{v},$$

das ist Länge mal Geschwindigkeit durch Zähigkeit, ankommt. Man wird also bei zwei Kugeln die gleiche Widerstandszahl erwarten dürfen, wenn beidemal das Produkt aus Durchmesser und Geschwindigkeit dividiert durch die Zähigkeitszahl des Mittels

---

[1] Diese Art des Schließens beruht auf der leicht einzusehenden Forderung, daß jedes Naturgesetz sich in einer Form darstellen lassen muß, in welcher nur noch dimensionslose Größen vorkommen. Wäre nämlich diese Forderung nicht erfüllt, so könnte man beispielsweise durch Einsetzen in englischen Zoll statt Zentimetern, das Naturgesetz ändern, was ihm seinen Sinn nehmen würde.

gleichen Wert gibt. Dies ist das REYNOLDSsche Ähnlichkeitsgesetz für die Kugel, bei der die einzige charakteristische Längenabmessung eben der Durchmesser ist[1]. Beispielsweise hat eine Kugel von 28 cm Durchmesser mit 20 m/sek durch Luft bewegt die gleiche Widerstandszahl c_w (nicht den gleichen Widerstand W) wie eine Kugel von 14 cm bei 40 m/sek in Luft wie eine Kugel von 2 cm Durchmesser bei 20 m/sek in Wasser (weil die Zähigkeit der Luft 14mal so groß ist wie die des Wassers) usf.

In Abb. 20 sind den Abszissen auch die Werte des Ausdrucks $d \cdot v : v$ (wo d den Durchmesse rder Kugel bezeichnet) beigeschrieben. Auf diese Weise ist man instand gesetzt, den Widerstand für eine Kugel beliebiger Größe, für beliebige Geschwindigkeiten und schließlich auch für verschiedene Medien mit Hilfe der Abb. 20 zu berechnen.

Die kinematische Zähigkeit v der Luft steigt mit der Temperatur[2] und sie steigt mit abnehmender Dichte. Zahlentafel 5 auf S. 395 gibt v in Abhängigkeit von der Flughöhe unter Annahme des Normaltages. Der Einfluß der abnehmenden Dichte übersteigt den Einfluß der abnehmenden Temperatur. Die in der Tafel enthaltenen Werte für v sind mit 10^{-5} zu multiplizieren, um v in m²/sek zu erhalten.

6. Luftwiderstand in Überschallströmung

Wellenwiderstand. Zu den beiden im vorigen Abschnitt besprochenen Widerstandsarten, dem Reibungswiderstand und dem Druckwiderstand, kommt im Überschallgebiet noch eine dritte Art des Widerstandes hinzu, auf die wir uns durch Besprechung des Verdichtungsstoßes vorbereitet haben. Jede Überschallströmung um einen Körper ist mit Verdichtungsstößen verbunden, und die in den Verdichtungsstößen in Wärme umgesetzte kinetische Energie muß von dem bewegten Körper als Widerstandsarbeit aufgebracht werden. Man nennt diesen Widerstand den Wellenwiderstand, weil der Energieverlust in den Verdichtungswellen stattfindet. Im Grunde wird natürlich der Wellenwiderstand durch

---

[1] Eine andere Ableitung des Ähnlichkeitsgesetzes findet man in dem v. MISESschen Lehrbuch: Elemente der technischen Hydromechanik, Bd. 1, Leipzig: Teubner 1914, S. 48.

[2] Bei 100 °C und Atmosphärendruck ist $v = 2{,}4 \cdot 10^5$ m²/sek statt 1,4 bei 0 °C.

Oberflächendrücke am bewegten Körper erzeugt, so daß er strenggenommen ein Teil des Druckwiderstandes ist.

Kleine Ablenkung der Überschallströmung. Um den Mechanismus der Widerstandserzeugung im Überschallgebiet etwas näher zu untersuchen, betrachten wir zunächst den Fall des schwachen schrägen Verdichtungsstoßes, wie er durch Ablenkung der Strömung durch einen keilförmigen Körper mit kleinem Keilwinkel Θ entsteht, siehe Abb. 22. Wenn der Keilwinkel Θ und damit die Druckstörung genügend klein ist, und wenn die Geschwindigkeit der freien Strömung genügend oberhalb der Schallgeschwindigkeit liegt, erfolgt der

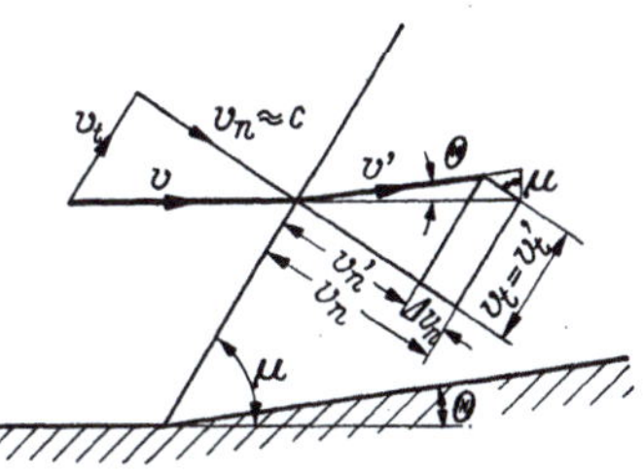

Abb. 22. Kleine Ablenkung einer Überschallströmung (Verdichtung)

Verdichtungsstoß angenähert entlang der unter dem Machschen Winkel μ von der Spitze des Keiles ausgehenden Linie. Wegen $\sin \mu = c/v$ ist diese Linie dadurch gekennzeichnet, daß die zu ihr senkrechte Komponente der Strömungsgeschwindigkeit gleich der Schallgeschwindigkeit c ist. In der Nähe der Keilfläche muß die Strömungsgeschwindigkeit parallel zu dieser Fläche sein, d.h. die Stromlinie muß beim Durchtritt durch die Machsche Linie einen Knick aufweisen. Wir treffen nun die nahe liegende Annahme, daß die Geschwindigkeiten v und v' vor und hinter dem Knick so beschaffen sind, daß die tangentialen Komponenten v_t und v_t' gleich sind, während die normalen Komponenten v_n und v_n' den in Abschnitt 4 angegebenen Gesetzen des geraden Verdichtungsstoßes folgen sollen. Wir wissen von früher, daß dann $v_n > c$ und $v_n' < c$ sein muß. Die Stoßfläche kann also nicht genau unter dem Machschen Winkel μ verlaufen, sondern muß einen größeren Winkel als μ mit der Richtung der ungestörten Strömung einschließen. Da wir nur kleine Drucksprünge behandeln wollen, sind v_n und v_n' angenähert gleich der Schallgeschwindigkeit c und wir können diese Unterschiede vernachlässigen.

Aus Abb. 22 liest man für kleinen Winkel θ, für welche man $\sin \theta$ durch θ ersetzen kann, die Beziehung

$$\frac{v\,\theta}{\varDelta v_n} = \cos \mu = \sqrt{M^2 - 1}/M$$

ab, wobei $\Delta v_n = v_n - v_n'$ ist. Für eine mit Schallgeschwindigkeit sich fortpflanzende kleine Druckstörung Δp gilt (siehe Ableitung auf S. 27)

$$\Delta p = c\varrho\Delta v_n.$$

Durch Einsetzen von Δv_n aus dieser in die vorhergehende Gleichung erhält man mit $v^2\varrho/2 = q$ und mit $M = v/c$ die Gleichung

$$\Delta p/q = 2\theta/\sqrt{M^2-1}.$$

Dieses ist der Drucksprung infolge des Verdichtungsstoßes und dieser Druck wirkt natürlich auch auf die Oberfläche des Keiles.

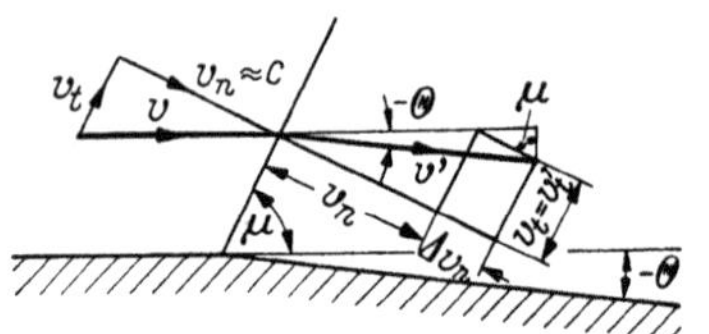

Abb. 23. Kleine Ablenkung einer Überschallströmung (Expansion)

Das Problem der Überschallströmung um eine Ecke, siehe Abb. 23, wobei das Gas entspannt, statt verdichtet wird, ist wegen der angenommenen Kleinheit des Drucksprunges bis auf das Vorzeichen identisch mit dem eben behandelten Problem der Strömungsablenkung durch einen Keil. Wir können die gleiche Formel für $\Delta p/q$ verwenden, wenn wir dem kleinen Winkel θ das in Abb. 23 angedeutete negative Vorzeichen geben.

Ablenkung um größere Winkel. Für endliche Ablenkungswinkel θ ergibt sich ein Unterschied zwischen der Verdichtung durch den Keil und der Entspannung durch die Umströmung der Ecke, da die Verdichtung, wie wir wissen, mit Energieverlusten verbunden ist, die Entspannung aber verlustfrei erfolgt. Unter Anwendung der in Abschnitt 4 gegebenen Beziehungen für den endlichen geraden Verdichtungsstoß auf die normalen Strömungskomponenten an der Stoßfläche erhält man ein positives $\Delta p/q$ (Δp endlich), wie es in Abb. 24 dargestellt ist[1]. Unsere obige Näherung ist gestrichelt eingetragen. Man sieht, daß bei größeren Ablenkungswinkeln θ die Verdichtung zu größeren Überdrücken, die Entspannung zu kleineren Unterdrücken führt als die einfache hier gegebene Theorie kleiner Drucksprünge. Für endliche Verdichtungen ist die Stoßfläche, wie schon erwähnt, unter einem größeren

---

[1] Abb. 24 ist in etwas veränderter Form dem Lehrbuch von E. A. BONNEY: Engineering Supersonic Aerodynamics, McGraw-Hill, 1950, entnommen.

Winkel als μ gegen die Richtung der ungestörten Strömung geneigt, während die Entspannung nicht mehr entlang der MACHschen Linie erfolgt, sondern innerhalb eines Winkelbereiches

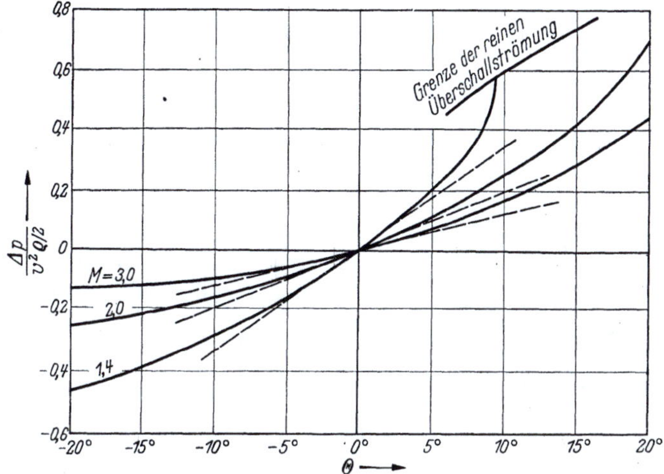

Abb. 24. Relative Druckänderung $\Delta p / \frac{v^2 \varrho}{2}$ für endliche Ablenkungswinkel Θ einer Überschallströmung

$\mu \pm \Delta\mu$. In Abb. 24 ist für positive θ eine Grenzlinie eingetragen. Für größere θ oder für kleinere M geht die Stoßfläche nicht mehr durch die Spitze des Keiles, sondern verlagert sich nach vorne, ähnlich wie in Abb. 15, für einen stumpfnasigen Körper gezeigt, wobei dann die Spitze des Keiles in einem Gebiet von Unterschallgeschwindigkeiten liegt.

Wellenwiderstand des dünnen Doppelkeiles. Wir können die oben abgeleitete Beziehung für den Drucksprung hinter einer Verdichtungs- oder Expansionswelle zur Ermittlung des Wellenwiderstandes eines Doppelkeiles nach Abb. 25 benutzen. Wir nehmen an, daß es sich um eine „ebene" Strömung handele, d.h., daß die Strömungsform über die Breite b des Körpers sich nicht ändert. Das Verhältnis der Dicke zur Tiefe d/t des Doppelkeiles soll genügend klein sein, um unsere angenäherte Druckgleichung anwenden zu können, wobei Abb. 24 einen Anhaltspunkt dafür gibt, bis zu welchen Keilwinkeln man eine vernünftige Näherung erwarten kann. An der Spitze des Körpers haben wir eine Verdichtungswelle, welche den Druck in der Nähe des Körpers um

$$\Delta p/q = 2\,d/t\,\sqrt{M^2-1}$$

erhöht. In der Mitte des Körpers gehen oben und unten Expansionswellen aus, welche wegen der doppelt so großen Ablenkungswinkel diese Druckerhöhung in eine gleich große Druckerniedrigung

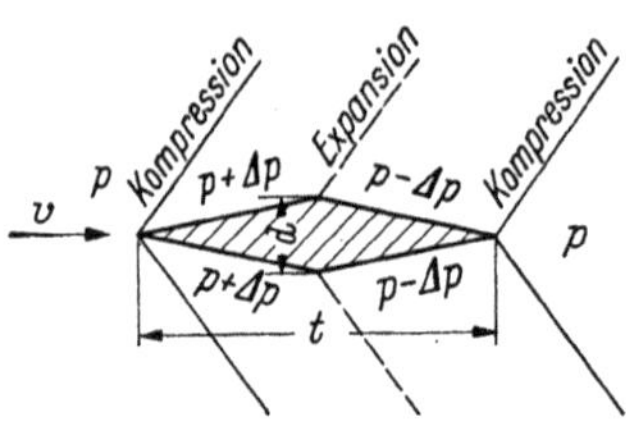

Abb. 25. Dünner Doppelkeil in
Überschallströmung

umwandeln. An der Hinterkante geht dann eine zweite Verdichtungswelle ab, welche den Druck wieder auf den der ungestörten Strömung hebt. Wenn b die Breite des Körpers senkrecht zur Strömungsrichtung ist, erhält man für den Wellenwiderstand

$$W = 2\,\Delta p\,t\,b\,d/t,$$

womit sich der Widerstandsbeiwert zu

$$c_w = W/b\,t\,q = \frac{4\,(d/t)^2}{\sqrt{M^2-1}}$$

ergibt. (Wir haben hier den Widerstandsbeiwert, wie bei Tragflächen üblich, auf die Grundfläche bt bezogen, statt auf die Stirnfläche bd.) Dieser Widerstandsbeiwert steigt mit dem Quadrat des Spitzenwinkels und man erkennt, wie wichtig es ist, bei Überschallströmungen gut zugespitzte und schlanke Körper zu verwenden. Dies ist im Gegensatz zum Unterschallgebiet, wo es auf die Form der Körpernase nicht sehr ankommt, wenn sie nur gerundet ist, und wo man in erster Linie auf gute Abführung der Strömung am hinteren Teile des Körpers achten muß. Es sei im übrigen hier darauf hingewiesen, daß man üblicherweise auch im Überschallgebiet den Widerstandsbeiwert c_w mit dem Staudruck der inkompressiblen Strömung $q = v^2\varrho/2$ bildet, während der wirkliche Staudruck höher ist, siehe Abb. 16. Man kann die obige Widerstandsformel auch für andere als doppelkeilförmige Querschnitte verwenden, wenn man einen Faktor k einführt, der z. B. für einen linsenförmigen Querschnitt 1,3 beträgt[1].

---

[1] Die hier wiedergegebene Theorie stammt von J. ACKERET, Z. f. Flugtechn. u. Motorluftsch. 16, 1925, S. 72. Eine verfeinerte Theorie wurde von A. BUSEMANN entwickelt, siehe Handbuch der Experimentalphysik, Bd. IV, Teil 1, 1931, S. 443.

Wir hatten uns bei der Ableitung des Drucksprunges Δp auf den Bereich nahe am Körper beschränkt, wo die Stromlinien der Körperfläche parallel sein müssen. Mit zunehmender Entfernung vom Körper wird der Drucksprung an der MACHschen Linie kleiner und dementsprechend der Knick der Stromlinien kleiner. Bei endlichen Keilwinkeln bedeutet das, daß die Verdichtungsfläche gekrümmt ist. Nahe am Körper ist sie unter einem größeren Winkel als μ gegen die Strömungsrichtung geneigt, weiter vom Körper entfernt nimmt sie mehr und mehr die Neigung μ zur Strömungsrichtung an.

Wellenwiderstand der schwach angestellten Platte. Wir können die gleichen Formeln für den Drucksprung hinter einer schwachen Verdichtungs- oder Expansionswelle auch zur Bestimmung der Kraft auf eine Platte anwenden, die um einen kleinen Winkel α gegen die Strömung angestellt ist, siehe Abb. 26. Wir haben an der Vorderkante der Platte im unteren Gebiet eine Verdichtung, im oberen Gebiet eine Entspannung. Die Kraft normal zur Platte ist, wenn wieder b ihre Breite bezeichnet:

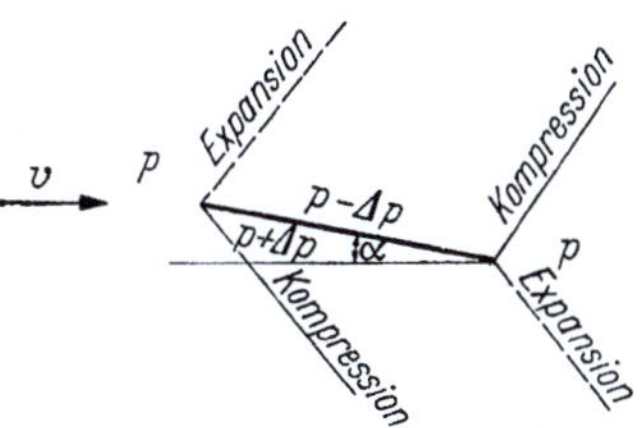

Abb. 26. Druckverteilung um eine schwach angestellte Platte in Überschallströmung

$$N = 2 \Delta p\, b\, t.$$

Der Normalkraftbeiwert ist definiert durch

$$c_n = N/b\,t\,q = \frac{4\,\alpha}{\sqrt{M^2 - 1}}.$$

Der Widerstand der Platte ist $W = N \sin \alpha \approx N\,\alpha$, also der Widerstandsbeiwert

$$c_w = \frac{4\,\alpha^2}{\sqrt{M^2 - 1}}.$$

Widerstand in schallnahen Strömungen. Bisher hatten wir angenommen, daß die Strömung am Körper ausschließlich mit Überschallgeschwindigkeit erfolgt. Für Strömungsgeschwindigkeiten, die nur wenig oberhalb oder unterhalb der Schallgeschwindigkeit liegen, ist dies nicht der Fall, da dann manche Gebiete um den Körper Überschallgeschwindigkeiten, andere Unterschallgeschwindigkeiten aufweisen. Für solche gemischte Strömungen sind die Druck- und Widerstandsgesetze wesentlich komplizierter und eine theoretische Behandlung ist viel schwieriger. Wir wollen hier nur

4*

noch an Hand der Abb. 27 eine Vorstellung davon geben, wie die Strömung um einen Doppelkeil aussieht, wenn die Geschwindigkeit der ungestörten Strömung ein wenig größer (links) und ein

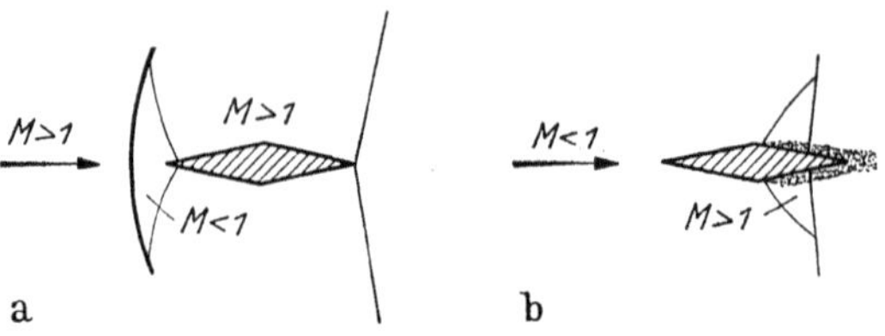

Abb. 27. Überschall- und Unterschallgebiete in der Umgebung eines Doppelkeiles

wenig kleiner (rechts) als die Schallgeschwindigkeit ist. Im ersteren Falle ergibt sich eine vom Körper losgelöste, schwach gekrümmte Verdichtungswelle an der Spitze und ein dahinter liegendes Unterschallgebiet. Im zweiten Falle ergeben sich im hinteren Bereich des Körpers nach beiden Seiten ausgehende Verdichtungswellen mit davorliegenden Überschallgebieten. Bei allmählicher Erhöhung der Strömungsgeschwindigkeit gibt es eine MACHsche Zahl unterhalb 1, bei welcher zum erstenmal lokale Bereiche mit Überschallgeschwindigkeiten entstehen. Man nennt dies die kritische MACHsche Zahl.

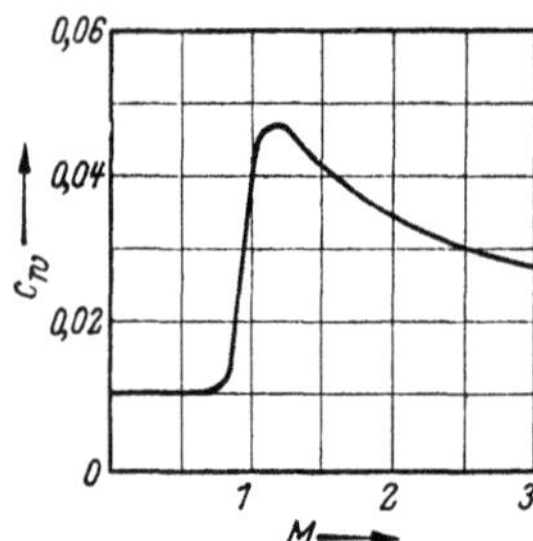

Abb. 28. Gemessene Widerstandsbeiwerte c_w für ein Überschallprofil

Bei weiterer Erhöhung der Strömungsgeschwindigkeit bilden sich Verdichtungsstöße, durch welche die Überschallgeschwindigkeiten auf Unterschallgeschwindigkeiten abgebaut werden. Es treten dann nicht nur Verluste in den Verdichtungswellen auf, sondern dort, wo die Verdichtungswellen an die Körperoberfläche heranreichen, wird die Grenzschicht gestört, und die Strömung löst sich vom Körper ab, wie in Abb. 27 rechts angedeutet. Das erste Auftreten von Verdichtungswellen ist daher auch mit sehr erheblichen Wirbelverlusten verbunden. Abb. 28 zeigt die gemessene Widerstandskurve eines Überschalltragflügelprofiles[1] als

---

[1] Abb. 28 ist R. SMELT, A Critical Review of German Research on High Speed Airflow, Journal of the Royal Aeron. Soc., Bd. 50, Dez. 1946, S. 899, entnommen.

Funktion der MACHschen Zahl der ungestörten Strömung. Zwischen $M = 0,9$ und $M = 1,0$ steigt der Widerstand steil an. Im Bereich der Überschallgeschwindigkeiten folgt die Kurve des Widerstandsbeiwertes der Tendenz unserer oben abgeleiteten Widerstandsformel, d. h. der Widerstandsbeiwert (nicht der Widerstand selbst) sinkt mit wachsender MACHscher Zahl ab. Man bekommt aus Abb.28 eine gute Vorstellung für die Gründe, welche es so schwierig machen, Fluggeschwindigkeiten von mehr als etwa 0,9fache Schallgeschwindigkeit zu erreichen. Es baut sich im Bereich der Schallgeschwindigkeit eine wirkliche „Widerstandswand" auf, die nur mit einer unverhältnismäßig starken Vergrößerung der Antriebsleistung überwunden werden kann.

7. Widerstandsbeizahlen verschiedener Körper

Veränderlichkeit der Widerstandsbeizahlen. Die in diesem Abschnitt angegebenen Widerstandsbeizahlen $c_w = W/Fq$ verschiedener Körper sind aus den im Windkanal gemessenen Widerständen W gewonnen. F ist die Ansichtsfläche des Körpers in der Strömungsrichtung und $q = v^2 \varrho/2$ der Staudruck. Die folgenden Angaben sind natürlich nicht ausreichend, um damit den Widerstand eines Flugzeuges abschätzen zu können. Hierfür muß auf das Spezialschrifttum hingewiesen werden[1]. Sie haben lediglich den Zweck, eine ungefähre Vorstellung von dem Einfluß der Formgebung auf den aerodynamischen Widerstand zu vermitteln.

Über die Widerstandsbeizahlen für verschieden gestaltete Körper gibt Zahlentafel 1 Auskunft. In der letzten Spalte ist angegeben, für welchen Bereich der REYNOLDSschen Kennzahlen die Beiwerte ungefähr gelten. Als Längenabmessung l in $Re = vl/v$ wurde die größte Erstreckung des Körpers senkrecht zur Stromrichtung genommen. Die Pfeile deuten die Richtung der Bewegung der Körper an. Behält man im Auge, was im Abschnitt 5 über die Veränderlichkeit der Widerstandsbeiwerte gesagt wurde, so wird man nicht übersehen, daß die Angaben der Zahlentafel nur ungefähre Anhaltspunkte bieten können. Außerdem hängen die Widerstandsbeiwerte nicht nur von der REYNOLDSschen Kennzahl, sondern auch

---

[1] Zum Beispiel S. F. HOERNER, Aerodynamic Drag, Selbstverlag 1951, oder R. FUCHS, L. HOPF und FR. SEEWALD, Mechanik des Flugzeuges. Berlin: Springer, 1934/35.

Zahlentafel 1. *Luftwiderstand verschiedener Querschnittformen*

Gestalt des Körpers ($\rightarrow$ bedeutet Bewegungsrichtung)		Beiwert c_w	$Re = \dfrac{v\,l}{\nu} \cdot 10^{-5}$
Ebene dünne Platte (von ungefähr gleicher Längen- und Breitenabmessung) senkrecht bewegt		1,10 bis 1,20	$> 0,1$
Kreiszylinder senkrecht zur Achse bewegt. Länge groß gegen Durchmesser	Querschnitt	1,10 bis 1,20 0,30 bis 0,40	0,01 bis 2,0 $> 5,0$
Zylinder von ovalem Querschnitt. Desgl. (Tropfenrohr)	Querschnitt	0,16 bis 0,52 0,10 bis 0,16	0,1 bis 0,2 $> 0,2$
Kreiszylinder in Richtung der Achse bewegt		0,84 bis 1,04	$> 0,4$
Kegel mit geschlossener Grundfläche	1:1	0,52	—
	1:2	0,34	—
Kugel		0,40 bis 0,48 0,10 bis 0,20	0,01 bis 2,3 $> 2,5$
Offene Halbkugelschale konkav		1,32 bis 1,60	$> 0,7$
Offene Halbkugelschale konvex		0,32 bis 0,34	$> 0,7$
Kegel mit halbkugelförmigem Abschluß		0,162	—
		0,088	—
Ballonmodelle (Drehkörper)		0,120	> 7
		0,068	> 7
		0,056	> 7

von anderen Einflüssen ab. Über den Einfluß der Luftkompressibilität und die dadurch bedingte Abhängigkeit von der MACHschen Zahl wurde im vorhergehenden Abschnitt einiges gesagt. Über den Einfluß des Rauhigkeitsgrades der Oberfläche werden wir später noch hören. Der Grad der in jeder Luftströmung vorhandenen Unruhe, der sog. Turbulenz, hat ebenfalls einen nicht unbedeutenden Einfluß auf den Widerstand. Die meisten älteren Windkanäle hatten eine größere Turbulenz als die freie Atmosphäre. Die Widerstandsbeiwerte sind im allgemeinen kleiner in der Strömung mit der größeren Turbulenz. Schließlich verändert sich der Widerstand eines Körpers durch die Nähe eines anderen. Die Luftwiderstände der Körper sind im allgemeinen am geringsten, wenn sie frei umströmt werden können und die Strömung nicht von benachbarten Körpern gestört wird. Wenn Durchdringungen von verschiedenen Körpern notwendig sind, wie bei der Anordnung von Tragfläche und Rumpf oder von Tragfläche und Motorgondel ist der Gesamtwiderstand sehr von den Einzelheiten der Durchdringung abhängig. Der Gesamtwiderstand kann bei ungünstiger Anordnung sehr viel größer sein als die Summe der Einzelwiderstände, er kann aber bei geschickter Anordnung auch kleiner sein als die Summe der Einzelwiderstände. Dieser Hinweis auf das verwickelte Fragengebiet der gegenseitigen Beeinflussung der Widerstände von Flugzeugteilen muß hier genügen.

Widerstandsbeiwerte verschiedener Querschnittsformen. Bezüglich der Einzelheiten der Zahlentafel 1 ersieht man zunächst durch Vergleich der zweiten und dritten Reihe, daß der stromlinienförmig verkleidete Kreiszylinder erstens im überkritischen Kennzahlbereich 1/2 bis 1/3 des Widerstandes vom unverkleideten Kreiszylinder hat, und daß zweitens der überkritische Bereich zu wesentlich kleineren Kennzahlen herab-
reicht. Dadurch ergibt sich z. B. für eine Kennzahl von $Re = 10^5$, die für den verkleideten Zylinder überkritisch, für den unverkleideten unterkritisch ist, eine Herabsetzung des Widerstandsbeiwertes infolge der

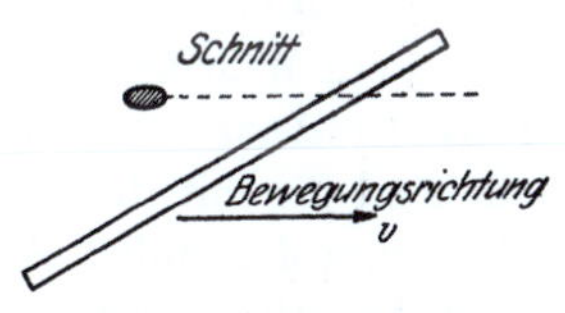

Abb. 29. Geneigte Strebe

stromlinienförmigen Verkleidung auf 10 bis 15 vH. Es mag hier erwähnt werden, daß eine schräge Anströmung eines Kreiszylinders nach Abb. 29 ebenfalls eine Herabsetzung des Widerstandes hervorruft, und zwar sinkt der Widerstand um einen größeren Betrag als er für einen senkrecht zur Strömungsrichtung stehenden Zylinder mit entsprechendem elliptischen Querschnitt zu erwarten wäre. Man muß daraus schließen, daß die „Staffelung" der einzelnen Querschnitte den Luftwiderstand noch besonders herabdrückt.

Die Halbkugel hat, wenn mit der Schnittfläche gegen die Strömung bewegt, einen höheren Widerstandsbeiwert als selbst die dünne Platte, wogegen der Widerstand auf weniger als 1/4 sinkt, wenn die Kugelfläche statt der Schnittfläche gegen die Strömung gerichtet ist. Hieraus könnte man schließen, daß es mehr auf die Ausbildung der Vorderseite eines Körpers ankommt als auf die der Rückseite. Dies ist jedoch dann nicht richtig, wenn die Vorderseite abgerundet ist. Die letzten Reihen der Zahlentafel zeigen z. B., daß ein stumpfes Hinterende des Körpers den Widerstand gegenüber der Stromlinienform mit spitzem Hinterende etwa verdoppelt. Bei Unterschallströmung kommt es nicht sehr darauf an wie der Körper vorne abgerundet ist, solange ein Ablösen der Strömung durch scharfe Kanten vermieden wird. Dagegen ist eine allmähliche Verjüngung des Körpers nach hinten zu notwendig, um die Ablösung der Grenzschicht und die damit verbundene Wirbelbildung zu vermeiden.

Der kleinste Widerstandsbeiwert von Stromlinienkörpern ist nach der Zahlentafel etwa 0,06. Solche Werte kann man für gut ausgebildete Motorgondeln oder stromlinienförmige Brennstoffbehälter an den Flügelspitzen erreichen. Ein moderner Flugzeugrumpf ohne herausragende Beschläge oder Nieten kann ebenfalls auf Widerstandsbeiwerte in dieser Größenordnung gebracht werden, wogegen ältere Rumpfbauarten mit aufgesetzter Verkleidung des Führerraums und mit herausragenden Motorteilen und Beschlägen ein Mehrfaches dieses Wertes aufwiesen.

Teilwiderstände am Flugzeug. Eine erhebliche Widerstandsquelle sind die mit dem Motoreinbau verbundenen Widerstände. Verbrennungslufteinlaß, Abgasrohre, Ölkühler, Kühllufteinlaß und Austritt bei luftgekühlten Motoren erzeugen einen Widerstand, der meist einen erheblichen Prozentsatz des Gesamtwiderstandes ausmacht. In einer von HOERNER a. a. O. gegebenen Widerstandsanalyse des im zweiten Weltkrieg verwendeten deutschen Jagdflugzeuges Me 109 findet sich für den Zustand des Fluges mit 600 km/st

Geschwindigkeit in 6700 m Höhe die folgende prozentuale Widerstandsaufteilung:

Tragflügel	44,7 %
Rumpf	13,7 %
Schwanzflächen	6,9 %
Motoreinbau	23,3 %
Antenne, Bewaffnung, Spornrad	11,4 %

Man sieht, daß der Motoreinbau den Rumpfwiderstand einschließlich Motor beinahe verdreifacht hat. Wie wir später noch im einzelnen besprechen werden, ist einer der Vorteile der Turbinentriebwerke im Vergleich zu den Kolbentriebwerken, daß die Einbauwiderstände wesentlich kleiner gehalten werden können.

Die Widerstandsbeiwerte von Fahrwerken, bezogen auf die vordere Ansichtsfläche der Räder, sind für die relativ schwere Bauform mit einer einzigen Strebe 0,2 bis 0,3, bei Mehrstrebenbauarten wesentlich höher. Man verwendet daher für alle größeren und schnelleren Flugzeuge einziehbare Fahrwerke.

Oberflächenreibung. Abb. 30 zeigt den Widerstandsbeiwert der Reibung $c_R = W/Oq$ für eine dünne, längs zur Strömung stehende Platte mit der Oberfläche O und der REYNOLDSschen Kennzahl $Re = vl/v$, wobei l die Längserstreckung der Platte in der Strömungsrichtung ist[1]. Die obere, mit wachsender Kennzahl abfallende Kurve gilt für turbulente Grenzschicht und für glatte Oberfläche. Die untere Kurve gilt für laminare Grenzschicht. Der Übergang erfolgt

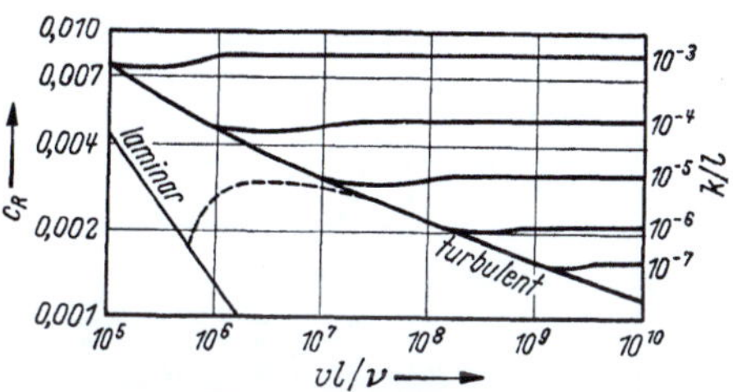

Abb. 30. Widerstandsbeiwert der Reibung $c_R = W/Oq$ über Kennzahl $R_e = v\,l/v$ (k/l = Rauhigkeitsmaß)

etwa zwischen $Re = 10^6$ und 10^7. In Abb. 30 sind auch eine Reihe von Linien eingetragen, die für verschiedene k/l gelten, wobei k die mittlere Korngröße der Oberfläche ist. Man kann diese mittlere Korngröße mit optischen Mitteln feststellen. Sie beträgt für polierte Metall- oder Holzoberflächen etwa $1/1000$ mm, für Bleche ohne Anstrich etwa $2/1000$ mm, für die Oberfläche einer sehr sorg-

---

[1] Die Abb. 30 ist dem mehrfach erwähnten Buch von L. PRANDTL entnommen.

fältig aufgespritzten Farbschicht $^4/_{1000}$ mm, für die Oberfläche einer aufgespritzten Farbschicht durchschnittlicher Güte $^{20}/_{1000}$. Man sieht aus Abb. 30, daß unterhalb einer bestimmten Kennzahl der Einfluß der Korngröße auf den Widerstandsbeiwert verschwindet. Oberhalb dieser Kennzahl bewirkt die Rauhigkeit der Oberfläche, daß der Widerstandsbeiwert mit wachsender Kennzahl konstant bleibt, statt abzufallen wie bei glatter Oberfläche. In Abb. 30 wurden logarithmische Teilungen in beiden Achsenrichtungen verwendet.

Schlanke Körper und Flügelprofile. Die für dünne Platten ermittelten Widerstandsbeiwerte gelten auch für die Oberflächen schlanker Körper. Für gute Stromlinienkörper, wie sie für die Rümpfe moderner Flugzeuge verwendet werden, ist der Gesamtwiderstand kaum größer als der Oberflächenreibungswiderstand, wenn man noch die Tatsache berücksichtigt, daß durch die Verdrängung der Luft durch den Körper die Geschwindigkeiten nahe der Oberfläche im Mittel etwas größer sind als die Geschwindigkeit der freien Strömung. Für größere Verhältnisse von Dicke zu Länge ist allerdings der Druckwiderstand nicht mehr vernachlässigbar. Dies ist aus Abb. 31 zu entnehmen, welche den Profilwiderstand von Tragflügeln verschiedener Dickenverhältnisse wiedergibt[1]. Wie schon erwähnt, definiert man den Profilwiderstand von Tragflügeln c_{wp} durch $c_{wp} = W/Fq$, wobei F die Grundfläche des Flügels ist. Bei schlanken Profilen ist diese Grundfläche sehr angenähert gleich der halben Oberfläche. Der Reibungsanteil des Profilwiderstandes ist daher in erster Näherung $2\,c_R$. Dieser Wert ist in Abb. 31 als die unterste Kurve eingetragen, sie entspricht den Werten c_R aus Abb. 30 für glatte Oberfläche. Der Reibungswiderstandsbeiwert muß jedoch noch berichtigt werden, da, wie schon erwähnt, in der Nähe der Oberfläche eine größere Geschwindigkeit vorherrscht als

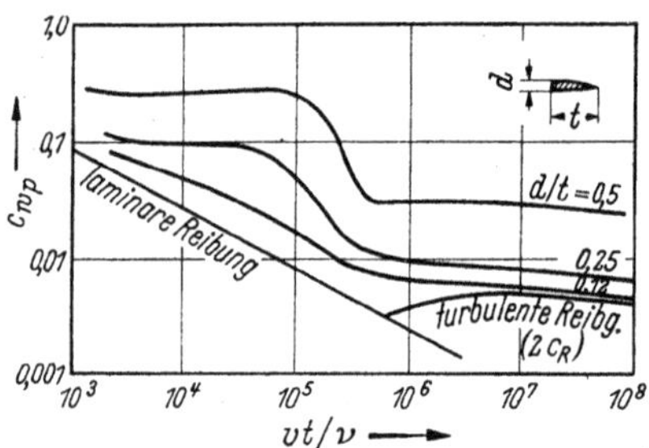

Abb. 31. Profilwiderstandsbeiwert $c_{wp} = W/Fq$ von Flügelprofilen

standes ist daher in erster Näherung $2\,c_R$. Dieser Wert ist in Abb. 31 als die unterste Kurve eingetragen, sie entspricht den Werten c_R aus Abb. 30 für glatte Oberfläche. Der Reibungswiderstandsbeiwert muß jedoch noch berichtigt werden, da, wie schon erwähnt, in der Nähe der Oberfläche eine größere Geschwindigkeit vorherrscht als

---

[1] Die Abb. 31 ist dem mehrfach erwähnten Buch von HOERNER entnommen.

in der freien Strömung. Für übliche Profile mit der größten Dicke d in 30 vH der Tiefe t steigt die Geschwindigkeit in der Nähe der Oberfläche im Mittel auf den $(1 + d/t)$fachen Wert der freien Strömung. Es müßte also bei der Widerstandsermittlung der Staudruck mit $(1 + d/t)^2$ multipliziert werden. Definitionsgemäß soll aber in $c_{wp} = W/Fq$ der Staudruck der ungestörten Strömung genommen werden, wodurch der Reibungswiderstandsbeiwert $2c_R$ mit $(1 + d/t)^2 \approx 1 + 2\,d/t$ (kleine Werte d/t angenommen) multipliziert werden muß. Wenn man den gemessenen Widerstand mit dem berichtigten Reibungswiderstandsbeiwert $2\,c_R(1 + 2\,d/t)$ vergleicht, ergibt sich, daß noch ein Glied $60\,(d/t)^4$ hinzugefügt werden muß, welches demnach den Druckwiderstand darstellt. Für ein 12 vH dickes Profil ist dieser Anteil vernachlässigbar, für ein 25 vH dickes Profil ergibt sich ein Druckwiderstand, welcher 15 vH des Reibungswiderstandes ist. Die Beziehung

$$c_{wp} = 2\,c_R[1 + 2\,d/t + 60\,(d/t)^4]$$

gilt für die gekennzeichneten Profile im überkritischen Bereich. Der Übergang zum unterkritischen Bereich ist in Abb. 31 dargestellt.

Die in Abb. 30 und 31 dargestellten komplizierten Abhängigkeiten des Widerstandsbeiwertes von der REYNOLDSschen Kennzahl und von der Rauhigkeit der Oberfläche müssen besonders beachtet werden, wenn man aus einem Modellversuch im Windkanal auf die Großausführung schließen will. Da außer den in Abb. 30 und 31 wiedergegebenen Abhängigkeiten noch die einleitend erwähnten Abhängigkeiten von der MACHschen Zahl, von der Turbulenz des Windkanals, von dem störenden Einfluß von Streben oder Drähten der Modellaufhängung, von zahlreichen im Modell nicht wiedergebbaren Ungenauigkeiten und Unvollkommenheiten der wirklichen Bauweise hinzukommen, kann man verstehen, daß eine zuverlässige Vorausberechnung des Flugzeugwiderstandes selbst auf Grund einer sorgfältigen Modellmessung eine fragwürdige Angelegenheit ist.

Aerodynamischer Flugzeugwirkungsgrad. Wir wollen zum Schluß noch eine Betrachtung über den aerodynamischen Wirkungsgrad eines Flugzeuges anstellen. Man kann diesen Wirkungsgrad z.B. definieren als das Verhältnis des bei glatter Oberfläche ohne Druckwiderstandsverluste vorhandenen Widerstandes zum tatsächlichen

Widerstand. Eine solche Definition setzt voraus, daß die Größe der Oberfläche des Flugzeuges anderweitig bereits als kleinstmögliche für den betreffenden Zweck festgelegt wurde. Für die Me 109 ist nach HOERNER beim Flug mit 600 km/st in 6700 m Höhe die Verteilung des Widerstandes auf die verschiedenen Widerstandserzeuger wie folgt:

Reibungswiderstand bei glatter Oberfläche	33 %
Einfluß der Rauhigkeit und Unregelmäßigkeiten	15 %
Hervorstehende Teile vor allem durch Motoreinbau	33 %
Gegenseitige Beeinflussung von Teilen	6 %
Einfluß der Kompressibilität der Luft	6 %
Induzierter Widerstand	7 %

Nimmt man den induzierten Widerstand, über den wir noch in Abschnitt 10 Näheres erfahren werden, zu dem Reibungswiderstand bei glatter Oberfläche hinzu, so hat man den kleinst erreichbaren Widerstand für die betreffende Größe des Flugzeuges, und man sieht, daß damit der Wirkungsgrad sich zu 40 vH ergeben würde. Von den 60 vH Verlusten sind 48 vH durch den Motoreinbau und durch die Unvollkommenheiten der Oberfläche entstanden. Für ein modernes Flugzeug mit Gasturbinentriebwerken ist der aerodynamische Wirkungsgrad zweifellos wesentlich höher. Bei höheren Geschwindigkeiten kommt dann allerdings ein stark wachsender Verlust durch die Kompressibilität der Luft hinzu.

II. Die Tragfläche

8. Luftkräfte auf die Tragfläche

Allgemeines. In den letzten drei Abschnitten hatten wir angenommen, daß die Strömung auf die Körper nur eine Kraft in der Strömungsrichtung ausübt, eben den Luftwiderstand. Die von der Strömung ausgeübte Kraft rührt aber in erster Linie von den Druckunterschieden her, die infolge der Strömung an der Oberfläche des Körpers entstehen. Es ist nun eine der wichtigsten Grundtatsachen der Fluglehre, daß die Kraftwirkung, die der Luftdruck an einem Teilchen der Oberfläche eines Körpers ausübt, stets *annähernd senkrecht* auf dieses zu gerichtet ist. Es ist nicht notwendig, daß die Resultierende dieser, bei einem beliebig geformten

Körper sehr verschieden gerichteten Einzeldrucke in die Geschwindigkeitsrichtung fällt, ja es muß überhaupt keine Einzelkraft sich als Resultierende ergeben[1]. So ist es beispielsweise eine bekannte Erfahrung, daß der Rumpf eines Flugzeuges nicht nur Widerstand, sondern auch *Auftrieb* erhält. Damit ist nichts anderes gesagt, als daß die Druckkräfte, die auf der Unter- und Oberseite des Rumpfes wirken, sich nicht ganz aufheben, wie etwa an einer waagerecht bewegten Kugel, sondern ein Überschuß der von unten nach oben wirkenden besteht. In diesem Kapitel werden wir uns ausführlich mit der Erscheinung des Auftriebs beschäftigen, die natürlich bei den *Tragflächen* oder Flügeln eine viel wesentlichere Rolle spielt als beim Flugzeugrumpf. Im vierten Kapitel werden wir dann sehen, wie die besonderen Richtungsverhältnisse der Luftkräfte bei einem *Propeller* sogar zu einer *Zug*kraft führen, wobei übrigens der Fall vorliegt, daß die Gesamtheit der Luftkräfte keine Einzelkraft zur Resultierenden hat, sondern die Verbindung einer Einzelkraft mit einem Kräftepaar. So sehr diese allgemeineren Formen der Wechselwirkung zwischen einem bewegten Körper und der umgebenden Luft von der einfachen Ausgangsvorstellung des Luftwiderstandes abweichen, sind doch in dem gemeinsamen Ursprung aller dieser Luftkräfte weitgehende Analogien begründet. Immer wieder werden uns Formeln begegnen, die der Gestalt der Luftwiderstandsformel:

$$W = c_w F q$$

vollständig analog sind. Es liegt darin ein allgemeines Gesetz, daß nämlich die Luftkräfte auf einen angeströmten Körper proportional sind dem Staudruck der Strömung und der Oberfläche des Körpers, wobei der Proportionalitätsfaktor, auch Luftkraftbeizahl genannt, allerdings nur innerhalb gewisser Bereiche der REYNOLDSschen Kennzahl und für genügend kleine MACHsche Zahl als annähernd konstant angesehen werden kann. Im übrigen hängen die Luftkräfte auf den Körper *nur von den geometrischen Verhältnissen* (Gestalt und Stellung des Körpers gegenüber der Strömungsrichtung) ab. Viele von den an den Begriff des Luftwiderstandes geknüpften allgemeinen Bemerkungen gelten dann sinngemäß auch für die verschiedenen Luftkräfte, die wir in der Folge kennenlernen

---

[1] Die allgemeine Theorie des Gleichgewichtes fester Körper besagt, daß eine beliebige Gruppe einzelner Kräfte nicht immer einer einzigen Kraft gleichwertig ist.

werden: den Auftrieb und Rücktrieb der Tragfläche, die Zugkraft und Widerstandskraft der Luftschraube, die Luftkräfte an den Rudern (Steuerflächen) und Flossen. Im übrigen erinnern wir nochmals an die zu Beginn von Abschnitt 3 gemachten Bemerkungen, wonach wir unsern Standpunkt so wählen wollen, daß von ihm aus betrachtet die Strömung um das Flugzeug stationär ist, d. h. wir beobachten die Strömung vom bewegten Flugzeug aus. Die Anströmungsrichtung ist dann entgegen der Bewegungsrichtung. In den Abschnitten 8 bis 10 werden wir die Strömung um die Tragfläche als inkompressibel annehmen, womit wir uns auf genügend kleine MACHsche Zahlen beschränken. In Abschnitt 11 werden wir auf die mit Überschallgeschwindigkeit angeströmte Tragfläche eingehen.

Anstellwinkel, Auftrieb und Rücktrieb. Die Wirksamkeit der Tragfläche ist in erster Linie von ihrer Querschnittsform, dem sog. Tragflächen*profil* abhängig. In Abb. 32 ist ein solches Profil gezeichnet.

Unter dem *Anstellwinkel* versteht man den Winkel, den die Sehne des Tragflächenprofils mit der Bewegungsrichtung bzw. Anströmungsrichtung einschließt. Der Anstellwinkel α in Abb. 32 nimmt ab mit zunehmender Fluggeschwindigkeit und beträgt im Schnellflug nur wenige Grade.

Die Wirkungsweise der Tragfläche ist nun folgende.

Infolge der Bewegung in schräger Lage tritt vorne auf der Unterseite der Tragfläche eine Druckerhöhung der Luft, auf der Oberseite eine Druckerniedrigung ein. Der Druck ist daher auf der Unterseite größer als auf der Oberseite, und es wirkt eine resultierende Luftkraft von unten nach oben. Da, wie oben hervorgehoben wurde, die Druckwirkung stets annähernd senkrecht zu den sie aufnehmenden Flächenteilchen gerichtet ist, die gesamte Tragfläche aber nicht viel von einer Ebene abweicht, so haben alle Teilkräfte ungefähr die gleiche Richtung: „senkrecht zur Tragfläche". Die resultierende Luftkraft liegt also *annähernd senkrecht zur Tragfläche* bzw. zur Sehnenrichtung, Abb. 32. Nach dem Satz vom

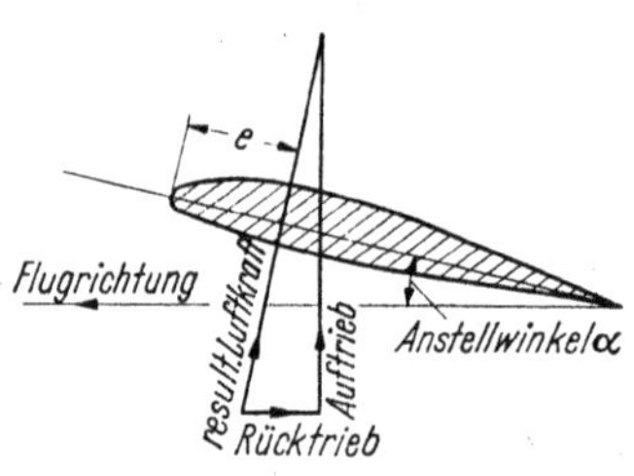

Abb. 32. Kräfte an der Tragfläche

Kräfteparallelogramm kann man eine solche geneigte Kraft in eine lotrechte und eine waagrechte Komponente zerlegen. Die lotrechte Komponente ist in unserem Falle nach aufwärts gerichtet, also entgegengesetzt der Schwerkraft und heißt daher *Auftrieb*; die waagrechte, infolge des kleinen Anstellwinkels verhältnismäßig kleine Komponente wirkt entgegen der Bewegungsrichtung und heißt der *Widerstand der Tragfläche oder der Rücktrieb*.

Das Wesen des Motorfluges (wie übrigens auch des Segelfluges) liegt in letzter Linie darin, daß bei der Bewegung einer Tragfläche durch die Luft Kräfte geweckt werden, die *nicht lediglich der Bewegung entgegenwirken*, also sie zu hindern suchen, sondern daß, wie eben gezeigt wurde, außer diesen Kräften auch anders gerichtete entstehen, die die Schwerkraft überwinden. Wird irgendein gewöhnlicher Körper, z.B. ein zylindrischer Stab, durch die Luft bewegt, so entsteht im wesentlichen nur ein Widerstand; eine geeignet geformte „Tragfläche" ergibt neben dem Widerstand einen Auftrieb.

Gleitzahl. Der Quotient Rücktrieb: Auftrieb heißt aus Gründen, die wir in Abschnitt 13 kennenlernen werden, *Gleitzahl* der Tragfläche. Je geringer die Gleitzahl (d.h. also bei gegebenem Auftrieb auch der Widerstand) ist, um so besser ist die Tragfläche. Die Tragflächen der ersten Flugzeuge hatten Gleitzahlen von rund 0,2, d.h. der Rücktrieb betrug rund ein Fünftel des Auftriebes. Heute erreicht man Gleitzahlen von 0,05 und weniger. Die Gleitzahl ist jedoch für eine Tragfläche keine unveränderliche Größe, sondern sie ändert sich mit der Fluggeschwindigkeit. Die angeführten Zahlen sind die Kleinstwerte für möglichst günstige Verhältnisse. Darüber wird noch später ausführlich zu sprechen sein.

Druckverteilung über die Tiefe. Auf der Oberseite einer bewegten Tragfläche entsteht, wie oben besprochen wurde, eine Saugwirkung, auf der Unterseite eine Druckwirkung. Die durchschnittliche Saugwirkung ist in der Regel fast zweimal so groß wie die durchschnittliche Druckwirkung, d.h. es trägt zum Auftrieb die Luftverdünnung an der Oberseite annähernd *doppelt so viel* bei wie die Verdichtung an der Unterseite. Man kann daraus schließen, daß die richtige Ausbildung (Formgebung) der Oberseite der Tragfläche wichtiger ist, als die der Unterseite. Abb. 33 zeigt zwei Linien, die den Druckverlauf auf den beiden Seiten eines Tragflächenquerschnittes für einen bestimmten Fall darstellen. Die durchgezogene waagrechte Gerade entspricht dem Luftdruck in der ungestörten Luft, der gleich 1 at gesetzt ist. Die untere Linie

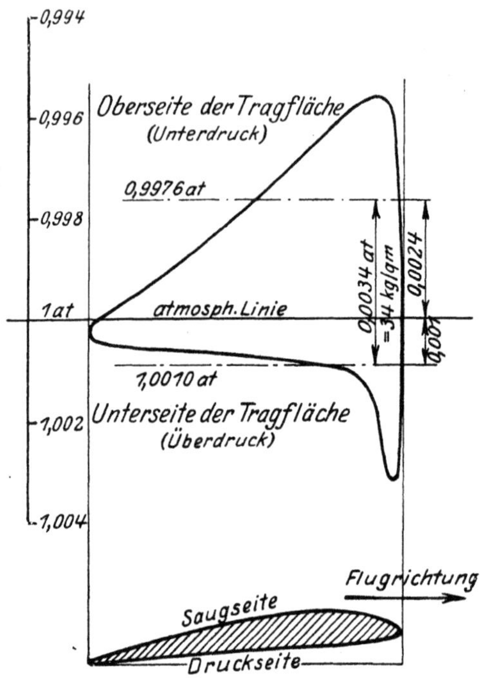

Abb. 33. Druckverteilung über die Tiefe einer Tragfläche

mit Drucken von mehr als 1 at bis etwa 1,003 at gibt die Pressung an der Unterseite der Tragfläche wieder, die obere Linie, die bis 0,996 at reicht, entspricht den Unterdrucken auf der Oberseite der Tragfläche. Es beträgt also der größte Überdruck über dem atmosphärischen Druck unten 0,003 at = 30 kg/m², der größte Unterdruck unter dem atmosphärischen Druck auf der Oberseite der Tragfläche 0,004 at = 40 kg/m². Die *mittleren* Werte sind auf der Unterseite 0,0010 at = 10 kg/m², auf der Oberseite 0,0024 at = 24 kg/m². Im ganzen hat somit unsere Tragfläche in dem betrachteten Querschnitt einen resultierenden mittleren Auftrieb von 10 + 24 = 34 kg/m². Das Beispiel ist einem Versuchsergebnis für 40 m/sek Strömungsgeschwindigkeit entnommen.

Abwärtsbeschleunigung der Luft. In vielen Darstellungen der Fluglehre findet man Erklärungen für die „Herkunft" oder „Ursache" des Auftriebs, die dem Anfänger als im Widerspruch mit dem hier Gesagten erscheinen könnten. Es heißt z. B., der Auftrieb rühre nur davon her, daß bei der Bewegung der Tragfläche durch die Luft bestimmte Luftmassen nach abwärts „geworfen" werden. Eine andere, mehr wissenschaftliche Erklärung geht dahin, daß nur die „Zirkulation der Luft" um den Flügel den Auftrieb bewirke usf. Die Verhältnisse liegen nun in der Tat so: Wenn wir eine Tragfläche durch die Luft bewegt denken, so ist damit nach den Gesetzen der Mechanik der Druck und die Geschwindigkeit der Luft in der ganzen Umgebung eindeutig bestimmt. Der Zustand der umgebenden Luft weist *gleichzeitig* einen Druckunterschied zwischen Ober- und Unterseite des Flügels, eine Zirkulation der Luft um den Flügel, endlich eine Abwärtsbewegung der Luft unterhalb des Flügels auf. Jede dieser drei Erscheinungen kann daher mit gleichem Recht als die „Ursache" des Auftriebs angesehen werden.

Wie die Abwärtsbewegung oder das „Abwärtswerfen" der Luftteilchen mit dem Auftrieb zusammenhängt, zeigt folgende auf den Impulssatz (Abschnitt 3) gestützte Überlegung. Denkt man sich das Flugzeug samt der es umgebenden Luft in eine genügend große Kugel eingeschlossen (die sich mit dem Flugzeug mitbewegt), so wirken auf die in der Kugel eingeschlossene Luftmenge – von ihrem Gewicht, das geringfügig ist, abgesehen – erstens Kräfte von außen her an der Kugeloberfläche, die sich aber aufheben, weil in genügender Entfernung vom Flugzeug einfach der ungestörte, also überall gleiche Luftdruck herrscht, und zweitens Kräfte von innen her, an den Teilen, mit denen die Luft das Flugzeug berührt. Diese letzteren Kräfte sind die Gegenwirkung der Kräfte, die von der Luft auf die Oberfläche des Flugzeuges ausgeübt werden, also diesen entgegengesetzt gerichtet und der Größe nach gleich. Wenn daher das Flugzeug einen Auftrieb erfahren soll, muß die Luftmasse eine resultierende *abwärts* gerichtete Kraft aufnehmen, und das ist nach dem Impulssatz nur möglich, wenn die Luftteilchen einen Geschwindigkeitszuwachs nach unten oder eine abwärts gerichtete Beschleunigung besitzen. Würde man die Luftmenge V kennen, die in jeder Sekunde in den Wirkungsbereich des Flügels ohne Vertikalgeschwindigkeit eintritt, und die Abwärtsgeschwindigkeit w, mit der sie diesen Bereich verläßt, so hätte man nach dem Impulssatz in dem Produkt $\varrho \cdot V \cdot w$ die Größe des Auftriebs A.

Zirkulation. Um die Bedeutung der „Zirkulation" und ihren Zusammenhang mit dem Auftrieb zu verstehen, denken wir uns das Flugzeug in Ruhe und von einem waagrechten Luftstrom angeblasen. Würden die Luftteilchen an der Ober- und Unterseite der Tragfläche mit ungefähr der gleichen Durchschnittsgeschwindigkeit entlang streichen, so müßte nach dem in Abschnitt 3 abgeleiteten Satz, wonach die Summe aus Druck- und Geschwindigkeitshöhe immer gleichen Wert hat, auch der durchschnittliche Druck oben und unten gleich sein. In diesem Fall wäre also kein Auftrieb vorhanden. Ist aber Auftrieb da, somit der Druck unten größer als oben, so muß nach dem angeführten Satz die Geschwindigkeit oben größer und unten kleiner sein. Man kann sich das so vorstellen, als ob zu der gleichförmigen, ungefähr waagrechten und parallelen Bewegung noch eine *Zusatz*bewegung hinzukommt, die auf der Oberseite die Richtung des Anblasestromes, auf der Unterseite die entgegengesetzte Richtung besitzt. Die Zusatzbewegung für sich betrachtet stellt demnach ein *Umkreisen* des Flügels dar, und zwar im Sinne des Uhrzeigers, wenn der Anblasestrom von links kommt. Da dieser Strom entgegengesetzt zur Flugrichtung zu denken ist, besitzt ein Flugzeug, das wir nach links fliegen sehen, von unserm Beobachtungsstandpunkt aus Zirkulation der Luft im Uhrzeigersinn, andernfalls entgegen dem Uhrzeiger. Wie man die Zirkulation mißt und wie man aus ihrer Größe auf die des Auftriebes schließt, kann im Rahmen dieses Buches nicht erklärt werden[1].

Auftriebs- und Widerstandsbeiwert. Auftrieb und Tragflächenwiderstand sind Komponenten einer Luftkraft. Für sie gelten – vgl. die Bemerkungen am Beginn dieses Abschnittes – ähnliche allge-

---

[1] Von dem Begriff der Zirkulation ausgehend hat N. JOUKOWSKI (und vor ihm teilweise schon E. KUTTA) mit den Hilfsmitteln der theoretischen Hydromechanik die Größe des Auftriebs für bestimmte Tragflächenprofile berechnet. Die allgemeine Theorie für beliebige Profile, die auch zur Bestimmung der Lage der Auftriebskraft führt, ist von R. v. MISES entwickelt worden in zwei Aufsätzen „Zur Theorie des Tragflächenauftriebs" in der Z. f. Flugtechn. u. Motorluftsch. 1917, H. 21/22, und 1920, H. 5 und 6. Die Theorie ist in zahlreiche Lehrbücher aufgenommen worden. Die umfassendste Darstellung ist gegeben in dem von W. F. DURAND herausgegebenen sechsbändigen Handbuch „Aerodynamic Theory", Berlin, Julius Springer, 1934—36.

meine Gesetze wie für den im ersten Kapitel behandelten Luftwiderstand eines beliebigen Körpers. Nämlich: Die Kräfte sind
unter sonst gleichen Verhältnissen *proportional dem Staudruck der
Strömung und der Tragflächengröße* und im übrigen bestimmt durch
eine Zahl, die jetzt „Beiwert des Auftriebes" bzw. „Beiwert des
Widerstandes" heißt.

Bezeichnen wir den in kg gemessenen Auftrieb mit A, den Widerstand der Tragfläche oder Rücktrieb mit W, die Größe der Trag-

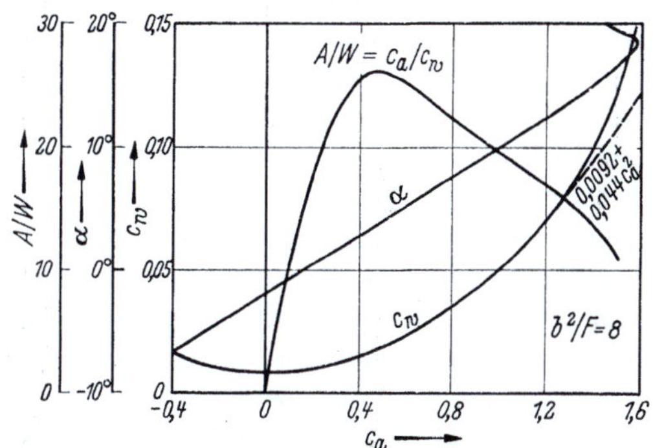

Abb 34. Anstellwinkel α, Widerstandsbeiwert c_{wp} und Gleitverhältnis $A/W = c_a/c_w$ über
Auftriebsbeiwert c_a einer Tragfläche

fläche in m² mit F, endlich mit c_a und c_w die beiden Beiwerte, so
gelten die Formeln:

$$A = c_a q F; \quad W = c_w q F.$$

Hierbei beachte man, daß F die Größe der Tragfläche ist (nicht
die Ansichtsfläche, die in Abschnitt 5 eingeführt wurde).

Tragflächenkennlinien. Die Beiwerte c_a und c_w sind bei ein und
derselben Fläche mit dem Anstellwinkel α veränderlich. Der Verlauf der Werte c_a und c_w für die verschiedenen Anstellwinkel α
kennzeichnet das besondere Flächenprofil. Man kann diese Abhängigkeit in einem Schaubild entweder so darstellen, daß c_a und c_w
über α aufgetragen werden, wie z. B. in Abb. 38. Für viele Zwecke
ist es jedoch vorteilhafter, α und c_w über c_a aufzutragen wie in
Abb. 34. Dieses Schaubild gilt für den Fall einer Tragfläche mit
dem Profil der Abb. 35 und mit einem Seitenverhältnis $b^2/F = 8$
(b ist die Breite der Tragfläche senkrecht zur Strömungsrichtung,
der Einfluß des Seitenverhältnisses wird im folgenden Abschnitt

5*

erörtert werden). Abb. 34 enthält außer den Kurven für α und c_w noch eine dritte Kurve, welche den Verlauf des Verhältnisses A/W von Auftrieb zu Widerstand darstellt. Die Widerstandskurve kann sehr angenähert durch $c_w = 0{,}0092 + 0{,}044\,c_a^2$ wiedergegeben werden, nur oberhalb $c_a = 1{,}2$ ist der tatsächliche Widerstand höher.

Die Ermittlung der Kurven für verschiedene Profile erfolgt in aerodynamischen Versuchsanstalten, und zwar in der Weise, daß ein Modell der Fläche unter den entsprechenden Winkeln in einen Luftstrom (Luftkanal) hineingehängt wird und die Kräfte A und W mittels Wägeeinrichtungen gemessen werden. Aus den gemessenen Werten A und W werden dann die Zahlen c_a und c_w der Formel berechnet, indem man die Kräfte durch Flächengröße des Modells und den Staudruck dividiert. Wie die Kurven dann verwendet werden, zeigt folgendes Beispiel.

Ein Flugzeug mit der Tragfläche, deren Kennlinien durch Abb. 34 gegeben seien, fliege in Meereshöhe mit 450 km/st Geschwindigkeit. Das Fluggewicht sei 10000 kg, die Größe der Tragfläche sei $F = 50\ \mathrm{m^2}$. Gefragt ist nach dem Anstellwinkel der Tragfläche und nach dem Tragflächenwiderstand. Wir ermitteln zunächst den Staudruck $q = v^2/16 = (450/3{,}6)^2/16 = 975\ \mathrm{kg/m^2}$. Da der Auftrieb gleich dem Fluggewicht sein muß, ergibt sich für den Auftriebsbeiwert $c_a = A/Fq = 10000/50 \cdot 975 = 0{,}205$. Aus Abb. 34 liest man ab $\alpha = 0{,}2°$ und $A/W = 18{,}7$. Es ist also der Tragflächenwiderstand $10000/18{,}7 = 534$ kg.

Wir wollen jetzt an Hand der Kurven Abb. 34 kurz auf einige kennzeichnende Eigenschaften der Tragflächenprofile hinweisen. Zunächst zeigt Abb. 34, daß der Auftriebsbeiwert von einem bestimmten Anstellwinkel an, in unserm Fall sind es etwa 19°, nicht mehr steigt. Die Tatsache, daß es ein Maximum des Auftriebsbeiwertes gibt, ist für das Fliegen von größter Bedeutung. Setzen wir nämlich den Wert $c_{a\,max}$ in die Auftriebsgleichung ein und lösen sie nach dem Staudruck auf, dann ergibt sich

$$q = \frac{A}{c_{a\,max}\,F}\,.$$

Nun muß im Horizontalflug der Auftrieb gleich dem Gewicht G des Flugzeuges sein. Durch die Gleichung

$$q_{min} = (G/F)\,\frac{1}{c_{a\,max}}$$

ist also der kleinste Staudruck und somit die kleinste Geschwindigkeit gegeben, mit welcher ein Flugzeug fliegen kann. G/F wird die Flächenbelastung des Flugzeuges genannt, das ist das auf die Tragfläche bezogene Fluggewicht. Ein kleine Geringstgeschwindigkeit wird durch kleine Flächenbelastung erzielt und durch Wahl eines Profiles mit großem Höchstauftriebsbeiwert.

Abb. 34 zeigt, daß es einen in der Nähe von Null gelegenen Auftriebsbeiwert gibt, für den der Widerstandsbeiwert der Tragfläche ein Minimum ist. Die Größe und Lage dieses Minimums ist für die Höchstgeschwindigkeit des Flugzeuges von Bedeutung. Schließlich zeigt Abb. 34, daß es einen Auftriebsbeiwert gibt, der in dem betrachteten Fall bei 0,5 liegt, für welchen das Gleitverhältnis A/W ein Maximum ist. Auf die Bedeutung dieses Maximums für den Gleitflug wird in Abschnitt 13 näher eingegangen werden. Höchstauftrieb, Kleinstwiderstand und beste Gleitzahl sind weitgehend beeinflußbar durch geeignete Wahl der Profilform. Leider lassen sich mit einem Profil nicht gleichzeitig Bestwerte in jeder Beziehung erreichen. So hat ein Profil mit hohem Höchstauftrieb immer auch einen hohen Geringstwiderstand. Es gibt ausgesprochene Auftriebsprofile, die zum Schnellfliegen ungeeignet sind, und andrerseits ausgesprochene Schnellflugprofile, die zum Langsamflug ungeeignet sind. Je nach dem Verwendungszweck des Flugzeuges muß ein Schnellflug- oder Auftriebsprofil oder ein geeignetes Kompromißprofil gewählt werden.

9. Querschnitt der Tragflügel

Aufbau des Profils. Für die Wirksamkeit einer Tragfläche ist, wie erwähnt, die Gestalt ihres Querschnittes, das sog. *Profil*, von überragender Bedeutung; demgegenüber treten alle anderen Fragen, wie z.B. die nach der Grundrißform wesentlich zurück. Es bedeutete einen entscheidenden Schritt in der Vervollkommnung der Flugzeuge, als man den großen Wert sorgfältig ausgebildeter Profile mit guter Abrundung am vorderen Ende und mit besonderen Kurven für die Saug- und Druckseite erkannte (etwa um 1911). Seither sind in großer Zahl die verschiedensten Profile in Versuchsanstalten untersucht worden und bilden eine gesicherte Grundlage für die Konstruktion der Flugzeuge[1].

---

[1] Siehe z.B. die Sammlung von Profilmeßergebnissen in NACA Report No. 824.

Wir wollen jetzt etwas näher auf die Abhängigkeit der aerodynamischen Eigenschaften der Tragflächenprofile von ihrer geometrischen Form eingehen. Wir betrachten die sog. Skelettlinie oder Mittellinie des Profils (siehe Abb. 35). Die Skelettlinie ist der geo-

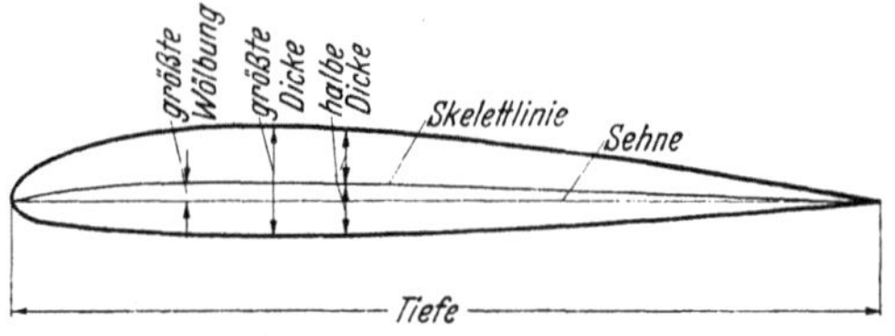

Abb. 35. Aufbau eines Profils

metrische Ort für die Mittelpunkte aller Kreise, welche die Profilumrißlinien berühren, wobei die Radien dieser Kreise gleich der halben Profildicke sind. Die Verbindungslinie der beiden Endpunkte der Skelettlinie heißt die Profilsehne, die Länge der Profilsehne ist gleich der Profiltiefe. Der Abstand der Punkte der Skelettlinie von der Sehne heißt die Profilwölbung. Ein Profil ist eindeutig gegeben, wenn für jeden Punkt der Sehne die Profilwölbung und die Profildicke bekannt sind.

Höchstauftrieb und Kleinstwiderstand. Wie im vorigen Abschnitt bemerkt, sind die wichtigsten Eigenschaften eines Profils sein Höchstauftriebsbeiwert $c_{a\,max}$ und sein Kleinstwiderstandsbeiwert $c_{w\,min}$. Um in großen Zügen eine Vorstellung davon zu geben, wie diese beiden Eigenschaften von der Profilform abhängen, sind in Abb. 36 Kurven wiedergegeben, die $c_{a\,max}$ und $c_{w\,min}$ als Funktion der größten Profildicke (in vH der Profiltiefe gerechnet) darstellen. Es sind je drei Kurven eingezeichnet, die für eine größte Wölbung von 2, 4 und 6 vH der Profiltiefe gelten. Die Kurven sind nach amerikanischen Versuchen[1] zusammengestellt, die mit Serien von Profilen vorgenommen wurden, welche in bezug auf den Verlauf der Wölbung und der Profildicke über die Profiltiefe einer bestimmten Gesetzmäßigkeit unterworfen wurden. Obwohl die Versuchsergebnisse nicht ohne weiteres auf andere Profile übertragen werden können, geben sie doch Aufschluß über den Einfluß der kennzeichnenden Abmessungsgrößen der Profile auf ihre aerodynamischen Eigenschaften. Solche kennzeichnenden Abmessungsgrößen sind

---

[1] NACA Report 460.

die größte Profildicke, die größte Profilwölbung und die Lage der größten Wölbung. Die größte Profildicke liegt bei den Profilen der erwähnten amerikanischen Versuchsserie unverändert in 30 vH der Tiefe von der Profilvorderkante aus. Die Abbildung gilt für Lagen der größten Profilwölbung von etwa 30 bis 40 vH, man erkennt, daß der höchste Auftriebsbeiwert mit wachsender Wölbung sich erhöht. Weiter sieht man, daß bei sehr dünnen und sehr dicken Profilen schlechtere Auftriebswerte erreicht werden, als bei solchen mittlerer Dicke. Der Bestwert liegt in unserem Fall bei 12 vH größter Profildicke. Auch der kleinste Widerstandsbeiwert wächst mit steigender Wölbung, wie aus Abb. 36 hervorgeht. Im Gegensatz zum Auftrieb ist jedoch der Widerstand um so kleiner, je geringer die Profildicke ist. Man wird also Schnellflugprofile möglichst dünn halten. Abb. 37 gibt Aufschluß über den Einfluß

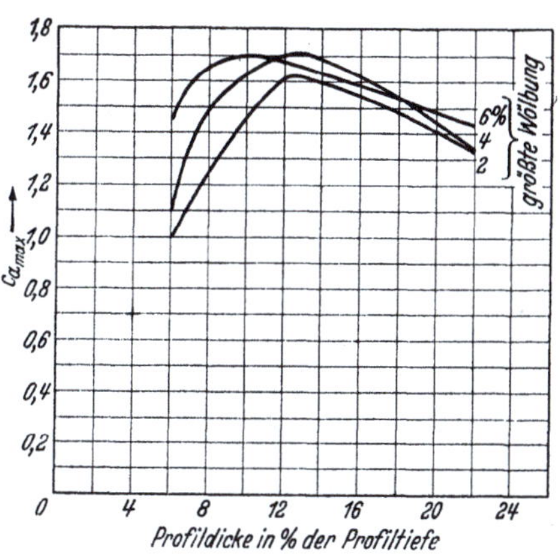

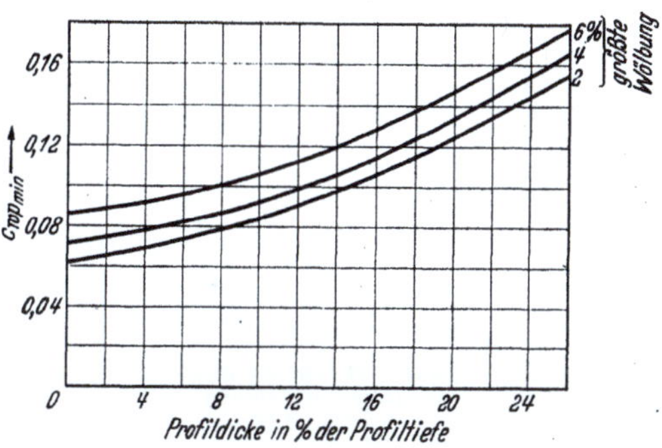

Abb. 36. Einfluß der Profildecke auf Höchstauftrieb und Geringstwiderstand

der Lage der größten Wölbung. Je weiter die Stelle der größten Wölbung nach hinten verschoben wird, desto größer wird der Höchstauftrieb, desto größer aber auch der Kleinstwiderstand.

Zu Abb. 36 und 37 ist noch zu bemerken, daß die ihnen zugrunde liegenden Versuche in einem Überdruckwindkanal gewonnen wurden, der mit komprimierter Luft arbeitet und dadurch die Anwendung hoher Reynoldsscher Kennzahlen gestattet. (Vgl. S. 45. Die

REYNOLDSsche Kennzahl $\dfrac{v\,l}{\varkappa/\varrho}$ enthält die Luftdichte im Zähler und erhöht sich bei Verwendung von komprimierter Luft großer Dichte.) Außerdem ist die Strömung im Überdruckkanal besonders turbulentreich (siehe S. 55). Beide Ursachen wirken darauf hin, daß die Auftriebe im Vergleich zu den Verhältnissen der freien Atmosphäre zu hoch, die Widerstände zu gering gemessen wurden. Man wird etwa einen Abschlag bzw. einen Zuschlag von 10 vH machen müssen. Die Widerstandsbeiwerte beziehen sich auf den reinen Profilwiderstand und gelten für den Fall, daß das Verhältnis der Tiefe zur Breite der Tragfläche sehr klein ist. Die Erhöhung des Tragflächenwiderstandes bei größeren Verhältnissen Tiefe zu Breite besprechen wir im folgenden Abschnitt. Die Abhängigkeit des kleinsten Profilwiderstandsbeiwertes von der REYNOLDSschen Zahl und von der Rauhigkeit der Oberfläche wurde in Abschnitt 7 besprochen.

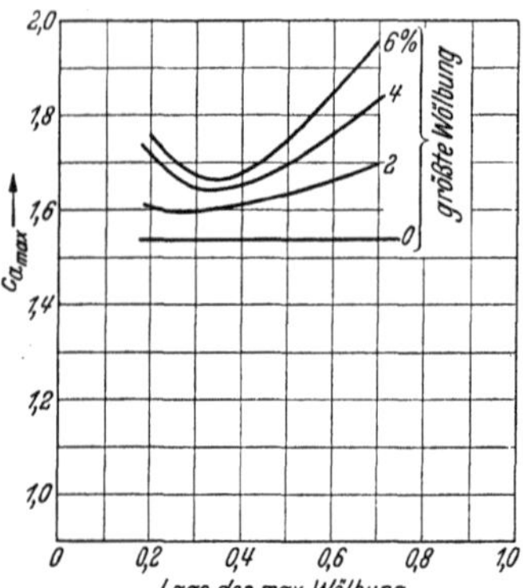

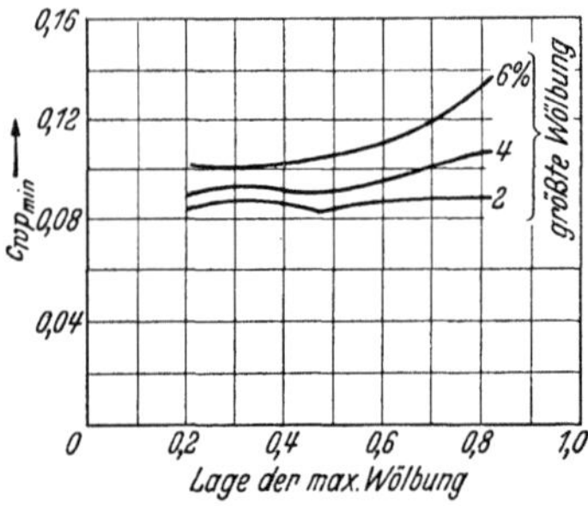

Abb. 37. Einfluß der Lage der größten Wölbung auf Höchstauftrieb und Geringstwiderstand, größte Dicke 12 vH

Kennlinien eines Profils. Als Beispiel eines Schnellflugprofiles, das auch zugleich gute Auftriebseigenschaften hat, sind in Abb. 38 die Kennlinien des Profiles NACA 2212 dargestellt, und zwar wurde hier die Auftragung über α gewählt, welche für direkte Meßergebnisse üblich ist. Außer c_a und c_{wp} ist in Abb. 38 noch die relative Druckpunktlage e/t eingetragen, wobei e die Entfernung des Angriffspunktes der Luftkraft von dem Vorderrand des Flügels und t die Flügeltiefe ist. Auf diesen Gegenstand kommen wir erst in Abschnitt 31 zu sprechen. Das Profil, das auch in Abb. 35 verwendet wurde, gehört zu der oben besprochenen amerikanischen Serie; die größte Wölbung ist 2 vH, die Lage der größten Wölbung 20 vH von der Profilvorderkante aus, die größte

Dicke ist 12 vH, alles bezogen auf die Profiltiefe. Für die Auftriebs- und Widerstandsbeiwerte gilt das oben Gesagte.

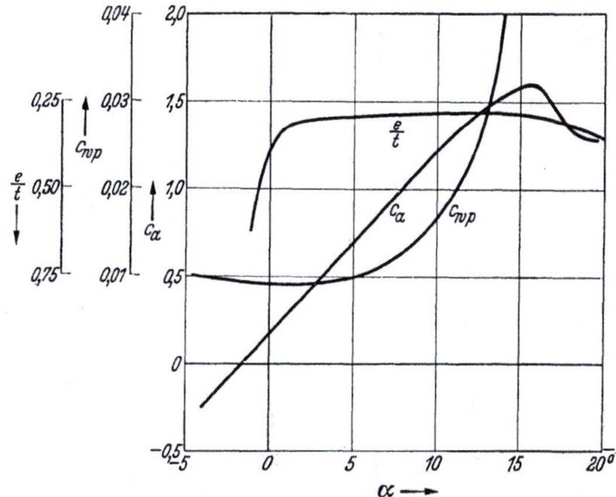

Abb. 38. Kennlinien des Profils NACA 2212

Kennlinien für große Anstellwinkel. Alle bisher gegebenen Diagramme für Auftrieb und Widerstand zeigen den Verlauf der einzelnen Kurven nur innerhalb eines kleinen Bereiches veränderlicher

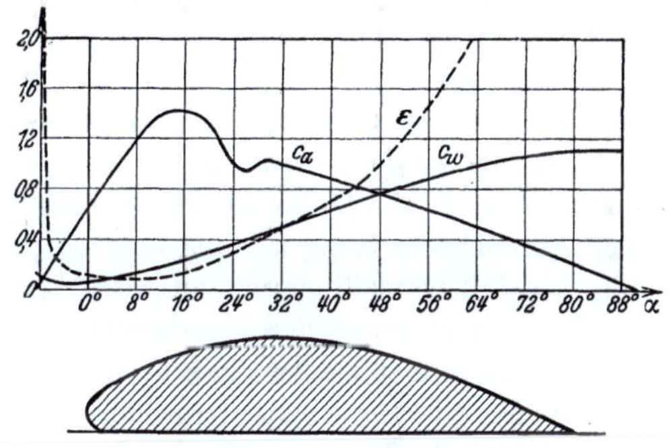

Abb. 39. Verlauf der Auftrieb- und Rücktrieb-Beiwerte über den ganzen Winkelbereich

Anstellwinkel, nämlich von $\alpha = -8°$ bis zu etwa $\alpha = +15°$. Auf eine Fortsetzung der Untersuchung über diesen Bereich hinaus wird in der Regel verzichtet, weil die für den Flug verwendbaren Anstellwinkel weit innerhalb der Grenzen von $-8°$ und $+15°$ liegen, und darüber hinaus die Flugverhältnisse immer ungünstiger werden. In

Abb. 39 ist ein Diagramm aufgenommen, das die Auftriebs- und Widerstandszahlen für alle Winkel von $- 8°$ bis $+ 90°$ sowie die zugehörigen Gleitzahlen $\varepsilon = W/A$ enthält[1]. Man erkennt aus der Abbildung, deren Kurven sich auf das darunter abgebildete Profil beziehen, daß der Höchstwert des Auftriebs bei etwa $+ 15°$ liegt, und daß für große Anstellwinkel ein rasches Absinken der Auftriebszahl erfolgt, während die Widerstandszahl stetig ansteigt. Die Gleitzahlen nehmen aus diesem Grunde mit wachsendem Anstellwinkel besonders stark zu, wie aus dem Bild hervorgeht.

Auftriebserhöhung durch Endklappen. Zur Erzielung eines großen Höchstauftriebes braucht man ein Profil, das erstens stark gewölbt ist, und bei dem zweitens die Lage der größten Wölbung stark nach der Profilhinterkante verschoben ist (vgl. Abb. 37). Dem steht als Nachteil der große Widerstand gegenüber, den solche Profile besitzen. Nun ist aber, wie wir noch in Abschnitt VIII näher besprechen werden, beim Landen eine Steigerung der Auftriebszahl zur Herabsetzung der Landegeschwindigkeit besonders erwünscht. Man wird daher versuchen, für die Landung, bei der wieder der größere Widerstand keine Nachteile mit sich bringt, ein Profil mit starker Krümmung herzustellen. Zu diesem Zweck konstruiert man die Profilvorderseite wie bei den gewöhnlichen Profilen ohne oder nur mit geringer Krümmung, macht aber das Profilende in einem Gelenk in der Profilebene drehbar, so daß es sich gegen die Profilsehne in einen beliebigen Winkel einstellen läßt, wie es *Ia* in Abb. 40 zeigt (sog. Profil mit Endklappen). Die größte Auftriebserhöhung erhält man bei einem Ausschlag der Klappe von 20 bis 30° und einer Klappentiefe von 20 bis 30 vH der Flügeltiefe. Verbunden mit der Auftriebserhöhung ist eine beträchtliche Widerstandssteigerung, so daß beim Fluge mit ausgeschlagener Flügelendklappe der Gleitwinkel wesentlich verschlechtert wird.

Die Möglichkeit eines großen Gleitwinkels ist für den Landevorgang mindestens ebenso wichtig wie die Vergrößerung des Höchstauftriebes. (Verringerung der kleinsten Fluggeschwindigkeit.) Man bringt deshalb an Stelle der nur um 20 bis 30° auszuschlagenden Flügelendklappen auch sog. Bremsklappen an, deren Tiefe 10 bis 20 vH der Flügeltiefe beträgt und die 70 bis 80° ausgeschlagen

---

[1] Fuchs R. u. W. Schmidt: Luftkräfte und Luftkraftmomente bei großen Anstellwinkeln und ihre Abhängigkeit von der Tragwerksgestalt. Z. f. Flugtechn. u. Motorluftsch. 1930, S. 1.

werden. Die Auftriebserhöhung infolge derartiger Bremsklappen beträgt nur zwei Drittel derjenigen der normalen Flügelendklappen, dagegen wird der Gleitwinkel gegenüber den normalen Flügel-

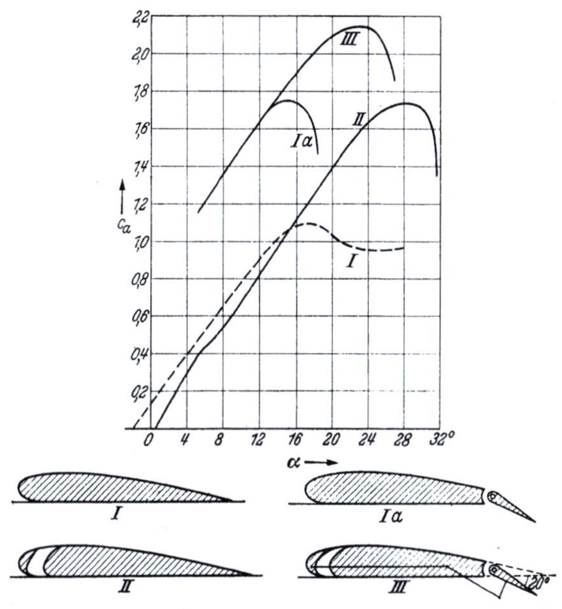

Abb. 40. Schlitzflügel und Endklappe

endklappen nochmals beträchtlich vergrößert. Die Klappe wird nur kurz vor der Landung betätigt und ist im Normalflug in horizontaler Lage, so daß eine für den Schnellflug günstige Profilform entsteht. Eine bemerkenswerte Eigenschaft der Profile mit Endklappe ist die, daß der Höchstauftrieb bei ausgeschlagener Klappe etwa bei dem gleichen Anstellwinkel erreicht wird wie der Höchstauftrieb des Normalprofiles. In Abb. 40 stellt die Kurve *I* die Abhängigkeit des Auftriebsbeiwertes vom Anstellwinkel für das Normalprofil, Kurve *I a* für das Profil mit ausgeschlagener Endklappe dar. Mit ausgeschlagener Endklappe ergibt sich bei ungefähr dem gleichen Anstellwinkel von 16° ein um etwa 60 vH größerer Auftriebsbeiwert.

Auftriebserhöhung durch Schlitzvorflügel. Eine andere viel verwendete Methode zur Erhöhung des Höchstauftriebes ist die Anordnung eines kleinen Hilfsflügels vor dem Hauptprofil (Abb. 41), wie sie von LACHMANN vorgeschlagen wurde und zuerst bei der englischen Flugzeugfirma Handley Page zur Ausführung gelangte. Um die Wirkungsweise der Hilfsflügelanordnung zu verstehen,

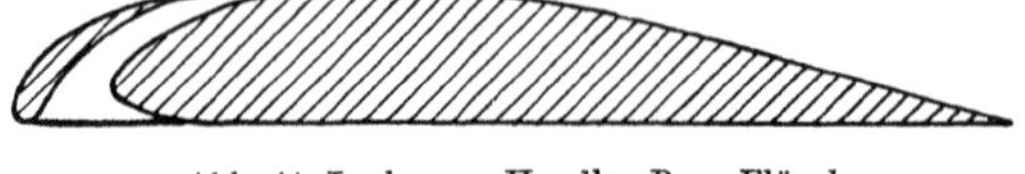

Abb. 41. Lachmann-Handley-Page-Flügel

müssen wir kurz auf die Ursachen der Auftriebsbegrenzung eingehen. Eine Erklärung für das Absinken der Auftriebsgröße bei größeren Winkeln liegt darin, daß von dem zum Maximalwert gehörigen Anstellwinkel an die Strömung dem Umriß nicht mehr folgt, auf der Oberseite dem Profil nicht mehr anliegt, sondern sich hier *ablöst* und einen von Wirbeln erfüllten Totraum bildet (vgl.

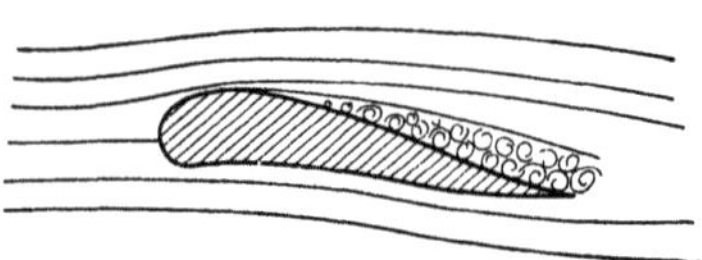

Abb. 42. Ablösung der Strömung auf der Oberseite eines Tragflügels

Abb. 42), in dem ein geringerer Unterdruck (geringere Saugwirkung) herrscht, so daß der Auftrieb vermindert wird.

Bei den Strömungsvorgängen, die zum Abreißen der Strömung führen, spielt der Geschwindigkeitsabfall längs der Oberseite des Profiles eine maßgebende Rolle. Die Strömungsgeschwindigkeit ist am größten an einer Stelle, die etwas oberhalb des vordersten Profilpunktes liegt; am Profilende ist die Strömungsgeschwindigkeit etwa auf den Wert der Geschwindigkeit der ungestörten Strömung (bzw. bei bewegter Tragfläche und ruhender Luft auf die Geschwindigkeit der Bewegung) gesunken. In der Nähe des vorderen oberen Profilteiles herrscht also die größte, am Profilende die kleinste Strömungsgeschwindigkeit. Die Strömungsschicht in Nähe der Profiloberfläche (Grenzschicht) weist im vorderen oberen Teil des Profiles größere Geschwindigkeitsunterschiede auf als im hinteren Teil, es entstehen infolgedessen vorne auch größere Reibungskräfte in der Strömung (siehe S. 44). Außerdem werden vorne größere Luftmengen abgebremst als hinten. Solange die Strömung am Profil haftet, wird ein Aufstauen der abgebremsten Grenzschicht dadurch vermieden, daß die benachbarten Schichten mit größerer Geschwindigkeit mittels der Reibung die Grenzschicht mitschleppen. Herrscht jedoch in der Strömungsrichtung ein großer relativer Geschwindigkeitsabfall, dann sind die der Grenzschicht benachbarten Schichten der Strömung im rückwärtigen Teil nicht mehr in der Lage, die großen vorne abgebremsten Luftmengen mitzuschleppen, es entsteht ein Aufstauen der Grenzschicht, welche die Strömung von der Körperoberfläche abdrängt und so zur Bildung des wirbelerfüllten Totraumes führt. Strömungsablösung tritt also immer dann ein, wenn der Geschwindigkeitsabfall in der Strömungsrichtung längs einer Körperoberfläche zu groß wird. Dabei kommt es nicht auf den absoluten, sondern auf den verhältnismäßigen Geschwindigkeitsabfall, etwa bezogen auf die Geschwindigkeit der ungestörten Strömung, an. Je größer nun der Anstellwinkel eines Profiles ist, desto höher ist die Strömungsgeschwindigkeit im vorderen oberen Bereich des Profiles, während die Strömungsgeschwindigkeit am Profilende ziemlich unabhängig vom Anstellwinkel gleich der Geschwindigkeit der ungestörten Strömung ist. Daraus versteht man, daß bei einem bestimmten Anstellwinkel die Strömung abreißt.

Die Wirkungsweise des Hilfsflügels ist nun folgende: Neben der Zirkulation um den Hauptflügel bildet sich eine Zirkulation um den Hilfsflügel im gleichen Drehsinn aus. Im Spalt entstehen also zwei entgegengesetzte Strömungen, die als Resultierende eine Strömung mit einer geringeren Geschwindigkeit ergeben, als sie an derselben Stelle ohne den Hilfsflügel herrschen würde. Das bedeutet, daß der Hauptflügel eine verringerte Zirkulation, also auch verringerten Auftrieb besitzt. Die Verringerung wird durch den vom Hilfsflügel erzeugten Auftrieb annähernd kompensiert. Die Konstruktion des Hilfsflügels bewirkt also keine wesentliche Änderung des gesamten Auftriebs bei gegebenem Anstellwinkel, dagegen ist es jetzt möglich, größere Anstellwinkel zu erreichen, ehe ein Ablösen der Strömung erfolgt. Der Grund hierfür ist darin zu suchen, daß nach dem eben Gesagten durch den Hilfsflügel die Strömungsgeschwindigkeit im vorderen oberen Bereich des Hauptprofiles herabgesetzt wird und infolgedessen ein geringerer Geschwindigkeitsabfall längs der oberen Kontur vorhanden ist. Jetzt herrscht zwar an der vorderen Seite des Hilfsflügels eine hohe Geschwindigkeit, doch ist der verhältnismäßige Geschwindigkeitsabfall der Strömung längs des Hilfsflügels nicht groß, da an der Hinterkante des Hilfsflügels immer noch eine recht hohe Geschwindigkeit herrscht, die noch wesentlich höher ist als die der ungestörten Strömung. In Abb. 40 stellt die Kurve *II* die Abhängigkeit des Auftriebsbeiwertes vom Anstellwinkel für das mit Hilfsflügel ausgerüstete Profil dar. Der Auftrieb dieser Anordnung ist bei gleichem Anstellwinkel nicht größer, sondern eher kleiner. Die größeren Auftriebszahlen kommen lediglich durch Nutzbarmachung eines größeren Anstellwinkelbereiches zustande. Die Schlitzflügelanordnung unterscheidet sich dadurch wesentlich von der Anordnung der Flügel mit Endklappe. Auf den Einfluß für den Start- und Landevorgang kommen wir in Abschnitt VIII zu sprechen. Wie man aus Abb. 40, Kurve *I* und *II*, ersieht, bedeutet die Verwendung des Hilfsflügels eine Verbesserung des Höchstauftriebes um etwa 60 vH. Allerdings bringt die Anordnung eines Hilfsflügels eine nicht unerhebliche Widerstandsvermehrung des Profiles mit sich. Daher sieht man oft von der Anbringung eines festen Hilfsflügels ab und verwendet statt dessen einen verschiebbaren Hilfsflügel, der im eingefahrenen Zustand dicht am Hauptprofil anliegt und mit diesem zusammen ein gutes Schnellflugprofil bildet. Bei größeren Anstellwinkeln (etwa 10°) wird der Hilfsflügel durch die Luftkräfte automatisch herausgeschoben, so daß jetzt bei weiterer Vergrößerung des Anstellwinkels die hohen Auftriebswerte der Hilfsflügelkonstruktion erzielt werden können, ohne daß im Schnellflug bei kleinen Anstellwinkeln erhöhte Widerstände entstehen.

Endklappe mit Schlitz. Viel verwendet werden Endklappen, welche eine Drehachse unterhalb der Profilmittellinie haben, so daß sich beim Ausschlag der Klappe nach unten ein Schlitz zwischen Hauptflügel und Klappe bildet. Man erreicht dadurch genau wie bei dem Schlitzvorflügel, daß das Profil zu höheren Anstellwinkeln gebracht werden kann, ehe die Strömung abreißt. In dem Schlitz findet eine Aufwärtsströmung statt, welche die Strömungsgeschwindigkeit an der Hinterkante des Hauptflügels erhöht, und dadurch das Geschwindigkeitsgefälle längs der Saugseite des Hauptflügels erniedrigt. Da nach dem vorher Gesagten Ablösung der Grenzschicht auftritt, wenn ein bestimmtes Geschwindigkeitsgefälle überschritten wird, kann man durch den Schlitz zwischen Hauptflügel und Endklappe diesen Punkt zu höheren Anstellwinkeln verschieben.

Weitere Mittel zur Auftriebserhöhung. Mit Erfolg verwendet wird auch die gleichzeitige Anbringung von Flügelendklappe und

Hilfsflügel. Der Hilfsflügel wird in diesem Fall entweder wieder automatisch durch die Luftkräfte betätigt oder er wird gleichzeitig mit dem Ausschlag der Endklappe herausgeschoben. Die Wirkung des Hilfsflügels ist hier ähnlich wie bei normalen Profilen, wenn auch die verhältnismäßige Vergrößerung des Höchstauftriebes lange nicht so groß ist wie beim normalen Profil. Aus Abb. 40, Kurve *I* und *III*, ersieht man die Verbesserung, die durch Kombination von Schlitzflügel und Endklappe erreicht werden kann. Die Verbesserung des Höchstauftriebes dieser Kombination gegenüber dem Normalprofil beträgt etwa 100 vH.

Eine dritte Möglichkeit, den Höchstauftrieb von Tragflügeln zu erhöhen, nämlich das Absaugen oder Wegblasen der Grenzschicht, ist bis heute nur an einzelnen Versuchsflugzeugen erprobt worden, obwohl umfassende Windkanalversuche hierüber vorliegen. Bei dieser Methode wird ein Anstauen der Grenzschicht und damit ein Ablösen der Strömung dadurch bis zu größeren Anstellwinkeln verschoben, daß die Grenzschicht an gewissen Stellen des Profiles durch eine Pumpe abgesaugt wird. Der Absaugeflügel zeigt ein ähnliches Verhalten wie der Schlitzflügel, d. h. der höhere Auftrieb ist nur unter gleichzeitiger Anwendung von größeren Anstellwinkeln zu erzielen.

Schließlich sei noch auf eine vierte Methode hingewiesen, den Höchstauftrieb von Tragflächen zu steigern. Auf S. 68 wurde gezeigt, daß der kleinste Staudruck, bei dem der horizontale Flug möglich ist, umgekehrt proportional der Fläche des Tragflügels ist. Es ist daher naheliegend, das Flugzeug mit einer Tragfläche veränderlicher Größe auszustatten. Das Vergrößern der Tragfläche wird dabei zweckmäßig mit einer gleichzeitigen Profilwölbung verbunden, d. h. der ausziehbare Tragflächenteil wird nicht einfach parallel verschoben, sondern gleichzeitig gedreht wie bei der Fowler-Klappe, die z. B. für die Lockheed-„Constellation" verwendet wird. Der Erfolg derartiger Konstruktionen hängt davon ab, ob es gelingt, im eingefahrenen Zustand des zusätzlichen Tragflächenteiles ein vollkommen glattes und ungestörtes Schnellflugprofil geringer Dicke zu erhalten. Wenn diese Bedingung nicht erfüllt ist, kann es leicht vorkommen, daß die infolge des Einziehens eines Tragflächenteiles bedingte Verdickung des Profiles und eventuelle Unsauberkeiten besonders der Profilhinterkante eine Widerstandsvermehrung hervorrufen, die größer ist als die Widerstandsverminderung infolge der verkleinerten Tragfläche.

Von großer Bedeutung ist es, das einmal entworfene Profil bei der Ausführung auch möglichst genau zu verwirklichen. Auch muß man, um den Rücktrieb klein zu halten, den größten Wert auf möglichst *glatte Oberfläche* der Flügel legen (Leinwand mehrfach lackiert und zelloniert, keine vorstehenden Nietköpfe). Bei der Profilauswahl bevorzugt man solche Profile, bei denen die Unterseite konvex ist, da man auf diese Weise sowohl bei Stoffbespannung wie auch bei Sperrholz- oder Blechbeplankung eine gleichmäßigere Oberfläche erhält.

10. Grundriß der Tragflügel

Seitenverhältnis. Die *Grundrißform der Tragflächen* (ob abgerundet, rechteckig oder trapezförmig) ist nicht von großem Einfluß auf die aerodynamischen Verhältnisse. Es sind tatsächlich alle möglichen Formen mit ungefähr gleichem Erfolg versucht worden. Wesentlich für die Eigenschaften des Flugzeuges sind dagegen zwei kennzeichnende Größen des Tragflächengrundrisses, erstens das Verhältnis der Spannweite b zur mittleren Tiefe t, das sog. Seitenverhältnis der Tragfläche, und zweitens die Größe der Tragfläche, bezogen auf das Fluggewicht.

Die Seitenverhältnisse der Flugzeugtragflächen sind sehr unterschiedlich. Für schnelle Kurzstreckenflugzeuge, z. B. Jäger, verwendet man kleine Seitenverhältnisse von 4:1 bis 6:1. Langstreckenflugzeuge haben meist große Seitenverhältnisse von 9:1 bis 12:1, und bei Segelflugzeugen kann man Werte bis zu 25:1 finden. Abb. 34 gilt für ein Seitenverhältnis 8:1. Hat eine Tragfläche veränderliche Tiefe, so setzt man für das Seitenverhältnis λ zweckmäßig den Quotienten: Quadrat der Spannweite durch Fläche der Tragflügel ein,

$$\lambda = b^2/F.$$

Flächenbelastung. Auf den Einfluß der Tragflächengröße auf die Geringstgeschwindigkeit der Flugzeuge haben wir bereits auf S. 68 hingewiesen. Aus der dort aufgestellten Formel für den Staudruck der Strömung bei der kleinsten Horizontalgeschwindigkeit

$$q_{min} = \frac{G/F}{c_{a\,max}}$$

hatten wir entnommen, daß zur Erzielung einer kleinen Geringstgeschwindigkeit außer einem hohen Größtauftriebsbeiwert $c_{a\,max}$

eine kleine Flächenbelastung G/F erforderlich ist. G ist das Gesamtgewicht eines Flugzeuges (mit Bemannung, allen darin befindlichen
Lasten usw.). F ist die gesamte tragende Fläche. Die Flächenbelastungen sind im Laufe der Jahre ständig gestiegen, wobei die
Jagdflugzeuge als erste hohe Flächenbelastungen erhielten. Die
Flugzeuge des ersten Weltkrieges hatten etwa 30 kg/m² Flächenbelastung, im zweiten Weltkrieg hatten die Jagdflugzeuge etwa
200 kg/m² Flächenbelastung, und heute hat man bereits Verkehrsflugzeuge mit 400 kg/m² Flächenbelastung. Im Zusammenhang mit
der Erhöhung der Flächenbelastung ging natürlich eine ständige
Verlängerung der Landebahnen und eine ständige Verbesserung der
Mittel zum Abbremsen der hohen Landegeschwindigkeiten, wie
z. B. Luftschrauben mit reversiblem Schub. Die angegebenen Werte
der Flächenbelastung oder des Flächendruckes sind nur Mittel-
werte, die in manchen Teilen der Tragfläche erheblich überschritten, in anderen erheblich unterschritten werden. Die Verteilung des
Flächendruckes auf Ober- und Unterseite und die Verteilung über
die Tiefe der Fläche haben wir auf S. 64 besprochen. Danach ist
der Flächendruck im vorderen Teil der Tragfläche wesentlich
größer als im rückwärtigen Teil. Der Flächendruck ist aber auch
über die Spannweite veränderlich, und zwar nimmt er von der
Flugzeugmitte nach den äußeren Enden der Tragfläche stetig ab.

Wirbelkette. Die Abnahme der Tragkraft von der Flügelmitte
gegen die Flügelspitzen hin ist mit einer überaus wichtigen Erscheinung verknüpft, deren Verfolgung uns dazu führen wird, auch
den Einfluß des Seitenverhältnisses auf die Luftkräfte näher kennenzulernen. Unterhalb der Tragfläche ist der Überdruck, auf der
Oberseite der Unterdruck in der Mitte stärker als außen. Dies
bedeutet, daß unten eine Druckabnahme von innen nach außen,
oben eine Druckabnahme von außen nach innen stattfindet. Demgemäß müssen die Luftteilchen, wenn wir uns das Flugzeug fest-
stehend, von der Luft angeblasen, denken, neben ihrer Hauptbewegung in Richtung der Flugzeugachse noch eine kleine Nebenbewegung ausführen, indem sie unterhalb des Flügels seitwärts
ausweichen und – immer dem Druckgefälle folgend – auf der Oberseite von außen nach innen strömen. Man bedenke nun, daß die
Teilchen, sobald sie vermöge der Hauptbewegung an dem Flügel
vorbeigekommen sind, die den Flügel umkreisende Nebenbewegung
nicht sofort verlieren können. Hinter dem Flügel wird sich ein

Bewegungszustand einstellen, wie er durch die horizontalen Pfeile in Abb. 43 (Ansicht in der Flugrichtung) gekennzeichnet ist. Eine derartige Bewegung bedingt aber nach den Gesetzen der Strömungslehre zwangsläufig auch eine Abwärtsbewegung der Luft in einem gewissen Bereich vor und hinter der Tragfläche. Um hiervon eine Vorstellung zu geben, wollen wir die hinter der Tragfläche zurückbleibende Bewegung der Luft als Wirbelkette deuten (PRANDTL). Denkt

Abb. 43. Wirbelkette

man sich nämlich die einzelnen in der Abb. 43 angedeuteten Wirbelfäden, mit den eingezeichneten Drehrichtungen, gleichzeitig vorhanden, so heben sich an den Seiten, wo die Fäden aneinandergrenzen, die Wirbelungsgeschwindigkeiten, weil sie entgegengesetzt gerichtet sind, auf, und es bleibt nur eine Strömung unten von der Mitte nach außen und oben von den Flügelenden nach der Mitte zu übrig. Wenn wir sagen, die Tragfläche setze sich an der Hinterkante in eine Wirbelkette fort, so meinen wir nichts anderes damit, als dieses eigentümliche Auseinanderschieben der Luftschichten oben und unten. Die Stärke der Wirbelbewegung ist dabei an jeder Stelle, d.h. in jedem Querschnitt durch den Flügel, proportional dem Abfall des Auftriebs in dem betreffenden Flügelquerschnitt anzunehmen. In der Größe der die Wirbel andeutenden kleinen Kreise in der Abb. 44 soll die von innen nach außen wachsende Wirbelstärke zum Ausdruck kommen.

In Abb. 44 ist ein Paar entgegengesetzt gleicher Wirbelfäden mit seiner Geschwindigkeitsverteilung besonders herausgezeichnet. Das ganze Band der Abb. 44 besteht nur aus einer stetigen Folge solcher Paare. Als Grundeigenschaft eines Wirbels ist in Abb. 43 angenommen, daß er eine kreisende Bewegung mit festem Mittelpunkt und nach außen proportional der Entfernung abnehmenden Geschwindigkeiten bedeutet[1]. Setzt man die Geschwindigkeiten, die danach von zwei gleichen, aber verschieden gerichteten Wirbelfäden her-

---

[1] Die Geschwindigkeiten in unmittelbarer Nähe des Wirbelzentrums sind demnach „unendlich" groß gegenüber den entfernteren. Daher darf man, wenn man eine Stelle der Wirbelschicht betrachtet, wie es vorhin oben geschehen ist, nur die an der Stelle selbst liegenden Wirbelfäden, nicht aber die weiteren berücksichtigen. In einigem Abstand von der Wirbelschicht hingegen wirken alle Wirbelfäden zusammen. Das Ganze hat man sich so zu denken, daß der einzelne Wirbelfaden „unendlich" schwach ist, so daß er in

rühren, zusammen, so erhält man, wie Abb. 44 zeigt, im wesentlichen *abwärts gerichtete* Geschwindigkeiten in dem Bereich zwischen den beiden Wirbelfäden. Die Gesamtheit der Wirbelpaare muß

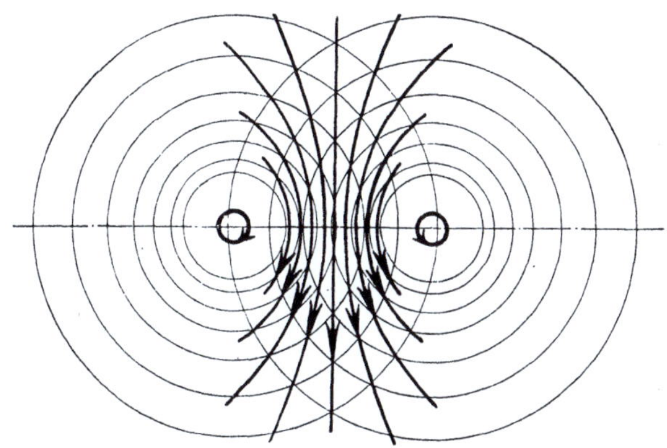

Abb. 44. Geschwindigkeitsfeld eines Wirbelpaares

also ungefähr über die ganze Breite des Flügels hinweg ein solches abwärts gerichtetes Geschwindigkeitsfeld ergeben, das also in letzter Linie nur davon herrührt, daß die Tragkraft der einzelnen Flügelquerschnitte von der Mitte nach außen hin abnimmt. Hätten wir einen Flügel von unbeschränkter Breite mit überall gleichem Auftrieb, so gäbe es keine seitliche Nebenströmung unten und oben, keine Wirbelkette und kein abwärts gerichtetes Geschwindigkeitsfeld.

Induzierte Abwärtsgeschwindigkeit. Die hinter der Tragfläche befindliche Wirbelkette bedingt aber nicht nur Abwärtsgeschwindigkeiten der Luft hinter der Tragfläche, sondern auch im Bereich der Tragfläche und vor der Tragfläche. Man kann theoretisch zeigen, daß die Abwärtsgeschwindigkeit der Luft infolge der Wirbelkette in der unmittelbaren Umgebung der Tragfläche halb so groß ist wie die Abwärtsgeschwindigkeit weit hinter der Tragfläche. Weiter läßt sich nachweisen, daß für die üblichen Grundrißformen von Tragflächen (Rechteck, Trapez, Ellipse) die Abwärtsgeschwindigkeit längs der Spannweite nahezu konstant ist. Wir wollen die

seiner unmittelbaren Nähe oben und unten eine endliche Geschwindigkeit hervorruft, während in einiger Entfernung erst durch das Zusammenwirken aller Fäden ebenfalls endliche Bewegungen hervorgerufen werden.

6*

Abwärtsgeschwindigkeit in der Umgebung der Tragfläche mit w bezeichnen; man nennt sie die von der Wirbelkette induzierte Geschwindigkeit. Infolge der in der Umgebung der Tragfläche induzierten Abwärtsgeschwindigkeit w ändern sich die Anströmungsverhältnisse des Tragflügels (siehe Abb. 45). Die neue Anströmungsgeschwindigkeit v', die sich aus v und w zusammensetzt, bildet einen kleineren Winkel mit der Profilsehne als die Bewegungsrichtung. Man muß also jetzt unterscheiden den geometrischen Anstellwinkel α_g des Profiles (Winkel der Sehne mit der Bewegungsrichtung bzw. mit der Richtung von v) und den effektiven Anstellwinkel, der für die Luftkräfte am Profil maßgebend ist. Die beiden Winkel unterscheiden sich voneinander durch den sog. induzierten Anstellwinkel α_i:

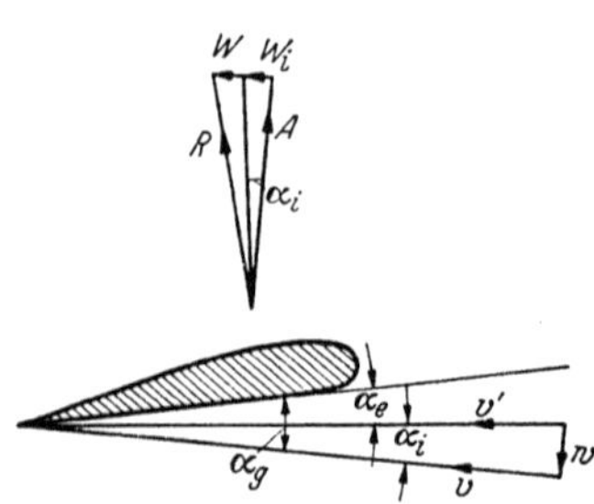

Abb. 45. Anströmung des Tragflügels unter Berücksichtigung der induzierten Abwärtsgeschwindigkeit w

$$\alpha_g = \alpha_i + \alpha_e \,.$$

Induzierter Widerstand. Dadurch, daß die Anströmungsrichtung um den Winkel α_i gedreht ist, dreht sich auch die Richtung der resultierenden Luftkraft um den Winkel α_i nach rückwärts. Es entsteht also infolge der induzierten Abwärtsgeschwindigkeit ein zusätzlicher Widerstand der Tragfläche, den man den induzierten Widerstand W_i nennt. Mißt man α_i in Bogenmaß (eine Einheit in Bogenmaß $= 57,3°$) und benutzt die Tatsache, daß dieser Winkel klein ist (im allgemeinen $< 10°$), dann gilt angenähert die Beziehung

$$\alpha_i = W_i / A \,,$$

wo A der Auftrieb der Tragfläche (senkrecht zur Bewegungsrichtung) ist (siehe Abb. 45).

Wir wollen jetzt untersuchen, in welcher Weise der induzierte Widerstand W_i einer Tragfläche von dem Auftrieb A abhängt. Wir nehmen an, daß der Arbeitsaufwand, der zur Überwindung des induzierten Widerstandes erforderlich ist, zur Gänze in die lebendige Kraft der Abwärtsbewegung hinter dem Flügel übergeht. Ist etwa F' die Größe des Querschnittes quer zur Flugrichtung, über den sich die mittlere Geschwindigkeit w' verbreitet, so wächst in jeder Sekunde der Raumteil, der von der so bewegten Luft erfüllt ist, um das Maß $F'v$. Es wird also, wenn ϱ, wie bisher, die Masse der Raumeinheit Luft bezeichnet, in der Sekunde die lebendige Kraft

$$\varrho F'v \frac{w'^2}{2}$$

neu erzeugt, und diese ist gleichzusetzen der sekundlichen Arbeit $W_i\, v$ des induzierten Widerstandes. Demnach ist

$$W_i = \varrho F' \frac{w'^2}{2}\,.$$

Andrerseits läßt sich der Auftrieb A daraus bestimmen, daß in jeder Sekunde einer Luftmenge von der Größe $F'v$ die Abwärtsgeschwindigkeit w' erteilt wird (S. 22), nämlich zu

$$A = \varrho F'v w'.$$

Rechnet man aus dieser Gleichung $w' = A : \varrho F'v$ und setzt das Quadrat hiervon in die frühere Gleichung ein, so erhält man

$$W_i = \varrho F' \frac{1}{2} \left(\frac{A}{\varrho F'v}\right)^2 = \frac{A^2}{2\,\varrho v^2 F'}\,.$$

Diese Gleichung ist natürlich nur dann brauchbar, wenn man etwas von der Querschnittsgröße F' weiß, von der man von vornherein annehmen wird, daß sie im wesentlichen von der Spannweite b des Flügels und von der Grundrißform abhängt. Theoretische Überlegungen lehren nun, daß bei gegebener Spannweite b und bei gegebener Tragflächengröße der Querschnitt der erfaßten Luftmenge F' am größten und somit der induzierte Widerstand W_i am kleinsten ist, wenn die Tragfläche elliptische Umrißformen hat. F' ist in diesem Fall gleich der Kreisfläche des Kreises mit der Spannweite als Durchmesser, also $F' = \frac{\pi}{4} b^2$. Man erhält also, wenn noch der Staudruck der Strömung $q = \varrho \frac{v^2}{2}$ eingeführt ist, den kleinsten induzierten Widerstand zu

$$W_i = \frac{1}{\pi} \frac{A^2}{q\,b^2}\,.$$

Der induzierte Widerstand ist genau wie alle übrigen Luftkräfte proportional dem Staudruck und der Größe der Tragfläche. Wir setzen also

$$W_i = c_{wi}\, q\, F,$$

wo c_{wi} der Beiwert des induzierten Widerstandes ist. Für den Auftrieb hatten wir auf S. 67 den Ausdruck

$$A = c_a\, q\, F.$$

Durch Einsetzen dieser Beziehungen in die obige Gleichung für den induzierten Widerstand erhält man

$$c_{wi} = \frac{1}{\pi}\, \frac{c_a^2}{b^2/F}.$$

Hiermit wird der induzierte Anstellwinkel

$$\alpha_i = W_i/A = c_{wi}/c_a = \frac{c_a}{\pi\, b^2/F}.$$

Man sieht also, daß das Seitenverhältnis b^2/F bestimmend für den induzierten Widerstand ist. Dieser Widerstand wächst proportional zum Quadrat des Auftriebsbeiwertes und umgekehrt proportional zum Seitenverhältnis der Tragfläche. Für das in Abb. 34 angenommene Beispiel mit $b^2/F = 8$ ist

$$c_{wi} = 0{,}040\, c_a^2.$$

Der tatsächliche Widerstand war bis etwa $c_a = 1{,}2$ sehr angenähert

$$c_w = 0{,}092 + 0{,}044\, c_a^2.$$

Die Differenz ist

$$c_w - c_{wi} = c_{wp} = 0{,}092 + 0{,}004\, c_a^2.$$

Man benutzt die obige Formel für c_{wi}, dazu, um aus dem gemessenen Widerstandsbeiwert c_w einer Tragfläche mit endlichem Seitenverhältnis auf den Profilwiderstand c_{wp} zu schließen. Genau genommen gilt die Gleichung für c_{wi} nur für elliptischen Grundriß der Tragfläche, der induzierte Widerstand ändert sich jedoch nur wenig, wenn man bei gleichem b^2/F zu einem etwas anderem Grundriß übergeht, z.B. zu einem trapezförmigen Grundriß. Daher kann mit einiger Annäherung auch bei nicht elliptischen Grundrissen die Differenz $c_w - c_a^2/\pi b^2/F$ als Profilwiderstandsbeiwert angesehen werden. So unterscheiden sich die in Abb. 34 und in Abb. 38 aufgetragenen Widerstandsbeiwerte um das Glied $0,040\,c_a^2$, und es unterscheiden sich die α-Werte in den beiden Abbildungen um das Glied $57,3 \cdot 0,040\,c_a$. (Der Faktor 57,3 überführt Bogenmaß in Grade.) Die Abb. 38 gilt für unendlich großes Seitenverhältnis, die Abb. 34 für das Seitenverhältnis 8 bei gleichem Profil. Die ganze Betrachtung lehrt – und darin liegt ihr hauptsächlicher Wert –, daß man durch Veränderung des Profiles den Tragflächenwiderstand nicht unter einen gewissen Betrag herabdrücken kann, der von b^2/F und von c_a abhängt.

Würde man das Seitenverhältnis von 8 auf 6 erniedrigen, also Flügel kürzerer Spannweite, aber gleichen Flächeninhaltes verwenden, wie es aus statischen Gründen wünschenswert wäre, dann würde c_{wi} von $0,040\,c_a^2$ auf $0,053\,c_a^2$ steigen, und man müßte für gleiches c_a den Anstellwinkel von $\alpha_e + 0,040\,c_a$ auf $\alpha_e + 0,053\,c_a$ erhöhen, wo α_e der für unendliches Seitenverhältnis erforderliche „effektive" Anstellwinkel ist.

Eine Verkleinerung des Seitenverhältnisses b^2/F einer Tragfläche hat, um es nochmals zu wiederholen, erstens eine Vergrößerung des induzierten Widerstandes zur Folge, und zweitens muß zur Erzielung des gleichen Auftriebes der (geometrische) Anstellwinkel vergrößert werden[1].

11. Die Tragfläche in Überschallströmung

Die drei Verlustquellen. Wir erörterten in Abschnitt 6, daß bei Überschallgeschwindigkeiten neben dem Reibungswiderstand und dem durch Wirbelbildung verursachten Druckwiderstand als dritte Verlustquelle der Verdichtungsstoß auftrat. Die Widerstandsgesetze im Überschallgebiet wurden dadurch im Vergleich zu den Gesetzen im Unterschallgebiet radikal geändert. Es sei an Abb. 28 erinnert, welche zeigt, daß der Widerstandsbeiwert eines Körpers mit linsenförmigem Querschnitt kurz vor Erreichung der Schallgeschwindigkeit in der ungestörten Strömung stark ansteigt, in der Nähe der Schallgeschwindigkeit ein Maximum hat und dann im

---

[1] Die hier nur flüchtig angedeutete Theorie stammt von L. Prandtl, der sie in zwei Veröffentlichungen in den Nachr. d. Göttinger Gesellschaft d. Wissensch. 1918 und 1919 erstmals entwickelt hat. Siehe auch A. Betz, Tragflügel und hydraulische Maschinen, Handbuch d. Physik, Bd. VII. Berlin: Springer, 1927.

Überschallgebiet ungefähr entsprechend dem Faktor $1/\sqrt{M^2 - 1}$ wieder abfällt. Da die in den Verdichtungsstößen verlorene Energie groß ist im Verhältnis zu den übrigen Energieverlusten, muß man für Flugzeuge, die im wesentlichen im Überschallgebiet operieren sollen, eine Formgebung wählen, welche den Wellenwiderstand möglichst gering hält. Diese Forderung führt zu einer völlig anderen Formgebung, als sie im Unterschallgebiet zweckmäßig war. Wir sahen, daß nicht mehr eine Stromlinienform wie Abb. 18, sondern eine vorne zugespitzte Form notwendig ist, um den Wellenwiderstand so niedrig wie möglich zu halten. Die in Überschallströmung auftretenden Verdichtungsstöße beeinflussen naturgemäß auch die Tragfläche in erheblichem Maße und führen zu Tragflächenformen, die von denen für Unterschallflugzeuge wesentlich abweichen.

Seitenverhältnis. Wir wollen uns zunächst durch eine einfache Überlegung klar machen, daß bei Überschallströmung das Seitenverhältnis der Tragfläche eine ganz andere Rolle spielen muß als bei Unterschallströmung. Nach Abb. 43 und 44 entsteht im Unterschallgebiet eine Umströmung der Tragflächenenden, die sich längs der Spannweite fortsetzt und über die ganze Tragfläche eine induzierte Abwärtsgeschwindigkeit der Luft bewirkt. Im Überschallgebiet dagegen kann sich der Einfluß der Flächenränder nicht außerhalb des MACHschen Kegels ausbreiten.

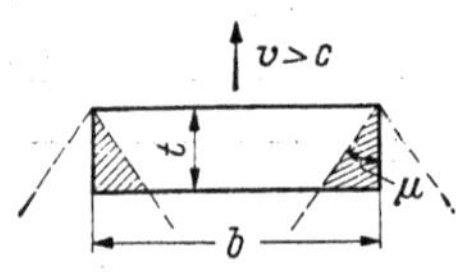

Abb. 46. Einfluß der seitlichen Tragflügelbegrenzung in Überschallströmung

In Abb. 46 ist eine rechteckige Tragfläche gezeichnet, die sich mit der Geschwindigkeit $v > c$ bewegt, und es sind die Schnittlinien der von den Enden der Vorderkante ausgehenden MACHschen Kegel mit der Tragfläche eingetragen. Man sieht, daß im Überschallgebiet der Einfluß der seitlichen Tragflächenbegrenzung sich nur über die kleinen schraffierten Dreiecke erstreckt. Würde man diese Dreiecke abschneiden, so würde eine dünne Platte überhaupt keinen Einfluß der seitlichen Begrenzung zeigen. Bei anderen Flügelspitzenberandungen wird zwar immer ein gewisser Einfluß der seitlichen Flächenbegrenzung vorhanden sein, er wird aber relativ klein bleiben und sich auf die Flügelspitzen beschränken. Wir können also den Schluß ziehen, daß im Überschallgebiet verhältnismäßig kleine Seitenverhältnisse der Tragflächen gewählt werden können, ohne dadurch den Widerstand wesentlich zu vergrößern. Wir sind daher berechtigt, die in Abschnitt 6 abgeleiteten Beziehungen für den Widerstand und für die Normalkraft zu verwenden, obwohl wir dabei eine „ebene" Strömung angenommen hatten, d. h. eine Strömungsform, die sich über die Breite des Körpers senkrecht zur Anströmungsrichtung nicht ändert.

Näherungen für Auftrieb und Widerstand. Wir nehmen für unsere Tragfläche ein Doppelkeilprofil mit der Dicke d und der Tiefe t an, siehe Abb. 25. Der Widerstand besteht dann aus drei Teilen: dem Wellenwiderstand des Profils, dem Reibungswiderstand des Profils und der Widerstandskomponente der Normalkraft. Für genügend dünne Profile können wir die Normalkraft unter der Annahme einer dünnen Platte berechnen und erhalten nach Abschnitt 6 für kleine Anstellwinkel α

$$c_a = c_n \cos\alpha \approx c_n = 4\alpha / \sqrt{M^2 - 1}\,.$$

Die Widerstandskomponente der Normalkraft können wir in Anlehnung an die Verhältnisse bei Unterschallgeschwindigkeiten „induzierten" Widerstand nennen, so daß der vom Auftrieb abhängende Anteil des Widerstandsbeiwertes

$$c_{wi} = c_n \sin\alpha \approx c_n \alpha \approx c_a \alpha$$

geschrieben werden kann. Der auf die Grundfläche bezogene Profilwiderstandsbeiwert einschließlich des Reibungsanteiles ist ebenfalls nach Abschnitt 6

$$c_{wp} = 2\,c_R + 4\,(d/t)^2 / \sqrt{M^2 - 1}\,.$$

Der Reibungswiderstandsbeiwert c_R kann aus Abb. 30 bestimmt werden. (Beachte, daß c_R auf die Oberfläche, c_{wp} auf die Grundfläche bezogen ist.)

Gleitverhältnis. Das Verhältnis Auftrieb zu Widerstand (reziproke Gleitzahl)

$$A/W = \frac{c_a}{c_{wi} + c_{wp}}$$

ist für $M = 1{,}6$ in Abb. 47 über c_a aufgetragen, und zwar für zwei Dickenverhältnisse $d/t = 0{,}06$ und $0{,}12$. Die größere Tragflächendicke wird für Flugzeuge im Unterschallgebiet verwendet, die kleinere für Überschallflugzeuge, und man ersieht aus Abb. 47 den Grund hierführ. Der dünnere Flügel hat sehr viel höhere Verhältnisse von Auftrieb zu Widerstand als der dickere. Der Reibungsbeiwert c_R war für Abb. 47 zu 0,0025 angenommen worden, was nach Abb. 30 etwa einer Flügeltiefe von 2 m beim Flug in 10 km Höhe entspricht[1]. Es ist dann nämlich nach Zahlentafel 5 auf S. 395 $c = 300$ m/sek, also $v = M c = 1,6 \cdot 300 = 480$ m/sek und $\nu = 3,5 \cdot 10^{-5}$, also

$$\frac{vl}{\nu} = \frac{480 \cdot 2}{3,5 \cdot 10^{-5}} = 2,74 \cdot 10^7 .$$

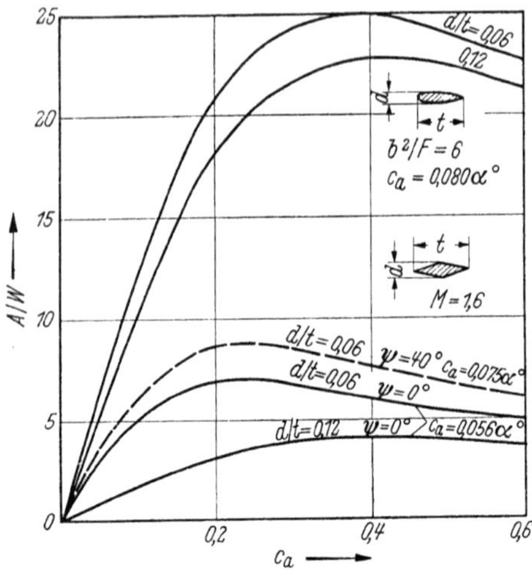

Abb. 47. Gleitverhältnis für Überschall- und Unterschalltragflächen

Vergleich mit Unterschalltragflächen. Abb. 47 enthält zum Vergleich noch die Verhältnisse des Auftriebs zum Widerstand für einen Flügel im Unterschallbereich, der mit einem Seitenverhältnis von $b^2/F = 6$ angenommen wurde. Für den Profilwiderstand wurde in Übereinstimmung mit Abb. 36 0,0075 für den Flügel mit $d/t = 0,06$ und 0,0090 für den Flügel mit $d/t = 0,12$ angenommen. Die geringe Veränderlichkeit von c_{wp} mit c_a unterhalb $c_a = 0,6$ ist vernachlässigt worden. Abb. 47 zeigt nun sehr deutlich, daß A/W im Unterschallgebiet sehr viel besser ist als im Überschallgebiet und daß der Einfluß der Profildicke im Unterschallgebiet gering ist, während er im Überschallgebiet ganz entscheidend wird.

Für den Zusammenhang zwischen c_a und α ergibt sich im Unterschallgebiet nach unseren früheren Beziehungen und unter Verwendung von Abb. 38

$$c_a = 0,080\,\alpha° .$$

Im Überschallgebiet ist $c_a = 0,056\,\alpha°$, wobei beidemal α in Graden gemessen wird. (Unsere allgemeine Gleichung heißt mit α in Gra-

---

[1] Bei der Verwendung der Reibungsbeiwerte nach Abb. 30 im Überschallgebiet überschätzt man den Reibungswiderstand bei turbulenter Grenzschicht, während c_R für laminare Grenzschicht angenähert unabhängig von M ist.

den $c_a = 4\,\alpha/57{,}3 \cdot \sqrt{M^2 - 1}$.) Man sieht also, daß für die Unterschalltragfläche der Auftrieb rascher mit dem Anstellwinkel ansteigt als für die Überschalltragfläche.

Pfeilstellung. Es ist von praktischer Bedeutung, daß man in der Pfeilstellung der Tragflügel ein Mittel gefunden hat, um die Wellenwiderstandsverluste im Überschallflug herabzusetzen. (Ein Flugzeug mit Pfeilstellung der Tragflächen ist in Abb. 196 dargestellt.) Abb. 48 zeigt einen Teil einer Tragfläche, welcher um den Winkel ψ gegen die Normale zur Strömungsrichtung geneigt ist. Man hat theoretisch zeigen können, daß in einem solchen Falle die zum Flügel tangentiale Strömungskomponente näherungsweise keinen Einfluß auf die Luftkräfte am Flügel

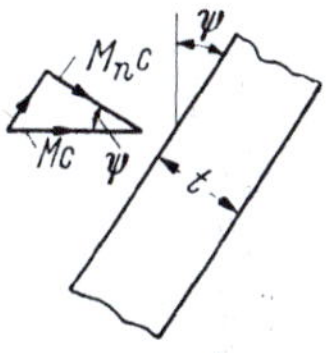

Abb. 48.
Schräg angeströmter
Tragflügel

hat, die man also allein aus der normalen Komponente M_n berechnen kann. Es ist dann leicht zu zeigen, daß die obigen Beziehungen für einen geraden Flügel in die folgenden für einen unter dem Winkel ψ schräg angeströmten Flügel übergehen:

$$c_a = \frac{4\,\alpha \cos\psi}{\sqrt{M^2 \cos^2\psi - 1}}\,,$$

$$c_{wi} = c_a\,\alpha\,, \quad c_{wp} = 2\,c_R + \frac{4\cos^3\psi\,(d/t)^2}{\sqrt{M^2 \cos^2\psi - 1}}\,.$$

Aus diesen Beziehungen wurde für $M = 1{,}6$, $c_R = 0{,}0025$, $d/t = 0{,}06$, $\psi = 40°$ das Verhältnis A/W berechnet und in Abb. 47 gestrichelt aufgetragen. Man erkennt, daß durch die Schrägstellung der Tragfläche eine erhebliche Verbesserung von A/W hervorgerufen wurde. In Wirklichkeit kann im reinen Überschallgebiet nur ein Teil dieser Verbesserung erzielt werden, weil an der Flügelwurzel die Strömungsverhältnisse gestört sind.

Wichtiger noch als die Verbesserung von A/W im reinen Überschallgebiet ist die Tatsache, daß durch die Pfeilstellung der Übergang zur Überschallströmung mit ihren hohen Verlusten verzögert wird. Wenn ψ größer ist als der MACHsche Winkel μ, ist die normale MACHsche Zahl M_n in Abb. 48 kleiner als 1,0, und in diesem Fall erzielt man einen größeren Gewinn durch die Pfeilstellung, als in Abb. 47 auf Grund unserer Annahmen gezeigt ist.

Überschallwindkanäle. Soweit beruhten alle unsere Schlüsse auf theoretischen Überlegungen, wobei die einfache ACKERETsche

Theorie zugrunde gelegt wurde. Verfeinerte Theorien, wie sie von BUSEMANN, SCHLICHTING und anderen entwickelt wurden, sind in den Lehrbüchern über Gasdynamik wiedergegeben[1]. Wie steht es nun mit versuchsmäßigen Bestätigungen der Theorie? Hier muß nun bemerkt werden, daß zuverlässige Windkanalversuche im Überschallgebiet schwierig zu erhalten sind. Im schallnahen Gebiet sind Versuche mit üblichen Modellanordnungen überhaupt nicht möglich, da bereits bei einer Blockierung von nur 1 vH des Kanalmeßquerschnitts durch das Modell MACHsche Zahlen zwischen 0,9 und 1,1 ausgeschlossen sind. Solche MACHschen Zahlen sind an das Vorhandensein eines stetigen Querschnittsverlaufs nach Abb. 12 gebunden, und die Anordnung eines Modells in der Meßstrecke eines geschlossenen Kanals widerspricht dieser Bedingung. Man erhält bei dem Versuch, solche schallnahen Geschwindigkeiten in der Meßstrecke eines geschlossenen Windkanals zu erzeugen, einen Absperreffekt oder „Choking" durch Verdichtungsstöße. Für die Messung im schallnahen Gebiet sind daher offene Meßstrecken notwendig.

In Deutschland sind während des zweiten Weltkrieges zwei geschlossene Windkanäle in Betrieb genommen worden, die ohne Modell bis zu $M = 1$ gebracht werden konnten, die einen Kreisdurchmesser der Meßstrecke von 2,8 m hatten und eine Gebläseleistung von 16000 PS aufwiesen. Ein umfangreiches Versuchsmaterial wurde bis zu $M = 0,85$ gewonnen. Bei den eigentlichen Überschallkanälen für Messungen bei $M = 1,5$ und darüber ist zwar der Absperreffekt nicht vorhanden, dafür verbietet der sog. Anlaufeffekt Modellgrößen, die mehr als einige Prozent des Meßquerschnitts blockieren. Solche eigentlichen Überschallkanäle werden oft mit Druckspeicher gebaut und lassen dann nur einen kurzzeitigen Betrieb während der Entleerung des Druckspeichers zu. Dafür spart man an Gebläseleistung, die bei kontinuierlich arbeitenden Überschallkanälen sehr erheblich ist. Jedenfalls muß man sich bei Überschallwindkanalmodellen auf recht kleine Abmessungen beschränken, und es tritt die Frage der Anwendbarkeit der Meßergebnisse auf die Großausführung auf.

Nach dem Kriege wurde eine Meßtechnik entwickelt, welche durch Anbringung einer Beule der Kanalwand in der Meßstrecke eines Unterschallwindkanals lokal Überschallgeschwindigkeiten

---

[1] Siehe Anmerkung auf S. 39.

erzeugt. Die Grenzschicht der Strömung wird vor der Beule beseitigt, und man läßt die eine Hälfte des in der Symmetrieebene
durchschnittenen Modells aus der Beule herausragen. Der Tragflügel erstreckt sich dabei nach oben in den Bereich der lokal erhöhten Strömungsgeschwindigkeiten. Da der größte Teil des
Kanalquerschnittes Unterschallgeschwindigkeiten aufweist, wird
der Absperreffekt vermieden. Die Versuchsergebnisse können
natürlich wegen der inhomogenen Strömung um die Beule nicht
als sehr zuverlässig angesehen werden.

Überschallversuchsergebnisse. Aus den angeführten Gründen ist
das Versuchsmaterial im Überschallbereich im Vergleich zu demjenigen im Unterschallbereich verhältnismäßig mager. Dazu kommt noch,
daß die meisten Überschallmeß-
einrichtungen außerordentlich
kostspielig im Bau und im Betrieb sind, und daß die Regierun-
gen, welche solche Versuchsein-
richtungen besitzen, die Versuchsergebnisse aus militärischen Gründen erst mehrere
Jahre später veröffentlichen.
Neuerdings werden in zunehmendem Maße Windkanalversuchs-
ergebnisse im schallnahen und
im Überschallgebiet freigegeben,
die meistens 3 bis 5 Jahre alt sind.

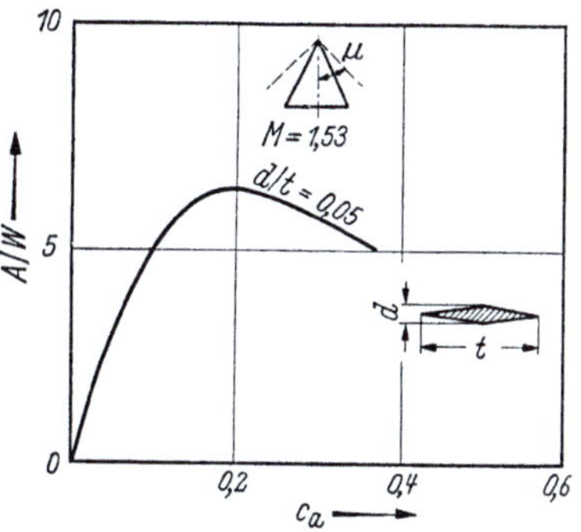

Abb. 49. Windkanalmessung des
Gleitverhältnisses für einen Deltatragflügel

Von den veröffentlichten Versuchsergebnissen wollen wir einige
wiedergeben. Zunächst zeigt Abb. 49 das Ergebnis von Versuchen
in einem kontinuierlich arbeitenden Überschallkanal mit 0,3 mal
1,0 m Querschnitt der Meßstrecke und mit 10000 PS Gebläseleistung[1]. Dieser Kanal wird vom Ames Aeronautical Laboratory
des NACA in Moffett Field, California, betrieben. Es handelt sich
um einen dreieckigen Deltaflügel (vom griechischen Buchstaben Δ)
mit einem Doppelkeilquerschnitt von $d/t = 0,05$ bei $M = 1,53$, also
ähnlich wie der in Abb. 67 angenommene Flügelquerschnitt von
$d/t = 0,06$ bei $M = 1,6$. Man sieht, daß die Größenordnung der
A/W-Werte übereinstimmt. Allerdings führt der Deltaflügel theo-

---

[1] VINCENTI, W. G.: Comparison between Theory and Experiment for
Wings at Supersonic Speeds, NACA Report No. 1033.

retisch zu anderen Beziehungen, als wir sie hier verwendeten, so daß der Vergleich nur ein ungefährer ist.

Weiter wollen wir in Abb. 50 und 51 Versuchsergebnisse betrachten, die in Windkanälen gewonnen wurden, welche normalerweise wegen Absperreffekt auch nur bis $M = 0,85$ brauchbar waren, welche aber mit Hilfe der oben erwähnten Beulenmethode Messungen bis $M = 1,1$ gestatteten[1]. Abb. 50 zeigt die Widerstandsbeiwerte für einen trapezförmigen Flügel mit Seitenverhältnis $4:1$ und mit einem Profil der NACA-63-Serie mit $d/t = 0,06$ als Funktion der MACHschen Zahl von $M = 0,6$ bis $1,1$ für Auftriebswerte $c_a = 0$, $0,2$ und $0,4$. Man sieht, daß der Widerstandsbeiwert zunächst langsam mit M ansteigt, dann von $M = 0,9$ an steil, um kurz oberhalb $M = 1,0$ einen Höchstwert zu erreichen, von welchem er wieder beginnt, etwas abzufallen. Bei $M = 1,0$ und $c_a = 0,4$ erhält man z. B. $A/W = 5,7$. Abb. 51 zeigt für $c_a = 0$ den Einfluß der Pfeilstellung auf den Widerstandsbeiwert der Tragfläche. Die Verbesserung ist im Bereich von $M = 1,0$ viel größer, als wir für die reine Überschallströmung fanden. Die Gründe hierfür haben wir oben besprochen.

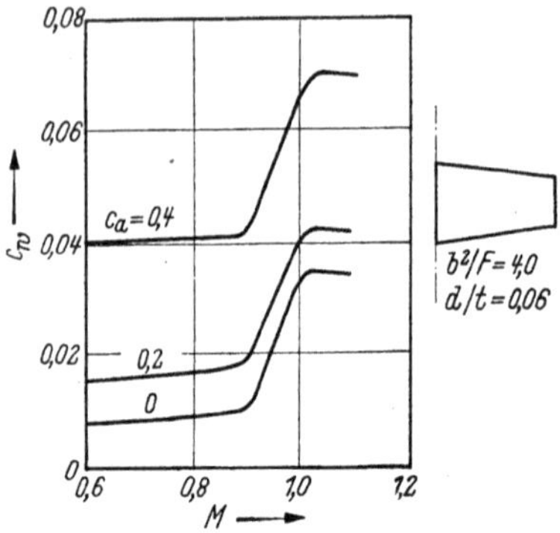

Abb. 50. Windkanalmessung des Widerstandsbeiwertes eines Tragflügels bei drei Auftriebsbeiwerten

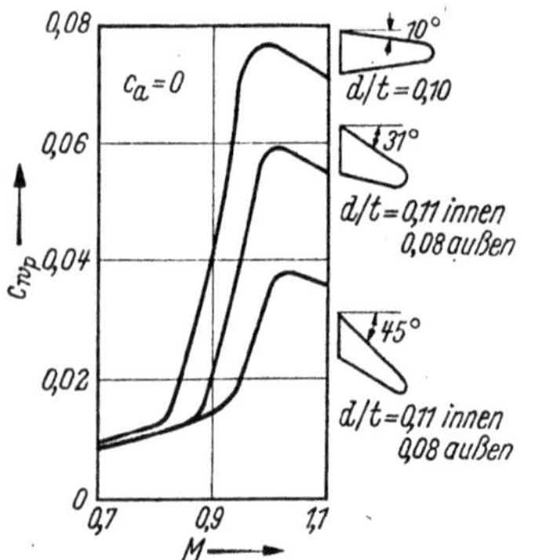

Abb. 51. Windkanalmessung des Profilwiderstandsbeiwertes von drei Tragflügeln mit verchiedener Pfeilstellung

<hr>

[1] Abb. 51 ist entnommen dem Aufsatz von J. H. WEAVER im Journal Aeron. Sciences, 15. Jan. 1948. Abb. 50 ist aus Daten zusammengestellt, die in NACA Technical Note 3529 vom Dezember 1955 enthalten sind. Siehe auch NACA Technical Note No. 3469 vom November 1955.

Es mögen hier noch einige Bemerkungen über Interferenzwiderstände in Überschallströmung hinzugefügt werden. Ebenso wie im Unterschallgebiet die Druckwiderstände können auch im Überschallgebiet die Wellenwiderstände verschiedener Bauteile nicht einfach addiert werden. Um z.B. den Wellenwiderstand von Rumpf und Tragflügel möglichst gering zu halten, verwendet man die sog. Flächenregel. Man geht von einem Rumpf mit günstigem Wellenwiderstand aus und verringert im Bereich des Tragflügels den Rumpfquerschnitt so, daß an jeder Stelle der Querschnitt von Rumpf + Tragflügel so groß ist wie der Querschnitt des ursprünglichen Rumpfes. Dadurch wird das Gesamtvolumen + Flügel gleich dem Volumen des ursprünglichen Rumpfes, und man erhält die typische flaschenhalsartig eingezogene Rumpfform der modernen Überschallflugzeuge. Der Wellenwiderstand der Kombination Rumpf + Tragfläche ist dann wesentlich geringer als die Summe der einzelnen Wellenwiderstände. Versuchsergebnisse hierzu wurden u. a. mit freifliegenden Modellen mit Raketenantrieb gewonnen[1].

Auftriebsschwingungen. In dem Bereich der MACHschen Zahl, für welchen der Widerstandsbeiwert steil ansteigt, also unterhalb $M = 1$, tritt häufig eine Erscheinung auf, die für den praktischen Flug von Bedeutung ist: nämlich periodische rasche Auftriebsschwankungen, die recht erhebliche Größe erreichen können. Diese Auftriebsschwankungen hängen mit der Wechselwirkung zwischen den Verdichtungsstößen und der Grenzschicht zusammen. Es erfordert eine sehr sorgfältige Formgebung der Tragfläche und ihrer Durchdringung mit dem Rumpf, um wenigstens bei den kleinen Auftriebsbeiwerten des Geradeausfluges in der Nähe von $M = 1$ diese Auftriebsschwankungen zu vermeiden. Bei höheren MACHschen Zahlen wandern die Verdichtungswellen, wie wir in Abb. 27 sahen, an die Hinterkante der Tragfläche, und man kann wieder höhere Auftriebswerte erreichen, ohne in den Zustand der Auftriebsschwankungen zu geraten.

Langsamflugprobleme. Die Probleme der Konstruktion und Formgebung von Überschalltragflächen sind natürlich nicht auf das eigentliche Überschallgebiet beschränkt. Die zum Überschall-

---

[1] Über die in den letzten Jahren recht erfolgreich verwendete Methode der Modellmessung im freien Fluge siehe J. A. HAMILTON und P. A. HUFTON: Free Flight Techniques for High Speed Aerodynamic Research, Journ. Royal Aeron. Soc. Bd. 60, S. 151, März 1956.

flug notwendigen' Maßnahmen – dünne Profile mit kleinen Krümmungsradien an der Profilnase, Pfeilstellung, kleine Seitenverhältnisse – haben einschneidende Konsequenzen für die Flugeigenschaften im Unterschallgebiet. Einige dieser Probleme werden wir in Abschnitt 32 streifen. Hier sei nur auf Abb. 36 verwiesen, die zeigt, daß der Höchstauftriebsbeiwert für dünne Profile von 6 vH relativer Profildicke oder darunter sehr viel kleiner ist als für die im Unterschallgebiet verwendeten Profile von 12 bis 15 vH Dicke. Da Überschallflugzeuge natürlich auch hohe Flächenbelastungen haben müssen, erhält man sehr große minimale Fluggeschwindigkeiten von 200 km/st und mehr, welche nach der Landung abgebremst werden müssen.

12. Der Aufbau der Tragflächen

Belastung der Tragfläche. Vom Standpunkt der Flugzeugstatik haben die Tragflächen die Aufgabe, die an ihnen angreifende Luftkraft auf den Rumpf zu übertragen. Abb. 52 zeigt die nach oben wirkenden, an den Tragflächen angreifenden Luftkräfte ΔL, denen durch die Summe aller Schwerkräfte das Gleichgewicht gehalten werden muß. Ein meistens kleiner Teil des Fluggewichtes, nämlich das der Flächen, wird unmittelbar von den Luftkräften getragen.

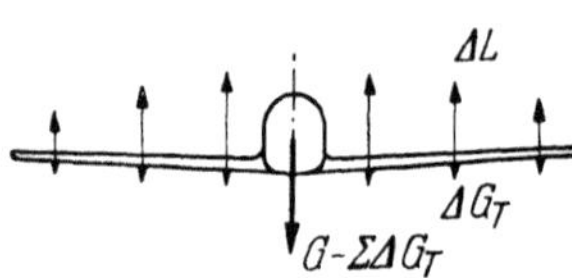

Abb. 52. Lastverteilung am Flugzeug

In Abb. 52 sind die ΔG_T die Gewichte von Tragflächenelementen. Ein anderer größerer Teil des Fluggewichtes $G - \Sigma \Delta G_T$ (Σ steht für „Summe") ist im Rumpf konzentriert, und die Tragflächen haben die Aufgabe, die Kräfte $\Delta L - \Delta G_T$ zum Rumpf überzuleiten. Dabei entsteht ein Biegemoment, welches bestrebt ist, die Tragflächen nach oben durchzubiegen. Dieses Biegemoment ist die Hauptbelastung der Tragflächen, und es müssen Bauelemente vorgesehen werden, welche in der Lage sind, diese Biegemomente aufzunehmen.

Tragflügelbauweisen und Baustoffe. Im Laufe der Geschichte der Flugtechnik sind vielerlei Bauweisen für die Tragflächen angewandt worden. Man begann damit, um das Gewicht der Tragflächen möglichst leicht zu halten, äußere Verspannungen und Verstrebungen der Tragflächen vorzusehen. Im Doppeldecker waren die Flächen durch Pfosten und diagonale Verspannungen nach Art einer Brückenkonstruktion miteinander verbunden. Mit zunehmenden Geschwindigkeiten der Flugzeuge wurde der Luftwiderstand dieser äußeren Streben und Spannseile immer unerträglicher, so daß heute fast alle Flugzeuge freitragende Flächen haben. Die innere Konstruktion dieser freitragenden Flächen änderte sich ebenfalls im Laufe der Zeit. Die älteren Flächen hatten Holzholme mit Holzrippen und Stoffbespannung, die zelloniert und lackiert wurde. Zwischen den Rippen bildeten sich jedoch Mulden, und die Profilkontur ließ sich nicht gut einhalten. Sperrholznasen brachten wenigstens im aerodynamisch empfindlichsten Teil des Profils genauere Konturen, und diese Bauweise ist noch immer für Segelflugzeuge üblich; manchmal wird der Holzholm durch einen Duraluminiumholm ersetzt. Abb. 53 zeigt einen Flügelquerschnitt dieser Bauweise. Als dann der Duralbau den Holzbau verdrängte, verwendete man zum Teil immer noch ähnliche Bauweisen. Holm und Nase bildeten den kräftigen Vorderteil des Profils, während die Rippen und die hintere Blechbeplankung leicht gehalten wurden.

Daneben entwickelten sich zahlreiche Abarten, z.B. durch Verwendung von mehr als einem Holm oder durch Verwendung von Diagonal- statt Längsrippen. Die Bleche wurden zuerst miteinander und mit den

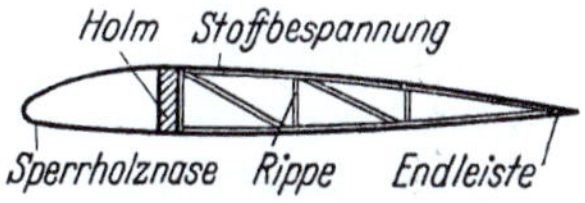

Abb. 53. Querschnitt durch einen einholmigen Flügel

verschiedenen L-, U- und Z-Profilen vernietet, später nach Entwicklung brauchbarer und wetterbeständiger Kunststoffklebemittel ging man dazu über, an vielen Stellen solche Klebemittel statt Nieten zu verwenden. Für die neuen Hochleistungsflugzeuge mit ihren dünnen Profilen der Tragflächen geht man von der Duralblechbauweise wieder ab und verwendet Schalen, die mit Hilfe von Formfräsern aus dem Vollen gearbeitet werden, außen die Kontur des Profils haben und innen ebenfalls aus dem Vollen herausgearbeitete Längsversteifungen haben. Die Herstellung solcher Schalen erfordert natürlich Sonderwerkzeugmaschinen von sehr großen Abmessungen. Solche Flügel bestehen dann nur noch aus wenigen Teilen statt aus zahlreichen Blechen mit eingenieteten Versteifungen, und die Oberfläche ist sehr glatt und genau und wenig durch die im Fluge auftretenden Beanspruchungen verformt.

Bei Überschallgeschwindigkeiten entstehen wachsende Oberflächentemperaturen, welche die Festigkeit der Metalle herabsetzen. Duraluminium wird daher allmählich durch andere Metalle, wie Titanium und gewisse Stahllegierungen, verdrängt, die bei den erhöhten Temperaturen ein besseres Verhältnis der Festigkeit zum spezifischen Gewicht haben als Duraluminium.

Sichere Last und Sicherheitsgrad. Um das Tragwerk eines Flugzeuges *zu berechnen*, ist es vor allem notwendig, die während des Fluges auftretenden Belastungen zu kennen. Diese Kräfte lassen sich nicht genau vorausbestimmen, und man untersucht deshalb einige Grenzfälle der Belastung, d.h. man berechnet die Schranken, die nach aller Voraussicht die wirklich vorhandenen Wirkungen einschließen. Die physikalischen Unterlagen für solche Annahmen bilden einerseits die Untersuchungen von Tragflächenmodellen im Luftkanal, andrerseits Kontrollmessungen von Spannkräften und Verformungen von Zellenorganen während des Fluges.

Die größte bei einem gegebenen Flugzustand möglicherweise vorhandene „äußere Kraft" bezeichnet man als die „sichere Last" des betreffenden Zustandes. Diese Last multipliziert man mit einem sog. „Sicherheitsgrad" und erst unter dem Angriff der so vervielfachten Last dürfen die Baustoffe des Tragwerks bis an die Grenze ihrer Leistungsfähigkeit ausgenützt werden. – Der Sicherheitsfaktor soll nicht nur der Ungenauigkeit der Belastungsannahmen Rechnung tragen, sondern auch den Unvollkommenheiten der Festigkeitslehre, der Konstruktion und der Ausführung, endlich den unvermeidlichen Unregelmäßigkeiten in der Beschaffenheit der Baustoffe und ihrer Veränderung während des Betriebes. – Die amerikanischen Bauvorschriften fordern bis zum Bruch eine Sicherheit von 1,5, für lebenswichtige Beschläge werden darüber hinaus Zuschläge gemacht.

Beschleunigungslasten (Abfangen). Im Fluge stehen Luftkräfte, Schwerkraft und Beschleunigungskräfte im Gleichgewicht. Im gleichförmigen Horizontalflug wirkt außer den Luftkräften nur noch die Schwerkraft auf das Flugzeug. Im stationären Kurvenflug ist die Beschleunigung auf den Kreismittelpunkt zu gerichtet, als Beschleunigungskraft kommt jetzt die Zentrifugalkraft hinzu. Dies gilt nicht nur für horizontale Kurven, sondern auch für vertikale Kurven. (Looping, Abfangen aus dem Sturzflug oder aus dem steilen Gleitflug.) Die Zentrifugalkräfte sind um so größer, je enger der Kurven- bzw. der Abfangradius und je größer die Fluggeschwindigkeit ist. Je nach dem Verwendungszweck und der Fluggeschwindigkeit der Flugzeuge nimmt man verschieden große Beschleunigungskräfte an. Für Verkehrs- und Reiseflugzeuge mittlerer Geschwindigkeit setzt man die größte sichere Last beim Abfangen etwa gleich dem dreifachen Fluggewicht, für Jagdflugzeuge etwa zwei- bis dreimal so hoch. Die Vorschriften hierüber weichen in den verschiedenen Ländern nicht unerheblich voneinander ab und sind auch im Laufe der Zeit häufig geändert worden. Bei Sport- und Kunstflugzeugen muß auch das Abfangen aus dem Rückengleitflug berücksichtigt werden, bei dem die Luftkräfte in umgekehrter Richtung wirken als beim normalen Flug. Die Kräfteverteilung beim Flugzeug ist auch abhängig davon, ob die Kurve oder die Abfangbahn bei kleiner Krümmung mit großer Geschwindigkeit oder bei großer Krümmung mit kleiner Geschwindigkeit durchflogen wird. Beim üblichen Abfangen aus dem Sturzflug entstehen nacheinander alle Möglichkeiten (siehe Abb. 54).

Abb. 54. Flugbahn beim Abfangen aus dem Sturzflug

Zu Beginn ist die Flugbahn schwach gekrümmt und wird rasch durchflogen; allmählich wird die Bahnkrümmung immer stärker, die Fluggeschwindigkeit läßt immer mehr nach. Die meisten Bauvorschriften berücksichtigen die Verschiedenheit der Flugzustände im Verlauf des Abfangvorganges.

Böenlasten. Starke Beanspruchungen im Fluge entstehen auch durch die Unregelmäßigkeit der Luftbewegung. Besonders beachtet werden vertikale Böen. Erhält das Flugzeug eine Böe von unten, so bedeutet das eine Anstellwinkelvergrößerung vom angenäherten Betrage w/v in Bogenmaß, wenn w die Böengeschwindigkeit, v die Fluggeschwindigkeit ist (siehe Abb. 55). Die Auftriebskraft der Tragfläche wird wesentlich erhöht, das Flugzeug erfährt eine Beschleunigung

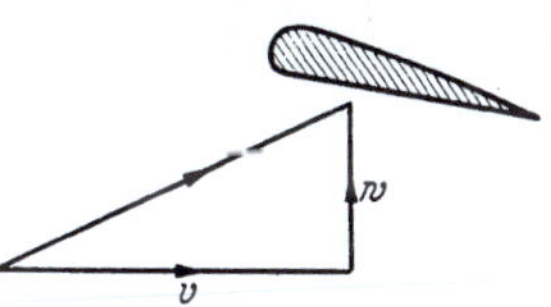

Abb. 55. Vergrößerung des Anstellwinkels durch eine Böe von unten

nach oben. Die Böenbeanspruchungen sind um so größer, je höher die Fluggeschwindigkeit ist, und werden bei den modernen, schnellen Flugzeugen oft maßgebend für die Bemessung. Es ist Sache der meteorologischen Beobachtung, die Wahrscheinlichkeit für das Auftreten von Böen gewisser Stärken aufzustellen. Man nimmt dann für die statische Berechnung des Flugzeuges eine größere Böenstärke an, die schon im Bereich sehr seltener Ereignisse liegt. Im übrigen hat es der Flugzeugführer in der Hand, bei böigem Wetter gefährliche Böenbeanspruchungen seines Flugzeuges durch Herabsetzen der Fluggeschwindigkeit zu vermeiden.

Weitere Lastzustände. Es ist selbstverständlich, daß man die Tragwerkteile, die beim *Landen* beansprucht werden, für die beim Landen auftretenden Kräfte (ähnlich wie das Fahrwerk, vgl. Kap. VIII) untersuchen muß. Die Flügelhinterkanten müssen auch eine zur Flügelsehne senkrecht wirkende Kraft aushalten, die einer Belastung beim *Aufbau* (Griffestigkeit) entspricht.

Die beschriebenen Lastzustände sind, wie schon oben hervorgehoben wurde, zum Teil willkürlich festgelegt. Sie sind jedoch so gewählt, daß das Tragwerk in jeder Richtung von Kräften beansprucht ist, von denen man annimmt, daß sie gewisse *Grenzwerte* vorstellen. Wenn man nun mit diesen Lastfällen die statische Berechnung der Zelle durchführt und jeden Bauteil nach der ungünstigsten Wirkung dimensioniert, so wird man sicher sein dürfen, daß das System allen Angriffen genügt.

Belastungsversuch. Ist eine neue Flugzeugtype auf Grund der statischen Berechnungen konstruiert worden, so wird die Tragfähigkeit der Zelle noch durch eine *Belastungsprobe* kontrolliert. Die Unsicherheit in der Schätzung der Materialkonstanten, die Rechnungsannahmen, bei denen bis zum Bruch ein elastisches Verhalten des Materials vorausgesetzt wird, lassen eine solche Überprüfung als ratsam erscheinen. Gewöhnlich wird eine solche Untersuchung für den Betriebszustand, des Abfangens, vorgenommen.

Bei der Bruchprobe wird die schwächste Stelle des Tragwerks aufgefunden, und man erkennt, ob die Zelle den geforderten Sicherheitsgrad aufweist. Alle etwa vorhandenen konstruktiven Mängel lassen sich damit natürlich nicht aufdecken, und da das Verfahren kostspielig ist, führt man häufig auch Versuche aus, bei denen das Tragwerk nur mit der sicheren Last beansprucht wird. Durch sorgfältige Messungen können dann die Annahmen der Festigkeitsberechnung nachgeprüft werden. – Über die Durchführung der statischen und der Festigkeitsrechnungen gibt die umfangreiche Literatur der Flugzeugstatik nähere Auskunft[1].

Ermüdungsfestigkeit. Neuerdings ist dem Problem der Ermüdungsfestigkeit von Tragflächen einige Aufmerksamkeit geschenkt worden. Alle Materialien haben die Eigenschaft, daß sie bei häufig wiederholter Belastung eine niedrigere Bruchfestigkeit haben als bei einmaliger Belastung. Ein Belastungsversuch bis zur sicheren Last bietet, auch wenn keine wesentlichen Verformungen aufgetreten sind, keine Gewähr dafür, daß nicht bei häufiger Belastung unterhalb der sicheren Last das Material ermüdet und schließlich ein Bruch entsteht.

Um sich gegen Ermüdungsbrüche zu schützen, muß man die im Leben eines Flugzeuges zu erwartende Zahl der Belastungen für jede Laststufe abschätzen und wenigstens mit den wichtigsten Bauteilen Ermüdungsversuche durchführen, bei denen die mit einem Sicherheitsfaktor multiplizierten Lasten wiederholt, entsprechend den geschätzten Häufigkeitszahlen aufgebracht werden. Es ist viel darüber diskutiert worden, was für eine Sicherheitszahl man gegen Ermüdungsbrüche verlangen soll. Die Ermüdungsfestigkeit ist nicht wie die statische Bruchfestigkeit eine eindeutige physikalische Zahl. Wiederholt man Ermüdungsversuche mit einer Anzahl anscheinend gleicher Versuchsstücke, so findet man eine erhebliche Streuung in den Versuchsergebnissen. Es scheint, daß eine auf Zulassung einer kleinen Bruchwahrscheinlichkeit begründete Bemessungsvorschrift zum mindesten logisch am einwandfreisten ist[2].

Flattern von Tragflügeln. Ein weiteres Problem, welches für die Konstruktion der Tragflächen moderner Flugzeuge von Wichtigkeit ist, betrifft die selbsterregten Schwingungen oder das „Flat-

---

[1] Zum Beispiel THALAU und TEICHMANN: Aufgaben aus der Flugzeugstatik, Berlin: Springer 1933.

[2] Die Notwendigkeit, Ermüdungserscheinungen für tragende Flugzeugbauteile zu berücksichtigen, ist in neuerer Zeit durch eine Reihe von nachgewiesenen Ermüdungsbrüchen als Ursache von Flugunfällen nahegebracht worden. Noch in einem sonst sehr guten und modernen Lehrbuch über die Festigkeitsberechnung der Flugzeuge, wie das von D. J. PEERY, Aircraft Structures, McGraw-Hill, New York 1950, wird ausdrücklich erwähnt, daß Ermüdungserscheinungen wohl im Motoren-, nicht aber im Flugzeugbau berücksichtigt werden müssen. Eine ausführliche Erörterung von Bemessungsvorschriften auf Grund von kleinen „Bruchwahrscheinlichkeiten" findet man bei A. G. PUGSLEY, Structural Safety, Journal Royal Aeron. Soc., Bd. 59, Juni 1955, S. 415.

tern" von Tragflächen. Jeder Tragflügel ist ein kompliziertes Feder-Masse-System und hat eine Anzahl Eigenschwingungsformen. Die einfachste dieser Formen ist die Biegeschwingung, bei welcher der Flügel relativ zum Rumpf auf und ab schwingt. Normalerweise ist eine solche Eigenschwingung gedämpft und klingt, einmal angeregt, nach einigen Schwingungsperioden wieder ab. Für den Tragflügel gibt es jedoch auch Schwingungsformen, bei denen Biegung mit Torsion gekoppelt ist. Eine solche Torsion der Tragfläche verursacht aber Anstellwinkeländerungen und daher Luftkräfte, und es kann vorkommen, daß diese Luftkräfte, statt zu dämpfen wie bei reiner Biegung, die Tragflügelschwingung anfachen. Dieser anfachenden Tendenz wirkt die natürliche Baustoffdämpfung des Tragflügels entgegen, daher wird für geringere Fluggeschwindigkeit eine einmal angeregte Schwingung abklingen, für hohe Fluggeschwindigkeit dagegen, bei welcher die anfachenden Luftkräfte die dämpfenden inneren Kräfte überwiegen, wird eine einmal angeregte Schwingung angefacht werden. Die Schwingungsamplituden können dabei so groß werden, daß der Tragflügel sich selbst zerstört.

Es gibt für viele Flugzeuge eine bestimmte obere Grenze der Fluggeschwindigkeit, die nicht überschritten werden darf, ohne in das Gebiet der selbsterregten Flügelschwingungen zu geraten. Eine zufällige einmalige Erregung einer Eigenschwingung, z.B. durch eine Böe, ist sehr wahrscheinlich, so daß eine Überschreitung der „Flatterfluggeschwindigkeit" immer gefährlich ist. Querruder und Landeklappen tragen wesentlich zu selbsterregten Tragflügelschwingungen bei. Die Theorie des Flatterns von Tragflügeln wurde in der Zeit zwischen den beiden Weltkriegen von GLAUERT, KÜSSNER, THEODORSEN u.a. entwickelt, und es gibt heute eine Reihe guter Lehrbücher über dieses Gebiet[1]. Zur Vermeidung von selbsterregten Tragflügelschwingungen muß man gewisse Regeln über die Verteilung der Massen anwenden – z.B. in bezug auf die Drehachse massenausgeglichene Querruder und Landeklappen vorsehen — und man muß insbesondere die Torsionssteifigkeit des Tragflügels genügend groß gestalten. Die Berechnung der kritischen Fluggeschwindigkeit, oberhalb deren selbsterregte Tragflügel-

---

[1] Zum Beispiel R. H. SCANLAN und R. ROSENBAUM: Aircraft Vibration and Flutter, New York: McMillan, 1951. Über den derzeitigen Stand berichtet H. G. KÜSSNER in dem Aufsatz „Aeroelastische Probleme des Flugzeugbaus" Z. F. W. 3, S. 1, Jan. 1955.

schwingungen auftreten, ist sehr verwickelt. Man benutzt daher oft dynamisch ähnliche Flugzeugmodelle, welche die gleichen Schwingungsformen haben wie die Großausführung, und deren kritische Flattergeschwindigkeit man im Windkanal durch den Versuch ermittelt.

13. Der Gleitflug

Schädlicher Widerstand und Auftriebsfaktor. Der Gesamtwiderstand eines Flugzeuges setzt sich zusammen aus dem Widerstand der Tragfläche und dem Widerstand des Rumpfes und der übrigen Bauteile. Mit Hilfe der Ausführungen in Abschnitt 7 und 10 sind wir, wenigstens grundsätzlich, in die Lage versetzt, den Gesamtwiderstand eines Flugzeuges zu ermitteln. Die tatsächliche Berechnung erfordert allerdings die Bereitstellung von weit mehr Versuchsdaten, als sie hier gegeben werden konnten. Wir wollen daher von einer solchen Widerstandsberechnung absehen und annehmen, daß dieser Widerstand bekannt sei. Für den Widerstandsbeiwert der Tragfläche fanden wir, daß er sich aus einem konstanten Anteil und aus einem mit dem Quadrat des Auftriebsbeiwertes veränderlichen Anteil zusammensetzt. Wir wollen nun den konstanten Anteil der Tragfläche – also im wesentlichen ihren Reibungswiderstand – mit den übrigen Widerständen am Flugzeug zu einem auf die Tragflächengröße bezogenen Beiwert c_{ws} vereinen, den man den Beiwert des schädlichen Widerstandes nennt. (Der zweite Anteil würde dementsprechend „nützlich" sein, da er zur Auftriebserzeugung dient.) Wir haben also als Gesamtwiderstandsbeiwert

$$c_w = c_{ws} + a\,c_a^2.$$

Für den Faktor a hatten wir durch theoretische Überlegungen den Wert $a = 1/\pi\,(b^2/F)$ gefunden, wo b^2/F das Seitenverhältnis der Tragfläche war. Die wirkliche Tragfläche hatte einen etwas größeren Faktor a, siehe S. 86. Da sich der Widerstand des Rumpfes auch etwas mit dem Anstellwinkel ändert, wird der Rumpf häufig ebenfalls einen gewissen Beitrag zu a liefern. Trotz dieser Abweichungen von den theoretischen Verhältnissen hat es sich erwiesen, daß man in den meisten Fällen mit genügender Genauigkeit ein Widerstandsgesetz wie das obige annehmen kann. Man erhält damit für das so wichtige Verhältnis Widerstand W zu Auftrieb A

$$W/A = c_w/c_a = c_{ws}/c_a + a\,c_a.$$

Dimensionslose Fluggeschwindigkeit. Um eine Vorstellung davon zu bekommen, wie sich W/A mit der Fluggeschwindigkeit ändert, betrachten wir zunächst den Waagrechtflug, für welchen der Auftrieb A gleich dem Fluggewicht G sein muß. Wegen

$$A = G = c_a F v^2 \varrho/2$$

erhält man für die Fluggeschwindigkeit

$$v = \sqrt{2G/\varrho F}\,\sqrt{1/c_a}\,.$$

Wir sehen also, daß bei gegebener Flächenbelastung G/F und bei gegebener Luftdichte ϱ die Fluggeschwindigkeit proportional zu $\sqrt{1/c_a}$ ist. Die Größe $\sqrt{2G/\varrho F}$ hat die Dimension einer Geschwindigkeit. Wir erhalten z. B. für $G/F = 200 \text{ kg/m}^2$ für den Normaltag in Meereshöhe, wo $\varrho = 0{,}125$

$$v_0 = \sqrt{2G/\varrho F} = 56{,}5 \text{ m/sek} = 204 \text{ km/st}\,.$$

Für den Höhenflug wird v_0 im Verhältnis $\sqrt{1/\sigma}$ größer, wobei σ durch Zahlentafel 5 auf S. 395 gegeben ist. Statt uns nun auf die Fluggeschwindigkeit bei einer bestimmten Flächenbelastung und in einer bestimmten Flughöhe zu beschränken, wollen wir die dimensionslose Fluggeschwindigkeit

$$\bar{v} = v/v_0 = \sqrt{1/c_a}$$

verwenden. Wir erhalten den Einfluß der Fluggeschwindigkeit auf W/A, indem wir diese Größe über $\sqrt{1/c_a}$ auftragen.

Gleitzahlberechnung. Als Beispiel wollen wir wieder das Flugzeug Me 109 wählen, da hierfür eine genaue Bestimmung der Widerstände in dem früher zitierten Buch von HOERNER vorliegt. Es ergab sich für dieses Flugzeug $c_{ws} = 0{,}032$. Das Seitenverhältnis der Tragfläche war 6,1, so daß der theoretische Wert für a sich zu $1/(\pi \cdot 6{,}1) = 0{,}052$ ergibt. Wir nehmen an, daß der tatsächliche Wert $a = 0{,}056$ beträgt, in Übereinstimmung mit Abb. 38. Wir haben daher

$$W/A = 0{,}032/c_a + 0{,}056\,c_a\,.$$

Diese Beziehung ist in Abb. 56 über der dimensionslosen Geschwindigkeit $\bar{v} = \sqrt{1/c_a}$ aufgetragen. Die obige Gleichung wurde nur bis

$c_a = 1{,}2$ verwendet (siehe Abb. 34). Für höhere c_a-Werte wurde angenommen, daß sich W/A asymptotisch der Linie $c_{a\,max} = 1{,}5$ oder $\bar{v}_{min} = \sqrt{1/c_{a\,max}} = 0{,}815$ nähert. In Abb. 56 ist auch der Anteil der Tragfläche allein, $a c_a$, aufgetragen. Man sieht, daß für kleine Fluggeschwindigkeiten der Gesamtwiderstand des Flugzeuges zum größten Teil von der Auftriebserzeugung herrührt, während bei großen Geschwindigkeiten der Widerstand durch Auftriebserzeugung ganz unbedeutend wird im Verhältnis zum schädlichen Widerstand. Man sieht weiter aus Abb. 56, daß es eine Geschwindigkeit gibt, die nicht sehr viel über der Kleinstgeschwindigkeit liegt, für welche W/A ein Minimum ist[1].

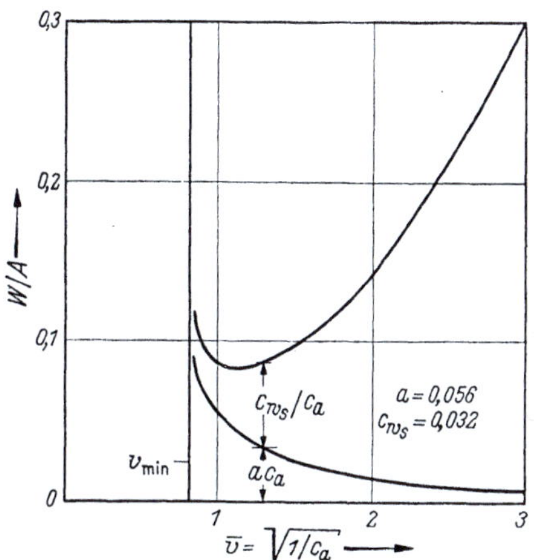

Abb. 56. Gleitverhältnis über Fluggeschwindigkeit

Es sei nochmals daran erinnert, daß die Widerstandsbeiwerte von der REYNOLDSschen Zahl und von der MACHschen Zahl abhängen. Eine Beziehung, wie sie in Abb. 56 dargestellt ist, kann also höchstens näherungsweise Gültigkeit haben, insofern man sich auf einen gewissen Bereich von REYNOLDSschen Zahlen beschränkt, und insofern die höchste betrachtete Fluggeschwindigkeit genügend unterhalb der Schallgeschwindigkeit liegt. Für genauere Rechnungen muß der Einfluß der Veränderlichkeit der REYNOLDSschen und der MACHschen Zahl berücksichtigt werden.

Auf Grund der seitherigen Überlegungen können wir – wenigstens im Prinzip – den Gesamtwiderstand eines Flugzeuges als Funktion der Waagrechtfluggeschwindigkeit und der Flughöhe angeben. Ein solcher Waagrechtflug ist natürlich nur möglich, wenn

---

[1] Die Lage des Minimums ist durch die Bedingung gegeben, daß der Anteil $a c_a$ gleich dem Anteil c_{ws}/c_a sein muß, also durch

$$c_a = \sqrt{c_{ws}/a}\,.$$

wir über eine Vortriebskraft verfügen, welche in der Lage ist, den Widerstand zu überwinden. Wie eine solche Vortriebskraft durch Motor und Propeller oder durch Düsentriebwerke geschaffen wird,

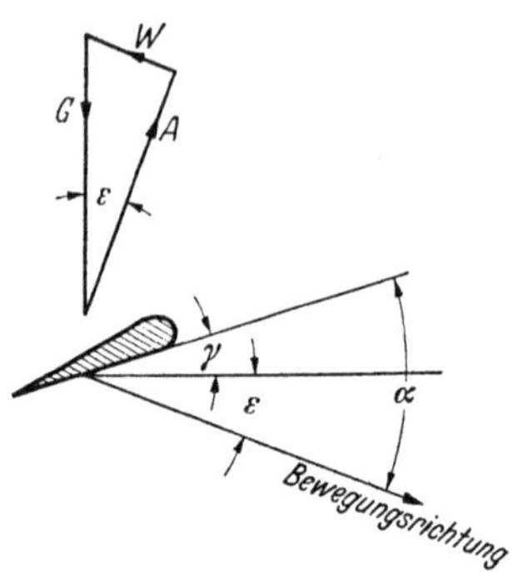

Abb. 57. Kräftegleichgewicht und Fluglage im Gleitflug

werden wir in späteren Kapiteln erörtern. An dieser Stelle können wir jedoch bereits die Beziehungen für den motorlosen Gleitflug aufstellen.

Die resultierende Luftkraft muß beim Gleitflug in die Richtung der Senkrechten fallen, damit sie dem Gewicht des Flugzeuges das Gleichgewicht halten kann, siehe Abb. 57. Wenn wir den Gesamtkraftbeiwert mit c_g bezeichnen, ist also

$$c_g^2 = c_a^2 + c_w^2 = c_a^2 \left[1 + (W/A)^2\right].$$

Man überzeugt sich an Hand der Abb. 56 leicht, daß, abgesehen von sehr hohen Geschwindigkeiten, c_g nur wenig von c_a abweicht. Für die meisten Fälle können wir c_a statt c_g verwenden. Wenn eine größere Genauigkeit gefordert wird, muß die Fluggeschwindigkeit im Gleitflug durch $\bar{v} = \sqrt{1/c_g}$ bestimmt werden.

Gleitwinkel, Anstellwinkel, Fluglagenwinkel, Sinkgeschwindigkeit. Die Bewegungsrichtung des Flugzeuges steht senkrecht auf dem Auftrieb, das Flugzeug bewegt sich unter dem Gleitwinkel ε nach abwärts, und die Lage des Flugzeuges im Raum ist durch den Winkel γ gegeben, welchen die Sehne des Profiles der Tragfläche mit der Waagrechten bildet. Der Zusammenhang zwischen Gleitwinkel ε, Fluglagenwinkel γ und Anstellwinkel α ist nach Abb. 57

$$\alpha = \gamma + \varepsilon.$$

Weiter ist

$$\tan \varepsilon = W/A.$$

Der Anstellwinkel α ist nach den Ausführungen in Abschnitt 10

$$\alpha = \alpha_e + 57,3\, c_a/\pi\, (b^2/F) \quad (\alpha \text{ in Gradmaß}).$$

Schließlich ermitteln wir die Sinkgeschwindigkeit w, welche gleich der vertikalen Komponente der Fluggeschwindigkeit ist

$$w = v \sin \varepsilon, \quad \text{oder} \quad \bar{w} = \bar{v} \sin \varepsilon,$$

wo $\overline{w} = w/v_0$ die dimensionslose Sinkgeschwindigkeit ist. Abb. 58 zeigt für das Beispiel der Abb. 56 den Gleitwinkel ε, Anstellwinkel α, Fluglagenwinkel γ und Sinkgeschwindigkeit $\overline{w}$ über der Fluggeschwindigkeit $\overline{v}$ aufgetragen.

Man liest aus Abb. 58 folgende Tatsachen ab: Es gibt einen kleinstmöglichen Gleitwinkel, der in unserem Fall etwa 5° beträgt und bei einem Anstellwinkel von etwa 9° und einer Fluggeschwindigkeit von $\overline{v} = 1,15$ auftritt. Weiter gibt es eine kleinstmögliche Sinkgeschwindigkeit, die hier etwa $\overline{w} = 0,088$ beträgt und bei einem Anstellwinkel von 13° und einer Fluggeschwindigkeit von $\overline{v} = 0,90$ auftritt.

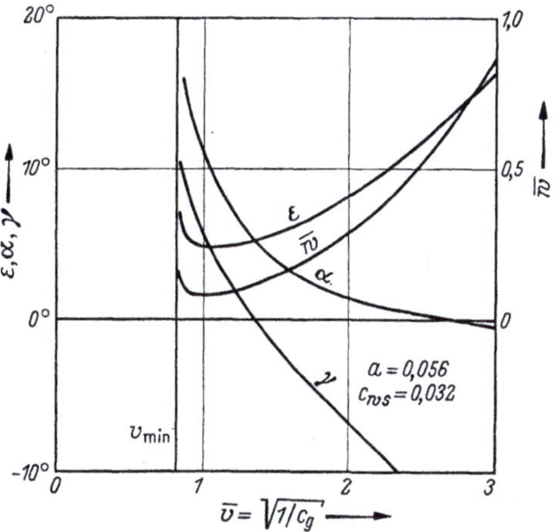

Abb. 58. Gleitwinkel ε, Anstellwinkel α, Fluglagenwinkel γ und Sinkgeschwindigkeit $\overline{w}$ über Fluggeschwindigkeit v

Die Flugzeuglage ist beim Gleiten mit hoher Geschwindigkeit so, daß die Nase nach unten, der Schwanz nach oben zeigt, mit abnehmender Fluggeschwindigkeit richtet sich das Flugzeug auf, bis schließlich umgekehrt die Nase nach oben und der Schwanz nach unten zeigt. Die Fluglage kann, wie wir in Abschnitt VII näher besprechen werden, vom Flugzeugführer durch Betätigen des Höhenruders verändert werden. Er kann das Flugzeug ziehen (die Nase richtet sich auf) oder drücken (die Nase senkt sich herab). Wir sehen nun aus Abb. 58, daß im Bereich hoher Fluggeschwindigkeiten durch Ziehen des Flugzeuges der Gleitwinkel und die Sinkgeschwindigkeit verringert wird. Dagegen erfolgt bei kleinen Fluggeschwindigkeiten beim weiteren Ziehen umgekehrt eine Vergrößerung von Gleitwinkel und Sinkgeschwindigkeit.

Abb. 56 und 58 gelten, unabhängig von Flächenbelastung und Flughöhe, für alle Flugzeuge mit einem Seitenverhältnis 6,1 und mit den Parametern $a = 0,056$ und $c_{ws} = 0,032$. Nehmen wir wieder eine Flächenbelastung von 200 kg/m² und einen Normaltag in Meereshöhe an, so ergibt sich $v_0 = 56,5$ m/sek $= 204$ km/st. Man hat dann wegen $v = \bar{v}\,v_0$ und $w = \bar{w}\,v_0$ nach Abb. 58 eine Kleinstgeschwindigkeit von $0{,}815 \cdot 204 = 166\,\text{km/st}$, eine Geschwindigkeit für besten Gleitwinkel von $1{,}15 \cdot 204 = 234\,\text{km/st}$ und eine geringste Sinkgeschwindigkeit von $0{,}088 \cdot 56{,}5 = 5{,}0\,\text{m/sek}$.

III. Motorloser Flug

14. Fliegen aus eigener Kraft

Erforderliche und verfügbare Muskelleistung. Während die Antriebsleistungen der Verkehrs- und Militärflugzeuge immer größer werden, hat der motorlose Flug oder Segelflug nicht nur in seinem Geburtsland Deutschland, sondern auch in anderen Ländern, vom sportlichen und zum Teil auch vom wissenschaftlichen Standpunkt aus eine erhebliche Bedeutung gewonnen. Ehe wir auf den Segelflug eingehen, wollen wir einige Überlegungen über die etwaige Möglichkeit des Muskelfluges oder Fliegens aus „eigener Kraft" vorausschicken. Aus Abb. 58 sehen wir, daß die geringste Sinkgeschwindigkeit im Gleitflug bei etwa $c_a = 1$ liegt. Obwohl dieser Wert nicht unbedingt für unser Muskelflugzeug der optimale sein muß, wollen wir ihn hier zugrunde legen. Weiter wollen wir annehmen, daß es möglich sei, mit 50 kg Leergewicht ein Muskelflugzeug von 12 m² Tragflächeninhalt und mit einem Seitenverhältnis von 10 zu bauen. Das Fluggewicht wird dann etwa 120 kg sein, und die Flächenbelastung ergibt sich zu $F/G = 10\,\text{kg/m}^2$. Damit wird in Meereshöhe wegen $\bar{v} = 1$ die Fluggeschwindigkeit $v = v_0 = \sqrt{2\,G/\varrho\,F} = 12{,}6\,\text{m/sek}$. Für den schädlichen Widerstand erhält man unter der Annahme einer guten Stromlinienverkleidung um den liegenden Menschenkörper etwa $c_{w_s} = 0{,}01$. Es ist dann wegen $a = 1/\pi \cdot 10 = 0{,}032$ der Widerstand

$$W = 120\,(0{,}01 + 0{,}032) = 5{,}0\,\text{kg},$$

und die aufzunehmende Widerstandsleistung ist $W v = 5 \cdot 12{,}6 = 63\,\text{kgm/sek}$. Nehmen wir noch einen Wirkungsgrad der Leistungsumsetzung von 0,8 an, so muß vom Menschen die Leistung $63/0{,}8 = 79\,\text{kgm/sek}$ aufgebracht werden, das ist etwas über eine Pferdestärke.

Alle Beobachtungen stimmen darin überein, daß ein kräftiger Mann einigermaßen anhaltend höchstens ein Fünftel Pferdestärke oder 15 kgm/sek leisten kann. Wir sind also zu dem Ergebnis gelangt, daß nach dem heutigen Stande der Technik zu anhaltendem Waagrechtflug des menschlichen Körpers *mindestens fünfmal* so viel Arbeitsleistung erforderlich ist, als der durchschnittlich kräftige Mensch aufzubringen vermag.

Zukunftsaussichten des Muskelfluges. Über etwaige Möglichkeiten, in späterer Zukunft ohne Motorunterstützung zu fliegen, sagen unsere Rechnungen nichts Bestimmtes aus. Wäre es z. B. möglich, bei gleichem Leergewicht von 50 kg das Seitenverhältnis der Tragfläche von 10 auf 20 zu erhöhen – was praktisch mit heutigen Baustoffen kaum ausführbar erscheint –, so würde die Leistung nur 48 kgm/sek betragen, was nur noch dreimal so viel ist, als ein Mensch aufzubringen vermag. Jedenfalls gibt es auch nicht, wie man vor einigen Jahrzehnten, in den Anfängen der Fluglehre, annahm, einen theoretischen Mindestwert an „Schwebearbeit", der unter allen Umständen, unabhängig von der Bewegungsart, zur Erzielung des Auftriebs aufgebracht werden müßte. *Kein Gesetz der Mechanik oder Physik* spricht gegen die Möglichkeit eines Fliegens mit 10 oder 15 kgm/sek Arbeitsleistung bei 100 kg Fluggewicht – aber *die heutige Technik* gibt uns kein Mittel in die Hand, eine solche Möglichkeit zu verwirklichen[1].

Wir wollen noch einmal darauf hinweisen, daß sich alle unsere Überlegungen auf den Flug in gewisser Höhe über dem Boden beziehen. Es ist bekannt, daß beim Flug sehr dicht über dem Boden wesentlich geringere Widerstände zu überwinden sind als in größerer Höhe. So kann man bei Segelflugzeugen eine erhebliche Verringerung des Gleitwinkels und der Sinkgeschwindigkeit in unmittelbarer Bodennähe beobachten. Möglicherweise könnte ein mit Muskelkraft angetriebener „Bodengleiter" bereits mit den heutigen Mitteln der Technik konstruiert werden, doch könnte man ein derartiges Sportgerät kaum als Flugzeug bezeichnen. Eine andere Möglichkeit, wenigstens indirekt mit Muskelkraft für kurze Zeit zu fliegen, besteht darin, daß die menschliche Energie vor dem Fluge während längerer Zeit aufgebracht und gespeichert wird. Die zum Fliegen notwendige Energie wird dann im Flug dem mitgeführten

---

[1] Die Überlegungen dieses Abschnittes sind in etwas mehr mathematischer Ausdrucksweise von R. v. MISES veröffentlicht worden in einem Aufsatz „Segelflug und Ähnlichkeitsgesetz" in der Zeitschr. f. angew. Mathem. u. Mechanik, Bd. 3, 1923, S. 64.

Energiespeicher entnommen. Führt man 5 Minuten lang die menschliche Arbeit einem Energiespeicher zu, dann ist unter der Voraussetzung verlustfreier Speicherung ein Waagrechtflug von 1 Minute Dauer möglich. Allerdings muß auch die für den Startvorgang notwendige Energie mitgespeichert worden sein, so daß sich das Verhältnis von Speicherarbeit zu Flugzeit noch wesentlich verschlechtert.

Vergleich mit dem Vogelflug. Daß der Muskelflug des Menschen vorläufig auf unüberwindbare Schwierigkeiten stößt, während die Vögel offenbar ohne größere Anstrengung weite Strecken im Flug zurücklegen können, liegt übrigens nicht an der Unvollkommenheit der dem Menschen zur Verfügung stehenden Hilfsmittel. Im Gegenteil dürfte die auf das Fluggewicht bezogene erforderliche Flugleistung bei den meisten Vögeln größer sein als bei dem Flugzeug, dessen Leistungsbedarf wir oben berechnet haben. Der Grund dafür, daß der Mensch die Konkurrenz mit dem Vogel nicht aufnehmen kann, ist darin zu suchen, daß er im Verhältnis zu seinem Gewicht nur einen kleinen Bruchteil der Muskelsubstanz besitzt, über die der Vogel verfügt. Nach neueren Messungen sollen die guten Flieger unter den Vögeln bis 30 vH ihres Körpergewichtes an Flugmuskulatur besitzen, während beim Menschen Brust- und Wadenmuskulatur zusammen höchstens 4 vH seines Gewichtes ausmachen. Der Mensch brauchte also, um den Vergleich mit dem Vogel hinsichtlich seiner Fähigkeit zum Muskelflug aufnehmen zu können, etwa ein Siebenfaches an Muskelarbeitsvermögen, ein Ergebnis, das mit dem der obigen Rechnung übereinstimmt.

Die Überlegungen dieses Abschnitts haben zwar die Schwierigkeiten des menschlichen Muskelfluges erwiesen, andrerseits jedoch gezeigt, daß ein Fliegen mit einem Leistungsaufwand von nur wenigen Pferdestärken durchaus möglich ist.

Während auch leichte Sportflugzeuge heute noch eine Motorenstärke von wenigstens 60 PS erhalten, sind mit versuchsweise gebauten Leichtflugzeugen von 4 bis 5 PS gute Erfolge erzielt worden.

15. Segelfliegen

Statisches Segeln. Unter Segelflug versteht man eine Flugbewegung ohne Motor, bei der die zur Überwindung aller Widerstände erforderliche Arbeitsleistung der bewegenden Kraft des natürlichen Windes entnommen wird. Es ist üblich, „statischen" und „dynamischen" Segelflug zu unterscheiden, indem man meint, daß der erstere vorwiegend ruhige, gleichförmige Luftbewegung, „Wind" im engeren Sinn, ausnutzt und dabei auf einem Gleichgewichtszustand ähnlich dem des Motorfluges beruht, während der „dynamische" Segler Luftströmungen, die örtlich und zeitlich stark wechseln, durch geschicktes Manövrieren für sich verwertet. Wir sprechen zunächst von statischem Segelflug. Dieser ist nichts anderes als ein Gleitflug in einer Luftschicht, die sich nach aufwärts bewegt. Relativ zur umgebenden Luft gleitet das Flugzeug schräg nach abwärts unter genau den gleichen Umständen, wie wir sie in Abschnitt 13 untersucht haben. Es gibt also bei einer bestimmten Gleitgeschwindigkeit eine kleinstmögliche Sinkgeschwindigkeit (immer relativ zur umgebenden Luft), es gibt einen kleinsten Gleitwinkel, alles wie in Abschnitt 13 besprochen. Nur dadurch, daß der Gleitflug im aufsteigenden Luftstrom stattfindet, kann das Flugzeug seine Höhe halten, bei genügend starkem Aufwind sogar Höhe gewinnen. Moderne Hochleistungssegelflugzeuge erreichen bei 70 bis 80 km/st Fluggeschwindigkeit ein Gleitverhältnis A/W von 30 und mehr, was einem Gleitwinkel von 1,9° und einer Sinkgeschwindigkeit von 0,7 m/sek entspricht, also sehr viel besser ist als die für Motorflugzeuge erreichbaren Werte, siehe Abb. 56. Dies rührt hauptsächlich daher, daß infolge der geringeren Festigkeitsanforderungen (geringere Fluggeschwindigkeit) und des geringeren Fluggewichtes (kein Motor) die Tragflächen mit einem sehr viel größeren Seitenverhältnis gebaut werden können. Wie schon erwähnt, betragen die Seitenverhältnisse der Segelflugtragflächen 20 bis 30 gegenüber 6 bis 12 bei Motorflugzeugen. Die Tragflächenwiderstandsbeiwerte sind dadurch erheblich reduziert.

Hangaufwind. Daß tatsächlich Windbewegungen mit einer vertikal aufwärts gerichteten Komponente von 1 bis 3 m/sek vielfältig vorkommen, zeigen die einfachsten meteorologischen Beobachtungen. Wenn ein gewöhnlicher waagrecht gerichteter Wind gegen eine Anhöhe trifft, Abb. 59, muß er sich nach oben wenden. Bei 5 m/sek Waagrecht-Windgeschwindigkeit genügt eine Ablenkung von 30°, um eine Aufwärtskomponente von rd. 2,9 m je sek zu

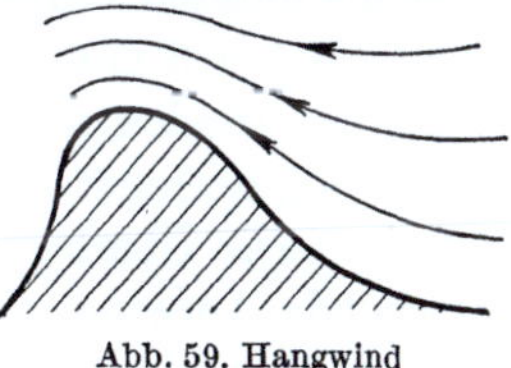

Abb. 59. Hangwind

erzeugen. Der statische Segelflug wird nun dadurch eingeleitet, daß der Segler auf der Höhe der Kuppe entgegen der Windrichtung etwas Anlauf nimmt und sich dann dem Winde auf der Luvseite der Höhe überläßt. War die Endgeschwindigkeit des Anlaufs genügend groß, so wird das Flugzeug zunächst ziemlich rasch steigen, weil der Wind in unmittelbarer Nähe des Hanges etwas gehemmt ist und erst in einiger Entfernung frei wirkt. Durch Einstellen des Höhensteuers regelt der Flieger seine Steig- und Sinkgeschwindigkeit in den durch die Größe des Aufwindes gegebenen Grenzen. Natürlich muß er darauf achten, nicht aus dem Gebiet des Aufwindes hinauszukommen. Zu diesem Zweck wird der Segler Kreise oder Schleifen (Kehren) beschreiben müssen, wenn er lange in der Luft bleiben will. Seinen Landungsplatz kann er in gewissem Umfang frei wählen, auch unter Umständen an den Ausgangspunkt zurückkehren. In den mechanischen Bedingungen des statischen Segelfluges ist nichts enthalten, was auf eine Begrenzung der Flugdauer oder des zurückgelegten Weges hinweist.

Thermischer Aufwind. Außer dem Aufwind, der an Berghängen, wie in dem bekannten Rhöngelände, oder an Steildünen längs der Meeresküste, wie bei Rossitten, auftritt, kommen für statischen Segelflug noch Luftströmungen in Betracht, die durch *Wärmeunterschiede* verschiedener Luftschichten entstehen. Man hat namentlich in den Tropen Vögel beobachtet, die den Namen von „Sonnenseglern" verdienen. Sie beginnen kurz nach Sonnenaufgang über bestimmten Teilen des Landes ruhige Kreise zu ziehen, ohne einen Flügelschlag zu tun, und setzen diesen Flug stundenlang fort. Es ist anzunehmen, daß die Erde, die die erwärmende Wirkung der Sonnenstrahlen rascher aufnimmt als die Luft, später die unteren Luftschichten erwärmt und so zum Aufsteigen bringt. Natürlich muß an anderen Stellen gleichzeitig ein Sinken der Luft stattfinden und die „Kamine" mit aufsteigender Strömung sind oft eng begrenzt.

Theoretische Überlegungen zeigen, daß der in diesen Kaminen herrschende Aufwind, der sog. „thermische Aufwind", oberhalb des Minimums an erforderlichem Auftrieb liegt, also größer als 1,5 bis 2 m/sek, in genügender Höhe sogar weit größer werden kann. An verschiedenen Orten vorgenommene Messungen ergaben, daß in der Tat Aufwindgeschwindigkeiten, die auf Temperaturunterschiede zurückzuführen sind, in dieser Größe erreicht werden. Insbesondere hat man in Kumuluswolken thermische Aufwinde von starker Intensität gemessen. Diese Tatsache haben sich die Segelflieger in der Weise zunutze gemacht, daß sie zunächst durch den Hangwind Anschluß an geeignete Wolken anstrebten und dann in deren thermischen Aufwind Höhe zu gewinnen suchten, um den Flug zur nächsten Wolke fortsetzen zu können.

Man hat durch Segelfliegen in Kumuluswolken bis zu 11 000 m Höhe erreichen können und hat dabei Steiggeschwindigkeiten bis zu 30 m/sek bekommen. Die Streckenflüge von vielen Hundert Kilometern wurden natürlich auch nur durch Ausnützung von thermischen Aufwinden ermöglicht.

Aufwind in Leewellen. Neben diesen beiden Arten von Aufwind – dem Hangaufwind und dem thermischen Aufwind – gibt es noch eine dritte, die seit 1937 bekannt wurde und seitdem zu sehr beachtlichen Höhenflügen im Segelflugzeug geführt hat. Man hat nämlich entdeckt, daß auf der Leeseite eines langgestreckten Höhenzuges sich unter gewissen Verhältnissen stehende Wellen in der Luft ausbilden, die sich außerordentlich hoch erstrecken, und die bei meist sehr ruhiger Luft Aufwinde bis zu 10 m/sek aufweisen. Die berühmteste dieser stehenden Wellen kommt auf der Ostseite der Sierra Nevada in Kalifornien vor, und der Welthöhenrekord mit einem Segelflugzeug wurde in dieser Leewelle erzielt. Aber auch kleinere Bergketten verursachen stehende Wellen von beachtlichen Ausmaßen, die sich bis auf fünf- oder sechsfache Höhe der Bergkette erstrecken.

Reibungsaufwind. Schließlich gibt es noch eine vierte, früher wenig beachtete Art von Aufwind, auf die man durch die Austragung von Küstensegelwettbewerben aufmerksam wurde. Es handelt sich hierbei um einen *Reibungsaufwind*, der dadurch entsteht, daß ein vom Meere herkommender Wind durch die stärkere Bodenreibung beim Übergang vom Meer zur Küste gebremst wird. Daß durch die Bremswirkung eine nach oben gerichtete Strömung entsteht, macht man sich am besten folgendermaßen klar. Denken wir an die in Abb. 6 gezeichnete Stromröhre mit den Querschnitten f_1 und f_2 und den zugehörigen Stromgeschwindigkeiten v_1 und v_2. Die durch die beiden Querschnitte hindurchtretenden Mengen Luft sind dann $\varrho v_1 f_1$ bzw. $\varrho v_2 f_2$. Da aber durch jeden Querschnitt in der Zeiteinheit die gleiche Menge Luft fließt, muß $v_1 : v_2 = f_2 : f_1$ sein, d.h. der Querschnitt der Stromröhre muß mit abnehmender Geschwindigkeit größer werden. Das bedeutet in Anwendung auf unseren Fall der durch Reibung gebremsten Luft, daß bei der Erweiterung der Stromröhre die einzelnen Stromlinien nach außen divergieren, also nicht mehr parallel zur Küste, sondern geneigt verlaufen. Die Vertikalkomponente dieser nach oben weisenden Strömung ist der Reibungsaufwind. Theoretische Überlegungen, die durch Messungen bestätigt sind, zeigen, daß der Reibungsaufwind stark genug sein kann, einen Segelflug zu ermöglichen. Vermutlich sind die im Rossittener Gebiet erzielten Flugresultate nicht nur dem Hangwind, sondern auch dem Mitwirken des Reibungsaufwindes zuzuschreiben.

Dynamisches Segeln. Sehr viel zweifelhafter und vielfach ungeklärt ist die Frage des sog. „*dynamischen*" Segelns. Die mechanische Theorie ist freilich sehr einfach. Man kann zeigen, daß es möglich ist, sich ohne Höhenverlust schwebend zu erhalten, wenn ein in ganz bestimmter Weise periodisch veränderlicher Wind weht, der im Mittel, d. h. im zeitlichen Durchschnitt über eine volle Periode genommen, keine Aufwärtskomponente besitzt. Da es für die erzeugten Luftkräfte nur auf die Relativbewegung von Luft und Körper ankommt, können wir die gleichen Kräfte auch dadurch hervorrufen, daß wir in ruhender Luft das Flugzeug periodisch auf und ab bewegen. Dies ist aber im Grunde nichts anderes als der Schwingenflug der Vögel, die sich durch Auf- und Abschlagen ihrer Flügel durch die Luft bewegen. In dem einen Fall wird die Energie für die Flugbewegung dem Vogelkörper entnommen, im andern Fall dem periodisch veränderlichen Wind. Kräftemäßig sind beide Vorgänge die gleichen. Es ist also ein Waagrechtfliegen mit konstanter Geschwindigkeit ohne motorischen Antrieb möglich, auch wenn kein dauernder Aufwind vorhanden ist, sondern nur *eine genügend rasch periodisch wechselnde Auf- und Abwärtsbewegung der Luft*. Eine andere Möglichkeit des Segelfluges ohne Aufwind ergibt sich durch die Ausnutzung der Geschwindigkeitsunterschiede des Windes in verschiedenen Höhenschichten. Hierüber hat E. PRANDTL interessante Beobachtungen veröffentlicht[1].

Ob der Theorie des dynamischen Segelns irgendeine *praktische* Bedeutung zukommt, hängt davon ab, ob es überhaupt Luftbewegungen der hier vorausgesetzten Art von hinreichender Beständigkeit und in nennenswertem Umfang gibt. Es scheint heute die

---

[1] Zeitschr. f. Flugtechn. u. Motorluftsch. 1930, S. 116.

Meinung dahin zu gehen, daß zwar Vögel periodische Bewegungen
der Luft ausnutzen können, um schwebend zu bleiben, daß aber
Segelflugzeuge im Verhältnis zur Luftturbulenz zu groß sind, um
durch „dynamisches" Segeln mehr als eine unbedeutende Hilfe zu
erhalten.

16. Segelflugzeuge

Segelflugrekorde. Die Versuche, ohne Motorkraft zu fliegen, sind
so alt wie das gesamte Flugwesen. OTTO LILIENTHAL suchte in den
neunziger Jahren des vorigen Jahrhunderts Fertigkeit im Segelflug
zu erlangen als Vorübung für motorisches Fliegen, und ähnlich war
auch der Entwicklungsgang, den die meisten anderen erfolgreichen
Pioniere der ersten Zeit der Flugtechnik eingeschlagen haben.

Die ersten Aufsehen erregenden Segelflugleistungen wurden beim
Rhönwettbewerb 1921 erzielt, nachdem im Jahre 1920 KLEMPERER
bereits eine 1830 m lange Strecke durchflogen und damit die Möglichkeit des Streckensegelfluges praktisch erwiesen hatte.

Die ersten großen, von KRONFELD auf dem Segelflugzeug „Wien"
ausgeführten Streckenflüge des Jahres 1929, die mit einer Flugstrecke von 150 km die ersten wirklichen Überlandflüge waren,
wurden ermöglicht durch Ausnutzung verschiedener und verschieden gearteter Aufwindgebiete. Die Methode KRONFELDS, im thermischen Wolkenaufwind erst Höhe zu gewinnen, um dann in lang-
gestrecktem Gleitflug ein Gebirge anzufliegen, in dessen Hangwin-
den abermals zu steigen usf., hat in den darauffolgenden Jahren viel
Schule gemacht. Die Leistungen KRONFELDS vom Jahre 1929 wurden in den Jahren 1930 und 1931 durch ihn selbst, durch WOLF-
GANG HIRTH und vor allem durch GROENHOFF überboten, der unter
anderem auch den Schleppstart versuchte, um Höhe zu gewinnen –
besonders über ebenem Gelände. Der Streckenrekord beträgt zur
Zeit 861 km (R. J. 5), die Rekordhöhe über dem Ausgangspunkt
9174 m (Schweizer S. G. S. 1–23), der Dauerrekord mit Rückkehr
zum Ausgangspunkt beträgt 57 Stunden 10 Minuten (Kranich III).
Stand vom Januar 1956.

Verwendungsbereich. Die meisten europäischen Segelflugzeuge
sind im Besitz von Fliegergruppen oder Klubs, die sie zum Teil
auch als Gruppenarbeit selbst konstruiert und gebaut haben, wie
z. B. in den Vorkriegsjahren das Muster D 30 der akademischen
Fliegergruppe Darmstadt. Wo immer möglich, wird vom Hang

gestartet und im Hangaufwind geflogen. Wo geeignete Hänge fehlen, wird der Windenstart oder der Schleppstart benutzt. In den Vereinigten Staaten gibt es auch Segelflugzeuge im Privatbesitz. Ganzmetallsegelflugzeuge werden von der Firma Schweitzer im Staate New York hergestellt. Das zur Zeit wahrscheinlich leistungsfähigste Segelflugzeug der Welt, das amerikanische Muster R. J. 5,

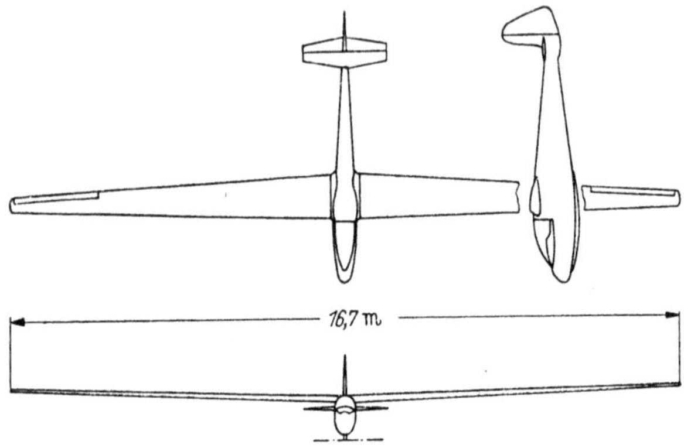

Abb. 60. Segelflugzeug R. J. 5 (1950)

wurde jedoch im Einzelbau gefertigt. Der Tragflügel hat einen Duralholm, Duralnase, Duralrippen und ist im rückwärtigen Teil stoffbespannt. Rumpf und Leitwerk sind aus Holz. Dieses Segelflugzeug wurde von RASPET und JOHNSON am Mississippi State College so verfeinert, daß das ursprüngliche Gleitverhältnis von 30 auf über 40 stieg. Bei einem Fluggewicht von etwa 300 kg und bei einer Fluggeschwindigkeit für bestes Gleitverhältnis von 80 km/st bedeutet dies, daß die Sinkgeschwindigkeit nur 0,55 m/sek beträgt, und daß die Sinkleistung nur 2,2 PS ist.

Neben den Hochleistungseinsitzern werden auch vielfach hauptsächlich für den Schulungsbetrieb Zweisitzer verwendet. Die Segelfliegerei beschränkt sich nicht nur auf den Sport. Die Luftwaffen verschiedener Länder benutzen nach deutschem Vorbild Segelflugzeuge teils zum ersten Schulen und teils als Ersatz für Fallschirmoperationen. Segelflugzeuge werden auch in der Forschung mit Erfolg verwendet, so in der Meteorologie – man verdankt ihnen die Entdeckung der Leewellen und die Ausmessung der Luftströmungen in Kumuluswolken – aber auch in der aerodynamischen

Forschung. Die Grenzschichtforschung wurde durch das Segelflugzeug um wertvolle Beiträge bereichert, da der ruhige und geräuschlose Flug günstigere Untersuchungsbedingungen für die empfindlichen Grenzschichtmessungen bietet als die meisten Windkanäle[1].

Hauptabmessungen. Wir geben eine Übersicht über die wesentlichen Abmessungen von drei Hochleistungssegelflugzeugen aus den Jahren 1929, 1938 und 1950. Das oben kurz besprochene Muster R. J. 5 ist in Abb. 60 dargestellt.

Name des Segelflugzeuges, Hersteller oder Eigentümer	Tragfläche m^2	Spannweite m	$\dfrac{b^2}{F}$	Leergewicht kg	Flächenbelastung kg/m^2
Wien, Lippisch, 1929	18,0	19,1	20,2	158	12,6
D 30, Akaflieg Darmstadt, 1938	11,5	20	33,6	204	26,7
R. J. 5, Johnson, 1950	12,5	16,8	24,5	223	24,3

An diesen Zahlen ist vor allen Dingen zweierlei bemerkenswert: das Seitenverhältnis der Flügel ist im Durchschnitt erheblich größer als bei Motorflugzeugen (bei denen es etwa 6 bis 12 beträgt) und die Flächenbelastung ist viel geringer, weniger als ein Zehntel der heute im Motorflugzeugbau üblichen. Die beiden Umstände hängen miteinander zusammen. Denn nur bei geringer Belastung der Flügel kann man die Spannweite so sehr ausdehnen, ohne zu große Beanspruchungen und damit unverhältnismäßig schwere Tragkonstruktionen zu bekommen[2].

IV. Die Luftschraube

17. Die Wirkungsweise der Luftschraube

Kräfte am Propellerelement. Der Propeller oder die Luftschraube eines Flugzeuges dient dazu, die Drehbewegung des Motors in eine Fortbewegung des Flugzeuges, das vom Motor ausgeübte Drehmoment in eine Zugkraft zu verwandeln. Wie eine Luftschraube

---

[1] Vergleiche z.B. A. RASPET, Boundary Layer Studies in a Sailplane, Aircraft Engineering Review Juni 1952.

[2] Die Literatur über Segelflugzeuge ist sehr umfangreich, aber nicht ebenso inhaltsreich. Eine Übersicht über den derzeitigen Stand des Segelflugzeugbaus findet man bei K. G. WILKINSON, Progress in Sailplane Design, Journal Royal Aeron. Soc. Bd. 58, Juli 1954, S. 456.

im großen ganzen aussieht, setzen wir als bekannt voraus. (Vgl. Abb. 61.)

Denken wir uns in der Draufsicht eines Propellerblattes, Abb. 61, in der die Propellerachse als ein Punkt O erscheint, zwei nahe benachbarte Kreisbögen mit dem Mittelpunkt O gezeichnet, so grenzen sie einen schmalen Streifen des Blattes ab, der in der Abb. 61 schraffiert ist. Wenn wir jetzt längs der beiden Kreisbögen je einen Schnitt parallel der Achse (also so, daß die Schneidkante senkrecht zur Bildfläche steht), ausführen, so schneiden wir damit ein schmales Stück aus dem Propeller heraus, das wir als *Propellerelement* bezeichnen wollen. Wie dieses Stück in den Schnittflächen, in radialer Richtung betrachtet, aussieht, zeigt der über der Draufsicht des ganzen Blattes in Abb. 61 angedeutete Querschnitt. In größerem Maßstabe ist ein Propellerquerschnitt in Abb. 62 wiedergegeben; hier bezeichnet V die Richtung der Luftschraubenachse, in der das Flugzeug fortschreitet, H die Richtung, in der sich das Propellerelement bei Rotation des Propellers am Stand bewegt. Unverkennbar ist die Ähnlichkeit dieses Bildes etwa mit Abb. 32, die den Querschnitt durch eine Tragfläche darstellt. Die gesamte Wirksamkeit einer Luftschraube, die wir uns stets aus lauter Elementen der eben beschriebenen Art zusammengesetzt denken können, werden wir aus dieser *Analogie mit der Tragfläche* erklären können.

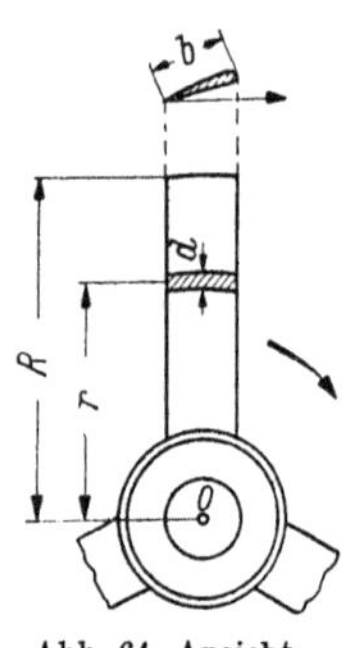

Abb. 61. Ansicht und Querschnitt eines Luftschraubenblattes

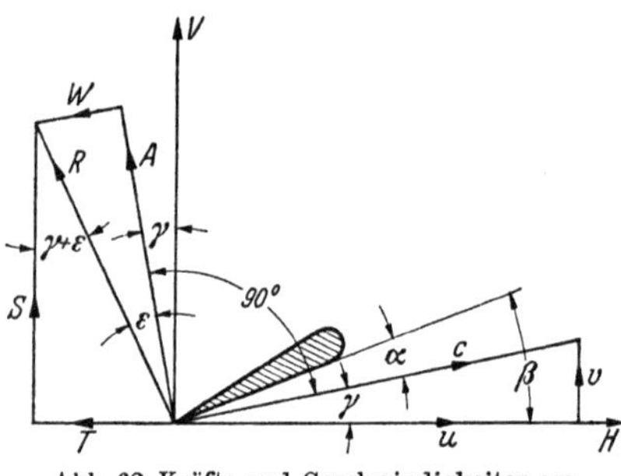

Abb. 62. Kräfte und Geschwindigkeiten am Propellerelement

In Abb. 62 ist u die Umfangsgeschwindigkeit, mit welcher sich das Propellerelement in der Drehebene bewegt, v ist die Fluggeschwindigkeit, die wir in Richtung der Schraubenachse annehmen wollen, c ist die aus beiden resultierende Geschwindigkeit des Propellerelementes. Dieses wird also mit der Geschwindigkeit

$$c = \sqrt{v^2 + u^2}$$

unter dem Anstellwinkel α angeströmt. Die Luftkraftresultierende R besteht genau wie bei der Tragfläche aus einem Anteil A, dem Auftrieb, senkrecht zur Anströmgeschwindigkeit, und einem Anteil W, dem Widerstand in Richtung der Anströmgeschwindigkeit. ε ist der Gleitwinkel des Propellerelementes. Die Luftkraftresultierende R ist also um den Winkel ε nach rückwärts gegenüber dem Auftrieb geneigt. Wir zerlegen die Luftkraftresultierende R in eine Kraft in Flugrichtung, S (Propellerschub) und in eine Kraft in der Umfangsrichtung, T (Tangentialkraft). Der Winkel, den die Geschwindigkeit c des Propellerelementes mit der Umfangsrichtung einschließt, ist mit γ bezeichnet. Man liest aus Abb. 62 leicht ab, daß Schub S und Luftkraftresultierende R den Winkel $\gamma + \varepsilon$ miteinander bilden. Wir erhalten also für den Schub und für die Tangentialkraft die Gleichungen

$$S = R \cos (\gamma + \varepsilon) \,,$$

$$T = R \sin (\gamma + \varepsilon) \,.$$

Die Tangentialkraft T ist entgegen der Umfangsgeschwindigkeit des Propellerelementes gerichtet, sie stellt also den Widerstand dar, den das Propellerelement seiner Drehbewegung um die Propellerachse entgegensetzt. In bezug auf die Propellerachse hat dieser Widerstand ein Moment, das r mal der Kraftgröße ist.

Das ganze Propellerblatt kann man sich in schmale Elemente der in Abb. 61 gekennzeichneten Art zerlegt denken. Auf jedes Element wirken Luftkräfte in der eben besprochenen Weise, wobei natürlich nicht behauptet werden soll, daß die Größe der an einem Element angreifenden Kraft von dem Vorhandensein der Nachbarelemente ganz unabhängig ist. Jedenfalls entsteht durch das Zusammenwirken aller Propellerelemente eine resultierende Schubkraft der Luftschraube in der Richtung der Propellerachse, während die Momente der Tangentialkräfte der Propellerelemente insgesamt ein resultierendes Drehmoment um die Propellerachse ergeben, das entgegengesetzt dem Drehsinn gerichtet ist und dem durch das vom Motor eingeleitete Drehmoment das Gleichgewicht gehalten wird.

Elementwirkungsgrad. Wir können leicht den Wirkungsgrad eines Propellerelementes aufstellen. Die Leistung, die erforderlich ist, um die Drehbewegung des Propellerelementes aufrechtzuerhalten, ist gleich der Tangentialkraft mal der Umfangsgeschwindigkeit:

$$N_{\mathrm{erf}} = T\,u \,.$$

Diese Leistung wird vom Motor aufgebracht. Die zum Vortrieb des Flugzeuges nutzbar gemachte Leistung des Propellerelementes ist gleich der Schubkraft mal der Fluggeschwindigkeit

$$N_\mathrm{nutz} = S\,v\,.$$

Der Idealfall wäre der, daß die gesamte vom Motor aufgebrachte Leistung gleich der zum Vortrieb nutzbar gemachten Leistung ist. In Wirklichkeit ist das Verhältnis $L_\mathrm{nutz}/L_\mathrm{erf}$ immer kleiner als 1, wie wir gleich sehen werden. Wir bezeichnen dieses Verhältnis als den Wirkungsgrad η des Propellerelementes. Es gilt also

$$\eta = \frac{N_\mathrm{nutz}}{N_\mathrm{erf}} = \frac{S\,v}{T\,u}\,,$$

oder unter Verwendung der obigen Werte für den Schub und die Tangentialkraft

$$\eta = \frac{v}{u}\,\frac{\cos\,(\gamma + \varepsilon)}{\sin\,(\gamma + \varepsilon)}\,.$$

Der Quotient $\dfrac{v}{u}$ ist gleich tg γ. Man sieht also, daß für den Gleitwinkel $\varepsilon = 0$ der Wirkungsgrad $\eta = 1$ wird (es ist nämlich sin γ/ cos γ = tg γ). Der Ausdruck $\eta = \mathrm{tg}\,\gamma\,\dfrac{\cos\,(\gamma + \varepsilon)}{\sin\,(\gamma + \varepsilon)}$ ist für $\gamma = 20°$

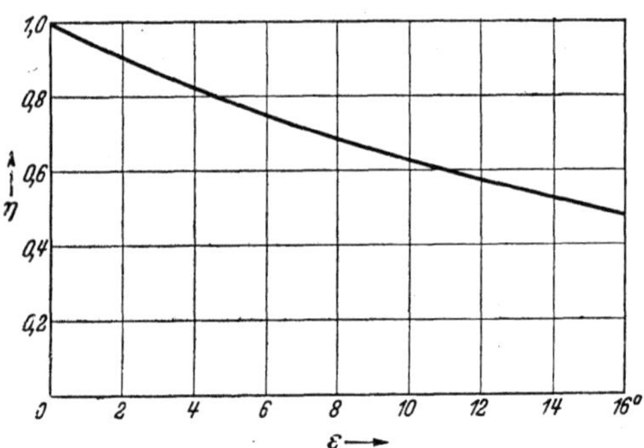

Abb. 63. Abhängigkeit des Wirkungsgrades η eines Luftschraubenelementes vom Gleitwinkel ε für $\gamma = 20°$

oder $v/u = 0{,}364$ ausgewertet und in Abb. 63 über ε aufgetragen worden. Man erkennt, wie mit wachsendem Gleitwinkel ε der Wirkungsgrad des Propellerelementes immer schlechter wird. Der obige Ausdruck wurde auch für einen Gleitwinkel von $\varepsilon = 4°$ ausgewertet und in Abb. 64 über dem Fortschrittsgrad v/u des Blattelementes aufgetragen. Man erkennt, daß mit wachsendem Fortschrittsgrad der Wirkungsgrad des Propellerelementes immer besser wird.

Blattsteigungswinkel. Der Wirkungsgrad des gesamten Propellers ist bestimmt durch die Wirkungsgrade seiner Elemente. Man wird also den Propeller so konstruieren, daß der Gleitwinkel für jedes Element möglichst gering ausfällt. Wir wissen aus Abschnitt 8, daß der Gleitwinkel ε eines Profiles eindeutig vom Anströmwinkel α abhängt und daß für einen bestimmten Anstellwinkel die Gleitzahl zu einem Minimum wird (siehe z. B. Abb. 34). Der Propeller arbeitet dann mit

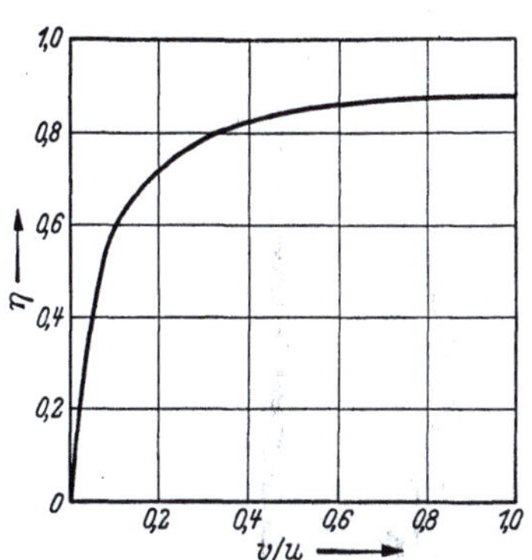

Abb. 64. Wirkungsgrad η eines Schraubenelementes über Fortschrittsgrad v/u des Elementes für Gleitwinkel $\varepsilon = 4°$

dem bestmöglichen Wirkungsgrad, wenn alle Propellerelemente unter dem Anstellwinkel angeströmt werden, bei welchem die Gleitzahl des verwendeten Profiles ein Minimum ist. Aus dieser Bedingung können wir nun leicht schließen, wie ein Propeller geformt sein muß, um einen günstigen Wirkungsgrad zu haben. Wir betrachten wieder Abb. 62. Der Winkel, den die Profilsehne mit der Umfangsrichtung H bildet, heißt der Steigungswinkel des Propellerelementes, er ist hier mit β bezeichnet. Es ist

$$\beta = \gamma + \alpha .$$

Der Anstellwinkel α soll für alle Propellerelemente ungefähr den gleichen optimalen Wert α_{opt} haben. γ ist der Winkel zwischen den Geschwindigkeiten c und u. Die Umfangsgeschwindigkeit u nimmt proportional dem Radius nach außen hin zu. Die Geschwindigkeit v ist konstant über die Blattlänge, also nimmt das Verhältnis v/u und damit auch γ nach außen ab. γ ist für die innen liegenden Elemente nahezu 90°, an dem Blattende ist $\operatorname{tg}\gamma = \dfrac{v}{U}$, wo U die Umfangsgeschwindigkeit an der Stelle des größten Propellerdurchmessers ist. Der Steigungswinkel β der Propellerelemente ist daher ebenfalls für die nahe der Achse gelegenen Elemente nahezu 90°, im übrigen Teil als $\gamma + \alpha_{\mathrm{opt}}$ anzunehmen. Praktisch reicht das Propellerblatt nur bis etwa $0{,}2\,R$, da der innere Teil von der Nabe eingenommen wird. Ein so gestalteter Propeller hat nur dann den erwünschten guten Wirkungsgrad, wenn das Verhältnis der Fluggeschwindigkeit v zur Umfangsgeschwindigkeit U der Blattspitzen auch tatsächlich den Wert hat, für den der Propeller konstruiert wurde. Bei allen anderen Verhältnissen v/U ist der Wirkungsgrad kleiner, da dann der Anstellwinkel der Propellerelemente nicht mit demjenigen übereinstimmt, der die beste Gleitzahl ε des Profiles liefert.

Verstellbare Blätter. Man kann mit einem Propellerblatt von gegebener Verwindung gute Wirkungsgrade innerhalb weiter Grenzen der Fortschrittsgrade erzielen, wenn man den Einstellwinkel des Blattes veränderlich macht, wie das bei der Verstellluftschraube der Fall ist. Die Verwindung der meisten Verstellschrauben im Bereich von $0{,}2\,R$ bis R liegt zwischen 25 und 35°, und die Wirkungsgrade der Verstellschrauben ändern sich wenig mit Veränderung der Verwindung innerhalb dieser Grenzen. Der Grund hierfür ist darin zu sehen, daß der hauptsächliche Leistungsumsatz und daher auch die hauptsächlichen Verluste am äußeren Teil des Blattes erfolgen. Wenn dieser äußere Teil mit einem günstigen Anstellwinkel und daher mit einer günstigen Gleitzahl arbeitet, hat der ganze Propeller einen guten Wirkungsgrad.

Im übrigen sei nochmals darauf hingewiesen, daß das Bild, welches wir uns von der Wirkungsweise des Propellers gemacht haben, nur ein recht rohes ist. Die Zusammenwirkung der Elemente und ihre gegenseitige Beeinflussung, die Umströmung der Propellerspitzen und der damit verbundene Luftkraftabfall nach den Blattenden zu und verschiedene andere hier nicht erwogene Umstände müssen in einer genaueren Propellertheorie berücksichtigt werden[1]. Die hier entwickelten Vorstellungen dienten nur dazu, um einen qualitativen Einblick in die Zusammenhänge zu gewinnen. Im nächsten Abschnitt werden wir die Ergebnisse von systematischen Propellerversuchen kennenlernen, die es uns, zusammen mit einer einfachen theoretischen Korrektur, möglich machen werden, die Wirkungsgrade von beliebigen Luftschrauben auch quantitativ zu bestimmen.

---

[1] Vergleiche z.B. F. WEINIG: Aerodynamik der Luftschraube. Berlin: Springer, 1940.

18. Die Kennlinien von Verstellschrauben

Schub- und Drehmomentenbeiwert. Ehe wir die Propellermeßergebnisse betrachten, wollen wir zunächst die Parameter kennenlernen, welche für die Darstellung der Meßergebnisse benutzt werden. Der Fortschrittsgrad v/U tritt bei den Luftschrauben an Stelle des Anströmwinkels α bei den Tragflächen. Tatsächlich bedingt ja auch eine Änderung im Fortschrittsgrad gleichzeitig eine Änderung in den Anströmwinkeln der Profile (Abb. 62). Ebenso wie bei den Tragflächenprofilen macht man sich von der Größe und der Umdrehungsgeschwindigkeit der Luftschraube dadurch frei, daß man an Stelle von Schub und Drehmoment dimensionslose Schubbeiwerte und Drehmomentenbeiwerte verwendet. Schubkraft und Tangentialkraft müssen, wie jede Luftkraft, proportional sein einer kennzeichnenden Fläche des Körpers und dem Staudruck der Strömung an einer genau definierten Stelle des Strömungsbildes. Beim Widerstand von nicht tragenden Körpern verwendeten wir die Ansichtsfläche und den Staudruck der Strömung in großer Entfernung von dem Körper, bei Widerstand und Auftrieb von Tragflächen verwendeten wir die Tragflächengröße und ebenfalls den Staudruck der Strömung in großer Entfernung von der Tragfläche. Bei den Luftschrauben ist es üblich, die gesamte von den Blättern bestrichene Fläche zu verwenden, also die Fläche des Kreises, den die Propellerspitzen im Stand beschreiben. Als kennzeichnenden Staudruck der Strömung nimmt man beim Propeller den Staudruck der Strömung, den die Tangentialkomponente der Strömungsgeschwindigkeit an den Propellerspitzen hat; sie ist gleich der Umfangsgeschwindigkeit der Propellerspitzen U, der Staudruck also $q = \varrho\,\dfrac{U^2}{2}$. Die wirkliche Strömungsgeschwindigkeit an den Propellerspitzen ist allerdings $c = \sqrt{U^2 + v^2}$, wie Abb. 62 zeigt. Daß es zulässig ist, nur eine Komponente der Strömungsgeschwindigkeit zu nehmen, sieht man sofort ein, wenn man bedenkt, daß eine Verdopplung oder Verdreifachung der Komponente bei gleichem Strömungsbild auch eine Verdopplung oder Verdreifachung der übrigen Strömungsgeschwindigkeiten bedingt. Man hat eben bei Aufstellung der Luftkraftformeln in weitesten Grenzen Freiheit in der Wahl der kennzeichnenden Geschwindigkeit, und man wird diejenige wählen, die der Messung besonders leicht zugänglich ist. Das ist in unserm Fall zweifellos die Umfangsgeschwindigkeit der Propellerspitzen, die mit der Propellerdrehzahl unmittelbar verknüpft ist. Wir setzen also für den Propellerschub

$$S = k_s F \varrho \frac{U^2}{2},$$

wo $F = \frac{\pi}{4} D^2$, D der Schraubendurchmesser und k_s die Schubkraftbeizahl ist.

Das Propellerdrehmoment hat die Dimension Kraft $\times$ Länge. Um einen dimensionslosen Beiwert zu erhalten, müssen wir in der Formel als Faktor noch eine Längenabmessung des Propellers hinzufügen. Wir wählen den Propellerradius R und setzen für das Propellerdrehmoment

$$M = k_d F R \varrho \frac{U^2}{2},$$

mit k_d als Drehmomentenbeiwert. So wie die Tragflügelbeiwerte c_a und c_w vom Anstellwinkel α abhängen, sind auch hier k_s und k_d abhängig vom Fortschrittsgrad v/U, der an Stelle des Anstellwinkels der Tragfläche tritt. Außerdem ist wieder, wie bei allen Luftkraftformeln, eine gewisse Abhängigkeit der Beiwerte von der REYNOLDSschen Kennzahl und von der MACHschen Zahl vorhanden, die besonders beim Vergleich von Versuchen an kleinen Modellpropellern mit Großausführungen beachtet werden muß.

Der Beiwert k_d kann auch leicht zur Ermittlung der Propellerleistung verwendet werden. Die Leistung ist gleich dem Drehmoment mal der Winkelgeschwindigkeit U/R, also

$$N = M U/R = k_d F \varrho \frac{U^3}{2}.$$

Bilden wir wieder den Wirkungsgrad des Propellers durch

$$\eta = \frac{S v}{N} = \frac{k_s}{k_d} \lambda,$$

so sieht man, daß man immer bei gegebenem Fortschrittsgrad $\lambda = v/U$ eine der drei Größen k_s, k_d, η bestimmen kann, wenn die zwei anderen bekannt sind. Für die Darstellung von Versuchsergebnissen ist es also ausreichend z. B. k_d und η als Funktion von λ

wiederzugeben. k_s kann dann aus der obigen Gleichung bestimmt werden[1].

Aktivitätsfaktor. Von den geometrischen Parametern des Propellers haben wir die Verwindung des Propellerblattes bereits besprochen. Innerhalb der für Verstellpropeller üblichen Grenzen können wir diese Verwindung, wie schon bemerkt, vernachlässigen, wenn es nicht auf sehr hohe Genauigkeit ankommt. Dagegen ist der Einstellwinkel des Blattes ein sehr wichtiger Parameter. Man wählt üblicherweise den Einstellwinkel $\beta_{0,75}$ in $0,75\,R$ als Bezugsgröße. Ebenfalls von großem Einfluß ist die Propellerblattbreite, und zwar hat sich durch Versuche ergeben, daß es weniger auf die Breite des einzelnen Blattes ankommt als auf die Summe der Breiten aller Blätter. Man kann diese Summe auf 2, 3, 4 oder mehr Blätter verteilen, ohne daß dadurch die Kennlinien der Propeller sich wesentlich verändern. (Eine höhere Blattzahl bewirkt im allgemeinen eine kleine Verbesserung des Wirkungsgrades.) Ein dimensionsloses Maß für die Summe der Blattbreiten ist die sog. Flächendichte, das ist das Verhältnis der Summe der Blattflächen zur Propellerkreisfläche:

$$\sigma = \sum_{x=0}^{x=1} \frac{n\,b\,\Delta x}{\pi R}$$

(Lies Summe von $x = 0$ bis $x = 1$.) Hierin ist n die Zahl der Blätter und $\Delta x = d/R$ ist die dimensionslose Dicke eines Elementes, siehe Abb. 61. Nimmt man konstante Blattbreite bis zur Propellerachse an, was natürlich praktisch nicht möglich ist, so erhält man wegen

$$\sum_{x=0}^{x=1} \Delta x = 1$$

$$\sigma = \frac{n\,b}{\pi R}.$$

Wir werden diese Größe σ später bei Besprechung der Schraubenflugzeuge verwenden.

Für Propeller ist es üblich geworden, statt σ ein etwas anderes dimensionsloses Maß zu benützen, das auf dem Begriff der „wirk-

---

[1] In der englisch-amerikanischen Literatur werden an Stelle der Beiwerte k_s, k_d und λ die Größen

$$c_T = \frac{\pi^3}{8}\,k_s \qquad c_P = \frac{\pi^4}{8}\,k_d \qquad J = \pi\,\lambda$$

verwendet. Der Wirkungsgrad ergibt sich dann genau wie oben zu $\eta = \dfrac{c_T}{c_P}\,J$.

samen" Blattbreite beruht. Das Drehmoment eines Blattelementes von der Dicke d und der Breite b ist proportional dem Quadrat der Umfangsgeschwindigkeit an der Stelle des Elementes und proportional dem Radius r an dieser Stelle. Die Umfangsgeschwindigkeit ist aber proportional dem Radius r, also ist das Drehmoment proportional $b\,d\,r^3$. Wenn wir, wie oben, $r/R = x$, $d/R = \Delta x$ schreiben, können wir also $b\,x^3\,\Delta x$ als für die Propellerleistung maßgebende wirksame Breite des Blattes bezeichnen. In der englisch-amerikanischen Literatur benützt man die dimensionslose Größe

$$A.F. = \frac{100\,000}{16} \sum_{x=0,2}^{x=1} \frac{n\,b}{2\,R}\,x^3\,\Delta x,$$

um den Propeller hinsichtlich der Blattbreiten zu kennzeichnen. Die Summierung wird von $x = 0,2$ bis $x = 1$ genommen. Der Zahlenfaktor vor der Summe ist natürlich willkürlich. Mit Unterteilung des Blattes in 5 bis 10 Elemente erzielt man ausreichende Genauigkeit in der Summierung. Man nennt die Größe A.F. den „Aktivitätsfaktor" des Propellers, und es hat sich gezeigt, daß Einstellwinkel $\beta_{0,75}$ und die Größe A.F. die beiden einzigen geometrischen Parameter sind, welche einen entscheidenden Einfluß auf die Propellerkennlinien haben. Alle anderen Formparameter, wie Blattzahl, Blattumriß, Blattverwindung, spielen nur eine untergeordnete Rolle. Lediglich die Profildicke an der Blattspitze ist von Bedeutung, wenn es sich um hohe MACHsche Zahlen an der Spitze handelt.

Wirkungsgrad eines Luftstrahlantriebes. Wir wollen hier eine kleine theoretische Betrachtung einschieben, die es uns ermöglichen wird, von den gemessenen Kennlinien eines Propellers auf die Kennlinien eines anderen mit verschiedenen A.F. zu schließen. Wir greifen auf den in Abschnitt 3 entwickelten Impulssatz zurück, den man hier ähnlich anzuwenden hat, wie es in Abschnitt 10 gelegentlich der Besprechung des Tragflächenwiderstandes angedeutet wurde. Um den Impulssatz in der Form anwenden zu können, wie er für stationäre Bewegungen abgeleitet wurde, müssen wir uns die Luftschraube ruhend und die Luft, der Fahrtrichtung entgegengesetzt, mit der Geschwindigkeit v an sie von vorn herangebracht denken, siehe Abb. 65. Die Wirkung der

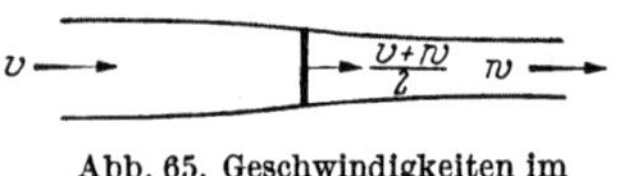

Abb. 65. Geschwindigkeiten im Schraubenstrahl

Schraube besteht nun darin, daß sie die herankommende Luftmenge von einer Geschwindigkeit v auf die Geschwindigkeit w beschleunigt. Ist V die in der Sekunde zuströmende Luftmenge, so stellt das Produkt $\varrho V(w - v)$ die Kraft dar, die einerseits die Schraube auf die Luft ausübt und die andererseits als Gegenwirkung der Luft auf die Schraube in der Größe der Schubkraft S in Erscheinung tritt. Wir haben demgemäß

$$S = \varrho\, V(w - v)\,.$$

Die in die Schraube eingeleitete Energie muß bei Abwesenheit von Reibungsverlusten zur Erhöhung der kinetischen Energie der vom Propeller erfaßten sekundlichen Luftmasse ϱV verwendet werden. Die Schraubenleistung muß also durch

$$V \frac{\varrho}{2}\, (w^2 - v^2)$$

gegeben sein. Im Fluge ausnutzbar ist aber nur die Schubleistung Sv, und man kann daher einen „Strahlwirkungsgrad" definieren durch die Gleichung

$$\eta_s = \frac{S\,v}{V\dfrac{\varrho}{2}\,(w^2 - v^2)}\,,$$

welche durch Einsetzen des obigen Ausdrucks für den Schub S in

$$\eta_s = \frac{2}{1 + w/v}$$

übergeht.

Dies ist eine wichtige Gleichung, da sie allgemein für irgendwelche Vorrichtungen gilt, welche Schub dadurch erzeugen, daß Luft nach rückwärts beschleunigt wird. Wir haben in der Ableitung nicht davon Gebrauch gemacht, daß es sich um einen Propeller handelt. Tatsächlich gilt die obige Beziehung auch für Düsentriebwerke, die wir später besprechen werden.

Strahlwirkungsgrad des Propellers. Wir wollen jetzt w/v durch unsere oben definierten Propellerkennwerte ersetzen. Zu diesem Zweck treffen wir die Annahme – die sich im übrigen auch mathematisch beweisen läßt –, daß in der Schraubenebene das Mittel der Geschwindigkeit weit vor und weit hinter der Schraube herrscht, also $(w + v)/2$. Es ist dann die den Schraubenkreis durchsetzende Luftmenge

$$V = F\,\frac{w + v}{2}\,.$$

Damit wird der Schraubenschub

$$S = k_s \frac{\varrho}{2} F U^2 = F \frac{\varrho}{2} (w + v)(w - v)$$

und hieraus

$$w/v = \sqrt{\frac{k_s}{\lambda^2} + 1}\,, \quad \text{wo } \lambda = v/U\,.$$

Wir haben daher für den Strahlwirkungsgrad die Beziehung

$$\eta_s = \frac{2}{1 + \sqrt{\dfrac{k_s}{\lambda^2} + 1}} = \frac{2}{1 + \sqrt{\dfrac{2S}{F\varrho\, v^2} + 1}}\,.$$

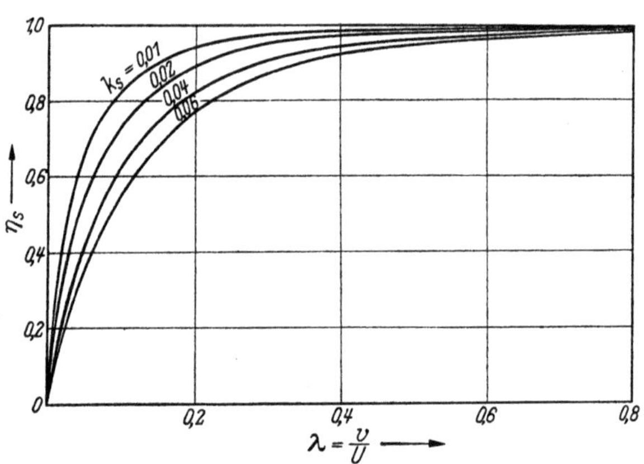

Abb. 66. Schraubenstrahlwirkungsgrad η_s für verschiedene Schubbeiwerte k_s über Fortschrittsgrad $\lambda = v/U$

Der Strahlwirkungsgrad η_s ist in Abb. 66 als Funktion von λ und k_s dargestellt. Man erkennt die Ähnlichkeit mit Abb. 64, trotzdem diese auf einer so völlig verschiedenen Vorstellung beruht. Mit wachsender Fluggeschwindigkeit werden die Wirkungsgrade besser, mit wachsender Flächenbelastung S/F bzw. mit wachsendem Schubbeiwert k_s werden die Wirkungsgrade schlechter.

Windkanalmeßergebnisse. Wir sind nunmehr vorbereitet, Abb. 67 zu betrachten, welche das Ergebnis von amerikanischen Windkanalmessungen an HAMILTON-Standardverstellschrauben in natürlicher Größe darstellt[1]. In einem k_d-λ-Schaubild sind die Linien

---

[1] NACA C. R. 40 HO 2 vom August 1940.

konstanten Wirkungsgrades η und die Linien konstanten Blattwinkels $\beta_{0,75}$ eingetragen. Die Werte der Abb. 67 gelten für Zugschrauben, die auf einem Tragflügel vor einer Motorgondel angeordnet sind. Für Anordnungen der Schraube vor einem Rumpf, insbesondere bei großem Verhältnis von Rumpfdurchmesser zu Schraubendurchmesser wird der Wirkungsgrad etwas geringer. Die Werte gelten für Blattspitzengeschwindigkeiten $\sqrt{v^2 + U^2}$ unterhalb der MACHschen Zahl von 0,9. Der Einfluß höherer Spitzengeschwindigkeiten kann bei dünnen Blattprofilen dadurch abgeschätzt werden, daß im Bereich zwischen $M = 0,9$ und $1,1$ eine Wirkungsgraderniedrigung von

$$\Delta \eta = 0,6\,(M - 0,9)$$

angenommen wird[1]. Für $M = 1,0$ erhält man z. B. $\Delta \eta = 0,06$, also eine beträchtliche Erniedrigung des Wirkungsgrades.

Die Werte der Abb. 67 gelten für einen Aktivitätsfaktor von A.F. = 400. Man kann jedoch das gleiche Schaubild auch für andere A.F. verwenden, wenn man in folgender Weise vorgeht: Es sei z. B. der A.F. unseres Propellers nur 200 statt 400. Falls die Luftschraube nur Blattreibungsverluste hätte, würden bei gleicher Drehzahl und gleichem Blatteinstellwinkel Drehmoment und Schub gerade einhalbmal so groß sein, und der Wirkungsgrad der Schraube wäre der gleiche. Wir brauchten in Abb. 66 lediglich eine andere Teilung an die senkrechte Achse zu schreiben, so daß $k_d = 0,01$ ist, wo vorher 0,02 stand usw. Da jedoch außer Blattreibungsverlusten auch noch Strahlverluste mit der Schuberzeugung verbunden sind, die nach Abb. 66 von der Größe des Schubwertes k_s abhängen, müssen wir noch eine Korrektur anbringen, welche die Veränderung dieser Strahlverluste berücksichtigt. Zu diesem Zweck ermitteln wir mit Hilfe der Beziehung $k_s = \eta\, k_d/\lambda$ den Schubwert k_s für die Schraube mit A.F. $= 400$ und stellen an Hand der Abb. 66 oder der dazugehörigen Gleichung fest, um wieviel der Strahlwirkungsgrad bei dem halben Schubwert größer ist. In den meisten Fällen wird es sich dabei nur um eine kleine Differenz $\Delta \eta$ handeln, und man kann diese Differenz einfach zu dem

---

[1] PERKINS C. D. u. R. E. HAGE: Airplane Performance, Stability and Control, J. Wiley, New York, 1950. Über Luftschrauben mit hohen Spitzengeschwindigkeiten siehe auch G. C. GARDINER und P. BRETT, Journal Royal Aeron. Soc. Bd. 58, Dez. 1954, S. 799.

aus Abb. 67 gefundenen η hinzuaddieren (oder davon subtrahieren, wenn A.F. unseres Propellers größer ist als 400). Ebenso wie die Wirkungsgrade η können auch die Blatteinstellwinkel $\beta_{0,75}$ für andere A.F. als 400 korrigiert werden. Diese Korrekturen sind im allgemeinen ebenfalls klein und wir wollen sie hier übergehen.

Abgesehen von diesen beiden Korrekturen durch Berücksichtigung der Machschen Zahl an der Blattspitze, wenn diese größer ist

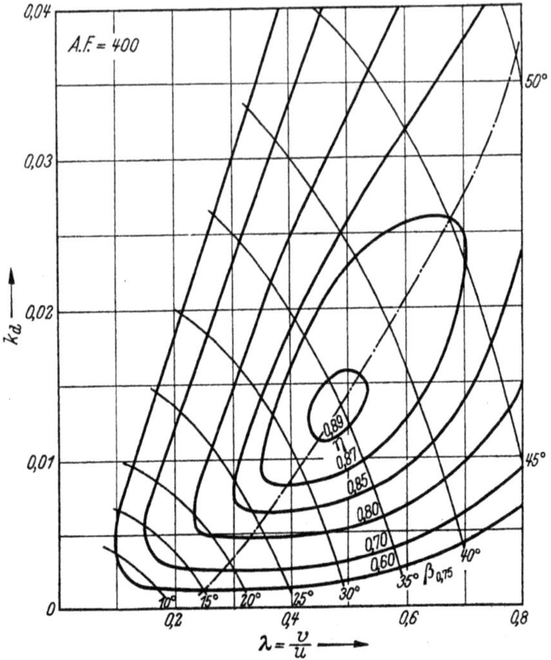

Abb. 67. Meßergebnisse an einer Verstellschraube für A. F. = 400

als 0,9, und durch Berücksichtigung des A.F., wenn es von 400 abweicht, sind die Wirkungsgrade der Abb. 67 mit guter Annäherung allgemeingültig, d. h. nicht wesentlich abhängig von der Blattzahl, von der Blattverwindung und von der Blattumrißform.

Entwurf einer Luftschraube. Wir wollen jetzt an einem Beispiel zeigen, wie die Kennlinien beim Entwurf einer Luftschraube verwendet werden. Hierzu müssen wir vorgreifend eine Annahme über die Abhängigkeit der Motorleistung von der Drehzahl und von der

Flughöhe treffen. Wir wollen hierzu einen der meistbenutzten amerikanischen Motoren zugrunde legen, den Pratt & Wittney-Double-Wasp-CB-16-Motor, welcher ein Doppelsternmotor mit 18 Zylindern ist. Abb. 68 zeigt die Vollgasleistungen dieses Motors in Abhängigkeit von der Höhe und von der Drehzahl[1]. Der Vorverdichter kann mit zwei verschiedenen Drehzahlen betrieben werden, so daß man eine niedrige und eine hohe Vorverdichtung

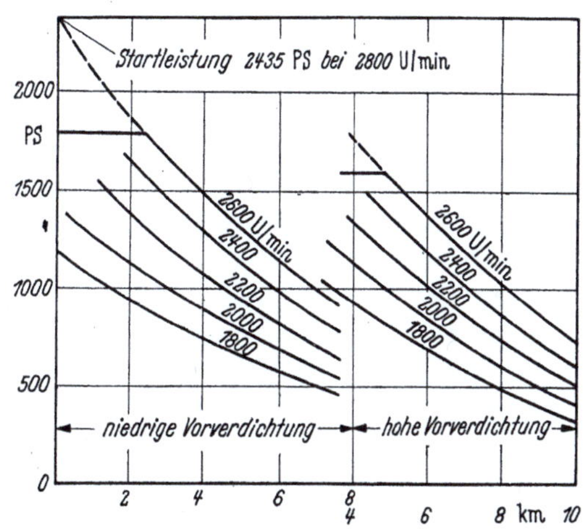

Abb. 68. Vollgasleistung des Double-Wasp-CB-16-Motors für verschiedene Motordrehzahlen über Flughöhe

bekommen kann. Letztere wird in größeren Höhen verwendet. Die Bodenleistung von 2435 PS bei der höchstzulässigen Motordrehzahl von 2600 U/min ist nur kurzzeitig für den Start zulässig und erfordert Wassereinspritzung. Die Dauerleistung mit niedriger Vorverdichtung ist auf 1825 PS, mit hoher Vorverdichtung auf 1620 PS beschränkt. Dies bedeutet, daß bei der höchstzulässigen Drehzahl von 2600 U/min Vollgas, je nach der Vorverdichtung, erst oberhalb 2,8 km bzw. oberhalb 4,9 km Höhe gegeben werden darf. Abgesehen von diesen Betriebsbeschränkungen ist der Vollgasflug zulässig, und die Kurven in Abb. 68 stellen den Abfall der Vollgasleistung mit sinkender Drehzahl und mit steigender Flughöhe dar.

Wir wollen fordern, daß der Reiseflug in 6 km Höhe mit 500 km/st Fluggeschwindigkeit und mit einer Motorleistung bei hoher Vor-

---

[1] Pratt & Wittney Spec. No. 8138 vom Juli 1949.

9*

verdichtung von 1200 PS vorgenommen werden soll. Nach Abb. 68 ist 2400 U/min die Vollgasdrehzahl, bei welcher in 6 km Höhe die 1200 PS erhalten werden. Man könnte auch eine höhere Drehzahl wählen und den Motor drosseln, doch würde das, wie wir später sehen werden, einen höheren Brennstoffverbrauch ergeben.

Der Double-Wasp-Motor hat ein Übersetzungsverhältnis zwischen Kurbelwelle und Luftschraube von 0,45. Die Schraubendrehzahl bei 2400 U/min Kurbelwellendrehzahl ist also 1080 U/min. Bei der Auswahl des Propellerdurchmessers müssen wir berücksichtigen, daß der Wirkungsgrad um so besser wird, je größer bei gegebener Leistung die Kreisfläche ist. Der Einfluß der Kreisflächenbelastung macht sich besonders bei den niedrigen Fluggeschwindigkeiten des Steigens und beim Starten bemerkbar, während er nach Abb. 66 bei hohen Geschwindigkeiten gering ist. Wenn wir also gute Start- und Steigleistungen des Flugzeuges haben wollen, müssen wir den Propellerdurchmesser so groß wie möglich machen. Je größer jedoch der Durchmesser, desto höher ist die Blattspitzengeschwindigkeit, und bei zu hohen Umfangsgeschwindigkeiten wird infolge der hohen MACHschen Zahl der Wirkungsgrad schlechter. Außerdem wird auch der Lärm des Propellers sehr rasch mit wachsender Spitzengeschwindigkeit größer. Wir wollen daher den Propellerdurchmesser dadurch beschränken, daß die MACHsche Zahl an der Blattspitze im Reiseflug den Wert 0,9 nicht überschreiten soll. Ein Durchmesser von 4,3 m erfüllt diese Bedingung. Die Umfangsgeschwindigkeit bei der Drehzahl von 1080 U/min ist $1080 \cdot 2\pi \cdot 2{,}15/60 = 243$ m/sek. Bei 500 km/st oder 139 m/sek Fluggeschwindigkeit ist die resultierende Blattspitzengeschwindigkeit $\sqrt{243^2 + 139^2} = 280$ m/sek. Nach Zahlentafel 5 auf S. 395 ist die Schallgeschwindigkeit in 6 km Höhe an einem Normaltag 317 m/sek, also $M = 280/317 = 0{,}89$. Man erhält jetzt mit 1200 PS oder $1200 \cdot 75 = 90\,000$ mkg/sek Motorleistung, 243 m/sek Umfangsgeschwindigkeit, 14,5 m² Schraubenkreisfläche und 0,066 Luftdichte (siehe S. 395) den Beiwert k_d zu

$$k_d = \frac{90\,000}{14{,}5 \cdot 243^3 \cdot 0{,}066/2} = 0{,}013 \,.$$

Der Fortschrittsgrad ist $\lambda = 139/243 = 0{,}57$. Wenn wir einen A.F. von 400 annehmen, können wir aus Abb. 67 direkt ablesen, daß der Wirkungsgrad $\eta = 0{,}88$ ist.

Durch Veränderung von A.F. würden wir unseren Punkt auf der senkrechten Linie $\lambda = 0,57$ auf und ab schieben. Man erkennt aus Abb. 67, daß dadurch kaum ein Gewinn in η erzielt werden kann. Der Strahlwirkungsgrad ist für $\lambda = 0,57$ nach Abb. 66 fast 1,0 und ändert sich wenig mit k_s, wir können ihn daher bei der Optimalbetrachtung außer acht lassen. Eine Vergrößerung von A.F. würde unseren Betriebspunkt in Abb. 67 nach unten verschieben, und man würde bald schlechtere Wirkungsgrade antreffen. Eine Verkleinerung von A.F. würde unseren Betriebspunkt nach oben verschieben, und man würde zunächst keine Verschlechterung von η antreffen. Um den Propeller möglichst leicht zu halten, würde man etwas weniger als A.F. = 400 verwenden. Wir wollen jedoch hier von einer solchen Veränderung absehen und wollen A.F. = 400 voraussetzen, um Abb. 67 ohne Korrekturen benutzen zu können. Es ergibt sich dann ein Blatteinstellwinkel von $\beta_{0,75} = 38°$.

Vergleich der Verstellschraube mit der Festblattschraube. Die Verhältnisse bei Veränderung der Fluggeschwindigkeit bei konstanter Drehzahl erhalten wir aus Abb. 67 durch Ablesen der Werte η und $\beta_{0,75}$ längs der Waagrechten $k_d = 0,013$. Abb. 69 zeigt die so

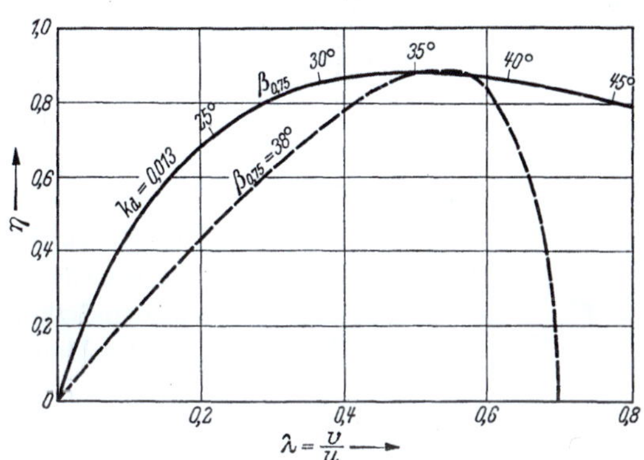

Abb. 69. Schraubenwirkungsgrad η über Fortschrittsgrad λ für $k_d = 0,013$ und für $\beta_{0,75} = 38°$

erhaltenen Werte des Wirkungsgrades über dem Fortschrittsgrad aufgetragen. Die veränderlichen Blattwinkel $\beta_{0,75}$ sind mit angegeben. Abb. 69 zeigt auch den Fall eines Propellers mit fester Blattwinkeleinstellung von 38°, der ebenfalls aus Abb. 67 abgelesen werden kann. Man sieht, daß bei größeren und bei kleineren Fortschrittsgraden als $\lambda = 0{,}57$ der Propeller mit fester Einstellung niedrigere Wirkungsgrade hat. Besonders auffällig ist der steile Abfall der Wirkungsgradkurve bei höheren Fortschrittsgraden bis auf Null. Daß bei festem Einstellwinkel der Wirkungsgrad nach Erreichen seines Höchstwertes bei weiter zunehmendem Fortschrittsgrad schnell wieder sinkt und zu Null wird, läßt sich aus Abb. 62 leicht verstehen. Die Vergrößerung von v/u und damit von γ bei konstantem Steigungswinkel β hat eine Verringerung des Anstellwinkels α und eine Steigerung des Gleitwinkels ε zur Folge, bis schließlich der Gleitwinkel $90 - \gamma^\circ$ geworden ist und keine Zugkraft, sondern nur noch eine Tangentialkraft vorhanden ist. Bei noch weiterem Anwachsen von v/u entsteht eine negative Anströmung des Profils. Der Schub S geht dann entgegen der Flugrichtung, die Tangentialkraft T verläuft in der Drehrichtung des Propellers. Die Luftschraube arbeitet jetzt als Windmühle, sie nimmt Energie aus dem Fahrtwind auf und erzeugt einen Widerstand entgegen der Flugrichtung.

Wir wollen die Verhältnisse unseres Beispiels bei festem Blatteinstellwinkel noch etwas näher verfolgen, da sich hieraus der sehr erhebliche Vorteil der Verstellschraube gegenüber der unverstellbaren

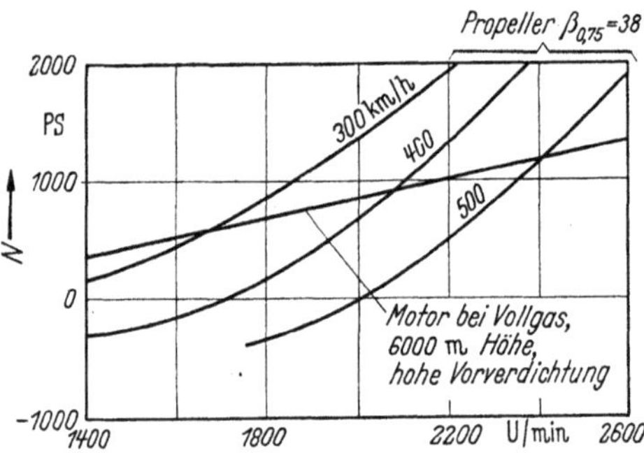

Abb. 70. Vollgasmotorleistung und Propellerleistung bei $\beta_{0,75} = 38°$ in 6 km Höhe über Motordrehzahl für 3 Fluggeschwindigkeiten

Schraube ergibt. Aus Abb. 67 und aus den Definitionen für λ und k_d kann man leicht die Leistungen ermitteln, welche der Propeller bei verschiedenen Fluggeschwindigkeiten und Drehzahlen aufnimmt. In Abb. 70 sind für drei Fluggeschwindigkeiten, 300, 400 und 500 km/st, in 6 km Höhe Propellerleistungen bei $\beta_{0,75} = 38°$

über der Motordrehzahl aufgetragen. Zugleich ist die Vollgasmotorleistung über der Motordrehzahl aufgetragen. Da die abgegebene Motorleistung gleich der vom Propeller aufgenommenen Leistung sein muß, ergeben sich aus den Schnittpunkten der Kurven die zu

den verschiedenen Fluggeschwindigkeiten gehörenden Motordrehzahlen und Motorleistungen. Man sieht, daß mit abnehmender
Fluggeschwindigkeit die Motordrehzahl und die Motorleistung
stark abfällt. Die Schraube
mit fester Blatteinstellung
verliert also bei kleineren
Fluggeschwindigkeiten nicht
nur durch schlechtere Wirkungsgrade, sondern weit
mehr noch durch abfallende
Motorleistung. Abb. 71 bringt
einen Vergleich der 4 Größen
Motordrehzahl U/min, Pro-
pellerwirkungsgrad η, Motorleistung N und Schrauben-
schubleistung $N\eta$ für die bei
konstanter Drehzahl und
konstanter Motorleistung ar-
beitende Verstellschraube
und für die Schraube mit
festem Einstellwinkel. Man
erkennt, daß mit abnehmender Fluggeschwindigkeit von
500 km/st auf 300 km/st die
Schubleistung $N\eta$ der
Schraube mit fester Einstellung auf weniger als die Hälfte
sinkt, wobei der geringere
Wirkungsgrad nur einen

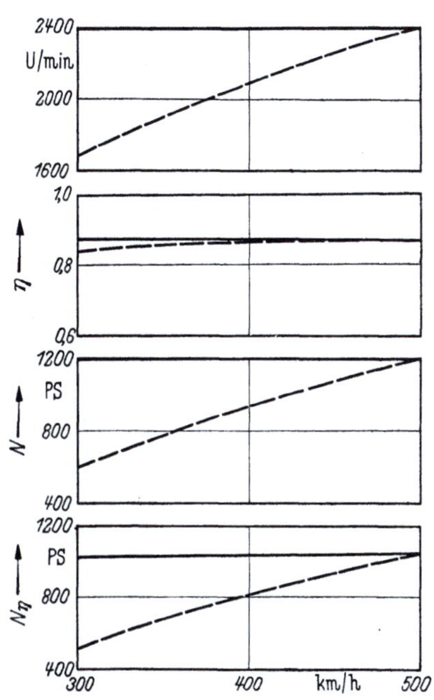

Abb. 71. Motordrehzahl U/Min, Schraubenwirkungsgrad η, Motorleistung N und Schrauben-
schubleistung $N\eta$ über Fluggeschwindigkeit bei
Vollgas in 6 km Höhe. (Ausgezogene Kurven für
konstante Drehzahl, gestrichelte Kurven für konstanten Propellerblattwinkel von $\beta_{0,75} = 38°$)

kleinen Teil der Verschlechterung verursacht, während der Haupt-
verlust durch den Abfall der Motorleistung entsteht. Da langsame
Fluggeschwindigkeiten, wie wir noch näher erörtern werden, für
den Steigflug gebraucht werden, läßt sich mit einer Schraube mit
fester Blatteinstellung gar nicht gute Steigleistung mit guter Schnellflugleistung vereinbaren. Die Flugleistungen der modernen Ver-
kehrs- und Transportflugzeuge wären ohne die Verstellschraube
undenkbar.

19. Herstellung und Prüfung der Luftschrauben

Bauweisen der Blätter. Früher wurden die Luftschrauben für Flugzeuge vorwiegend aus lamelliertem Holz hergestellt.Im Laufe der Entwicklung ging man zu Duraluminiumblättern über, und neuerdings verwendet man vielfach auch Stahlblätter. Von entscheidender Bedeutung für die Wirksamkeit einer Luftschraube ist, ähnlich wie bei der Tragfläche, die Gestalt des Querschnittes oder des Profiles. Für den inneren Teil des Blattes muß man sich mehr von Festigkeitsgesichtspunkten als von aerodynamischen Überlegungen leiten lassen, da die Blattwurzel hohe Biegemomente und hohe Fliehkräfte zu tragen hat. Die Wurzelprofile sind daher relativ dick. Gegen die Blattspitzen zu verwendet man jedoch möglichst dünne Profile, besonders bei hohen Blattspitzengeschwindigkeiten. Die Zahl der Blätter hängt von dem erforderlichen Aktivitätsfaktor ab. Man vermeidet es, je Blatt mehr als ein A.F. von 130 zu verwenden, da sonst festigkeitsmäßige und bauliche Probleme entstehen. Man verwendet bei größeren Flugzeugen mindestens drei Blätter je Schraube, da mehrblättrige Schrauben ruhiger laufen als zweiblättrige. Soll noch mehr Leistung im Propeller untergebracht werden, geht man zu 4 oder noch mehr Blättern.

Blattverstellmechanismus. Die Naben der Verstellschrauben enthalten den komplizierten automatischen Verstellmechanismus. Die Spurlager für die hohen Fliehkräfte stellen ein schwieriges technisches Problem dar. Meistens verwendet man mehrere aneinandergereihte Spurlager, wobei feine Toleranzen erforderlich sind, um eine einigermaßen gleichmäßige Verteilung der Fliehkraft auf die verschiedenen Spurlager zu gewährleisten. Die Verstellung der Blätter im Fluge erfordert hohe Verstellkräfte, und man verwendet entweder hydraulische oder elektromotorische Kraft für die Verstellung. An den Steuerungsmechanismus für die Verstellung werden ebenfalls hohe Anforderungen gestellt. Im Reiseflug erfolgt die Verstellung der Blätter automatisch durch einen Drehzahlregler, der auf eine bestimmte Solldrehzahl regelt. Diese Solldrehzahl ist entweder vom Piloten wählbar, oder sie ist automatisch mit der Motorleistung veränderlich. Im Falle eines Motorausfalles muß man die Blätter in eine extreme Lage großer Einstellwinkel bringen können, so daß der Luftwiderstand des stehenden Propellers möglichst gering ist. Diese Notverstellung erfolgt oft ebenfalls automatisch. Die neuen Verstellschrauben lassen auch negative Blatteinstellwinkel zu, so daß der Rückwärtsschub der Luftschrauben während des Ausrollens nach der Landung zum Bremsen des Flugzeuges verwendet werden kann. Es muß also der Pilot in der Lage sein, die automatischen Verstellvorrichtungen zu übersteuern. Da negative Blatteinstellwinkel im Fluge sehr gefährlich sind, benutzt man Sicherungsvorrichtungen, welche den negativen Einstellwinkelbereich im Fluge blockieren und diesen Bereich erst freigeben, nachdem die Räder die Landebahn berührt haben.

Um sich in einem bestimmten Fall von der Eignung einer Luftschraube zu überzeugen, muß man eine Reihe von Untersuchungen vornehmen, die wir hier kurz besprechen wollen, da sie einen Einblick in das Wesen und die Verwendung der Luftschrauben gewähren.

Statische und dynamische Ausbalancierung. Ein Propeller heißt dann statisch ausbalanciert, wenn sein Schwerpunkt in der Drehachse liegt. Ist dies nicht der Fall, so entstehen Flieh- (Zentrifugal-) Kräfte. Zur Prüfung wird (Abb. 72) eine zylindrische Welle durch die Nabe der Luftschraube durchgesteckt und auf zwei Schneiden aufgelegt. Auf diesen wird der Propeller von Hand aus langsam hin und her bewegt; bleibt er in jeder Lage gleichmäßig stehen, so ist er statisch ausbalanciert.

Es genügt jedoch nicht, daß der Schwerpunkt der Luftschraube in der Achse liegt, damit alle schädliche Fliehkraftwirkung ausgeschlossen wird. Abb. 73 zeigt einen Körper, der aus zwei starr verbundenen Kugeln besteht und um eine gegen die Verbindungs-

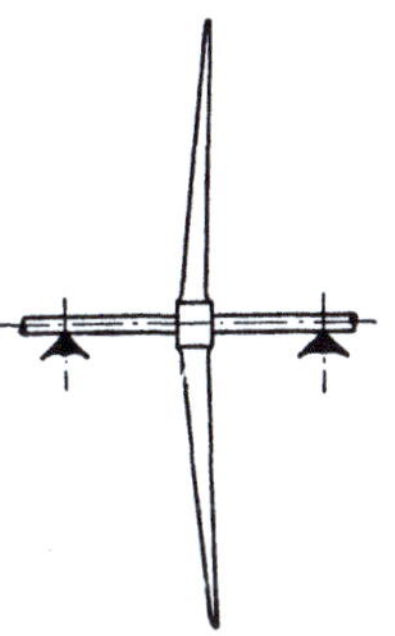

Abb. 72. Statische Ausbalancierung

stange geneigte Achse drehbar ist. Der Schwerpunkt dieses Körpers liegt sicher in der Drehachse, wenn die Kugeln gleich und gleich weit von der Drehachse angeordnet sind. Aber es entstehen bei der Drehung Fliehkräfte (in den eingezeichneten Pfeilrichtungen), die einander nicht aufheben, sondern ein bestimmtes Kraftmoment auf die Achse ausüben. Ein solcher Körper, wie der in Abb. 73 gezeichnete, heißt für seine Drehung „statisch" ausbalanciert, aber nicht „dynamisch". Eine Luftschraube ist nur dann dynamisch ausbalanciert, wenn keine Fliehkräfte auftreten, die aneinander vorbeiwirken, oder richtiger ausgedrückt, wenn die Fliehkräfte kein resultierendes Moment (Kräftepaar) bilden. Das

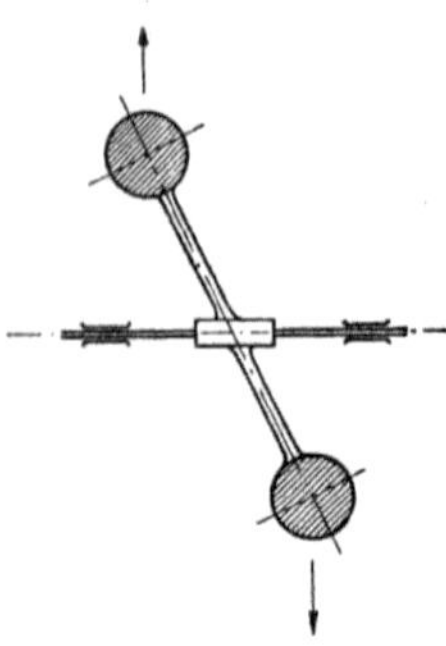

Abb. 73. Fliehkraft-Moment

dynamische Auswuchten erfolgt auf einem Auswuchtstand. Das eine Lager der Propellerwelle wird drehbar, das andere federnd gelagert. Die oben beschriebenen umlaufenden Kräfte, die nach dem statischen Auswuchten noch übrigbleiben können, erregen das System zu Schwingungen, insbesondere dann, wenn die Umlaufszahl mit der Schwingungszahl des Systems zusammenfällt. Aus der Heftigkeit der Schwingungen schließt man auf die Größe der auszugleichenden Unwucht.

Schwingungsbeanspruchungen. Besonders bei Metalluftschrauben treten bei gewissen Motordrehzahlen sehr heftige Resonanzschwingungen auf. Es handelt sich meistens um die einknotige Biegeschwingung der Blätter (siehe Abb. 74). Man kann diese Schwingungen bei Metallpropellern mit glänzender Oberfläche im

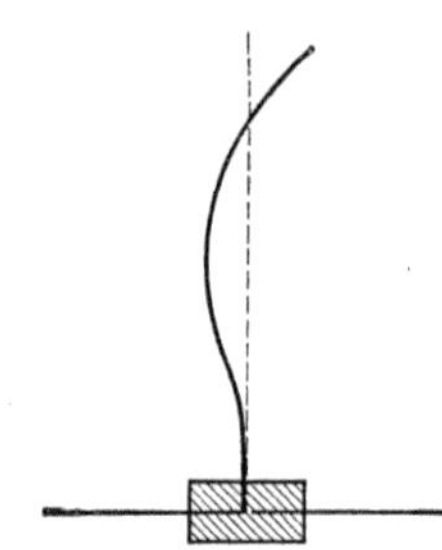

Abb. 74. Schwingungsform
eines Propellerblattes

Sonnenlicht gut beobachten, wenn man sich in den Bereich der reflektierten Sonnenstrahlen stellt. Die Schwingungsweiten der Propellerspitzen können 10 bis 20 cm und mehr betragen. Die Ursache dieser Schwingungen ist darin zu suchen, daß das vom Motor eingeleitete Drehmoment nicht konstant, sondern periodisch veränderlich ist, wie wir im nächsten Abschnitt sehen werden. Der zeitliche Drehmomentenverlauf läßt sich auffassen als eine Überlagerung eines konstanten Drehmomentes

und sinusförmig variierenden Anteilen, wobei Anteile vorkommen mit Perioden gleich der halben Drehzahl, gleich der Drehzahl, gleich der doppelten, dreifachen, vierfachen usw. Drehzahl. Eine Schwingung des Propellerblattes tritt immer dann ein, wenn die Periode einer Eigenschwingung des Propellerblattes mit der Periode eines dieser wechselnden Drehmomentenanteile zusammenfällt. Man sieht, daß es eine große Zahl von Resonanzdrehzahlen geben muß, und tatsächlich kann man auch oft beim Hochlaufen des Motors am Stand beobachten, wie eine Resonanz nach der anderen durchschritten wird. Die verschiedenen periodisch veränderlichen Anteile des Drehmomentes sind nun in ihrer Stärke sehr verschieden. Dementsprechend sind die Schwingungen bei manchen Resonanzen nur schwach, bei andern recht erheblich. Es handelt sich nun darum, zu vermeiden, daß in dem Drehzahlenbereich, der im Fluge vorkommt, starke Resonanzen liegen. Zu diesem Zweck müssen die Luftschrauben erstens einer Schwingungsprüfung unterzogen werden, d. h. es muß die Frequenz der Eigenschwingungen der Blätter, die auch noch von der Drehzahl abhängt, bestimmt werden. Man kann dies versuchsmäßig oder auch rechnerisch ausführen. Zweitens muß das Drehmoment des Motors analysiert werden und die Frequenzen der stärksten unter den veränderlichen Drehmomentenanteilen bestimmt werden. Erst nach Untersuchung von Luftschraube und Motor hat man die Gewähr des schwingungsfreien Arbeitens der Luftschraube in dem im Fluge vorkommenden Drehzahlenbereich. Eine Luftschraube kann in Verbindung mit einer Motortype einwandfrei arbeiten, während die gleiche Luftschraube für einen anderen Motor unbrauchbar ist. Liegt eine starke Resonanz im Drehzahlbereich des Flugbetriebes, so kann man versuchen, durch Kürzen des Propellerblattes die Resonanz aus dem Betriebsbereich zu verlegen. Meist wird eine völlige Neukonstruktion der Luftschraube notwendig sein. Trotz sorgfältiger dynamischer Konstruktion der Luftschraube lassen sich Schwingungen der Blätter im Fluge nicht vermeiden, die Ermüdungsfestigkeit der Blätter muß daher groß genug sein, um die Schwingungsbeanspruchungen auf die Dauer zu ertragen. Nach gewissen Betriebszeiten werden die Propellerblätter sorgfältig auf verborgene kleine Risse hin untersucht, welche möglicherweise zu einem Ermüdungsbruch führen können. Es gibt mehrere Verfahren, welche es ermöglichen, solche kleine, dem Auge nicht sichtbaren Risse aufzudecken.

Windkanalversuche. Die vollständige Untersuchung einer Luftschraube erfordert die Messung der Zugkraft und des Drehmomentes bei den im Flug tatsächlich vorhandenen Verhältnissen. Diese Prüfung erfolgt im Windkanal, in dem der Luftschraube oder dem Luftschraubenmodell ein Luftstrom mit einer dem Flug entsprechenden Geschwindigkeit entgegengetrieben wird; dadurch erreicht man annähernd dieselben relativen Bewegungsverhältnisse wie im Fluge. Das Ergebnis der Messungen gelangt in den Schaubildern zum Ausdruck, wie wir sie im vorhergehenden Abschnitt an Hand der Abb. 67 besprochen haben.

Sehr wichtig ist es, bei allen Messungen darauf Rücksicht zu nehmen, daß die hinter dem Propeller liegenden Teile des Flugzeuges, namentlich der Rumpf, die Zugkraft in hohem Maße beeinflussen. Dies kommt teils daher, daß durch diese Teile die Strömungsform der abfließenden Luft und damit die Größe der Luftkräfte auf die Schraube beeinflußt wird, teils davon, daß der von der Schraube nach rückwärts geworfene Luftstrom an den Flugzeugteilen selbst Luftkräfte hervorruft, die der Zugkraft entgegenwirken. Will man also aus dem Versuche brauchbare Schlüsse gewinnen, so muß man auch in dieser Richtung die Verhältnisse, die im Fluge vorhanden sind, beim Versuch möglichst genau nachahmen.

V. Das Triebwerk

20. Allgemeines über Flugzeugtriebwerke

Thermischer Wirkungsgrad. Flugzeugtriebwerke sind Verbrennungskraftmaschinen, deren Aufgabe es ist, einen Teil der aus der Verbrennung frei werdenden Wärmeenergie in mechanische Energie umzusetzen. Allen Verbrennungskraftmaschinen ist gemeinsam, daß einem Gas unter höherem als Atmosphärendruck Wärme zugeführt wird, und daß die darauf folgende Expansion des Gases auf Atmosphärendruck zur Arbeitsgewinnung benutzt wird. Das Verhältnis der gewonnenen mechanischen Energie zur aufgewendeten Wärmeenergie nennt man den thermischen Wirkungsgrad η_{th} der Verbrennungskraftmaschine.

Um Stahltriebwerke mit zu umfassen, wollen wir nicht nur Wellenenergie, die einem Propeller zugeführt wird, sondern auch die kinetische Energie eines zur Vortriebserzeugung benutzten Strahles als von der Verbrennungskraftmaschine abgegebene mechanische Energie betrachten. Diese abgegebene Energie ist *nicht* gleich der Vortriebsleistung am Flugzeug, also nicht gleich dem Produkt von Vortriebskraft mal Fluggeschwindigkeit. Vielmehr erhält man die Vortriebsleistung aus der vom Triebwerk abgegebenen Leistung durch Multiplikation mit dem Vortriebswirkungsgrad, der im Falle eines Propellers gleich dem Propellerwirkungsgrad η_p und im Falle eines Strahles gleich dem Strahlwirkungsgrad η_s ist. Wir haben also für den Gesamtwirkungsgrad η, welcher gleich dem Verhältnis der Vortriebsleistung zur aufgewendeten Wärmeenergie je Zeiteinheit ist, das Produkt

$$\eta = \eta_{th}\,\eta_p \quad \text{bzw.} \quad \eta = \eta_{th}\,\eta_s\,.$$

Die Ermittlung des Propellerwirkungsgrades η_p wurde in Abschnitt 18 ausführlich erörtert. Für den Strahlwirkungsgrad η_s hatten wir in auf S. 127 die Beziehung

$$\eta_s = \frac{2}{1 + w/v}$$

gewonnen, wo w die Strahlgeschwindigkeit und v die Fluggeschwindigkeit war.

Heizwert und Verbrennungstemperatur. Als Brennstoffe für Flugzeugtriebwerke dienen die verschiedenen flüssigen Destillationsprodukte des Rohöles, wie z.B. Benzin oder Petroleum[1]. In gewissem Umfang wird an Stelle des Rohöles auch Kohle als Ausgangsprodukt für die Gewinnung von Brennölen benutzt. Man bezeichnet die Wärmemenge, welche man durch vollkommene Verbrennung von 1 kg eines Brennstoffes gewinnen kann, als deren Heizwert. Die Heizwerte aller in Flugzeugtriebwerken verwendeten flüssigen Brennstoffe sind nicht sehr verschieden voneinander und betragen zwischen 10000 und 11000 Kal/kg. Für das meist verwendete Benzin oder Petroleum kann 10500 Kal/kg als Durchschnittsheizwert angesehen werden[2]. Wenn G_B der Brennstoffver-

---

[1] Die fraktionierte Destillation von Rohöl ist nur eine von zahlreichen Methoden, Benzin aus Rohöl zu gewinnen. Vielfach gewinnt man Leichtöle durch Erhitzen von Schwerölen unter hohem Druck, wobei die schweren Kohlenwasserstoffmoleküle aufbrechen und die flüchtigeren Kohlenwasserstoffverbindungen des Benzins sich bilden. Eine dritte, oft benutzte Methode besteht darin, daß man Erdgas durch Schweröle preßt, wobei der Flüssigkeitsgehalt des Gases absorbiert wird und durch Destillation getrennt werden kann.

[2] Dies ist der sogenannte „untere" Heizwert, welcher die Kondensationswärme des bei der Verbrennung entstehenden Wassers nicht mit enthält. Die „oberen" Heizwerte sind für Rohölprodukte etwa 5 vH höher, doch läßt sich dieser Betrag praktisch nicht ausnutzen, da bei den erreichbaren Abgastemperaturen Wasser nur als Dampf aus dem Verbrennungsvorgang entlassen werden kann.

brauch in kg/sek und G_L der Luftverbrauch in kg/sek sind, kann man die Erhöhung der Lufttemperatur infolge der Verbrennung angenähert durch

$$\varDelta T\, c_p = 10\,500\, G_B/G_L \quad \text{bzw.} \quad \varDelta T\, c_v = 10\,500\, G_B/G_L$$

ermitteln, je nachdem, ob die Verbrennung unter konstantem Druck oder unter konstantem Volumen erfolgt. Bei einem Verhältnis von Brennstoff- zu Luftgewicht von 0,066 reicht für Benzin oder Petroleum der Sauerstoff der Luft gerade für eine vollkommene Verbrennung aus. Da für Luft $c_p = 0,24$ Kal/kg und

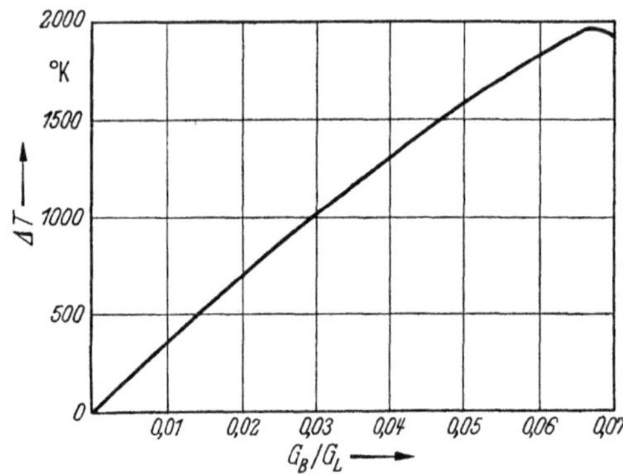

Abb. 75. Temperaturerhöhung $\varDelta T$ für vollkommene Verbrennung bei konstantem Druck von Benzin oder Petroleum über dem Verhältnis von Brennstoff- zu Luftgewicht G_B/G_L, Ausgangstemperatur 500 °K

$c_v = 0,17$ Kal/kg, würde man nach den obigen Gleichungen eine Erhöhung der Temperatur durch vollkommene Verbrennung ohne Luftüberschuß von $\varDelta T = 2800$ bzw. 3400° erhalten. In Wirklichkeit sind die Verbrennungstemperaturen niedriger als durch die obigen Gleichungen gegeben. Erstens steigen die spezifischen Wärmen mit der Temperatur, und für Temperaturen von mehreren tausend Grad sind die mittleren spezifischen Wärmen von Luft merklich höher als die bei Zimmertemperatur geltenden Werte von 0,24 bzw. 0,17. Zweitens ist die Erwärmung des Brennstoffs und der Verbrennungsprodukte nicht in den obigen Gleichungen berücksichtigt, und drittens findet ein Wärmeverlust durch die Wände des Verbrennungsraumes statt. Abb. 75 zeigt die Erhöhung der Lufttemperatur durch vollkommene Verbrennung bei konstantem Druck von Benzin oder Petroleum als Funktion des Verhältnisses von Brennstoff- zu Luftgewicht. Im unteren Bereich, für kleine Werte G_B/G_L, folgt die Kurve unserer obigen Gleichung, im oberen Bereich wird sie aus den erwähnten Gründen flacher[1]. Bei dem stöchiometrischen Mischungsverhältnis von $W_B/W_L = 0{,}066$ erreicht die Temperaturerhöhung ihren maximalen Wert.

Strömungstriebwerke und Kolbentriebwerke. Die für Flugzeugtriebwerke verwendeten Verbrennungskraftmaschinen zerfallen in zwei große Gruppen, die Strömungstriebwerke und die Kolbentriebwerke. Bei den Strömungstriebwerken ist ein ununterbrochener Durchfluß von Luft oder Verbrennungsgas durch das Triebwerk vorhanden. Die Verbrennung erfolgt während des Durchflusses bei angenähert konstantem Druck. Wegen der großen Durchflußmengen ist die je kg Gas an die Wände abgegebene Wärme sehr gering und kann meist vernachlässigt werden, insofern sie die Energiebilanz betrifft. Bei den Kolbenmaschinen wird eine bestimmte Menge Luft bzw. Gas-Luft-Gemisch entweder unter Atmosphärendruck oder unter dem Druck des Vorverdichters in den Zylinder eingelassen, verdichtet, bei annähernd konstantem Volumen verbrannt und im gleichen Zylinder wieder expandiert. Obwohl man bei Verbrennung in konstantem Volumen nach unseren obigen Gleichungen höhere Verbrennungstemperaturen erwarten sollte, da c_v kleiner ist als c_p, kann man praktisch kaum mehr erreichen als der Kurve in Abb. 75 entspricht, da die Zylinderwände kräftig gekühlt werden müssen und ein erheblicher Teil der Verbrennungswärme dadurch verlorengeht.

Idealisiertes Strömungstriebwerk. Wir wollen uns jetzt an Hand von stark idealisierten Prozessen die grundsätzlichen Arbeitsweisen von Strömungstriebwerken und Kolbentriebwerken veranschaulichen. In Abb. 76 ist der Druck über dem spezifischen Volumen für ein idealisiertes Strömungstriebwerk aufgetragen. Die überstrichenen Werte sind auf die Einlaßwerte bezogen, also $\bar{p} = p/p_0$, $\bar{v}_s = v_s/v_{s_0}$. Der Zustand 0 ist derjenige der eingelassenen atmosphärischen Luft, die Temperatur ist zu 15 °C bzw. 288 °K angenommen. Die Luft wird jetzt adiabatisch auf sechsfachen Atmo-

---

[1] Abb. 75 ist dem Buch von F. W. GODSEY JR. und L. A. YOUNG, Gas Turbines for Aircraft, McGraw-Hill, New York 1949, entnommen. Für Abb. 75 wurde eine Ausgangstemperatur der Luft vor der Verbrennung von 500 °K angenommen.

sphärendruck verdichtet. Nach den auf S. 29 abgeleiteten Beziehungen ist das Temperaturverhältnis

$$T_1/T_0 = (p_1/p_0)^{\frac{1}{3,5}} = 1,67, \quad \text{also} \quad T_1 = 480°.$$

Der Zustand 2 wird durch Erhitzung der Luft bei konstantem Druck erreicht. Aus Gründen, auf die wir noch später eingehen

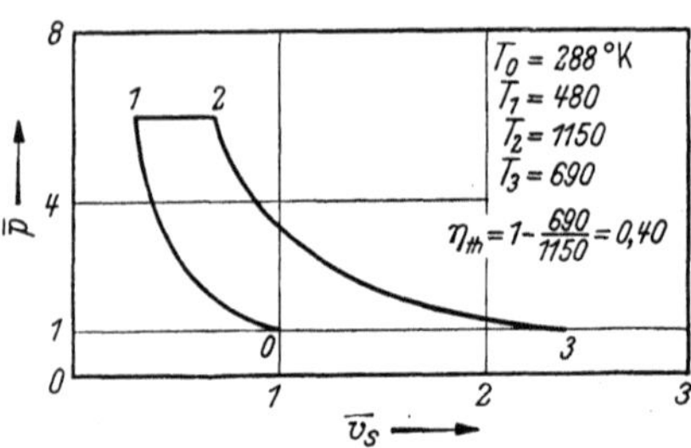

Abb. 76. $\bar{p} - \bar{v}_s$ Schaubild für ein ideales Strömungstriebwerk mit Druckverhältnis 6:1

werden, muß die Temperatur im Zustand 2 auf etwa 1150 °K beschränkt werden. Bei der nun folgenden adiabatischen Expansion auf Atmosphärendruck geht die Temperatur entsprechend der obigen Adiabatengleichung von 1150 auf 690 °K zurück. Der ganze Prozeß vom Zustand 0 zum Zustand 3 erfolgt im Durchfluß, wir haben also die Energiegleichung der Strömung anzuwenden, welche wir auf S. 32 bereitstellten. Um die Strömungsverluste gering zu halten, wird man bemüht sein, möglichst geringe Durchflußgeschwindigkeiten zu verwenden. Wir wollen daher in erster Näherung die Strömungsenergie der Zustände 0, 1 und 2 vernachlässigen. Die Überführung eines kg Luft von der Stelle 0 zur Stelle 1 des Strömungstriebwerks erfordert bei verlustfreier Kompression die Arbeit $i_1 - i_0$. Während der Erwärmung beim Übergang von 1 nach 2 wird die Wärmemenge $c_p(T_2 - T_1)$ zugeführt[1]. Die Expansion erfolgt durch Überführung von Luft von der Stelle 2 zur Stelle 3 des Strömungstriebwerks und macht daher die Arbeit $i_2 - i_3$ frei. Der thermische Wirkungsgrad dieses idealisierten Strömungstriebwerks ist demnach

$$\eta_{th} = \frac{i_2 - i_3 - (i_1 - i_0)}{c_p(T_2 - T_1)} = \frac{T_2 - T_3 - (T_1 - T_0)}{T_2 - T_1}.$$

---

[1] Dies ist nur angenähert der Fall. In Wirklichkeit müßte Abb. 75 verwendet werden, um die Temperaturerhöhung zu bestimmen. Man sieht aber, daß bei einer angenommenen Temperaturerhöhung von $1150 - 480 = 670°$ (Abb. 75) ein $W_B/W_L = 0,018$ ergibt, welches genügend klein ist, um den Einfluß des Brennstoffs auf die Temperaturerhöhung vernachlässigen zu können.

Nach der Adiabatengleichung ist aber $T_3/T_2 = T_0/T_1$, da die Druckverhältnisse für beide Adiabaten die gleichen sind. Man erhält daher für den Zähler $T_2(1 - T_3/T_2) - T_1(1 - T_0/T_1) = (T_2 - T_1)$ $(1 - T_3/T_2)$, und der thermische Wirkungsgrad ist

$$\eta_{th} = 1 - T_3/T_2.$$

Es zeigt sich also, daß der thermische Wirkungsgrad nur von dem Kompressionsverhältnis abhängt, nicht aber von der Verbrennungstemperatur. Wir werden später sehen, daß dieser Schluß nicht mehr zutrifft, wenn die Annahme verlustfreier Verdichtung und verlustfreier Expansion fallen gelassen wird. Für unser Druckverhältnis von 6:1 ist der thermische Wirkungsgrad 0,40. Für andere Druckverhältnisse bekommt man:

p_1/p_0	2	4	6	8	10
η_{th}	0,18	0,33	0,40	0,45	0,48

Die thermischen Wirkungsgrade von wirklichen Strömungstriebwerken sind natürlich wegen der hier nicht berücksichtigten Verluste geringer. Man erkennt jedoch an dem Ergebnis für das idealisierte Triebwerk, daß das Druckverhältnis ein wichtiger Parameter zur Beeinflussung des thermischen Wirkungsgrades sein muß. Die idealen Wirkungsgrade stellen obere Werte dar, welche in Wirklichkeit nicht überschritten werden können, und man sieht, daß schon im verlustfreien Fall nur ein relativ kleiner Anteil der Verbrennungswärme in mechanische Energie verwandelt werden kann.

Strahlwirkungsgrad. Ein Teil der während der Expansion von 2 nach 3 gewonnenen Arbeit muß als Wellenenergie verfügbar gemacht werden, um den Verdichter zu betreiben, der notwendig ist, um die Luft von Atmosphärendruck auf den Druck p_1 zu bringen. Für das in Abb. 76 dargestellte Beispiel ist die Expansionsenergie proportional zu $T_3 - T_2 = 460°$, die Kompressionsenergie ist proportional zu $T_1 - T_0 = 192°$. Es muß also 0,42 der Expansionsarbeit für den Kompressor reserviert werden. Der Rest der Expansionsarbeit kann entweder in Form von Wellenenergie in einen Propeller geleitet werden oder er kann in kinetische Strahlenergie verwandelt werden. Die gesamte Expansionsenergie je kg Luft ist $460 \cdot 0,24 \cdot 427 = 47000$ mkg/kg. Davon ab 42 vH für Kompression, bleiben 27000 mkg/kg. Diese Energie wird in einem

Strahltriebwerk zur Erhöhung der Luftgeschwindigkeit von v auf w benutzt, also ist

$$27\,000 = (w^2 - v^2)/2\,g\,.$$

Für verschiedene Fluggeschwindigkeiten erhält man dann die folgenden Strahlgeschwindigkeiten und Strahlwirkungsgrade (siehe S. 141)

v m/sek	100	200	300	400
w m/sek	735	755	787	830
η_s	0,24	0,42	0,55	0,65

Diese Strahlwirkungsgrade sind mit dem thermischen Wirkungsgrad von 0,40 zu multiplizieren, um die Gesamtwirkungsgrade für unser idealisiertes Strahltriebwerk zu erhalten. Die Schallgeschwindigkeit in dem Strahl ist bei 690 °K 530 m/sek. Wir benötigten für vollkommene Expansion daher eine sich erweiternde Düse, siehe S. 35. Mit einer konvergenten Düse ist nicht gan zdie theoretische Schubkraft erreichbar, die sich nach der hier angewendeten Methode ergibt. Die Werte sind, ebenso wie die zuvor ermittelten thermischen Wirkungsgrade, obere Grenzen, welche in Praxis nicht erreicht werden können. Da man mit Propellern 0,8 und mehr Wirkungsgrad erzielt, erkennt man, daß Strahltriebwerke, außer bei sehr hohen Fluggeschwindigkeiten, wesentlich unwirtschaftlicher arbeiten als Propellertriebwerke.

Idealisiertes Kolbentriebwerk. In Abb. 77 ist der Druck über dem spezifischen Volumen für eine idealisierte Kolbenmaschine aufgetragen. $\overline{p}$ und $\overline{v}_s$ sind wieder auf die Einlaßwerte bezogen. Die Einlaßtemperatur, Punkt 0, ist wieder zu 15 °C bzw. 288 °K angenommen. Die Luft bzw. das Gas-Luft-Gemisch wird in dem Zylinder adiabatisch komprimiert, wobei wiederum ein Druckverhältnis von 6:1 gewählt wurde[1], welches zu einer Temperatur $T_1 = 480°$ führt.

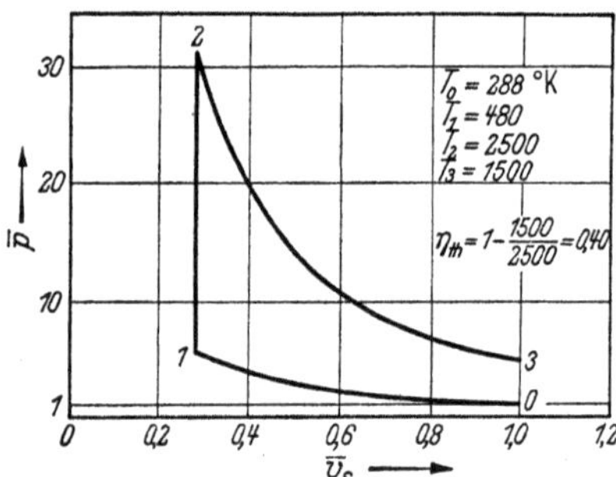

Abb. 77. $\overline{p} - \overline{v}_s$ Schaubild für eine ideale Kolbenmaschine mit Druckverhältnis 6:1

---

[1] Wie wir später sehen werden, nennt man beim Kolbenmotor das Verhältnis des Volumens vor und nach der Verdichtung den Verdichtungsgrad.

Zwischen 1 und 2 wird die Verbrennungswärme bei konstantem Volumen zugeführt. Es wurde eine Temperaturerhöhung von 480 auf 2500 °K angenommen. Der Druck steigt dann nach der Gasgleichung im Verhältnis der Temperaturen, also von $\bar{p} = 6$ auf $\bar{p} = 31$. Die adiabatische Expansion erfolgt im gleichen Zylinder und über dem gleichen Weg, die Temperatur sinkt dabei auf 1500 °K und der Druck auf $\bar{p} = 5,2$. Da es sich bei der Kolbenmaschine um Zustandsänderungen an einer abgeschlossenen Gasmenge handelt und nicht um einen Strömungsvorgang, sind zur Ermittlung der adiabatischen Kompressions- und Expansionsarbeiten die Differenzen der inneren Energie und nicht die der Wärmeinhalte zu nehmen. Während der Erwärmung beim Übergang von 1 nach 2 wird die Wärmemenge $c_v(T_2 - T_1)$ zugeführt, wenn man wieder den Einfluß des Brennstoffes und der Abgase auf die Temperaturerhöhung vernachlässigt. Der thermische Wirkungsgrad ist also gleich der Expansionsarbeit minus der Kompressionsarbeit dividiert durch die zugeführte Wärmeenergie:

$$\eta_{th} = \frac{u_2 - u_3 - (u_1 - u_0)}{c_v(T_2 - T_1)} = \frac{T_2 - T_3 - (T_1 - T_0)}{T_2 - T_1}.$$

Dies ist der gleiche Ausdruck wie der für die idealisierte Strömungsmaschine erhaltene, und es ergibt sich wegen $T_3/T_2 = T_0/T_1$

$$\eta_{th} = 1 - T_3/T_2.$$

Die oben angegebenen thermischen Wirkungsgrade für verschiedene Druckverhältnisse gelten also auch für die idealisierte Kolbenmaschine. Wie schon erwähnt, kommen bei wirklichen Kolbenmaschinen erhebliche Verluste durch Kühlung der Zylinder hinzu, während Strömungsverluste bei Ein- und Austritt der Gase zwar auch merkbar sind, aber nicht von der Bedeutung wie bei Strömungsmaschinen.

Verbundtriebwerke. Wie aus Abb. 77 zu ersehen, ist bei einer Kolbenmaschine eine vollkommene Expansion auf atmosphärischen Druck nicht möglich. Die Expansion muß am Ende des Zylinders abgebrochen werden und die Gase werden auf Atmo-

---

Nach der adiabatischen Grundgleichung ist der Verdichtungsgrad v_{s0}/v_{s1} $= (p_1/p_0)^{1/\varkappa}$, also in unserem Fall $v_{s0}/v_{s1} = 3,5$. Bei modernen Explosionsmotoren werden Verdichtungsgrade von 6 bis 7 verwendet, bei Dieselmotoren wesentlich höhere Verdichtungsgrade.

sphärendruck entspannt, ohne Arbeit zu leisten. Man kann nun entweder die Auspuffgase zu einem Strahl vereinen und wenigstens einen kleinen Vortrieb aus ihnen gewinnen, oder man vereinigt eine Kolbenmaschine mit einer Turbine und läßt die Expansion von p_3 auf Atmosphärendruck mechanische Arbeit leisten. Solche Verbundmotoren sind sparsamer im Brennstoffverbrauch, da für die gleiche Verbrennungswärme mehr Leistung erhalten wird. Sie sind allerdings auch schwerer und teurer, und ihr Vorteil kommt nur bei Langstreckenflügen voll zur Geltung.

Raketentriebwerke. Zum Schluß dieses allgemeinen Abschnittes über Triebwerke seien noch einige Bemerkungen über Raketentriebwerke hinzugefügt. Ein Raketentriebwerk mit flüssigem Brennstoff ist ebenfalls eine Strömungsmaschine, bei welcher statt Luft flüssiger Sauerstoff in die Brennkammer geleitet wird. Die Verbrennung erfolgt unter konstantem Druck und die Temperaturerhöhung ist erheblich größer als bei den mit Luft betriebenen Strömungsmaschinen, da nicht der inaktive Stickstoff mit erhitzt werden muß. Wegen der Dissoziation der Verbrennungsgase bei den hohen Temperaturen ist die einfache zu Anfang des Abschnitts

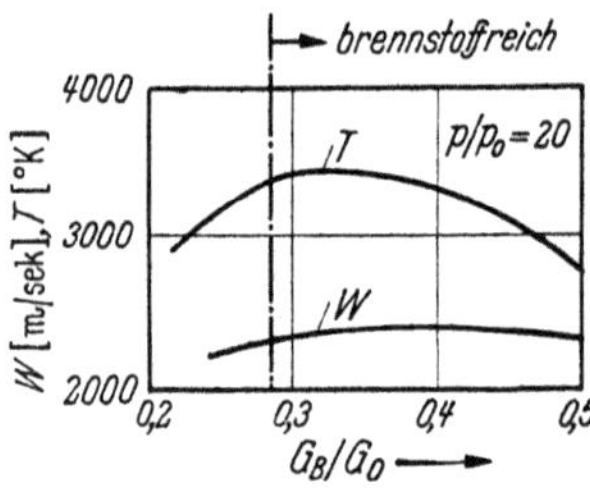

Abb. 78. Verbrennungstemperatur $T\,°K$ bei konstantem Druck und Strahlgeschwindigkeit w m/sek für Benzin und flüssigen Sauerstoff über dem Verhältnis von Brennstoff- zu Sauerstoffgewicht G_B/G_0

angeführte Gleichung nicht mehr gültig. Abb. 78 zeigt die bei einem Druckverhältnis von 20:1 erhaltene Verbrennungstemperatur und die bei der Expansion erhaltene Strahlgeschwindigkeit, wenn Benzin mit flüssigem Sauerstoff verbrannt wird[1]. Temperatur und Strahlgeschwindigkeit sind über dem Verhältnis von Brennstoff- zu Sauerstoffgewicht aufgetragen. Sowohl die größte Verbrennungstemperatur wie auch die größte Strahlgeschwindigkeit treten bei brennstoffreichem Gemisch auf. Die Strahlgeschwindigkeiten von 2400 m/sek liegen trotz der hohen Strahltemperatur von etwa 3400 °K weit über der Schallgeschwindigkeit im Strahl, und erweiternde Düsen müssen verwendet werden. Die Geschwindig-

---

[1] Abb. 78 wie auch Abb. 79 sind dem Artikel von A. D. BAXTER, The Prospects and Problems of Rocket Propulsion for Aircraft, Journal Royal Aeron. Soc, Bd. 59, Mai 1955, S. 315, entnommen.

keit w ist hier, im Gegensatz zu unserer früheren w im Luftstrahl, relativ zum Flugzeug gemessen, da ja das Brennstoff-Sauerstoff-Gemisch mitgeführt wird.

Der Schub ist nach dem Impulssatz $S = (G_B + G_0)w/g$. Man bezeichnet in der Raketentechnik den Quotienten Schub dividiert durch Brennstoff- plus Sauerstoffgewicht je Sekunde als den spezifischen Schub. Er beträgt also nach Abb. 78 im Maximum $w/g = 240$ kg/kg/sek. In 240 Sekunden ist also das Gewicht des verbrauchten Brennstoff-Sauerstoff-Gemisches gleich dem erzielten Schub. Da der Schub mindestens ein Viertel bis ein Sechstel des Fluggewichtes sein muß, um hohe Geschwindigkeiten zu erreichen, erkennt man, daß Flugzeuge mit Raketentriebwerken nur wenige Minuten betrieben werden können, bis der Triebstoff aufgebraucht ist. Daß trotzdem das Raketentriebwerk gegenüber anderen Triebwerken in großen Höhen und bei hohen Geschwindigkeiten erhebliche Vorteile hat, zeigen Abb. 79a und b. Hier ist der Schub je cm² Stirnfläche des Triebwerks über der MACHschen Zahl in 12000 m Höhe und über der Höhe für eine MACHsche Zahl von 2 aufgetragen. Über die drei Strahltriebwerke, mit denen das Raketentriebwerk verglichen ist, werden wir später noch einiges hören. Es ist die Luftstaudüse oder das Lorintriebwerk, das Düsentriebwerk mit Nachverbrennung und das Düsentriebwerk ohne Nachverbrennung. Das wesentliche Kennzeichen

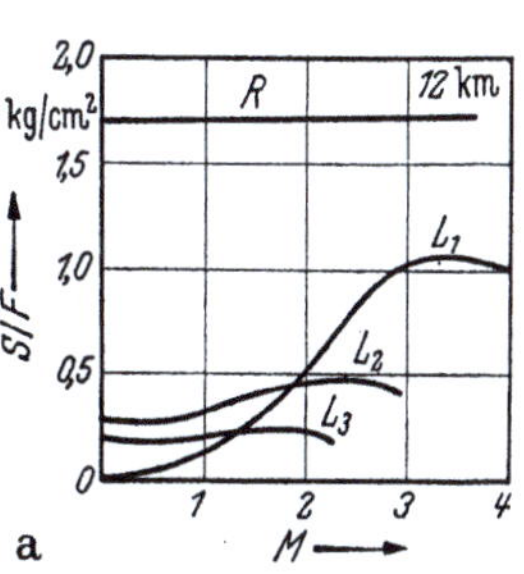

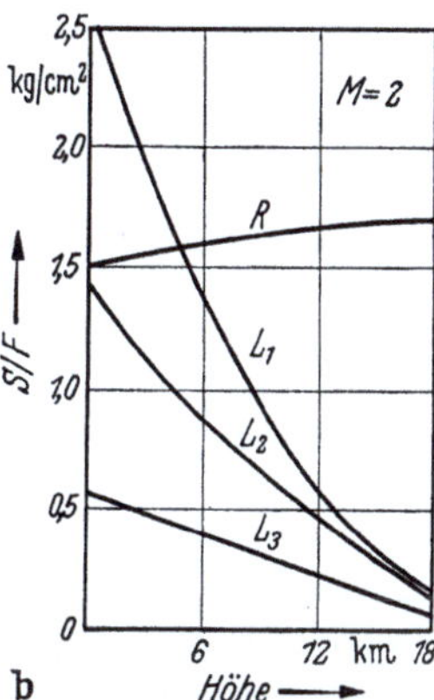

Abb. 79. Schub je Stirnfläche S/F, für Raketentriebwerk R und drei Luftstrahltriebwerke L_1 Luftstaudüse- oder Lorintriebwerk, L_2-Düsentriebwerk mit Nachverbrennung, L_3 Düsentriebwerk ohne Nachverbrennung

des Raketentriebwerks ist die Unabhängigkeit des Schubes von der Höhe, während alle Luftstrahltriebwerke mit wachsender Höhe sehr stark an Schub verlieren. Tatsächlich werden auch alle Höhen- und Geschwindigkeitsrekorde zur Zeit von Flugzeugen mit Raketentriebwerken gehalten.

21. Kolbentriebwerke und ihre Kennlinien

Viertaktmotor. Zwei Arten von Kolbenmotoren sind als Flugzeugtriebwerke verwendet worden, der Explosions- oder Ottomotor und der Dieselmotor. Wir besprechen zunächst den Explosionsmotor.

Der wesentlichste Teil des Motors ist der *Verbrennungszylinder*, kurz der „Zylinder" genannt (Abb. 80), der unten durch den beweglichen Kolben, oben durch die beiden Ventile, das Einlaß- und das Auslaßventil, abgeschlossen wird. In dem Zylinder verbrennt das Benzin-Luft-Gemenge und setzt durch die bei der Verbrennung entstehenden hohen Gasdrucke den Kolben in Bewegung.

Der *Vorgang der Verbrennung* bzw. der Umsetzung von Wärme in mechanische Energie, spielt sich bei unseren heutigen Flugmotoren allgemein in gleicher Weise ab: Das beim Abwärtsgang des Kolbens in den Zylinder oberhalb des Kolbens durch das geöffnete Einlaßventil angesaugte Gemisch wird beim darauffolgenden Rückgang des Kolbens komprimiert (verdichtet), am Schlusse dieses Rückganges durch einen elektrischen Funken entzündet und explodiert während der Umkehr des Kolbens am oberen Totpunkt. Die Explosion ist nichts anderes als eine äußerst schnelle Verbrennung. Der darauf folgende zweite Abwärtsgang des Kolbens ist der eigentliche Arbeitshub, bei dem die durch die Explosion erzeugten hochgespannten Gase allmählich expandieren und dadurch den Kolben und mit ihm die Kurbelwelle in Bewegung versetzen. Natürlich sind während der Verdichtung, der Verbrennung und der Expansion beide Ventile geschlossen. Sobald die Expansion beendet ist, werden beim folgenden Rückgang des Kolbens nach oben die im Hubraum des Zylinders enthaltenen verbrauchten Gase durch das geöffnete Auspuffventil entfernt. Der ganze Vorgang zerfällt somit, wie man sieht, *in vier Takte* (daher der Name „Viertaktmotor"), die sich während zweier Kurbelumdrehungen vollziehen. Nur während des dritten Taktes wird der

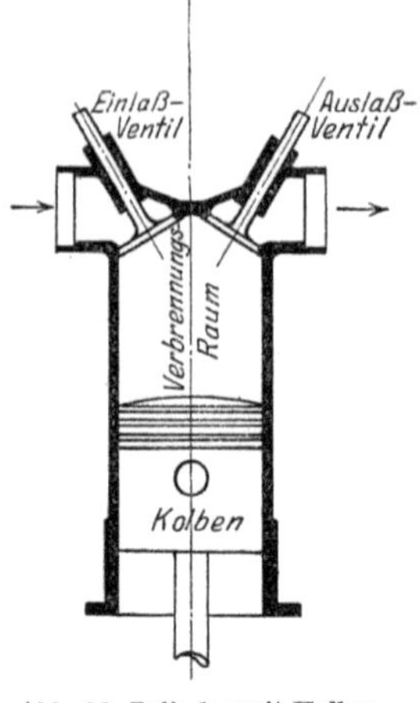

Abb. 80. Zylinder mit Kolben und Ventilen

Kolben vom Gas getrieben, die übrigen Bewegungen macht er unter Überwindung des Widerstandes im Zylinder allein vermöge der den bewegten Teilen innewohnenden lebendigen Kraft.

In dem Arbeitsdiagramm des Kolbenmotors, Abb. 81, ist der Zylinderdruck über dem Kolben-weg aufgetragen. Man erhält für Expansion und Kompression ähn-liche Linien wie in Abb. 77 für den idealen Kolbenmotor. Aus-puff- und Ansaugtakt sind jedoch hinzugekommen, wobei wegen der Strömungswiderstände der Zylinderdruck während des Aus-pufftaktes etwas höher ist als während des Ansaugtaktes. Die fein gestrichelte Fläche in Abb. 81 stellt daher negative Arbeit dar, welche von der grob gestrichelten positiven Arbeit abgezogen wer-den muß, um die Gesamtarbeit der 4 Takte je cm² Kolbenfläche zu erhalten.

Verdichtungsgrad und Mittel-druck. Man nennt den Zylinder-

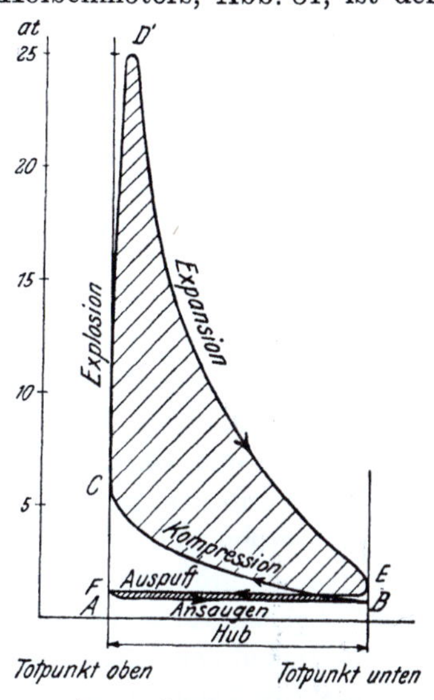

Abb. 81. Arbeitsdiagramm des Kolbenmotors

raum, der im oberen Totpunkt des Kolbens übrigbleibt, den Tot-raum, und man nennt das Verhältnis Hubraum plus Totraum über Totraum den Verdichtungsgrad. Bei adiabatischer Verdichtung könnte das Druckverhältnis aus dem Verdichtungsgrad durch die Beziehungen auf S. 29 ermittelt werden. Wegen des Wärmeaus-tauschs mit den Zylinderwänden ist das wirkliche Druckverhältnis von dem adiabatischen verschieden. Der Verdichtungsgrad eines Motors ist eine wichtige Kenngröße und wird meist bei Zahlen-angaben über Motoren angeführt. Wie wir wissen, können wir einen um so größeren thermischen Wirkungsgrad des Motors erwarten, je größer das Verdichtungsverhältnis – und damit das Druckver-hältnis ist.

Eine andere zur Beschreibung der Motoren oft angeführte Größe ist der mittlere Kolbendruck. Er ist definiert als derjenige während des Arbeitstaktes anzunehmende konstante Druck, welcher die gleiche Arbeitsleistung erzeugen würde wie die tatsächlichen Arbeitsleistungen aller 4 Takte, die teils positiv, teils negativ sind. Wenn F der Kolbenquerschnitt, s der Hub, p der mittlere Kolbendruck nach der obigen Definition, n die Drehzahl je Minute, z die Zylinderzahl ist, so erhält man für die Motorleistung

$$N = z\,p\,F\,s\,n/(2\cdot 60\cdot 75)\ \mathrm{PS}\,.$$

$p\,F\,s$ ist die Arbeit je Arbeitstakt. In der Minute gibt es $n/2$ Arbeitstakte. Die obige Gleichung gilt, wenn alle Größen in kg m sek eingesetzt werden. Mißt man p in kg/cm² oder at und mißt man das Hubvolumen $V = z\,F\,s$ in Litern, so ergibt sich

$$N = p\,V\,n/900\ \mathrm{PS}\,.$$

Die Motorleistung in PS ist also gleich Mitteldruck in at mal Hubvolumen in Litern mal Drehzahl je Minute dividiert durch 900.

Detonation und Oktanzahl. Der Mitteldruck des Motors hängt von dem Verdichtungsgrad ab. Der Zylinder würde besser ausgenützt werden und der thermische Wirkungsgrad wäre höher, wenn man zu größeren als den üblichen Verdichtungsgraden von 6 bis 7:1 gehen würde. Dem Verdichtungsgrad ist jedoch durch die Klopffestigkeit der Benzine eine obere Grenze gesetzt. Dies ist eine sehr wichtige Tatsache, auf die wir etwas näher eingehen wollen. Klopfen oder Detonation ist gekennzeichnet durch eine abnormal rasche Verbrennung, welche an Stelle oder gleichzeitig mit der normalen Verbrennung auftritt. Während des Klopfens bilden sich außerordentlich hohe Zylinderdrücke, welche für den Motor sehr schädlich sind. Die wesentlichen Bedingungen, welche das Klopfen beeinflussen, sind Brennstoffeigenschaften, Mischungsverhältnis und Temperatur des Gasgemisches und des Zylinderkopfes. Die Klopffestigkeit der Brennstoffe wird durch ihre Oktanzahl gemessen. Man gibt meist zwei Zahlen an, wobei die untere für brennstoffarmes, die obere für brennstoffreiches Gemisch gilt. Die Oktanzahlen der Brennstoffe sind im Laufe der Entwicklung sehr gestiegen, was teilweise durch Beimischung gewisser Substanzen, z.B. Bleitetraäthyl, teilweise durch sorgfältige Auswahl der verschiedenen im Benzin enthaltenen Kohlenwasserstoffverbindungen erreicht wurde. Flugmotorenbenzin mittlerer Güte hat eine Oktanzahl von 100/130. Dies bedeutet, daß es bei brennstoffarmem Gemisch die gleiche Klopffestigkeit hat wie Isooktan, bei reichem

Gemisch an der Klopfgrenze 30 vH mehr Leistung erlaubt als Isooktan. Wegen der höheren Klopfgrenze bei brennstoffreichem Gemisch verwendet man bei hohen Motorleistungen ein sehr viel
höheres Brennstoff-zu-Luft-Verhältnis als zur vollkommenen Verbrennung nötig wäre, etwa 0,11 statt 0,066. An Stelle des Brenn-
stoffüberschusses benutzt man neuerdings auch Wasser, wodurch
die gleiche Verzögerung des Klopfens erreicht wird, jedoch bei
einer besseren Verbrennung und einer höheren Leistung.

Da die Klopfgrenze auch stark von der Temperatur der Gas-
mischung und von der Zylinderkopftemperatur abhängt, ist man
mit dem Verdichtungsgrad und mit der Vorverdichtung begrenzt.
Eine Kühlung des Gemisches nach der Vorverdichtung ist von Vorteil, doch gelingt es trotzdem nicht, viel über Verdichtungsgrade
von 7:1 hinauszukommen. Wir sehen aus alledem, daß eine Erhöhung des thermischen Wirkungsgrades durch Vergrößerung des
Verdichtungsgrades auf große Schwierigkeiten stößt. Tatsächlich
sind die Motoren zwar im Laufe der Entwicklung je PS immer
kleiner und leichter geworden, doch sind die thermischen Wirkungsgrade nur wenig gestiegen. Mittlere Kolbendrücke bei Höchstleistung gehen heute bis zu 18 kg/cm², gegenüber 6 bis 8 kg/cm²
bei älteren Motoren, Kurbelwellendrehzahlen sind bei Höchstleistung 2800 bis 3300 U/min, je nach Größe des Motors, gegenüber
1400 bis 1800 U/min bei älteren Motoren. Da die Leistung je Hubvolumen N/V nach unserer obigen Gleichung proportional zum
mittleren Kolbendruck und zur Drehzahl ist, sieht man, mit wieviel kleineren Zylindervolumen je PS man heute auskommt. Diese
Fortschritte sind zu einem guten Teil dem Vorverdichter und der
höheren Klopffestigkeit der Benzine zu verdanken.

Der Dieselmotor. Die für Benzinmotoren geltende Begrenzung des
Verdichtungsgrades ist bei dem Dieselmotor nicht vorhanden.

Während beim Explosionsmotor das brennbare Gas-Luft-
Gemisch angesaugt und komprimiert wird, erfolgt das Ansaugen
und Komprimieren beim Dieselmotor mit reiner Luft ohne Brenn-
stoffbeimengung. Erst gegen Ende der Kompression wird der
Brennstoff durch eine Düse in den Verbrennungsraum des Zylinders
eingespritzt und dabei fein zerstäubt. Im weiteren Gegensatz zum
Explosionsmotor wird die Verbrennung nicht durch einen elektrischen Funken eingeleitet, sondern die Luft wird durch die hohe
Kompression so stark erwärmt, daß ihre Temperatur über der

Zündtemperatur des Brennstoffes liegt und dieser während des Einspritzens sofort verbrennt. Der zur Erwärmung der Luft bis zur Zündtemperatur des Brennstoffes notwendige Kompressionsdruck beträgt ungefähr 30 at. Während der Verbrennung steigt der Druck im Verbrennungsraum weiter auf etwa 60 at an. Als Brennstoff kann ein schwerflüssiges Öl mit hoher Selbstentzündungstemperatur verwendet werden, so daß die Brandgefahr im Falle einer Notlandung nahezu beseitigt ist. Ein weiterer Vorteil des Dieselmotors ist sein sparsamer Brennstoffverbrauch, der eine Folge des vergrößerten Verdichtungsgrades ist. Wie wir sahen, muß beim Explosionsmotor der Verdichtungsgrad auf etwa 7:1 beschränkt werden, um Klopfen zu vermeiden. Der sehr viel höhere Verdichtungsgrad des Schwerölmotors (14 bis 16:1) bewirkt nach unseren Überlegungen im vorigen Abschnitt einen verbesserten thermischen Wirkungsgrad und damit eine 15- bis 30prozentige Brennstoffersparnis je PS.

Die Wirtschaftlichkeit des Dieselmotors gegenüber dem Benzinmotor wird dadurch noch verbessert, daß Schweröl billiger ist als Leichtöl und daß die Betriebssicherheit des Dieselmotors infolge der fehlenden elektrischen Zündanlage größer ist als diejenige des Vergasermotors. Allen diesen Vorteilen steht eigentlich nur ein einziger Nachteil gegenüber, der allerdings gerade bei der Verwendung als Flugmotor besonders stark ins Gewicht fällt: infolge der höheren Arbeitsdrücke in den Zylindern müssen nämlich sowohl das Gehäuse wie auch die Triebwerksteile, Kolben, Pleuelstange und Kurbelwelle im Verhältnis stärker gehalten werden als beim Benzinmotor. Das Gewicht je Pferdestärke ist dadurch höher als beim Explosionsmotor gleicher Leistung, auch braucht man eine Flüssigkeitskühlung, die bei modernen Explosionsmotoren fast ausschließlich durch Luftkühlung ersetzt wurde. Dieselflugmotoren werden zur Gewichtsersparnis als Zweitaktmotoren gebaut. Aufnehmen der Frischluft und Ausstoßen der Abgase erfolgen dabei zu Beginn des Kompressionshubes bzw. am Ende des Expansionshubes. Obwohl dadurch gegenüber dem Viertaktverfahren Füllungsverluste und Verluste durch Abgasreste entstehen, ist der Zweitaktmotor von Vorteil, wenn es sich darum handelt, ein möglichst geringes Gewicht je PS zu erzielen, da das Hubvolumen doppelt so oft zur Arbeitsleistung herangezogen wird. Die ersten regelmäßigen Lufthansa-Transatlantikflüge zwischen Lissabon und New York im

Jahre 1938 wurden mit 600pferdigen Junkers-Zweitaktdieselmotoren (Jumo 205 C) durchgeführt. Die englische Firma Napier & Sons, welche vor dem Kriege diesen Motor in Lizenz baute, arbeitet seit Jahren an der Entwicklung eines Zweitakt-Verbunddieselmotors von über 3000 PS, über den später noch einiges zu sagen sein wird. Der Ausgang dieser Entwicklung wird wohl darüber entscheiden, ob der Dieselmotor noch einmal als Flugzeugtriebwerk eine Rolle spielen wird oder nicht[1].

Motorenprüfstände. Da im Motorenbau nur die Grundlagen der Theorie zugänglich sind, dagegen fast alle Einzelheiten durch den Versuch erprobt werden müssen, spielen die Motorenprüfstände eine große Rolle. Sie erlauben, die Leistung des Motors unter veränderlichen Bedingungen zu ermitteln und den Einfluß von baulichen Änderungen auf die Leistung, auf den Brennstoffverbrauch, auf die Zylindertemperatur, auf den Verschleiß usw. zu bestimmen. Man benutzt zur Leistungsmessung meist eine elektrische Motorbremse, wobei die vom Motor eingeleitete Energie in elektrische Energie umgewandelt wird. Durch Veränderung des Magnetfeldes der elektrischen Bremse kann man das Bremsmoment verändern. Das vom Motor auf die elektrische Bremse übertragene Drehmoment kann auf verschiedene Weise gemessen werden, z. B. durch eine Meßkupplung, welche elastische, kraftübertragende Elemente enthält, deren Verformungen dem übertragenen Drehmoment proportional sind und mit elektrischen Dehnungsmeßgeräten ermittelt werden können. Bei den Bremsläufen muß für ausreichende Kühlung des Motors gesorgt werden, da der Motor nicht dem Fahrtwind ausgesetzt ist und auch keinen Propeller antreibt. Man braucht Brennstoffzuleitungen, Abgasableitungen, Kontrollgeräte, meist auch schalldämpfende Einrichtungen, wenn die Prüfstände nahe an Siedlungen liegen, so daß Motorenprüfstände komplizierte und teure Anlagen sind. Will man die Motoren nicht nur für Bodenverhältnisse untersuchen, sondern auch für die geringeren Luftdichten, Luftdrucke und Temperaturen in der Höhe, so muß man die Messungen in einer künstlichen Höhenatmosphäre vornehmen, was die Anlage noch weitläufiger macht. Diese kurzen Bemerkungen über das große Feld der Motorleistungsmessungen müssen hier genügen, und wir wollen jetzt einige typische Schaubilder betrach-

---

[1] Über Flugzeugdieselmotoren unterrichtet das Buch von P. H. WILKINSON, Aircraft Diesels. Pitman 1940.

ten, welche als Ergebnis solcher Messungen gewonnen werden
können.

Bodenleistung. Abb. 82 zeigt in einer üblichen Darstellungsweise
die Abhängigkeit der Motorleistung von der Flughöhe, von der
Kurbelwellendrehzahl und von dem absoluten Druck im Gemisch-
verteiler, also zwischen Vergaser und Zylinder. Wenn kein Vorver-

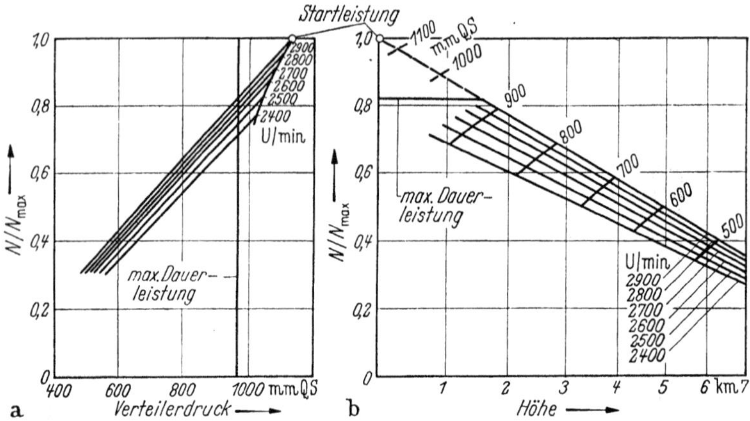

Abb. 82. a) Motorleistung in Meereshöhe über Verteilerdruck;
b) Motorvollgasleistung über Flughöhe

dichter vorhanden wäre, würde dieser Druck im Verteiler unter
dem Atmosphärendruck sein, am Boden also unter 760 mm Qu.
Infolge des Vorverdichters kann der absolute Druck im Verteiler
1100 mm Qu oder mehr sein. Dieser Druck ist für den Piloten eine
sehr wichtige Größe, da sie ihm zusammen mit der Drehzahlanzeige
erlaubt abzuschätzen, wie hoch der Motor belastet ist. In Abb. 82
ist die Motorleistung auf die Höchstleistung am Boden bezogen,
wogegen Verteilerdrucke in mm Qu und Drehzahlen üblichen Werten entsprechen. Abb. 82a stellt die Leistung am Boden in Abhängigkeit von Drehzahl und Verteilerdruck dar, wobei der Normaltag zugrunde gelegt wurde. Man sieht, daß die Leistung mit
der Drehzahl und mit dem Verteilerdruck wächst. Das Wachsen
mit der Drehzahl ist jedoch ein ungleichförmiges. Bei Erhöhung
von 2400 auf 2500 U/min steigt die Leistung mehr als bei Erhöhung
von 2800 auf 2900 U/min. Bei noch weiterer Drehzahlerhöhung
– falls sie zulässig wäre und der Motor den Beanspruchungen ge-

wachsen wäre – würde ein Maximum an Leistung erreicht werden, und bei noch weiterer Drehzahlsteigerung würde die Leistung wieder absinken. Der Grund für das Abfallen der Leistung mit erhöhter Drehzahl sind die hohen Druckverluste, die beim Durchströmen des Vergasers, der Ventile usw. entstehen. Die Querschnitte sind für ein bestimmtes Luftvolumen je Sekunde bemessen und sie sind nicht geeignet für ein sehr viel größeres Volumen. Tatsächlich wird die maximale Drehzahl des Motors meist aus schwingungstechnischen Gründen oder aus Gründen der zulässigen Lagerbelastungen auf einen gewissen Höchstwert zu beschränken sein. Dieser Höchstwert wird oft im Laufe der Jahre durch entsprechende Entwicklungsarbeiten am Motor vergrößert, bei einem bestimmten Entwicklungsstand des Motors verlangt man jedoch die Einhaltung einer bestimmten oberen Drehzahlgrenze, die in unserem Beispiel in Abb. 82 zu 2900 U/min angenommen ist.

Dauerleistung und Kurzleistung. Abb. 82 a zeigt außer den Drehzahllinien noch zwei weitere Linien: Die senkrechte Linie bei einem Verteilerdruck von 970 mm Qu stellt die obere Grenze für den Dauerbetrieb des Motors dar. In dem Beispiel darf also bei der höchstzulässigen Drehzahl von 2900 U/min nicht mehr als 82 vH der Höchstleistung auf die Dauer entnommen werden. Bei 2400 U/min ist die zulässige Dauerleistung nur 71 vH der Höchstleistung. Der Verteilerdruck ist ein gutes Maß für die Beurteilung der Motorbeanspruchungen. Je höher dieser Druck, desto höher der Verdichtungsdruck, desto höher ist der Verbrennungsdruck, desto heißer wird der Zylinderkopf. Vom Standpunkt der Motorbeanspruchungen ist es vorteilhafter, eine bestimmte Leistung bei höherer Drehzahl und niedrigerem Verteilerdruck zu beziehen. Von unseren früheren Überlegungen her wissen wir, daß bei gegebener Leistung der mittlere Kolbendruck mit wachsender Drehzahl abfällt, was meistens für die Geringhaltung der Motorbeanspruchungen günstig ist. Außerdem bekommt man dadurch größeren Abstand von der Klopfgrenze. Die Leistungen jenseits der senkrechten Linie bei 970 mm Qu sind nur kurzzeitig für den Abflug verfügbar. In dem Bereich jenseits der Dauerleistung soll man nach Möglichkeit die höchstzulässige Drehzahl benutzen, um die Motorbeanspruchungen zu mildern. Die eigentliche Höchstleistung ist überhaupt nur mit der Höchstdrehzahl zu erreichen. In Abb. 82 a ist das dadurch zum Ausdruck gebracht, daß die rechte Begrenzungslinie, die Vollgaslinie, durch den Punkt $N/N_{max} = 1$ und 2900 U/min geht. Es ist also aus dieser Abbildung zu ersehen, daß in Bodennähe bei keiner der Drehzahlen bis zu 2400 U/min herunter auf die Dauer Vollgas gegeben werden darf.

Höhenleistung. Abb. 82b zeigt die Vollgasleistung abhängig von der Höhe und von der Drehzahl. Ebenfalls eingetragen sind die Vollgasverteilerdrucke. Schaubilder, ähnlich wie dieses, hatten wir bereits in Abschnitt 18 beim Entwurf einer Luftschraube benutzt. Die ungleichmäßige Höhenskala erklärt sich dadurch, daß das Druckverhältnis aufgetragen wurde und entsprechend der Tafel auf S. 395 die Höhen statt der Druckverhältnisse angeschrieben werden. Die Leistung über dem Druckverhältnis aufgetragen, ergibt erfahrungsgemäß für konstante Drehzahlen gerade Linien. Der starke Abfall der Leistung mit der Höhe ist durch die Verringerung der Luftdichte zu erklären. Da im Zylinder weniger Sauerstoff je Hub verbrannt werden kann, muß entsprechend die Leistung sinken. In Abb. 82b sind auch wieder unsere Beschränkungen für den Dauerbetrieb eingetragen. Bei 2900 U/min steigt die Dauerleistung mit abnehmender Höhe, bis bei 1700 m Höhe die 82 vH Höchstleistung erreicht sind. Von da ab bis zu Meereshöhe soll nicht mehr als 82 vH der Volleistung benutzt werden, und die Drehzahl soll dabei nicht unter 2900 U/min fallen. Man nennt die Höhe von 1700 m die Volldruckhöhe. Von dieser Höhe ab kann der volle verfügbare Verteilerdruck auf die Dauer benutzt werden. Die Drucklinien, welche in Abb. 82b eingetragen sind, zeigen, daß der Vorverdichter in etwas über 3000 m Höhe den normalen Bodendruck von 760 mm Qu erzeugt. Wie wir in Abschnitt 18 zeigten, verwendet man auch Motoren mit zwei Verdichterübersetzungen. Beim Höhenflug wird der Kreiselverdichter mit einer relativ zur Kurbelwellendrehzahl höheren Drehzahl betrieben. Dadurch verschieben sich alle Leistungskurven in Abb. 82b nach oben. Wegen der größeren Vorverdichtung muß die höchstzulässige Dauerleistung jedoch etwas herabgesetzt werden, wie das aus Abb. 68 ersichtlich ist.

Brennstoffverbrauch. Wir wollen jetzt noch in Abb. 83 ein Schaubild betrachten, welches uns Aufschluß gibt über die typisch zu erwartende Abhängigkeit des Brennstoffverbrauchs je PS-Stunde von Drehzahl und Leistung. Die Zahlenwerte an den Kurven stellen den spezifischen Brennstoffverbrauch e_N in kg/PS-Stunde dar. Diese Zahl hängt mit dem thermischen Wirkungsgrad durch

$$\eta_{th} = \frac{3\,600 \cdot 75}{10\,500 \cdot 427 \cdot e_N} = \frac{0{,}060}{e_N}$$

zusammen, wenn man einen Heizwert des Brennstoffes von 10500 Kal/kg annimmt und berücksichtigt, daß 1 PS-Stunde

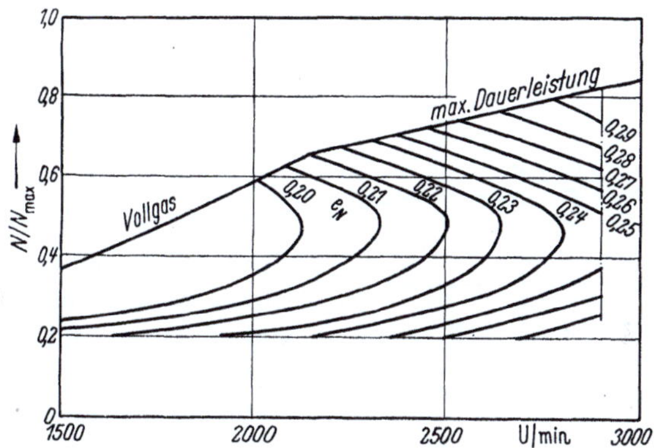

Abb. 83. Motorleistung und spezifischer Brennstoffverbrauch e_N in kg/PS-Stunde über Drehzahl

$= 3600 \cdot 75$ m kg ist. Die thermischen Wirkungsgrade der in Abb. 83 dargestellten Zustände liegen also zwischen 0,2 und 0,3. Es ist zu erkennen, daß unabhängig von der Drehzahl die Leistung mit dem geringsten spezifischen Brennstoffverbrauch oder dem besten thermischen Wirkungsgrad etwa gleich der halben Höchstleistung ist. Der Brennstoffverbrauch bei einer gegebenen Leistung nimmt ab mit abnehmender Drehzahl. Es ist vom Standpunkt der Wirtschaftlichkeit am günstigsten, mit der kleinsten Drehzahl zu fliegen, d. h. mit dem höchstzulässigen Verteilerdruck. Man wird also in der Höhe, wo immer möglich, mit Vollgas fliegen. Soll z. B. in 4000 m Höhe 51 vH der Höchstleistung aufgewendet werden, so zeigt Abb. 82b eine Vollgasdrehzahl von 2600 U/min. Man könnte statt dessen auch drosseln und mit höherer Drehzahl fliegen. Abb. 83 sagt jedoch aus, daß dies unökonomischer sein würde. Es sei hier noch einmal daran erinnert, daß nach unseren Ausführungen in Abschnitt 18 es der Verstellpropeller ist, welcher es ermöglicht, verschiedene Drehzahlen im Fluge zu wählen. Die niedrigere

Drehzahl verbessert nicht nur den thermischen Wirkungsgrad des Motors, sondern verbessert unter Umständen auch den Wirkungsgrad der Luftschraube, da sich der Fortschrittsgrad dadurch erhöht, siehe Abb. 69.

Für die Kurven der Abb. 83 war angenommen worden, daß das jeweils günstigste Gemischverhältnis gewählt wurde. Da dieses Verhältnis vom Piloten verändert werden kann, wollen wir zum Schluß noch Abb. 84 betrachten, welche zeigt, wie sich die Leistung und der spezifische Brennstoffverbrauch mit dem Mischungsverhältnis verändern. Zunächst ist es auffällig, daß die Mischungsverhältnisse G_B/G_L für minimalen Brennstoffverbrauch und für maximale Leistung nicht zusammenfallen. Vollkommene Verbrennung erfolgt theoretisch,

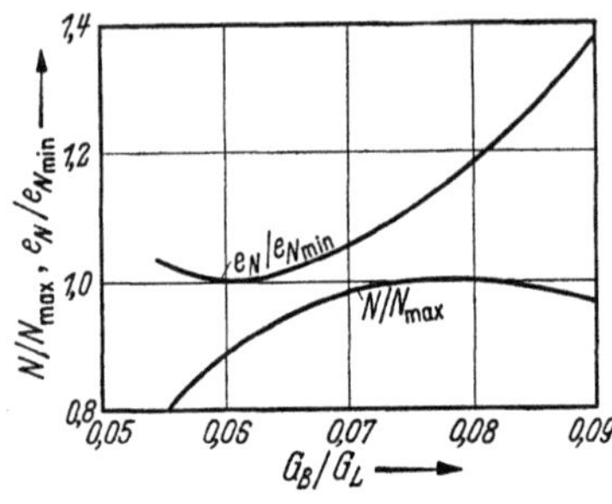

Abb. 84. Motorleistung und spezifischer Brennstoffverbrauch über Mischungsverhältnis

wie schon früher erwähnt, bei einem Gewichtsverhältnis Brennstoff zu Luft von 0,066. Der geringste Brennstoffverbrauch je PS-Stunde liegt bei einem etwas ärmeren Gemisch, die höchste Leistung liegt bei wesentlich reicherem Gemisch. Je nachdem, ob es auf Sparsamkeit im Brennstoffverbrauch oder auf hohe Leistung ankommt, muß ein armes oder ein reiches Gemisch gewählt werden. Für Höchstleistung braucht man zur Vermeidung von Klopfen sogar noch ein wesentlich reicheres Gemisch als das für maximale Leistung, nämlich ungefähr $G_B/G_L = 0,11$. Man sieht also, daß man hier eine Leistungseinbuße in Kauf nehmen muß, um Klopfen zu vermeiden. Wenn man jedoch Wasser einspritzt, statt das Gemisch so stark anzureichern, erhält man die gleiche hohe Klopfgrenze, kann jedoch ein optimales Verhältnis von etwa $G_B/G_L = 0,08$ einstellen und damit die Leistung nach Abb. 84 erhöhen[1].

---

[1] Eine leicht verständliche Übersicht der wesentlichen Grundlagen und Bauteile moderner Flugzeugtriebwerke ist enthalten in dem „Aircraft Powerplant Handbook" der US C. A. A., Technical Manual No. 107, 1949.

22. Aufbau der Kolbenmotoren und ihre Einzelteile

Reihen- und Sternmotoren. Dem allgemeinen Aufbau nach zerfallen unsere Flugmotoren in zwei Hauptgruppen: die Reihenmotoren und die Sternmotoren. Bei dem Reihenmotor liegen die Zylinder in einer oder in mehreren in Flugrichtung verlaufenden Reihen hintereinander. Beim Sternmotor sind die Zylinder sternförmig um die Motorachse herum angeordnet. Die älteren Reihenmotoren waren flüssigkeitsgekühlt, doch ist es später gelungen, auch luftgekühlte Reihenmotoren betriebssicher herzustellen. Die Sternform der Motoren eignet sich besonders zur Luftkühlung der Zylinder.

Abb. 85 zeigt einen Querschnitt durch einen Reihenmotor und läßt die Anordnung der wichtigsten Bauteile erkennen. Der Zylinder ist stehend gezeigt, obwohl der Reihenmotor heute meist in umgekehrter Lage in die Flugzeugnase eingebaut wird, um

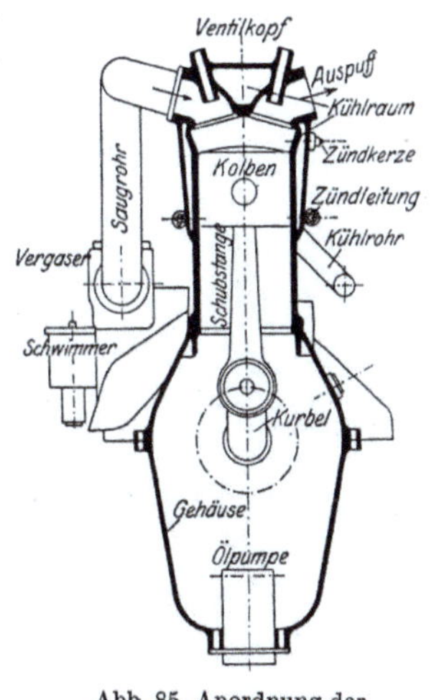

Abb. 85. Anordnung der wichtigsten Motorteile

bessere Sicht und größere Bodenfreiheit des Propellers zu erhalten. Die in Abb. 85 angedeuteten Bauteile sind die Kurbel der Kurbelwelle, Schubstange, Kolben, Ein- und Auslaß (Ventile sind weggelassen), Kühlraum für die Kühlflüssigkeit (meist durch Kühlrippen für Luftkühlung ersetzt, siehe Abb. 87), Vergaser mit Schwimmer (heute oft durch direkte Brennstoffeinspritzung in den Verteiler oder in den Zylinder ersetzt), Gehäuse, Ölpumpe, Zündkerze.

Reihenmotoren mit einer einzigen Reihe von Zylindern sind nur für relativ kleine Motorleistungen praktisch. Reihenmotoren für größere Leistungen haben V-, VV- oder X-Anordnung der Zylinder, am häufigsten jedoch zwei in der horizontalen Ebene gegenüberliegende Zylinderreihen. Diese letztere Bauart ergibt sehr geringe Bauhöhen und ist daher besonders für den Einbau in Flügel geeignet. Sehr beliebt und wohl am meisten verwendet sind die Sternmotoren. Sie haben entweder 7 oder 9 Zylinder je Stern und bei hohen Motorleistungen 2 oder sogar 3 Sterne hintereinander.

Abb. 86 zeigt einen Doppelkranzsternmotor mit zweimal neun im Kreise liegenden Zylindern, deren Kolben vermittelst der Schubstangen auf die im Mittelpunkte liegende Welle einwirken. Die Zylinder sind zur Erhöhung der Kühlwirkung mit Kühlrippen versehen. Die Kühlwirkung wird um so größer, je höher die Geschwindigkeit der an den Zylindern vorbeiströmenden Luft ist. Man verkleidet die Motoren vollständig mit einer Haube und verengt nach Möglichkeit in der Umgebung der zu kühlenden Zylinderschäfte und Köpfe den Querschnitt für die durchtretende Kühlluft. Man erreicht so mit geringen durchtretenden Luftmengen hohe Kühlwirkungen und einen geringen schädlichen Widerstand des Motors.

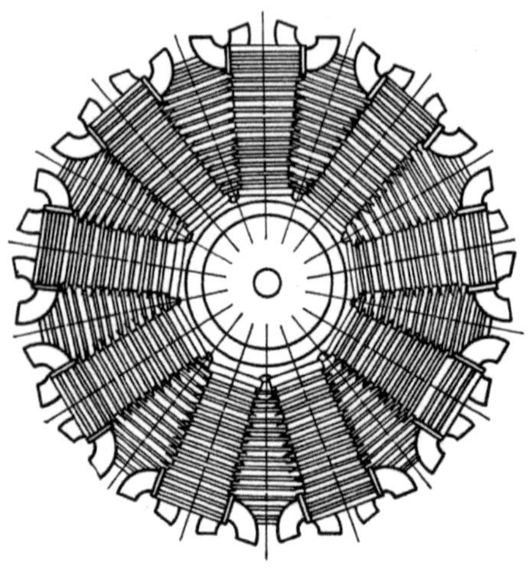

Abb. 86. Doppelkranzsternmotor

Abb. 86 stellt eine Bauart dar, wie sie z. B. für den Pratt & Wittney-Double-Wasp-Motor verwendet wird, dessen Kennlinien in Abb. 68 gegeben sind.

Hauptabmessungen, Leistungen und Verbrauchszahlen einiger Flugmotoren. In Zahlentafel 2 sind die wichtigsten Zahlen für einige typische Flugmotoren zusammengestellt. Der erste ist ein deutscher Dieselmotor der Vorkriegszeit, der zweite ein in Deutschland in Lizenz gebauter amerikanischer Explosionsmotor der Vorkriegszeit, die nächsten vier sind neuere amerikanische Explosionsmotoren der Leistungsstärke nach geordnet, und der letzte ist ein noch in der Entwicklung befindlicher britischer Dieselverbundmotor. Der deutsche Dieselmotor war ein Reihenmotor mit Wasserkühlung. Der britische Verbundmotor hat horizontal gegenüberliegende Zylinderreihen und ist ebenfalls wassergekühlt, die übrigen sind luftgekühlte Sternmotoren.

Die erste Spalte enthält den Hersteller und die Motorbezeichnung. Es folgen in den nächsten vier Spalten die Angaben über

Zahl, Durchmesser und Hublänge der Zylinder sowie die aus diesen Werten berechnete Größe des gesamten Hubraumes. In der sechsten und siebenten Spalte sind die Höchstleistungen und Drehzahlen am Boden angegeben, in der achten Spalte sind die Propellerübersetzungsverhältnisse eingetragen. Die Leistungen beruhen auf Herstellerangaben und sind etwas ungewiß.

Zwei Motoren der gleichen Type weichen, wenn sie auf der Bremse geprüft werden, oft bis zu 10 vH in ihren Leistungen voneinander ab, auch wenn man sich bemüht, die Betriebsverhältnisse möglichst gleichzuhalten. Meist liegt die durchschnittliche Leistung etwas höher als die „Nennleistung", deren Erfüllung von den Herstellern garantiert wird. Etwas fraglich sind auch die Angaben über die Gewichte, die in die neunte Spalte aufgenommen wurden. Hier wären wohl die Schwankungen innerhalb einer Serie gleicher Motoren geringer, allein die Abgrenzung dessen, was „noch zum Motor gehört", ist nicht immer eindeutig. Im allgemeinen ist das „Trockengewicht" ohne Öl oder Kühlmittel, ohne Propeller oder Nabe, ohne Abgasrohre, ohne Kühler oder Kühlluftführungen und ohne Starteranlage, dagegen einschließlich der zum Laufen notwendigen Hilfsgeräte, wie Vergaser, Magnete, Zündanlage usw., gerechnet. Die Angaben über den Verdichtungsgrad in der zehnten Spalte können im allgemeinen als genau gelten. Der Verdichtungsgrad von 27:1 für den Verbunddieselmotor setzt sich aus 3,36:1 für den Kreiselverdichter und 8:1 für den Kolben zusammen. Die Zahlen der drei nächsten Spalten sind aus denen der früheren durch Rechnung abgeleitet. Dabei ist für die Verbundmotoren zur Bestimmung der Leistung je Liter Hubraum und zur Bestimmung des Mitteldrucks die gesamte Leistung einschließlich des Turbinenanteils genommen worden. Für die Verbundmotoren der beiden letzten Reihen haben diese Zahlen also keine physikalische Bedeutung, sondern stellen nur ein Vergleichsmaß dar. Die Güte des zu verwendenden Brennstoffes ist den Herstellerangaben entnommen. Der Brennstoffverbrauch je PS-Stunde im Reiseflug ist geschätzt, da er von vielen Bedingungen, wie Flughöhe, Reiseleistung, Mischungsverhältnis usw., abhängt. Man kann angenähert annehmen, daß die angegebenen Werte für günstigstes Mischungsverhältnis und bei einer Reiseleistung von 50 bis 60 vH der Bodenhöchstleistung erreicht werden können, siehe auch Abb. 83. Die letzte Spalte enthält die Stirnfläche ohne Verkleidung, wobei entweder

11*

bei Sternmotoren der Durchmesser oder bei anderen Motoren die Abmessungen des umschriebenen Rechteckes eingetragen sind.

Bei Beurteilung der Zahlenwerte in Zahlentafel 2 muß man sich vor Augen halten, daß das Ziel des Motorbaues ist, möglichst viele PS in möglichst kleinem Raum zu erzeugen und dabei möglichst wenig Gewicht aufzuwenden. Weiter soll die Stirnfläche möglichst klein und der Brennstoffverbrauch im Reiseflug möglichst gering sein. Die Angaben der Hubraumleistung in PS/l, des Mitteldruckes und des Gewichtes je PS sind daher für die Beurteilung eines Motors von großer Wichtigkeit. Je größer die erstgenannten und je kleiner die letzte dieser Zahlen ist, um so günstiger wird im allgemeinen der Motor zu nennen sein. Man erkennt, daß die Motoren in der Reihenfolge von oben nach unten eine Tendenz zu günstigeren Werten zeigen. Lediglich der Junkers-Dieselmotor hatte bereits eine hohe Hubraumleistung, was durch die Zweitaktbauweise und den erhöhten Verdichtungsgrad zu erklären ist, er ist aber je PS der schwerste aller Motoren, hat dafür den geringsten Brennstoffverbrauch im Reiseflug. Daß ein Teil der Verbesserung auf die hochwertigeren Brennstoffe zurückzuführen ist, erkennt man an den steigenden Anforderungen an die Oktanzahl des Brennstoffes, also an seine Klopffestigkeit. – Es wäre aber falsch, die Güte eines Motorfabrikates allein nach den angegebenen Zahlen beurteilen zu wollen; die „Papierform" des Motors kann nie maßgebend sein ohne die Erfahrungen, die mit dem Motor während des Fluges gemacht werden.

Bauarten mit Abgasturbine. Die beiden letzten Motoren sind Verbundmotoren. Der Wright-R-3350 wurde aus einem Muster ohne Abgasturbine entwickelt, d.h. die Turbine wurde später erst hinzugefügt, nachdem der Motor bereits eine erfolgreiche Produktion hinter sich hatte. Die Hinzufügung der Abgasturbine erhöhte die Leistung von 2840 auf 3300 PS, wobei das Gewicht je PS unverändert blieb. Der Brennstoffverbrauch im Reiseflug sank von etwa 220 g/PS st auf 185 g/PS st. Die Hinzufügung der Turbine war also recht erfolgreich[1]. Der Napier-Nomad-Motor ist wohl der erste, bei welchem das Verbundsystem von Anfang an vorgesehen war. Dementsprechend ist der Leistungsanteil der Turbine wesentlich höher. Auch wird hier eine ungewöhnlich hohe Vorverdichtung

---

[1] Neuerdings wurde die Höchstleistung dieses Motors durch Wassereinspritzung von 3300 auf 3750 PS erhöht.

Zahlentafel 2. *Hauptabmessungen, Leistungen und Verbrauchszahlen einiger Flugmotoren*

	Hersteller und Motorbezeichnung	Zylinder			Hubraum	Maximale Leistung	Drehzahl	Propeller-antrieb	Gewicht	Verdichtungs-grad	Hubraum-leistung	Mitteldruck	Gewicht je Pferdestärke	Brennstoff-oktanzahl	Brennstoff-verbrauch im Reiseflug	Abmessungen der Stirnfläche
		Zahl	Durch-messer	Hub												
			mm	mm	l	PS	U/min		kg		PS/l	kg/cm²	kg/PS		g/PSst	mm
1	Junkers Jumo 205 E Diesel (Deutschland)	6	105	2×160	16,6	600	1980	dir.	521	14,0	36,0	8,2	0,87	Dieselöl	160	
2	BMW (Lizenz) Hornet (Deutschland)	9	156	162	27,5	450	1800	dir.	350	5,0	16,2	8,2	0,78	80/86	220	
3	Lycoming (Lizenz) R-1300-3 (USA)	7	156	160	21,4	812	2600	dir.	490	7,2	38,0	13,1	0,60	91/98	220	1280 ⌀
4	Wright R-1820-76 (USA)	9	156	174	30,0	1445	2700	0,67:1	627	7,2	48,2	16,1	0,43	100/130	220	1400 ⌀
5	Pratt & Wittney R-2800-CB 16 (USA)	18	146	152	45,7	2435	2800	0,45:1	1090		53,2	17,1	0,45	100/130	220	1340 ⌀
6	Wright R-3350-34 Verbund (USA)	18	156	160	55,0	3300	2900	0,44:1	1600	6,7	60,0	18,5	0,48	115/145	185	1440 ⌀
7	Napier & Sons Nomad Dieselverbund (England)	12	152	2×187	41,1	3580	2050		1630	27	87,2	19,2	0,45	Dieselöl	160	1012 × 1420

benutzt. (Volumenverhältnis 3,36:1, wie schon erwähnt.) Der in Zahlentafel 2 angegebene Wert für die Höchstleistung gilt bei Verwendung von Wassereinspritzung. Ohne Wasser ist die Höchstleistung 3070 PS, wobei der Dieselmotor 2660 PS liefert und die Abgasturbine 2250 PS, von denen 1840 PS direkt in den Vorverdichter gehen und 410 PS als Propellerleistung verfügbar werden[1]. Der Vorverdichter kann mit kontinuierlich veränderlichem Übersetzungsverhältnis, d. h. mit veränderlicher Drehzahl im Verhältnis zur Motordrehzahl betrieben werden, um den Zylindereinlaßdruck von 6,2 at bis zu 2300 m Höhe aufrechtzuhalten. An sich ist der Gedanke, die Abgasenergie des Motors durch eine Turbine auszunutzen und zur Vorverdichtung der Luft oder des Gasgemisches zu verwenden, nicht neu, und bereits 1924 wurde der damalige Höhenweltrekord von 12000 m mit einem 300-PS-Hispano-Suiza-Motor mit Abgasturboverdichter erzielt. Der Unterschied zwischen dieser älteren Bauweise mit Abgasturbine und den neuen Verbundmotoren der letzten beiden Reihen von Zahlentafel 2 ist der, daß die Turbine auch einen Teil ihrer Leistung an die Propellerwelle abgibt, also mehr Leistung liefert als der Vorverdichter aufnimmt.

Einzelteile. Einigen Einblick in das Wesen der Flugmotoren und in die Schwierigkeiten, die mit dem Bau guter Motoren verbunden sind, erhält man erst, wenn man wenigstens auf die wichtigsten Einzelteile des Motors und die Gesichtspunkte, die ihre Konstruktion beherrschen, etwas eingeht. Man wird dann erkennen, welch großer Schatz an konstruktiven und technologischen Erfahrungen und Überlegungen im Motorbau verwertet wird.

Die wesentlichsten Motorteile, von denen wir jetzt sprechen wollen, sind Zylinder und Kolben, Ventile und Steuerung, Zündung, schließlich die Einrichtungen zur Kühlung und Schmierung.

Zylinder und Kolben. Der Rauminhalt der Motorzylinder ist, wie in Abschnitt 21 gezeigt wurde, durch die Größe der Motorleistung und der Drehzahl bestimmt. Es bleibt nur noch offen, auf wie viele Zylinder man den Rauminhalt zu verteilen und in welchem Verhältnis man Durchmesser (Bohrung) und Hub der Zylinder zu wählen hat. Vom Standpunkt der Wärmemechanik ist größerer Hub auf kleinere Bohrung günstig, etwa 1,5:1, doch wählt man in der Regel, mit Rücksicht auf die mit dem Hub stark wachsenden

---

[1] CHATTERTON, E. E.: Compound Diesel Engines for Aircraft, Journal Royal Aeron. Soc., Bd. 58, Sept. 1954, S. 613.

Massenkräfte der rotierenden und der schwingenden Teile, den Hub im Verhältnis zur Bohrung kleiner. Wie weit man mit der Bohrung gehen kann, hängt in erster Linie von der Kolbenkonstruktion ab; durch die obere Grenze für den Durchmesser bestimmt sich dann die erforderliche Anzahl von Zylindern.

Der Baustoff der Zylinder ist Stahl. Luftgekühlte Zylinder erhalten zur Verbesserung der Wärmeableitung Kühlrippen am äußeren Umfang und werden in der Regel mit diesen Rippen aus dem Vollen herausgearbeitet. Das Anbringen von Rippen an Zylindern oder Heizkörpern (Zentralheizungen) bewirkt, wie man weiß, eine nicht unbeträchtliche Vergrößerung der Oberfläche und, da die Wärmeableitung und die Wärmeausstrahlung eines Körpers der Größe seiner Oberfläche proportional ist, eine verstärkte Kühlung des betreffenden Körpers. Einen Querschnitt durch einen solchen Zylinder zeigt Abb. 87. Besondere Aufmerksamkeit erfordert die Ausbildung

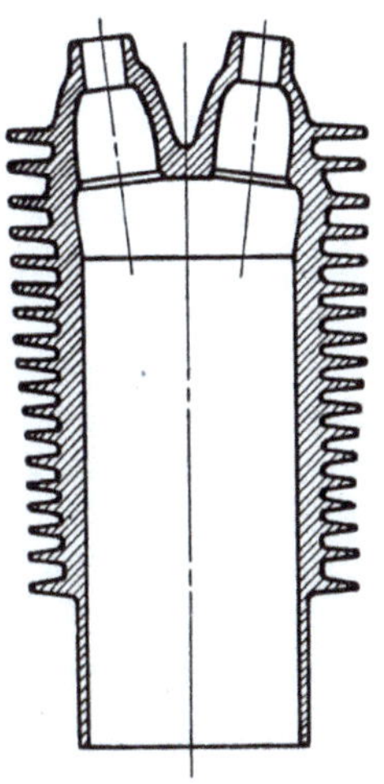

Abb. 87. Motorzylinder mit Kühlrippen für Luftkühlung

der Zylinderköpfe, in denen die Ventilsitze, die Öffnungen für die Zündkerzen und die Anschlüsse der Saug- und Auspuffleitung liegen. Bei den meisten größeren Bauarten werden die Köpfe als besondere Guß- oder Preßstücke hergestellt und mit dem Zylinder verschraubt.

Eine der größten Schwierigkeiten beim Bau der Flugmotoren bildet der Umstand, daß die ganze Wärme der Verbrennung unmittelbar auf den Kolben*boden* wirkt, der selbst nicht leicht gekühlt werden kann, sondern die überschüssige Wärme erst an seinen Umfang ableiten muß, wo sie in das Kühlwasser bzw. die Kühlrippen des Zylinders strömt. Diese Ableitung muß sehr rasch erfolgen, um eine übermäßige Erhitzung des Kolbenbodens zu vermeiden. Die früher allgemein verwendeten Eisen- und Stahlkolben genügten ihrer nicht großen Leitfähigkeit wegen dieser Forderung nur sehr ungenügend, weswegen man auch mit dem Kolbendurchmesser über eine gewisse Grenze, etwa 130 bis 140 mm, nicht hinausgehen konnte. Alle Motoren mit wesentlich größerer Bohrung haben versagt. Später ist es gelungen, eine Aluminiumlegierung von hinreichender Festigkeit zu erzeugen, und da das Aluminium bei geringerem Raumgewicht eine mehr als viermal so gute Wärmeleitfähigkeit wie Stahl und Eisen besitzt, ist man jetzt imstande, Motoren mit größerer Bohrung herzustellen. Die Abdichtung der Kolben erfolgt in der Regel durch eine Reihe von Kolbenringen, die sich elastisch an den Zylindermantel anpressen.

Der Wärmeableitung sind allerdings auch gewisse Grenzen gesetzt, will man ein Maximum an Wirkungsgrad erreichen. Denn es zeigt sich, daß die Wirksamkeit des als Schmiermittel verwendeten Öles von der Temperatur der Zylinderwände, an denen es haftet, in dem Sinne abhängt, daß bei höheren Temperaturen die Reibung des Kolbens stark vermindert, also der Wirkungsgrad des Motors erhöht wird.

Eine weitere Schwierigkeit, die bei der Herstellung von Kolben sehr beachtet werden muß, beruht darauf, daß das an den Kolbenwänden haftende Öl in den Verbrennungsraum tritt und durch Verunreinigung und Verölung der Zündkerzen und der Zylinderwände Anlaß zu Detonationen und zu Frühzündungen gibt. Die Kolbenringe wirken nämlich wie eine Pumpe, indem sie beim Auf- und Abgang des Kolbens sich elastisch abwechselnd gegen die Unter- und gegen die Oberseite ihrer Nuten legen. Man kann den Öldurchtritt nur so verhindern, daß man die Ringe möglichst genau in die Nuten einpaßt und

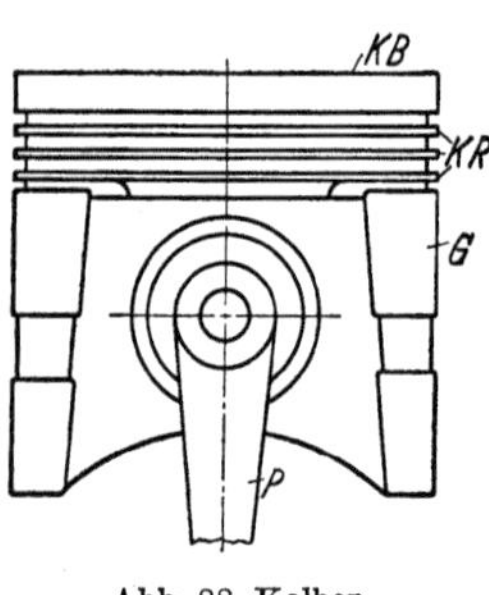

Abb. 88. Kolben

durch Einbohrungen unter dem letzten Kolbenring dem Öl ausreichende Abflußmöglichkeit verschafft. Ein Kolben ist in Abb. 88 dargestellt. KB ist der Kolbenboden, KR die Kolbenringe und G der sog. Gleitschuh, welcher dem Kolben die Führung erteilt.

Ventile und Steuerung. Zweck der Ventile ist das Freigeben und Verschließen des Verbrennungsraumes entsprechend den Bedingungen des Viertaktes. Die Bewegung der Ventile wird stets zwangläufig von der Kurbelwelle aus geregelt, und zwar in der Weise, daß eine „Steuerwelle" mit der halben Umdrehungszahl der Kurbelwelle bewegt wird (Abb. 89), die für jedes Ventil eine Nocke trägt und mit dieser auf das Ventilgestänge einwirkt. Dieses Gestänge besteht in dem einfachen Beispiel der Abb. 89 aus einem zweiarmigen Hebel, der mit dem einen Ende auf der Nocke aufruht, und der Ventilstange, an der das zweite Hebelende angreift. Eine Spiralfeder, die in Abb. 89 im Schnitt zu sehen ist, drückt die Ventilstange nach oben (das Ventil in Richtung gegen den Sitz) und sorgt so dafür, daß die Nocke mit dem einen Hebelende dauernd in Berührung bleibt. Andere Motoren haben die Steuerwelle unten neben der Kurbelwelle, so daß die Betätigung der Ventile durch Vermittlung sog. Stoßstangen erfolgt.

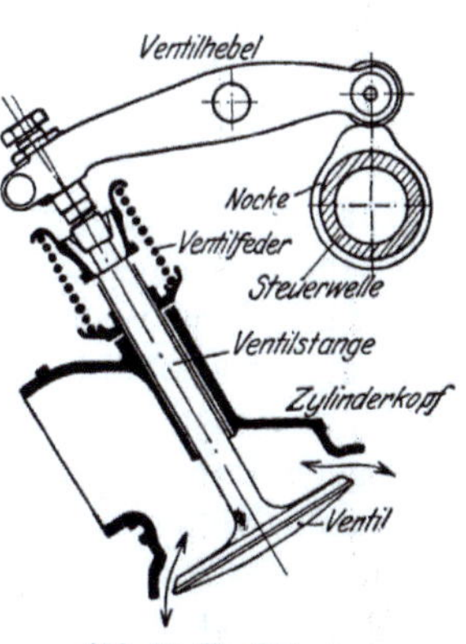

Abb. 89. Ventilsteuerung

Zündanlage. Alle Flugmotoren haben elektrische Zündung, die darin besteht, daß durch eine kleine vom Motor betriebene Dynamomaschine, den sog. „Magnet", elektrischer Strom hoher Spannung erzeugt wird, der den Zündkerzen im Zylinder in regelmäßiger Folge zugeführt wird. Jedesmal, wenn durch die umlaufende Verteilerscheibe des Magneten die Zündkerzen eines Zylinders angeschlossen werden, springt ein Funke zwischen den Polen der betreffenden Zündkerzen über. Kleinere Zylinder kommen mit *einer* Zündkerze aus, bei größeren muß man mehrere Zündkerzen anordnen, da in der kurzen Zeit, die für die Explosion zur Verfügung steht (Bruchteile eines Hundertstels einer Sekunde), sich der Funke sonst nicht über den ganzen Verbrennungsraum ausbreiten könnte. Aus ähnlichen Gründen werden die Zündkerzen auch in der Regel nicht am Zylinderende, sondern so angeordnet, daß die Funkenentladung etwa in der Mitte des Verbrennungsraumes vor sich geht. Auf diese Weise vermeidet man am ehesten Detonationen, die stets dann auftreten, wenn die Geschwindigkeit der Entflammung, d.h. der Flammenausbreitung, nach der Zündung zu groß wird. Da aber die Entflammung sich mit wachsender Geschwindigkeit durch den Verbrennungsraum fortpflanzt, werden die Endgeschwindigkeiten dann am kleinsten, wenn die Zündkerzen möglichst in der Mitte des Verbrennungsraumes angebracht sind. Gewöhnlich hat man zwei voneinander vollkommen unabhängige Zündanlagen. Ein Magnet ist an eine Zündkerze in jedem Zylinder angeschlossen, ein zweiter

Magnet ist an eine zweite Zündkerze in jedem Zylinder angeschlossen. Vor dem Abflug werden beide Systeme einzeln geprüft, und man hat so die Gewähr, daß bei einem Versagen einer Zündanlage der Motor mit der zweiten – wenn auch nicht ganz so wirksam – weiter betrieben werden kann. Zündmagnete und Zündkerzen sind Sondererzeugnisse, die in wenigen Typen unabhängig von den Motorbauarten hergestellt werden.

Kühlung. Die außerordentlich hohen Explosionstemperaturen des Benzins zwingen im Interesse der Erhaltung des Zylindermaterials dazu, durch besondere Kühleinrichtungen dem Zylinder während des Arbeitshubes Wärme zu entziehen. Man könnte es vielleicht zunächst für vorteilhafter halten, eine Verbrennung bei geringerer Temperatur anzustreben und dafür mit den Wärmeverlusten im Kühlwasser auch alle Kühleinrichtungen zu ersparen. Allein, es stellt sich heraus, daß der thermodynamische Gewinn durch die Ausnützung des hohen Wärmegefälles gegenüber der Außenluft viel bedeutender ist als der Verlust durch die Kühlung. Bei Motoren mit Wasserkühlung geht ungefähr so viel Wärmemenge, wie vom Motor in Arbeit umgesetzt wird, im Kühlwasser verloren.

Die Frage, ob Luft- oder Wasserkühlung den Vorzug verdient, ist nicht eindeutig beantwortbar. Beide Kühlungsmöglichkeiten haben eine Reihe von Vor- und Nachteilen. Während die Gewichtsvermehrung die Leistungsfähigkeit einer Maschine bei Wasserkühlung stark herabsetzt, ist der Öl- und Brennstoffverbrauch bei luftgekühlten Motoren wieder größer; denn die Temperaturen aller Metallteile des Motors liegen natürlich bei luftgekühlten Motoren beträchtlich höher als bei solchen mit Wasserkühlung, was reichliche Ölzufuhr erfordert. Ebenso darf man aus diesem Grunde das Verdichtungsverhältnis nicht übermäßig steigern, was größeren Brennstoffverbrauch zur Folge hat. Schließlich wirkt die größere schädliche Fläche luftgekühlter Motoren noch geschwindigkeits-, also leistungsvermindernd. Trotz alledem hat sich die luftgekühlte Bauart bei Explosionsmotoren wegen der Gewichtsersparnis ziemlich allgemein durchgesetzt. Lediglich bei Dieselmotoren muß man die Flüssigkeitskühlung beibehalten, da hier die Zylinderdrücke und Temperaturen wesentlich höher sind als bei den Benzinmotoren.

Schmierung. Besonders große Sorgfalt ist bei allen Flugmotoren im Hinblick auf ihre hohe Umlaufzahl der Schmierung zuzuwenden.

Kleine Motoren haben einen Ölsumpf im tiefsten Teil des Motors, von dem die Ölpumpe das Öl entnimmt und an die verschiedenen Schmierstellen drückt. Größere Motoren haben eine Absaugepumpe, welche den Sumpf immer trocken hält und das angesammelte Öl in den außerhalb des Motors eingebauten Öltank pumpt. Eine zweite Pumpe, die von dem Öltank aus gespeist wird, bewirkt dann die Verteilung des Öles an die Schmierstellen. In den äußeren Ölkreislauf ist ein Ölkühler zwischengeschaltet, welcher vom Fahrtwind durchströmt wird, und welcher die in dem Öl gesammelte Wärme an die Luft abgibt. Die den Ölkühler durchsetzende Ölmenge ist automatisch von einem Thermostaten geregelt.

Als Öl werden nur noch Mineralöle verwendet, die ebenso wie Benzin aus dem Rohöl gewonnen werden. Die Anforderungen an die Eigenschaften von Flugmotorenöl sind hoch. Das Öl muß ausreichende Zähigkeit haben, die von der Temperatur sowenig wie möglich beeinflußbar sein soll. Es soll bei der unvermeidlichen Verbrennung im Zylinder keine Rückstände hinterlassen, es soll chemisch stabil sein und keine Neigung zur Oxydation zeigen, es soll leicht flüssig sein und nicht schäumen. Für moderne Flugmotoren mit Öltemperaturregelung kann meistens dieselbe Ölsorte bei allen Außentemperaturen verwendet werden. Für das Anlassen der Motoren in sehr kaltem Wetter hat sich das System der Verdünnung des Öles mit Benzin sehr bewährt[1].

23. Strömungstriebwerke und ihre Kennlinien

Entwicklungstendenzen. Strömungstriebwerke werden in der Luftfahrt erst seit dem Ende des zweiten Weltkrieges verwendet. Obwohl über die geeignetste Art des Strömungstriebwerks für die verschiedenen Anwendungsgebiete noch debattiert wird, finden Strömungstriebwerke in der einen oder anderen Form in der Flugtechnik immer breitere Anwendung. Für militärische Flugzeuge, bei denen es auf hohe Fluggeschwindigkeiten in erster Linie ankommt, hat das Düsentriebwerk die Kolbentriebwerke völlig verdrängt. Für militärische Transport- und zivile Verkehrsflugzeuge

---

[1] Ausführlichere Abhandlungen über die Probleme des Flugmotorenbaus findet man in H. R. RICARDO: Schnellaufende Verbrennungsmaschinen, Berlin: Springer 1932, und bei L. C. LICHTY, Internal Combustion Engines, McGraw-Hill, New York 1939.

stehen Düsentriebwerke, Turbo-Propellertriebwerke und Kolben-Verbundtriebwerke im Wettbewerb miteinander. In der zur Zeit in Entwicklung befindlichen Klasse von Langstreckenflugzeugen mit 800 bis 950 km/st Reisegeschwindigkeit wird das Düsentriebwerk vorgezogen, wenn der Hauptwert auf Geschwindigkeit gelegt wird, und es wird in dieser Klasse das Propellertriebwerk vorgezogen, wenn der Hauptwert auf geringe Kosten je Fluggastkilometer gelegt wird. Wir werden über diese wirtschaftlichen Überlegungen in Abschnitt 43 noch einiges zu sagen haben. Der bis vor kurzem allgemein verwendete Kolbenflugmotor scheint mit 3500 bis 4000 PS Startleistung seinen Gipfel erreicht zu haben. Neue Großkolbentriebwerke sind nicht mehr zu erwarten, und das Gasturbinentriebwerk beherrscht in der einen oder in der anderen Form völlig das Feld der Neuentwicklungen.

Die Luftstaudüse (Lorinantrieb). In Abschnitt 20 untersuchten wir eine ideales Strömungstriebwerk, in welchem die Luft drei Zustandsänderungen durchmacht, eine adiabatische Kompression, eine Erwärmung bei konstantem Druck und eine adiabatische Expansion. Die einfachste Art eines solchen Strömungstriebwerks

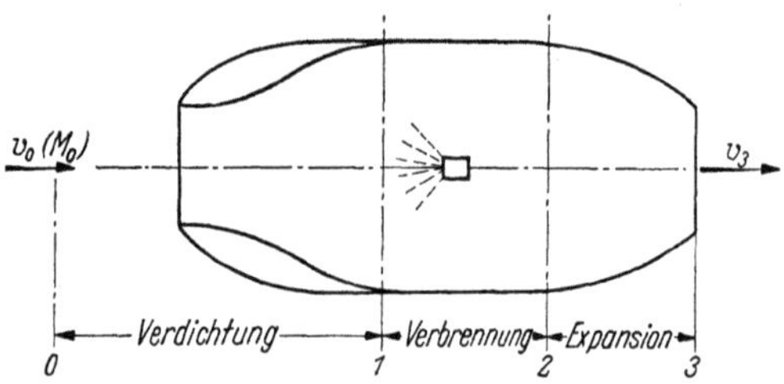

Abb. 90. Luftstaudüse für Unterschallgeschwindigkeiten

ist die Luftstaudüse oder der Lorinantrieb. Hierin wird die Kompression durch den Stau des Flugwindes erzielt. Für Unterschallfluggeschwindigkeiten besteht das Lorintriebwerk aus der sich erweiternden Einlaßdüse, dem Verbrennungsraum und der sich verengenden Expansionsdüse, siehe Abb. 90.

Wenn wir von allen Strömungsverlusten absehen, können wir den in Abschnitt 20 behandelten idealisierten Prozeß auf dieses Triebwerk anwenden. Die Temperatur an der Stelle 1 in Abb. 90 beim Eintritt in den Verbrennungsraum ist angenähert gleich der Stautemperatur, da die Geschwindigkeit an dieser Stelle klein ist im Vergleich zur Fluggeschwindigkeit. Wir haben also nach der auf S. 34 angegebenen Beziehung

$$T_1/T_0 = 1 + \frac{\varkappa - 1}{2} M_0^2,$$

wo M_0 die MACHsche Zahl des Flugwindes ist. Bei verlustfreiem Stau und bei verlustfreier Expansion zwischen der Stelle 2 und 3 ist der thermische Wirkungsgrad (siehe S. 145):

$$\eta_{th} = 1 - T_0/T_1 = \frac{1}{1 + \dfrac{2}{(\varkappa - 1) M_0^2}} \cdot$$

Diese Beziehung ist auch im Überschallgebiet gültig, falls wir die Energieverluste durch Verdichtungsstöße außer acht lassen und eine Überschallexpansionsdüse voraussetzen. Man erhält dann die folgenden thermischen Wirkungsgrade

M_0	0,5	1,0	2,0	3,0
η_{th}	0,048	0,167	0,445	0,645

Infolge der unberücksichtigten Strömungsverluste sind dies obere Grenzen, die praktisch nicht erreicht werden können. Man erkennt jedoch, daß diese idealen thermischen Wirkungsgrade erst bei etwa doppelter Schallgeschwindigkeit mit den Wirkungsgraden von idealen Kolbentriebwerken vergleichbar werden, siehe Abb. 77. Der Gesamtwirkungsgrad wird wieder durch Multiplikation dieses thermischen Wirkungsgrades mit dem Strahlwirkungsgrad

$$\eta_s = \frac{2}{1 + v_3/v_0}$$

erhalten, wobei v_3 die Strahlgeschwindigkeit und v_0 die Fluggeschwindigkeit ist. Bei gegebener Fluggeschwindigkeit läßt sich die Strahlgeschwindigkeit ermitteln, wenn die Temperatur T_2 am Ende der Brennkammer bekannt ist. Wegen $T_3/T_2 = T_0/T_1$ ist $T_2 - T_3 = T_2(1 - T_0/T_1) = T_2\eta_{th}$. Nach der Energiegleichung für Strömungen (siehe S. 32) ist

$$\frac{v_3^2 - v_0^2}{2g} = (T_2 - T_3) c_p = T_2 \eta_{th} c_p.$$

Wir verwenden wieder als spezifische Wärme den Wert $c_p =$ 102 mkg/kg° (für eine genauere Rechnung müßte eine Kurve ähn-

lich der in Abb. 75 verwendet werden) und erhalten für einen
Normaltag in Meereshöhe, wo $v_0 = M_0\,340$ m/sek

$$v_s^2 = v_0^2 + 2000\,T_2\,\eta_{th},$$

womit sich mit einer Brennkammertemperatur von $T_2 = 1000\,°K$
die folgenden Strahlwirkungsgrade η_s und Gesamtwirkungsgrade
$\eta = \eta_s\,\eta_{th}$ ergeben

M_0	0,5	1,0	2,0	3,0
η_s	0,65	0,67	0,74	0,80
η	0,031	0,112	0,33	0,52

Für höhere Brennkammertemperaturen T_2 sind die Wirkungsgrade
etwas schlechter. Im Unterschallgebiet kann man Wirkungsgrade erreichen, welche von den hier ermittelten nicht allzusehr abweichen.

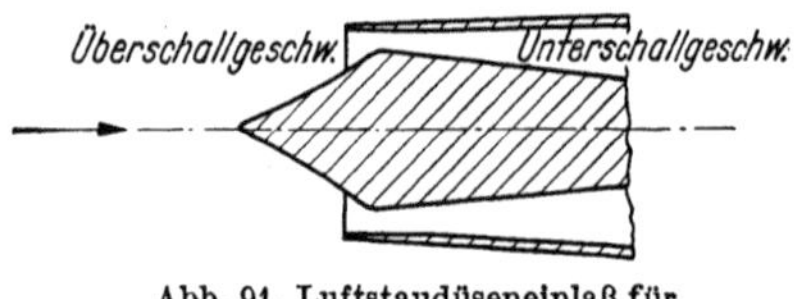

Abb. 91. Luftstaudüseneinlaß für
Überschallgeschwindigkeiten

Bei Überschallgeschwindigkeiten werden allerdings die
Strömungsverluste sowohl
innerhalb wie außerhalb der
Schale recht beträchtlich.
Man verwendet im Über-
schallgebiet eine Einlaßdüse
nach Abb. 91, wie sie von OSWATITSCH vorgeschlagen wurde, um
die Verluste bei der Verdichtung möglichst gering zu halten. An
Stelle des geraden Verdichtungsstoßes, welcher bei Überschallgeschwindigkeiten vor einer Düse nach Abb. 90 auftreten würde,
ergeben sich bei dem OSWATITSCH-Diffusor eine Reihe von schrägen
Verdichtungsstößen mit wesentlich geringeren Energieverlusten.
Die obigen Zahlen zeigen jedenfalls, daß für MACHsche Zahlen von
2 und darüber die einfache Luftstaudüse Aussichten hat, mit guten
Wirkungsgraden zu arbeiten, während im Unterschallgebiet der
Wirkungsgrad, verglichen mit dem eines Propellertriebwerks, sehr
gering ist.

Für die Beurteilung der Güte eines Triebwerkes ist nicht nur der
Wirkungsgrad, sondern auch die Größe des Triebwerks maßgebend.
Die Ermittlung der für einen gewünschten Schub erforderlichen
Querschnitte der Luftstaudüse kann hier nicht behandelt werden.
Eine Vorstellung über die erforderliche Stirnfläche des Lorintrieb-
werks bekommt man aus den Kurven L_1 in Abb. 79a und b, in
denen die Schubbelastung S/F, bezogen auf den größten Quer-
schnitt F, der Brennkammer aufgetragen ist. Man sieht, daß die

Schubbelastung mit der Fluggeschwindigkeit ansteigt und mit der Flughöhe abfällt. Um z.B. 10000 PS bei $M = 2$ in 12 km Höhe zu erzeugen, braucht man nach Abb. 79a einen Querschnitt von $S/0,5$ cm². Da $v = 2 \cdot 295 = 590$ m/sek, ist $S = 10000 \cdot 75/590 = 1270$ kg und $F = 2540$ cm². Der Durchmesser der Brennkammer ist $D = 57$ cm, das ist eine bescheidene Abmessung für eine so hohe Leistung. Bei niedrigerer Fluggeschwindigkeit fällt jedoch die Leistung der Luftstaudüse stark ab. Für $M = 0,5$ ist der Schub etwa 1/7 und die Leistung 1/28 der Werte für $M = 2$. Im Stand ist der Schub Null, eine Luftstaudüse kann daher nicht zum Beschleunigen eines Flugzeuges verwendet werden, sondern erfordert besondere Hilfstriebwerke für den Start, wie z.B. Raketentriebwerke. Der Grund für das starke Abfallen der Leistung bei geringeren Fluggeschwindigkeiten ist, wie wir sahen, ein dreifacher: Erstens ist die sekundlich erfaßte Luftmenge geringer, zweitens ist wegen des geringeren Druckverhältnisses p_1/p_0 der thermische Wirkungsgrad geringer, und drittens ist der Strahlwirkungsgrad geringer.

Argus-Schmidt-Rohr. Neben der Luftstaudüse gibt es noch ein anderes einfaches Luftstrahltriebwerk, welches ohne Kompressor auskommt, das Verpuffungsstrahlrohr oder Argus-Schmidt-Rohr, das den deutschen geflügelten Bomben der V_1 als Antrieb diente. Hier wird in einem vom Flugwind durchströmten Rohr eine Schwingung der Luft erzeugt, und die Verbrennung findet während der periodischen Verdichtungen statt. Das ursprüngliche Argus-Schmidt-Rohr hatte federnde Verschlußklappen, welche das Auftreten der Schwingung erleichtern. Man kann aber auch ohne solche Klappen eine Verbrennungsschwingung in einem luftdurchströmten Rohr von genügender Länge erzeugen. Der Wirkungsgrad eines Verpuffungsstrahlrohrs ist bei Fluggeschwindigkeiten unter $M - 0,6$ besser als derjenige der Luftstaudüse, und der Schub je cm² Querschnitt des Rohres ist für solche Geschwindigkeiten wesentlich höher. Mit wachsenden Fluggeschwindigkeiten wird jedoch das Verpuffungsstrahlrohr sowohl in bezug auf Wirkungsgrad, wie auch in bezug auf Schubbelastung im Vergleich zur Luftstaudüse schlechter, so daß es nur einen beschränkten Anwendungsbereich hat. Es ist zum Antrieb von Hubschraubern verwendet worden, doch wirkt sich bei dieser Anwendung die außerordentlich starke Lärmerzeugung dieses Triebwerks sehr nachteilig aus. Abb. 92 zeigt den Ver-

gleich von gemessenen Gesamtwirkungsgraden für eine Luftstaudüse und für ein Argus-Schmidt-Rohr[1].

Brennkammerverluste. Bevor wir zur Besprechung der Gasturbinentriebwerke übergehen, wollen wir noch zwei allgemeine, für
Strömungstriebwerke gültige Betrach-
tungen einschieben. Die erste betrifft
die Verluste, welche bei einer Verbrennung in einer Brennkammer von gleichförmigem Querschnitt entstehen. Daß
selbst bei reibungsfreier Strömung in
einem Rohr von konstantem Querschnitt, in welchem der Luft Wärme
zugeführt wird, ein Druckverlust auftreten muß, erkennt man aus dem
Impulssatz (siehe S. 23)

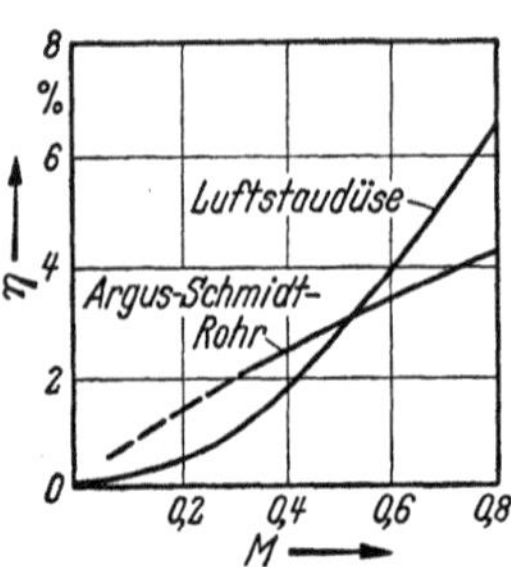

Abb. 92. Gesamtwirkungsgrade
von Luftstaudüse und Argus-
Schmidt-Rohr

$$p_1 - p_2 = \varrho_2 \, v_2^2 - \varrho_1 \, v_1^2 \, ,$$

wobei $p_1 \, \varrho_1 \, v_1$ der Druck, die Dichte und die Geschwindigkeit beim
Eintritt in das Rohr und $p_2 \, \varrho_2 \, v_2$ die gleichen Größen beim Austritt
aus dem Rohr sind. Die absolute Temperatur steige im Rohr von
T_1 auf T_2. Für genügend kleine MACHsche Zahl der Strömung kann
der Staupunktsdruck, wie in der inkompressiblen Strömung, angenähert durch

$$p_0 = p + \frac{\varrho \, v^2}{2}$$

erhalten werden[2]. Die Differenz der Staupunktsdrucke am Anfang
und Ende des Rohres ist

$$p_{01} - p_{02} = p_1 - p_2 + \frac{\varrho_1 v_1^2}{2} - \frac{\varrho_2 v_2^2}{2} \, ,$$

---

[1] Entnommen dem Buch von D. KÜCHEMANN und J. WEBER, Aerodynamics of Propulsion. New York: McGraw-Hill 1953.

[2] Wir hatten auf S. 34 für das Verhältnis des Staupunktsdruckes p_0 zum
statischen Druck p die Gleichung

$$p_0/p = \left(1 + \frac{\varkappa - 1}{2} M^2\right)^{\frac{\varkappa}{\varkappa - 1}}$$

gefunden. Für kleine M erhält man durch Vernachlässigung der höheren
Potenzen von M^2 in der binomischen Reihe für diesen Ausdruck angenähert

$$p_0 = p + \frac{\varkappa}{2} p M^2 = p + q = p + \frac{\varrho \, v^2}{2} \, .$$

oder nach Einsetzen der Beziehung aus dem Impulssatz

$$p_{01} - p_{02} = \frac{\varrho_2 v_2^2}{2} - \frac{\varrho_1 v_1^2}{2} = \frac{\varrho_1 v_1^2}{2}\left(\frac{\varrho_2 v_2^2}{\varrho_1 v_1^2} - 1\right).$$

Die Kontinuität der Strömung verlangt $\varrho_1 v_1 = \varrho_2 v_2$, also ergibt sich

$$p_{01} - p_{02} = \frac{\varrho_1 v_1^2}{2}\left(\frac{\varrho_1}{\varrho_2} - 1\right).$$

Für kleinen Druckabfall $p_1 - p_2$ in dem Rohr ist angenähert nach der Gasgleichung $\varrho_2/\varrho_1 = T_1/T_2$, so daß man schließlich den Verlust an Staupunktsdruck durch

$$p_{01} - p_{02} = \frac{\varrho_1 v_1^2}{2}\left(\frac{T_2}{T_1} - 1\right)$$

erhält.

Ähnlich wie bei dem Verdichtungsstoß findet bei der Aufheizung einer Luftströmung in einem Rohr von gleichförmigem Querschnitt ein Verlust an verfügbarer Energie statt, wie er sich in dem Staupunktsdruckverlust äußert. Die zugeführte Wärmemenge kann also nicht vollständig ausgenutzt werden, sondern man muß einen Abzug an kinetischer Energie entsprechend dem obigen Staupunktsdruckverlust machen. Die hier abgeleitete Näherung gilt mit ausreichender Genauigkeit bis zu einer Eintrittsgeschwindigkeit in die Brennkammer von etwa $M = 0{,}2$. Bei einer Aufheizung der Luft von 480 °K auf 1150 °K, wie in Abb. 76 angenommen, ist der Druckverlust gleich dem 1,4fachen Staudruck der Strömung vor der Aufheizung. Zusätzlich zu diesem „Impulsverlust" entstehen im Verbrennungsraum noch weitere Strömungsverluste durch die Widerstände der Einspritzdüsen einschließlich ihrer Träger und durch die Widerstände der verschiedenen für eine geregelte Verbrennung erforderlichen Strömungshindernisse. Als dritte Verlustquelle in der Brennkammer kommt noch die unvollkommene Verbrennung hinzu. Bei den meisten technischen Verbrennungsprozessen gelingt es nicht, eine 100prozentige Verbrennung zu erreichen. Im besten Falle werden einige Prozent des Brennstoffes unverbrannt in den Abgasen aus dem Prozeß entlassen. Die Strömungsverluste sind jedoch oft höher als die Verluste durch unvollkommene Verbrennung, so daß man zur Kleinhaltung der Strömungsverluste die Strömungsgeschwindigkeit in der Brennkammer niedrig halten muß. Die Eintrittsgeschwindigkeiten sind in der

Größenordnung von $M = 0,2$, wenn es auf gute Wirkungsgrade ankommt wie bei den Turbinentriebwerken.

Veränderung der Betriebsbedingungen bei gleichen MACHschen Zahlen. Strömungstriebwerke sind in ihren Leistungen sehr stark von der Beschaffenheit der Luft abhängig, d.h. von der Lufttemperatur und der Luftdichte oder dem Luftdruck. Es ist daher von großem Interesse, von einer am Boden vorgenommenen Leistungsmessung auf das Verhalten in der Höhe bei verschiedenen Temperaturen und Luftdrucken zu schließen. Wir können auch umgekehrt annehmen, daß der Druck-, Geschwindigkeits- und Temperaturverlauf in einem Strömungstriebwerk für eine bestimmte Außentemperatur und für einen bestimmten Außendruck bekannt seien, und daß wir wissen wollen, wie das Triebwerk an einem Normaltag in Meereshöhe arbeiten würde. Wenn wir eine verlustfreie adiabatische Gasströmung durch die MACHschen Zahlen entlang eines Stromfadens kennzeichnen, sind damit auch die Temperaturverhältnisse T/T_0 und die Druckverhältnisse p/p_0 entlang des Fadens eindeutig festgelegt, wobei die Bezugstemperatur T_0 und der Bezugsdruck p_0 an irgendeiner Stelle des Stromfadens genommen werden können. In Abschnitt 4 war das Beispiel des Ausflusses von Gas aus einem Druckbehälter behandelt worden. Mit T_0 und p_0 als Temperatur und Druck im Behälter ergaben sich für die adiabatische Strömung aus dem Druckbehälter die Beziehungen

$$T_0/T = 1 + \frac{\varkappa - 1}{2} M^2 \quad \text{und} \quad p_0/p = \left(1 + \frac{\varkappa - 1}{2} M^2\right)^{\frac{\varkappa}{\varkappa - 1}}.$$

Bei Veränderung der Ausgangstemperatur T_0 und des Ausgangsdruckes p_0 bleiben die Verhältnisse T/T_0 und p/p_0 unverändert, wenn man die MACHschen Zahlen der Strömung unverändert läßt. Es ist nun naheliegend, diese für verlustfreie Gasströmungen geltenden Gesetze auch auf Strömungstriebwerke anzuwenden. Dies setzt voraus, daß alle im Strömungstriebwerk auftretenden Verluste prozentual sich nicht verändern, wenn bei gleichbleibenden MACHschen Zahlen und gleichbleibenden Temperatur- und Druckverhältnissen die Ausgangstemperatur und der Ausgangsdruck geändert werden. In Wirklichkeit kann diese Annahme zwar nicht genau erfüllt sein, da, wie wir wissen, die Strömungsverluste auch von der REYNOLDSschen Kennzahl abhängen, und da der Verbrennungswirkungsgrad sich im allgemeinen auch ändern wird, wenn das Triebwerk bei geänderten Außentemperaturen und Drucken arbeitet; man erhält jedoch mit den obigen Annahmen eine mehr oder weniger gute Annäherung an das wirkliche Verhalten der Strömungstriebwerke. Wir wollen daher voraussetzen, daß bei unveränderten MACHschen Zahlen im Strömungstriebwerk auch die Verhältnisse der Temperaturen im Triebwerk zur Außentemperatur und die Verhältnise der Drucke im Triebwerk zum Außendruck unverändert bleiben, unabhängig von der Größe der Außentemperatur und des Außendruckes.

Die Lufttemperatur an einem Normaltag in Meereshöhe ist $288\,°K$, der Druck $1{,}033\ \mathrm{kg/cm^2}$ (siehe S. 10). Wenn wir die Temperatur der Außenluft, in welcher das Triebwerk arbeitet, mit $\Theta \cdot 288°$, den Druck mit $\delta \cdot 1{,}033\ \mathrm{kg/cm^2}$ bezeichnen, überzeugt man sich leicht, daß unter den obigen Voraussetzungen die folgenden Umrechnungsbeziehungen auf Normalverhältnisse gelten:

Außenluftdruck, $\mathrm{kg/cm^2}$	$1{,}033 \cdot \delta$	$1{,}033$
Außentemperatur, $°K$	$288 \cdot \Theta$	288
Geschwindigkeiten	v	$v/\sqrt{\Theta}$
Drehzahlen	n	$n/\sqrt{\Theta}$
Drucke	p	p/δ
Temperaturen	T	T/Θ
Luftdichten	ϱ	$\varrho\,\Theta/\delta$
Kräfte	K	K/δ
Leistungen	N	$N/\delta\sqrt{\Theta}$
Luftgewichte je Sekunde	G_L	$G_L\sqrt{\Theta}/\delta$
Brennstoffgewichte je Stunde	G_B	$G_B/\delta\sqrt{\Theta}$
Spezifischer Brennstoffverbrauch	G_B/N	G_B/N

Da die Schallgeschwindigkeit proportional zu $\sqrt{\Theta}$ ist (siehe S. 30), muß zur Konstanthaltung der MACHschen Zahl die Strömungsgeschwindigkeit ebenfalls proportional zu $\sqrt{\Theta}$ sein. Das gleiche gilt für alle im Strömungstriebwerk auftretenden Geschwindigkeiten, auch die Umlaufgeschwindigkeiten von Kompressoren oder Turbinen, falls vorhanden. Die Umrechnungen von Drucken und Temperaturen folgen aus den Definitionen von δ und Θ zusammen mit der Voraussetzung, daß alle Temperatur- und Druckverhältnisse gleich bleiben. Die Umrechnung der Luftdichten folgt aus der Gasgleichung. Die Kräfte rechnen sich um wie die Drucke, die Leistungen wie die Produkte Kraft mal Geschwindigkeit, das Luftgewicht je Sekunde wie die Produkte Luftdichte mal Geschwindigkeit, die Brennstoffgewichte wie die Leistungen, da voraussetzungsgemäß die Wirkungsgrade unverändert bleiben und damit auch die spezifischen Brennstoffverbrauche. Man sieht, daß das Mischungsverhältnis von Brennstoff zu Luft sich verändert, und daher ist die Annahme eines konstanten Verbrennungswirkungsgrades in Wirklichkeit nicht genau erfüllbar. Die Werte $\sqrt{\Theta}$, δ und $\delta\sqrt{\Theta}$ für die Normalatmosphäre sind in Zahlentafel 5 auf S. 395 gegeben.

Der Abfall des Vortriebes mit der Höhe erfolgt bei gleichen MACHschen Zahlen im Triebwerk entsprechend δ, der Abfall der Leistung entsprechend $\delta\sqrt{\Theta}$. Ein Teil des Abfalles kann allerdings dadurch wieder zurückgewonnen werden, daß man in der Höhe zu einem größeren Verhältnis der Verbrennungstemperatur zur Außenlufttemperatur gehen kann, da in einem Triebwerk die absolute Höhe der Verbrennungstemperatur durch die Materialfestigkeit begrenzt ist und nicht das Temperaturverhältnis. Wir werden hierauf noch einmal zurückkommen.

Düsentriebwerk. Wir betrachten jetzt den Strömungsverlauf durch ein Düsentriebwerk, wie es schematisch in Abb. 93 dar-

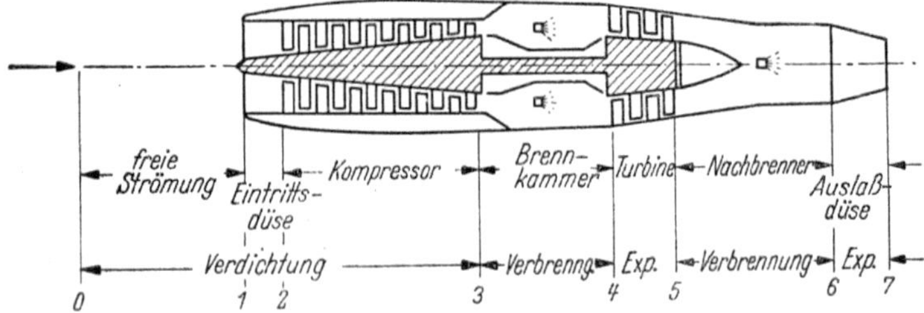

Abb. 93. Düsentriebwerk mit Nachbrenner

gestellt ist. Die Luft wird zunächst in der freien Strömung zwischen 0 und 1 gestaut und dabei vom Druck p_0 auf den Druck p_1 vorverdichtet. Sie gelangt dann in die Eintrittsdüse und von dort in den Kompressor, in welchem die Verdichtung vom Druck p_2 auf den Druck p_3 vorgenommen wird. Die Kompressionsarbeit je kg Luft ist $i_3 - i_2 = (i_3' - i_2)/\eta_K$. Hierbei ist i_3' der Wärmeinhalt, den die Luft an der Stelle 3 bei adiabatischer Kompression vom Druck p_2 auf den Druck p_3 haben würde. Wegen der Verluste im Kompressor ist der tatsächliche Wärmeinhalt i_3 größer als i_3'. Die Luft durchströmt dann die Brennkammer, wobei der Druck bis auf die oben besprochenen Druckverluste angenähert konstant bleibt. Luft und Verbrennungsgase vom Druck p_4 werden sodann in der Turbine auf den Druck p_5 expandiert und geben die Arbeit je kg Luft $i_4 - i_5 = \eta_T(i_4 - i_5')$ an die Turbinenwelle ab. Hierbei ist i_5' der Wärmeinhalt, den die Luft bei adiabatischer Expansion vom Druck p_4 auf p_5 haben würde. Wegen der Verluste in der Turbine ist der tatsächliche Wärmeinhalt i_5 größer als i_5'.

Aus der Turbine gelangt die Luft bei vielen Düsentriebwerken in eine zweite Brennkammer, den Nachbrenner, in welchem sie nochmals erhitzt werden kann. Die Nachverbrennung ist ein Mittel, um für besondere Gelegenheiten wie für den Abflug und für die Erreichung von Spitzengeschwindigkeiten mehr Leistung aus dem Triebwerk herauszuholen. Der Sauerstoff der Luft kann nämlich in der ersten Brennkammer nicht vollkommen aufgebraucht werden, da die mit hoher Umlaufgeschwindigkeit rotierenden Turbinenschaufeln selbst bei Verwendung der wärmebeständigsten Metalle vor Temperaturen über etwa 1150 °K geschützt werden müssen. In dem Beispiel der Abb. 76 ergab sich ein Verhältnis von Brennstoffgewicht zu Luftgewicht von 0,018 (siehe Anmerkung auf S. 144), während bei voller Ausnutzung des Sauerstoffs das Brennstoffverhältnis auf 0,066 zu steigern wäre. Im Nachbrenner sind die bei vollständiger Verbrennung des Luftsauerstoffs entstehenden Temperaturen zulässig, so daß bei der Nachverbrennung der Sauerstoffgehalt der Luft voll ausgenutzt werden kann. Die Zuführung von Wärme bei dem relativ niedrigen Druck p_5 ist allerdings unwirtschaftlich, und man beschränkt die Nachverbrennung im allgemeinen auf kurzzeitige Start- und Kampfleistungen. Schließlich wird die Luft in der Auslaßdüse auf Atmosphärendruck entspannt, und der Strahl erhält seine endgültige Geschwindigkeit.

Kompressor- und Turbinenverluste. Wenn wir von der Nachverbrennung und der Vorverdichtung durch den Stau des Flugwindes absehen, haben wir als einzigen Unterschied zu dem in Abschnitt 20 behandelten idealen Strömungstriebwerk die Verluste im Kompressor und in der Turbine zu berücksichtigen. Die Ermittlung des thermischen Wirkungsgrades einschließlich dieser Verluste ist mit Hilfe der in den Abschnitten 4 und 20 aufgestellten Beziehungen grundsätzlich nicht schwierig, jedoch etwas umständlich. Wir wollen uns hier darauf beschränken, in Abb. 94 das Ergebnis einer solchen Rechnung zu zeigen[1]. In Abb. 94 ist angenommen, daß die Luft ohne Stau in den Kompressor eintritt, und daß Kompressor wie auch Turbine mit dem Wirkungsgrad 0,80 arbeiten. Der thermische Wirkungsgrad η_{th} ist über dem Druckverhältnis p_3/p_0 aufgetragen. Die Kurven gelten für verschiedene Temperaturverhältnisse T_4/T_0. Der Index 0 bezeichnet nach Abb. 93 die freie Atmosphäre, der Index 3 die Stelle zu Beginn der Brennkammer und der Index 4 die Stelle des Turbineneintritts. Die gestrichelte Linie in Abb. 94 gilt für Wirkungsgrad 1,0 von Kompressor und Turbine. Zum Beispiel erhält man für ein Druckverhältnis von $p_3/p_0 = 6$ in Übereinstimmung mit Abb. 76 einen thermischen Wirkungsgrad

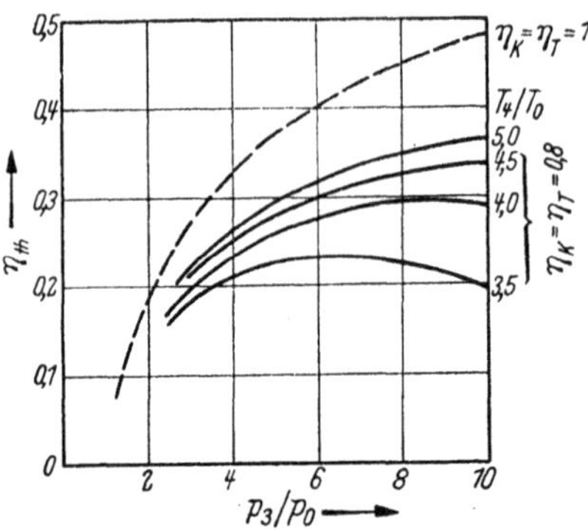

Abb. 94. Thermischer Wirkungsgrad von Düsentriebwerken für verschiedene Turbineneintrittstemperaturen über dem Druckverhältnis p_3/p_0

von $\eta_{th} = 0,40$. Im Gegensatz zu dem idealen Strömungstriebwerk der Abb. 76 bringen es die Verluste in Kompressor und Turbine mit sich, daß der thermische Wirkungsgrad von der Verbrennungstemperatur abhängt. Je größer das Verhältnis der Verbrennungstemperatur zur Außenlufttemperatur T_4/T_0, desto höher ist der thermische Wirkungsgrad, desto höher ist aber auch das optimale Druckverhältnis p_3/p_0, wie man aus Abb. 94 ersieht. Nehmen wir z. B. eine höchstzulässige Turbineneintrittstemperatur von 1150 °K an, so ist an einem Normaltag in Meereshöhe $T_4/T_0 = 1150/288 = 4,0$. Das optimale Druckverhältnis wäre $p_3/p_0 = 8,0$. In 12 km Höhe ist $T_4/T_0 = 1150/216,5 = 5,3$. Bei einem Druckverhältnis von $p_3/p_0 = 8,0$ steigt dann der thermische Wirkungsgrad nach Abb. 94 von 0,30 auf 0,36. Für ein größeres Druckverhältnis steigt der thermische Wirkungsgrad noch weiter an.

Diese Betrachtungen lehren uns das folgende: Die Kompressionsund Expansionsverluste haben einen erheblichen Einfluß auf den thermischen Wirkungsgrad und müssen so klein wie möglich gehal-

---

[1] Abb. 94 ist dem oben zitierten Buch von D. Küchemann und J. Weber entnommen.

ten werden. Bei gegebenem Wirkungsgrad von Kompressor und Turbine ist der thermische Wirkungsgrad um so größer, je höhere Verbrennungstemperaturen zugelassen werden. Verbesserung der Turbinen in dieser Beziehung sind von großem Vorteil. Je hochwertiger die Turbine ist, desto höher sollte das Kompressordruckverhältnis p_3/p_0 gewählt werden. Schließlich ist der thermische Wirkungsgrad in der Höhe wegen der niedrigeren Außentemperaturen besser. Umgekehrt leidet der thermische Wirkungsgrad erheblich unter hohen atmosphärischen Temperaturen. Im Laufe der kurzen Entwicklungsgeschichte der Flugzeuggasturbinen hat man bereits große Fortschritte in der Verbesserung des thermischen Wirkungsgrades gemacht. Diese Verbesserungen sind durch verbesserte Kompressor- und Turbinenwirkungsgrade, durch höhere Turbineneinlaßtemperaturen und durch höhere Kompressordruckverhältnisse erzielt worden. Dies gilt nicht nur für Düsentriebwerke, sondern auch für Turbopropellertriebwerke. Während die ersten Flugzeuggasturbinen Brennstoffverbrauche je PS beträchtlich oberhalb derjenigen von Kolbenmotoren aufwiesen, erreicht man mit modernen Propellerturbinen spezifische Brennstoffverbrauche, die nur wenig höher sind als diejenigen von Kolbenmotoren.

Eine andere typische Eigenschaft der Gasturbinen ist ebenfalls aus Abb. 94 zu verstehen. Bei Drosselung der Leistung bei gleichbleibender Drehzahl wird die Verbrennungstemperatur niedriger, da der gleichen Luftmasse je Sekunde weniger Wärme zugeführt wird. Eine verringerte Verbrennungstemperatur ergibt aber nach Abb. 94 einen verringerten thermischen Wirkungsgrad. Während der Kolbenmotor nach Abb. 83 den geringsten spezifischen Brennstoffverbrauch bei gedrosselter Leistung hat, ist der spezifische Brennstoffverbrauch der Gasturbine bei voller Leistung am geringsten.

Flugwindstau. Für eine genauere Rechnung muß der Stau des Flugwindes berücksichtigt werden, welcher das Druckverhältnis p_3/p_0 erhöht. Handelt es sich um ein Düsentriebwerk, so muß, wie in Abschnitt 20 ausgeführt, der thermische Wirkungsgrad mit dem Strahlwirkungsgrad multipliziert werden, um den Gesamtwirkungsgrad zu erhalten. Abb. 95 zeigt das Ergebnis einer Rechnung mit Berücksichtigung des Staus[1]. In dieser Rechnung wurden alle Kom-

---

[1] Abb. 95 ist dem auf S. 143 zitierten Buch von F. W. GODSEY JR. und L. A. YOUNG entnommen.

pressionswirkungsgrade einschließlich des Staus vom Flugwind
und alle Expansionswirkungsgrade einschließlich der Expansion
in der Auslaßdüse zu 0,85 angenommen. Das Kompressordruckverhältnis ist 6 : 1, die Turbineneintrittstemperatur 1120 °K, die Außen-

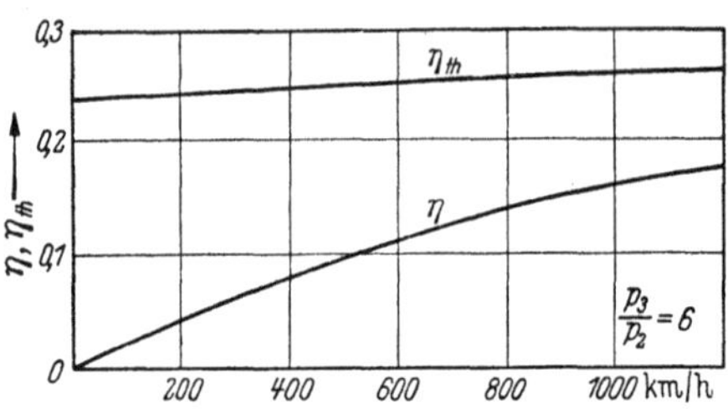

Abb. 95. Thermischer und Gesamtwirkungsgrad für
ein Düsentriebwerk über Fluggeschwindigkeit

lufttemperatur 288 °K.
Man sieht, daß der ther-
mische Wirkungsgrad
mit wachsender Flug-
geschwindigkeit besser
wird. Der Gesamtwir-
kungsgrad ist wegen der
Strahlverluste wesent-
lich geringer, wie wir bereits von Abschnitt 20
her wissen.

Querschnittsgröße. Die für einen bestimmten Schub erforderliche größte Querschnittsfläche des Düsentriebwerks kann man
nach Abb. 79 abschätzen. Die Kurve L_2 gilt für Triebwerke mit
Nachverbrennung. Obwohl man mit Nachverbrennung wesentlich
geringere Querschnitte des Triebwerkes braucht, ist die Nachverbrennung, wie schon bemerkt, wegen des höheren spezifischen
Brennstoffverbrauchs nur für kurzzeitige Start- oder Kampf-
leistung praktisch. Lediglich bei sehr hohen MACHschen Zahlen für
die Fluggeschwindigkeit arbeitet das Düsentriebwerk mit Nachverbrennung ähnlich wie die Luftstaudüse mit guten Wirkungsgraden. Die Kurve L_3 in Abb. 79 gilt für Düsentriebwerke ohne
Nachverbrennung. Diese Kurven geben natürlich nur Größenordnungen an, da im einzelnen die Bauart des Triebwerks, der Grad
der Verfeinerung in der Konstruktion usw. eine große Rolle
spielen. Ältere Triebwerke hatten wesentlich größere Abmessungen,
als sich nach Abb. 79 ergeben würde.

Kennlinien für ein Düsentriebwerk. Die vollständigen Kennlinien eines typischen Düsentriebwerkes mit einer einzigen Welle
sind in Abb. 96 dargestellt. Es sind die entsprechend der Tabelle
auf S. 179 auf Normalverhältnisse umgerechneten Größen ver-
wendet. Über der Geschwindigkeit $v/\sqrt{\Theta}$ km/st ist der Schub S/δ kg
für konstante Drehzahlen $n/\sqrt{\Theta}$ U/min, für konstante Brennstoffverbrauche $G_B/\delta\sqrt{\Theta}$ kg/st (gestrichelt) und für konstante Luft-

verbrauche $G_L \sqrt{\Theta}/\delta$ kg/sek (strichpunktiert) aufgetragen. Die Leistung bzw. der Schub ist im allgemeinen dadurch begrenzt, daß eine bestimmte maximale Drehzahl und eine bestimmte maximale Turbineneintrittstemperatur nicht überschritten werden darf. Die

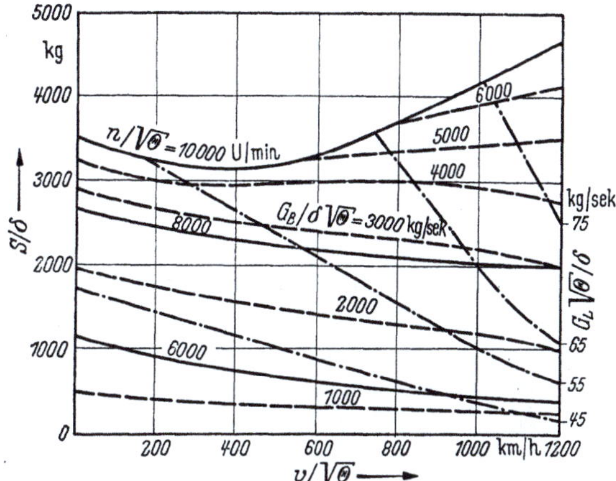

Abb. 96. Typische Kennlinien für ein Düsentriebwerk

Temperaturbegrenzung kann in einem Schaubild wie Abb. 96 nicht wiedergegeben werden, da sie von der Außenlufttemperatur abhängt. Mit unveränderlicher Auslaßdüse kann man im allgemeinen nicht gleichzeitig gerade an der Grenze der zulässigen Drehzahl und an der Grenze der zulässigen Temperatur sein. Man verwendet daher neuerdings auch im Fluge veränderliche Düsenquerschnitte und erhält damit eine bessere Ausnützung des Triebwerkes unter den verschiedensten Betriebsbedingungen. Hier wollen wir der Einfachheit halber annehmen, daß der Schub nur durch die höchstzulässige Drehzahl von 10 000 U/min begrenzt sei, und daß wir die höchstzulässige Verbrennungstemperatur nicht zu berücksichtigen haben.

Bei 10 000 U/min fällt der Schub zunächst mit der Fluggeschwindigkeit ab. Die Ursache hierfür kann man sich aus dem Impulssatz leicht klarmachen. Wenn v_7 die Strahlgeschwindigkeit und v_0 die Fluggeschwindigkeit und G_L das sekundlich geschluckte Luftgewicht ist, so ist die der Luft zugeführte Leistung gleich

$$G_L (v_7^2 - v_0^2)/2\,g \quad \text{und der Schub ist} \quad G_L (v_7 - v_0)/g\,.$$

Man überzeugt sich leicht durch Einsetzen von Zahlenwerten, daß bei gegebenem $v_7^2 - v_0^2$ die Größe $v_7 - v_0$ immer kleiner wird, je größer v_0 ist. Bei gegebener Leistungszufuhr an die Luft wird also der Schub mit wachsender Fluggeschwindigkeit geringer. Die Leistungszufuhr bleibt jedoch mit wachsender Fluggeschwindigkeit nicht unverändert, sondern steigt an. Der Stau des Flugwindes verdichtet die Luft, und daher wird das je Sekunde geschluckte Luftgewicht mit wachsender Fluggeschwindigkeit größer. Bei gleicher Drehzahl erfordert der Kompressor höhere Leistung, es muß daher die Brennstoffzufuhr erhöht werden. Wegen der Vorverdichtung durch den Stau entsteht eine erhöhte Turbineneintrittstemperatur, ein erhöhter Verbrennungsdruck und ein erhöhter thermischer Wirkungsgrad. Diese Einflüsse wirken in der Richtung einer Schuberhöhung, welche die Schuberniedrigung, die wir zuvor erwähnten, teilweise ausgleichen oder sogar überausgleichen kann. Abb. 96 zeigt, daß bei gegebenem Brennstoffverbrauch der Schub im allgemeinen mit wachsender Fluggeschwindigkeit geringer wird, nur in der Nähe der maximalen Schübe ist die Tendenz umgekehrt in Übereinstimmung mit Abb. 95. Die Luftverbrauchskurven geben eine Vorstellung von der recht erheblichen Vergrößerung der sekundlich geschluckten Luftmenge, die erfolgt, wenn die Fluggeschwindigkeit erhöht wird.

Umrechnung für Höhe. Für einen Normaltag in Meereshöhe ist $\delta = \Theta = 1{,}0$, und das Schaubild der Abb. 96 kann direkt verwendet werden. Für andere als Normalverhältnisse in Meereshöhe müssen die Werte umgerechnet werden. Zum Beispiel ist in 12 km Höhe an einem Normaltag $\delta = 0{,}19$, $\Theta = 0{,}75$. Einem Betriebszustand in Meereshöhe mit z. B. $v = 800$ km/st, $n = 8000$ U/min, $S = 2100$ kg, $G_B = 2800$ kg/st, $G_L = 60$ kg/sek entspricht dann in 12 km Höhe ein Zustand mit $v = 690$ km/st, $n = 6900$ U/min, $S = 400$ kg, $G_B = 460$ kg/st, $G_L = 13{,}2$ kg/sek. Man sieht wieder, wie stark der Schub mit der Höhe abfällt. Der Brennstoffverbrauch je kg Schub wird in der Höhe besser (1,15 statt 1,38 kg/kgst). Da die Fluggeschwindigkeit in der Höhe geringer ist, bleibt, bezogen auf die Vortriebsleistung, der Brennstoffverbrauch unverändert, wie schon früher erörtert. Der Abfall des Schubes mit der Höhe kann in Wirklichkeit etwas geringer gehalten werden als hier ermittelt, da für die verglichenen Zustände sowohl die Drehzahl wie auch die Verbrennungstemperatur in der Höhe niedriger sind als am Boden.

Wenn man die Betriebszustände so wählt, daß am Boden und in der Höhe die gleichen Drehzahlen bzw. Verbrennungstemperaturen entstehen, sind die Unterschiede im Schub nicht ganz so groß, wenn auch immer noch sehr erheblich.

Kennlinien für ein Turbopropellertriebwerk. Die Kennlinien eines typischen Turbopropellertriebwerkes sind in Abb. 97 dargestellt. Das obere Schaubild gibt die Propellerwellenleistung $N/\delta\sqrt{\Theta}$ über der Fluggeschwindigkeit, das untere Schaubild gibt

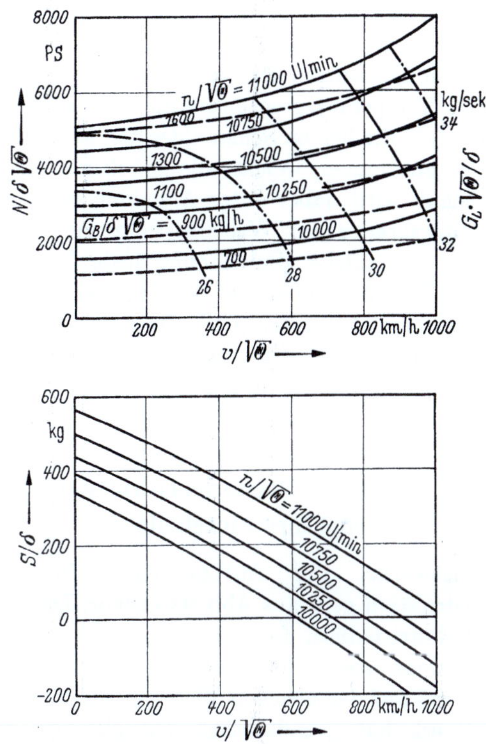

Abb. 97. Typische Kennlinien für ein Turbopropellertriebwerk

den Schub des Triebwerkes über der Fluggeschwindigkeit. Da der größte Teil der Expansionsarbeit in der Turbine umgesetzt wird, hat der Strahl nur relativ geringe Geschwindigkeit v_7. Der Schub dieses Strahles sinkt daher mit wachsender Fluggeschwindigkeit rasch ab und erreicht sogar bei hohen Fluggeschwindigkeiten negative Werte. Bei konstanter Drehzahl nimmt die Wellenleistung mit wachsender Fluggeschwindigkeit zu, da mehr Luft geschluckt wird und da der thermische Wirkungsgrad höher wird. Man erkennt diese Verbesserung des thermischen Wirkungsgrades auch an dem Steigen der Kurven konstanten Brennstoffverbrauchs (gestrichelt) mit der Geschwindigkeit, während der mit wachsender Fluggeschwindigkeit steigende Luftverbrauch aus den strichpunktierten Kurven hervorgeht. Die Schaubilder enthalten wieder keine Grenzkurven für maximale Turbineneintrittstemperatur, da diese von der Außenlufttemperatur abhängt. In jeder Höhe müssen daher die dargestellten Leistungen auf verschiedene Weise beschränkt werden, um die Temperaturgrenzen für die Turbinenschaufeln einzuhalten. Man faßt die beiden Schaubilder der Abb. 97 oft auch zu einem einzigen zusammen, welches die „effektive" Leistung darstellt. Der Schub wird dabei unter Annahme eines bestimmten Propellerwirkungsgrades auf Wellenleistung umgerechnet. Man verwendet für eine solche Umrechnung feste Verhältnisse von Schubkraft zu Wellenleistung, wie sie für einen mittleren Fluggeschwindigkeitsbereich typisch sind. Zum Beispiel würde unter der Annahme von 1,1 kg/PS die effektive Leistung des Triebwerkes nach Abb. 97 bei 400 km/st und 11000 U/min 5600 + 380/1,1 = 5945 PS betragen.

24. Aufbau der Gasturbinentriebwerke
und ihre Einzelteile

Einwellentriebwerke. Der Aufbau eines Düsentriebwerkes üblicher Konstruktion geht aus Abb. 93 hervor. Die wesentlichen Bauteile sind Eintrittsdüse, Kompressor, Brennkammer, Turbine, Nachbrenner (wenn vorhanden) und Austrittsdüse. Kompressor und Turbine sind auf der gleichen Welle angeordnet. Ein Turbopropellertriebwerk hat grundsätzlich den gleichen Aufbau. Es unterscheidet sich vom Düsentriebwerk lediglich dadurch, daß in der Turbine eine vollständigere Expansion der heißen Gase stattfindet, so daß der Austrittsstrahl sehr viel weniger kinetische Energie enthält, und daß der Überschuß der Turbinenleistung über die Kompressorleistung mittels eines Untersetzungsgetriebes der Propellerwelle zugeleitet wird. Der Nachbrenner fehlt in Turbopropellertriebwerken, da der durch Nachverbrennung erreichbare zusätzliche Schub im Verhältnis zum Propellerschub nur gering sein würde.

Zweiwellentriebwerke. Neben der einfachen in Abb. 93 gezeigten Bauweise des Gasturbinentriebwerkes gibt es noch eine Reihe weiterer, die wir hier kurz betrachten wollen. Für hohe Kompressordruckverhältnisse, wie sie in neuen Konstruktionen verwendet

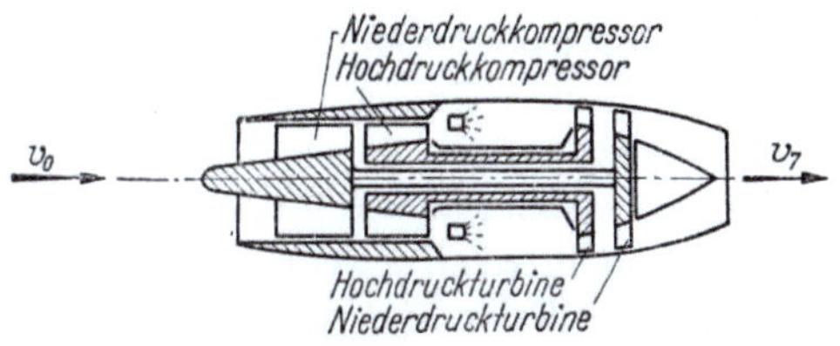

Abb. 98. Zweiwellendüsentriebwerk

werden, gehen manche Hersteller zu der Zweiwellenbauweise für Düsentriebwerke über, siehe Abb. 98. Der Niederdruckkompressor ist mit der Niederdruckturbine gekuppelt, der Hochdruckkompressor ist mit der Hochdruckturbine gekuppelt. Die beiden Wellen laufen unabhängig voneinander um. Der Vorteil dieser Zweiwellenbauweise ist eine größere Elastizität in den Betriebsbedingungen. Insbesondere erlauben Zweiwellentriebwerke raschere Beschleunigungen der Wellen ohne Gefahr der Strömungsablösung an den Kompressorschaufeln. Die gleiche Verbesserung kann allerdings auch durch andere Mittel, z. B. durch Luftentnahme vor der Brennkammer während der Beschleunigung, erreicht werden.

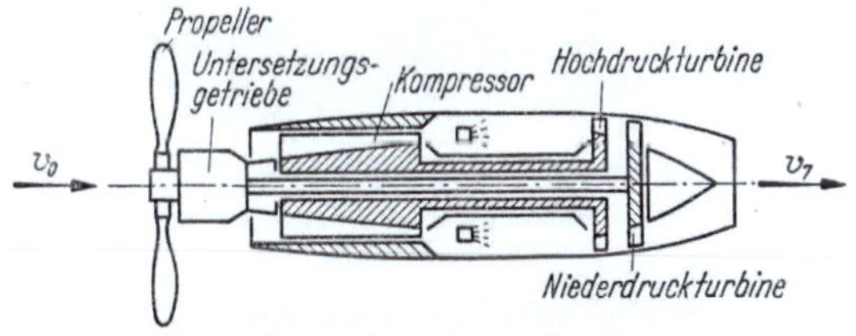

Abb. 99. Zweiwellenturbopropellertriebwerk

Für Turbopropellertriebwerke ist eine Zweiwellenbauweise sehr beliebt, bei welcher der Kompressor von der Hochdruckturbine betrieben wird, während der Propeller seine Leistung von der Niederdruckturbine erhält, siehe Abb. 99. Der Kompressor erfordert,

wie wir noch sehen werden, insbesondere bei axialer Bauweise für
jede Kombination von Druckverhältnis und Fördermenge eine
ganz bestimmte Drehzahl. Abweichungen von dieser Solldrehzahl haben einen großen Einfluß auf das Druckverhältnis und auf
die Durchflußmenge. Eine Turbine hingegen, soweit sie nicht aus
mehr als zwei oder drei Stufen besteht, ist viel schmiegsamer in
der Drehzahl und erlaubt bei fast konstantem Druckverhältnis und
fast konstanter Durchflußmenge des Gases relativ große Drehzahl-
änderungen, die überdies noch den Wirkungsgrad wenig beeinflussen. Während die mit dem Kompressor gekuppelte Hochdruckturbine in ihrer Drehzahl bei gegebener Leistung festliegt, ist die
Drehzahl der an den Propeller angekuppelten Niederdruckturbine
bei gegebener Leistung in relativ weiten Grenzen veränderlich.
Diese Anpassungsfähigkeit der Drehzahl ist besonders für Hub-
schraubenantriebe von Vorteil, wie wir noch sehen werden. Sie ist
aber auch für Propellerantriebe erwünscht, um die jeweils günstigsten Betriebsbedingungen einzustellen. Wenn es auf die Anpassungsfähigkeit der Drehzahl nicht ankommt, und wenn ein hohes
Druckverhältnis im Kompressor zu erzeugen ist, verwendet man
auch bei dem Propellertriebwerk die Aufteilung in einen Nieder-
druck- und einen Hochdruckkompressor, ähnlich der Abb. 98, wobei der Niederdruckkompressor an das Propellergetriebe angeschlossen wird.

Kaltluftzusatz. Schließlich sei noch eine Triebwerksform erwähnt, welche zwar noch wenig zur Anwendung kam, welche
jedoch gute Entwicklungsaussichten hat. Es ist dies das Turbo-

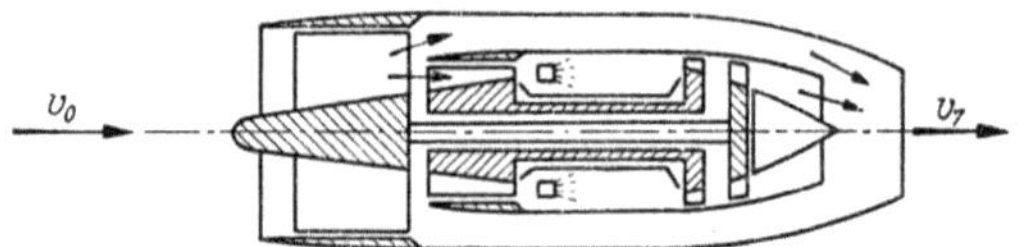

Abb. 100. Zweiwellendüsentriebwerk mit Kaltluftzusatz

düsentriebwerk mit Kaltluftzusatz nach Abb. 100. Der Aufbau ist
der gleiche wie bei dem Zweiwellentriebwerk nach Abb. 98. Dem
Niederdruckkompressor wird jedoch nicht nur die Luft für die
Brennkammer entnommen, sondern ein Teil der im Niederdruckkompressor geförderten Luftmenge wird um die Brennkammer
herum direkt zur Austrittsdüse geleitet, wo sie sich mit den heißen

Gasen, die aus der Turbine strömen, mischt. Bei dieser Bauweise wird erreicht, daß eine wesentlich größere Luftmenge für den Strahl zur Verfügung steht. Die Strahlgeschwindigkeit v_7 wird dadurch geringer und der Strahlwirkungsgrad wird wegen der oft benutzten Gleichung $\eta_s = \dfrac{2}{1 + v_7/v_0}$ verbessert. Man könnte auch die vergrößerte Luftmenge durch die Brennkammer und durch die Turbine schicken und weniger hoch aufheizen, um zu der geringeren Strahlgeschwindigkeit zu gelangen. Wir wissen jedoch von Abb. 94, daß bei Verringerung der Verbrennungstemperatur der thermische Wirkungsgrad des Triebwerkes geringer wird, so daß es wirtschaftlicher ist, nur einen Teil der Luft durch Brennkammer und Turbine strömen zu lassen, diesen Teil jedoch auf die höchstzulässige Turbineneintrittstemperatur zu erhitzen.

Hauptabmessungen, Leistungen und Verbrauchszahlen einiger Gasturbinen. Zahlentafel 3 enthält einige Angaben über 8 Gasturbinentriebwerke. Die erste Spalte gibt den Hersteller und die Bezeichnung des Triebwerkes an. In der zweiten Spalte steht D für Düsentriebwerk, P für Propellertriebwerk, A für Axialkompressor, Z für Zentrifugalkompressor. Die dritte und vierte Spalte bringt die Zahl der Kompressor- und Turbinenstufen. Die fünfte Spalte enthält die maximale Leistung in effektiven Pferdestärken

Zahlentafel 3. *Hauptabmessungen, Leistungen und Verbrauchszahlen einiger Flugzeuggasturbinen*

	Hersteller und Bezeichnung	Type	Zahl der Kompressorenstufen	Zahl der Turbinenstufen	Maximale Leistung EPS oder maximaler Schub kg	Druckverhältnis bei maximaler Drehzahl	Gewicht ohne Austrittsdüse kg	Spezifischer Brennstoffverbrauch g/PS st g/kgst	Stirnfläche umschriebener Kreisdurchmesser mm
1	Turbomeca Artouste	ZP	1	1	283 EPS	—	84	390	530
2	Rolls Royce Dart	ZP	2	2	1710 EPS	5,5	503	320	960
3	Allison T 56	AP	14	4	3800 EPS	9,5	732	250	990
4	Bristol B. E. 25	AP	—	—	5500 EPS	10,0	1460	170[1]	—
5	Pratt & Wittney T 34	AP	13	3	5560 EPS	6,7	1170	290	860
6	Rolls Royce Nene	ZD	1	1	2300 kg	4,0	735	1,06	1270
7	General Electric J 47	AD	12	1	3500 kg	5,4	1450	—	940
8	Bristol Olympus (Wright J 67)	AD	—	—	5000 kg	—	1660	0,77	1020

[1] Für verlustfreien Lufteintritt berechnet.

(siehe S. 188), wenn es sich um ein Propellertriebwerk handelt, oder den maximalen Schub in kg, wenn es sich um ein Düsentriebwerk handelt. Die sechste Spalte enthält das Druckverhältnis für den Kompressor, die siebente das Gewicht des Triebwerks ohne Austrittsdüse, die achte den spezifischen Brennstoffverbrauch, bezogen auf effektive Pferdestärken bei Propellertriebwerken, bezogen auf kg Schub bei Düsentriebwerken. Die letzte Spalte enthält den Durchmesser des größten der Triebwerksstirnfläche umschriebenen Kreises.

Für die Brennstoffverbrauche gilt das gleiche, was anläßlich der Besprechung von Zahlentafel 2 auf S. 165 gesagt wurde. Die Werte können nur als Größenordnungen aufgefaßt werden, da sie von den Betriebsbedingungen abhängen. Die Gewichte je PS der Propellergasturbinen liegen zwischen 0,2 und 0,3 kg/EPS, sind also sehr viel geringer als für Kolbentriebwerke, für welche Zahlentafel 2 als Kleinstwert 0,45 kg/PS angab. Die Brennstoffverbrauche sind mit 250 bis 300 g/EPS st etwas höher als für Benzinmotoren, für welche Zahlentafel 2 den Wert von 220 g/PS st angab, doch kommt man in großen Höhen bei modernen Gasturbinen mit hohem Druckverhältnis der Kompressoren bereits unter die Verbrauchswerte von Benzinmotoren. Wie schon erwähnt, muß bei dem Vergleich von Brennstoffverbrauchszahlen berücksichtigt werden, daß der Kolbenmotor günstigste Werte des spezifischen Verbrauchs bei gedrosselter Leistung hat, während die Gasturbine bei voller Leistung ihren günstigsten spezifischen (nicht absoluten) Brennstoffverbrauch zeigt. Die Stirnfläche der Propellergasturbinen ist sehr viel geringer als die von Kolbenmotoren gleicher Leistung. Die P. & W. T 34-Turbine hat z. B. bei 5560 EPS 860 mm Durchmesser, während nach Zahlentafel 2 der P. & W. R-2800-Motor bei 2435 PS einen Durchmesser von 1340 mm hat. Überdies braucht die Gasturbine im Gegensatz zum Kolbenmotor nicht gekühlt zu werden. Es ist lediglich ein Ölkühler für das Propellergetriebe erforderlich. Durch die wesentlich geringere Stirnfläche und durch den Wegfall der Kühlluftverluste wird gegenüber dem Kolbenmotor ein großer Teil der Triebwerkswiderstände eingespart, und diese Widerstände umfassen, wie wir von Abschnitt 7 her wissen, einen erheblichen Prozentsatz des Gesamtwiderstandes eines Flugzeuges. Die Ersparnis an Triebwerksgewicht und an Triebwerkswiderstand macht den Betrieb mit Propellergasturbinen selbst bei erhöhtem Brennstoffverbrauch wirtschaftlicher. Wenn überdies noch, wie bei den künftigen Gasturbinen, der gleiche oder ein geringerer Brennstoffverbrauch erzielt wird, kann an der Überlegenheit der Gasturbinen über den Benzinmotor nicht gezweifelt werden. Ein für den Flugverkehr nicht zu unterschätzender Vorteil der Gasturbine gegenüber dem Kolbenmotor ist ihr erschütterungsfreier Lauf, wodurch die oftmals lästigen motorerregten Schwingungen der Flugzeuge in Fortfall kommen. Während Zahlentafel 3 im allgemeinen nur Triebwerke enthält, die produziert werden, bildet die Bristol B. E. 25-Gasturbine eine Ausnahme, da sie zur Zeit noch in der Entwicklung begriffen ist.

Einzelteile der Gasturbinen. Wir wollen jetzt die wichtigsten Einzelteile der Gasturbinentriebwerke kurz besprechen, um eine Vorstellung von wenigstens einigen der zahlreichen auftretenden Probleme und Schwierigkeiten zu geben. Die wesentlichsten Bauteile des Gasturbinentriebwerks sind, wie wir wissen, Kompressor, Brennkammer, Turbine und Austrittsdüse. Bei den Propellergasturbinen kommt noch das Untersetzungsgetriebe hinzu, welches wegen der hohen Leistungen und wegen der großen Untersetzungsverhältnisse von Turbinen zu Propellerdrehzahl in der Größenordnung von 10:1 und wegen der Notwendigkeit minimaler Gewichte und Abmessungen Spitzenleistungen des Getriebebaues erforderlich macht. Wir können jedoch hier auf die Getriebeprobleme nicht eingehen.

Kompressor. Wie schon mehrfach erwähnt, unterscheidet man Zentrifugalkompressoren und Axialkompressoren. Je nachdem ob mehr Gewicht auf die Einfachheit und Billigkeit der Herstellung oder größeres Gewicht auf geringstmöglichen Brennstoffverbrauch gelegt wird, bevorzugt man den Zentrifugal- oder den Axialkompressor. Es scheint allerdings, zum mindesten bei großen Triebwerken, wirtschaftlicher zu sein, das Triebwerk mit dem geringsten Verbrauch zu verwenden, auch wenn die Anschaffungskosten größer sind, da, wie wir in Abschnitt 43 sehen werden, eine Ersparnis an Brennstoffverbrauch einen Einfluß auf die Wirtschaftlichkeit des Flugbetriebes hat, der weit über die Ersparnis an Brennstoffkosten hinausgeht.

Abb. 101 zeigt die Anordnung der inneren radialen Laufradschaufeln und der äußeren stehenden Leitschaufeln eines Zentrifugalkompressors in schematischer Darstellung. Die Luft strömt

im Zentrum in axialer Richtung in das Laufrad ein. Sie wird im
Laufrad in radiale Richtung umgelenkt und während des radialen
Durchströmens des Laufrades gleichzeitig verdichtet und in Drehbewegung versetzt. Die Luft verläßt das Laufrad mit einer hohen
Umfangsgeschwindigkeit, die mit Hilfe der in Abb. 101 angedeuteten
Leitschaufeln zu einem großen Teil in Druck umgesetzt wird. Schließlich
wird die Luft wieder aus der tangentialen in die axiale Strömungsrichtung
umgelenkt und der Brennkammer zugeführt. Wenn wir verlustfreie Strömung
annehmen und die relativ kleine radiale Geschwindigkeit im Laufrad ver-

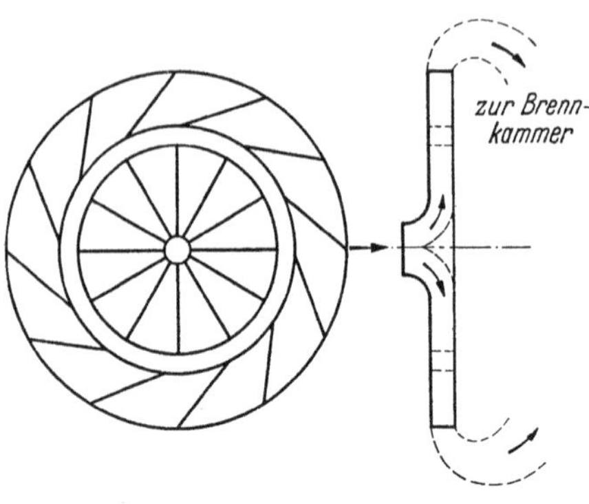

Abb. 101. Anordnung der Laufradschaufeln
und der stehenden Leitschaufeln in einem
Zentrifugalkompressor

nachlässigen, können wir eine einfache Beziehung zwischen Umfangsgeschwindigkeit des Laufrades und Druckverhältnis des Kom-
pressors aufstellen. Von einem mit dem Laufrad umlaufenden Be-
zugssystem aus betrachtet, bilden die Fliehkräfte ein Kraftfeld, welches Arbeit an den Luftteilchen leistet, wenn diese von innen nach
außen befördert werden. Die Fliehkraft auf 1 kg Luft im Abstand r
von der Drehachse ist $\omega^2 r/g$ und steigt von 0 in der Drehachse auf
$\omega^2 R/g$ am Umfang des Laufrades. Hierin ist ω die Winkelgeschwindigkeit des Laufrades und R sein Radius. Wenn das kg Luft von der
Drehachse zum Umfang gebracht wird, nimmt es die Arbeit $\omega^2 R^2/2g$
auf, da R der Weg und $\omega^2 R/2g$ die mittlere Kraft während des Weges
ist. Diese je kg aufgenommene Energie wird im Laufrad im wesentlichen in Druckenergie verwandelt. Die Druckenergie ist, wie man
sieht, gleich der kinetischen Energie der Umfangsgeschwindigkeit,
mit welcher die Luft das Laufrad verläßt. Falls die kinetische
Energie mit Hilfe der Leitschaufeln im Diffusor verlustfrei in weitere Druckenergie verwandelt werden könnte, wäre die gesamte
Kompressionsenergie

$$\omega^2 R^2/g\,.$$

Die Energiezufuhr je kg Luft im Kompressor ist gleich der Änderung des Wärmeinhaltes. Es bezeichne entsprechend Abb. 93 der Index 2 die Stelle vor dem Kompressor und der Index 3 die Stelle hinter dem Kompressor. Mit Hilfe der auf S. 29 angegebenen Beziehungen für adiabatische Zustandsänderungen gilt dann

$$\frac{\omega^2 R^2}{g} = c_p(T_3 - T_2) = c_p T_2\left(\frac{T_3}{T_2} - 1\right) = c_p T_2\left[\left(\frac{p_3}{p_2}\right)^{\frac{\varkappa-1}{\varkappa}} - 1\right].$$

Das Druckverhältnis p_3/p_2 ist in Abb. 102 über der Umfangs-geschwindigkeit ωR aufgetragen, wobei $T_2 = 288°$ und $c_p = 102\ \mathrm{m\,kg/kg°}$ angenommen wurde. Außerdem ist in Abb. 102 die MACH-sche Zahl der Umfangsgeschwindig-keit angegeben (Lufttemperatur beim Austritt aus dem Laufrad!). Man sieht, daß zur Erzeugung eines Druckverhältnisses von 4:1 die MACHsche Zahl der Umfangsge-schwindigkeit nahezu 1,0 sein muß. Tatsächlich kann man ·Umfangs-geschwindigkeiten der Laufräder mit MACHschen Zahlen etwas über 1,0 ohne große Verluste benutzen, da die

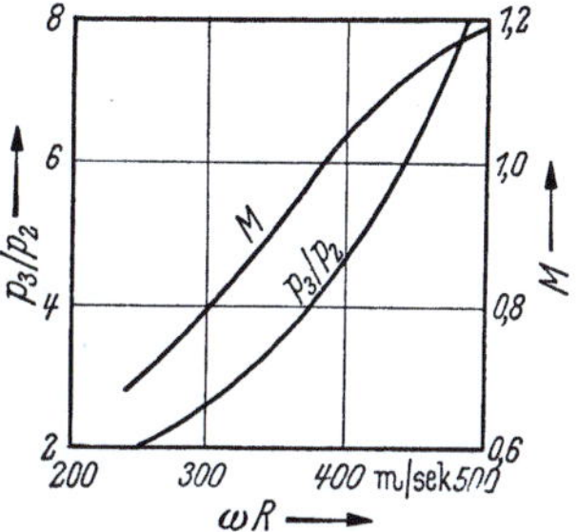

Abb. 102. Druckverhältnis p_3/p_2 und MACHsche Zahl M beim Laufradaus-tritt über Umfangsgeschwindigkeit ωR für verlustlosen Zentrifugalkompressor

Leitschaufeln sehr dünn sind und in gewissen Grenzen Überschall-geschwindigkeiten aufnehmen, ohne den Wirkungsgrad des Kom-pressors merklich zu verschlechtern. Die tatsächlich erreichbaren Druckverhältnisse sind infolge der nicht berücksichtigten Verluste wesentlich geringer als Abb. 102 angibt. Druckverhältnisse von 4:1 sind jedoch oft verwendet worden und ergeben noch gute Wirkungsgrade.

Bei dem axialen Kompressor durch-strömt die Luft abwechselnd Reihen von rotierenden und stehenden Schaufeln (siehe Abb. 103). Während des Durchgangs durch die Laufradschaufelreihe wird der

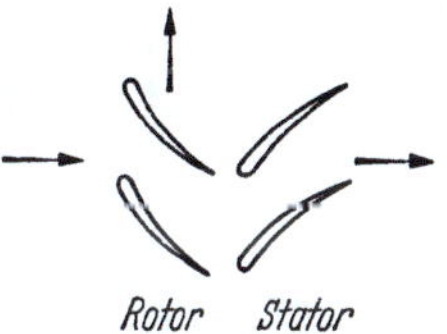

Abb. 103. Anordnung der Rotor- und Statorschaufeln in einer Stufe eines Axialkompressors

Luft eine Geschwindigkeitskomponente in Richtung der Umfangs-geschwindigkeit erteilt. Außerdem findet eine Verdichtung der Luft im Laufrad statt. In der Statorschaufelreihe wird die Umfangs-geschwindigkeit abgebremst und die Luft weiter verdichtet. Je nach der Stellung der Schaufeln in Laufrad und Stator findet ein größerer oder kleinerer Teil der Verdichtung im Rotor, der Rest im Stator statt. Bei einem symmetrischen Kompressor ist die Drucksteigerung im Rotor die gleiche wie im Stator. Unsymmetrische Kompressoren mit einer relativ größeren Drucksteigerung im Stator haben manchmal etwas besseren Wirkungsgrad, doch scheint man in dieser Beziehung bei den verschiedenen Herstellern verschiedene Erfahrungen gemacht zu haben.

Der Ablenkungswinkel in einer Schaufelreihe ist, ähnlich wie der Anstellwinkel eines Tragflügels, auf einen gewissen Größtwert begrenzt, oberhalb dessen ein Abreißen der Strömung an den Schaufeln stattfindet. Der in einer Stufe, d. h. in einer Rotor-Stator-Kombination erreichbare Drucksprung ist daher nur gering, und es sind viele Stufen erforderlich, um Druckverhältnisse von 4 : 1 oder mehr zu erzielen.

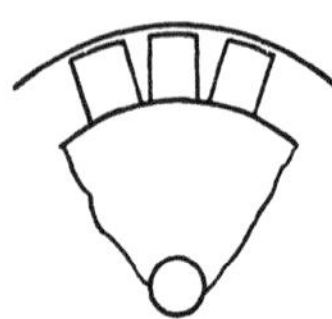

Abb. 104. Axiale Ansicht eines Ausschnittes von einem Axialkompressorlaufrad

Die Schaufeln sind freitragend, siehe Abb. 104, und daher hohen Beanspruchungen ausgesetzt. Sie müssen aus Festigkeitsgründen eine gewisse prozentuale Dicke besitzen. Infolge dieser relativ dicken Schaufelprofile muß die MACHsche Zahl der Strömung im Gegensatz zu Zentrifugalkompressoren kleiner als 1,0 sein, um hohe Verluste zu vermeiden. Man geht im allgemeinen für die MACHsche Zahl der Umfangsgeschwindigkeit nicht über 0,8 hinaus. Die zahlreichen hintereinander geschalteten Stufen machen den Axialkompressor empfindlich gegenüber Abweichungen von den Betriebsbedingungen für optimalen Wirkungsgrad. Abb. 105 zeigt typische Kennlinien für einen Axialkompressor. Druck-

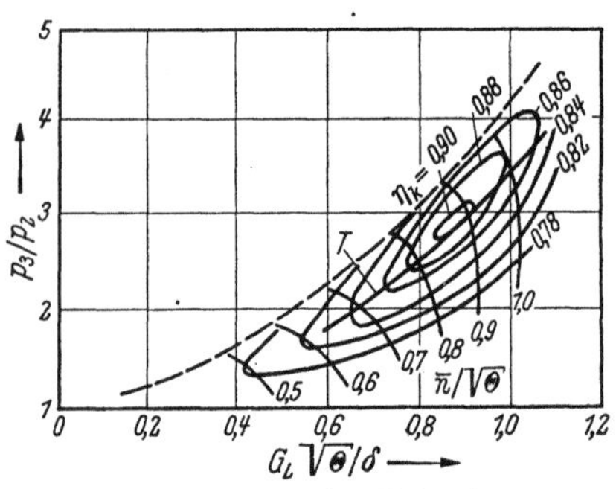

Abb. 105. Typische Kennlinien eines Axialkompressors

verhältnis p_3/p_2 ist über Durchflußmenge $\bar{G}_L\sqrt{\Theta}/\delta$ für verschiedene Drehzahlen $\bar{n}/\sqrt{\Theta}$ aufgetragen. Die überstrichenen Größen sind auf die Normalwerte bezogen, $\bar{G}_L = G_L/G_{L\,\text{normal}}$, $\bar{n} = n/n_{\text{normal}}$. Die Kurven gleicher Drehzahl und gleichen Wirkungsgrades η zeigen, daß bei einer gegebenen Drehzahl die Durchflußmenge nur in geringen Grenzen schwanken darf, um im Bereich guter Wirkungsgrade zu verbleiben. Die gestrichelte Linie stellt die Grenze für Abreißen der Strömung an den Schaufeln dar. Der Bereich guter Wirkungsgrade umfaßt Druckverhältnisse, die nur wenig unterhalb des größtzulässigen liegen. Das erfolgreiche „Anpassen" einer Turbine an den Kompressor ergibt einen Zusammenhang zwischen Druckverhältnis und Durchflußmenge nach Art der in Abb. 105 mit T bezeichneten Kurve. Wie man sieht, kann ein Axialkompressor einen Wirkungsgrad von 90 vH erreichen. Die Verbesserung gegenüber dem Zentrifugalkompressor, der im allgemeinen nicht über 80 vH Wirkungsgrad hinauskommt, liegt an der ungestörten axialen Strömung durch die Schaufelreihen ohne die zweifache 90°-Umlenkung im Zentrifugalkompressor. Wegen der besseren Wirkungsgrade lohnt es sich oft, wie oben ausgeführt, die Nachteile des axialen Kompressors — hohe Herstellungskosten, geringe Schmiegsamkeit in der Anpassung an geänderte Betriebsverhältnisse — in Kauf zu nehmen.

Brennkammer. Die Brennkammer hat den Zweck, die durchströmende Luft aufzuheizen. Wie wir schon wissen, kann in der Brennkammer nur ein Teil des Sauerstoffs der Luft verbrannt werden, da sonst die Turbineneintrittstemperatur unzulässig hohe Werte annehmen würde. In dem Beispiel der Abb. 76 ergab sich ein Brennstoff-Luft-Gewichtsverhältnis von 0,018. Für Benzin ist jedoch mindestens ein Gewichtsverhältnis von 0,055 erforderlich, um eine stetige Verbrennung mit gutem Ausbrand zu erreichen. Das bedeutet, daß der Luftstrom in eine primäre und sekundäre Strömung geteilt werden muß, wobei die erstere zur eigentlichen Verbrennung benutzt wird, während die Luft der sekundären Strömung im wesentlichen nur aufgeheizt wird.

Zahlreiche Bauarten von Brennkammern sind entwickelt worden, um diese Bedingungen zu erfüllen. Man benützt entweder eine größere Anzahl (6 bis 14) von einzelnen zylinderförmigen Brennkammern, die in einem Kreis um die Welle herum angeordnet sind, oder man verwendet eine einzige ringförmige Brennkammer. In beiden Fällen findet die eigentliche Verbrennung innerhalb eines perforierten „Korbes" statt. Abb. 106 zeigt eine Einzelbrennkammer, Abb. 107 eine ringförmige Brennkammer. Die Brennstoffdüsen sind so angeordnet, daß nur ein Teil der Luft an ihnen vorbeiströmt, während ein anderer Teil außen um den Korb herum geführt wird und sich erst später mit den Verbrennungsgasen mischt. Diese Korbbauweise hat den Vorteil, daß die Außenwand

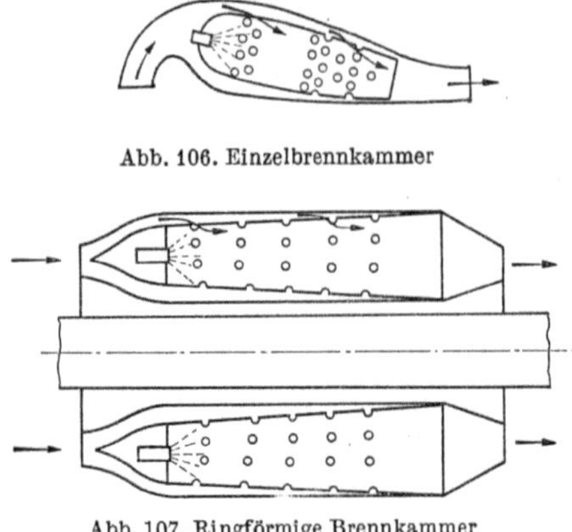

Abb. 106. Einzelbrennkammer

Abb. 107. Ringförmige Brennkammer

der Brennkammer nur mit relativ kühler Luft in Berührung kommt und daher keine großen Wärmeverluste entstehen.

Das Problem, unter allen Betriebsbedingungen eine stetige gute Verbrennung zu erhalten, ist sehr verwickelt. Man braucht eine kräftige Durchwirbelung der Luft im Bereich der Brennstoffdüsen, die mittlere Strömungsgeschwindigkeit darf nicht zu rasch, aber auch nicht zu langsam sein, das Brennstoff-Luft-Gemisch in der Brennzone muß trotz Veränderung der Leistung und der Durchflußmengen in engen Grenzen bleiben, und für zuverlässige Zündung sind auch wieder besondere Bedingungen zu beachten. Hinsichtlich aller dieser Probleme kann hier nur auf das sehr umfangreiche Schrifttum verwiesen werden[1].

Auch die Ausbildung der Brennstoffdüsen so, daß sie eine gute Zerstäubung des Brennstoffs bewirken, und ihre Anordnung so, daß der zerstäubte Brennstoff eine für die Verbrennung förderliche Strömung antrifft, ist von großer Bedeutung für den Verbrennungswirkungsgrad. Noch wichtiger im praktischen Betrieb ist die Stabilität des Verbrennungsvorganges unter allen vorkommenden Betriebsbedingungen. Ein Drosseln der Gasturbine in größerer Höhe bringt oft die Gefahr des Erlöschens mit sich, und man ist bemüht, die Stabilität des Verbrennungsvorganges auf einen möglichst großen Bereich von Drosselleistungen zu erstrecken.

---

[1] Als neuestes Werk über Verbrennungsvorgänge in Gasturbinen siehe D. B. Spalding: Gasturbines II, Some Fundamentals of Combustion. Butterworths, 1955.

Hier mag noch erwähnt werden, daß bei gegebener maximaler Verbrennungstemperatur die Leistung der Gasturbine erheblich gesteigert werden kann, wenn Wasser vor Eintritt der Luft in den Kompressor eingespritzt wird. Das Wasser wird teilweise in der Eintrittsdüse, teilweise im Kompressor und teilweise im Verbrennungsraum verdampft. Die Verdampfungswärme kühlt die Luft vor Eintritt in den Kompressor und erhöht dadurch den Luftdurchsatz und damit die Leistung. Die im Kompressor aufgenommene Verdampfungswärme bewirkt eine weitere Kühlung der Luft und Erhöhung des Druckverhältnisses zusammen mit einer Erniedrigung der Brennkammereintrittstemperatur. Das Wasser und der Wasserdampf erhöhen die zur Verfügung stehende Masse je Zeiteinheit und damit wiederum die Leistung. Der thermische Wirkungsgrad wird zwar infolge Mehrverbrauchs an Brennstoff zur Verdampfung des Wassers geringer, doch spielt dies gegenüber dem hohen Wasserverbrauch keine große Rolle, da die Wassereinspritzung ohnedies nur für kurzzeitigen Betrieb während des Abfluges wirtschaftlich ist. Die Abflugleistung läßt sich mit Wassereinspritzung um 20 bis 30 vH erhöhen. Um ein Gefrieren des Wassers bei niedrigen Außentemperaturen zu vermeiden, fügt man einen gewissen Anteil Alkohol hinzu.

Im Gegensatz zum Benzinmotor braucht die Gasturbine keinen hochwertigen Brennstoff mit hoher Oktanzahl. Die Güte der Verbrennung hängt nicht sehr von der Wahl des Brennstoffes ab. Petroleum eignet sich als Brennstoff ebenso wie die verschiedenen relativ billigen Benzine niedriger Oktanzahl.

Turbine. In einer Turbine sind die Schaufeln ähnlich angeordnet wie in einem Axialkompressor. Es sind lediglich Druck- und Saugseite der Schaufelprofile miteinander vertauscht, siehe Abb. 103 und 108. Die Tatsache, daß die Strömung beim Durchgang durch die Turbine beschleunigt ist, während sie beim Durchgang durch einen

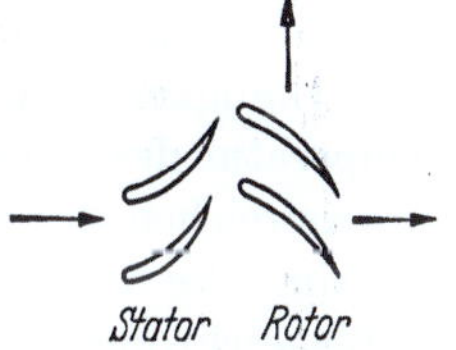

Abb. 108. Anordnung der Stator- und Rotorschaufeln einer Turbinenstufe

Axialkompressor verzögert wird, hat eine große Bedeutung für das Druckverhältnis, welches in einer Stufe bewältigt werden kann, ohne daß Strömungsablösung an den Schaufeln eintritt. Verzögerte Strömungen sind sehr viel empfindlicher in bezug auf das

Auftreten von Ablösungserscheinungen als beschleunigte Strömungen. Man kann daher in einer einzigen Turbinenstufe ein Druckverhältnis erzielen, zu welchem 5 bis 10 Axialkompressorstufen nötig sind. Ältere Turbinen mit niedrigerem Druckverhältnis haben ein bis zwei Stufen, neuere mit höheren Druckverhältnissen haben drei bis vier Stufen.

Wie bei den Axialkompressoren hängt der Druckverlauf in Stator und Rotor von der Anordnung der Schaufeln ab. Bei einer symmetrischen Turbinenstufe ist das Druckverhältnis im Stator das gleiche wie im Rotor. Man verwendet vielfach auch unsymmetrische Turbinen, bei welchen im Stator sehr viel mehr als 50 vH der gesamten Expansion vorgenommen wird Dies hat den Vorteil, daß die Turbineneintrittstemperatur wesentlich niedriger ist als bei symmetrischen Turbinen. Andererseits muß man die Strömungsgeschwindigkeit auf etwa $M = 1{,}0$ beschränken, um die Strömungsverluste gering zu halten. Die symmetrische Turbine hat bei gleichem Gesamtdruckverhältnis kleinere Strömungsgeschwindigkeiten, oder sie erlaubt bei gleicher Strömungsgeschwindigkeit höhere Druckverhältnisse. Es scheint, daß es in Verbindung mit einem Zentrifugalkompressor oft vorteilhafter ist, den größten Teil der Expansion im Stator vorzunehmen. Man nennt eine solche Turbine eine Impulsturbine. In Verbindung mit einem Axialkompressor scheint dagegen die symmetrische oder Reaktionsturbine günstiger zu sein.

Die Turbinenschaufeln sind außerordentlichen Beanspruchungen ausgesetzt. Eine einzige Schaufel, die man mit der Hand umfassen kann, überträgt in der Größenordnung von 100 PS. Die Umfangsgeschwindigkeit ist ungefähr gleich der Schallgeschwindigkeit; die Temperatur des Gases ist 1000 bis 1200 °K; bei dem Aneinandervorbeistreichen der Rotor- und Statorschaufeln werden Schwingungsimpulse übertragen, welche unter Umständen die Schaufeln zu Biegeschwingungen erregen können, so daß auch die Ermüdungsfestigkeit der Schaufeln eine Rolle spielt. Die Schaufeltemperatur ist in der Größenordnung von 50 bis 100° geringer als die Stautemperatur des Gases. Die Temperaturen in verschiedenen Teilen der Schaufeln sind jedoch verschieden. Die Schaufeln sind am heißesten an der Spitze und werden nach innen zu wegen der Wärmeableitung zur Turbinenscheibe kühler. Man hat in einigen Fällen eine Luft- oder Flüssigkeitskühlung der Turbinenschaufeln vorgenommen, doch wird dadurch die Bauweise verwickelt. Die Turbinenschaufeln sind in der Regel ungekühlt und man beschränkt die Gastemperaturen auf Werte, die sich in der Praxis als tragbar für eine bestimmte Konstruktion und für ein bestimmtes Material der Schaufeln ergeben haben.

Die Durchflußkennlinien der Flugzeugturbinen sind wegen der geringen Stufenzahl sehr verschieden von denen der Axialkompressoren mit ihren zahlreichen Stufen. Abb. 109 zeigt typische Kennlinien für eine Turbine. Das Kennfeld kann fast durch eine einzige Linie dargestellt werden. Die Drehzahl kann im Gegensatz zum Kompressor in relativ weiten Grenzen schwanken, ohne daß dadurch Druckverhältnis oder

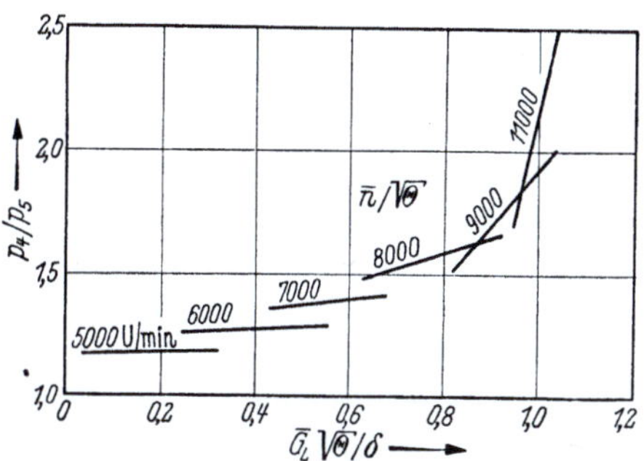

Abb. 109. Typische Kennlinien einer Turbine

Durchflußmenge sich wesentlich verändern. Diese Schmiegsamkeit der Turbine ist wichtig für die „Anpassung" an den Kompressor. Wenn Turbine und Kompressor durch eine Welle miteinander verbunden sind, geht die Schmiegsamkeit verloren, da der Kompressor diese Eigenschaft nicht besitzt. Wenn man dagegen zwei Turbinen verwendet, eine für den Kompressor, die andere für den Antrieb des Propellers oder der Hubschraube, bleibt diese Schmiegsamkeit, soweit es die Propellerdrehzahl betrifft, erhalten.

Austrittsdüse. Um eine volle Entspannung der Gase in der Austrittsdüse zu erreichen, müßte eine relativ lange Düse mit allmählichen Querschnittsübergängen verwendet werden. Bei Überschallgeschwindigkeiten wäre sogar eine sich erweiternde Düse für volle Expansion notwendig, siehe Abb. 12. Bei praktischen Düsenbauarten beschränkt man sich jedoch in der Regel auf einen kurzen konischen Übergang vom größten zum kleinsten Düsenquerschnitt, wie in Abb. 93 zwischen 6 und 7 angedeutet. Der Strahl ist am Austrittsquerschnitt 7 noch nicht voll auf Außenluftdruck expandiert. Wie wir wissen, kann an der engsten Stelle einer Düse niemals mehr als Schallgeschwindigkeit erreicht werden. Die volle

Expansion findet erst außerhalb der Düse statt. Bei Unterschallgeschwindigkeiten erfährt der Strahl außerhalb der Düse eine Kon-
traktion, so daß der engste Strahlquerschnitt bei voller Expansion
geringer ist als der kleinste Düsenquerschnitt F_7. Bei Überschall-
expansionsverhältnissen findet außerhalb der Düse eine Erweiterung des Strahles statt. Die Verwendung von kurzen konvergenten
Austrittsdüsen an Stelle der theoretisch erforderlichen allmählichen
Übergänge und Erweiterungen bringt gewisse Verluste mit sich.
Auf der anderen Seite würde man in langen, sich erweiternden
Düsen mit hohen Strömungsgeschwindigkeiten ebenfalls beträchtliche Reibungs- und Wellenverluste erhalten, so daß ein gewisser
Ausgleich vorhanden ist. Die kurze konische Düse hat auch den
Vorteil, daß man ohne allzu große Schwierigkeiten die Düsenöff-
nung im Fluge veränderlich machen kann, was, wie schon früher
erwähnt, einen recht günstigen Einfluß auf die Wirtschaftlichkeit
des Fluges hat.

Ein weiteres Problem, an welchem zur Zeit noch gearbeitet
wird, ist die Ablenkung des Strahles nach vorne zur Erzeugung
von Bremskräften während des Ausrollens nach der Landung. Eine
erfolgreiche Lösung dieses Problemes scheint notwendig zu sein,
um die künftigen großen Düsentransportflugzeuge auf unseren heutigen Rollbahnen mit Sicherheit landen zu können.

Mit diesen kurzen Andeutungen über einige Probleme des Flug-
zeugturbinenbaus müssen wir uns begnügen. Viele entscheidende
Fragen konnten hier überhaupt nicht berührt werden, so z. B. die
Frage der geeignetsten Materialauswahl für die verschiedenen
heißen Bauteile, weiter die besonders bei Propellergasturbinen
recht verwickelten Fragen der automatischen Drehzahl- und
Leistungsregelung, die ebenfalls verwickelten Fragen der geeignetsten Methoden für das Anlassen der Gasturbinen – hohe Anlasser-
leistungen sind erforderlich, und die Anlaßanlage erhöht das Tur-
binengewicht um einen sehr beträchtlichen Prozentsatz. Für alle
diese Fragen muß auf das einschlägige Schrifttum verwiesen werden[1].

---

[1] Außer den seither angeführten Werken seien noch erwähnt: SMITH,
G. G., Gas Turbines and Jet Propulsion, 6. Aufl. Iliffe 1955. DRIGGS, I. H.,
und LANCASTER, O. E., Gasturbines for Aircraft, New York: The Ronald
Press, 1955. SMITH, C. W., Aircraft Gas Turbines. New York: J. Wiley
& Sons, 1956.

VI. Flugleistungen

25. Waagrechtflug

Widerstand und Düsenschub. Unter Flugleistungen versteht man
Zahlenangaben über Fluggeschwindigkeit, Steiggeschwindigkeit,
Gipfelhöhe, Reichweite und daraus abgeleitete Größen. Alle diese
Größen sind Funktionen von mehreren Veränderlichen. So ist die
größte Waagrechtfluggeschwindigkeit eine Funktion der Flughöhe
und der Zuladung. Die Steiggeschwindigkeit ist eine Funktion der
Fluggeschwindigkeit, der Flughöhe und der Zuladung. Das gleiche
gilt für die Reichweite. Wir beginnen damit, die Waagrechtfluggeschwindigkeit eines Flugzeuges zu ermitteln.

Wenn wir annehmen, daß die Schubkraft des Propellers oder des
Düsenstrahles in die entgegengesetzte Richtung der Fluggeschwindigkeit fällt, was im Waagrechtflug mit einiger Näherung der Fall
ist, wird die Schubkraft allein zur Überwindung des Flugzeugwiderstandes herangezogen. Es ist in diesem Fall Gewicht = Auftrieb, Schubkraft = Widerstand, das heißt

$$G = A = c_a q F, \quad S = W = (c_{ws} + a c_a^2) q F,$$

wobei wie früher q der Staudruck, F die Tragflächengröße, c_a der
Auftriebsbeiwert, c_{ws} der Widerstandsbeiwert des vom Auftrieb
unabhängigen schädlichen Widerstandes und $a c_a^2$ der Widerstandsbeiwert des vom Auftrieb abhängigen induzierten Widerstandes ist
(siehe Abschnitt 13). Die Beiwerte sind nur dann vom Staudruck
annähernd unabhängig, wenn die Einflüsse der REYNOLDSschen
Zahl und der MACHschen Zahl vernachlässigt werden können, also
im überkritischen Bereich der REYNOLDSschen Zahl und bei Fluggeschwindigkeiten wesentlich unterhalb der Schallgeschwindigkeit.
Wie in Abschnitt 13 können wir wegen $q = \varrho v^2/2 = \sigma\, 0{,}125\, v^2/2$
eine Bezugsgeschwindigkeit

$$v_0 = \sqrt{2\,G/\varrho F} = 4\sqrt{G/\sigma F}$$

und eine dimensionslose Fluggeschwindigkeit

$$\bar{v} = v/v_0 = \sqrt{\frac{1}{c_a}}$$

definieren. Das Verhältnis von Widerstand zum Fluggewicht $W/G = c_{ws}/c_a + a c_a$ ist dann nur noch abhängig von $\bar{v}$.

Da der Schub eines Triebwerkes im allgemeinen nicht in Form einer Gleichung, sondern in Form einer Kurve gegeben ist, tragen wir zweckmäßigerweise auch den Widerstand über der Fluggeschwindigkeit auf, so daß wir die beiden Kurven vergleichen können. Der Beiwert des schädlichen Widerstandes sei $c_{ws} = 0{,}020$, der Auftriebsfaktor sei $a = 0{,}050$. Durch Vergleich mit Abb. 56 sehen wir, daß diese Werte nicht unerheblich besser sind als die für das Beispiel dieser Abbildung zugrunde gelegten Daten. Die Beziehung

$$W/G = (0{,}020/c_a) + 0{,}050\, c_a$$

ist in Abb. 110 über $\bar{v} = \sqrt{1/c_a}$ aufgetragen. Ähnlich wie in Abb. 56 ist asymptotischer Verlauf der W/G-Kurve an die Gerade $c_a = 1{,}5$

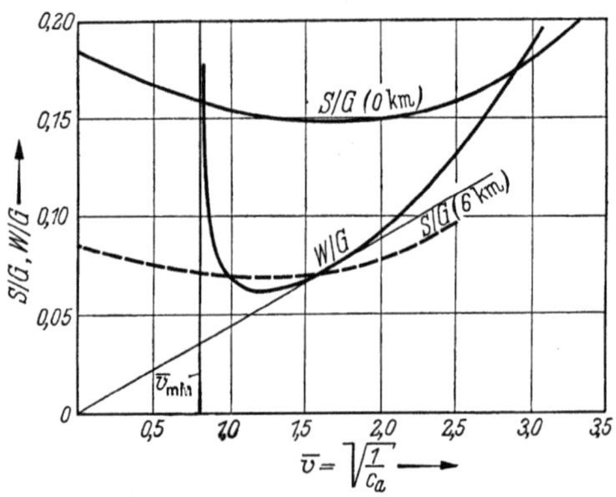

Abb. 110. Schub und Widerstand über Fluggeschwindigkeit für Düsenflugzeug

oder $\bar{v} = 0{,}815$ angenommen, um das in der obigen Gleichung nicht wiedergegebene Abreißen der Strömung am Tragflügel zu berücksichtigen.

Wir wollen zunächst den Fall eines Düsentriebwerks behandeln. Die Schubkurven sind dann als Funktion der Fluggeschwindigkeit und der Flughöhe in der Art der Kurven in Abb. 96 gegeben. Um den Düsenschub über der dimensionslosen Fluggeschwindigkeit $\bar{v}$ auftragen zu können, benötigen wir noch eine Annahme über die Flächenbelastung des Flugzeuges. Mit $G/F = 400$ kg/m² erhält man für Meereshöhe und Normalatmosphäre die Bezugsgeschwindigkeit $v_0 = 80$ m/sek $= 288$ km/st. Für den Schub des hypothetischen Düsentriebwerkes sei in Meereshöhe die folgende Beziehung gegeben:

v km/st	0	200	400	600	800	1000
$\bar{v} = v/288$	0	0,70	1,39	2,08	2,78	3,47
S/G	0,185	0,160	0,150	0,150	0,170	0,210

Das Schubverhältnis S/G ist ebenfalls in Abb. 110 über der dimensionslosen Geschwindigkeit $\bar{v}$ aufgetragen. Waagrechter gleichförmiger Flug ist nur möglich, wenn der Widerstand gleich der Schubkraft ist. Es gibt, wie Abb. 110 erkennen läßt, nur *zwei* ganz bestimmte, durch Gewicht, Tragfläche, schädlichen Widerstand und Düsenschub *festgelegte Geschwindigkeiten*, mit denen das Flugzeug waagrecht fliegen kann. Die kleinere der beiden Waagrechtgeschwindigkeiten kann allerdings bei den meisten Flugzeugen nicht mehr ausgeflogen werden, da beim Ziehen zu so großen Anstellwinkeln die Stabilisierung des Flugzeuges insbesondere gegen Drehungen um die Längsachse Schwierigkeiten macht. Es bleibt nur die größere, die in unserm Beispiel der Abb. 110 $v = 2,92 \cdot 288 = 840$ km/st beträgt, gültig.

Die in Abb. 110 eingetragene Schublinie entspricht der Vollleistung des Triebwerks. Wird das Triebwerk gedrosselt, so ist die Schubkraft naturgemäß kleiner. An Stelle der eingetragenen Schublinie treten andere, tiefer liegende, von ungefähr gleichem Verlauf[1].

Man erkennt aus dieser Überlegung deutlich, daß das Triebwerk nicht etwa beliebig weit abgedrosselt werden darf, wenn man noch horizontal fliegen will: wenn die Schublinie tiefer sinkt als dem tiefsten Punkt der Widerstandslinie entspricht, so gibt es überhaupt keinen Schnittpunkt mit der Widerstandslinie mehr. Im Gegensatz etwa zu einem Automobil, dessen Motor man beliebig weit drosseln kann, wenn man auf jede Geschwindigkeitsforderung verzichtet, gibt es beim Flugzeug eine bestimmte Grenze für die Stellungen der Drossel und dementsprechend eine bestimmte *kleinste Geschwindigkeit des Waagrechtfluges.*

Widerstand und Propellerschub. Für ein Propellertriebwerk muß der Schub aus den Leistungskennlinien des Triebwerkes und aus

---

[1] Die in Abb. 110 eingetragene gestrichelte Kurve gilt für 6 km Flughöhe und wird im nächsten Abschnitt besprochen werden. Sie kann aber auch als typisch für gedrosselte Triebwerksleistung angesehen werden.

den Propellerkennlinien ermittelt werden. Handelt es sich um ein Kolbentriebwerk, so ist die Leistung nahezu unabhängig von der Fluggeschwindigkeit, da der Stau der Luft am Vergasereintritt nur einen relativ geringen Einfluß auf die Leistung hat. Die Leistung hängt dann nur von der Drosselstellung, der Drehzahl und der Flughöhe ab (siehe Abb. 82). Die Drehzahl wird meistens durch automatische Verstellung der Propellerblätter konstant gehalten, so daß bei einer gegebenen Flughöhe und Drosselstellung die Leistung als unveränderlich angenommen werden kann.

Handelt es sich um ein Gasturbinentriebwerk, so steigt die Leistung bei gleicher Drehzahl nicht unerheblich mit der Fluggeschwindigkeit, wie aus Abb. 97 hervorgeht. Um die Schubkraft zu erhalten, muß die Leistung mit dem Propellerwirkungsgrad multipliziert und durch die Fluggeschwindigkeit dividiert werden. Eine solche Berechnung sei an einem Beispiel gezeigt. Das Flugzeug habe ein Fluggewicht von 15000 kg und eine Tragflächengröße von 37,5 m², also eine Flächenbelastung von 400 kg/m². Für das Verhältnis von Widerstand zu Fluggewicht W/G sei die gleiche Beziehung angenommen wie für das Beispiel der Abb. 110. Der Verlauf der Volleistung mit der Fluggeschwindigkeit sei der Abb. 97 für $n = 11000$ U/min entnommen. Abb. 97 gilt für eine typische Propellergasturbine. Für den Luftschraubenwirkungsgrad sei Abb. 69 für $k_d = 0,013$ zugrunde gelegt. Die Propellerumfangsgeschwindigkeit sei konstant U = 243 m/sek = 875 km/st. Für 400 kg/m² Flächenbelastung ist die Bezugsgeschwindigkeit v_0 in Meereshöhe bei Normaltemperatur wieder $v_0 = 288$ km/st. Die Rechnung wird in Form der folgenden Tabelle vorgenommen. (Der Düsenschub der Turbine ist außer acht geblieben.)

v km/st	$\bar{v}$ v/288	v/U v/875	η Abb. 69	N PS Abb. 97	S kg $\dfrac{3,6 \cdot 75\,N\eta}{v}$	S/G $S/15000$
700	2,44	0,80	0,80	6400	1980	0,132
600	2,08	0,69	0,84	6050	2280	0,152
500	1,74	0,57	0,87	5800	2720	0,181
400	1,39	0,46	0,88	5650	3360	0,224
300	1,04	0,34	0,84	5500	4180	0,278

Bei der Ermittlung der Schubkraft aus Leistung und Fluggeschwindigkeit ist N durch Multiplikation mit 75 von PS in m kg/sek zu verwandeln und v ist durch Multiplikation mit 1/3,6 von km/st in m/sek zu verwandeln.

Abb. 111 zeigt die Widerstandskurve W/G von Abb. 110 zusammen mit der neuen Schubkurve S/G aus der obigen Tabelle für das Propellertriebwerk. Man sieht, daß der Propellerschub mit sinkender Fluggeschwindigkeit stark ansteigt, während der Schub des Düsentriebwerks nach Abb. 110 im gesamten Flugbereich angenähert unveränderlich ist. Der Verlauf der Schubkurven nach Abb. 110 und 111 ist typisch für die beiden Arten von Triebwerken. Das Düsentriebwerk liefert angenähert konstanten Schub S, das Propellertriebwerk liefert angenähert konstante Schubleistung Sv, also mit sinkender Geschwindigkeit steigenden Schub. Man erkennt, daß trotz geringerer Waagrechtge-

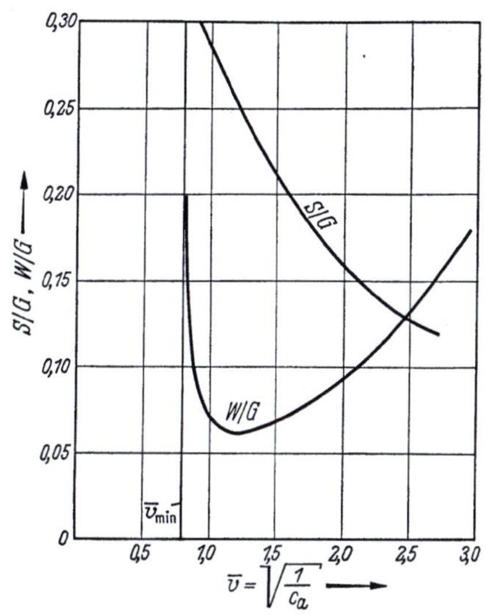

Abb. 111. Schub und Widerstand über Fluggeschwindigkeit für Propellerflugzeug

schwindigkeit mit dem Propellertriebwerk der Schubüberschuß des Propellers bei geringen Geschwindigkeiten sehr viel größer ist als für das Düsentriebwerk. Dies bedeutet, wie wir noch näher besprechen werden, daß von zwei Flugzeugen mit gleicher Höchstgeschwindigkeit dasjenige mit Düsenantrieb sehr viel geringere Abflug- und Steigleistungen haben wird als das Flugzeug mit Propellerantrieb.

Überschallflug mit Düsenantrieb. Im Überschallflug eines Düsenflugzeuges tritt eine Erscheinung auf, die bereits in Abb. 110 angedeutet ist. Diese Abbildung zeigt, daß mit wachsender Geschwindigkeit die Schubkurve S/G steiler mit der Fluggeschwindigkeit $\bar{v}$ ansteigt. Im Überschallgebiet nimmt der Widerstandsbeiwert, wie wir von Abb. 28 her wissen, mit der Geschwindigkeit ab. Das bedeutet, daß die Widerstandskurve W/G über der Fluggeschwindigkeit aufgetragen im Überschallgebiet flacher wird. Es kann nun leicht der Fall eintreten, daß die Kurven S/G und W/G im Bereich von Überschallgeschwindigkeiten nahezu parallel werden. Die höchste Waagrechtgeschwindigkeit ist dann nicht durch einen eindeutigen Schnittpunkt der beiden Kurven definiert, sondern es kann bei ein und derselben Stellung des Leistungshebels über einen ganzen Bereich von Geschwindigkeiten waagrecht geflogen werden. Man kann dies auch so ausdrücken: Hat ein Düsenflugzeug genügend Leistung, um im Waagrechtflug etwas über die Schallgeschwindigkeit hinauszukommen, so ist es oft leistungsmäßig auch in der Lage, mit sehr viel höherer als Schallgeschwindigkeit zu fliegen.

26. Steigflug

Steiggeschwindigkeit. Wir hatten schon in Abschnitt 13 über den Gleitflug die Sinkgeschwindigkeit eines Flugzeuges mit abgestelltem Motor ermittelt. Wir wiederholen in Abb. 112a noch einmal das Kräftebild für den Gleitflug. Widerstand W, Auftrieb A, Fluggewicht G stehen im Gleichgewicht, die Fluggeschwindigkeit v erfolgt senkrecht zum Auftrieb und entgegen dem Widerstand. Sie hat die abwärts gerichtete Vertikalkomponente

$$w = v\,\frac{W}{G}.$$

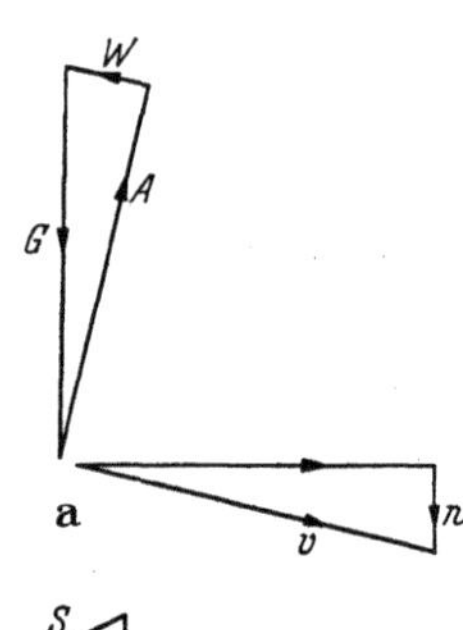

In Abb. 112b ist das Kräftebild gezeichnet, das entstehen würde, wenn nur Schub, aber kein Flugzeugwiderstand vorhanden wäre. Schub S, Auftrieb A und Fluggewicht G stehen jetzt im Gleichgewicht, die Fluggeschwindigkeit v erfolgt wieder senkrecht zum Auftrieb und in Richtung des Schubes. Sie hat die aufwärts gerichtete Vertikalkomponente

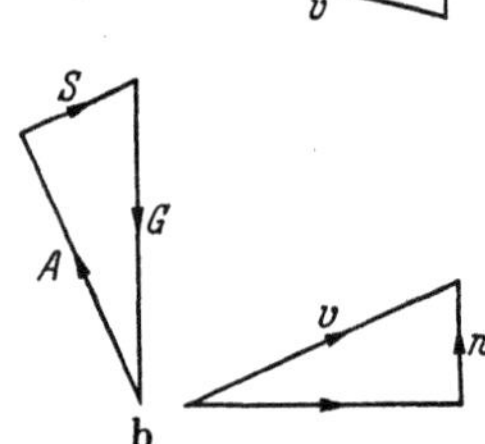

$$w = v\,\frac{S}{G}.$$

Abb. 112. Kräfte- und Geschwindigkeitsbild beim Gleiten und Steigen

Wirken gleichzeitig Widerstand und Schub, so ist die resultierende Vertikalgeschwindigkeit

$$w = v\,\frac{S}{G} - v\,\frac{W}{G},$$

sie ist positiv, wenn nach aufwärts gerichtet, wenn also das Flugzeug steigt[1]. Man kann diese Gleichung auch durch eine Leistungsbetrachtung gewinnen. vS ist die an das Flugzeug vom Triebwerk abgegebene Zugleistung, vW ist die verbrauchte Widerstandsleistung. Besteht ein Leistungsüberschuß, ist also $vS - vW$ größer als null, so kann dieser Überschuß nur als Steigleistung verbraucht werden. Da Leistung gleich Kraft mal Geschwindigkeit in Richtung der Kraft ist, beträgt die Steigleistung Gw. Es ist also $Gw = vS - vW$, was mit der oben abgeleiteten Beziehung übereinstimmt. Ist der Schub größer als der Flugzeugwiderstand, so steigt das Flugzeug, ist er kleiner, so sinkt das Flugzeug.

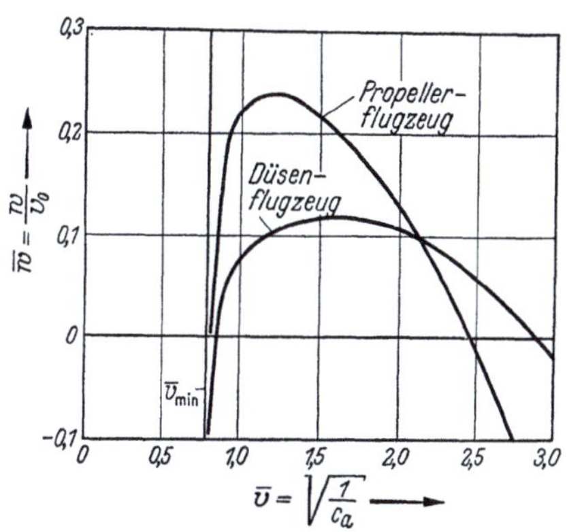

Abb. 113. Steiggeschwindigkeiten

Aus Abb. 110 liest man z. B. bei $\overline{v} = 1{,}5$ die Werte $S/G = 0{,}150$ und $W/G = 0{,}068$ ab. Es ist daher die Steiggeschwindigkeit $\overline{w} = w/v_0 = \overline{v}(S/G - W/G) = 0{,}12$. In gleicher Weise sind für weitere Fluggeschwindigkeiten die Steig- bzw. die Sinkgeschwindigkeiten ermittelt und in Abb. 113 aufgetragen worden, und zwar sowohl für das Düsenflugzeug nach Abb. 110 wie für das Propellerflugzeug nach Abb. 111. Den Punkten $\overline{w} = 0$ entsprechen die auch aus Abb. 110 und 111 ablesbaren Waagrechtfluggeschwindigkeiten $\overline{v} = 2{,}92$ (840 km/st) für das Düsenflugzeug und $\overline{v} = 2{,}5$ (720 km/st) für das Propellerflugzeug. Die Steiggeschwindigkeit w in m/sek erhält man durch $w = v_0\overline{w}$, wobei für unser Beispiel $v_0 = 80$ m/sek war. Die größte Steiggeschwindigkeit ist für das Düsenflugzeug $\overline{w} = 0{,}12$ (9,6 m/sek), für das Propellerflugzeug $\overline{w} = 0{,}235$ (18,7 m/sek). Die Geschwindig-

---

[1] Die Ermittlung der Vertikalgeschwindigkeit durch Subtraktion der durch den Widerstand bedingten Sinkgeschwindigkeit von der durch die Schubkraft bedingten Steiggeschwindigkeit ist nicht ganz richtig, da bei gleichzeitig vorhandenem Widerstand und Schub der letztere niemals genau in die Flugrichtung fällt, wie oben angenommen wurde. Die Schubachse zeigt besonders beim Steigen nicht in die Bewegungsrichtung des Flugzeuges, der begangene Fehler ist jedoch meistens gering.

keit für bestes Steigen ist für das Düsenflugzeug $\bar{v} = 1{,}7(490 \text{ km/st})$, für das Propellerflugzeug $\bar{v} = 1{,}2\ (345 \text{ km/st})$. Der Steigwinkel für bestes Steigen ist aus tang $\varphi = \bar{w}/\bar{v}$ zu ermitteln und beträgt $4{,}1°$ für das Düsenflugzeug, $11{,}3°$ für das Propellerflugzeug.

Anstellwinkel beim Steigen. Die Anstellwinkel α der Tragfläche können aus $\bar{v} = \sqrt{\dfrac{1}{c_a}}$ ermittelt werden, wenn der Anstieg von c_a mit α bekannt ist. Legen wir hierfür Abb. 34 zugrunde, so ergibt sich der in Abb. 114 dargestellte Zusammenhang zwischen Fluggeschwindigkeit $\bar{v}$ und Anstellwinkel der Tragfläche α. Der Anstellwinkel nimmt also mit zunehmender Fluggeschwindigkeit ab, wie wir schon für den Gleitflug in Abb. 58 gefunden haben. Die Anstellwinkel für die größten Horizontalgeschwindigkeiten $v_{\max}$ sind in Abb. 114 für das Düsen- und für das Propellerflugzeug unseres Beispieles eingetragen.

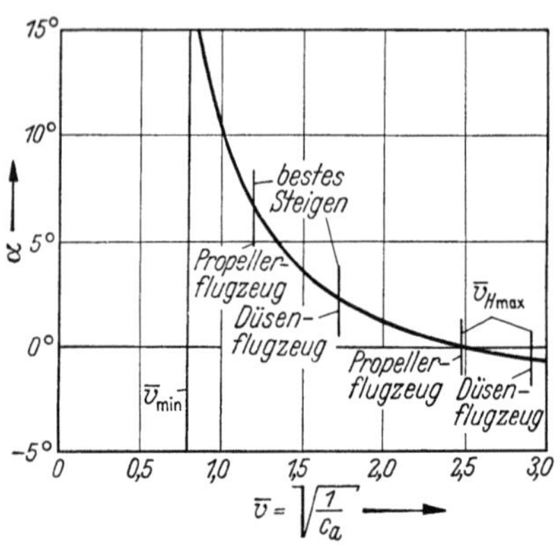

Abb. 114. Ansteilwinkel α der Tragfläche

Beginnt man im Waagrechtflug, ohne die Stellung des Leistungshebels zu verändern, das Flugzeug zu ziehen, d.h. auf größeren Anstellwinkel zu bringen, so verringert sich die Fluggeschwindigkeit, und das Flugzeug beginnt zu steigen. Bei einem gewissen Anstellwinkel, der ebenfalls in Abb. 114 für das Düsen- und für das Propellerflugzeug eingetragen ist, wird die größte Steiggeschwindigkeit erreicht, und weiteres Ziehen des Flugzeuges bewirkt einen Abfall an Steiggeschwindigkeit. Die Fluggeschwindigkeit für bestes Steigen liegt bei unseren Beispielen angenähert bei der halben größten Waagrechtgeschwindigkeit.

Im Abschnitt 13 über den Gleitflug hatten wir gesehen, daß bei kleinen Fluggeschwindigkeiten ein Aufrichten des Flugzeuges (Ziehen) zu einer Vergrößerung der Sinkgeschwindigkeit führt, während bei großen Fluggeschwindigkeiten ein Ziehen des Flugzeuges die Sinkgeschwindigkeit verringert. Ganz ähnliche Verhältnisse treten auch im Waagrecht- und Steigflug auf. Bei großer Fluggeschwindigkeit hat ein Ziehen des Flugzeuges (Vergrößerung des Anstellwinkels) ein Steigen, ein Drücken (Verringerung des Anstellwinkels) ein Sinken zur Folge. Zum Zweck des Steigens wird die Nase aufgerichtet, zum Zweck des Sinkens wird die Nase niedergedrückt. Bei geringer Fluggeschwindigkeit bewirkt umgekehrt ein Ziehen des Flugzeuges ein Sinken, ein Drücken ein Steigen des Flugzeuges. Zum Zweck des Steigens muß also jetzt die Nase niedergedrückt werden, zum Zweck des Sinkens muß sie aufgerichtet werden, eine Tatsache, die gegen das natürliche Gefühl verstößt.

Man muß nun allerdings beachten, daß die „Umkehrung", von der hier die Rede ist, sich nur auf den nach Betätigung der Steuerung eintretenden Gleichgewichtszustand bezieht. Es kann sehr wohl sein, daß beim Aufziehen des Höhensteuers eine augenblickliche, ganz kurze Aufwärtsbeschleunigung einsetzt — diese wird dann von einem um so stärkeren Durchsacken gefolgt sein, wenn man sich schon in dem Gebiet der Steuerungsumkehr befunden hat.

Höheneinfluß. In Abb. 110 und 111 gelten die ausgezogenen Kurven für Meereshöhe. Um die Flugleistungen in anderen Flughöhen zu ermitteln, müssen wir die Veränderlichkeit des Widerstandes und des Triebwerkschubes mit der Flughöhe kennen. Die Veränderlichkeit des Widerstandes mit der Flughöhe können wir angenähert dadurch berücksichtigen, daß wir unter Beibehaltung der Widerstandskurve die Bezugsgeschwindigkeit v_0 mit $\sqrt{1/\sigma}$ multiplizieren, wo $\sigma = \varrho/\varrho_0$ das Verhältnis der Luftdichten ist und der Zahlentafel 5 auf S. 395 entnommen werden kann. Diese einfache Umrechnung setzt voraus, daß der Einfluß der REYNOLDSschen Zahl und der MACHschen Zahl vernachlässigt werden kann.

Die Abhängigkeit des Schubes mit der Höhe ist bei Düsentriebwerken direkt aus den Kennlinien zu entnehmen, für Propellertriebwerke muß dazu noch der Propellerwirkungsgrad in der uns bekannten Weise neu ermittelt werden. Wir wollen uns hier auf den einfacheren Fall des Düsentriebwerkes beschränken und annehmen, daß das Düsentriebwerk in der Höhe mit der gleichen MACHschen Zahl betrieben wird wie am Boden, so daß die auf S. 179 gegebene Umrechnungstabelle anwendbar ist. Wie wir wissen, ergeben sich dabei mit wachsender Höhe niedrigere Turbineneintrittstemperaturen, so daß in Wirklichkeit — falls eine Erhöhung

der MACHschen Zahlen für die Strömung im Triebwerk zulässig ist —
der Höhenschub größer sein kann als hier angenommen.

Die Flughöhe sei 6 km. Es ist dann nach Zahlentafel 5, S. 395,
$\delta = 0{,}466$, $\sqrt{\Theta} = 0{,}93$ und $\sigma = 0{,}538$. Die Bezugsgeschwindigkeit
ist $v_0\sqrt{1/\sigma} = 394$ km/st. Wir haben jetzt an Stelle der Tabelle auf
S. 205 die folgende:

v_{Bod} km/st	0	200	400	600	800	1000
$(S/G)_{\mathrm{Bod}}$	0,185	0,160	0,150	0,150	0,170	0,210
$v_{\mathrm{Höh}} = 0{,}93\, v_{\mathrm{Bod}}$	0	186	372	558	744	930
$(S/G)_{\mathrm{Höh}} = 0{,}466\,(S/G)_{\mathrm{Bod}}$	0,086	0,075	0,070	0,070	0,079	0,098
$\bar{v} = v_{\mathrm{Höh}}/394$	0	0,51	1,02	1,53	2,04	2,55

Die Größe $(S/G)_{\mathrm{Höh}}$ aus dieser Tabelle ist in Abb. 110 gestrichelt
über $\bar{v}$ aufgetragen. Man sieht, daß in 6 km Höhe kaum noch Steigreserve vorhanden ist. Der Bereich der Waagrechtfluggeschwindigkeiten ist sehr klein geworden, er erstreckt sich nur von der kleinsten Waagrechtfluggeschwindigkeit von $\bar{v} = 1{,}0$ (394 km/st) bis zur
größten Waagrechtflugge-
schwindigkeit von $\bar{v} = 1{,}55$
(610 km/st), verglichen mit
$\bar{v} = 0{,}85$ (245 km/st) bis $\bar{v} =$
2,92 (840 km/st) in Meeres-
höhe. Man kann das gleiche
Verfahren für andere Flughöhen wiederholen und be-
kommt dadurch die ge-
ringste und die größte
Waagrechtfluggeschwindig-
keit nach Abb. 115. In der
Gipfelhöhe fallen größte

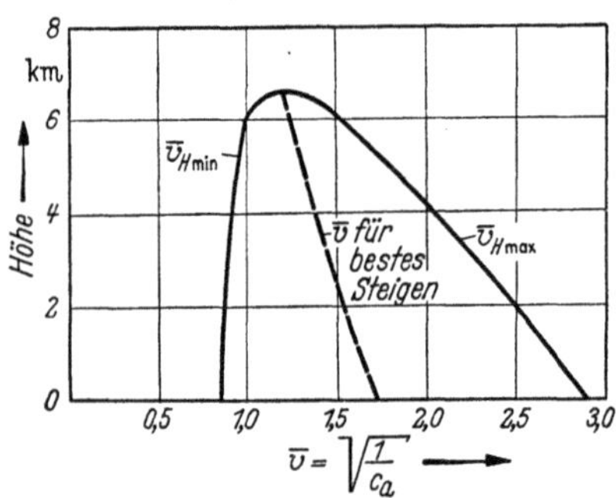

Abb. 115. Größte und kleinste Horizontalgeschwindigkeit $\bar{v}_{H\max}$ und $\bar{v}_{H\min}$

und kleinste Waagrechtfluggeschwindigkeit zusammen, und die
Steiggeschwindigkeit ist Null. Für niedrigere Höhen ergeben sich
die Steiggeschwindigkeiten in der erläuterten Weise. Die Fluggeschwindigkeit für bestes Steigen ist in Abb. 115 als gestrichelte
Kurve eingetragen.

Steigzeit und Gipfelhöhe. Für die Beurteilung der Steigfähigkeit
eines Flugzeuges kann man sich auf die beste Steiggeschwindigkeit beschränken und diese über der Höhe auftragen. Abb. 116
oben zeigt ein solches Schaubild für unser Düsenflugzeug. Für

0 km Höhe ist die Steiggeschwindigkeit in Übereinstimmung mit Abb. 113 $w = \overline{w} \cdot 80 = 0,12 \cdot 80 = 9,6$ m/sek. In 6,5 km Höhe ist in Übereinstimmung mit Abb. 115 $w = 0$.

Die Steigzeiten von 1000 zu 1000 m erhalten wir, indem wir 1000 durch die mittlere Steiggeschwindigkeit in dem betreffenden Intervall dividieren. Wir führen die Steigzeitberechnung in Form einer Tabelle durch.

Die zweite Spalte enthält die mittleren Steiggeschwindigkeiten von 1000 zu 1000 m, also die Steiggeschwindigkeit in 500 m, in 1500 m, in 2500 m usw. Die dritte Spalte enthält die Steigzeiten für je 1000 m in sek (1000/w). Die vierte Spalte enthält die gesamte Steigzeit bis zu der betreffenden Höhe in Sekunden, die fünfte Spalte die Steigzeit in Minuten. Das Ergebnis ist auch in Abb. 116 dargestellt. Die Kurve der Steigzeiten läuft asymptotisch in die Gipfelhöhe ein, d. h. die theoretische Gipfelhöhe, bei der die Steigzeit null ist, wird erst in unendlich langer Zeit erreicht. Wegen der praktischen Unerreichbarkeit der theoretischen

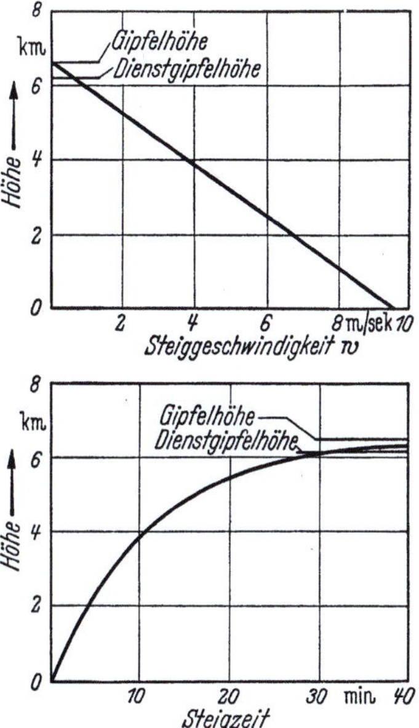

Abb. 116. Steiggeschwindigkeit und Steigzeit

Gipfelhöhe hat man den Begriff der Dienstgipfelhöhe eingeführt, die man so definiert, daß in dieser Höhe die Steiggeschwindigkeit gerade 0,5 m/sek beträgt. Die Dienstgipfelhöhe unseres Flugzeuges ist, wie

h km	w m/sek	t sek für 1000 m	Steigzeit in	
			Sekunden	Minuten
0			0	0
	8,9			
1		112	112	1,9
	7,4			
2		135	247	4,1
	5,9			
3		170	417	7,0
	4,4			
4		227	644	10,7
	3,0			
5		333	977	16,3
	1,5			
6		666	1643	27,4

man Abb. 116 entnimmt, 6,2 km. Die Steigzeit bis zur Dienstgipfelhöhe ist nach Abb. 116 32 Minuten.

Das Verhältnis vom Düsenschub zum Fluggewicht ist vielfach
wesentlich höher als in Abb. 110 angenommen, besonders wenn
Nachverbrennung angewendet wird. Es werden dann Fluggeschwindigkeiten erreicht, bei denen der Einfluß der MACHschen
Zahl nicht mehr vernachlässigt werden kann. Die Auftragung von
Widerstand und Schub muß in diesem Fall über der MACHschen
Zahl erfolgen, statt über der Geschwindigkeit $\bar{v}$. Die Steiggeschwindigkeiten werden ebenfalls wesentlich größer, und die Flugbahn
beim Steigen kann steil gegen die Horizontale geneigt sein. Nennt
man den Winkel zwischen v und der Horizontalen φ (siehe Abb. 112),
so ist $A = G \cos \varphi$. Für die seither betrachteten kleinen Flugbahnwinkel φ von wenigen Graden konnte $\cos \varphi$ durch den Wert 1,0
angenähert werden. Bei großen Flugbahnwinkeln ist jedoch A kleiner als G, da ein Teil des Fluggewichtes durch die vertikale
Komponente des Düsenschubes aufgenommen wird. Der Widerstand $W = (c_{ws} + a c_a^2) q F$ wird dadurch ebenfalls kleiner. Die aus
Abb. 112 abgeleitete Beziehung $w/v = (S - W)/G$ bleibt dagegen
auch für große Flugbahnwinkel bestehen. Es muß lediglich für W
die erforderliche Korrektur angebracht werden. Die Verwendung
des unkorrigierten Widerstandes würde eine zu geringe Steiggeschwindigkeit ergeben.

Tragflächengrößen- und Fluggewichtsänderungen. Eine Veränderung der Tragflächengröße F oder des Fluggewichtes G verändert
die Bezugsgeschwindigkeit $v_0 = \sqrt{2\,G/\varrho F}$. Es ist daher praktischer
für diese Untersuchung, die tatsächliche Fluggeschwindigkeit v in
km/st zu verwenden statt der dimensionslosen Geschwindigkeit $\bar{v}$.
In Abb. 117 ist die Widerstandskurve W/G von Abb. 110 und 111
über v aufgetragen. Die Flächenbelastung ist $G/F = 400\ \mathrm{kg/m^2}$.
Wir wollen jetzt die Flächenbelastung auf 500 kg/m² erhöhen. Die
Widerstandskurve verschiebt sich dadurch nach rechts, so daß
jedem W/G-Punkt statt v die Geschwindigkeit $v\sqrt{1,25}$ zugeordnet
wird. Die Schubkurven S/G für den Düsenschub und für den Propellerschub wurden ebenfalls aus Abb. 110 und 111 übertragen (ausgezogene Linien in Abb. 117). Der Schnittpunkt *1* gilt für den
Schnitt der ursprünglichen Widerstandskurve mit der Düsenschub-
kurve. Er verschiebt sich für die höhere Flächenbelastung zum

Punkt *2*. Eine Erhöhung der Flächenbelastung bei gleichem Fluggewicht, d.h. eine Verringerung der Tragflächengröße, bewirkt also, wie man sieht, eine erhebliche Steigerung der größten Waagrechtgeschwindigkeit von 840 km/st auf über 1000 km/st. Die Geringstgeschwindigkeit ist ebenfalls gestiegen, so daß man schlechtere Landeeigenschaften erhält. Die entsprechenden Schnittpunkte mit der Propellerschubkurve sind *1'* und *2'*. Die Vergrößerung der Waagrechtgeschwindigkeit für das Propellerflugzeug ist längst nicht so bedeutend. Der Grund hierfür liegt in dem Verhalten der Schublinien. Der Düsenschub steigt mit der Geschwindigkeit, so daß man nicht nur eine Verringerung des Widerstandes, sondern auch eine Erhöhung des Düsenschubes erhält.

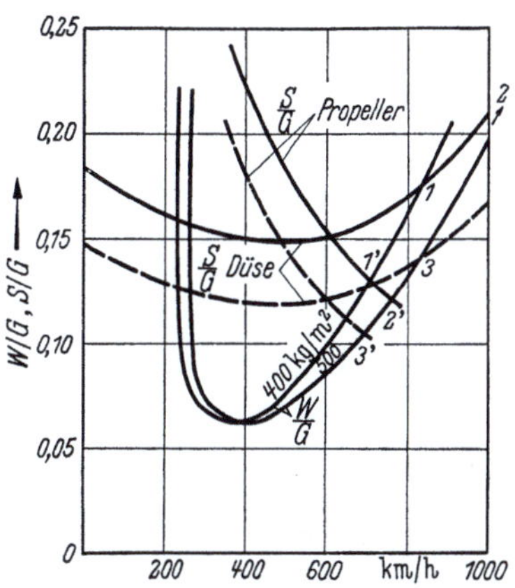

Abb. 117. Vergrößerung der Flächenbelastung und des Fluggewichts

Der Propellerschub fällt mit der Geschwindigkeit, so daß der Gewinn an Widerstand zum Teil durch verringerten Propellerschub ausgeglichen wird. Die Steigreserven sind durch die Vergrößerung der Flächenbelastung nicht wesentlich verändert worden.

Wir wollen jetzt bei konstanter Tragflächengröße das Fluggewicht um 25 vH erhöhen. Der Einfluß auf die Widerstandskurven ist der gleiche wie zuvor, es ist die Kurve für 500 kg/m² Flächenbelastung zu nehmen. Die Schubkurven S/G verlaufen wegen des vergrößerten Gewichtes unterhalb der ursprünglichen Schubkurven. Sie sind in Abb. 117 gestrichelt eingetragen. Die Schnittpunkte *3* und *3'* geben die Waagrechtfluggeschwindigkeiten für das Düsen- bzw. für das Propellerflugzeug an. Man sieht, daß die Geschwindigkeiten für die Schnittpunkte *1* und *1'* nahezu gleich denen für die Schnittpunkte *3* und *3'* sind. Eine Erhöhung des Fluggewichtes hat daher nur einen untergeordneten Einfluß auf die Höchstgeschwindigkeit im Waagrechtflug. Dagegen sieht man aus Abb. 117 deutlich, daß die Steigreserven für das erhöhte Fluggewicht sehr viel geringer geworden sind. Die Steiggeschwindig-

keiten leiden unter der Gewichtserhöhung ganz beträchtlich. Den
verringerten Steiggeschwindigkeiten entsprechen naturgemäß auch
verringerte Gipfelhöhen und verringerte Höchstgeschwindigkeiten
in der Höhe, wie man aus Abb. 115 erwarten kann.

Die an Hand der Abb. 117 nachgewiesene Empfindlichkeit der
Steiggeschwindigkeiten (und Höhenflugleistungen) gegen Flug-
gewichtserhöhungen ist ein für die Konstruktion der Flugzeuge
sehr bedeutsamer Umstand. Hochleistungsflugzeuge erfordern
äußerste Baugewichtsbeschränkungen. Der Erfolg eines neuen
Flugzeugmusters hängt zu einem großen Teil davon ab, daß es gelingt, die natürliche Tendenz der Gewichtszunahme während der
verschiedenen Stadien vom Vorentwurf über Konstruktion, Ver-
suchsbau, Flugerprobung und Produktion wirkungsvoll zu be-
kämpfen. Ein Hochleistungsflugzeug, welches während dieser Stadien im Leergewicht um mehr als 10 vH wächst, ist oft unbrauchbar. Die strenge Überwachung der kleinsten Gewichtseinzelheiten
während der gesamten Entwicklung eines Flugzeuges ist die einzige Gewähr dafür, daß nicht ständig gewichtkostende „Verbesserungen" angebracht werden, bis das Flugzeug so verbessert wurde,
daß es nicht mehr in der Lage ist, seinen Zweck zu erfüllen.

27. Reichweite

Aufgabenstellung. Die Ermittlung der Flugbedingungen zur Erzielung der größten Reichweite eines Flugzeuges ist bei allen Langstreckenflügen von Bedeutung und bildet u. a. die Grundlage zum
Verständnis der Wirtschaftlichkeitsfragen des Flugverkehrs, auf
die wir in Abschnitt 43 etwas eingehen werden. Die Reichweite
eines Flugzeuges hängt von der Menge des mitgeführten Brennstoffes, von dem Brennstoffverbrauch je Zeiteinheit und von der
Fluggeschwindigkeit ab. Brennstoff wird verbraucht beim Anwär-
men der Motoren, beim Rollen zur Abflugstelle, beim Abflug, beim
Steigen auf Reiseflughöhe, beim Warten in der Nähe des Landeflug-
hafens bis zur Freigabe der Landebahn, und schließlich wird verlangt, daß für jeden Flug eine gewisse Brennstoffreserve eingerech-
net wird, um den Fall unerwarteter Gegenwinde oder Verlängerung
der Flugstrecke wegen Wetters – Umfliegen von Sturmgebieten,
Anfliegen von Ausweichflughafen – zu berücksichtigen. Wir können
hier auf alle diese Einzelheiten bei der Ermittlung der Reichweite

nicht eingehen, sondern wir wollen uns lediglich die Aufgabe stellen, diejenigen Flugbedingungen zu finden, welche beim Geradeausflug in einer gewissen Höhe über einer gegebenen Strecke zu dem geringsten Brennstoffverbrauch führen. Ein Flug mit sparsamstem Brennstoffverbrauch ergibt für eine bestimmte mitgeführte Brennstoffmenge die größte Reichweite des Flugzeuges.

Propellerflugzeug. Der Brennstoffverbrauch für ein Propellerflugzeug sei e_N kg/PS st, der Propellerwirkungsgrad sei η, die Fluggeschwindigkeit v km/st und der Widerstand W kg. Dann ist im Waagrechtflug, da Widerstand gleich Schub, der Brennstoffverbrauch je Stunde

$$\frac{e_N\,W\,v}{\eta\,75\cdot 3{,}6}\ \text{kg/st}\,.$$

Der Faktor 3,6 dient zur Umrechnung von km/st in m/sek, der Faktor 75 dient zur Umrechnung von kg m/sek in PS. Den Brennstoffverbrauch für 1000 km Flugstrecke erhält man durch Multiplikation mit der Zeit $1000/v$ Stunden, die für den Flug über 1000 km gebraucht wird: $3{,}7\,W\,e_N/\eta$ kg/1000 km. Es sei $\varDelta R$ ein Element der Flugstrecke (Reichweite) in 1000 km Einheiten, $\varDelta G$ sei die während des Fluges über $\varDelta R$ erfolgende Fluggewichtsänderung durch Brennstoffverbrauch, dann ist

$$\varDelta G = -\varDelta R\,3{,}7\,W e_N/\eta = -\varDelta R\,G\cdot 3{,}7\,(W/G)\,e_N/\eta\,,$$

wobei G das Fluggewicht zu Beginn des Streckenelementes $\varDelta R$ ist. Wir wollen das Fluggewicht G auf das Abfluggewicht G_1 beziehen, so daß

$$\varDelta\,(G/G_1) = -(G/G_1)\,\varDelta R\,3{,}7\,(W/G)\,e_N/\eta\,.$$

Das Minuszeichen wurde eingeführt, um die Verringerung des Fluggewichtes infolge Brennstoffverbrauchs auszudrücken. Setzt man z. B. $\varDelta R = 1$ (1000 km), dann gibt die Zahl $3{,}7\,(W/G)\,e_N/\eta$ an, wieviel kg Brennstoff je kg Fluggewicht für 1000 km Flugstrecke verbraucht wird. Die Reichweite ist für eine bestimmte mitgeführte Brennstoffmenge am größten, wenn die Zahl $(W/G)\,e_N/\eta$ so klein wie möglich ist.

Am leichtesten übersehbar ist der Einfluß des Propellerwirkungsgrades η. Für eine Verstellblattschraube erhält man, wie wir in Abschnitt 18 sahen, gute Wirkungsgrade über einen großen Bereich von Fluggeschwindigkeiten und Leistungen. Die Annahme eines mittleren Wertes von $\eta = 0,85$ wird nicht sehr fehlgehen. Der spezifische Brennstoffverbrauch e_N kg/PS st hängt dagegen sehr von der Leistung und der Drehzahl des Triebwerkes ab. Bei einem Benzinmotor wird nach Abb. 83 der geringste spezifische Verbrauch bei etwa halber Bodenhöchstleistung erzielt. Auch muß man, um den Verbrauch gering zu halten, die Motordrehzahl so weit als möglich herabsetzen. Brennstoffverbrauche G_B einer Gasturbine sind in Abb. 97 angegeben. Den spezifischen Verbrauch erhält man durch $e_N = G_B/N_{\mathrm{eff}}$, wo N_{eff} die effektive Leistung der Gasturbine ist. Wie wir in Abschnitt 23 ausführten, ist der spezifische Verbrauch der Gasturbinen am geringsten bei Höchstleistung. Als ungefähren Kleinstwert des spezifischen Brennstoffverbrauchs kann man $e_N = 0,22$ kg/PS st ansehen, siehe Zahlentafel 1 und 2. Verbundmotoren erreichen etwas niedrigere Verbrauche, Gasturbinen haben zur Zeit etwas höhere Verbrauche. Wesentlich ist, daß die Triebwerksbedingungen eingehalten werden, unter denen dieser Kleinstwert auftritt. Das heißt, der Benzinmotor muß mit herabgesetzter Drehzahl und bei etwa halber Bodenhöchstleistung betrieben werden, während die Gasturbine nahe der für eine Flughöhe erreichbaren Höchstleistung arbeiten soll.

Der dritte Faktor, welcher im sparsamsten Flug möglichst klein gemacht werden muß, ist das Verhältnis von Widerstand zu Fluggewicht, W/G. Für unser in Abb. 111 dargestelltes Beispiel wird das Minimum von W/G bei etwa $\bar{v} = 1,2$ erreicht, was einem Auftriebsbeiwert von $c_a = 0,9$ entspricht. Ein Blick auf die Abb. 111 lehrt nun, daß dieses Minimum von W/G beim Waagrechtflug in Meereshöhe eine recht kleine Schubkraft S/G erfordert, jedenfalls eine sehr viel kleinere, als der vollen Turbinenleistung entspricht. Man kann also nicht gleichzeitig mit dem Kleinstwert von W/G fliegen und einen Kleinstwert an spezifischem Brennstoffverbrauch e_N erreichen. Zum Beispiel würde das Minimum von e_N für die Gasturbine erfordern, daß die in Abb. 111 gezeichnete Schubkurve S/W verwendet wird, welche die Widerstandskurve in $\bar{v} = 2,5$ schneidet, also in einem Punkt weit oberhalb des Minimums dieser Kurve.

Flughöhe und Reichweite. Wir haben in Abb. 118 die Verhältnisse der Abb. 111 noch einmal dargestellt, jedoch in einem Leistungsschaubild an Stelle des Kraftschaubildes von Abb. 111. Es sind $\bar{v} W/G$ und $\bar{v} S/G$ über $\bar{v}$ aufgetragen. Die Stelle des kleinsten W/G-Verhältnisses ist durch den Berührungspunkt der Tangente vom Koordinatenursprung an die $\bar{v}\,W/G$-Kurve gegeben, da der Tangens des Neigungswinkels dieser Geraden $\dfrac{\bar{v}\,W/G}{\bar{v}} = W/G$ beträgt. In dem Leistungsschaubild verläuft die Schubleistungskurve $\bar{v}\,S/G$ nahezu horizontal. Der Abfall dieser Kurve bei kleinen Geschwindigkeiten rührt von dem Propellerwirkungsgrad her, welcher, wie wir wissen, mit abnehmender Fluggeschwindigkeit geringer wird. Die Kurve für Meereshöhe (0 km) in Abb. 118 gilt ebenso wie die S/G-Kurve in Abb. 111 für Volleistung der Gasturbine (11000 U/min), deren Kennlinien in Abb. 97 dargestellt sind.

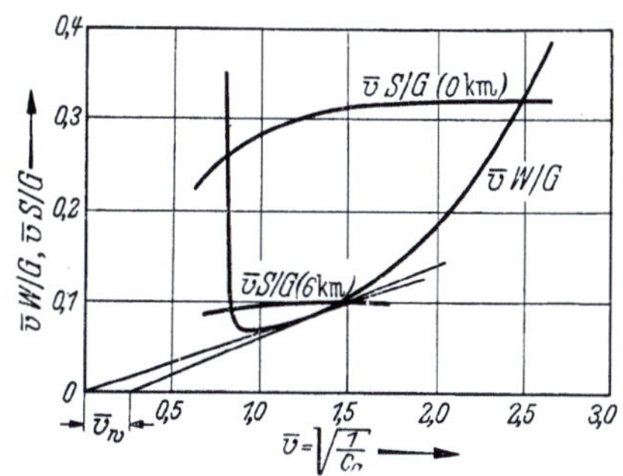

Abb. 118. Schubleistung und Widerstandsleistung für Propellerflugzeug

Der einzige Weg, um bei Volleistung der Turbine, also bei minimalem spezifischen Brennstoffverbrauch e_N in den Bereich kleiner W/G-Werte zu gelangen, ist der Höhenflug. Wir wollen unter der Annahme, daß die Machsche Zahl der Strömung in der Gasturbine unverändert bleibt, ihre Leistung in 6 km Höhe bestimmen. Für diese Höhe ist nach Zahlentafel 5, S. 395, das Dichteverhältnis $\sigma = 0{,}538$, das Leistungsverhältnis $\delta\sqrt{\Theta} = 0{,}433$ und das Drehzahlverhältnis $\sqrt{\Theta} = 0{,}93$, siehe Tabelle auf S. 179. Der spezifische Brennstoffverbrauch bleibt unter diesen Umständen der gleiche. Die Bezugsgeschwindigkeit v_0, welche in Meereshöhe 288 km/st betrug, ist in 6 km Höhe $288/\sqrt{\sigma} = 394$ km/st. Mit Hilfe einer Rechnung, ähnlich der auf S. 212 durchgeführten, wurde die Größe $\bar{v}\,S/G$ für 6 km Höhe als Funktion von $\bar{v}$ ermittelt und in Abb. 118 eingetragen. Man erkennt, daß die Schubleistungskurve die Widerstandsleistungskurve in einem Punkt schneidet, welcher nahe dem Berührungspunkt der Tangente vom Koordinatenursprung an diese Kurve ist. Die Turbine arbeitet mit ihrer Höhenvolleistung, also mit dem kleinsten spezifischen Brennstoffverbrauch, und das Flugzeug fliegt nahezu mit dem kleinsten W/G-Verhältnis.

Die Steigreserve ist in 6 km Höhe sehr gering. Um mit einem Turbopropellerflugzeug die größte Reichweite bzw. den sparsam-

sten Brennstoffverbrauch je km Flugstrecke zu erzielen, muß man
also in einer Höhe fliegen, die nicht viel unterhalb der Gipfelhöhe
des Flugzeuges liegt. Die Fluggeschwindigkeit in 6 km Höhe
ist nach Abb. 118 $v = 394 \cdot 1{,}45 = 570$ km/st, verglichen mit
720 km/st Höchstgeschwindigkeit in Meereshöhe. W/G ist jedoch
in Meereshöhe mehr als doppelt so groß als in 6 km Höhe. Die
Reichweite wäre beim Flug mit voller Leistung in Meereshöhe weniger als die Hälfte. Natürlich wird beim Steigen zur Reiseflughöhe
zusätzlich Brennstoff verbraucht. Für kurze Strecken lohnt es sich
nicht, die Höhe für sparsamsten Flug aufzusuchen. Wenn die Steigzeit ein Drittel der gesamten Flugzeit oder weniger beträgt, ist es
jedoch schon sehr lohnend, in diese Höhe aufzusteigen.

Für Kolbenmotoren sind die Reiseflughöhen für sparsamsten
Verbrauch niedriger als für Gasturbinen, da der beste spezifische
Brennstoffverbrauch nicht bei Volleistung, sondern bei 50 bis
60 vH der Volleistung in Meereshöhe erreicht wird. Doch kann man
im allgemeinen auch bei Kolbenmotoren durch Aufsuchen größerer
Höhen gegenüber dem Flug in Meereshöhe nicht unerheblich an
Brennstoff sparen.

Windeinfluß. Gegenwind vergrößert die Relativgeschwindigkeit
für geringsten Brennstoffverbrauch je km Flugstrecke. Für die
Widerstandsleistung müssen wir die relative Geschwindigkeit v des
Flugzeuges in bezug auf die Luft verwenden. Die Zeit zum Zurücklegen von 1000 km ist jetzt aber $1000/(v - v_w)$ st, wo v_w die Geschwindigkeit des Gegenwindes ist. Der Brennstoffverbrauch je
1000 km ist daher

$$3{,}7\,(W/G)\,(e_N/\eta)\,\frac{\bar{v}}{\bar{v} - \bar{v}_w}\quad \frac{\text{kg Brennstoff}}{\text{je kg Fluggewicht und 1000 km}}.$$

Um diesen Ausdruck bei gegebenem e_N/η möglichst klein zu halten,
müssen wir die Tangente an die Widerstandsleistungskurve in
Abb. 118 von einem um $\bar{v}_w$ nach rechts verschobenen Punkt aus
ziehen. Bei Schiebewind steht $\bar{v} + \bar{v}_w$ im Nenner des obigen Ausdrucks, und die Tangente ist von einem auf der horizontalen Achse
um v_w nach links verschobenen Punkt zu ziehen. Bei Windgeschwindigkeiten, die im Verhältnis zur relativen Geschwindigkeit des Flugzeuges groß sind, kann es sich um beträchtliche Korrekturen der sparsamsten Relativgeschwindigkeit handeln. Um es
nochmals zu wiederholen: Gegenwind vergrößert, Schiebewind

verringert die Relativgeschwindigkeit des Flugzeuges, für welche die größte Reichweite erhalten wird.

Brennstoffvorrat und Reichweite. Um eine Vorstellung davon zu geben, wie die Reichweite von der mitgeführten Brennstoffmenge abhängt, wollen wir Zahlenwerte in die oben abgeleitete Beziehung einsetzen. Der Propellerwirkungsgrad sei $\eta = 0,85$, der spezifische Brennstoffverbrauch sei 0,22 kg/PS st, und das Verhältnis von Widerstand zu Fluggewicht sei 0,063. Wir erhalten dann

$$\Delta (G/G_1) = - (G/G_1)\,\Delta R\,3,7 \cdot 0,063 \cdot 0,22/0,85 = - (G/G_1)\,\Delta R \cdot 0,06\,.$$

Für $\Delta R = 1$, d.h. für den Flug über 1000 km Flugstrecke wird 6 vH vom Fluggewicht an Brennstoff verloren. Wir können durch eine leichte Tabellenrechnung ermitteln, wie die Abnahme des Fluggewichtes mit der Reichweite bei Strecken von mehr als 1000 km zusammenhängt. Wir unterteilen die gesamte Flugstrecke in Abschnitte von 1000 km und erniedrigen das Fluggewicht am Ende jeden Abschnittes um 6 vH[1].

R 1000 km	0	1	2	3	4	5	6	7	8	9	10
G/G_1	1,0	0,940	0,884	0,831	0,781	0,734	0,690	0,649	0,610	0,573	0,539
$\Delta G/G_1$		0,06	0,056	0,053	0,050	0,047	0,044	0,041	0,039	0,037	0,034

Diese Tabelle zeigt, daß man z.B. mit einer Brennstoffmenge, die ein Drittel des Abfluggewichtes beträgt, zwischen 6000 und 7000 km Reichweite erzielen kann.

Da das Fluggewicht während des Fluges abnimmt, verlagert sich die Leistungskurve $\bar{v}S/G$ in Abb. 118 allmählich nach oben. Der Schnittpunkt mit der Widerstandsleistungskurve verlagert sich dadurch nach rechts und man fliegt nicht mehr mit dem geringsten Brennstoffverbrauch. Um den Kleinstwert an Brennstoffverbrauch je 1000 km Flugstrecke von 6 vH des jeweiligen Fluggewichts beizubehalten, muß man um so größere Höhen aufsuchen, je leichter das Flugzeug geworden ist. In vielen Fällen genügt es allerdings,

---

[1] Ein solches Verfahren ist natürlich nicht exakt, sondern gibt nur Näherungswerte, da in Wirklichkeit die Abnahme des Fluggewichts kontinuierlich ist und nicht, wie oben angenommen, nur am Ende jedes 1000-km-Abschnittes erfolgt. Für den mit den Elementen der Theorie linearer Differentialgleichungen vertrauten Leser sei bemerkt, daß die Lösung unserer Differentialgleichung $d(G/G_1)/dR = - 0,06\,(G/G_1)$ durch $G/G_1 = e^{-0,06\,R}$ gegeben ist. Die exakten Werte für G/G_1 sind danach:

R 1000 km	0	1	2	3	4	5	6	7	8	9	10
G/G_1	1	0,942	0,887	0,835	0,787	0,741	0,698	0,657	0,619	0,583	0,548

ein mittleres Fluggewicht für die Strecke anzunehmen und die gesamte Strecke in der für das mittlere Fluggewicht günstigsten Höhe zu fliegen. Für die praktische Wahl einer optimalen Flughöhe ist natürlich auch die Verschiedenheit des Windes in den verschiedenen Flughöhen von großer Bedeutung. Die bei Windstille günstigste Flughöhe kann unter Umständen sehr viel unwirtschaftlicher sein als andere Höhen, wenn man in diesen anderen Höhen Schiebewinde antrifft oder geringere Gegenwinde.

Düsenflugzeug. Für das Düsenflugzeug liegen die Verhältnisse etwas anders. An Stelle des spezifischen Brennstoffverbrauches e_N kg/PS st tritt der Wert e_S kg/kg st, der also auf den Schub statt auf die Leistung bezogen ist. Wie man aus Abb. 96 ersieht, ist bei einem Düsentriebwerk der Verbrauch je kg Schub im Bereich hoher Schübe nahezu konstant, unabhängig von der Fluggeschwindigkeit. Der optimale spezifische Verbrauch liegt bei relativ hohen Schüben. Bei kleineren Düsenschüben erhält man höheren spezifischen Brennstoffverbrauch.

Im Waagrechtflug ist der Brennstoffverbrauch $e_S W$ kg/st. Den Verbrauch je 1000 km erhält man durch Multiplikation mit $1000/v$ Stunden oder, wenn v durch $v_0 \bar{v}$ ersetzt wird, durch

$$1000\, W e_S / v_0 \bar{v} \ \text{kg}/1000\,\text{km}\,.$$

Unsere frühere Gleichung für die Gewichtsabnahme heißt dann

$$\Delta (G/G_1) = - (G/G_1)\, \Delta R\, \frac{1000\, e_S}{v_0}\, (W/G)/\bar{v}\,.$$

Die Bezugsgeschwindigkeit v_0 hängt nur von der Flughöhe ab und nimmt mit der Höhe zu. In einer gegebenen Flughöhe kommt es darauf an, $(W/G)/\bar{v}$ zu einem Minimum zu machen, wenn man außerdem noch dafür sorgt, daß das Triebwerk mit dem Schub für kleinsten spezifischen Verbrauch e_S arbeitet. Das bedeutet, daß man in dem W/G-Schaubild der Abb. 110 an die W/G-Kurve die Tangente vom Ursprung des Koordinatensystems ziehen muß. Diese Tangente hat den kleinstmöglichen Neigungswinkel tangens $(W/G)/\bar{v}$. Durch Vergleich von Abb. 110 und 118 erkennt man, daß beim Düsenflugzeug der sparsamste Flug bei einer höheren Fluggeschwindigkeit liegt. Die Größe $\bar{v}$ für den Flug mit geringstem Brennstoffverbrauch je Streckeneinheit ist etwa 1,7 statt 1,2 beim Propellerflugzeug.

Die Schubkurve für 6 km Höhe in Abb. 110 geht nahezu durch den Berührungspunkt der Tangente mit der W/G-Kurve. Man sieht daher, daß auch das Düsenflugzeug nahezu in Gipfelhöhe fliegen muß, um den geringsten Brennstoffverbrauch je km zu erreichen. Die Reisefluggeschwindigkeit bei voller Belastung (400 kg/m² Flächenbelastung) ist $1{,}7 \cdot 394 = 670$ km/st. Verwendet man eine Verbrauchszahl von 1,1 kg/kg st und ein Widerstandsverhältnis von 0,07, so ergibt sich

$$\varDelta\,(G/G_1) = -\,\varDelta R\,(G/G_1)\,1000 \cdot 1{,}1 \cdot 0{,}07/670 = -\,\varDelta R\,(G/G_1)\,0{,}115\,.$$

Unser Düsenflugzeug braucht also beim Flug in 6 km Höhe für 1000 km Strecke 11,5 vH seines Fluggewichtes an Brennstoff, das ist beinahe doppelt soviel wie das zuvor behandelte Propellerflugzeug. Es muß allerdings wieder bemerkt werden, daß das Düsenflugzeug unseres Beispiels nicht sehr typisch für praktische Flugzeuge ist. Bei größerem Schub-zu-Fluggewichts-Verhältnis können größere Höhen aufgesucht werden und höhere Fluggeschwindigkeiten erreicht werden, wodurch sich die Zahl von 11,5 vH Gewichtsverlust auf 1000 km Strecke verringert. Für Unterschallgeschwindigkeiten ergeben sich jedoch trotzdem beim heutigen Stand der Düsentriebwerke höhere Brennstoffverbrauche je Streckeneinheit als für Propellerantrieb.

Fluggeschwindigkeit und Reichweite. Wir hatten uns in den seitherigen Betrachtungen die Aufgabe gestellt, bei einem gegebenen Flugzeug mit einem gegebenen Triebwerk die Flugbedingungen für größte Reichweite aufzusuchen. Wir fanden eine gewisse optimale Höhe und eine gewisse optimale Fluggeschwindigkeit. Wir wollen uns jetzt fragen, welches ist die Flughöhe, bei der für eine bestimmte gewünschte Fluggeschwindigkeit die Widerstandsleistung bzw. der Widerstand ein Minimum wird. Falls wir das Triebwerk so auswählen, daß es in dieser optimalen Höhe die erforderliche Leistung oder den erforderlichen Schub mit dem kleinstmöglichen Brennstoffverbrauch liefert, haben wir die Aufgabe gelöst, für eine vorgegebene Fluggeschwindigkeit das Flugzeug mit der größten Reichweite zu konstruieren. Wir wollen annehmen, daß es sich um ein Flugzeug mit der Widerstandskurve W/G der Abb. 110 und 111 handelt, daß jedoch die Frage des Triebwerks noch offen ist.

Wir bilden den Ausdruck $W\bar{v}/G\sqrt{\sigma}$, den wir für verschiedene Höhen in Abb. 119 über $\bar{v}/\sqrt{\sigma}$ auftragen. Die Ordinaten sind dann proportional der Widerstandsleistung in den verschiedenen Flughöhen, die Abszissen sind proportional der Fluggeschwindigkeit. (σ ist das Luftdichteverhältnis und ist der Zahlentafel 5 zu entnehmen.) Für unser Beispiel wird die Fluggeschwindigkeit durch Multiplikation von $\bar{v}/\sqrt{\sigma}$ mit 288 km/st erhalten, und es wird die Widerstandsleistung in PS durch Multiplikation von $W\bar{v}/G\sqrt{\sigma}$ mit

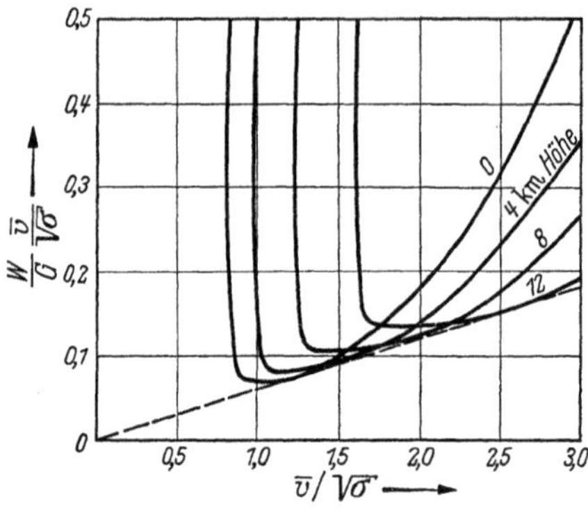

Abb. 119. Widerstandsleistung über Fluggeschwindigkeit für verschiedene Flughöhen

$G \cdot 80/75$ erhalten. Man sieht aus Abb. 119, daß die kleinstmögliche Widerstandsleistung 'mit steigender Flughöhe größer wird. Um überhaupt fliegen zu können, ist in der Höhe mehr Leistung erforderlich als am Boden. Die Leistungskurven überschneiden sich jedoch, und bei hohen Fluggeschwindigkeiten wird in der Höhe sehr

viel weniger Leistung erfordert als am Boden. Die Flughöhe für den geringsten Leistungsverbrauch ist durch die gestrichelt eingetragene Tangente an die Leistungskurven gegeben. Je höher die Fluggeschwindigkeit, desto größer ist die optimale Flughöhe. Für eine Fluggeschwindigkeit von z. B. $\bar{v}/\sqrt{\sigma} = 2 \cdot (576 \text{ km/st})$ wäre in etwa 8 km Höhe die Widerstandsleistung am geringsten. Für eine Fluggeschwindigkeit von $\bar{v}/\sqrt{\sigma} = 1,5 \cdot (432 \text{ km/st})$ wäre in einer Flughöhe von etwa 4 km die Widerstandsleistung am geringsten. Wie man sieht, kann die Geschwindigkeit von 432 km/st allerdings auch in Meereshöhe geflogen werden, ohne zu große Mehrleistung im Vergleich zum Optimum zu erfordern. Dagegen würde eine Fluggeschwindigkeit von 576 km/st in Meereshöhe 40 vH mehr Leistung erfordern als in 8 km Höhe.

Die für eine gegebene Fluggeschwindigkeit nach Abb. 119 zu bestimmenden optimalen Höhen gelten sowohl für Propellerantrieb wie für Düsenantrieb, da bei gegebener Geschwindigkeit der Kleinstwert der Schubleistung auch den Kleinstwert des Schubes liefert. Wenn wir jetzt das Triebwerk so auswählen, daß es in der optimalen Flughöhe nach Abb. 119 die Leistung bzw. den Schub mit geringstem Brennstoffverbrauch liefert, haben wir stillschweigend angenommen, daß das Gewicht des Triebwerkes bei der Optimalbetrachtung vernachlässigt werden kann, und daß es nur darauf ankommt, den Brennstoffverbrauch so gering wie möglich zu halten. Diese Annahme ist zwar bei Verwendung der relativ schweren Kolbenmotoren nicht ohne weiteres gerechtfertigt. Bei Verwendung von Gasturbinen spielt jedoch das Gewicht der Triebwerksanlage eine viel geringere Rolle und kann bei Langstreckenflugzeugen wenigstens näherungsweise in der Optimalbetrachtung vernachlässigt werden.

In der Praxis ist die Fragestellung oft umgekehrt. Es ist für einen gewissen Verwendungszweck manchmal nur ein einziges Triebwerksmuster vorhanden, und der Flugzeugkonstrukteur muß sein Flugzeug dem Triebwerk anpassen, statt für einen Flugzeugentwurf das passende Triebwerk auszusuchen. Die Höhen mit geringstem Widerstand hängen natürlich wesentlich von den Flugzeugparametern – schädlichem Widerstand, Flächenbelastung, Seitenverhältnis der Tragflächen – ab, und sie können in gewissen Grenzen verändert werden. Wir können hier auf den verwickelten Fragenkomplex beim Entwurf eines Flugzeuges nicht eingehen und müssen uns damit begnügen, an Hand der Abb. 119 einen Einblick in die Gründe erhalten zu haben, die dazu veranlassen, bei wachsenden Fluggeschwindigkeiten immer größere Höhen aufzusuchen.

28. Messung der Flugleistungen

Messung der relativen Fluggeschwindigkeit. Wie wir von Abschnitt 3 her wissen, wird zur Geschwindigkeitsmessung ein Staudruckgerät verwendet. Die Geschwindigkeitsskala ist üblicherweise für Normaldichte in Meereshöhe geeicht. Das Gerät mißt den dynamischen Druck $v^2 \varrho/2$, die Skala zeigt die v-Werte für $\varrho = 0{,}125$ an. Für andere Werte der Luftdichte muß der abgelesene Wert der Fluggeschwindigkeit berichtigt werden. Zur Berichtigung brauchen wir die Angabe des Höhenmessers, welcher, wie wir von Abschnitt 1 her wissen, ein Druckmeßgerät ist, dessen Skala nur dann die richtige Höhe anzeigt, wenn die Luftdruckverteilung der Normalatmosphäre vorliegt. Herrscht der normale Luftdruck und damit auch die normale Lufttemperatur, so kann das Dichteverhältnis σ in der abgelesenen Höhe nach der Zahlentafel 5 bestimmt werden. Die wirkliche Geschwindigkeit ist durch $v = v_a \sqrt{1/\sigma}$ zu ermitteln. Ist die gemessene absolute Temperatur T, die in der abgelesenen Höhe normale Temperatur T', so erhält man die berichtigte Fluggeschwindigkeit durch $v = v_a \sqrt{1/\sigma \cdot (T'/T)}$, wobei wieder σ das für die Normalatmosphäre geltende Dichteverhältnis ist. Die Temperaturkorrektur ergibt sich aus der Gasgleichung, welche besagt, daß bei konstantem Druck die Dichte umgekehrt proportional der absoluten Temperatur ist.

Bei schallnahen Geschwindigkeiten muß noch eine Kompressibilitätsberichtigung hinzugefügt werden. Abb. 16 gibt das Verhältnis des Staudruckes in kompressibler Strömung zum Staudruck in inkompressibler Strömung. Für $M < 1$ ist angenähert $q'/q = 1 + M^2/4$. Wenn wir aus einem gemessenen Staudruck q nach der Formel $q = \varrho v^2/2$ auf die Geschwindigkeit v zurückschließen, erhalten wir eine zu große Geschwindigkeit. Es sei Δv der Betrag, um welchen wir die Geschwindigkeit überschätzt haben. Dann ist $[(v + \Delta v)/v]^2 = 1 + M^2/4$ oder, bei Vernachlässigung des Quadrates der kleinen Größe Δv, angenähert $\Delta v/v = M^2/8$. Die Skala des Geschwindigkeitsmeßgerätes ist normalerweise so geeicht, daß der Einfluß der Kompressibilität für normale Temperatur in Meereshöhe berücksichtigt ist. Es sei M_a die MACHsche Zahl für die abgelesene Geschwindigkeit bei normaler Temperatur in Meereshöhe, M die MACHsche Zahl der wirklichen Fluggeschwindigkeit, dann beträgt die Korrektur nur noch $\Delta v/v = (M^2 - M_a^2)/8$.

Zahlenbeispiel: Die abgelesene Höhe sei 6 km, die abgelesene Fluggeschwindigkeit sei $v_a = 500$ km/st, die gemessene Temperatur sei — 15 °C ($T = 258°$). Aus der Zahlentafel 5 finden wir $\sigma = 0,538$, $T' = 249°$. Es ist also unter Vernachlässigung der Kompressibilität die wirkliche Geschwindigkeit $v = 500 \sqrt{1/0,538\,(249/258)} = 694$ km/st. Die Schallgeschwindigkeit in Meereshöhe ist 340 m/sek oder 1224 km/st, die Schallgeschwindigkeit bei — 15 °C ist $1224 \sqrt{258/288} = 1155$ km/st. Also ist $M_a = 500/1224 = 0,41$ und $M = 694/1155 = 0,60$. Daraus ergibt sich $\Delta v/v = (0,60^2 - 0,41^2)/8 = 0,024$. Wir haben also infolge Vernachlässigung der Kompressibilität die Geschwindigkeit um 2,4 vH überschätzt. Die berichtigte wahre Fluggeschwindigkeit ist 677 km/st.

Bei Flugleistungsmessungen ist man meist weniger an der Kenntnis der wirklichen Fluggeschwindigkeit interessiert als an derjenigen Fluggeschwindigkeit, welche das Flugzeug in der Normalatmosphäre haben würde. Wie schon erwähnt, werden bei Leistungsberechnungen immer Normalverhältnisse angenommen, und ein Vergleich der Meßergebnisse mit den Berechnungen – oder auch ein Vergleich von Meßergebnissen an verschiedenen Tagen mit verschiedenen Temperaturen und Drucken – ist nur möglich, wenn alle Meßergebnisse für Normalatmosphäre umgerechnet werden. Eine solche Umrechnung erfordert jedoch mehr als die Kenntnis der hier angenommenen Daten. Insbesondere ist die Heranziehung der Steiggeschwindigkeit notwendig, auf die wir nunmehr eingehen wollen.

Messung der Steiggeschwindigkeit und Umrechnung auf Normalatmosphäre. In Abschnitt 2 haben wir ein Verfahren kennengelernt, das aus den Zahlenangaben des Höhenmessers und aus der Lufttemperatur gestattete, die abgelesenen Steiggeschwindigkeiten für Normalatmosphäre zu berichtigen. Bei diesem Verfahren wurde vorausgesetzt, daß die erforderliche Leistung und die verfügbare Triebwerksleistung lediglich von der Luftdichte, nicht aber von der Lufttemperatur abhängen. Für die erforderliche Leistung ist diese Annahme richtig, solange Kompressibilitätseinflüsse vernachlässigt werden können. Für die Triebwerksleistung ist die Annahme nicht richtig, da sowohl bei Kolbenmotoren wie bei Gasturbinen die Leistung eine Funktion von Dichte *und* Temperatur ist. Man könnte das in Abschnitt 2 dargestellte Verfahren dadurch erweitern, daß man eine Triebwerksleistungskorrektur hinzufügt. Tatsächlich wird das so erweiterte Verfahren vielfach angewendet, soweit es sich um Fluggeschwindigkeiten ohne wesentliche Kompressibilitätseinflüsse handelt. Für schallnahe Geschwindigkeiten nimmt jedoch die MACHsche Zahl eine entscheidende Bedeutung an, und eine Berichtigung der Meßergebnisse, welche diesen Einfluß außer acht läßt, ist nicht mehr zulässig.

Das folgende Verfahren wird allgemein bei schallnahen Geschwindigkeiten verwendet. Es liefert aber auch bei Fluggeschwindigkeiten mit vernachlässigbarem Kompressibilitätseinfluß die Ergebnisse in etwas einfacherer Weise als das in Abschnitt 2 dargestellte Verfahren. Bei der Umrechnung eines gemessenen Flugzustandes auf einen anderen in der Normalatmosphäre werden Luftdruck, angezeigte Geschwindigkeit und MACHsche Zahl unverändert gelassen, Temperatur, Dichte, wirkliche Geschwindigkeiten, erforderliche Leistung, Triebwerksleistung werden verändert. Die folgende Tabelle zeigt, wie die verschiedenen Größen in der wirklichen und in der Normalatmosphäre einander zugeordnet sind.

	Wirkliche Atmosphäre	Normale Atmosphäre
Luftdruck (Höhe in Normalatmosphäre)	H	H
Absolute Temperatur	T	T'
Abgelesene Geschwindigkeit	v_a	v_a
Dichteverhältnis	$\sigma T'/T$	σ
Wirkliche Fluggeschwindigkeit	v	$v\sqrt{T'/T}$
Machsche Zahl	M	M
Erforderliche Schubleistung	N_{erf}	$N_{\mathrm{erf}}\sqrt{T'/T}$
Schubleistung des Triebwerks	$N_T\sqrt{T'/T}$	N_T
Wirkliche Steiggeschwindigkeit	$w_a\,T/T'$	$w_a\sqrt{T/T'} + \dfrac{N_T}{G}\left(1 - T'/T\right)$

Die Dichte verändert sich umgekehrt proportional zur absoluten Temperatur, die Geschwindigkeiten verändern sich wegen der Konstanz der Machschen Zahl wie die Schallgeschwindigkeit, also proportional zur Wurzel aus der absoluten Temperatur. Die erforderliche Leistung verändert sich wegen der Konstanz der Staudrucke und damit der erforderlichen Schubkraft wie die Fluggeschwindigkeit. Die Triebwerksschubleistung verändert sich umgekehrt proportional zur Wurzel aus der absoluten Temperatur. Nach Abschnitt 23 ist diese Gesetzmäßigkeit für Strömungsmaschinen gültig, wenn die Machschen Zahlen der inneren Strömung und die Drucke konstant gehalten werden. Diese Gesetzmäßigkeit ist auch für die meisten Benzinmotoren üblicher Bauart angenähert gültig. N_T bezeichnet die Schubleistung des Triebwerks in der Normalatmosphäre, wie sie aus den Leistungskennlinien der Herstellerfirmen entnommen werden kann. Im Falle eines Propellertriebwerks muß der Propellerwirkungsgrad geschätzt werden, um zur Schubleistung zu gelangen. Die wirkliche Steiggeschwindigkeit wird aus der abgelesenen w_a durch Multiplikation mit T/T' erhalten, wie in Abschnitt 2 erklärt. In der Normalatmosphäre sind alle Geschwindigkeiten wie die Schallgeschwindigkeit zu verändern, dies gilt auch für die Steiggeschwindigkeit. Es muß jedoch noch eine Korrektur Δw hinzugefügt werden, die sich aus dem Unterschied der Leistungen ergibt. Es ist die Steigleistungsdifferenz $\Delta w\,G$ (G ist das Fluggewicht) gleich dem Unterschied der Triebwerksleistungen minus dem Unterschied der erforderlichen Leistungen, also

$$\Delta w\,G = \left(N_T - N_T\sqrt{T'/T}\right) - \left(N_{erf}\sqrt{T'/T} - N_{erf}\right).$$

Da beim wirklichen Flugzustand die erforderliche Leistung gleich der Triebwerksleistung ist: $N_{erf} = N_T\sqrt{T'/T}$, ergibt sich

$$\Delta w\,G = N_T(1 - T'/T).$$

Hierbei ist natürlich die Triebwerksleistung N_T in kg m/sek einzusetzen.

Zahlenbeispiel: Wir wollen das obige Zahlenbeispiel dadurch erweitern, daß wir außer der abgelesenen Höhe $H = 6$ km, der gemessenen Temperatur $T = 258\,°$K, der abgelesenen Geschwindigkeit $v_a = 500$ km/st noch die abgelesene Steiggeschwindigkeit $w_a = 10$ m/sek, die Schubleistung des Triebwerks in 6 km Normalatmosphäre $N_T = 6000$ PS und das Fluggewicht $G = 15\,000$ kg annehmen. Es ergeben sich dann die folgenden Zahlen, von denen die ersten 6 Reihen der Übersicht halber das Ergebnis des obigen Beispiels wiederholen:

	Wirkliche Atmosphäre	Normale Atmosphäre
Luftdruck (Höhe in Normalatmosphäre)	6 km	6 km
Absolute Temperatur	258°	249°
Abgelesene Geschwindigkeit	500 km/st	500 km/st
Dichteverhältnis	0,520	0,538
Wirkliche Fluggeschwindigkeit	677 km/st	666 km/st
MACHsche Zahl	0,60	0,60
Erforderliche Schubleistung	5900 PS	5800 PS
Schubleistung des Triebwerks	5900 PS	6000 PS
Wirkliche Steiggeschwindigkeit	10,38 m/sek	11,24 m/sek

Man erkennt, daß selbst eine kleine Abweichung der wirklichen Temperatur von der normalen Temperatur recht erhebliche Korrekturen der Steiggeschwindigkeit für Normalatmosphäre bedingen kann. Man erkennt auch, daß das obige Verfahren leichter zu handhaben ist als das ältere in Abschnitt 2 dargestellte, da die Korrekturen für ein und dieselbe Höhe H bestimmt werden.

Mit Hilfe der Methode zur Umrechnung von Steiggeschwindigkeiten auf Normalatmosphäre sind wir auch in der Lage, die Waagrechtfluggeschwindigkeiten für Normalatmosphäre zu berichtigen. Man benötigt Flugmessungen mit konstanter Einstellung des

Leistungshebels für etwas größere und für etwas kleinere Fluggeschwindigkeit als die Waagrechtfluggeschwindigkeit, so daß ein Bereich von Steig- und Sinkgeschwindigkeiten erfaßt wird. Wir berichtigen dann die Steig- und Sinkgeschwindigkeiten ebenso wie die Fluggeschwindigkeiten nach obiger Methode und finden dadurch eine berichtigte Fluggeschwindigkeit, bei welcher das Flugzeug weder steigen noch sinken würde. Da man eine Reihe von Flugmessungen bei der gleichen angezeigten Höhe H braucht, geht man so vor, daß man ein Barogramm nach Art der Abb. 120 erhält, welches wie ein Sägenprofil aussieht. Jeder Aufstieg und Abstieg wird mit einer etwas anderen Fluggeschwindigkeit – aber mit der gleichen Stellung des Leistungshebels – vorgenommen. Alle Meßpunkte gelten jedoch für angenähert die gleiche Flughöhe.

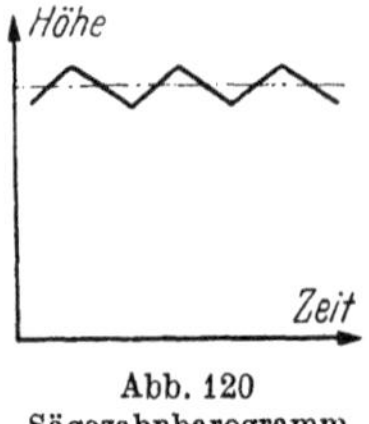

Abb. 120
Sägezahnbarogramm

Es mag hier noch erwähnt werden, daß die Höhenmesser der Flugzeuge eine von Hand einstellbare Luftdruckskala haben. Dies hat den Zweck, daß der Flugzeugführer vor der Landung den ihm durchgesagten Bodenluftdruck einstellen kann. Der Höhenmesser zeigt dann die ungefähre Höhe über dem Boden an. Für Flugmessungen muß natürlich die Luftdruckskala auf den normalen Wert in Meereshöhe von 760 mm Hg eingestellt sein, damit die abgelesenen Höhen mit denen in der Normalatmosphäre identisch sind.

Fluggeschwindigkeit bei Wind. Was wir bisher kurz als Fluggeschwindigkeit v bezeichnet haben, ist, sobald Wind herrscht, die *relative Geschwindigkeit* des Flugzeuges gegenüber der bewegten Luft und soll jetzt, zur deutlichen Unterscheidung, *Eigengeschwindigkeit* des Flugzeuges heißen. Wir wollen hier die waagrecht gedachte *Windgeschwindigkeit* oder *Windstärke* mit w, die aus Eigengeschwindigkeit und Windstärke resultierende „*Fluggeschwindigkeit*" mit c bezeichnen. Den durch Wind herbeigeführten Unterschied zwischen dem tatsächlich erreichten Ziel und dem Punkt, der bei Windstille erreicht worden wäre, nennt man – auch bei beliebiger Windrichtung – die „Windversetzung".

Wie man im allgemeinen Fall beliebiger Windrichtung die Fluggeschwindigkeit c aus Windstärke w und Eigengeschwindigkeit v ermittelt, zeigt Abb. 121. Hier ist die Strecke $OW = w$ in der Windrichtung aufgetragen und die Strecke $WC = v$ in der Richtung der Flugzeugachse angefügt. Die Verbindungsgerade OC liefert dann nach Größe und Richtung die Fluggeschwindigkeit c. Sie wird, wie man sieht, aus w und v so gefunden, wie man die Resultierende zweier Kräfte aus diesen ableitet. Wendet der Führer durch Auslegen des Seitenruders das Flugzeug derart, daß die Achse die Richtung WC' erhält, so fällt die Fluggeschwindigkeit nach Größe und Richtung mit OC' zusammen. Dabei haben die Strecken WC und WC' beide die Größe v, sind also untereinander gleich. Daraus ergibt sich der Satz: Trägt man *alle bei einem bestimmten Wind möglichen Fluggeschwindigkeiten c* eines Flugzeuges (natürlich bei gleicher Motorleistung usw.) nach Größe und Richtung von einem festen Punkt O aus auf, so liegen die Endpunkte dieser

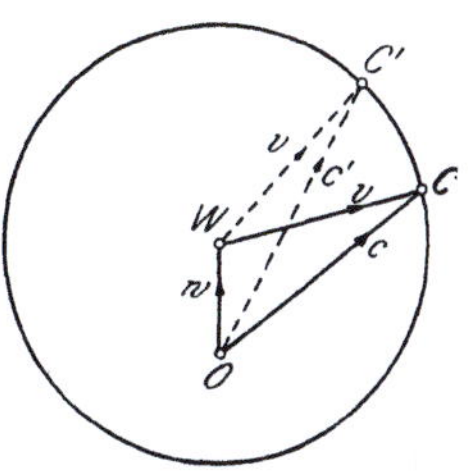

Abb. 121. Fluggeschwindigkeit bei Wind

Geschwindigkeitsstrecken *auf einem Kreis*, dessen Halbmesser die Größe der Eigengeschwindigkeit v darstellt. Mit anderen Worten heißt das: Wenn mehrere Flugzeuge mit gleicher Eigengeschwindigkeit v von einem Punkte aus gleichzeitig nach verschiedenen Seiten abfliegen, so befinden sie sich zu jeder Zeit auf dem Umfang eines Kreises; der Mittelpunkt des Kreises schreitet mit Windgeschwindigkeit fort, der Halbmesser vergrößert sich mit der Geschwindigkeit v. Bei Windstille bleibt der Ausgangspunkt dauernd Mittelpunkt der Kreise.

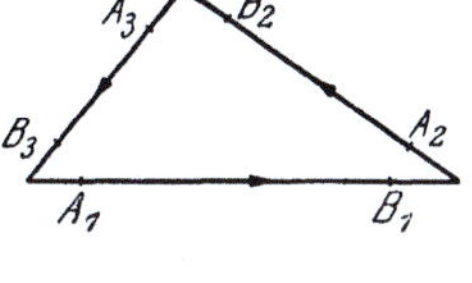

Stoppdreieck. Man kann den „Geschwindigkeitskreis" vor allem dazu benutzen, um die Eigengeschwindigkeit eines Flugzeuges durch Flugversuche zu bestimmen. Kennt man nämlich von einem Kreis drei Punkte, so kann man, wie bekannt, den Kreis konstruieren, also jedenfalls auch seinen Halbmesser finden. Das Verfahren des „*Stoppdreiecks*", wie wir es nennen wollen, besteht nun in folgendem. Auf dem Boden werden

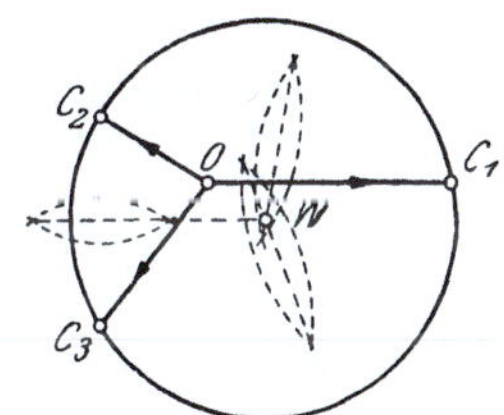

Abb. 122. Stoppdreieck und zugehörige Geschwindigkeitsermittlung

drei Strecken von verschiedenen Richtungen in geeigneter Weise abgesteckt, z. B. die drei Strecken A_1B_1, A_2B_2, A_3B_3 der Abb. 122, und ihre Längen $A_1 B_1 = l_1$, $A_2 B_2 = l_2$, $A_3 B_3 = l_3$ gemessen. Die Zeiten t_1, t_2, t_3, die man zum Überfliegen der drei Strecken braucht, werden im Flugzeug durch eine Stoppuhr festgestellt. Hierauf berechnet man die drei Fluggeschwindigkeiten:

$$c_1 = l_1 : t_1, \quad c_2 = l_2 : t_2, \quad c_3 = l_3 : t_3$$

und trägt sie auf einem Blatt Papier von einem festen Punkt O (Abb. 122) aus so auf, daß $OC_1 = c_1$, $OC_2 = c_2$, $OC_3 = c_3$ und die Richtungen der drei Geraden OC_1, OC_2, OC_3 die gleichen sind wie die der durchflogenen Strecken $A_1 B_1$, $A_2 B_2$ und $A_3 B_3$. Zu den drei Endpunkten C_1, C_2, C_3 konstruiert man nun den umschriebenen Kreis (durch Bestimmen der Mittelsenkrechten mit Hilfe der in Abb. 122 gestrichelten Kreisbögen): Der Halbmesser des durch C_1, C_2, C_3 gehenden Kreises ist die gesuchte Eigengeschwindigkeit v, und zwar in demselben Maßstab, in dem die c_1, c_2, c_3 aufgetragen wurden. Überdies hat man in OW nebenbei die Windrichtung und Windstärke gefunden.

Wenn zwei von den drei Stoppstrecken zusammenfallen, aber entgegengesetzt durchflogen werden, entsteht das Bild Abb. 123.

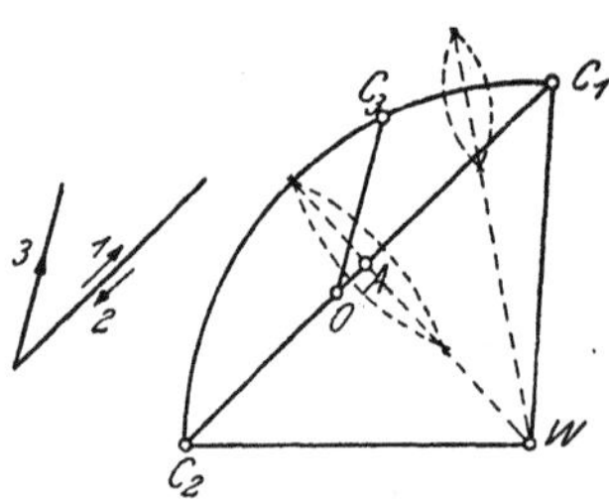

Abb. 123. Hin- und Rückflug auf der gleichen Strecke

OC_1 und OC_2 sind die Geschwindigkeiten des Hin- und Rückfluges, OC_3 ist die Geschwindigkeit einer weiteren Richtung. Man erkennt hier, daß die Eigengeschwindigkeit im allgemeinen *größer* ist als das Mittel zwischen den Fluggeschwindigkeiten für Hin- und Rückflug. Denn v wird durch $WC_1 = WC_2$ dargestellt, der Mittelwert durch $AC_1 = AC_2$. Die Hypotenuse eines rechtwinkligen Dreieckes ist aber stets größer als eine Kathete. Nur wenn der Wind gerade in die Richtung der Stoppstrecke fällt, gibt das Mittel den wahren Wert von v. Ganz unrichtig wäre es jedoch, die doppelte Länge der durchflogenen Strecke durch die Summe der für Hin- und Rückflug aufgewendeten Zeiten zu dividieren. Man braucht, sobald Wind herrscht, für Hin- und Rückflug zusammen *immer mehr Zeit* als bei Windstille. Der Grund liegt darin, daß man dem ungünstig wirkenden Gegenwind *länger* ausgesetzt ist als dem günstigen Rückenwind.

VII. Steuerung und Stabilität

29. Flossen, Ruder, Steuerungen

Übersicht der Achsenrichtungen. Wir haben bisher nur von solchen Betriebszuständen des Flugzeuges gesprochen, die man als dauernde oder *stationäre* bezeichnen kann. Dies gilt sowohl für den Horizontalflug als auch für das geradlinige Ansteigen oder Abwärtsfliegen. Ein vollständiges Flugzeug bedarf aber noch solcher Einrichtungen, die beim Übergang aus einem Dauerzustand in einen anderen oder bei Störung eines stationären Zustandes zur Wirkung kommen. Alle diese Einrichtungen haben das Gemeinsame, daß sie – ähnlich wie die Tragflächen oder die Luftschraubenelemente – durch die Bewegung entstehende Luftkräfte aufnehmen und in geeigneter Weise auf das Flugzeug übertragen. Die Organe, die unmittelbar für die Aufnahme dieser Luftkräfte bestimmt sind, heißen *Flossen* oder *Ruder*, je nachdem sie in ihrer Lage am Flugzeug fest oder beweglich (durch den Führer während des Fluges verstellbar) sind.

Flossen und Ruder haben den Zweck, Drehbewegungen des Flugzeuges zu verhindern bzw. willkürlich einzuleiten. Jede Drehbewegung eines Körpers kann man sich zusammengesetzt denken aus drei Drehungen um drei beliebige Achsen. Beim Flugzeug liegt es nahe, zur Kennzeichnung der Drehbewegungen folgende drei Achsen zu verwenden:

1. die Längsachse, sie verläuft in der Längsrichtung des Rumpfes, weist also ungefähr in die Flugrichtung;

2. die Querachse, sie verläuft senkrecht zur Längsachse und parallel zur Tragflügelebene;

3. die Hochachse, sie steht senkrecht auf der Längs- und Querachse.

Alle drei Achsen kann man sich so gelegt denken, daß sie sich im Schwerpunkt des Flugzeuges schneiden. Längs-, Quer- und Hochachse (oder vertikale Achse) sind in Abb. 124 eingezeichnet. Bei einer Drehung des Flugzeuges um die Längsachse stellt sich die Tragfläche schräg zur Horizontalebene, bei einer Drehung um die Querachse stellt sich der Rumpf in der Vertikalebene schräg zur

Flugrichtung, zugleich wird der Anstellwinkel der Tragfläche verändert; bei einer Drehung um die Hochachse stellt sich der Rumpf
in der Horizontalebene schräg zur Flugrichtung. Für die Drehung
um jede der drei Achsen ist ein besonderes Steuerorgan vorhanden.

Querruder. Zur Steuerung der Drehbewegung des Flugzeuges um
die Längsachse dienen im wesentlichen die Querruder. Dies sind
Klappen, die in den äußeren Bereichen des Tragflügels angebracht

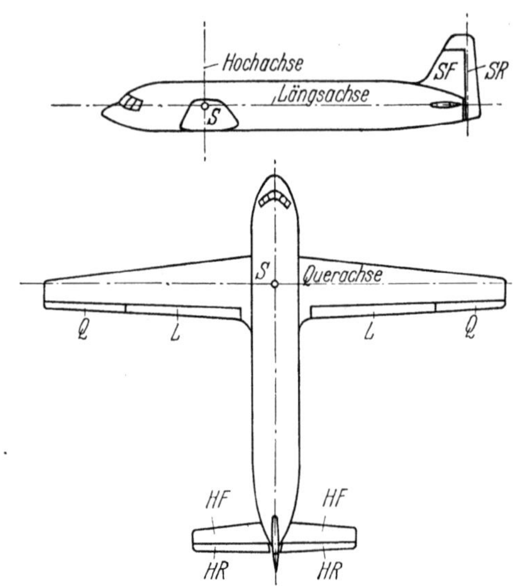

Abb. 124. Übersicht der Achsenrichtungen und Leitwerksteile

sind und die vom Flugzeugführer nur gemeinsam, und zwar in entgegengesetzter Richtung ausgeschlagen werden können (siehe
Abb. 124). Wird z. B. das linke Querruder nach unten, das rechte
Querruder nach oben ausgeschlagen, so erhöht sich der Auftrieb
des linken Tragflügelendes (über die Wirkung von Flügelendklappen, vgl. S. 74), während der Auftrieb des rechten Tragflügels
geringer wird. Es entsteht also auf der linken Seite eine zusätzliche
Kraft nach oben, auf der rechten Seite eine zusätzliche Kraft nach
unten. Beide Kräfte bilden zusammen ein Kräftepaar mit einem
Moment um die Längsachse, das Flugzeug dreht sich so um die
Längsachse, daß der linke Tragflügel nach oben, der rechte Tragflügel nach unten ausweicht. Solange der Querruderausschlag vor

handen ist, treten auch die Kräfte auf, das Flugzeug führt also im
Fluge bei ausgeschlagenen Querrudern eine dauernde Dreh-
bewegung um die Längsachse aus. (Als Kunstflugfigur heißt diese
Bewegung eine Rolle.)

Höhenruder. Zur Steuerung der Drehbewegung des Flugzeuges
um die Querachse dient das Höhenruder. Dies ist eine am Schwanzende des Flugzeuges angebrachte, waagrecht liegende, drehbare
Fläche, die zusammen mit der davor liegenden Dämpfungsflosse
oder Höhenflosse das Höhenleitwerk bildet (siehe Abb. 124). Dieses
wirkt wie ein kleiner Tragflügel, dessen Auftrieb oder Abtrieb durch
Ausschlagen der Klappe nach oben und unten geregelt werden
kann. Wird das Höhenruder nach oben ausgeschlagen, so entsteht
am Schwanzende des Flugzeuges eine Kraft nach unten. Das Flugzeug wird also so um die Querachse gedreht, daß das Schwanzende
nach unten, das Kopfende nach oben ausweicht. Eine dauernde
Drehbewegung des Flugzeuges um die Querachse (als Kunstflugfigur heißt diese Bewegung ein Looping) tritt bei ausgeschlagenem

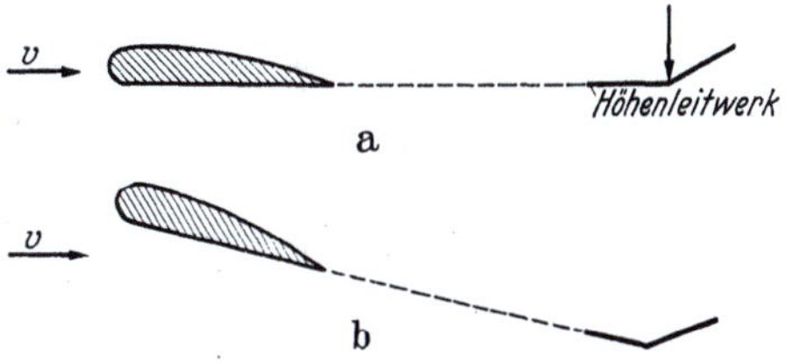

Abb. 125. Wirkung des Höhenleitwerks

Höhenruder nur unter gewissen Umständen auf. Im allgemeinen
stellt sich bei Ausschlag des Höhenruders ein neuer Gleichgewichtszustand des Geradeausfluges ein. Durch Ausschlag des Höhenruders nach oben wird bei herabgedrücktem Schwanzende der
Anstellwinkel des Flugzeuges gegen den Fahrtwind vergrößert.
Dadurch wird auch der Anstellwinkel des Höhenleitwerks verändert, und zwar in dem Sinne, daß der Einfluß des Ruderausschlages unwirksam gemacht wird.

In Abb. 125a ist schematisch von der Seite gesehen der Zustand
des Waagrechtfluges gezeichnet, das Höhenruder ist gerade nach
oben ausgeschlagen worden, es wirkt eine Kraft P auf das Schwanzende nach unten. In Abb. 125b ist der neue Gleichgewichtszustand

skizziert, der Anstellwinkel des Flugzeuges ist vergrößert, dadurch wird das Höhenleitwerk so angeblasen, daß es kraftfrei ist. Wir wissen, daß zu dem vergrößerten Anstellwinkel der Tragfläche im stationären Flugzustand eine verkleinerte Fluggeschwindigkeit gehört, die zu einem Leistungsüberschuß führt. Das Flugzeug wird also bei unveränderter Drosselstellung des Motors durch den Ausschlag des Höhenruders nach oben in der neuen Gleichgewichtslage zu steigen beginnen, vorausgesetzt, daß es sich nicht im Bereich der Umkehr der Steuerwirkung befunden hat (vgl. S. 211).

Seitenruder. Zur Steuerung der Drehbewegung des Flugzeuges um die Hochachse dient das Seitenruder. Dies ist eine ebenfalls am Schwanzende des Flugzeuges angebrachte, senkrecht liegende drehbare Fläche, die zusammen mit der davorliegenden Kielflosse oder Seitenflosse das Seitenleitwerk bildet (Abb. 124). Wird das Seitenruder nach rechts ausgeschlagen, so entsteht am Schwanzende des Flugzeuges eine Kraft nach links. Das Flugzeug wird also um die Hochachse so gedreht, daß das Schwanzende nach links, das Kopfende nach rechts ausweicht. Eine dauernde Drehbewegung des Flugzeuges um die Hochachse (Kurvenflug) tritt bei ausgeschlagenem Seitenruder auch wieder nur unter gewissen Umständen auf. Im allgemeinen stellt sich bei Ausschlag des Seitenruders ein neuer Gleichgewichtszustand des Geradeausfluges ein, bei dem jetzt die Bewegungsrichtung nicht mehr mit der Richtung der Schubachse zusammenfällt, sondern seitlich verschoben ist (Flugzustand des Schiebens oder Slippens). Die Erklärung für diesen Vorgang entspricht derjenigen beim Höhenleitwerk. Wir brauchen Abb. 125 nur als Draufsicht auf ein Flugzeug zu deuten.

Die vorstehende Beschreibung soll nur eine ganz rohe Vorstellung von der Wirkungsweise der drei Steuerorgane geben. In Wirklichkeit beeinflussen sich die Steuerwirkungen gegenseitig. So kann man z. B. mit einem hochgelegenen Seitenruder auch eine Drehbewegung um die Längsachse einleiten, das Seitenruder ergänzt dann die Querruderwirkung. Als wesentliches Ergebnis wollen wir feststellen, daß nur mit Hilfe der Querruder eine dauernde Drehung um die dazugehörige Achse, die Längsachse, gewährleistet ist, während mit Höhen- und Seitenruderausschlag, da sie kein Kräftepaar, sondern nur eine Einzelkraft erzeugen, im allgemeinen nicht ohne weiteres eine dauernde Drehung um die Quer- bzw. die Hochachse zu erzielen ist. Wie trotzdem der Kurvenflug möglich wird, werden wir in Abschnitt 30 sehen.

Begriff der Stabilität. Um nun zu dem Begriff der Stabilität zu gelangen, stellen wir uns vor, daß im Fluge eine kleine Verdrehung des Flugzeuges um irgendeine der drei Achsen gegenüber dem normalen Zustand entstanden ist. Treten infolge dieser von der normalen Fluglage abweichenden Lage des Flugzeuges ohne Betätigung der Ruder Kräfte auf, die eine Rückdrehung in die ursprüngliche Fluglage verursachen, so nennt man die Fluglage stabil gegenüber Drehungen um die betreffende Achse. Der Grad der Stabilität kann verschieden sein, je nachdem, ob die rückführenden Kräfte klein oder groß sind. Es kann sein, daß bei kleinen Bewegungen aus der normalen Fluglage heraus das Flugzeug wieder in die Normallage zurückgeht, bei großen Bewegungen dagegen nicht. Treten bei einer Drehbewegung des Flugzeuges um die eine der drei Achsen ohne Betätigung der Ruder Kräfte auf, die die Bewegung zu vergrößern suchen, so nennt man die Fluglage instabil gegenüber Drehung um die betreffende Achse.

Eine möglichst große Stabilität der Fluglage gegenüber Drehungen um alle drei Achsen ist zwar vom Standpunkt der Flugsicherheit sehr erwünscht, jedoch nicht unbedingt erforderlich. Da für jede der möglichen Drehbewegungen ein Steuerorgan vorhanden ist, läßt sich die gewünschte Fluglage auch bei geringer oder fehlender Stabilität durch dauernde korrigierende Steuerbewegungen aufrechterhalten, ein Vorgang, der dem des Radfahrens entspricht. Die Stabilität gegenüber Drehungen um die Längsachse nennt man Querstabilität, bei den entsprechenden Drehbewegungen verändert die Querachse ihre Lage. Die Stabilität gegenüber Drehbewegungen um die Querachse nennt man Längsstabilität, bei diesen Drehbewegungen verändert die Längsachse ihre Lage. Schließlich heißt die Stabilität gegenüber Drehbewegungen um die Hochachse Kursstabilität, bei diesen Drehbewegungen ändert sich der Kurs des Flugzeuges.

Zur Erhaltung der Querstabilität ist kein besonderes Organ vorhanden, bei den meisten Flugzeugen ist sie recht gering. Die Wirkung der sog. *V*-Stellung der Tragflügel (in Abb. 141 dargestellt) zur Erzielung einer gewissen Querstabilität wird in Abschnitt 31 erklärt werden.

Zur Erhaltung der Längsstabilität dient die Dämpfungs- oder Höhenflosse. Sie wirkt wie eine Windfahne. Stellen wir uns vor, daß das Flugzeug in seinem Schwerpunkt drehbar aufgehängt ist und von einer Strömung angeblasen wird. Der Flugzeugrumpf stellt sich dann so ein, daß die Höhenflosse parallel zur Strömungsrichtung steht. Bei Auslenkung des Schwanzendes nach oben oder unten drehen die auf der Höhenflosse entstandenen Strömungskräfte das Flugzeug wieder in seine Gleichgewichtslage hinein.

Ähnliche Wirkung wie mit der Höhenflosse erzielt man auch, aber in schwächerem Maße, dadurch, daß man die Tragflächen *pfeilförmig* nach hinten zieht. Bei genügend starker Pfeilstellung kann man überhaupt die Dämpfungsfläche ersparen. Eine Reihe von schwanzlosen Flugzeugen – Segelflugzeuge, Motorflugzeuge und Düsenflugzeuge – sind mit Erfolg entwickelt worden. Ob allerdings der Gewinn durch Fortfall des Schwanzleitwerks groß genug ist, um die Verschlechterung der Flugeigenschaften zu rechtfertigen, ist eine umstrittene Frage, und die überwiegende Mehrheit der Flugzeugkonstrukteure hält an der traditionellen Bauweise mit Schwanzleitwerk fest.

In ganz entsprechender Weise wie die Längsstabilität durch die Höhenflosse wird die Kursstabilität durch die Seitenflosse erzielt. Der Flugzeugrumpf wird bei seitlichen Auslenkungen des Schwanzendes durch die auf die Seitenflosse wirkenden Strömungskräfte wieder in die Lage zurückgeführt, in welcher die Seitenflosse parallel zur Strömungsrichtung steht.

Steuerbetätigungsorgane. Die Höhen-, Seiten- und Querruder der Flugzeuge müssen so angebracht werden, daß ihre Betätigung, d. h. das Erzeugen eines beliebigen Ruderausschlages in den hierfür vorgesehenen Grenzen, während des Fluges möglich ist. Für die mechanischen Einrichtungen zur Betätigung der Ruder, die Steuerung im engeren Sinne, haben sich von Beginn der Flugtechnik an ziemlich feste Formen eingebürgert, die in allen Ländern allgemein eingehalten werden. Hiernach wird die Seitensteuerung durch *Fußhebel* bewirkt, derart, daß ein Austreten des linken Beines auf eine Drehung nach links, ein Vordrücken des rechten Fußes auf Drehung rechtsherum hinwirkt. Höhen- und Querruderbetätigung erfolgt an *einem* Handgriff, wobei ein Vorwärtsdrücken des Hebels eine Senkung des Höhenruders, also ein Abwärtsneigen der Flugzeugspitze, hervorruft, ein Rechtsschwenken des Hebels (oder eine Rechtsdrehung des an ihm befestigten Handrades) ein solches Auslegen der Querruder, aus dem eine Senkung des rechten Flugzeugflügels sich ergibt. Die Zuordnung zwischen den Körperbewegungen des Führers und den durch sie herbeigeführten Lagenänderungen des Flugzeuges ist damit so geregelt, wie es dem natürlichen, instinktiven Gefühl entspricht.

Abb. 126 zeigt den konstruktiven Zusammenhang zwischen dem am Seitenruder aufgesteckten Hebel und dem vom Führer zu

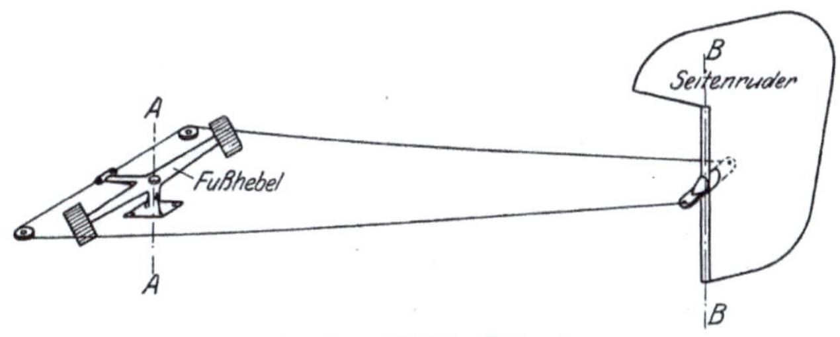

Abb. 126. Gesamtbild der Seitensteuerung

betätigenden Fußhebel, der um die lotrechte, im Flugzeug fest gelagerte Achse AA drehbar ist. Die Seile gehen vom Fußhebel aus direkt (ungekreuzt) zu den Befestigungsstellen am Seitenruder. In Abb. 127 sind die analogen Teile für Höhen- und Quersteuerung

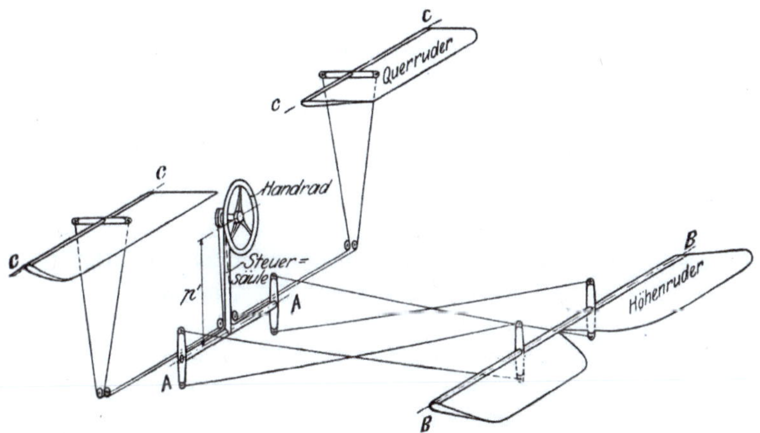

Abb. 127. Gesamtbild der Höhen- und Quersteuerung mit Handrad

skizziert, wobei für die Quersteuerung die bei größeren Flugzeugen meist übliche Anordnung des Handrades (Volant) angenommen wurde. Vordrücken des Hebels, der das Handrad trägt, dreht die beiden in ihrer Ruhestellung lotrechten Hebel AA um die quer zum Flugzeug liegende Achse. Die auf dem Höhenruder angebrachten Hebel sind in Ruhelage ebenfalls lotrecht und durch *gekreuzte* Seile mit den ersteren verbunden, so daß sie die entgegengesetzte Drehung machen. Auf der Achse des Handrades ist ein Drahtseil befestigt, das über mehrere Rollen laufend zu den beiden Hebeln

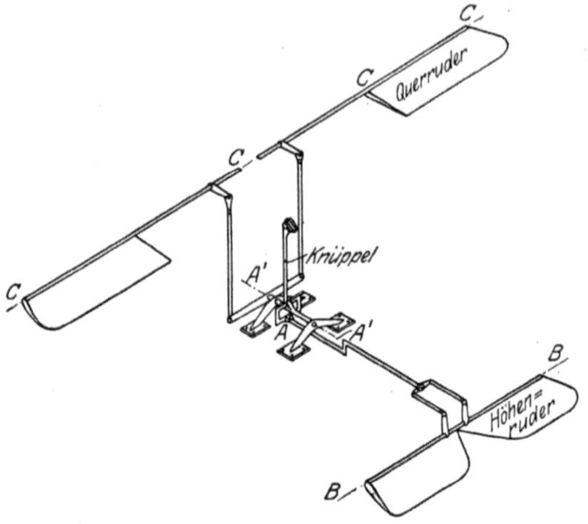

Abb. 128. Gesamtbild der Höhen- und Quersteuerung mit Knüppel

an den Querrudern führt. Wird das Rad rechtsherum gedreht, so hebt sich das rechte und senkt sich das linke Querruder, wobei sich beide um die Achse CC in entgegengesetztem Sinn drehen.

An Stelle des Handrades wird oftmals der „Knüppel", Abb. 128, verwendet. Der Führer hält nun den Griff des Knüppels in einer Hand und führt ihn je nach Bedarf rechts und links, vor- und rückwärts. Die seitliche Bewegung wirkt auf die Querruder, die Vor- und Rückwärtsbewegung auf das Höhenruder. Bei der in Abb. 128 dargestellten Bauart wird überdies die Übertragung der Steuerbewegung vom Führer zu den Rudern nicht durch Seile, sondern nur durch feste Stangen und Wellen vermittelt. Man nennt die Teile wie Fußsteuer, Höhensteuersäule, Handrad bzw. Knüppel, kurz die *Innensteuerung*, die nach den Rudern führenden Seile, Stangen usw. mit etwaigen Zwischenhebeln die *Steuerleitung*. Die in Abb. 126 bis 128 dargestellten Steuerleitungen sind natürlich nur schematisch aufzufassen. In Wirklichkeit sind meist kompliziertere Systeme notwendig, um nicht wertvollen Kabinenraum durch die Verlegung von Steuerleitungen zu verlieren.

Steuerkräfte. Unter Vermittlung der Steuerleitung werden die von den Rudern aufgenommenen Kräfte auf die betreffenden Teile der Innensteuerung übertragen. Die Arbeit, die der Führer bei der Betätigung der Steuerung zu leisten hat, ist gleich der gegen die Ruderkräfte zu leistenden Arbeit, vermehrt um die in der Leitung, auf Rollen und in Lagern, verzehrte Reibungsarbeit. Man wird durch entsprechende Konstruktion immer versuchen, die Reibungskräfte möglichst gering zu halten. Die Arbeit, die an einem Ruder bei einer bestimmten Verdrehung um einen Winkel w geleistet wird, rechnet sich zu $P \cdot p \cdot w$, wenn P die auf das Ruder wirkende Luftkraft, p den Abstand ihrer Angriffslinie von der Ruderachse bezeichnet. Die Werte von P und p sind durch Versuche, die mit dem gesamten Leitwerk (nicht dem Ruder allein) oder einem entsprechenden Modell angestellt werden müssen, zu bestimmen.

Nennen wir P' die vom Führer aufzuwendende Kraft, p' den Abstand ihres Angriffspunktes von der Drehachse des Innensteuers (vgl. z. B. Abb. 127, wo der Abstand p' für die Höhensteuerung eingezeichnet ist), w' den Winkel, um den das Innensteuer verdreht werden muß, damit das Ruder den Winkel w zurücklegt, so ist

$$P' p' w' = P p w + \text{Reibungsarbeit}$$

oder, wenn durch $p' \cdot w'$ geteilt wird:

$$P' = P \frac{p\,w}{p'\,w'} + \frac{\text{Reibungsarbeit}}{p'\,w'}.$$

Das Verhältnis $p \cdot w : p' \cdot w'$ nennt man die *Übersetzung* der Steuerung. Da für P' nur ein bestimmter Höchstwert, entsprechend der körperlichen Leistungsfähigkeit des Führers möglich ist, andrerseits ein zu kleiner Wert von P' eine übermäßige Empfindlichkeit der Steuerung zur Folge hätte, so muß man die Übersetzung in allen Fällen sorgfältig wählen. Nun ist p' wenig veränderlich, da die Abmessungen der Innensteuerung durch die Körpergröße des Führers ungefähr bestimmt sind, ebenso ist das Verhältnis $w : w'$ in enge Grenzen eingeschlossen, weil einerseits der Höchstausschlag der Ruder durch die Bedürfnisse des Flugzeuges, andrerseits der der Innensteuer durch die Bewegungsmöglichkeit des Führers bestimmt wird. Es bleibt also eigentlich nur p, der Abstand zwischen

16   v. Mises/Hohenemser, Fluglehre. 6. Aufl.

Angriffslinie der Luftkraft und Drehachse des Ruders, in weiten Grenzen wählbar. Man verfügt über p durch die Wahl der Lage der Ruderachse.

Bei kleineren Flugzeugen bildet die Drehachse zugleich die vordere Begrenzung des Ruders. Bei dieser Anordnung wird p jedenfalls einen positiven Wert haben, der sich einigermaßen zuverlässig durch Anblaseversuche mit dem ganzen Leitwerk finden läßt. Wenn nun P' bei diesem Wert von p zu groß ausfällt, so rückt man die Drehachse des Ruders mehr nach innen oder läßt das Ruder die Achse teilweise übergreifen, wie es beim Seitenruder in Abb. 126 der Fall ist. Man kann auf diese Weise p bis null abnehmen lassen – „*entlastetes*" Ruder –, ja sogar negativ machen. Ein Ruder wie das Seitenruder in Abb. 126 nennt man „teilweise entlastet"; völlige Entlastung würde $p = 0$ bedeuten, wobei dann die vom Führer aufzuwendende Kraft P' lediglich durch die Reibungskraft bestimmt wäre. Es empfiehlt sich aber nicht, mit der Entlastung zu weit zu gehen, da sonst die Empfindlichkeit des Ruders gegen unbeabsichtigte Einwirkungen zu groß wird. – Man erkennt aus der vorstehenden Überlegung, daß auf die Größe von P' nur der Abstand p der Kraft von der Drehachse, und nicht etwa die Größe des Hebels am Ruder oder dergleichen von Einfluß ist.

Größte Handkräfte. Als Größtwerte der vom Führer bei äußerster Anstrengung zu leistenden Kräfte werden nach Versuchen der Deutschen Versuchsanstalt für Luftfahrt[1] durchschnittlich angesehen: Für die Betätigung des Höhensteuers: Ziehen mit einer Hand 60 bis 70 kg, Drücken mit einer Hand 50 bis 55 kg, beidhändiges Ziehen etwa 100 kg, beidhändiges Drücken 100 kg. Für die Betätigung der Querruder am Knüppel liegen die Größtwerte viel tiefer, nämlich: Betätigen mit einer Hand 35 kg, betätigen beidhändig 40 kg. Die Werte gelten für einen nicht im Sitz angeschnallten Führer, anderenfalls sind die Werte des einhändigen Ziehens etwas kleiner, bei beidhändigem Ziehen etwas größer. Für längeres Halten des Steuers – nämlich für die Zeit von etwa 5 Minuten – ergaben die Versuche folgende Größtwerte: Höhensteuer einhändig ziehen 18 kg, Höhensteuer einhändig drücken 14 kg, Höhensteuer beidhändig ziehen 37 kg, Höhensteuer beidhändig drücken 33 kg,

---

[1] HERTEL, H.: Ermittlung der größten aufbringbaren Steuerkräfte. Z. f. Flugtechn. u. Motorluftsch. 1930, S. 36.

Querruder einhändig betätigen 6 kg, Querruder beidhändig betätigen 9 kg.

Servosteuerungen. Mit zunehmender Größe und Fluggeschwindigkeit der Flugzeuge wird es immer schwieriger, die Rudermomente so klein zu halten, daß die Hand- und Fußkräfte des Flugzeugführers in allen Fällen ausreichend sind. Bei schallnahen Geschwindigkeiten kommen überdies noch größere Druckpunktwanderungen an den Rudern hinzu, die es gar nicht möglich machen, die Drehachse so zu legen, daß für kleine und für große MACHsche Zahlen die Hand- und Fußkräfte richtig bemessen sind. Man verwendet in solchen Fällen Servosteuerungen, bei denen eine Fremdkraft zur Verstellung der Ruder herangezogen wird. Die älteste Form der Servosteuerung ist das FLETTNER-Hilfsruder, das ursprünglich im Schiffsbau einige Verbreitung gefunden hat, und das dann später im Flugzeugbau allgemein angewendet wurde. Das FLETTNER-Hilfsruder ist eine kleine Endklappe, die an der Hinterkante des eigentlichen Ruders angebracht ist, und die durch ein Gestänge so an den Rumpf angeschlossen ist, daß bei einer Drehung des Hauptruders das Hilfsruder sich relativ zum Hauptruder verstellt. Das Hilfsruder wird in zwei Formen verwendet: als Antiausgleichsklappe und als Ausgleichsklappe. Bei der ersteren Form wird das Hilfsruder so gesteuert, daß es das beim Ausschlag des Hauptruders entstehende rückführende Moment verstärkt — Überkreuzanlenkung nach Abb. 129. Bei der zweiten Form wird das Hilfsruder so gesteuert, daß es dieses Moment verringert — Parallelanlenkung nach Abb. 130. Bei der ersten Form nach Abb. 129 wird das Hauptruder frei beweglich gelassen und das Hilfsruder wird an die Hand- oder Fußsteuerung angeschlossen. Bei der zweiten Form nach Abb. 130 wird das Hauptruder an die Hand- oder Fußsteuerung und das Hilfsruder wird an einen Trimmhebel angeschlossen.

Die Wirkungsweise der Hilfsrudersteuerungen geht aus den gestrichelten Stellungen von Hauptruder und Hilfsruder in Abb. 129 und 130 hervor. Beim Antiausgleichshilfsruder mit freiem Hauptruder nach Abb. 129 ist zunächst die Lage des Hilfsruders, welche durch Vorwärtsbewegung des Knüppels bei festgehaltenem Hauptruder entstehen würde, gestrichelt gezeichnet. Eine Vorwärtsbewegung des Knüppels erzeugt in diesem Fall einen Hilfsruderausschlag nach oben. Infolge dieses Ausschlages entsteht auf das

16*

Hauptruder ein schwanzlastiges Moment. Da das Hauptruder frei beweglich ist, folgt es diesem Moment und schlägt nach unten aus. Wegen der Überkreuzanlenkung des Hilfsruders verringert sich bei dem Ausschlag des Hauptruders nach unten der relative Hilfsruderausschlag, bis in der gestrichelt gezeichneten Lage des Hauptruders dieser relative Hilfsruderausschlag Null geworden ist. Wenn die Hauptruderdrehachse im Druckmittel des Hauptruders liegt, ist dann auch das Hauptrudermoment um seine Drehachse Null geworden und die neue Gleichgewichtslage ist erreicht.

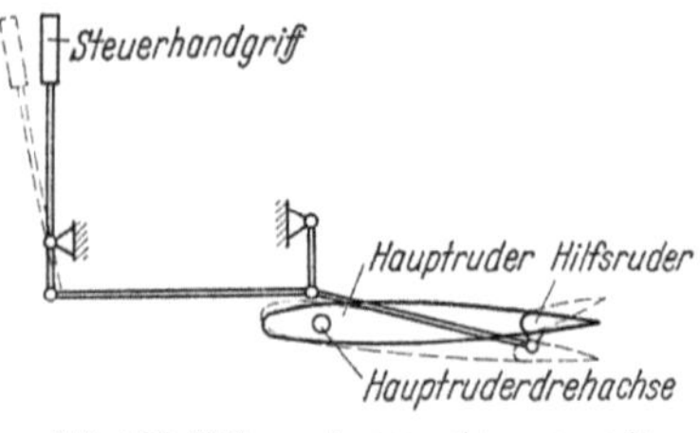

Abb. 129. Höhenruderservosteuerung mit handbetätigtem Hilfsruder

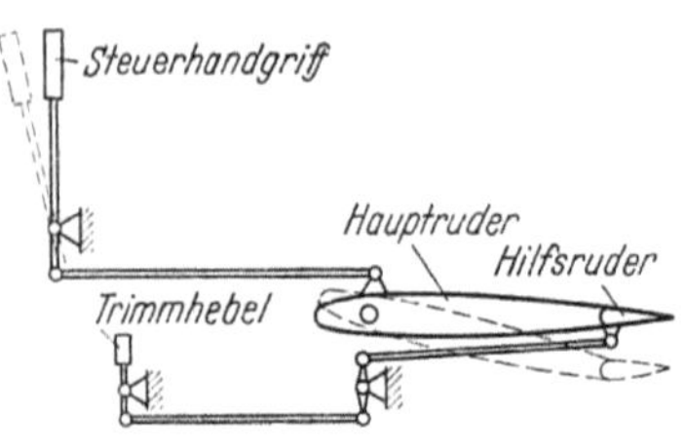

Abb. 130. Höhenruderservosteuerung mit handbetätigtem Hauptruder

Beim Ausgleichshilfsruder mit hand- oder fußgesteuertem Hauptruder nach Abb. 130 ist die Lage von Haupt- und Hilfsruder nach einer Vorwärtsbewegung des Knüppels ebenfalls gestrichelt eingetragen. Das Hilfsruder ist jetzt relativ zum Hauptruder nach oben ausgeschlagen und erzeugt ein ausgleichendes schwanzlastiges Moment am Hauptruder, welches dem kopflastigen Steuermoment entgegenwirkt, so daß man mit einer viel kleineren Steuerkraft auskommen kann, als ohne das Hilfsruder erforderlich wäre. Für den Reiseflug kann die etwa noch vorhandene Steuerkraft durch geeignete Einstellung des Trimmhebels völlig beseitigt werden. Beide Arten von Flettner-Hilfsruder werden mit Erfolg angewendet, obwohl die zweite Art nach Abb. 130 die verbreitetere ist.

Aerodynamische Servosteuerungen, wie hier beschrieben, haben den Vorteil großer Betriebssicherheit, erfordern jedoch meist nicht unerhebliche Entwicklungsarbeiten, bis sie einwandfrei und flattersicher arbeiten. Bequemer sind in dieser Beziehung die hydraulischen Servosteuerungen, die zuerst im zweiten Weltkrieg entwickelt wurden, und die heute weite Verbreitung nicht nur im Flugzeugbau, sondern auch im Kraftfahrzeugbau gefunden haben.

Abb. 131 stellt das Prinzip einer solchen hydraulischen Servosteuerung dar. Der Knüppel ist bei A an einen hydraulischen Kraftzylinder angeschlossen, der auch das Ruder betätigt. Der Knüppel
ist weiter bei B an ein
Steuerventil angeschlos-
sen, welches bei Bewe-
gung des Punktes B nach
rechts einen Kreislauf
der hydraulischen Flüs-
sigkeit im Sinne der aus-
gezogenen Pfeile von der
Pumpe über das Steuer-
ventil in die rechte Zy-
linderkammer, und von

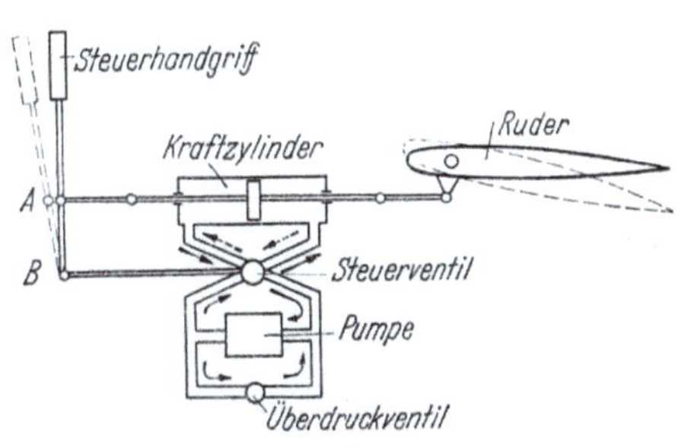

Abb. 131. Hydraulische Höhenruderservosteuerung

der linken Zylinderkammer über das Steuerventil zur Pumpe
zurück bewirkt. Der Kolben bewegt sich dabei nach links. Das
Steuerventil hat nur einen sehr kleinen Steuerweg, so daß der
Punkt B des Knüppels angenähert ein Festpunkt ist, um den sich
der Knüppel dreht. Die Handkraft am Knüppel rührt lediglich von
der kleinen Betätigungskraft des Steuerventils her, da die Ruder-
kraft völlig vom Arbeitskolben aufgenommen wird. Nach Beendigung der Knüppelbewegung läuft der Kolben noch ein kleines Stück
weiter und schließt dabei automatisch das Steuerventil ab. Der
Kreislauf der hydraulischen Flüssigkeit erfolgt dann über eine Aus-
gleichsleitung mit Überdruckventil. Wird der Knüppel in Abb. 131
nach rechts bewegt, so bewirkt das Steuerventil eine Strömung im
Sinne der gestrichelten Pfeile.

Bei Ausfall der Förderpumpe oder bei Leckwerden der Leitung
kann das Ruder direkt von Hand verstellt werden. Sind die dann
auftretenden Handkräfte so groß, daß sie auch vorübergehend bis
zur Notlandung nicht vom Führer aufgebracht werden könnten,
baut man zur Erhöhung der Flugsicherheit zwei voneinander unabhängige hydraulische Servosteuerungen mit einer zweiten Pumpe,
einem zweiten Steuerventil und einem zweiten Kraftzylinder ein.
Der Vorteil der hydraulischen Servosteuerung gegenüber der aerodynamischen ist, wie gesagt, daß das hydraulische System nur einmal entwickelt zu werden braucht und dann für alle Flugzeuge
der gleichen Größenordnung anwendbar ist, während die aerodynamischen Servosteuerungen individuell entwickelt werden müssen.

Manche Konstrukteure bevorzugen die eine Art, andere Konstrukteure bevorzugen die andere Art, eine allgemeine Regel hat sich seither noch nicht herausgebildet.

Künstliche Steuerkrafterzeugung. Infolge der Servosteuerungen lassen sich Knüppel und Pedale praktisch kraftfrei bewegen. Es geht dadurch das fliegerische Gefühl verloren, welches seinen Ursprung nicht etwa in den Steuerbewegungen der Hand oder der Füße hat, sondern welches sich fast ausschließlich auf Grund der erfahrenen Hand- und Fußsteuerkräfte entwickelt. Bei den natürlichen Flugzeugsteuerungen ist z. B. beim Abfangen eine dem Lastvielfachen proportionale Steuerkraft in Richtung Ziehen erforderlich. Bei der Anwendung von Servosteuerungen hat es sich daher als notwendig erwiesen, künstliche Steuerkräfte zu erzeugen, welche dem Flugzeugführer erlauben, ein fliegerisches Gefühl für das betreffende Flugzeug zu entwickeln. Es kann hier nicht auf Einzelheiten der meist komplizierten Systeme zur künstlichen Steuerkrafterzeugung eingegangen werden. Auch ist dieses Gebiet noch sehr in der Entwicklung begriffen. Es seien lediglich einige Elemente aufgeführt, welche in solchen Systemen zur Anwendung gelangen.

Das einfachste Mittel ist die Feder. Wenn eine befriedigende Zuordnung zwischen Steuerweg und Steuerwirkung vorhanden ist, kann man den Steuerweg dem Piloten dadurch besser fühlbar machen, daß man proportional dem Steuerweg eine Feder spannt. Die Feder kann vom Führer verstellt werden, um im Reiseflug Kraftfreiheit zu erreichen. Die Feder in der Höhensteuerung erzeugt Kräfte, welche proportional der Anstellwinkeländerung des Flugzeuges sind. Nun hat aber die gleiche Anstellwinkeländerung bei hohen Fluggeschwindigkeiten hohe, bei geringen Fluggeschwindigkeiten geringe Lastvielfache zur Folge. Um Handkräfte zu erzeugen, welche proportional dem Lastvielfachen sind, verwendet man Gewichte in der Steuerung, deren vertikale Beschleunigungskräfte zum Handgriff geleitet werden. Solche Gewichte haben den Nachteil, daß ihre Wirkung auf die Steuerkraft nicht unmittelbar bei der Betätigung des Steuers auftritt, sondern erst später, nachdem das Flugzeug auf die Steuerbewegung reagiert hat.

Es sind also Einrichtungen nötig, welche im ersten Augenblick der Steuerbewegung Gegenkräfte erzeugen, die dann abklingen und durch die Beschleunigungskräfte des Gewichtes ersetzt werden. Um die in den natürlichen Steuerungen vorhandene Abhängigkeit der Steuerkräfte von der Fluggeschwindigkeit zu imitieren, verwendet man auch Systeme, welche den Staudruck des Flugwindes zur Handkrafterzeugung ausnützen. Eine weitere Steuerkrafthilfe ist die künstliche Dämpfung der Steuerbewegung als Ersatz für die Dämpfung der natürlichen Steuerungen. Eine solche Dämpfung kann zweckmäßig gleich in den hydraulischen Kraftzylinder nach Abb. 131 eingebaut werden.

Im Zusammenhang mit automatischen Steuerungen, auf die wir im nächsten Abschnitt etwas eingehen werden, hat man eine künstliche Krafterzeugung dadurch erhalten, daß man in den Knüppel einen elektrischen Kraftfühler eingebaut hat, der so auf die automatische Steuerung wirkt, daß eine Winkelgeschwindigkeit des Flugzeuges proportional zur Steuerkraft entsteht. Eine Zuordnung zwischen Steuerkraft und Winkelgeschwindigkeit um die betreffende Flugzeugachse scheint ganz besonders günstig zur Ausbildung eines guten fliegerischen Gefühls zu sein[1].

30. Wirkung der Ruder

Kräfte bei Ruderausschlag. Die Luftkräfte auf Höhen- und Seitenleitwerk lassen sich ganz ähnlich ermitteln wie die auf die Tragflügel. Der Auftriebs- und Widerstandsbeiwert hängt also vom Anstellwinkel gegen die Strömung ab (siehe Abschnitt 8); weiter kommt es auf das Seitenverhältnis an (Quadrat der Spannweite zur Fläche),

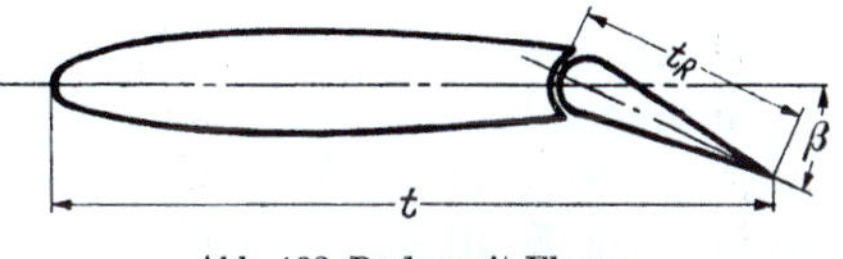

Abb. 132. Ruder mit Flosse

das bei Leitwerken, insbesondere Seitenleitwerken, wesentlich kleiner ist als bei den Tragflügeln. Abb. 132 zeigt einen Querschnitt durch ein Leitwerk. Maßgebend für die Luftkräfte sind der Ausschlagwinkel β des Ruders und das Verhältnis t_R/t der Rudertiefe zur Gesamttiefe. Wenn das Ruder sich in Nullage befindet, haben wir ein gewöhnliches symmetrisches Profil, über dessen Auftrieb in Abhängigkeit vom Anstellwinkel z. B. die Profilmessungen Aufschluß geben (Seitenverhältnis berücksichtigen, vgl.

---

[1] Siehe z.B. P. LEAR: Trends in Autopilot Development, Aeronautical Engineering Review, Januar 1956, S. 26.

S. 86). Durch den Ausschlag des Ruders kommt ein zusätzlicher Auftrieb hinzu. Dieser zusätzliche Auftrieb entspricht einer scheinbaren Anstellwinkelvergrößerung von

$$\Delta\alpha = k\,\frac{t_R}{t}\,\beta\,.$$

Für die Zahl k kann man setzen

$$k = 1{,}90 - 0{,}57\,\frac{t_R}{t} - 0{,}014\,\beta°\,.$$

Nehmen wir beispielshalber an, daß für einen Anstellwinkel von $\alpha = 4°$ unseres Leitwerkes für Stellung des Ruders in Nullage sich ein Auftriebsbeiwert von $c_a = 0{,}3$ ergäbe. Schlagen wir jetzt das Ruder im Sinne einer Auftriebsvergrößerung um $\beta = 15°$ aus, so ist bei einem angenommenen Verhältnis der Rudertiefe zur Gesamttiefe $\frac{t_R}{t} = 0{,}3$ die scheinbare Anstellwinkelvergrößerung

$$\Delta\alpha = (1{,}90 - 0{,}57 \cdot 0{,}3 - 0{,}014 \cdot 15) \cdot 0{,}3 \cdot 15 = 6{,}8°\,.$$

Nehmen wir weiter an, daß bei unserem Leitwerk bei Nullstellung des Ruders eine Erhöhung des Anstellwinkels um $1°$ eine Erhöhung des Auftriebsbeiwertes um $0{,}06$ entspricht, so haben wir jetzt bei $15°$ Ausschlag des Ruders und $4°$ Anstellwinkel einen Auftriebsbeiwert von

$$c_a = 0{,}3 + 6{,}8 \cdot 0{,}06 = 0{,}71\,.$$

Der größte erreichbare Auftriebsbeiwert liegt bei den normalen Ausführungen bei 1,5 bis 1,6, während das symmetrische Profil mit Rudern in Nullstellung Höchstauftriebsbeiwerte von nur etwa 1,1 aufweist. Die Kraft auf das Leitwerk ist im wesentlichen senkrecht zur Fläche gerichtet und hat wie bei der Tragfläche den Wert

$$P = c_a F q\,,$$

wo q der Staudruck der Strömung und F die Leitwerksfläche ist.

Bemessung des Höhenruders. Selbstverständlich ist die Wirksamkeit der Höhenruder nicht nur von der Flächengröße, sondern – abgesehen von der Geschwindigkeit des Flugzeuges – auch von dem Abstand des Ruders vom Flugzeugschwerpunkt abhängig. Denn die Wirkung des Höhenruders besteht ja darin, daß die auf das Ruder ausgeübte Luftkraft ein drehendes Moment um den Schwerpunkt ergibt. Dieses Moment ist gleich dem Produkt aus der

Größe der auf das Ruder wirkenden Luftkraft mal dem Abstand ihrer Wirkungslinie vom Schwerpunkt des Flugzeuges. Bei kleinen Ausschlägen und bei geringer Tiefenerstreckung des Höhenruders kann man als Hebelarm der Kraft annähernd den Abstand der Ruderdrehachse vom Flugzeugschwerpunkt nehmen. Als Faustregel bei der Konstruktion eines Flugzeuges gilt oft, daß der Schwerpunktsabstand der Höhenruderachse gleich der halben Spannweite des Flugzeuges gemacht wird; diese Regel ist naturgemäß keine bindende.

Das Höhensteuer soll der Anforderung genügen, daß bei vollkommen abgedrosseltem Motor der Anstellwinkel des größten Auftriebes eingestellt werden kann, damit bei Notlandungen in geringer Höhe über dem Boden zur Herabsetzung der Landegeschwindigkeit ein möglichst großer Auftriebsbeiwert erzielt wird.

Für die Bemessung des *erforderlichen Steuerkraftmomentes*, also für die Frage, wie groß man das Ruder und wie weit man seinen Abstand vom Schwerpunkt wählen soll, erscheint neben der Größe des Flugzeuges vor allen Dingen auch die Art, wie die Belastung auf dem Flugzeug verteilt ist, maßgebend. Flugzeuge, deren Belastung mehr beim Schwerpunkt zusammengedrängt ist, haben geringere Drehungsträgheit, folgen leichter auf das Steuer und können daher mit geringeren Rudergrößen ausgestattet werden.

Trägheitsmoment. Als maßgebende Größe, durch die die Trägheit des Flugzeuges gegenüber Drehungen bestimmt wird, ist der sog. Trägheitsradius bzw. das *Trägheitsmoment* anzusehen. Den Trägheitsradius eines Flugzeuges für irgendeine bestimmte, durch den Schwerpunkt gelegte Achse kann man berechnen, sobald man die einzelnen Gewichtsgrößen und die Lage der einzelnen Teile in bezug auf die Achse kennt. Bezeichnet man mit $A, B, C, D, \ldots$, die Gewichte der einzelnen Flugzeugbestandteile und Belastungen, mit $a, b, c, d, \ldots$ die Abstände dieser Teile von der betreffenden durch den Schwerpunkt des Flugzeuges gelegten Achse, so bilde man den Ausdruck $A a^2 + B b^2 + C c^2 + \cdots$, dividiere diese Summe durch das Gesamtgewicht $G = A + B + C + \cdots$ und ziehe aus dem Quotienten die Quadratwurzel:

$$r = \sqrt{\frac{A a^2 + B b^2 + C c^2 + \cdots}{G}}.$$

Dieses r heißt der Trägheitsradius des Flugzeuges für die betreffende Achse.

Experimentell bestimmt man den Trägheitsradius durch einen *Schwingungsversuch*. Man hängt das Flugzeug so auf, daß es um eine Achse, parallel derjenigen durch den Schwerpunkt gehenden Achse, für die man den Trägheitsradius haben will, schwingen kann. Ist s der Abstand des Schwerpunkts von der Schwingungsachse in Meter und t die Dauer einer ganzen Schwingung (Hin- und Hergang) in Sekunden, so ist der Trägheitsradius, wenn s/r klein ist,

$r = \dfrac{t}{2\pi}\sqrt{g \cdot s}$, wobei $g = 9{,}81$ m/sek^2, $\pi = 3{,}14$. Dem Produkt aus Gesamtgewicht in das Quadrat des Trägheitsradius, also Gr^2, soll unter sonst gleichen Umständen die Größe des Steuerkraftmomentes proportional sein. Unter Trägheitsmoment (nicht zu verwechseln mit dem in der Festigkeitslehre vorkommenden Flächenmoment zweiten Grades, das oft auch als Trägheitsmoment bezeichnet wird) versteht man das Produkt: Masse mal Quadrat des Trägheitsradius, also $Gr^2 : g$.

Bemessung des Seitenruders. Über den Einfluß des Abstandes vom Schwerpunkt gilt dasselbe wie bei der Höhensteuerung. Die Achse, um die das Flugzeug durch Auslegen des Seitenruders gedreht wird, ist die Vertikale (Lotachse). Der Trägheitsradius für die lotrechte, durch den Schwerpunkt gehende Achse wird hauptsächlich dann vergrößert, wenn das Flugzeug mit außerhalb des Rumpfes liegenden Motoren ausgestattet ist. Derartige Flugzeuge müssen aber besonders große Seitenruder noch aus einem anderen Grunde erhalten.

In Abb. 133 ist ein Flugzeug mit vier auf den Flügeln angeordneten 175-PS-Motoren skizziert. Der Zweck der Zerlegung der Antriebskraft auf vier Einheiten ist hauptsächlich der, daß beim Versagen *eines* Motors oder eines Teiles der Motoren noch mit den übrigen, wenn auch nur mit verminderten Flugleistungen weitergeflogen werden kann. Hier ist aber zu beachten, daß die Zugkraft jedes einzelnen der vier Propeller eine Angriffslinie besitzt, die durchaus

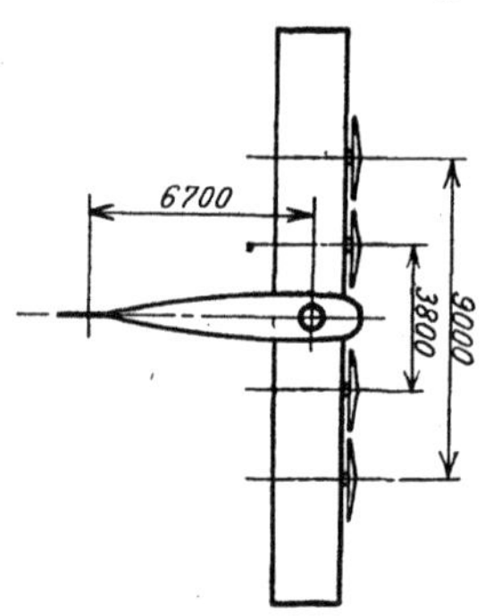

Abb. 133. Viermotoriges Flugzeug

nicht mit der Längsachse des Flugzeuges zusammenfällt. Nur solange alle vier Motoren oder wenigstens je zwei gleich weit von der Mitte entfernte, gleich stark arbeiten, fällt die Resultierende der Zugkräfte in die Längsachse durch den Flugzeugschwerpunkt. Was geschieht aber, wenn z. B. der erste Motor links ausfällt? Die Zugkraft seines Propellers multipliziert mit dem Abstand seiner Ache von der parallelen Flugzeugachse, im Beispiel 4,5 m, gibt ein Drehmoment um die Vertikale, das vom Augenblick des Versagens des Motors an zur Erhaltung des Gleichgewichts *fehlt*. Das Flugzeug beginnt „rechts zu ziehen", d. h. es wird ein Auslegen des Seitenruders nach rechts er-

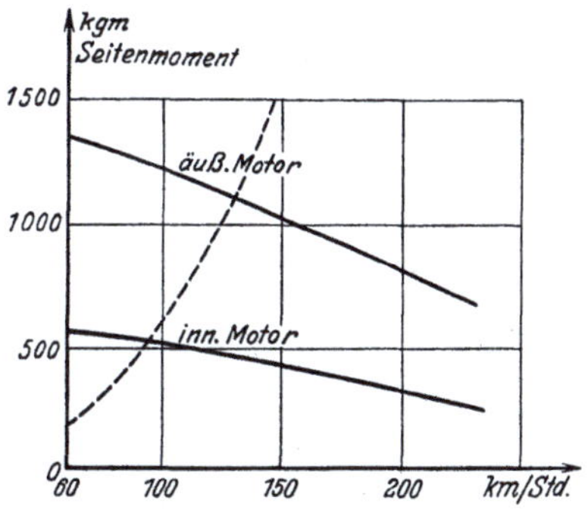

Abb. 134. Verlauf des Seitenmomentes

forderlich, wenn ein Linksdrehen des Flugzeuges verhindert werden soll. Die Größe des erforderlichen Rudermomentes ist von der Fluggeschwindigkeit abhängig. Da, wie wir aus Abb. 111 wissen, die Zugkraft einer Luftschraube mit wachsender Fluggeschwindigkeit v abnimmt, fällt, wie es Abb. 134 andeutet, das zur Erhaltung des Gleichgewichts bei Versagen eines äußeren Motors *erforderliche Moment* mit zunehmendem v ab. In Abb. 134 ist auch eine zweite abfallende Linie zu sehen, die das Moment der Zugkraft eines inneren Motors darstellt, und aus der früheren durch Verkleinerung der Ordinaten im Verhältnis der Motorabstände, im Beispiel 4,5:1,9, hervorgeht. Andererseits ist das bei einem gegebenen Seitenleitwerk und gegebenem größten Ausschlag *verfügbare Rudermoment* dem Quadrate der Fluggeschwindigkeit direkt proportional (wie dies in erster Annäherung für jede Luftkraft gilt). Denkt man die zugehörige Momentenlinie, die eine Parabel mit wachsenden Ordinaten ist, in die Figur eingetragen, so erkennt man, daß ein Weiterfliegen nach Motorausfall nicht bei jeder Geschwindigkeit möglich ist. In den Schnittpunkten der Parabel mit der oberen bzw. unteren Motorlinie liegt die Geschwindigkeitsgrenze für Ausfall eines Außenmotors bzw. eines Innenmotors. Je größer die Ruderfläche, der Ruderabstand vom Schwerpunkt und der Luftkraftbeiwert des Ruders bei größtem Ausschlag, um so niedriger sind die Geschwindigkeiten, bei denen der Ausfall eines seitlich liegenden Motors überwunden werden kann. Natürlich muß man auch bedenken, daß, wenn man nach Versagen eines Motors nicht nur geradeaus fliegen, sondern vorgeschriebene Bahnen zurücklegen will, noch ein gewisser *Überschuß* an Rudermoment über das zur Erhaltung des Gleichgewichts notwendige Maß hinaus vorhanden sein muß.

Bei der Konstruktion des Seitensteuers ist weiterhin darauf zu achten, daß seine Wirksamkeit auch bei großen Anstellwinkeln der Tragfläche erhalten bleibt. Denn gerade bei großen Anstellwinkeln beginnt das Gebiet des Überziehens, das oft die Einleitung des Trudelfluges ist, wo die Seitenruderwirkung zur Herstellung des normalen Flugzustandes von größter Bedeutung ist. Andrerseits wird bei großen Anstellwinkeln das Seitensteuer zu einem großen Teile vom Höhensteuer abgeschirmt, und seine Wirkung kann nicht voll zur Geltung kommen. Man trägt diesem Umstand oft in der Weise Rechnung, daß man das Seitenruder nicht nur über dem Höhensteuer anordnet, sondern es bis unter das zu diesem Zwecke geteilte Höhenleitwerk durchführt.

Kurvenflug. Wir sahen in Abschnitt 29, daß durch Ausschlag des Seitenruders noch nicht ohne weiteres ein Kurvenflug eingeleitet wird. Wir wollen jetzt die Möglichkeit des Kurvenfluges näher untersuchen.

Soll sich ein Flugzeug in dem Kreis K (Abb. 135) von a nach b bewegen, so muß die in a herrschende Geschwindigkeit gleich MA in die zu b gehörige Geschwindigkeit MB durch Hinzufügung der links gerichteten Beschleunigungsgröße AB übergeführt werden. Denn die Geschwindigkeit nach Ablauf eines kurzen Zeitraumes t ist immer gleich der geometrischen Summe aus der Anfangsgeschwindigkeit und der mit t multiplizierten Beschleunigung. Nennen wir R den Halbmesser des Kreises K und t die Zeit, in der der Weg $a\,b$ zurückgelegt

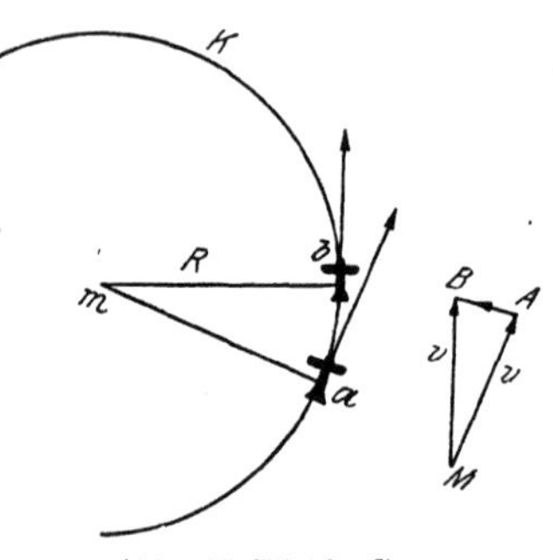

Abb. 135. Fliehkraft

wurde, also $a\,b = v \cdot t$, so folgt aus der Ähnlichkeit der Dreiecke $m\,a\,b$ und $M\,A\,B$

$$R : (v\,t) = v : A\,B, \quad A\,B = \frac{v^2}{R}\,t,$$

d.h. die erforderliche Beschleunigung oder Geschwindigkeitsänderung pro Zeiteinheit ist $v^2 : R$. Hat das Flugzeug das Gesamtgewicht G, also die Masse $G : g$, so ist die für das Fliegen in der Linkskurve vom Radius R erforderliche Kraft (Masse mal Beschleunigung) gleich $G \cdot v^2 : g \cdot R$, wirkend von rechts nach links, oder besser gesagt, in zentripetaler (nach dem Zentrum des Kreises gewendeter) Richtung. Woher soll nun diese Kraft, wir wollen sie mit C bezeichnen,

$$C = \frac{G}{g}\,\frac{v^2}{R}$$

herkommen? Bekanntlich nennt man die der Kraft C entgegengesetzte, nach außen gerichtete Gegenkraft von gleicher Größe die *Fliehkraft*. Wäre das Flugzeug durch ein Seil an den Kreismittelpunkt gefesselt, so würde die Fliehkraft in dem Seilzug in Erscheinung treten.

Wenn wir ein Flugzeug ansehen, das tatsächlich in einer Linkskurve fliegt, so können wir nicht lange im Zweifel darüber bleiben, wie es sich mit der Kraft C verhält. Denn wir sehen, daß das Flugzeug in der Kurve eine ganz bestimmte *Schiefstellung* einnimmt, etwa so, wie es Abb. 136 andeutet. Nun wissen wir, daß die Luftkräfte immer annähernd senkrecht zu den Angriffsflächen wirken. Daraus folgt, daß hier die resultierende Luftkraft infolge der Schiefstellung ebenfalls geneigt sein muß, und zwar so, daß sie in unserer Zeichnung von rechts nach links weist. Diese Kraft hat also neben den in die Vertikalebene fallenden Komponenten Auf-

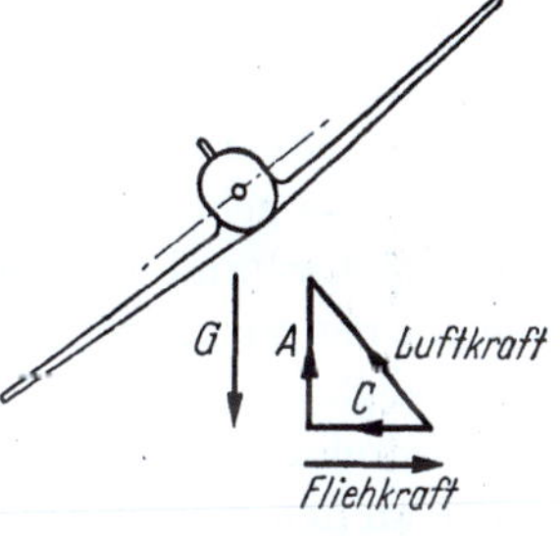

Abb. 136. Schiefstellung in der Kurve

trieb und Rücktrieb (von denen der letztere in der Abbildung nicht zu sehen ist, weil er senkrecht zur Bildebene wirkt) noch eine nach links gerichtete waagrechte Komponente. Damit Gleichgewicht im Kurvenflug herrscht, muß diese waagrechte Kraft den oben berech-

neten Wert C haben, woraus folgt, daß die Neigung des Flugzeuges
gegen die Vertikale gleich $C : G$, also zufolge der oben abgeleiteten
Formel gleich

$$C : G = \frac{v^2}{g R}$$

sein muß. Wir haben durch diese Überlegung das Ergebnis gewonnen: Um in einer Kurve zu fliegen, *muß das Flugzeug eine Schiefstellung annehmen*, bei der die Neigung der ursprünglich vertikalen
Flugzeugachse *proportional dem Quadrat der Geschwindigkeit* und
umgekehrt proportional dem Halbmesser der Kurve ist.

Jetzt ist aber auch klar, was geschehen muß, damit ein Flugzeug
in Kurvenflug übergeht: Es genügt nicht, durch Auslegen des
Seitenruders eine Drehung der Längsachse um die Vertikale hervorzurufen, *man muß auch die Schiefstellung des Flugzeuges und dadurch
den Eintritt der zentripetalen Beschleunigung herbeiführen.*

Einleitung in die Kurve. Bei Segelflugzeugen mit geringer Geschwindigkeit und großer Spannweite ist die Drehung um die Vertikale in Verbindung mit der Wirkung einer großen Seitenflosse
schon ausreichend, um die Schiefstellung herbeizuführen. Denn
eine Drehung des in Fahrt befindlichen Flugzeuges nach links besteht doch darin, daß die vorerst gleichen Geschwindigkeiten v der
beiden Flügel verschieden werden: die rechte Flügelspitze erhält
eine gewisse Zusatzgeschwindigkeit zu v, die linke bleibt etwas
gegen v zurück. Bedenkt man nun, daß die Luftkräfte an jedem
Teilchen eines Körpers dem Quadrat der Geschwindigkeit proportional sind (Abschnitt 8), so versteht man, daß durch die vom ausgelegten Seitenruder herbeigeführte Verdrehung die rechte Tragfläche etwas gehoben, die linke etwas gesenkt wird.

Bei Motor- und Düsenflugzeugen mit großer Geschwindigkeit
und kleiner Spannweite tritt eine Schiefstellung infolge der Geschwindigkeitsunterschiede der Flügelenden kaum ein. Die durch
die Verdrehung entstehende Zunahme und Abnahme der Auftriebskräfte an den beiden Flügelseiten sind eben im Verhältnis zu der
Gesamtgröße des Auftriebs viel zu gering. Demnach bleibt nichts
anderes übrig, als zur Erreichung eines Kurvenfluges *das Flugzeug
mittels der Querruder in die Kurve zu „legen"*. Man gibt gleichzeitig
mit der Betätigung des Seitensteuers nach links dem Querruder
den Ausschlag in dem Sinn, daß die Klappe rechts gesenkt, links
gehoben wird. Dadurch vergrößert man den Auftrieb rechts, ver

mindert ihn links und erzielt die Schiefstellung in dem gewünschten Ausmaß. Das Betätigen des Querruders im Kurvenflug ist in der Regel wichtiger als das des Seitensteuers.

Kurven im Wind. Für den Flugzeugführer ist es von Bedeutung, den Einfluß des Windes im Kurvenflug zu kennen. Wir verwenden zur Untersuchung des Windeinflusses, wie in Abschnitt 28, den Geschwindigkeitskreis (vgl. Abb. 121). In Abb. 137 stellt OW wieder die Windgeschwindigkeit dar. Die Endpunkte der durch O gehenden Geschwindigkeitsvektoren für irgendwelche Richtungen liegen alle auf dem Kreis um W mit dem Radius gleich der Eigengeschwindigkeit des Flugzeuges. Fliegt man nun beispielsweise in der Richtung *1*, Abb. 137, unter 45° gegen den Wind und macht, indem man den Boden im Auge behält, eine scharfe

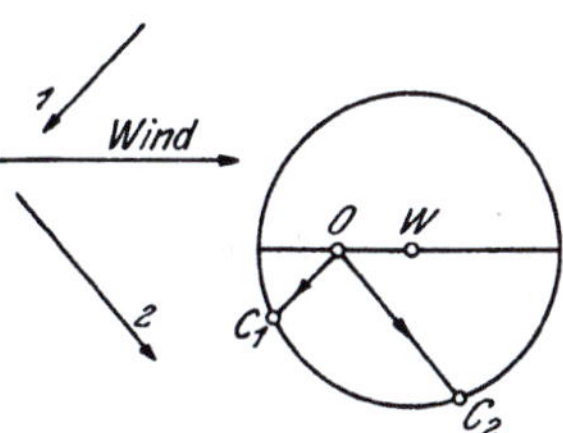

Abb. 137. Scharfe Wendung im Winde

Linkskurve durch 90°, so daß man mit 45° Rückenwind in die Richtung *2* kommt, so muß das Flugzeug, um sich mit gleicher Eigengeschwindigkeit im Waagrechtflug zu erhalten, wie der Geschwindigkeitskreis zeigt, eine *viel größere Fluggeschwindigkeit*, OC_2 statt OC_1, annehmen. Die hierzu notwendige Beschleunigung der Flugzeugmasse erfordert eine gewisse Zeit, und im ersten Augenblick wird man eben noch für die Richtung *2* zu wenig Geschwindigkeit haben. Die Folge davon ist, daß das Flugzeug das Bestreben zeigt, zu sinken; der Vorgang ist nicht ohne Gefahr. Man vermeidet sie, indem man beim Kurvennehmen genau auf das Verhalten des Flugzeuges achtet und für die gleich große Schwenkung, je nach der Windlage, verschieden viel Zeit läßt. Der Einfluß des Windes auf den Kurvenflug ist natürlich nur dann besonders zu beachten, wenn man mit Bodenorientierung fliegt. Schaltet man die Bodenorientierung aus, wie z. B. im Höhen- oder Blindflug, so hat eine gleichmäßige Windgeschwindigkeit keinen Einfluß auf den Kurvenflug.

31. Längs- und Querstabilität

Momentengleichgewicht. Bevor wir auf die Längsstabilität näher eingehen, müssen wir eine kurze Überlegung nachtragen, die wir früher übergangen haben, die aber eigentlich noch zu den Bedingungen des *Gleichgewichtes*, also des stationären Fluges, gehört. Wir sprachen nämlich in den früheren Kapiteln immer nur von der Gleichheit der Kräfte: Auftrieb = Gewicht, Widerstand = Zugkraft, und hatten auf diesen beiden Bedingungen die ganze Berechnung des Flugzeuges (Abschnitte 25 bis 28) aufgebaut. Nun genügt es aber für das Gleichgewicht eines Körpers nicht, daß die Kräfte sich der *Größe* nach aufheben. Wie bekannt, bezeichnet man zwei entgegengesetzt gerichtete gleich große Kräfte, die an zwei verschiedenen, parallelen Wirkungslinien angreifen, als ein Kräftepaar oder *Drehpaar* und bringt damit zum Ausdruck, daß sie den Körper, auf den sie wirken, nicht im Gleichgewicht lassen, sondern zu verdrehen suchen. Es muß eben nicht nur die Summe der Kraftkomponenten in jeder Richtung Null sein, sondern ebenso auch die Summe der „Momente" aller Kräfte, das ist der jeweiligen Produkte Kraft mal Hebelarm, mit den Vorzeichen entsprechend der Drehrichtung. Diese Gleichgewichtsbedingung, die zu den schon erörterten noch hinzukommt, spielt zwar keine Rolle bei der Berechnung der *Flugleistungen*, sie wird aber für die Fragen der *Flugeigenschaften*, die wir in diesem Kapitel zu behandeln haben, ausschlaggebend. Die auf das Flugzeug von außen her einwirkenden Kräfte, deren Momente wir jetzt alle zugleich ins Auge fassen müssen, sind die Schwerkraft, der Auftrieb und Rücktrieb der Tragflächen, der schädliche Widerstand, die Schubkraft des Triebwerks, die Leitwerkskräfte.

Schwerpunkt. Alle hier genannten Kräfte sind eigentlich nur der Kürze wegen eingeführte Zusammenfassungen je einer Gesamtheit stetig verteilter, an allen Punkten des ganzen Flugzeuges bzw. der Tragfläche angreifender Kräfte. Zunächst die *Schwere* (oder das Gewicht): sie wirkt an allen Teilen des Flugzeuges und der darin befindlichen Belastung usf. vertikal abwärts und ihre Resultierende, also das, was wir kurz als Schwerkraft bezeichnen, geht stets durch einen ganz bestimmten, der Lage nach festen Punkt des Flugzeuges, der sein *Schwerpunkt* heißt. Die Lage des Schwerpunktes kann man ermitteln, sobald man die Lage und das Gewicht aller Bauteile des Flugzeuges und aller zur Belastung gehörenden Teile kennt, und zwar nach den bekannten Regeln über die Zusammensetzung paralleler Kräfte. Denkt man sich in der Längsebene des Flugzeugs zwei zueinander senkrechte Achsen, und seien die Abstände der einzelnen Flugzeugbestandteile von den beiden

Achsen mit a, b, c, ... bzw. mit a', b', c', ..., die Abstände des Schwerpunktes mit k bzw. k' bezeichnet, so ist, wenn die einzelnen Flugzeugbestandteile die Gewichte A, B, C, ... haben:

$$k = \frac{A\,a + B\,b + C\,c + \cdots}{A + B + C + \cdots}\,,$$

$$k' = \frac{A\,a' + B\,b' + C\,c' + \cdots}{A + B + C + \cdots}\,.$$

Aus diesen beiden Beziehungen läßt sich die Lage des Schwerpunktes bestimmen. Wenn das Flugzeug schon gebaut ist, findet man sie durch Auswägung. Zu diesem Zweck stellt man das Flugzeug auf zwei gesonderte Waagen, Abb. 138.

Aus den gemessenen Raddrükken A und B ergibt sich die Lage der Schwerachse $O - O$ wegen $aA = (d - a)\,B$ zu $a/d = B/(A + B)$.

Die vertikale Lage des Schwerpunktes ist meist für die Stabilität weniger wichtig. Man kann sie

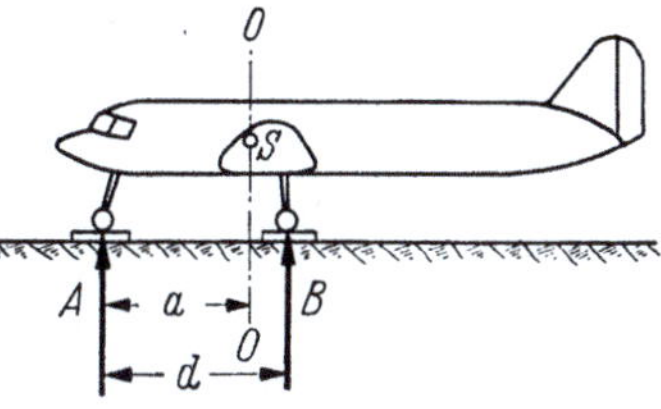

Abb. 138. Schwerpunktsbestimmung durch Auswägen

experimentell ermitteln, indem man die Wägung in einer Schräglage des Rumpfes (Bock unter Bugrad) wiederholt. Die so gefundene zweite Schwerachse $O' - O'$ schneidet die erste Schwerachse $O - O$ im Schwerpunkt.

Längsmomentenbeiwert. Eine angenäherte Längsstabilitätsermittlung kann man meistens unter der Annahme erhalten, daß der resultierende Widerstand am Flugzeug und die Schubkraft des Triebwerks durch den Schwerpunkt gehen. Im Längsmomentengleichgewicht um den Schwerpunkt sind dann lediglich der Auftrieb der Tragfläche und der Auf-

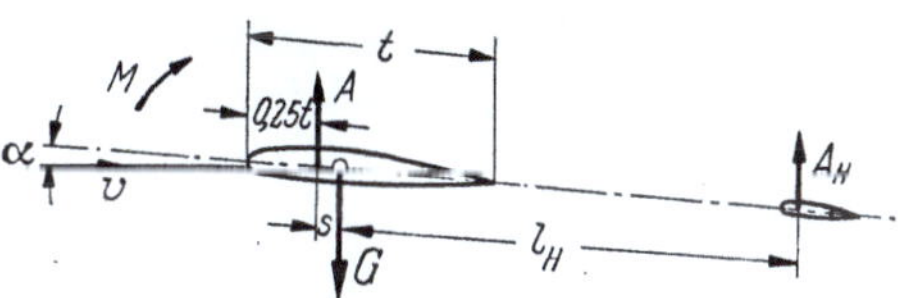

Abb. 139. Kräfte an Tragflächen und Höhenleitwerk

trieb des Höhenleitwerks zu berücksichtigen. Abb. 139 zeigt den wirksamen Querschnitt der Tragfläche und den des Höhenleitwerkes und die angreifenden Kräfte. Der wirksame Querschnitt ist dabei so definiert, daß eine Tragfläche mit rechteckigem Umriß und mit dem wirksamen Querschnitt die gleiche Luftkraft nach Größe und Lage erzeugen würde wie die wirkliche Tragfläche[1]. Der Angriffspunkt der Auftriebskraft A der Tragfläche kann näherungsweise in 0,25 Tiefe t angenommen werden. Abb. 38 zeigt für das Profil der Abb. 35 den Verlauf des Druckmittels als Funktion des Anstellwinkels. Für den praktisch verwendbaren Anstellwinkelbereich ist die Lage des Druckmittels konstant bei etwa 25 vH der Tiefe. Man verwendete früher auch Profile, bei denen sich der Druckmittelpunkt wesentlich mit dem Anstellwinkel veränderte. Nachdem man jedoch gelernt hat, druckpunktfeste Profile mit guten sonstigen Eigenschaften zu konstruieren, werden diese Profile in der Regel verwendet, da sie geringere Anforderungen an die Stabilisierung stellen.

Der Auftrieb A in Abb. 139 möge also für alle in Frage kommenden Anstellwinkel α durch den Punkt $0,25\,t$ auf der Profilsehne gehen. Der Schwerpunkt des Flugzeuges liege ebenfalls auf der Profilsehne um den Betrag s hinter dem Druckmittelpunkt. Die Höhenleitwerkskraft A_H liege um die Strecke l_H hinter dem Schwerpunkt, wobei l_H groß ist im Verhältnis zu s. Wir bezeichnen das Moment der Luftkräfte um den Schwerpunkt mit M, positiv, wenn schwanzlastig, und erhalten für dieses Moment

$$M = A\,s - A_H\,l_H\,.$$

Durch Einführung der Auftriebsbeiwerte für Tragfläche und Höhenleitwerk, $A = c_a F q$ und $A_H = c_{aH} F_H\,q_H$, und mit der Definition des Längsmomentenbeiwertes $M = c_m F t q$ erhält man

$$c_m = c_a\,(s/t) - c_{aH}\,V_H\,, \quad \text{wo} \quad V_H = (F_H/F)\,(l_H/t)\,(q_H/q)\,.$$

Hierin ist F_H die Höhenleitwerksfläche, q_H der Staudruck am Höhenleitwerk, der kleiner oder größer sein kann als der Staudruck der freien Strömung q, je nachdem, ob das Leitwerk von anderen Flugzeugbauteilen abgeschirmt wird oder im Propellerstrahl liegt. Man nennt V_H das Leitwerksvolumen, und es ist ein Maß für die Wirksamkeit des Höhenleitwerks.

Sowohl c_a wie auch c_{aH} hängen vom Anstellwinkel des Flugzeuges in linearer Weise ab, solange man nicht in der Nähe des Anstellwinkels für Abreißen der Strömung arbeitet. Wenn wir den

---

[1] Der Ersatz der wirklichen Tragfläche durch eine Tragfläche mit rechteckigem Umriß ist bei stark pfeilförmigem Umriß nicht mehr zulässig, da dann auch bei druckpunktfesten Profilen die Lage des Druckmittels nicht mehr unabhängig vom Anstellwinkel ist.

Anstellwinkel α von der Nullauftriebsrichtung der Tragfläche an
rechnen, haben wir also

$$c_a = a\,\alpha\,, \quad c_{aH} = a_H\,\alpha + c'_{aH}\,.$$

Die Größe c'_{aH} ist der Auftriebsbeiwert des Höhenleitwerks beim
Anstellwinkel $\alpha = 0$. Er ist natürlich von der Stellung des Ruders
und der Höhenflosse abhängig. Der Auftriebsanstieg a_H für das
Höhenleitwerk ist meist wesentlich geringer als derjenige für die
Tragfläche, da erstens das Seitenverhältnis des Leitwerks geringer
ist, und da zweitens das Leitwerk im allgemeinen im Abwind der
Tragfläche arbeitet und daher weniger wirksam ist, als wenn es in
der freien Strömung läge.

Für den stationären Flug muß das Höhenleitwerk so eingestellt
werden, daß der Längsmomentenbeiwert c_m Null ist. Es ist also

$$c_m = [a\,(s/t) - a_H\,V_H]\,\alpha - c'_{aH}\,V_H = 0\,.$$

Wir haben einen Momentenanteil, der sich proportional zum Anstellwinkel α ändert und einen zweiten Momentenanteil, der von
der Einstellung des Höhenleitwerks herrührt.

Maß für Längsstabilität. Der Klammerausdruck in der obigen
Gleichung ist ein Maß für die Längsstabilität, denn er gibt an, um
wieviel sich der Längsmomentenbeiwert je Maßeinheit des Anstellwinkels α ändert. Damit das Flugzeug stabil ist, muß der Klammerausdruck negativ sein, da eine Erhöhung des Anstellwinkels beim
stabilen Flugzeug ein rückführendes Moment, also nach unserer
Definition ein kopflastiges oder negatives Moment erzeugen muß.
Je stärker negativ der Klammerausdruck ist, desto stabiler ist das
Flugzeug. Man sieht, daß bei gegebenem Flugzeug, d.h. bei
gegebenen Auftriebsanstiegen a und a_H und bei gegebenem Leitwerksvolumen V_H das Flugzeug um so stabiler ist, je weiter vorne
der Flugzeugschwerpunkt liegt. Die Längsstabilität verschwindet
für die Schwerpunktslage

$$(s/t)_{\max} = V_H\,a_H/a\,.$$

Man nennt diesen Punkt den Neutralpunkt des Flugzeuges. Wenn
man Längsinstabilität vermeiden will, darf also der Schwerpunkt
nie hinter den Neutralpunkt zu liegen kommen. Der Neutralpunkt
eines Flugzeuges liegt um so weiter hinter dem Druckmittel, je

größer das Leitwerksvolumen V_H und je größer das Verhältnis der
Auftriebsanstiege von Höhenleitwerk und Tragfläche a_H/a.

Zahlenbeispiel: Typische Zahlenwerte sind etwa ein Verhältnis
von Höhenleitwerksfläche zur Tragfläche von $F_H/F = 0{,}1$, ein Verhältnis von Höhenleitwerksabstand zur wirksamen Tragflügeltiefe
von $l_H/t = 3{,}0$, ein Verhältnis von Staudruck am Höhenleitwerk
zum Staudruck der freien Strömung von $q_H/q = 0{,}8$ (Leitwerk
nicht im Propellerstrahl und durch andere Bauteile etwas abgeschirmt). Man erhält damit ein Leitwerksvolumen von $V_H = 0{,}24$.
Für die Auftriebsanstiege je Grad Anstellwinkeländerung kann
man $a = 0{,}08/°$ und $a_H = 0{,}04/°$ als typisch ansehen, so daß man

$$(s/t)_{\text{max}} = 0{,}12$$

erhält. Der Neutralpunkt liegt demnach 12 vH der wirksamen
Tragflügeltiefe hinter dem Druckmittel, oder $25 + 12 = 37$ vH der
wirksamen Tragflügeltiefe hinter der Flügelprofilvorderkante. Für
befriedigende Flugeigen-
schaften wird man verlangen,
daß der Schwerpunkt nicht
mehr als beispielsweise 32 vH
hinter der Flügelvorderkante
liegen soll.

In Abb. 140 ist für das
obige Beispiel der Längsmomentenbeiwert c_m als Funktion vom Anstellwinkel α für
verschiedene Schwerpunktslagen s/t aufgetragen, wobei
$\alpha = 3°$ als Ausgangsflugzu-
stand angenommen wurde.

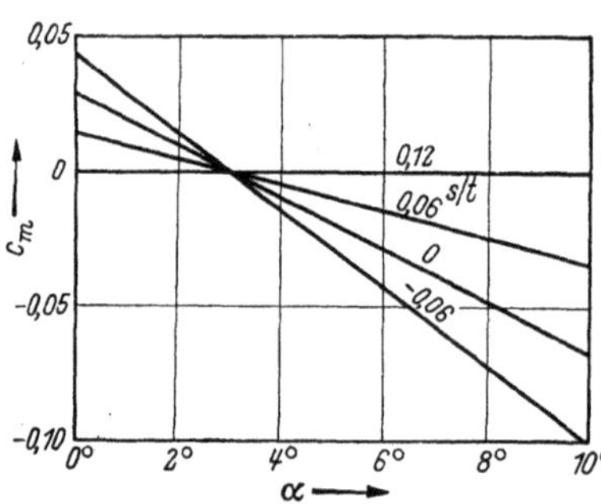

Abb. 140. Längsmomentenbeiwert c_m über Anstellwinkel α für verschiedene Schwerpunktslagen s/t

Je steiler die $c_m - \alpha$-Kurve, desto längsstabiler ist das Flugzeug.
Jede der verschiedenen Schwerpunktslagen erfordert natürlich zum
Momentenausgleich bei $\alpha = 3°$ eine verschiedene Höhenruderstel-
lung bzw. ein verschiedenes $c'_{a\,H}$ in unserer obigen Gleichung.

Stabiliät und Knüppelstellung. Wenn wir ein längsstabiles Flugzeug haben, würde nach Abb. 140 einem größeren Anstellwinkel
ein kopflastiges Moment, einem kleineren Anstellwinkel ein schwanzlastiges Moment entsprechen. Nun wissen wir, daß sich der Anstellwinkel bei Verringerung der Fluggeschwindigkeit erhöht, bei

Vergrößerung der Fluggeschwindigkeit verringert. Um von einer Fluggeschwindigkeit zu einer anderen zu gelangen, muß vom Höhenleitwerk die Kraft aufgebracht werden, welche nach Abb. 140 mit der entsprechenden Änderung des Anstellwinkels verbunden ist. Das heißt, die Stellung des Knüppels ist bei geringeren Fluggeschwindigkeiten weiter hinten, bei größeren Fluggeschwindigkeiten weiter vorne. Die Bewegung des Knüppels als Funktion der Fluggeschwindigkeit ist ein direktes Maß für die Stabilität des Flugzeuges. Wichtiger noch als die Bewegung des Knüppels bei Veränderung der Fluggeschwindigkeit ist nach dem in Abschnitt 29 Gesagten die Veränderung der Knüppelkraft mit der Fluggeschwindigkeit, welche also ebenfalls als Maß der Längsstabilität angesehen werden kann. Es soll eine deutliche Knüppelkraft spürbar sein, welche sich einer Veränderung der Fluggeschwindigkeit widersetzt.

Jedes stabile Flugzeug benötigt Mittel, um den Knüppel in der Reiseflugstellung kraftfrei zu machen. Man benützt dazu meist Trimmklappen an den Rudern, welche vom Führer verstellt werden können. Bei der Hilfsruderanordnung nach Abb. 130, bei welcher das Hauptruder von Hand verstellt wird, kann man, wie in der Abb. 130 gezeigt, das Hilfsruder auch gleichzeitig als Trimmklappe verwenden. Es ist dies eine beliebte und weit verbreitete Anordnung. Man kann aber auch eine etwa vorhandene Flossenverstellung zur Austrimmung der Handkraft verwenden. Bei den meisten Propellerflugzeugen ist ein erheblicher Unterschied in der Knüppelstellung – und auch in der Stabilität – vorhanden, je nachdem, ob volle oder teilweise oder keine Propellerleistung vorhanden ist. Es liegt dies daran, daß es sich im allgemeinen nicht vermeiden läßt, das Höhenleitwerk vom Propellerstrahl zu beaufschlagen. Der Staudruck q_H ändert sich daher erheblich mit der Propellerleistung und bewirkt Änderungen in der Knüppelstellung und in der Stabilität. Aber auch direkte Einflüsse des Propellers, die wir hier vernachlässigt haben, tragen zu der Abhängigkeit der Stabilität von der Propellerleistung bei.

Momente um Längsachse. Als einziges wesentliches Moment um die Längsachse des Flugzeuges wirkt das Luftschraubendrehmoment M. Dieses Moment sucht das Flugzeug entgegen dem Drehsinn der Luftschraube um die Längsachse zu drehen. Man überzeugt sich leicht, daß das Luftschraubenmoment bei üblichen

Flugzeugabmessungen und Leistungen durch einen geringen Querruderausschlag ausgeglichen werden kann.

Die Anordnung von zwei gegenläufigen Schrauben, die die Brüder *Wright* bei ihren ersten Flugzeugen zur Aufhebung der Wirkung von M angewandt hatten, ist jedenfalls nicht notwendig. Selbst bei Flugzeugen mit zwei oder vier Motoren, wo es möglich wäre, die Drehsinne entgegengesetzt zu machen, sieht man in der Regel davon ab, da die geringe Größe von M nicht rechtfertigt, verschiedene Motorenmuster an ein und demselben Flugzeug zu verwenden.

Ein weiteres Moment um die Längsachse entsteht dadurch, daß die hinter der Luftschraube zurückbleibende Strömung eine Drehbewegung im Sinne der Luftschraubendrehung enthält. Das Seitenleitwerk, das im wesentlichen oberhalb der Luftschraubenachse liegt, wird also nicht genau in der Längsrichtung angeströmt, sondern ist gegenüber der Strömung etwas angestellt und erhält so eine Seitenkraft in der Richtung, in der sich die Propellerspitzen im obersten Teil ihrer Bahn bewegen. Zur Vermeidung dieser Kraft verdreht man das Seitenleitwerk etwas aus der Mittelebene heraus. Natürlich entsteht dann bei Leerlauf des Motors, wenn die Strömung keine Drehbewegung enthält, eine Seitenkraft, die durch Seitenruderbetätigung ausgeglichen werden muß. Werden Symmetriefehler, die nicht durch irgendwelche feste Einrichtungen ausgeglichen sind, während des Fluges durch Auslegen der Ruder in ihrer Wirkung aufgehoben, so liegt immer schon ein mangelhafter Betriebszustand vor. Man sagt, ein Flugzeug „*zieht* rechts" oder „*zieht* links", wenn eine Betätigung des *Seiten*ruders nach links bzw. rechts, und es „*hängt* rechts" oder „*hängt* links", wenn eine entsprechende Betätigung des *Quer*ruders beim normalen Fluge erforderlich ist.

V-Stellung. Wir kommen nun zu einer genaueren Betrachtung der Stabilität des Flugzeugs, gegenüber Drehungen um die Längsachse, der sog. Querstabilität. Wir bemerkten schon, daß ein besonderes Organ zur Erzielung der Querstabilität nicht vorhanden ist. Das einzige konstruktive Hilfsmittel zur Erzielung eines rückführenden Momentes bei Drehbewegungen um die Längsachse ist die V-Stellung der Flügel (Abb. 141). Die Wirkungsweise der V-Stellung der Flügel ist folgende:

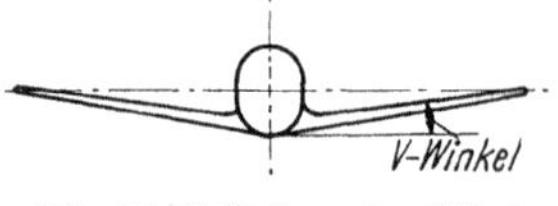

Abb. 141. V-Stellung der Flügel

Wenn ein in geradem Flug begriffenes Flugzeug aus irgendeiner Ursache eine Verdrehung um die Längsachse erfahren hat, so daß der linke Flügel abwärts hängt, so dreht sich auch die Luftkraft mit aus der Vertikalebene heraus und erhält eine linksgerichtete Waagrechtkomponente. An den Anstellwinkeln hat sich dabei natürlich nichts geändert, gleichgültig ob die Flügel in V-Stellung stehen oder nicht. Nun bedeutet aber die waagrechte Kraftkomponente eine waagrechte Beschleunigung nach links und erzeugt in kurzer Zeit eine kleine linksgerichtete Zusatzgeschwindigkeit. In Abb. 142 und 143 sind die Verhältnisse bei schräg seitlicher Anströmung des Tragflügels ohne und mit V-Stellung schematisch dargestellt. Wenn eine Tragfläche ohne V-Winkel unsymmetrisch angeblasen wird (Abb. 142), also so, daß die Richtung des Luftstroms einen Winkel b mit der Symmetrieebene (Längsebene des Flugzeuges) einschließt, so werden hiervon die beiden Flügel, von den äußersten Spitzen abgesehen, in ganz gleicher Weise betroffen. Der Anstellwinkel bleibt gegenüber dem Fall des symmetrischen Anblasens ziemlich unverändert. Ganz anders bei der Tragfläche, Abb. 143, deren

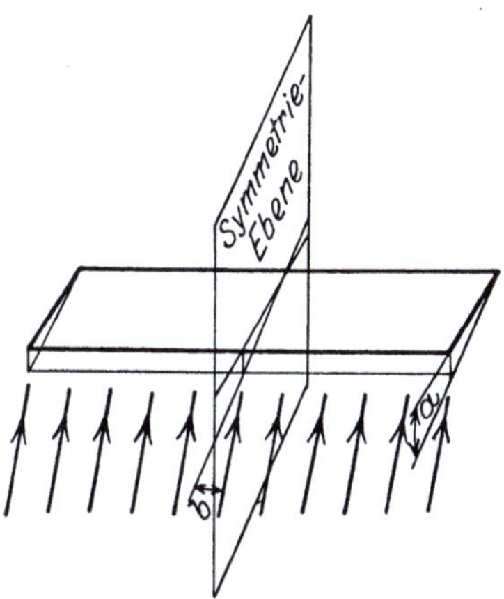

Abb. 142. Seitlich angeblasener Flügel ohne V-Stellung

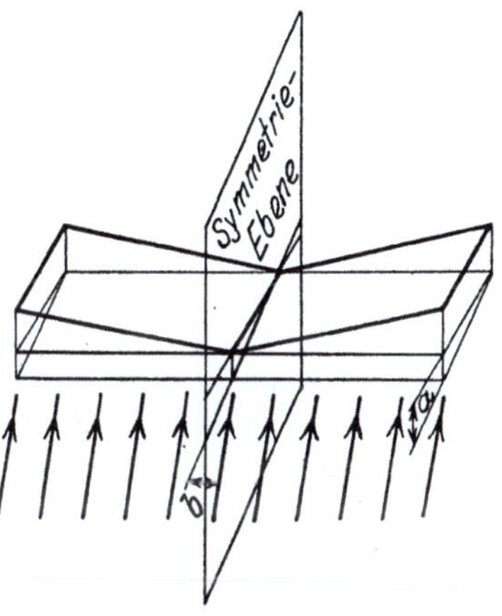

Abb. 143. Seitlich angeblasener Flügel mit V-Stellung

Flügel aus der gemeinsamen Ebene, um die Mittellinie der Fläche, gegeneinander zu, so weit verdreht sind, daß sie einen Winkel, der kleiner als 180° ist, miteinander bilden. Hat der Luftstrom wieder die Neigung b gegen die Längsebene in dem in der

Abb. 143 angedeuteten Sinn, so wird der in der Zeichnung rechts liegende Flügel unter einem größeren Anstellwinkel getroffen als der linke. Man erkennt dies am deutlichsten, wenn man sich die Anblaserichtung noch stärker gedreht denkt, etwa bis zu 90°. Dann bekommt der eine Flügel sogar nur Luft von oben, d. h. er steht ganz unter negativem Anstellwinkel, während der andere noch immer von unten angeblasen wird. Betrachten wir nun wieder statt des ruhend angeblasenen Flügels den in ruhender Luft bewegten, so finden wir die Wirkung der V-Stellung auf ein Flugzeug, das im Begriff ist, seitlich abzurutschen. Sie besteht darin, daß der bei der seitlichen Bewegung voraneilende Flügel erhöhten Auftrieb, der andere Flügel verringerten Auftrieb erhält, wodurch ein Moment um die Längsachse entsteht, welches das Flugzeug in seine waagrechte Lage zurückdreht. Eine Wirkung, ähnlich derjenigen der V-Stellung, ist übrigens auch durch geeignete Anordnung von Flügel und Rumpf zu erzielen. So hat ein Hochdecker, dessen Tragflügel tangential zur oberen Rumpfkante liegt, auch ohne V-Stellung der Flügel eine beträchtliche V-Wirkung.

Stabilisierung im überzogenen Fluge. Ob die Tragflächen nun V-Stellung besitzen oder nicht, so kommt den Querrudern auf alle Fälle eine ganz überragende Bedeutung zu bei der Aufrechterhaltung der gewünschten Fluglage, denn bei größeren Störungen genügt auch die stabilisierende Wirkung der V-Stellung nicht, um eine automatische Rückdrehung des Flugzeuges in die Normallage zu bewirken. Die größten Störungen des Momentengleichgewichtes um die Längsachse treten auf, wenn das Flugzeug mit seiner Geringstgeschwindigkeit im Bereiche des Höchstauftriebes der Tragflächen fliegt. Wir sprachen in Abschnitt 7 davon, daß die Begrenzung des Auftriebes dadurch erfolgt, daß sich die Strömung bei einem bestimmten Anstellwinkel der Tragfläche auf der Oberseite ablöst. Das Ablösen der Strömung tritt bei vielen Profilen ziemlich plötzlich auf und ist mit einem sofortigen Absinken des Auftriebes verbunden. Wird nun ein Flugzeug über den kritischen Winkel des Abreißens „überzogen‟, so läßt es sich kaum vermeiden, daß der Vorgang des Abreißens der Strömung auf der einen Tragflügelseite früher einsetzt als auf der andern, da der kritische Anstellwinkel äußerst empfindlich ist gegen kleine Profiländerungen. Außerdem werden der rechte und der linke Flügel nie vollkommen symmetrisch sein, sondern immer infolge Werkstattungenauigkeiten Abweichungen von der Symmetrie zeigen. Der Auftrieb fällt also beim Überziehen auf der einen Seite ab, es entsteht ein Moment um die Längsachse und das Flugzeug beginnt sich aus seiner waagrechten Lage herauszudrehen. Es kommt jetzt darauf an, mit Hilfe der Querruder die Störung zu beheben. Da im Langsamflug die Ruderwirkungen ohnedies sehr gering sind (die Ruderkräfte sind ja proportional dem Staudruck, also der Fluggeschwindigkeit), ist es wichtig, daß wenigstens im Bereich der Querruder die Strömung sich noch nicht abgelöst hat. Man versucht das dadurch zu erreichen, daß die äußeren Teile der Tragfläche einen kleineren Anstellwinkel erhalten als die inneren. Dadurch wird beim „Überziehen" der kritische Anstellwinkel zuerst im inneren Bereich des Flügels erreicht. Man muß dabei allerdings beachten, daß, wie aus Abb. 36 hervorgeht, der Höchstauftrieb und damit der kritische Anstellwinkel bei sehr dünnen Profilen stark abfällt. Nun nimmt die Profildecke meist nach den äußeren Enden des Tragflügels zu ab, so daß diese einen geringeren kritischen Anstellwinkel haben als die inneren Teile des Tragflügels. Ein sehr wirkungsvolles Mittel, beim Überziehen das Abreißen der Strömung im Querruderbereich zu verhindern, ist auch das Anbringen von Schlitzflügeln in den äußeren Teilen der Tragfläche (siehe S. 75). Der kritische Anstellwinkel wird dadurch im Querruderbereich wesentlich erhöht (siehe Abb. 40). Auf jeden Fall darf bei Flugzeugen, bei denen die Höhenruderwirkung ein Überziehen gestattet, der Anstellwinkel unter keinen Umständen so weit vergrößerbar sein, daß auch im Querruderbereich die Strömung abreißt, da dann eine Erhaltung der gewünschten Fluglage mit Hilfe der Querruder nicht mehr möglich ist. Das Flugzeug kippt in diesem Fall, ohne daß es der Flugzeugführer vermeiden kann, über einen Flügel ab und gerät in eine Trudelbewegung. Ein richtig konstruiertes Flugzeug läßt sich, wenn überhaupt, nur so weit überziehen, daß die Strömung im inneren Bereich der Tragfläche abreißt, dagegen im Querruderbereich nicht. Die Möglichkeit des überzogenen Fluges ist zum Zweck einer Landung mit kurzem Auslaufweg wünschenswert, da der Gleitwinkel im überzogenen Flug stark zunimmt und ein großer Gleitwinkel für den Landevorgang von Vorteil ist.

32. Automatische Flugzeugsteuerung

Dynamische Stabilität. Das Gebiet der automatischen Flugzeugsteuerung liegt sowohl hinsichtlich der physikalischen wie auch der mathematischen Grundlagen jenseits dessen, das hier an Vorkenntnissen vom Leser vorausgesetzt werden kann. Da dieses Gebiet jedoch heute eine so einschneidende Bedeutung für die Luftfahrt hat, soll wenigstens der Versuch gemacht werden, eine Vorstellung von der Bedeutung und von den Methoden der automatischen Flugzeugsteuerungen zu vermitteln.

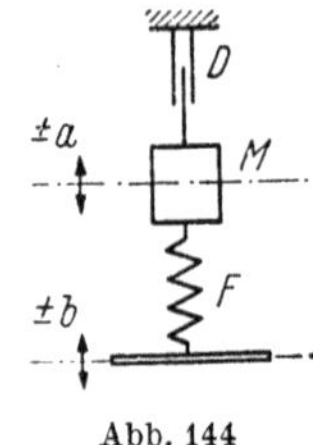

Abb. 144
Feder-Masse-System
mit Dämpfer

Was wir seither über die Stabilität der Flugzeuge vorgebracht haben, war eine Andeutung der sog. statischen Stabilitätsbedingungen, weil wir nur jene Kräfte betrachtet haben, die durch Veränderung der Fluglage bei einer Störung entstehen. Es gibt aber auch Kräfte, die durch Veränderung der Geschwindigkeitsverhältnisse geweckt werden, und überdies sind auch die verschiedenen Komponenten der Massenträgheit in Rechnung zu stellen. Diese weiteren Erörterungen gehören in das Gebiet der sog. dynamischen Stabilität. Wenn man ein Flugzeug im gleichmäßigen Flug stört, indem man z. B. eine kurze Steuerbewegung einleitet und daraufhin das Steuer wieder in die Ausgangslage zurückführt, beginnt das Flugzeug Schwingungen um seine Gleichgewichtslage auszuüben. Das Flugzeug benimmt sich ähnlich wie ein gedämpftes Feder-Masse-System, das in Abb. 144 dargestellt ist, und das aus einer Feder F, einer Masse M und einem Dämpfer D besteht. Stört man ein solches System etwa durch einen kurzen Stoß, so entsteht eine abklingende Schwingungsbewegung,

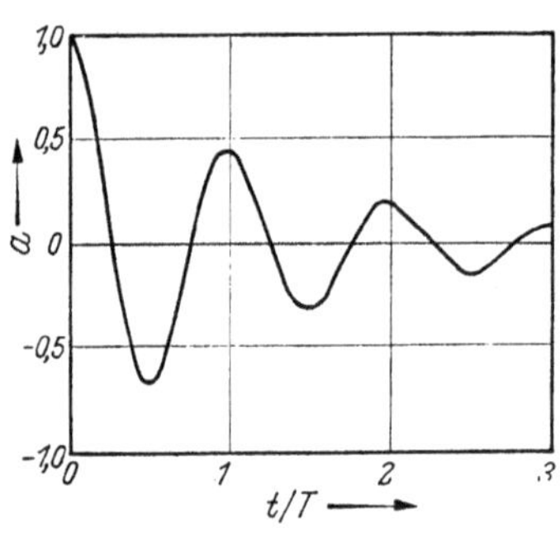

Abb.145. Abklingende freie Schwingungen
eines gedämpften Feder-Masse-Systems

wie sie in Abb.145 dargestellt ist. Hier ist die vertikale Auslenkung a der Masse M der Abb. 144 als Funktion der Zeit t aufgetragen. Die Zeit zwischen zwei größten Ausschlägen der Masse ist die Schwingungsperiode T, das Verhältnis der größten Ausschläge aufeinanderfolgender Schwingungen a_{n+1}/a_n ist bei einer gedämpften Schwingung kleiner als 1 und stellt ein Maß für die Dämpfung dar. Bei den sog. linearen Schwingungen, bei denen die Federkraft linear mit der Zusammendrückung der Feder wächst, und bei denen die Dämpfungskraft im Dämpfer D linear mit der Bewegungsgeschwindigkeit wächst, ist das Verhältnis zweier aufeinanderfolgender größter Schwingungsausschläge konstant.

An Stelle der Schwingungsperiode T kann man die Schwingung auch durch die Schwingungsfrequenz $v = 1/T$ kennzeichnen, das ist also die Zahl der Schwingungen in der Zeiteinheit. Erregt man das Feder-Masse-System kontinuierlich zu Schwingungen, indem man den unteren Angriffspunkt der Feder in Abb. 144 periodisch mit der Frequenz f auf und ab bewegt, so erhält man Schwingungsausschläge a der Masse M, welche proportional den Schwingungsausschlägen b des unteren Federangriffspunktes sind und welche die gleiche Frequenz f haben wie die Erregung. Bei sehr geringer Frequenz folgt die Masse genau der Bewegung des unteren Federpunktes, es ist also $a = b$. Bei sehr hoher Frequenz bleibt die Masse in Ruhe, es ist dann $a = 0$. Dazwischen gibt es eine Frequenz f, welche nahe der sog. Eigenfrequenz v des Masse-Feder-Systems ist, für welche das Verhältnis a/b einen Höchstwert annimmt. Man sagt, daß dann das Feder-Masse-System in Resonnanz mit der Erregung ist. Der Höchstwert von a/b hängt von der Stärke des Dämpfers D im Verhältnis zur Federkraft und zur Masse ab. Je größer die Dämpfungskraft, desto geringer ist der Resonnanzausschlag. Die

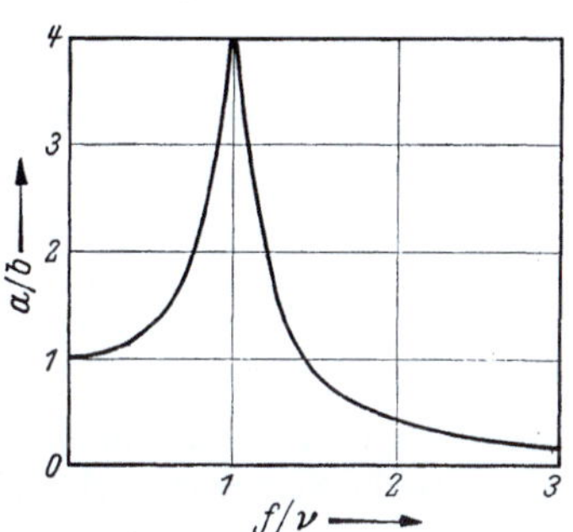

Abb. 146. Schwingungsausschlag a eines kontinuierlich erregten gedämpften Feder-Masse-Systems als Funktion der Erregerfrequenz f

Resonnanzkurve ist in Abb. 146 dargestellt, welche das Verhältnis der Schwingungsausschläge der Masse zu denen der Erregung a/b als Funktion des Verhältnisses der Erregerfrequenz zur Eigenfrequenz f/v angibt.

Während die grundlegenden dynamischen Erscheinungen beim Flugzeug die gleichen sind wie eben für das Feder-Masse-System angedeutet, hat das Flugzeug nicht nur die Möglichkeit, sich in einer einzigen Richtung zu bewegen wie das System der Abb. 144, sondern es gibt sechs Bewegungsmöglichkeiten: drei lineare Verschiebungen im Raum und drei Drehungen um die drei Achsen. Es treten dabei gewisse typische Schwingungsformen auf. Von jeder dieser Schwingungen verlangt man, daß sie möglichst gut gedämpft sind und nach einer Störung bald abklingen. In den meisten Fällen ist allerdings diese Forderung gar nicht erfüllbar. Insbesondere gibt es zwei Typen von Schwingungen, die meist nur geringe Dämpfung aufweisen. Die erste besteht in einer langsamen periodischen Aufundabbewegung des Flugzeuges, die mit kleinen Anstellwinkeländerungen und mit kleinen Fluggeschwindigkeitsänderungen verbunden ist. Man nennt diese Erscheinung Phugoidschwingung. Die zweite ist eine ebenfalls relativ langsame Roll-Gier-Schwingung, bei welcher das Flugzeug periodisch kombinierte Bewegungen um die Längsachse und um die Hochachse vollführt. Im englischen Schrifttum wird diese Erscheinung „Dutch Roll" genannt. Diese beiden, schwach gedämpften, langsamen Schwingungen erfordern ein ständiges Stabilisieren durch den Führer. Falls dieser selbst bei mäßiger turbulenter Luftbewegung die Steuer frei lassen würde, ergäben sich nicht nur diese Schwingungsbewegungen, sondern das Flugzeug würde bald vom Kurs abkommen und würde auch nicht die gewünschte Höhe einhalten.

Zwecke der automatischen Steuerung. Der ursprüngliche Zweck der automatischen Steuerung, die in den Jahren vor dem zweiten Weltkrieg ihre Anfänge hatte, war eine Entlastung für den Flugzeugführer im Reiseflug zu schaffen, so daß dieser das Flugzeug sich selbst überlassen konnte, um Karten usw. zu studieren. Die automatische Steuerung erhielt ihre Signale von dem Kompaß und eventuell von dem Höhenmesser, so daß das Flugzeug auf dem einmal eingestellten Kurs und in der eingestellten Höhe blieb, auch wenn der Flugzeugführer nicht ständig korrigierende Steuerbewegungen ausführte. In bezug auf die Dämpfung der Phugoid- oder der Roll-Gier-Schwingung trug die automatische Steuerung anfangs weniger bei. Im Gegenteil, solche Schwingungen waren oft, besonders im Höhenflug, recht fühlbar. Der Autopilot war dem menschlichen Piloten in bezug auf die Stabilisierung merklich unterlegen. Ein vorsichtiges und beschränktes Eingreifen oder Übersteuern von Hand war möglich. Die älteren Systeme hatten

Drehknöpfe, durch deren Betätigung man schwache Kurven einleiten konnte. Später wurden diese Drehknöpfe durch einen Hilfsknüppel ersetzt, mit dem man beschränkte Flugmanöver ausführen konnte. Wann immer präzises Fliegen oder enge Kurven notwendig waren, wie vor der Landung, wurde die automatische Steuerung abgeschaltet und der Flugzeugführer übernahm die Lenkung des Flugzeuges[1].

Der Antrieb zur Verbesserung der automatischen Steuerungen kam von zwei Seiten. Erstens wurde es bei den Hochgeschwindigkeitsflugzeugen immer schwieriger, auch nur halbwegs brauchbare Dämpfungen, insbesondere der Roll-Gier-Schwingung, zu erzielen. Die Tragflächen wurden immer kleiner im Verhältnis zur Masse und zum Trägheitsmoment des Flugzeuges, die höheren MACHschen Zahlen brachten ebenfalls verschlechterte Verhältnisse in bezug auf die Dämpfung der Roll-Gier-Schwingung. Eine neue Art von Kopplung zwischen Längsbewegung und Seitenbewegung des Flugzeuges, welche bei den früheren Bauarten mit großen Flügelspannweiten keine Rolle spielte, verursachte eine gefährliche dynamische Instabilität, die gewisse Flugfiguren unmöglich machte. Es ergab sich aus alledem, daß es für ein modernes Hochgeschwindigkeitsflugzeug gar nicht möglich war, die Leitwerke und Ruder so zu bemessen, daß brauchbare Flugeigenschaften entstanden. Hier griff nun die automatische Steuerung ein und lieferte diejenigen Elemente, welche das Flugzeug überhaupt erst mit tragbaren Flugeigenschaften versah. Solche Elemente der automatischen Steuerung, wie der Dämpfungskreisel, den wir noch etwas näher besprechen werden, wurden in die Seiten- und Quersteuerung, und neuerdings auch in die Höhensteuerung als ständig wirksame Bestandteile eingebaut und dienten jetzt nicht mehr zur zeitweiligen Entlastung des Führers, sondern gaben ihm zu jeder Zeit, auch wenn er die primäre Steuerung betätigte, diejenigen Flugeigenschaften, welche der Verwendungszweck des Flugzeuges erforderte.

Der zweite Antrieb zur Verbesserung der automatischen Flugzeugsteuerung ergab sich aus der wachsenden Notwendigkeit verbesserter Blindflugeigenschaften und automatischer Blindlandungen. Obwohl vollautomatische Blindlandungen schon seit längerer Zeit ausgeführt wurden, sind sie auch heute noch ein erhebliches

---

[1] Automatische Steuerungen, welche weniger gut stabilisieren als es der Führer vermag, sind heute noch weit verbreitet.

Wagnis und werden nur im Notfall versucht. Man verlangt im allgemeinen eine gewisse Mindesthöhe der Wolkendecke von etwa 100 m über dem Flugplatz. Die automatische Steuerung bringt das Flugzeug bis nahe an den Flugplatz heran, das eigentliche Landemanöver wird aber vom Führer vollzogen. Mit der Erhöhung der Landegeschwindigkeiten wird der Übergang von der automatischen zur handbetätigten Steuerung immer schwieriger, und die Zeit zur Ausführung des Landemanövers nach dem Durchbrechen der Wolkendecke immer kürzer, zudem werden die Sichtverhältnisse bei den hohen Geschwindigkeiten immer schlechter. Es ist daher anzunehmen, daß in nicht zu langer Zeit vollautomatische Blindlandungen nicht die Ausnahme, sondern die Regel sein werden, wenn niedrige Wolken oder Nebel eine normale Landung verbieten. Aber nicht nur für Schlechtwetterlandungen, sondern auch für Gutwetterlandungen und Abflüge auf verkehrsreichen Flughäfen wird die automatische Steuerung notwendig sein, um eine rasche Lande- und Abflugfolge ohne Kollisionsgefahr zu ermöglichen. Zur Erreichung dieses Zieles ist jedoch noch eine erhebliche Verbesserung der automatischen Steuerung selbst über den heutigen hohen Stand hinaus erforderlich. Diese Verbesserung betrifft nicht nur die im Flugzeug eingebauten Steuerelemente, sondern auch die steuernden Richtstrahlen der Bodenfunkanlage. Diese Richtstrahlen sind mancherlei Störungen unterworfen und im allgemeinen von unzureichender Konstanz zeitlich und räumlich, um selbst mit einer erstklassigen automatischen Flugzeugsteuerung sichere Führung bis zum Aufsetzen auf die Landebahn zu erlauben. Um gänzlich ohne Bodensicht Landung und Abflug ausführen zu können, müssen dann weiterhin auch automatische Radsteuerungen für das Anrollen und Ausrollen entwickelt werden.

Hauptbestandteile der automatischen Steuerung. Abb. 147 zeigt im Blockdiagramm die wesentlichen Bestandteile einer stark vereinfachten automatischen Steuerung. Von drei Stellen gehen elektrische Signale aus, werden gegeneinander abgewogen, verstärkt, und zur Steuerung des Rudermotors verwendet. Das erste dieser Signale stammt von dem Kreisel. Der Kreisel ist das Steuerelement, welches die sonst vom Führer vorzunehmende kontinuierliche Stabilisierung des Flugzeuges veranlaßt. In manchen automatischen Steuerungen verwendet man einen sog. Lagekreisel. Dieser Kreisel wird z. B. für die Quer- und Längssteuerung mit verti-

kaler Achse in das Flugzeug eingebaut und behält seine Lage im
Raum bei, auch wenn das Flugzeug Drehbewegungen um seine
verschiedenen Achsen ausführt. Dem Kreisel wird ein elektrisches,

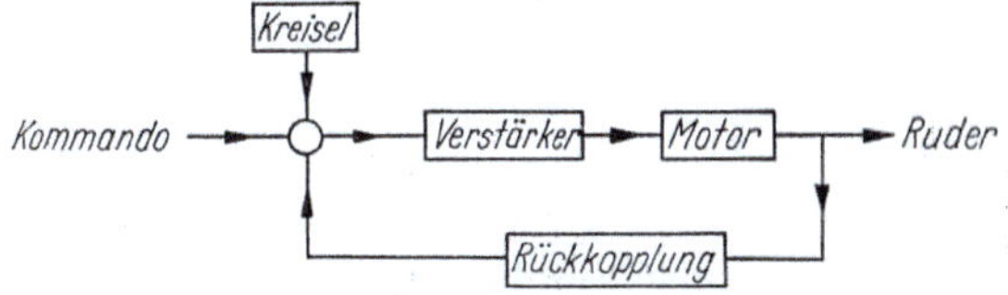

Abb. 147. Hauptbestandteile einer vereinfachten automatischen Steuerung

dem Flugzeuglagenwinkel proportionales Signal entnommen und
nach Verstärkung zur Steuerung des Rudermotors verwendet. Eine
Schwierigkeit besteht darin, daß der Lagekreisel nur innerhalb
eines beschränkten Bereiches von Flugzeuglagenwinkeln wirksam
ist und bei extremen Flugmanövern, wie sie insbesondere von Jagdflugzeugen verlangt werden, unbrauchbar wird.

In anderen automatischen Steuersystemen verwendet man daher
an Stelle des Lagekreisels den sog. Dämpfungskreisel. Das Prinzip
des Dämpfungskreisels ist aus Abb. 148 zu ersehen. Wir wollen
annehmen, daß der Kreisel so im Flugzeug eingebaut ist, daß wir
in Flugrichtung blickend ihn wie Abb. 148 sehen würden. Der
Kreisel ist in einem Rahmen gelagert, der um eine horizontale
Achse schwingen kann. Bei einer Rollwinkelgeschwindigkeit ω_R des Flugzeuges entgegen dem Uhrzeigersinn übt
der Kreisel ein Moment $M = 2\,\omega_R\omega I$
um die Achse der Rahmenlagerung
aus, und zwar in dem Sinne wie in
Abb. 148 angedeutet. Es ist ω die
Drehgeschwindigkeit des Kreisels

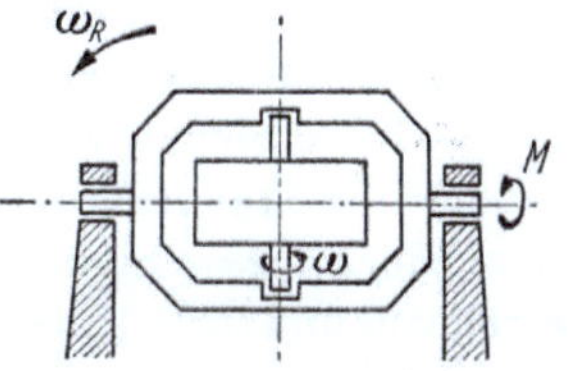

Abb. 148. Dämpfungskreisel

und I sein Trägheitsmoment. Man kann z. B. den Rahmen federnd
lagern und erhält dann einen Ausschlag des Rahmens im Sinne von
M, welcher proportional der Rollwinkelgeschwindigkeit ω_R des Flugzeuges ist. Setzt man die Bewegung des Rahmens in ein elektrisches
Signal um mit einer Stärke proportional dem Ausschlag des Rahmens, und schließt man den Motor so an die Querruder an, daß bei
einer Rollgeschwindigkeit entgegen dem Uhrzeigersinn ein Quer-
rudermoment im Uhrzeigersinn auftritt, dann hat man den Kreisel

zur Dämpfung der Rollbewegung des Flugzeuges verwendet. Denn ein Dämpfungsmoment ist entgegen der Drehbewegung gerichtet und ist proportional der Geschwindigkeit der Drehbewegung.

In einer vollständigen automatischen Steuerung gibt es für jede Achse einen Dämpfungskreisel. Die Bewegungen um die verschiedenen Achsen werden miteinander gekoppelt, um eine möglichst wirkungsvolle Stabilisierung zu erreichen, so, wie auch der Flugzeugführer alle drei Ruder gleichzeitig bedient, um eine Störung auszugleichen. Wir wollen auf diese Komplikation hier nicht eingehen, sondern annehmen, daß wir nach Abb. 147 nur eine ungekoppelte automatische Steuerung um eine einzige Flugzeugachse haben.

Das zweite der drei erwähnten elektrischen Signale wird vom Motor geliefert und ist die sog. Rückkopplung. Sie ist für eine einwandfreie Stabilisierung sehr wichtig. Da zwischen dem Ruderausschlag und der Wirkung auf das Flugzeug in Form einer veränderten, vom Kreisel wahrgenommenen Winkelgeschwindigkeit eine gewisse Zeitspanne verstreicht, würde man ohne die Rückkopplung Übersteuerungen erhalten. Die Rückkopplung sorgt dafür, daß sofort nach beginnendem Ruderausschlag das Kreiselsignal geschwächt wird, obwohl die Wirkung des Ruderausschlages auf das Flugzeug und damit auf den Kreisel noch gar nicht Zeit hatte, sich auszubilden. Die Rückkopplung ist ein überaus wichtiges Mittel zur Stabilisierung von automatischen Steuerungen und wird in allen Fällen angewendet.

Das dritte Signal, welches den beiden anderen überlagert wird, hat mit der Stabilisierung des Flugzeuges nichts zu tun. Auch bei Ausbleiben dieses Signals fliegt das Flugzeug mehr oder weniger geradeaus und turbulente Störungen werden von der automatischen Steuerung ausgeglichen. Das dritte Signal wird dazu verwendet, um die allgemeine Flugrichtung anzugeben. Es stammt z.B. von einem elektrischen, in den Knüppel eingebauten Kraftfühler. Der Flugzeugführer kann dann durch Ausüben einer Knüppelkraft in die automatische Steuerung eingreifen. Das dritte Signal kann auch vom Kompaß herrühren, wobei dann das Flugzeug automatisch auf einen eingestellten Kompaßkurs gehalten wird. Oder das dritte Signal kann vom Höhenmesser herrühren, wobei das Flugzeug automatisch in der eingestellten Höhe verbleibt. Es kann schließlich auch ein komplizierteres Kommandogerät verwendet werden, wenn man z. B. eine geflügelte Bombe auf einem radargesteuerten Kollisionskurs halten will, oder wenn man ein Verkehrsflugzeug im Blindflug auf einen radargesteuerten Antikollisionskurs halten will. Schließlich wird das dritte Signal zur automatischen Funknavigation und zur Blindlandung verwendet, indem man das Flugzeug einem Richtstrahl folgen läßt.

Flugeigenschaftsmessungen. Quantitative Flugeigenschaftsmessungen sind wichtig, um die Daten für die Konstruktion oder Anpassung einer automatischen Steuerung an ein Flugzeug zu gewinnen. So wie unser Feder-Masse-System von Abb. 144 physikalisch entweder durch die abklingende freie Schwingung nach einer Störung, wie in Abb. 145 gezeigt, beschrieben werden kann, oder durch die Resonanzkennlinie nach Abb. 146, so kann man auch kompliziertere Schwingungssysteme durch eine dieser beiden Methoden beschreiben. Mathematisch sind die Methoden völlig gleichwertig und man kann Abb. 145 erhalten, wenn Abb. 146 gegeben ist und umgekehrt. Eine Flugeigenschaftsmessung besteht demnach entweder darin, daß man das Steuer in schwingende Bewegung versetzt und die zu jeder erregenden Frequenz gehörenden Schwingungsausschläge aufnimmt, oder man vollführt eine einmalige Störung und registriert die freie Ausgleichsschwingung nach der Störung.

Für die meisten Flugzeuge wären solche Messungen nicht ohne Gefahr, da manche der Schwingungsformen, wie früher bemerkt, nur schwach gedämpft sind und bei Erregung mit der Eigenfrequenz sehr hohe Schwingungsausschläge entstehen würden. In den Elementen der automatischen Steuerungen hat man jedoch die Mittel, die Dämpfung erheblich heraufzusetzen und Flugversuche mit solchen eingebauten künstlichen Dämpfungen sind relativ harmlos und ergeben, wenn man alle in Frage kommenden Variablen mißt, die notwendigen Daten zur Kennzeichnung sowohl der Flugeigenschaften des Flugzeuges ohne automatische Steuerung wie auch der Eigenschaften der automatischen Steuerung.

Abb. 149 zeigt das Ergebnis einer Flugeigenschaftsmessung für das Verhalten eines Flugzeuges um die Querachse[1]. Das Verhältnis der Winkelgeschwindigkeitsamplitude des Flugzeuges zur Ampli-

---

[1] Entnommen D. Graham und R. C. Lathrop: Automatic Feedback Control and All-Wheather Flying, Aeronautical Engineering Review, Oktober 1955, S. 70.

tude des Knüppels ist über der Erregerfrequenz aufgetragen. Das
Flugzeug ohne Autopiloten hat eine Resonanz bei einer Erreger-
frequenz von etwa 0,3/sek. Die Resonanzkurve hat eine gewisse
Ähnlichkeit mit derjenigen des Feder-Masse-Systems von Abb. 146.

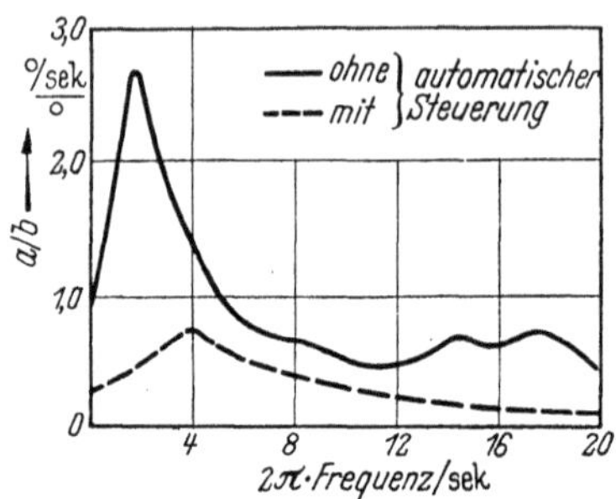

Abb. 140. Ausschlagverhältnis über Erregerfrequenz für Längsschwingungen eines Flugzeuges ohne und mit automatischer Steuerung

Durch Hinzufügung der automatischen Steuerung, welche
hier mit Dämpfungskreisel arbeitet, wird die Resonanzspitze
stark herabgesetzt. Allerdings
wird das Flugzeug auch un-
empfindlicher gegen Steuerausschlag.

Mit diesen Andeutungen
über das große Gebiet der
automatischen Steuerungen
müssen wir uns hier begnügen.
Das Gebiet ist in rascher Ent-
wicklung begriffen. Für die mathematischen Grundlagen wurde
eine eigene Symbolik entwickelt, und NORBERT WIENER hat dem
Gebiet sogar einen aus dem Griechischen abgeleiteten Namen,
,,Cybernetics'' gegeben. Die Grundlagen sind natürlich nicht
auf automatische Flugzeugsteuerungen beschränkt, sondern sie
bekommen im Zeitalter der Automatisierung eine viel weitere
Bedeutung[1].

VIII. Abflug und Landung

33. Hilfsmittel für Abflug und Landung

Allgemeines. Wir haben bisher die Eigenschaften und Bewe-
gungszustände eines Flugzeuges, losgelöst von allen Beziehungen
zur festen Erde, besprochen. Denn beim gleichförmigen Waagrechtflug, beim Steigen, Sinken und Bogenfliegen, beim Eintritt und
Ausgleich von Störungen, in all diesen Fällen gelangt das Flugzeug
nur mit der umgebenden Luftmenge in Wechselwirkung. Ob und
wie die Luft sich der Erde gegenüber bewegt, bleibt dabei außer
Betracht (vgl. hierzu Abschnitt 28), nur in der Schwerewirkung, die

---

[1] Siehe z. B. H. S. TSIEN: Engineering Cybernetics, New York 1954.

aber von Lage und Bewegungszustand der Körper ganz unabhängig ist, äußert sich der Einfluß der Erdmasse. In unmittelbare Beziehung zur Erde tritt jedoch ein Flugzeug in *dreifacher Weise*: Vor Beginn eines jeden Fluges muß noch auf dem Boden der Bewegungszustand hergestellt werden, der einem ansteigenden Flug (Abschnitt 26) entspricht, am Ende des Fluges muß das Flugzeug allmählich in den Ruhezustand übergehen, endlich muß während des Fluges ein vorgeschriebener Weg gegenüber der Erde eingehalten werden, soll das Flugzeug praktisch überhaupt verwendbar sein. Von diesen drei Aufgaben wollen wir in diesem Kapitel die beiden ersten behandeln, indem wir von *Abflug* und *Landung* sprechen; auf die Fragen der *Kurshaltung* gegenüber der Erde kommen wir im letzten Kapitel zurück.

Die ersten Flugzeuge der Brüder WRIGHT bedurften zum Abflug von der Erde einer besonderen Einrichtung, die an der Abflugstelle zurückblieb. Sie bestand in einem sog. *Katapult*, der durch die freiwerdende Energie eines aufgezogenen und dann herabfallenden Gewichtes dem Flugzeug eine gewisse Anfangsgeschwindigkeit erteilte. Mit dieser Geschwindigkeit begann das Flugzeug seinen Anlauf, bei dem es durch die Wirkung des Propellerzuges allmählich in den Zustand kam, der das Verlassen des Bodens ermöglichte. Sehr bald hat man diese „künstliche" Bewegungseinleitung als überflüssig erkannt. Nur für den Abflug von Schiffen aus hat das Katapult seine Bedeutung beibehalten.

Fahrgestell mit Sporn. Um die Bewegungsvorgänge, die beim Abfluge auftreten, zu verstehen, müssen wir uns nun zunächst die der Bewegung am Boden dienenden Teile der Flugzeuge ansehen.

Das *Hauptfahrgestell* besteht aus zwei oder mehr Rädern, die an *einer* Achse, oder an mehreren in einer Geraden liegenden Achsen, laufen.

Bei der älteren Anordnung mit Spornrad oder Spornkufe liegt das Hauptfahrgestell *vor* dem Schwerpunkt (siehe Abb. 150a). Steht das Flugzeug am Boden, so findet es einen zweiten Unterstützungspunkt am Schwanzende in dem Sporn. Die Hauptfahrwerksräder sind mit Bremsen versehen, während das Spornrad manchmal lenkbar an die Fußsteuerung angeschlossen ist. Vielfach verwendete man auch frei drehbare Sporne und lenkte mit differenzieller Bremswirkung auf die Hauptfahrwerksräder. Die Abmessungen von Hauptfahrwerk und Sporn wurden so gewählt, daß der Rumpfneigungswinkel in der Größenordnung von 15° war, damit im Augenblick des Abfluges der Sporn keinesfalls den Boden berührt.

Die Fahrwerksanordnung mit Sporn hat verschiedene Nachteile. Die in Abb. 150a angedeutete Stellung kann das Flugzeug mit

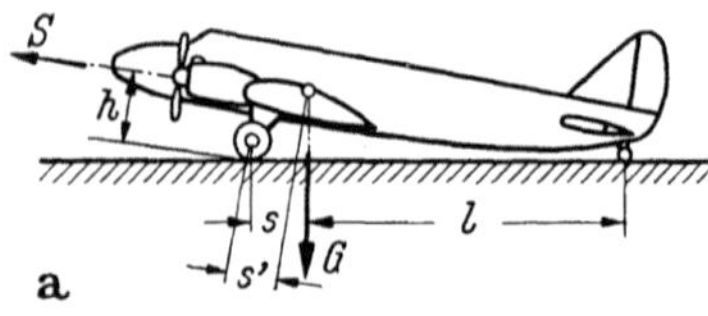

Spornfahrwerk im allgemeinen nicht mehr einnehmen, sobald der Motor in vollem Gang ist, ohne daß das Schwanzende durch eine äußere Kraft niedergedrückt wird. Denn werden die Hauptfahrwerksräder festgebremst, so sucht der Luftschraubenschub S mit dem Moment Sh (h = senkrechter Abstand des Unterstützungspunktes von der Längsachse des Flugzeuges) das Flugzeug um den vorderen Auflagerpunkt zu drehen. Das der Drehung entgegenwirkende Moment der Schwere, das als Produkt des Gewichtes G in den Abstand s gemessen wird, ist in der Regel kleiner als das Moment des Propellerzuges. Nach dem Abheben des Spornes vom Boden verringert sich das Schweremoment noch weiter, da in der waagrechten Lage des Flugzeuges G nur noch an dem kleineren Hebelarm s' angreift (siehe Abb. 150a). Während beim Abflug die Spornanordnung lediglich zu Unbequemlichkeiten führt, sind die Nachteile beim Landen von größerer Bedeutung. Beim Ausrollen nach einer Dreipunktlandung ist die Tragfläche stark angestellt und trägt daher noch einen erheblichen Anteil des Gewichtes. Bei Böen oder unebenem Boden besteht die Gefahr des Springens nach dem ersten Aufsetzen. Auch hat ein Spornfahrwerk die Tendenz zum Ausbrechen, da die Hauptfahrwerksräder vor dem Schwerpunkt liegen.

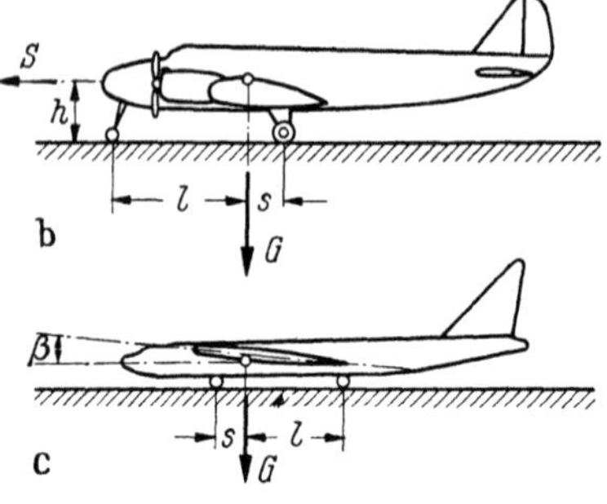

Abb. 150. Fahrgestellanordnungen

Fahrgestell mit Bugrad. Diese Nachteile werden behoben, wenn das Bugradfahrwerk nach Abb. 150b verwendet wird. Der Rumpf ist hier immer waagrecht, wenn das Flugzeug auf allen Rädern ruht oder rollt. Die Hauptfahrwerksräder hinter dem Schwerpunkt geben eine bessere Führung beim Rollen und zeigen nicht die Tendenz zum Ausbrechen. Nach der Landung kann der Flugzeugführer, wenn das Wetter böig ist oder der Boden uneben, die Nase bald herunterdrücken und Bugradkontakt erhalten, wodurch der Auftrieb der Tragfläche verschwindet oder zum mindesten stark herabgesetzt wird. Es ist bald nach der Landung der volle Raddruck vorhanden, und die Bremsen können angezogen werden, wobei im Gegensatz zum Spornfahrwerk keine Tendenz zum Überschlag besteht. Man wählt den Abstand s des Hauptfahrwerks vom Schwerpunkt klein, so daß beim ersten Aufsetzen kein großes kopflastiges Moment auftritt. Die Landestoßkraft geht vielmehr nur wenig hinter dem Schwerpunkt vorbei. Das Bugrad ist meistens frei schwenkbar und die Lenkung wird mit differentieller Bremsung der linken und rechten Räder vorgenommen. Ein Nachteil dieser Anordnung ist die lange Bugradstrebe, die mitsamt dem Bugrad in den Vorderteil des Rumpfes eingezogen werden muß.

Ein weiterer Nachteil ist die Neigung des Bugrades zu angefachten Schwingungen während des Rollens. Die Seitensteifigkeit der langen Bugradstrebe ist meist gering, das Bugrad ist überdies frei schwenkbar, so daß bei unrichtiger Wahl der Abmessungen die gefürchteten selbst erregten Seitenschwingungen (ähnlich dem Shimmy bei Kraftwagen) auftreten können. Es gibt ausführliche Theorien dieser Erscheinung, und man muß sorgfältig zu Werk gehen – unter Umständen einen Rollversuch mit einem eigens dazu gebauten Versuchswagen machen –, um ein einwandfreies Funktionieren des Bugrades zu gewährleisten. Trotz dieser Nachteile ist das Bugradfahrwerk weit verbreitet, da dessen Vorteile gegenüber dem Spornfahrwerk bedeutungsvoll genug sind, um die Nachteile zu überwiegen.

Zweiradfahrwerk. Für große Düsenflugzeuge wird noch eine weitere Art des Fahrwerks verwendet, bei welcher das Hauptfahrwerk in der Mitte des Rumpfes angeordnet ist und aus einem Rad oder Radpaar vor dem Schwerpunkt und einem weiteren Rad oder Radpaar hinter dem Schwerpunkt besteht. Abb. 150c zeigt die Seitenansicht einer derartigen Anordnung. Das vordere Rad ist näher dem Schwerpunkt als das hintere Rad. Der Rumpf ist horizontal, wenn das Flugzeug am Boden steht, die Tragfläche ist gegen den Rumpf um einen Winkel β eingestellt, der etwa 8° beträgt. Außen an den Flügeln sind relativ leichte Hilfsräder angeordnet, welche ein seitliches Kippen verhindern.

Der Anlauf erfolgt bei einem solchen Flugzeug mit konstantem Anstellwinkel der Tragfläche. Im Gegensatz zu der Spornrad- und Bugradanordnung besteht keine Möglichkeit, die Fluglage während des Anlaufvorganges zu verändern. Erst nachdem die Geschwindigkeit erreicht ist, für welche die unter dem Winkel β angestellte Tragfläche einen Auftrieb liefert, der größer ist als das Fluggewicht, hebt sich das Flugzeug ab und gehorcht von dann an der Höhensteuerung. Entsprechend erfolgt bei der Landung eine fast gleichzeitige Berührung der beiden Hauptfahrwerksräder mit dem Boden. Zunächst ist noch ein hoher Auftrieb vorhanden, und erst nach genügender Verringerung der Rollgeschwindigkeit entsteht ein ausreichender Raddruck zum Bremsen. Das Zweiradfahrwerk ist zwar zur Aufnahme von Landestößen – ähnlich der Mittelkufe in Segelflugzeugen – gut geeignet, doch ist der Auftrieb während des Ausrollens sehr unerwünscht und er verlängert wegen der geringeren Wirksamkeit der Radbremsen den Auslaufweg. Man könnte daran denken, ein Zweiradfahrwerk zu bauen, welches das hintere Rad nahe am Schwerpunkt hat und welches ein Ziehen des Flugzeuges erlauben würde, solange das hintere Rad noch Bodenberührung hat, ähnlich wie bei dem Bugradfahrwerk. Der Tragflächenanstellwinkel gegen den Rumpf könnte dann wieder klein gehalten werden. Versuche in dieser Richtung waren jedoch ohne Erfolg. Man geht daher bei den neuesten großen Düsenflugzeugen wieder zu dem Dreiradfahrwerk der Abb. 150b über.

Raddrücke. Die Raddrücke ergeben sich aus dem Momentengleichgewicht um den Schwerpunkt zu $Gs/(l+s)$ für das Bugrad bzw. den Sporn, und zu $Gl/(l+s)$ für das Hauptfahrwerk (siehe Abb. 150). Zusätzlich zu diesen Lasten beim ruhenden Flugzeug kommen noch die Landestoßkräfte, welche meist ein Mehrfaches der ruhenden Last sind und auch waagrechte Komponenten nach hinten und nach der Seite haben können. Wir werden über die Ermittlung dieser Landestoßkräfte in Abschnitt 34 noch einiges zu sagen haben.

Bei langsameren Flugzeugen begnügt man sich mit Verschalungen der Fahrgestellräder nach Abb. 151. Bei den meisten Flugzeugen wird jedoch Hauptfahrwerk und Bugrad völlig in den Rumpf bzw. in die Motorgondeln oder in den Tragflügel eingezogen.

Im eingezogenen Zustand wird die Öffnung von einem Blech völlig verschlossen, so daß eine möglichst glatte Kontur entsteht. Zum Einziehen wird meist ein System hydraulischer Kraftzylinder verwendet. Bei kleinen Flugzeugen kurbelt man unter Umständen das Fahrwerk auch von Hand ein. Der Einziehmechanismus, die Fahrwerksstreben und die Räder mit ihren Luftreifen sind recht schwer. Im Durchschnitt muß man etwa 4 bis 5 vH des Abfluggewichtes für das Einziehfahr-

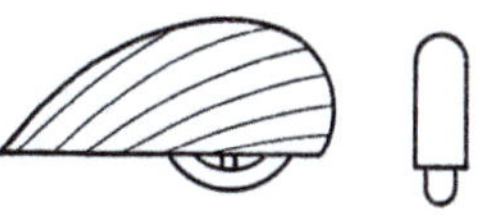

Abb. 151. Verschalte Fahrgestellräder

werk aufwenden. Da die Nutzlast in der Größenordnung von 20 vH des Abfluggewichtes ist, kann man das auch so ausdrücken, daß 20 bis 25 vH der Nutzlast geopfert werden müssen, nur um das Flugzeug vor dem Abflug und nach der Landung rollfähig zu machen.

Wasserflugzeug und Flugboot. Soll ein Flugzeug nicht vom Lande, sondern *vom Wasser abfliegen*, so muß es naturgemäß Einrichtungen erhalten, die es zum Schwimmen befähigen. Es sind zwei grundsätzlich verschiedene Lösungen dieser Aufgabe durchgeführt worden. Die eine, das sog. *Wasserflugzeug*, besteht darin, daß an Stelle der Fahrgestellräder geeignet geformte, geschlossene *Schwimmkörper* angeordnet werden. Manchmal erhält ein solches Wasserflugzeug noch neben den Schwimmern ein hochziehbares

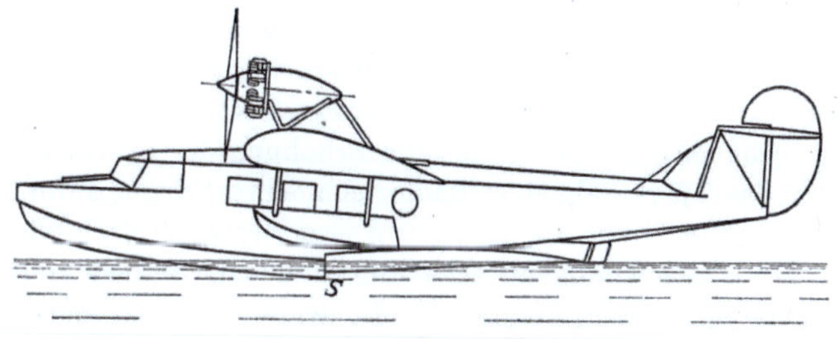

Abb. 152. Flugboot

Landfahrgestell, so daß es auch zu Land abfliegen und niedergehen kann; die Räder müssen, wenn vom Wasser abgeflogen wird, so hoch gezogen werden, daß sie den Schwimmwiderstand nicht unnütz erhöhen. Flugbootamphibien haben versenkbare Fahrgestelle. Beim Flugboot ist der Rumpf des Landflugzeuges als Wasserboot ausgebildet, die Tragflächen, der Motor und das Leitwerk liegen entsprechend hoch darüber. Abb. 152 zeigt die Seitenansicht eines älteren Flugbootes, dessen Anordnung auch noch für neuere Muster typisch ist. Der Bootskörper ist gekielt und hat eine Stufe S. Nach Erreichung einer gewissen Mindestgeschwindigkeit hebt sich der vordere Bootskörper aus dem Wasser. Das Problem des Flugbootbaus besteht darin, eine solche Form des Bootskörpers zu finden, daß sowohl beim Anlauf auf dem Wasser wie auch nachher im Flug ein möglichst geringer Widerstand entsteht. Zur Querstabilisierung im Wasser sind oft Hilfsschwimmer an den Flügelenden angeordnet.

Für die konstruktive Ausgestaltung der Schwimmeinrichtung ist neben dem Gesichtspunkt möglichst geringen Luft- und Wasserwiderstandes vor allem der der *Seetüchtigkeit* maßgebend. Man versteht darunter die Eignung des Flugzeuges, unter Umständen auch längere Fahrten auf Wasser zu machen und vor allem die, auch bei schwerer See abfliegen und niedergehen zu können.

Man glaubte früher, daß es wirtschaftlich sein würde, den Flugverkehr über den Ozean mit Flugbooten zu betreiben. Daß sich das Flugboot selbst im Transozeanverkehr nicht hat durchsetzen können, liegt daran, daß der Bootskörper nicht nur wesentlich steifer und schwerer ausgeführt werden mußte als der Rumpf des Landflugzeuges, um die hohen Wasserungskräfte aufnehmen zu können, sondern daß auch ein aerodynamischer Verlust durch die zum Gleiten auf dem Wasser notwendige Formgebung einschließlich der Flügelendstützschwimmer unvermeidlich war. Heute werden Flugboote nur für spezielle Verwendungszwecke gebaut. Es ist jedoch nicht ausgeschlossen, daß die Erhöhung der Geschwindigkeiten in das Überschallgebiet Bauformen hervorbringen kann, für welche Landung und Abflug vom Wasser weniger Nachteile in bezug auf Geschwindigkeitserhöhung und auf Widerstandserhöhung haben werden, als dies für die derzeitigen Transportflugzeuge der Fall ist. Es sind jedenfalls erfolgreiche militärische Düsenflugzeuge mit schallnahen Geschwindigkeiten gebaut worden, welche vom Wasser abfliegen und landen, und die Entwicklung dieses Typus ist noch keineswegs abgeschlossen.

34. Der Abflugvorgang

Kräfte beim Anlauf. Beim Anlauf widersetzen sich der Schubkraft des Triebwerks drei Kräfte: der Reibungswiderstand der Räder, der Luftwiderstand und der Trägheitswiderstand, welcher gleich der Masse des Flugzeuges mal seiner Beschleunigung ist. Der Anlauf erfolgt in der ersten Phase der Bewegung mit dem Anstellwinkel der Tragfläche, welcher beim Stand am Boden auftritt. Bei einem Flugzeug mit Sporn ist dies ein relativ großer Anstellwinkel, bei einem Flugzeug mit Bugrad ist der Anstellwinkel klein. Nachdem genügend Anlaufgeschwindigkeit erreicht wurde, um das Höhenruder wirksam zu machen, kann durch Ziehen des Höhensteuers auch beim Bugradfahrwerk ein positiver Anstellwinkel erreicht werden, und beim Spornfahrwerk kann der Sporn durch geeignete Höhensteuerstellung vom Boden abgehoben werden und der gewünschte Anstellwinkel der Tragfläche eingestellt werden. Je größer der Anstellwinkel, desto früher entsteht Auftrieb, desto geringer ist der Raddruck und damit der Reibungswiderstand, desto größer ist aber der Luftwiderstand infolge des durch den Auftrieb verursachten Anteiles. Wir wollen hier nicht auf die Frage eingehen, für welchen Anstellwinkel die Summe von Reibungswiderstand und Luftwiderstand am geringsten wird, sondern wir wollen annehmen, daß der Anlauf mit dem vollen Raddruck erfolgt, also keine Entlastung durch Auftrieb vorhanden ist. Dies ist nicht notwendigerweise die günstigste Art des Anlaufs, doch ist es diejenige, welche beim Bugradfahrwerk am leichtesten durchzuführen ist, da lediglich das Höhensteuer etwas angedrückt zu werden braucht, so daß das Bugrad während des Anlaufs am Boden verbleibt.

Die Reibung beträgt einen Bruchteil des Gewichtes — wir können schreiben: kG, indem wir mit k die Reibungszahl des Bodens bezeichnen. Solange noch keine wesentliche Geschwindigkeit und damit noch kein wesentlicher Luftwiderstand erreicht ist, wird der Überschuß $S - kG$ der Schubkraft über die Reibungskraft zur Beschleunigung des Flugzeuges verbraucht. Der Luftwiderstand ist bei verschwindendem Auftrieb $W_s = c_{ws} q F$, wo c_{ws} der Beiwert des schädlichen Widerstandes, $q = \varrho\, v^2/2$ der Staudruck und F die Größe der Tragfläche ist (siehe S. 203). Wenn wir noch alle Kräfte durch das Fluggewicht G dividieren und berücksichtigen, daß die Flugzeugmasse gleich G/g ist – g die Erdbeschleunigung – erhalten wir, für das Verhältnis der Flugzeugbeschleunigung zur Erdbeschleunigung die Gleichung

$$b/g = S/G - W_s/G - k\,.$$

Der Anlauf muß bis zu einer solchen Fluggeschwindigkeit fortgesetzt werden, daß damit ein Steigflug möglich ist. In Abb. 153 sind die Anlaufkräfte und Beschleunigungen zusammen mit den Triebwerksschubkräften und mit den Widerstandskräften für Waagrechtflug über der Anlauf- bzw. Fluggeschwindigkeit in km/st aufgetragen. Es wurde das Zahlenbeispiel zugrunde gelegt, das auch für Abb. 117 verwendet wurde. Das Fluggewicht ist $G = 15\,000$ kg, die Tragflächengröße ist $F = 37,5$ m², die Flächenbelastung ist $G/F = 400$ kg/m², den Reibungswert k nahmen wir zu $k = 0,03$ an, den Widerstandsbeiwert c_{ws} des schädlichen Widerstandes, der im früheren Fall $c_{ws} = 0,02$ war, haben wir auf $0,03$ erhöht, da Fahrwerk und Bugrad ausgefahren sind und einen erheblichen Widerstand erzeugen. Die Schubkurven für Propeller und für Düse sind die gleichen wie in Abb. 117, der Widerstand für Waagrechtflug ist jedoch höher und folgt der Beziehung

$$W/G = (0,03/c_a) + 0,05\,c_a\,.$$

Man sieht aus Abb. 153, daß der Anlauf bis zu mindestens 250 km/st Geschwindigkeit genommen werden muß, um den Anschluß an den Steigflug zu erhalten. Man könnte diese Geschwindigkeit etwas erniedrigen, wenn man mit ausgefahrener Landeklappe starten würde. Der Luftwiderstand wird zwar dadurch größer, doch helfen im allgemeinen mäßig große Ausschläge der Landeklappe dazu, den Anlauf zu verkürzen. Sobald beim Anrollen die Geschwindigkeit erreicht ist, für welche ein

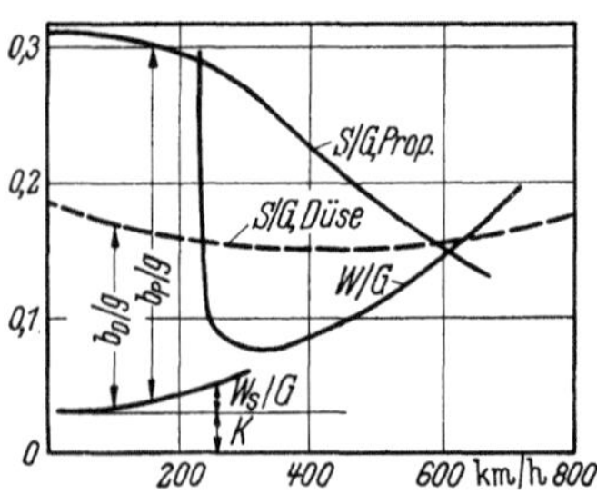

Abb. 153. Kräfteverhältnis beim Anlauf

Steigen des Flugzeuges möglich ist, kann durch Ziehen des Höhensteuers das Flugzeug vom Boden abgehoben werden und es kann der Steigflug begonnen werden. Aus den in Abb. 153 eingetragenen Beschleunigungsverhältnissen b_p/g und b_D/g für das Propellerflugzeug und für das Düsenflugzeug erkennt man, daß der Propeller eine wesentlich größere Beschleunigungskraft liefert als die Düse, obwohl im Schnellflug die Düse dem Propeller überlegen ist. Für ein Flugzeug mit Zweiradfahrwerk, dessen Anlauf mit konstantem Anstellwinkel der Tragfläche erfolgen muß (siehe Abb. 150c), ist der Verlauf der Beschleunigung etwas anders, da an Stelle des mit der Rollgeschwindigkeit abnehmenden Radwiderstandes ein zusätzlicher Tragflächenwiderstand infolge des Auftriebes tritt.

Anlaufzeit und Anlaufweg. Für den Anlauf stellt die Differenz zwischen dem Triebwerksschubverhältnis S/G und der Summe $k + W_s/G$ das Beschleunigungsverhältnis b/g dar (siehe Abb. 153). Trägt man den reziproken Wert der Beschleunigung $1/b$ über der Geschwindigkeit auf, so erhält man in Abb. 154 eine Linie, mit deren Hilfe man, wie aus dem Begriff der Beschleunigung folgt, die Anlaufzeit berechnen kann. In Abb. 154 ist die Geschwindigkeit in m/sek

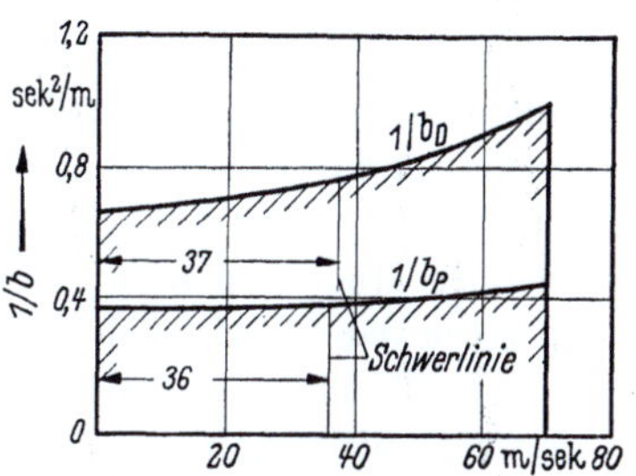

Abb. 154. Ermittlung der Anlaufzeit und des Anlaufweges

aufgetragen, die reziproke Beschleunigung in sek²/m. Die eingetragenen Linien gelten für das Düsenflugzeug (höherer Wert von $1/b$) und für das Propellerflugzeug (niedrigerer Wert von $1/b$). Die schraffierte Fläche unter jeder Kurve gibt unmittelbar ein Maß für die *Anlaufzeit*[1], wenn man die Grundlinie des flächengleichen Rechtecks im Maßstab der Abszissen, die Höhe in dem der Ordinaten abliest. In unserem Beispiel mit 250 km/st Abhebegeschwindigkeit (69,5 m/sek) erhält man als Höhe des flächengleichen Rechtecks für die obere Kurve der Abb. 154 0,80 sek²/m, für die untere Kurve 0,40 sek²/m. Es sind also die Anlaufzeiten gleich dem Inhalt der Rechtecke, also $0{,}80 \cdot 69{,}5 = 56$ sek, und $0{,}40 \cdot 69{,}5 = 28$ sek. Auch die *Anlaufstrecke* läßt sich aus der

---

[1] Denn ein Flächenstreifen zwischen zwei nahe benachbarten Abszissen stellt das Produkt aus der Geschwindigkeitsänderung (Basis des Flächenstreifens) und dem Quotienten Zeit durch Geschwindigkeitsänderung (Höhe des Streifens = reziproker Wert der Beschleunigung) dar, also die Zeitgröße, in der die Geschwindigkeit vom Anfangswert der Abszisse zum Endwert anwächst.

Abb. 154 entnehmen. Man hat nur die gefundene Anlaufzeit mit der mittleren Geschwindigkeit zu multiplizieren, und diese ist nichts anderes als die Abszisse des Schwerpunktes der schraffierten Fläche[1]. In unserem Beispiel liegt der Schwerpunkt bei ungefähr 36 m/sek für die untere Kurve und bei ungefähr 37 m/sek für die obere Kurve. Die Anlaufwege sind daher $28 \cdot 36 = 1008$ m bzw. $56 \cdot 37 = 2072$ m. Das Düsenflugzeug braucht bis zum Abheben etwa doppelt so lange Zeit und erfordert eine mehr als doppelt so lange Anlaufstrecke, verglichen mit dem Propellerflugzeug. Dies ist der Grund, warum zum Abflug von Düsenflugzeugen vielfach der Nachbrenner benutzt wird.

Windeinfluß auf den Abflugvorgang. Wird bei Wind gestartet, so ändern sich die vorstehenden Überlegungen. Denn die für den Flug notwendige Geschwindigkeit muß *gegenüber dem Wind* vorhanden sein, während die Beschleunigung *gegenüber der Erde* zu messen ist. Man sucht nun praktisch den Anlauf stets in der Richtung *gegen* den Wind zu nehmen. In diesem Fall ist, wenn w die Größe der Windgeschwindigkeit, die sog. Windstärke, bezeichnet, an unserer Ableitung nichts weiter zu ändern, als daß der Anlaufvorgang nicht mit der Geschwindigkeit Null, sondern mit der Geschwindigkeit w beginnt. Anlaufzeit und Anlaufweg verkürzen sich entsprechend, indem man in Abb. 154 Flächengröße und Schwerpunktsabstand nicht von der ganzen schraffierten Fläche, sondern nur von dem Teil, der rechts von der Abszisse w liegt, zu rechnen hat. Nimmt man in unserm Beispiel eine Windstärke von 10 m/sek an, so ermäßigt sich die Anlaufzeit auf 48 bzw. 24 sek, der Anlaufweg auf 1510 bzw. 740 m. Der Einfluß des Windes auf die Anlaufstrecke ist also sehr erheblich.

Hat man Rückenwind beim Abflug, was nach Möglichkeit vermieden wird, so tritt eine entsprechende Vergrößerung der Anlaufstrecke ein. Beim Start mit Seitenwind muß der Führer die Querruder betätigen, um ein Kippen des Flugzeuges um die Längsachse zu verhindern. Die hier auftretenden verwickelten Beziehungen entziehen sich der einfachen Berechnung.

Methoden zur Verringerung der Anlaufstrecke. Die Anlaufstrecke ist um so kleiner, je geringer die Geschwindigkeit ist, bei der das

---

[1] Denn Schwerpunktsabstand mal Gesamtfläche gibt das statische Moment, dieses aber bedeutet soviel wie nochmalige Integration (Flächenbildung), führt also von der Zeit/Geschwindigkeitskurve zur Zeit/Wegkurve.

Flugzeug flugfähig wird. Die Geringstgeschwindigkeit eines Flugzeuges ergibt sich nach S. 68 aus dem kleinstmöglichen Staudruck

$$q_{\min} = \frac{G/F}{c_{a\,\max}}.$$

Sie ist um so kleiner, je niedriger die Flächenbelastung G/F und
je größer der Höchstauftriebswert $c_{a\,\max}$ ist. Über die Möglichkeit
der Erhöhung von $c_{a\,\max}$ beim Anlauf durch Flügelendklappen
haben wir oben gesprochen. Eine Verringerung der Flächenbelastung ist für einen kurzen Anlaufweg von großer Bedeutung.
In welcher Größe man die Flächenbelastung wählt, hängt vom
Verwendungszweck des Flugzeuges ab. Die Anlaufstrecke ist weiterhin um so kleiner, je größer die Schubkraft im Verhältnis zum
Fluggewicht ist, da dann eine größere Kraft zur Beschleunigung
einer kleinen Masse zur Verfügung steht. Eine Vergrößerung der
Schubkraft bei gleicher Triebwerksgröße ist beim Düsentriebwerk
durch Nachbrennen möglich, wie ebenfalls bereits erwähnt wurde.
Für Benzinmotoren und für Gasturbinen erhält man durch Wasser
und Alkoholeinspritzung vorübergehende Leistungserhöhungen,
die zur Verringerung der Anlaufstrecke verwendet werden. Eine
andere für militärische Flugzeuge viel verwendete Methode zur
Verkürzung der Anlaufstrecke ist die Erzeugung von Schub durch
zusätzliche Raketentriebwerke. Die Triebwerke werden oft, nachdem sie ihren Dienst als Starthilfe erfüllt haben, abgeworfen, um
nicht das Flugzeuggewicht und den Flugzeugwiderstand während
des Fluges zu erhöhen.
Beim Propellertriebwerk ergibt sich eine Vergrößerung der
Schubkraft bei den niedrigen Anlaufgeschwindigkeiten durch Vergrößerung des Propellerdurchmessers. Niedrige Schubbelastung der
Propellerkreisfläche und niedrige Flächenbelastung der Tragfläche
sind die beiden wirkungsvollen Methoden zur Herabsetzung der
Anlaufstrecke. Beide Methoden machen jedoch das Flugzeug ungeeignet für den Streckenflug dadurch, daß das Fluggewicht steigt,
dadurch, daß der schädliche Widerstand steigt, und dadurch, daß
der Propellerwirkungsgrad im Schnellflug leidet. In den Fällen, in
denen man besonderen Wert auf kurze Anlaufstrecke legt, und in
denen die Verwendung von Katapulten nicht möglich ist, z.B. bei
den Armeeflugzeugen, die von kurzen improvisierten Abflugbahnen
starten sollen, muß man Sonderflugzeuge herstellen, welche den

Vorteil der geringeren Anlaufstrecke mit dem Nachteil geringerer
Fluggeschwindigkeiten verbinden. Bis heute ist noch kein Hochleistungsflugzeug konstruiert worden, das mit einer kurzen Roll-
bahn auskommen kann. Im Gegenteil, die erforderlichen Anlauf-
strecken werden immer länger, je größere Fluggeschwindigkeiten
man erzielt.

Es ist allerdings bereits jetzt vorauszusehen, daß die weitere
Entwicklung des Flugzeugbaues auf höhere Geschwindigkeiten hin
schließlich zu Verhältnissen führen kann, unter denen unter Umständen gerade die schnellsten Flugzeuge überhaupt keine Roll-
bahn mehr benötigen. Je höher nämlich die Fluggeschwindigkeit
gesteigert werden soll, desto größer muß das Verhältnis von Trieb-
werksschub zu Fluggewicht werden. Man gelangt schließlich zu dem
Punkt, wo der Triebwerkschub, der bei heutigen Unterschallflug-
zeugen 20 bis 30 vH des Fluggewichtes ist, auf über 100 vH des
Fluggewichtes steigt. Bereits bevor dieser Punkt erreicht ist, wird
es wahrscheinlich möglich sein, den Standschub durch geeignete
Mittel genügend zu erhöhen, ohne dadurch die Schnellflugeigen-
schaften zu beeinträchtigen. Wenn erst einmal, ohne wesentliche
Einbuße an Schnellflugleistungen ein Standschub erzeugt werden
kann, welcher größer ist als das Fluggewicht, werden gerade die
schnellsten Flugzeuge am ehesten in der Lage sein, ohne Rollweg
zu starten. Es sind natürlich außer der Schubfrage noch viele
andere Fragen erfolgreich zu lösen, bevor eine solche Revolutionie-
rung des Flugzeugwesens vorgenommen werden kann, so z. B. die
Fragen der Stabilität und Steuerung, die Fragen des Übergangs
vom Schwebeflug in den waagrechten Flug, ohne dabei das ganze
Flugzeug um 90° zu drehen, wie bei den ersten Versuchen dieser
Art in den Vereinigten Staaten, die Fragen der Flugsicherheit bei
Ausfall eines Triebwerkes und so fort. Das Überschallflugzeug mit
der Fähigkeit zur vertikalen Landung und zum vertikalen Abflug
ist jedoch keine Ausgeburt einer blühenden Phantasie mehr, sondern es wird allerwärts an diesem Problem ernsthaft gearbeitet.

Schließlich mag noch eine Methode erwähnt werden, an welcher
ebenfalls praktisch gearbeitet wird, und welche nicht nur die Roll-
bahn, sondern auch das ganze Fahrgestell zu beseitigen trachtet.
Es handelt sich dabei um die Übertragung der für Raketengeschosse
üblichen Startvorrichtungen auf Flugzeuge. Das fahrwerkslose
Flugzeug wird vor dem Abflug in eine Lage gebracht, in welcher

die Längsachse gegenüber der Horizontalen nach oben geneigt ist. Aus dieser Lage wird es durch eine Rakete so stark beschleunigt, daß es die zum Steigflug aus eigener Kraft erforderliche Geschwindigkeit erreicht, ehe die Schwerkraft Zeit hat, das Flugzeug zum Boden herabzuziehen. Die Landung muß dann natürlich ebenfalls ohne Fahrwerk erfolgen, wobei z. B., ähnlich wie bei Landungen auf dem Deck eines Flugzeugträgers, das Flugzeug sich in ein elastisches Kabel einhängt und nach kurzem Auslauf auf einer weichen Unterlage zum Stehen kommt. Ob solche „Gewaltmethoden" allerdings je auf große Transportflugzeuge anwendbar sein werden, mag dahingestellt bleiben.

Abflug vom Wasser. Für die Untersuchung des *Abfluges vom Wasser* kommt als wesentlicher Unterschied gegenüber dem Landflugzeug in Betracht, daß der Wasserauftrieb und der Wasserwiderstand, die an Stelle des Auflagerdruckes und der Reibung beim Landstart treten, im Längsschnitt gesehen, nicht an einzelnen Punkten, sondern *längs ganzer* Linien (der eingetauchten Begrenzung der schwimmenden Teile) angreifen. Während das Flugzeug sich vom Wasser abhebt, verändert sich, da die Schwimmer bzw. die Bootsteile allmählich auftauchen, die Angriffsfläche der Wasserkräfte stetig und die Resultierende der Kräfte wandert. Wären keine besonderen Vorkehrungen dagegen getroffen, so würde das Flugzeug, da es mit etwas schräger, vorn gehobener Längsachse in die Luft gehen muß, im letzten Augenblick an einem verhältnismäßig weit hinten gelegenen Punkt Auftrieb vom Wasser her erhalten, wodurch die Spitze wieder niedergedrückt würde. Um das zu vermeiden, ist eine besondere Formgebung der Schwimmerunterseite bzw. des Bootes erforderlich. Die häufigste Lösung ist die in Abb. 152 kenntliche *Stufe S*. Wenn das Flugzeug aufgerichtet wird, bleibt die Stufe immer noch im Wasser, und es wird dadurch verhindert, daß die Resultierende des Wasserauftriebes zu weit nach hinten rückt.

Die Formgebung des Bootskörpers beruht auf Messungen des Auftriebs und Widerstands, die an Modellen im Wasserkanal vorgenommen werden. Dabei kommen für die Übertragung der Ergebnisse des Modellversuches auf die Vorgänge am Flugboot die Überlegungen in Frage, die im Schiffsbau maßgebend sind und sich zum Teil von den für Versuche im Luftkanal gültigen unterscheiden (REYNOLDSsches Gesetz). Neben der REYNOLDSschen Zahl (siehe

S. 45) tritt die nach FROUDE benannte Größe $\dfrac{v^2}{g \cdot l}$, worin v die Geschwindigkeit, l wieder eine charakteristische Längenabmessung und g die Erdbeschleunigung bezeichnet, als maßgebend auf. Nur wenn für Modell und wirkliche Ausführung dieser Quotient, die FROUDEsche Zahl, den gleichen Wert hat, wenn also die Quadrate der Geschwindigkeiten sich verhalten wie die Längen, sind gleiche Schiffswiderstände zu erwarten.

Der Wasserwiderstand muß für verschiedene Anstellwinkel, die man hier „Trimmwinkel" nennt, untersucht werden. Der Wasserwiderstand ändert sich erheblich mit dem Trimmwinkel und ist im allgemeinen kleiner, nachdem sich der vordere Teil des Bootskörpers aus dem Wasser herausgehoben hat, da dann die benetzte Fläche kleiner ist. Man wird zu erreichen versuchen, daß der beste, d. h. der Trimmwinkel des geringsten Wasserwiderstandes mit dem Anstellwinkel des größten Flugzeugauftriebes zusammenfällt, damit das Flugzeug beim Start sich gut vom Wasser abhebt.

Es sei noch eine Methode des Abfluges vom Wasser erwähnt, die in neuerer Zeit erprobt wurde, und bei welcher das Flugzeug mit einziehbaren Wasserski ausgerüstet wird. Mit steigender Geschwindigkeit hebt sich der Rumpf aus dem Wasser, so daß schließlich ein Gleiten auf den Wasserski erfolgt. Die Ski sind auch für Bodenlandungen verwendbar.

35. Der Landevorgang

Landetechnik. Die normale Landung besteht im wesentlichen darin – von Einzelheiten sprechen wir noch später –, daß man schon *in einiger Höhe den Motor drosselt*, in immer flacher werdendem Gleitflug niedergeht und dann in Bodennähe *durch „Aufziehen" eine Bewegung mit großem Anstellwinkel bei möglichst geringer Geschwindigkeit* herbeiführt.

Abb. 155 zeigt für das Beispiel der Abb. 117 (400 kg/m² Flächenbelastung) das Gleitverhältnis W/G abhängig von der Fluggeschwindigkeit v in km/st, Kurve *I*. Das Gebiet mit normaler Steuerwirkung (Ziehen = flacheres Gleiten, Drücken = steileres Gleiten) ist schraffiert. Es kommt nun bei einer Landung auf einem beschränkten und womöglich mit Häusern oder anderen Hindernissen umgebenen Platz darauf an, erstens beim Aufsetzen auf den Boden eine möglichst geringe Geschwindigkeit zu haben, damit der

Auslaufweg klein wird, zweitens möchte man in möglichst steilem
Gleitflug niedergehen, d.h. so lange wie möglich in größerer Höhe
fliegen und erst über dem Flugplatz in Bodennähe kommen. Man
wird also für den Gleitflug kurz vor der Landung das Gebiet links
von v_1 in Abb.155 wählen, in dem
Umkehr der Steuerwirkung vorhanden ist, und zwar wird man
nicht nur bis an die Grenze der
Geringstgeschwindigkeit gehen,
die in dem Beispiel bei etwa
230 km/st liegt, sondern man
wird einen möglichst hochgelegenen Punkt der Linie I, d.h.
einen möglichst großen Gleitwinkel anstreben. Die Geringstgeschwindigkeit ist erreicht,

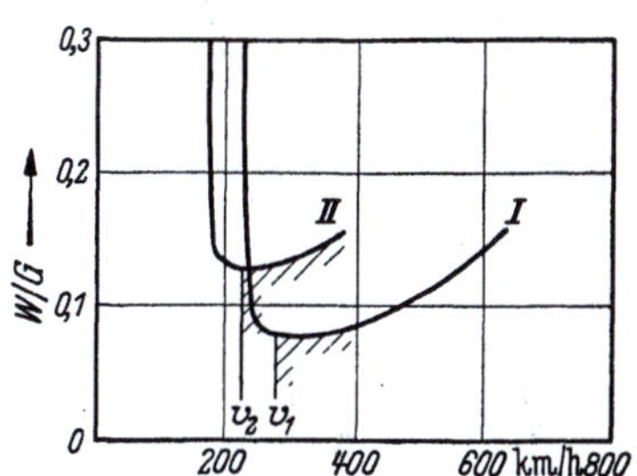

Abb. 155. Gleitverhältnis mit und ohne
Landeklappe

wenn man das Flugzeug bis zu dem Anstellwinkel des maximalen
Auftriebes gezogen hat. Läßt sich nun das Flugzeug, ohne seine
Steuerfähigkeit zu verlieren, „überziehen", so steigt der Gleitwinkel
nochmals erheblich bei ungefähr gleicher Fluggeschwindigkeit, denn
durch das Abreißen der Strömung entseht ein erhöhter Widerstand,
so daß das Verhältnis von Widerstand zu Auftrieb, die Gleitzahl,
beim Überziehen zunimmt. Vor der Landung empfiehlt es sich
allerdings nochmals nachzudrücken, und dadurch in einen flache-
ren Gleitflug überzugehen, um nicht zu heftig aufzusetzen. Wenn
das Flugzeug dicht über dem Boden ist, kann der Flugzeugführer
durch kräftiges Ziehen (Abfangen) den Landungsstoß fast ganz
vermeiden. Man beachte, daß ein Abfangen im überzogenen Flug
nicht mehr möglich ist, da bereits der größtmögliche Auftrieb
erreicht ist.

In Abb. 155 sind in Kurve II auch die Gleitwinkel für dasselbe
Flugzeug eingezeichnet, die sich bei Ausrüstung mit Flügelendklappen ergeben. Man sieht, daß die Geringstgeschwindigkeit auf etwa
180 km/st herabgesetzt ist. Von ebenso großer Bedeutung für den
Landevorgang ist es, daß durch die Landeklappe der kleinste Gleitwinkel bei v_2 erheblich höher ist als zuvor. Dadurch ist ein steileres
Gleiten möglich, ohne den überzogenen Flugzustand zu Hilfe zu
nehmen, der bei vielen Flugzeugen wegen der Tendenz zum Abkip-
pen eines Flügels nicht ungefährlich ist.

Landestoß. Wir sehen, daß bei geeigneter Landetechnik der Landestoß weitgehend vermieden werden kann. Immerhin muß damit gerechnet werden, daß gelegentlich bei ungeschickten Landungen heftige Landestöße auftreten. Dieser Fall kann eintreten bei zu spätem Abfangen, so daß das Flugzeug unter seinem Gleitwinkel gegen den Boden fliegt, oder auch bei zu frühem Abfangen, so daß das Flugzeug, das beim Abfangen seine Geschwindigkeit verloren hat, steil durchsackt.

Kein Fahrgestell eines Landflugzeuges könnte derartige Landungsstöße ertragen, wenn nicht die dem Stoß unmittelbar ausgesetzten Teile *federnd* oder *elastisch* gestaltet würden. Ausnahmslos erhalten die Räder Gummibereifung mit Luftpolster, und überdies sind die Räder durch elastische Fahrwerksstreben abgefedert.

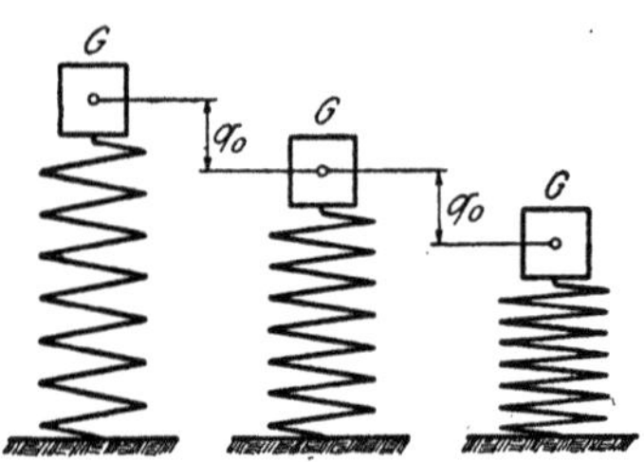
Abb. 156. Spiralfeder. a) im undeformierten Zustand; b) im Gleichgewichtszustand; c) in der Endlage der Schwingung

Um das Wesen der *elastischen Stoßaufnahme* zu erkennen, denken wir uns alle federnden Teile durch eine einzige Spiralfeder (Abb. 156) ersetzt, und wollen uns überlegen, wie eine solche Feder, die oben durch ein Gewicht G belastet werden mag, sich gegenüber der Belastung verhält. Eine Spiralfeder – und im allgemeinen jedes elastische System – hat die Eigenschaft, daß jeder Belastung Q eine bestimmte, ihr proportionale Formänderung q,

$$q = k\,Q\,,$$

entspricht, bei der die inneren Kräfte der Feder der Belastung Q das Gleichgewicht halten. Die Größe k, die das Verhältnis der Formänderung zur Belastung angibt, ist ein Maß für die Härte oder Weichheit der Federung; je größer k, desto „weicher" nennt man die Feder. Überdies hat jedes elastische System die Eigenschaft, daß bei den Deformationsvorgängen keine Energie verloren geht: was an Arbeit zur Erzielung der Formänderung hineingesteckt wurde, ist in der deformierten Feder als „Arbeitsfähigkeit" oder „potentielle Energie" vorhanden. Natürlich hängt die Größe der potentiellen Energie von dem Maße der Zusammendrückung q als auch von der Weichheit der Feder, also von der Konstanten k ab.

Unsere Abb. 156b zeigt die Feder in einem um die Strecke q_0 zusammengepreßten Zustand, der etwa dem Gleichgewicht mit dem auf der Feder ruhenden Gewicht G, also $q_0 = k\,G$, entsprechen mag. Um diesen Zustand herzustellen, muß man bekanntlich das Gewicht G langsam und allmählich auf die Feder wirken lassen, genaugenommen derart, daß in jeder Zwischenstellung gerade nur so viel auf die Feder drückt, wie nach der Gleichung $q = k\,Q$ das Gleichgewicht in der betreffenden Zwischenstellung erfordert. Bringt man jedoch das Gewicht G unvermittelt, wenn auch ohne Anfangsgeschwindigkeit, auf die ungespannte Feder auf, so sinkt es, wie die Beobachtung lehrt, nicht nur um q_0 ein, sondern geht durch diese Gleichgewichtslage mit einer gewissen Geschwindigkeit hindurch, kommt erst (wie ein Pendel!) bei dem doppelten Weg $2\,q_0$ zur Ruhe (Abb. 156c), kehrt hier um und beginnt nun eine fortdauernde Schwingung mit dem beiderseitigen Ausschlag q_0, so daß b die Mittellage, a und c die Endlagen des Gewichtes darstellen. Auf Grund dieser Beobachtung kann man leicht das Maß der Arbeitsfähigkeit der zusammengedrückten Feder bestimmen. Denn wenn das Gewicht G um die Strecke $2\,q_0$ sinkt, so hat es eine Arbeit von der Größe $G\,2\,q_0$ hergegeben, für die man wegen $q_0 = k\,G$ auch schreiben kann:

$$G\,2\,q_0 = \frac{q_0}{k}\,2\,q_0 = \frac{1}{2\,k}\,(2\,q_0)^2 .$$

Die Feder enthält diese Arbeitsgröße als potentielle Energie in dem um $2\,q_0$ zusammengepreßten Zustand c. Zwischenlagen dürfen für diese Berechnung nicht in Betracht gezogen werden, weil in ihnen ein Teil der Energie noch in Form von lebendiger Kraft besteht. Wir dürfen also schließen, daß man die potentielle Energie der Feder in einem beliebigen deformierten Zustand erhält, wenn man das Quadrat der Deformationsgröße durch $2\,k$ dividiert. Nunmehr läßt sich leicht der Vorgang bei Aufnahme des Landungsstoßes verfolgen.

Trifft das Flugzeug mit einer bestimmten Vertikalgeschwindigkeit auf den Boden auf, so ist noch zunächst das Flugzeuggewicht G durch die Luftkräfte, Auftrieb und Widerstand, ausgeglichen. Von einem plötzlichen Aufbringen einer Belastung auf die Federung, etwa wie in dem eben behandelten Fall, kann keine Rede sein. Dagegen ist die lebendige Kraft, mit der das Flugzeug auf die Erde trifft, als Arbeitsgröße anzusehen, die von der Federung aufgenommen werden muß. Bezeichnet w die Sinkgeschwindigkeit des Flugzeuges, so hat die kinetische Energie der Sinkbewegung die Größe $\frac{G}{g}\frac{w^2}{2}$ ($G=$ Fluggewicht, $g=$ Erdbeschleunigung). Die äußerste Zusammendrückung q, bei der die durch den Landungsstoß eingeleitete Schwingung umkehrt, ist daher nach dem obigen Resultat durch das Gleichsetzen von $\frac{G}{g}\frac{w^2}{2}$ mit $q^2 : 2k$,

$$\frac{1}{2k}q^2 = \frac{G}{g}\frac{w^2}{2}$$

bestimmt. Setzen wir hierin $G=\frac{q_0}{k}$ ein, wobei q_0 die Einsenkung unter der ruhenden Last G bezeichnet, so folgt daraus:

$$\frac{q}{q_0} = \sqrt{\frac{w^2}{q_0\,g}}\,.$$

Da die Zusammendrückung q der Feder zugleich ein Maß ihrer Beanspruchung bildet, lehrt uns die letzte Gleichung, daß die Beanspruchung infolge des Stoßes ein um so größeres Vielfaches der Beanspruchung durch die ruhende Last ist, je größer das Verhältnis der Sinkgeschwindigkeit w zu der Einsenkung der Feder bei ruhender Last wird. Nehmen wir die Sinkgeschwindigkeit mit 2,7 m/sek und die Durchfederung des Flugzeuges unter dem ruhenden Fluggewicht zu 6 cm an, so erhalten wir

$$\frac{q}{q_0} = \sqrt{\frac{7,3}{0,05\cdot 9,81}} = 3,8\,,$$

d.h. die *Beanspruchung durch den Landungsstoß entspricht einer ruhenden Belastung durch das 3,8fache Flugzeuggewicht*. Diese Beanspruchung wird durch die Räder auf die Fahrgestellstreben und von diesen auf den Rumpf übertragen.

Bei rein elastischer Federung würde, wie oben ausgeführt, das Flugzeug nach dem Landungsstoß in Schwingungen geraten bzw. es würde sogar wieder vom Boden hochgeschleudert werden. Um dies zu vermeiden, ist die Einführung einer kräftigen Dämpfung notwendig. Ein großer Teil der kinetischen Energie wird nicht von der Feder aufgenommen, sondern durch Reibungsarbeit in Wärme umgesetzt, also für den mechanischen Vorgang vernichtet. Man verwendet zur Abfederung meist Stahlfedern in Kombination mit

Luftzylindern. Die Dämpfung wird dadurch erzielt, daß Öl während der Zusammendrückung der Federstrebe durch feine Düsen gepreßt wird.

Wasserlandung. Wir wollen hier einige Bemerkungen anschließen, die sich auf den Landestoß bei Wasserlandungen beziehen. Maßgebend für die Größe der Stoßkraft ist die Dauer der Impulsübertragung. Denn nach dem Grundgesetz der Mechanik (Kraft = Masse × Beschleunigung) ist die wirkende Stoßkraft gleich der verdrängten Wassermasse m, multipliziert mit der Differenz ihrer Geschwindigkeiten w unmittelbar vor und w' unmittelbar nach dem Stoß, dividiert durch die Zeit t, in welcher der Übergang von w zu w' erfolgt. Da die Geschwindigkeit des Wassers unmittelbar vor dem Stoß Null gesetzt werden kann, so gilt die Gleichung:

$$K = m\,\frac{w'}{t}\,.$$

Ist hier t beliebig klein, so muß bei endlichem m und w' die Stoßkraft K unendlich groß werden. In zwei Fällen treten bei einer endlichen Aufsetzgeschwindigkeit w' endliche Stoßkräfte auf, nämlich wenn entweder der zeitliche Ablauf der Impulsübertragung endlich, oder wenn die Menge des verdrängten Wassers unendlich klein ist. Der erste Fall liegt vor, wenn der Bootskörper unter dem Wasserdruck elastische Deformationen annimmt, der zweite Fall liegt vor, wenn der Bootskörper gekielt ist oder einen anderen Umriß hat, welcher beim Aufsetzen auf das Wasser eine allmähliche Wasserverdrängung erlaubt. Für die Ermittlung der Stoßkräfte verwendet man empirische Beziehungen, welche die Geometrie der Bootsform mit gewissen idealisierten Wellenformen in Verbindung bringt. Die tatsächlichen Wellenformen sind allerdings recht kompliziert und es müssen zu ihrer Beschreibung statistische Methoden herangezogen werden[1].

Methoden zur Verringerung der Auslaufstrecke. Einige der Methoden, welche zur Erzielung eines möglichst kurzen Auslaufes nach der Landung verwendet werden, wurden bereits früher an verschiedenen Stellen erwähnt. Durch eine geeignete Fahrwerksanordnung, welche dem Flugzeugführer erlaubt, auch nach dem Aufsetzen der Hauptfahrwerksräder den Anstellwinkel des Flug-

---

[1] Siehe z.B. J. D. PIERSON u. C. E. CARRER JR.: Hope for rational Seaplane design. Aeronautical Engineering Review 14 No. 12, Dezember 1955.

zeuges zu regeln, ist eine Landetechnik mit möglichst geringem Auslauf möglich. Die Hauptfahrwerksräder müssen zu diesem Zweck nur wenig hinter dem Schwerpunkt angeordnet sein, und es muß der Rumpf nach hinten hochgezogen sein, so daß während des Rollens mit den Hauptfahrwerksrädern ein großer Anstellwinkel erreicht werden kann. Eine solche Anordnung erlaubt erstens ein Aufsetzen mit großem Anstellwinkel, also nach dem früher Gesagten ein starkes Aufziehen kurz vor dem Aufsetzen und einen großen Widerstand in der gezogenen Flugzeuglage, eine solche Anordnung erlaubt aber auch weiter noch während des anfänglichen Rollens mit relativ hoher Geschwindigkeit die aufgezogene Lage beizubehalten oder gar noch zu vergrößern, wobei ein hoher Luftwiderstand die Geschwindigkeit rasch abbremst. Zum geeigneten Zeitpunkt kann der Flugzeugführer die Nase herunterdrücken und das Bugrad aufsetzen lassen, wodurch der Auftrieb fast ganz verschwindet und der volle Raddruck zum Bremsen mit den Rädern verfügbar wird.

Bei Propellerflugzeugen ist eine sehr erhebliche Verringerung der Auslaufstrecke durch Rückwärtsschuberzeugung der Propeller möglich, und diese Methode wird heute bei allen größeren Flugzeugen angewendet. Besondere Sicherungsmaßnahmen sind erforderlich, um zu vermeiden, daß im Fluge ein Propeller unbeabsichtigt in die Rückwärtsschubstellung gebracht wird, da dies im allgemeinen zum Verlust des Flugzeuges führt. Man verwendet z. B. eine Arretierung, welche die Rückwärtsschubstellung der Propellerblätter im Fluge verhindert und erst freigegeben wird, wenn ein gewisser Mindestdruck auf den Fahrwerksrädern auftritt.

Bei Düsenflugzeugen ist das Problem der Verkürzung der Auslaufstrecke besonders dringend. Erstens sind die Mindestfluggeschwindigkeiten der Düsenflugzeuge besonders hoch, und zweitens steht nicht der große Rückwärtsschub des Propellers zum Bremsen zur Verfügung. Man kombiniert zum Abbremsen der Düsenflugzeuge nach dem Aufsetzen einige oder alle der folgenden vier Hilfsmittel: Radbremsen, Bremsklappen, Bremsschirme und Strahlbremsen. Die Radbremsen allein können die außerordentliche Verzögerungsenergie nicht aufnehmen, da die gesamte Bewegungsenergie in Wärme umgesetzt werden muß und zur Begrenzung der Temperatur auf zulässige Werte große Massen erforderlich sind, welche aufgeheizt werden. Man sucht daher einen Teil der Bewegungsenergie durch Bremsklappen an den Flügeln zu vernichten. Landeklappen und Querruder können als Bremsklappen verwendet werden, wenn man sie während des Auslaufs 90° ausschlägt. Eine sehr wirkungsvolle und leichte Bremsvorrichtung ist der Bremsschirm, der sofort nach dem Aufsetzen ausgelassen und entfaltet wird, und der abwerfbar ist, falls er unbeabsichtigt sich im Fluge öffnen sollte. Schließlich arbeitet man an allen maßgebenden Stellen an der Entwicklung der Strahlbremse, welche aus einer Ablenkungsvorrichtung für den Strahl der Schubdüse besteht. Der Ablenkungswinkel muß größer als 90° sein, so daß der abgelenkte Strahl eine Vorwärtskomponente hat, welche zur Bremsung des Flugzeuges

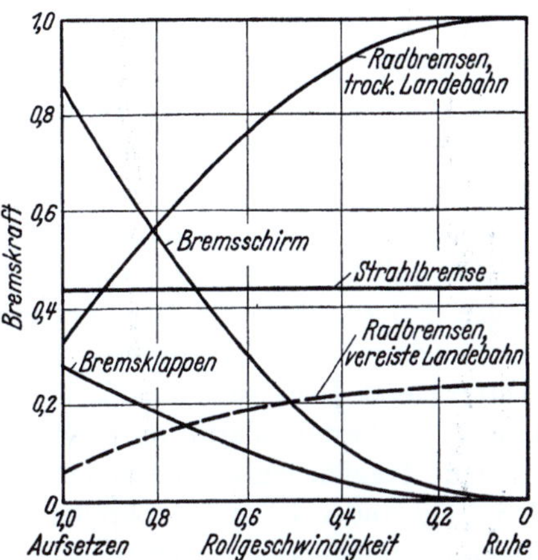

Abb. 157. Vergleich der Bremskräfte verschiedener Bremsmittel für ein großes Düsenflugzeug

beiträgt. Abb. 157 zeigt einen relativen Vergleich der Bremskräfte, die mit den vier erwähnten Hilfsmitteln für ein großes Düsentransportflugzeug zu erzielen sind. Die Aufsetzgeschwindigkeit ist zu eins gesetzt, und die Bremskraft der Räder kurz vor der Ruhestellung, wo sie am größten ist, wurde ebenfalls eins gesetzt. Die Radbremskraft ist für trockene Landebahn und für vereiste Landebahn angegeben[1].

Man erkennt aus Abb. 157, daß kurz nach dem Aufsetzen der Bremsschirm bei weitem die größte Bremswirkung hat. Seine Wirkung nimmt natürlich ebenso wie diejenige der Bremsklappen rasch mit der Geschwindigkeit ab, während die Radbremskräfte zunehmen. Die Strahlbremse liefert konstanten Rückwärtsschub während des gesamten Auslaufs.

---

[1] Abb. 157 ist dem Artikel „Stopping Heavy Jets" von J. E. STEINER in Western Aviation, Februar 1956, S. 9, entnommen.

IX. Das Drehflügelflugzeug

36. Allgemeines über Schraubenflugzeuge

Der Tragschrauber. Der Hauptnachteil der Starrflügelflugzeuge ist der Verlust ihrer Flugfähigkeit unterhalb einer gewissen Mindestgeschwindigkeit, welche im Laufe der Entwicklung der Flugtechnik immer größer wurde. Daraus erwächst die Notwendigkeit, für Abflug und Landung große Flugplätze zur Verfügung zu stellen oder Katapulte oder dergleichen für den Abflug und Arretierungsvorrichtungen für die Landung zu verwenden. Es ist wohl unzweifelhaft, daß ein Flugzeug, welches in der Lage ist, langsam zu fliegen und zu schweben, nicht nur ein weiteres Verwendungsfeld hat, sondern auch eine größere Flugsicherheit bei unsichtigem Wetter bietet. Der Grundgedanke zur Verwirklichung eines solchen Flugzeuges besteht darin, an Stelle der starren Tragflächen umlaufende Tragflächen zu verwenden. Die Drehachse des umlaufenden Flügelrades ist dabei parallel zur Flugzeughochachse. Der Flugzeugrumpf hängt an einem oder mehreren Flügelrädern mit zwei oder mehr Flügeln, die in der Horizontalebene umlaufen und einen nach aufwärts gerichteten Schub erzeugen.

Bei den ersten ausgeführten Drehflügelflugzeugen wurden die Flügelräder motorisch angetrieben, man verwendete also zum Tragen des Flugzeuggewichtes große Propeller mit nach aufwärts gerichteter Achse, sogenannte Hubschrauben. Die Anfänge der Hubschrauberentwicklung fallen mit denen der Starrflügelflugzeuge zusammen. Der erste vertikale Fesselflug mit Piloten gelang BRÉGUÉT 1907. Infolge der mannigfachen Schwierigkeiten, vor allem in bezug auf den Antrieb der großen Schrauben und auf Stabilität und Steuerung, ist die Entwicklung von solchen Hubschraubenflugzeugen sehr verzögert worden, und erst 30 Jahre später wurden längere Freiflüge von Hubschraubern möglich[1].

Die Erfolge der ersten praktischen Hubschrauber in Deutschland (FOCKE 1937, FLETTNER 1939) und später in den Vereinigten Staaten (SIKORSKY 1941) beruhten zum großen Teil auf den wertvollen

---

[1] Der von H. FOCKE konstruierte deutsche Hubschrauber FA 61 erreichte 1937 eine Höhe von 2400 m, eine Flugzeit von 81 Minuten und eine Fluggeschwindigkeit von 121 km/st.

Erfahrungen, welche JUAN DE LA CIERVA seit 1923 in Spanien und seit 1928 in England mit seinen Autogiroflugzeugen sammeln konnte. Bei dem CIERVASCHEN Autogiro oder Tragschrauber wird das Flügelrad nicht motorisch angetrieben, sondern vom Flugwind in Umdrehung versetzt. Bei dieser Bauweise erspart man den schweren und komplizierten Antriebsmechanismus der Hubschrauber. Man erreicht allerdings auch nur die Hälfte des Zieles, es ist mit dem Tragschrauber wohl ein vertikaler Abstieg, aber nicht ein vertikaler Aufstieg möglich. CIERVA hat zwar später das Autogiroflugzeug dadurch dem Hubschrauber noch einen Schritt näher gebracht, daß er den sog. Sprungstart einführte, wobei der Rotor mit relativ geringer Leistung am Boden bei flacher Blatteinstellung, also ohne Auftrieb zu liefern, auf hohe Drehzahlen gebracht wird, worauf durch eine plötzliche Blattwinkelerhöhung der zum vertikalen Abflug notwendige Schub erzeugt wurde. Im gleichen Augenblick wurde der Antrieb des Rotors ausgeschaltet und die volle Motorleistung dem Propeller zugeleitet. Die Energie zum Fliegen wurde für einige Sekunden der kinetischen Energie der sich verzögernden Umlaufbewegung der Drehflügel entnommen, bis der Propeller genügend Vorwärtsgeschwindigkeit erzeugt hatte, um den Rotor durch den Flugwind in Umdrehung zu halten. Trotz dieser sinnreichen Methode zum vertikalen Abflug und trotz der ausgezeichneten Flugeigenschaften der Autogiroflugzeuge konnten diese sich nicht gegenüber den Hubschraubern durchsetzen, sobald erfolgreiche Hubschraubermuster entwickelt waren. Die 15 Jahre Tragschrauberentwicklung durch CIERVA und durch seine Lizenznehmer PITCAIRN und KELLETT in den Vereinigten Staaten haben jedoch einen praktischen tragenden Rotor hervorgebracht, der mit nur wenigen Abänderungen noch heute für die meisten Hubschraubenflugzeuge verwendet wird.

Um das Flügelrad als Windrad auszubilden und vom Flugwind anzutreiben, muß man dafür Sorge tragen, daß zu jeder Zeit eine gewisse Luftmenge von unten nach oben durch das Flügelrad hindurchtreten kann. Dies ist z.B. der Fall bei dem senkrechten Abstieg des Flugzeuges. Im Horizontalflug oder Steigflug muß man, um den Umlauf des Windrades aufrechtzuerhalten, die Ebene des Flügelrades etwas nach rückwärts gegen die Flugrichtung neigen (siehe Abb. 158). Der Flugwind hat dann eine von unten nach oben gerichtete Komponente senkrecht zur Windradebene, und diese

Komponente des Flugwindes wird zum Antrieb des Windrades ausgenutzt. Abb. 159 zeigt den Schubbeiwert c_s einer Tragschraube in Abhängigkeit vom Anstellwinkel α der Flügelebene. Der Schub ergibt sich durch

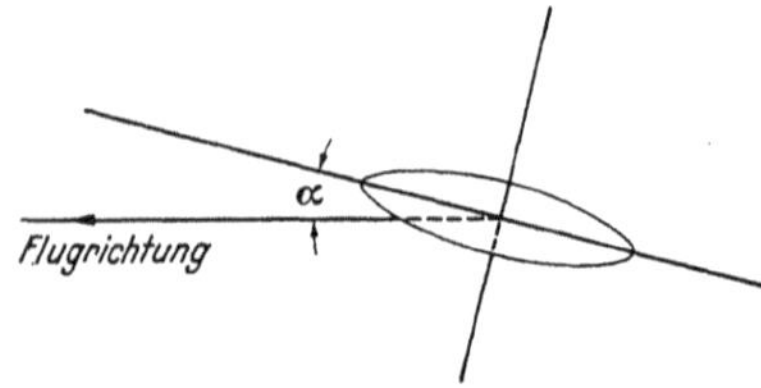

Abb. 158. Schrägstellung der Schraubenebene gegen die Flugrichtung

$$S = c_s v^2 \frac{\varrho}{2} F,$$

wo v die Anströmgeschwindigkeit und F die bestrichene Fläche ist. Kennzeichnend für das Verhalten der Tragschraube ist der gleichmäßige Verlauf der Kurve des Schubbeiwertes über den ganzen Anstellwinkelbereich. Im Gegensatz zur starren Tragfläche gibt es hier keinen kritischen Anstellwinkel, bei welchem die Strömung abreißt und bei welchem der Auftriebsbeiwert plötzlich absinkt. Die Tragschraube

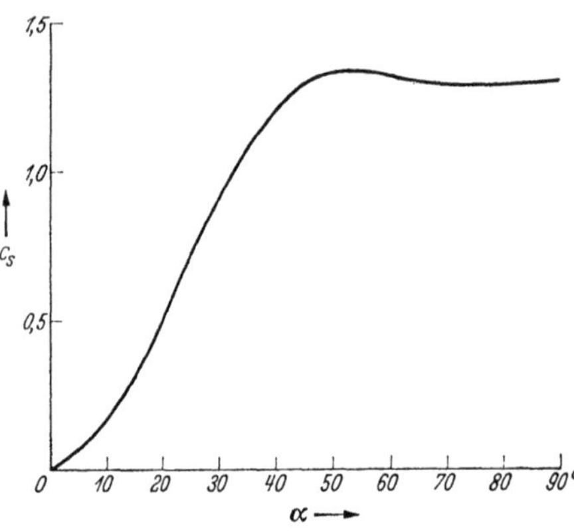

Abb. 159. Schubbeiwert einer Tragschraube über dem Anstellwinkel

läßt sich nicht „überziehen". Der Grund hierfür liegt darin, daß auch bei großen Anstellwinkeln der Flügelebene die Anströmwinkel der einzelnen Blätter selbst zum großen Teil unterhalb des kritischen Anstellwinkels liegen.

Die Eigenschaft des Tragschraubenflugzeuges, nicht „überziehbar" zu sein, ist vom Standpunkt der Flugsicherheit außerordentlich bedeutsam. Bei Landungen gelingt es, das Tragschraubenflugzeug aus einem steilen Gleitflug so abzufangen, daß es den Boden mit einer nur geringen Vorwärtsgeschwindigkeit berührt und fast keinen Rollweg erfordert. Das hier über das Tragschraubenflugzeug Gesagte gilt im übrigen auch für Hubschraubenflugzeuge mit abgestelltem Motor, also im Gleitflug. Nach Motorausfall ist man im Hubschrauber in der Lage, im Gleitflug mit Flugwindantrieb des

Rotors niederzugehen und eine Landung mit kurzem Rollweg aus-
zuführen.

Den geschilderten Vorteilen des Tragschraubers stehen Nachteile gegenüber, welche schwer genug waren, um die Einführung
dieses Flugzeugtypes zu verhindern. Verglichen mit dem Starr-
flügelflugzeug ist der Tragschrauber dadurch benachteiligt, daß die
aerodynamische Güte der Tragschraube wesentlich geringer ist als
die der starren Tragfläche. Während starre Flächen ein Verhältnis
von Auftrieb zu Widerstand von 20 und mehr erreichen (siehe
Abb. 23), liegen die besten Werte dieses Verhältnis für Tragschrau-
ben bei etwa 10. Die Bestwerte treten bei einem Fortschrittsgrad – das ist das Verhältnis von Fluggeschwindigkeit zur Umfangsgeschwindigkeit der Flügelspitzen – von etwa einem Drittel
auf. Man hat also an der vorhergehenden Blattspitze eine relative
Luftgeschwindigkeit gleich der vierfachen Fluggeschwindigkeit.
Dies bedeutet, daß die Schallgeschwindigkeit an den Flügelspitzen
bereits bei einer MACHschen Zahl der Fluggeschwindigkeit von
$M = 0{,}25$ überschritten wird. Im Überschallgebiet findet aber eine
weitere erhebliche Vergrößerung der aerodynamischen Verluste
statt (siehe Abb. 47). Es sind mit Tragschraubern Fluggeschwindigkeiten bis zu 250 km/st erreicht worden, doch ist man dabei bereits
nahe der kritischen Grenze, oberhalb deren starke Kompressibilitätseinflüsse auftreten.

Drehflügel verursachen also sehr viel größere aerodynamische
Verluste als Starrflügel, und man gelangt mit ihnen sehr viel früher
in das Gebiet der Überschallgeschwindigkeiten. Aus diesen beiden
Gründen kann ein Drehflügelflugzeug in bezug auf Wirtschaftlichkeit und in bezug auf Schnellflugleistungen nicht mit einem Hochleistungsflugzeug der Starrflügelbauweise in Wettbewerb treten.
Es ist auf Sonderaufgaben beschränkt, bei denen die Langsamflug-
eigenschaften so hoch bewertet werden, daß der Verlust an Schnellflugleistung und an Wirtschaftlichkeit im Reiseflug gerechtfertigt
werden kann. Bei den meisten dieser Sonderaufgaben kommt es
aber darauf an, daß nicht nur langsam geflogen, sondern tatsächlich
am Ort geschwebt werden kann. So z. B. erfordert Abflug und Landung in unwegsamem Gelände die Fähigkeit zum Schweben und
vertikalen Aufstieg. Bei Rettungsaufgaben erfordert das Aufnehmen der Überlebenden aus Flugzeug- oder Schiffsunfällen oft
längeres Schweben über der Unfallstelle, wenn diese zur Landung

ungeeignet ist, wie im Gebirge oder auf dem Ozean bei Seegang. Die Verwendung des Drehflügelflugzeuges als fliegender Kran erfordert natürlich ebenfalls Schwebefähigkeit zum Aufnehmen und Absetzen der Lasten. Für alle diese Aufgaben ist der Hubschrauber vorzüglich geeignet. Da es einen anderen Weg zur Ausführung dieser Aufgaben nicht gibt, nimmt man die im Vergleich zum Drachenflugzeug geringe Fluggeschwindigkeit und komplizierte Bauweise in Kauf. Für den Tragschrauber sind aber nicht genügend Sonderaufgaben übriggeblieben, um seine Weiterentwicklung zu rechtfertigen.

Der Hubschrauber mit mechanischem Schraubenantrieb. Eines der hauptsächlichen Probleme des Hubschraubers mit mechanischem Schraubenantrieb ist der Ausgleich des Drehmomentes der großen langsam laufenden Schrauben. Während das Propellerdrehmoment eines Drachenflugzeuges ohne Schwierigkeit durch einen geringen Querruderausschlag ausgeglichen werden kann, erfordert der Momentenausgleich bei einem Hubschrauber besondere Hilfsmittel oder eine besondere Bauweise mit mehreren Hubschrauben, deren Drehmomente sich gegenseitig ausgleichen. Dadurch, daß CIERVA den Flugwind zum Antrieb der Drehflügel verwendete, ist er um die Lösung des schwierigen Problemes des Drehmomentenausgleichs herumgekommen. Daß es sich dabei um sehr erhebliche Momente handelt, kann man leicht durch eine kleine Rechnung einsehen. Typische Belastungszahlen für eine Hubschraube sind etwa eine Kreisflächenbelastung von 20 kg/m², eine Leistungsbelastung von 5 kg/PS und eine Umfangsgeschwindigkeit von 200 m/sek. Nehmen wir z. B. einen Durchmesser der Hubschraube von 20 m an, so ist die Kreisfläche 314 m², die Schubkraft ist $314 \cdot 20 = 6280$ kg, die Antriebsleistung ist $6280/5 = 1256$ PS, das Drehmoment ist $1256 \cdot 75 \cdot 10/200 = 4710$ m kg. Wenn wir dieses Drehmoment durch eine Kraft im Abstand von 12 m von der Schraubenachse ausgleichen wollen, sind 393 kg erforderlich. Das einzig wirksame Mittel zur Erzeugung einer solchen großen Kraft im Schwebeflug ist die Anordnung einer zweiten „Hubschraube", welche Ausgleichsschraube genannt wird und meistens am Schwanzende angeordnet ist. Um nicht zu viel Leistung zum Antrieb der Ausgleichsschraube zu verlieren, muß man eine relativ geringe Kreisflächenbelastung, ähnlich derjenigen der tragenden Schraube, vorsehen. Man erhält so einen Durchmesser der Ausgleichsschraube, welcher in der Größenordnung von ein Viertel desjenigen der tragenden Schraube ist. Die Ausgleichsschraube muß an einem langen Ausleger hinter dem Rotor angeordnet werden, wodurch sich das typische Aussehen eines Hubschraubers mit einem einzigen tragenden Rotor nach Abb. 160a ergibt.

Bei jeder Änderung der Antriebsleistung muß der Schub der Ausgleichsschraube verändert werden. Die Ausgleichsschraube muß daher mit einer Blattwinkelverstellung versehen werden, welche gleichzeitig mit der Leistungsverstellung bedient wird. Die Ausgleichsschraube verbraucht nicht nur einen Teil der Motorleistung, welcher für die Hubkrafterzeugung verloren geht, sondern sie ist auch ein kompliziertes und empfindliches Hilfsmittel, welches im Betrieb im allgemeinen zu mehr Störungen Anlaß gibt als der robustere tragende Rotor.

Unter den Bauweisen mit zwei gegenläufigen Rotoren unterscheidet man diejenigen mit nebeneinander liegenden tragenden Schrauben, mit hintereinander liegenden tragenden Schrauben (Tandemanordnung), und mit übereinander liegenden tragenden Schrauben (koaxiale Anordnung). Obwohl bei gegenläufigen Schrauben keine besonderen Hilfsmittel zum Ausgleich der Drehmomente erforderlich sind, hat trotzdem jede der Zweischraubenbauweisen ihre

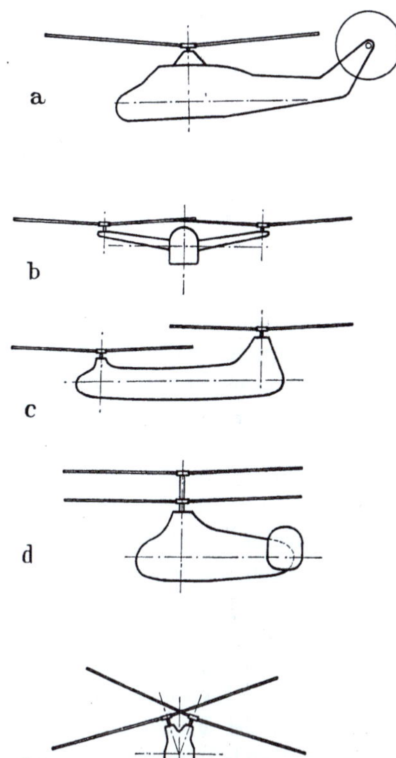

Abb. 160. Bauformen von Hubschraubern mit mechanischem Schraubenantrieb. a) Einzelrotor mit Ausgleichsschraube (Seitenansicht); b) bis e) Zwei gegenläufige Schrauben; b) nebeneinander (Längsansicht); c) hintereinander (Seitenansicht); d) übereinander (Seitenansicht); e) dicht nebeneinander mit V-Stellung der Achsen (Längsansicht)

besonderen Nachteile. Für die nebeneinander angeordneten Schrauben sind große, schwere und hohen Widerstand erzeugende seitliche Ausleger notwendig (siehe Abb. 160b). Man hat auch statt der Ausleger dicke Tragflügel verwendet, an deren Enden die Rotoren angeordnet waren. Man erhält dann leicht ungünstige dynamische Verhältnisse infolge der Biegeweichheit der Flügel, und man verliert einen merklichen Teil des Schubes der Hubschrauben dadurch, daß der Flügel beim Schweben vom Abwind der Schrauben beaufschlagt wird. Die Tandemordnung (siehe Abb. 160c) vermeidet diesen Nachteil, sie hat jedoch mit der ersten Bauweise gemein, daß lange Wellenleitungen und Umlenkgetriebe zwischen Motor und den Schrauben erforderlich sind, welche Anlaß zu zahlreichen Störungsmöglichkeiten bieten können. Außerdem ist die Tandembauweise aerodynamisch ungünstig, da infolge der Beaufschlagung des hinteren Rotors durch den Abwind des vorderen und durch die mangelnde Längssymmetrie der ganzen Anordnung Stabilität und Steuerung leiden. Die koaxiale Anordnung (siehe Abb. 160d) führt zu unförmigen Größenverhältnissen und zahlreichen schwierigen mechanischen Problemen, da Antrieb und Steuerung des oberen Rotors durch die Welle des unteren Rotors hindurchgeführt werden müssen.

Mechanisch am saubersten und aerodynamisch am einwandfreisten unter den Zweischraubenbauweisen ist die von FLETTNER in Deutschland entwickelte Anordnung mit V-Stellung der Schraubenachsen. Die Spitze des V liegt dabei nahe dem Schwerpunk des Flugzeugs, die Naben der beiden Schrauben liegen dicht nebeneinander, und die Flügel kämmen miteinander nach Art der Eierschläger. Man läßt zwar im allgemeinen auch bei den Anordnungen nach Abb. 160b und c die Flügel der gegenläufigen Schrauben miteinander kämmen, um den Abstand der Schrauben nicht zu groß werden zu lassen, doch darf hier natürlich der Schraubenabstand nicht kleiner als der Rotorradius sein. Bei der FLETTNERschen Bauweise nach Abb. 160e ist wegen der V-Stellung der Achsen ein sehr geringer Abstand der Naben möglich, so daß man eine kompakte Bauweise erhält, was sowohl vom Standpunkt des Antriebes wie auch vom Flugeigenschaftsstandpunkt aus günstig ist. Ein Nachteil dieser Bauweise wie auch der koaxialen Bauweise ist, daß jede der beiden Hubschrauben das gleiche Luftvolumen beschleunigt. Wie wir noch sehen werden, hängt die je kg Schub aufzuwendende Leistung von der Kreisflächenbelastung ab. Um gleiche Gütegrade der Schuberzeugung zu erzielen, muß bei den Anordnungen nach Abb. 160d und e der Schraubendurchmesser ungefähr $\sqrt{2}$mal so groß sein als derjenige der Anordnungen nach Abb. 160b und c. Vom Standpunkt der Schuberzeugung im Schwebeflug ist die Tandembauweise (Abb. 160c) die günstigste unter den Zweischraubenbauweisen. Verglichen mit d und e kommt sie mit kleineren Schraubendurchmessern aus, und verglichen mit b erspart sie die Gewichte und Widerstände der Ausleger. Trotz der sonstigen Nachteile der Tandembauweise in bezug auf lange Wellenleitungen, mangelnde Längssymmetrie und Abwindbeeinflussung des hinteren Rotors hat diese Bauweise die anderen Zweischraubenbauweisen so gut wie verdrängt, so daß heute die meisten Hubschrauber entweder nach Abb. 160a oder nach Abb. 160c gebaut werden.

Der Hubschrauber mit Reaktionsschraubenantrieb. Die Anfänge des Düsenantriebs für Hubschrauben gehen auf Arbeiten von DOBLHOFF während des zweiten Weltkrieges bei den Wiener-Neustädter Flugzeugwerken zurück. DOBLHOFF konstruierte mehrere Düsenhubschrauber, welche bis zur Flugerprobung im Schwebeflug gelangten. Komprimierte Luft wurde mit Benzindampf gemischt, durch die Nabe und durch die Flügel geleitet und in Brenndüsen an der Spitze der Flügel verbrannt. Der thermodynamische Prozeß ist ähnlich wie der in einem Düsentriebwerk nach Abb. 93, wenn man hier dem Nachbrenner die Luft direkt vom Kompressor zuleiten würde, statt die heißen Abgase der Turbine. Wir sahen früher, daß die Nachverbrennung sehr unwirtschaftlich ist und nur für kurze Betriebszeiten verwendet werden sollte. Der DOBLHOFFsche Düsenantrieb besteht nun ausschließlich aus einem Nachbrenner, dementsprechend ist der Brennstoffverbrauch je kg Schub hoch. Eine wesentlich wirtschaftlichere Methode wäre es, die heißen Gase aus einem Düsentriebwerk zum Antrieb des Rotors zu verwenden. Diese Methode scheitert jedoch vorerst daran, daß die Baustoffe der Nabe und der Blätter nicht in der Lage sind, die erforderlichen hohen Temperaturen ohne wesentliche Einbuße ihrer Festigkeitseigenschaften aufzunehmen. Verwendet man ein Düsentriebwerk mit Kaltluftzusatz (siehe S. 190), wie zur Zeit für einen englischen Hubschrauber vorgesehen, so kann man zwar die Gastemperatur herabsetzen, doch ergeben sich hohe Verluste bei der

Durchleitung der großen Gasmenge durch die Nabe und durch die Flügel, so daß der Gesamtwirkungsgrad der Anlage nur relativ gering ist. Je höher die Teilwirkungsgrade von Kompressor und Turbine in einem Düsentriebwerk sind, desto niedrigere Abgastemperaturen ergeben sich, so daß im Laufe der Entwicklung der Düsentriebwerke und im Lauf der Entwicklung der Baustoffe zu höherer Wärmebeständigkeit es sehr wohl sein kann, daß ein Düsenantrieb der Hubschrauben mit oder ohne Nachverbrennung entwickelt werden wird, der Brennstoffverbrauche je kg Schub bzw. je PS in der Größenordnung der Verbrauche von mechanisch angetriebenen Hubschrauben ergibt. Ein solcher Hubschrauber wäre dem mechanisch angetriebenen Hubschrauber wesentlich überlegen, da nicht nur die schweren Untersetzungsgetriebe fortfallen, sondern da überdies kein Drehmomentenausgleich mehr notwendig ist, welcher, wie wir sahen, ein schwieriges Problem darstellt und Verluste und Kompromisse erfordert.

Aber selbst mit den heutigen Hilfsmitteln gibt es Anwendungsgebiete, in denen der etwa dreifache Brennstoffverbrauch des Düsenhubschraubers, verglichen mit dem mechanisch angetriebenen Hubschrauber, überausgeglichen wird durch die sonstigen erheblichen Vorteile des Reaktionsantriebes. Es sind dies alles Aufgaben, bei denen es nicht auf lange Flugdauer und auf große Flugstrecken ankommt, sondern auf große Tragfähigkeit über eine kurze Strecke, also bei der Verwendung des Hubschraubers als fliegender Kran. Auf andere Verwendungszwecke, bei denen der Düsenantrieb trotz des stark erhöhten Brennstoffverbrauchs praktisch erscheint, werden wir im folgenden noch im Zusammenhang mit dem Verwandlungsflugzeug zurückkommen.

Neben dem Druckluftantrieb mit Nachverbrennung, der von DOBLHOFF zuerst entwickelt wurde, hat man auch Versuche mit anderen Reaktionsantrieben unternommen. Da ist zunächst der Druckluftantrieb ohne Nachverbrennung, der für einen kleinen französischen Hubschrauber entwickelt wurde. Während die Anlage durch Fortfall der Brenner an der Blattspitze wesentlich vereinfacht wird, ist jedoch eine sehr viel größere Luftmenge erforderlich, und es ergeben sich bei größeren Hubschraubern Schwierigkeiten in der Durchleitung der nötigen Luftmenge durch die Flügel. Eine Kompromißlösung mag vorteilhaft sein, bei welcher sich die Nachverbrennung auf Schweben und Steigen beschränken würde, während die geringere Leistung des Reisefluges ohne Nachverbrennung aufgebracht werden könnte. Eine solche Lösung würde im Fluge veränderliche Düsenquerschnitte erfordern, ein technisches Problem, welches zwar für die ruhenden Düsen der Turbodüsentriebwerke gelöst wurde, welches jedoch bei den kleinen, einem hohen Beschleunigungsfeld ausgesetzten Blattspitzendüsen zusätzliche Schwierigkeiten bereitet.

Eine dritte Art Reaktionsantrieb von Hubschrauben wurde in dem LORINtriebwerk (siehe Abb. 90) erprobt. Ein solches Triebwerk vereinfacht die Hubschrauberkonstruktion weiter sehr erheblich, da nicht einmal ein Kompressor mit seinem Antrieb und die Leitung der Luft durch Nabe und Flügel erforderlich sind. Für Unterschallumfangsgeschwindigkeiten hat sich der LORINantrieb für den Hubschrauber jedoch nicht bewährt. Der Brennstoffverbrauch je kg Schub ist noch höher – etwa zehnmal so hoch als für den mechanisch angetriebenen Hubschrauber – und die relativ großen Abmessungen der Luftstaudüse bringen es mit sich, daß nach Ausfall des Antriebs, wenn das Flugzeug mit Flugwindantrieb des Rotors gleiten muß, sehr hohe Widerstandsverluste durch die Triebwerke entstehen. Ein solcher Hubschrauber hat daher so hohe Sinkgeschwindigkeiten im Gleitflug, daß eine Landung nach Ausfall der Triebwerke schwierig ist. Falls es möglich sein sollte, praktische Hubschrauben mit MACHschen Zahlen der Umfangsgeschwindigkeit in der Größenordnung von $M = 2$ zu entwickeln, könnte allerdings das LORINtriebwerk wieder Bedeutung als Antriebsmittel solcher Hubschrauben gewinnen, da, wie wir früher sahen, dieses Triebwerk bei hohen MACHschen Zahlen gute thermodynamische Wirkungsgrade hat.

Einige Versuche wurden auch mit einer vierten Art Reaktionsantrieb der Hubschraube unternommen, dem SCHMIDT-Argus oder Verpuffungsrohr. Wie aus Abb. 92 hervorgeht, ist das Verpuffungsrohr bei kleinen MACHschen Zahlen der Luftstaudüse überlegen. Es erfordert auch einen geringeren Querschnitt je kg Schub und erzeugt daher im Gleitflug weniger Widerstand. Der Brennstoffverbrauch ist jedoch immer noch außerordentlich groß und der Lärm für fast alle Verwendungsgebiete unerträglich. Diese Art des Antriebes hat für Hubschrauber wohl kaum eine Zukunft.

Als fünfter Reaktionsantrieb kam noch die Rakete zur Anwendung. Der Gewichtsverbrauch von Brennstoff plus Oxydationsmittel ist nochmals wesentlich höher als bei den zuvor erörterten Reaktionsantrieben, so daß der Raketenantrieb nur als kurzzeitige Abflughilfe praktische Bedeutung haben kann. Da die Arbeitsdrücke bei diesem Antrieb sehr hoch sind, kommt man mit kleinen Düsen aus, welche keinen wesentlichen aerodynamischen Widerstand haben. Man kann mit einer Raketenstarthilfe den Abflug eines Hubschraubers im überladenen Zustand ermöglichen, ähnlich wie bei den Raketenstarthilfen für Drachenflugzeuge. Bei einer praktisch erprobten Ausführung befindet sich der Behälter für Brennstoff und Oxidationsmittel auf der umlaufenden Nabe, so daß man keine Brennstoffzuleitung vom Rumpf in die drehende Rotorwelle benötigt.

Eine sechste Methode für den Reaktionsantrieb der Hubschrauben scheint auf den ersten Blick sehr naheliegend und wurde vielfach im Schrifttum diskutiert. Es ist das die Anordnung von Turbodüsentriebwerken auf den Flügeln. Die Schwierigkeit, die hierbei entsteht, ist durch die mit der Umdrehung verknüpften Massenkräfte verursacht. Die Turbotriebwerke würden nicht nur unter radialen Beschleunigungen zu arbeiten haben, welche mehrere hundert mal so groß als die Erdbeschleunigung sind, sondern es würden auch an den rasch rotierenden Schaufelrädern außerordentlich hohe Kreiselkräfte auftreten. Lagerbeanspruchungen, Schaufelbeanspruchungen, Brennstoffzerstäubung, innere Strömung, alle würden in hohem Maße durch die Massenkräfte beeinflußt werden. Jedenfalls würde ein solches Triebwerk gesondert für diesen Anwendungszweck entwickelt werden müssen, da es sehr viel härteren Bedingungen unterworfen ist als normale Triebwerke. Der gleiche Gedanke, jedoch unter Verwendung von Motoren und Propellern, die auf den Drehflügeln angeordnet sind, wurde in den Anfängen der Hubschrauberentwicklung verschiedentlich verwirklicht, führte jedoch nicht zum Erfolg.

Kombinationshubschrauber. Bei dem reinen Hubschrauber dient die horizontale Schraube gleichzeitig dem Auftrieb und dem Vortrieb. Sie ersetzt also die Funktionen von Tragflügel und Propeller. Wir werden in Abschnitt 38 sehen, daß Hubschrauben innerhalb gewisser Grenzen von Geschwindigkeiten und Vortriebskräften mit einem Vortriebswirkungsgrad von nahezu eins arbeiten. Der Vortriebswirkungsgrad ist dabei so definiert, daß man zunächst die Antriebsleistung N_0 ermittelt, bei welcher die Schraube weder

Widerstand noch Vortrieb hat, diese nur dem Auftrieb dienende Leistung N_0 von der tatsächlichen Antriebsleistung N abzieht und das Verhältnis der Vortriebsleistung N_v zur Differenz $N - N_0$ bildet:

$$\eta = N_v/(N - N_0) .$$

Während der Vortriebswirkungsgrad von Propellern bei kleinen Geschwindigkeiten schlecht ist und mit wachsender Geschwindigkeit sich erhöht (siehe Abb. 69), ist umgekehrt der Vortriebswirkungsgrad von Hubschrauben bei kleinen Geschwindigkeiten nahezu eins (siehe Abb. 171). Diese Tatsache erklärt, warum ein Hubschrauber sehr viel bessere Steigleistung besitzt als ein Tragschrauber gleicher Motorstärke und gleicher Größe. Die Geschwindigkeit des besten Steigens ist für Drehflügelflugzeuge allgemein relativ niedrig, und Propeller haben bei diesen niedrigen Geschwindigkeiten Vortriebswirkungsgrade, die etwa in der Größenordnung von 0,6 sind. Der Hubschraubenvortriebswirkungsgrad bei der Geschwindigkeit des besten Steigens ist aber nahezu eins, woraus sich die große Überlegenheit des Hubschraubers über den Tragschrauber in bezug auf Steigleistung erklärt.

Diese Vorwegnahme von Ergebnissen, welche wir erst in Abschnitt 38 näher besprechen werden, war nötig, um den Einfluß eines Propellers bei einem Kombinationshubschrauber zu verstehen. Es ist oft behauptet worden, daß man durch Hinzufügung eines Propellers und durch teilweise Entlastung der Hubschraube von ihrer Aufgabe, neben dem Auftrieb auch den Vortrieb zu erzeugen, bessere Flugleistungen in einem solchen Kombinationshubschrauber erhalten würde. Diese Behauptung ist nicht richtig insoweit man Flugzustände betrachtet, die unterhalb der zulässigen Betriebsgrenzen der Hubschraube liegen. Innerhalb dieser Grenzen ist der reine Hubschrauber dem Kombinationshubschrauber mit Propeller immer überlegen. Man kann allerdings mit einer Hubschraube nur ein gewisses maximales Verhältnis von Vortrieb zu Auftrieb erzeugen, und dieses Verhältnis wird rasch kleiner, wenn man zu höheren Fortschrittsgraden, d.h. zu höheren Fluggeschwindigkeiten gelangt. Die Kombination mit einem Propeller ist nur sinnvoll, wenn man über die Grenzen hinausgehen will, innerhalb deren die Hubschraube den erforderlichen Vortrieb liefern kann. Zunächst ist bei den heutigen Hubschraubern noch eine meist wenig ausgenutzte Möglichkeit vorhanden, diese Grenzen dadurch zu erweitern, daß die schädlichen Widerstände der Hubschrauber herabgesetzt werden. Je aerodynamisch sauberer der Hubschrauber ist, desto geringer ist das Verhältnis von Widerstand zu Auftrieb bei einer gegebenen Geschwindigkeit, und desto eher ist die Hubschraube in der Lage, den erforderlichen Vortrieb mit gutem Vortriebswirkungsgrad zu liefern. Bei künftigen großen Hubschraubern mit hoher Leistung je kg Fluggewicht wird jedoch auch bei guter aerodynamischer Ausbildung der Fall eintreten, daß im Schnellflug die Motorleistung nicht ausgenutzt werden kann, weil man die Grenzen des Verhältnisses von Vortrieb zu Auftrieb der Hubschraube erreicht hat. In einem solchen Fall ist der Propeller im Schnellflug von Nutzen. Im Steigflug sollte dagegen so viel Leistung als möglich der Hubschraube zugeführt werden.

Eine andere Kombinationsmöglichkeit ist ebenfalls viel erörtert worden und in einzelnen Fällen auch erprobt worden. Dies ist die Kombination der Hubschraube mit einer Starrfläche. Auch die Starrfläche verbessert den Gütegrad der Anordnung nicht oder nur unwesentlich, solange man innerhalb der zulässigen Betriebsgrenzen der Hubschraube bleibt. Genau wie bei dem Propeller entsteht auch bei der zusätzlichen starren Tragfläche ein Vorteil nur dann, wenn bei dem reinen Hubschrauber die Motorleistung im Schnellflug nicht ausgenutzt werden kann. Ein Nachteil der Starrfläche ist der Verlust an Nutzlast durch ihr Gewicht und im vertikalen Flug durch ihre Beaufschlagung vom Rotorabwind. Die Kombination mit der Starrfläche – ebenso wie übrigens die Kombination mit dem Propeller – lohnt sich nur, wenn der Hubschrauber für relativ lange Flugstrecken verwendet werden soll. Da Hubschrauber, wie schon bemerkt, im Streckenflug nicht mit Starrflügelflugzeugen konkurrieren können, werden sie im allgemeinen für solche Aufgaben eingesetzt, bei denen es sich nur um kurze Flugstrecken handelt. Kombinationshubschrauber sind daher nur für Sonderaufgaben zweckmäßig.

Verwandlungshubschrauber. Als Verwandlungshubschrauber wird ein Flugzeug bezeichnet, welches im unteren Geschwindigkeitsbereich wie ein Hubschrauber fliegt, d. h. bei welchem die tragende Schraube auch den Vortrieb und die Steuerung liefert, und welches im Fluge den Auftrieb im wesentlichen auf einen Starrflügel zu übertragen gestattet, wobei dann natürlich auch die Fähigkeit der Hubschraube zur Erzeugung von Vortriebskraft und zur Erzeugung von Steuerkräften verloren geht und Vortrieb und Steuerung auf andere Weise erzielt werden müssen. Vom Verwandlungshubschrauber müssen unterschieden werden die senkrecht aufsteigenden Starrflügelflugzeuge, bei denen der Düsen- oder Propellerschub größer ist als das Abfluggewicht. Solche senkrecht startende und landende Starrflügelflugzeuge (in der englischen Literatur VTOL = Vertical Take-Off and Landing bezeichnet) haben keine gesteuerten Hubschrauben, mit denen ein Schwebeflug oder Langsamflug möglich ist. Die Steuerung erfolgt vielmehr mit Hilfsschubdüsen oder mit Steuerflächen, die vom Strahl beaufschlagt werden. Ein Ausfall des Triebwerkschubes oder des Steuerschubes im vertikalen Flug bedeutet einen Absturz des Flugzeuges, da nicht, wie bei dem Hubschrauber, Auftrieb und Steuerung durch die Autorotation der tragenden Schraube aufrechterhalten werden. Obwohl einige Versuche mit solchen VTOL-Flugzeugen durchgeführt wurden und sich vertikale Aufstiege mit anschließendem Übergang zum horizontalen Flug ermöglichen ließen, ist nicht anzunehmen, daß diese Flugzeugart den Hubschrauber verdrängen wird, da gute Schwebeflugeigenschaften, wie z. B. für Rettungsaufgaben unerläßlich, vermutlich mit der VTOL-Bauart kaum erreichbar sein werden.

Der Verwandlungshubschrauber dagegen behält alle die Schwebeflugeigenschaften des reinen Hubschraubers bei, welche diesen so vielseitig verwendbar machen, und erlaubt überdies, sich von den relativ engen Geschwindigkeitsbeschränkungen des reinen Hubschraubers freizumachen. Es gibt zwei verschiedene Bauweisen des Verwandlungshubschraubers. Bei der ersten Bauweise besitzt das Flugzeug zusätzlich zur Hubschraube noch Starrflügel und Propeller. Bei der Verwandlung wird die Triebwerksleistung von der Hubschraube auf den Propeller umgeschaltet, der Auftrieb wird von der Hubschraube auf den Starrflügel übertragen, und die Hubschraube rotiert entweder langsam vom Fahrtwind getrieben um, ohne wesentlichen Auftrieb zu erzeugen, oder sie wird stillgesetzt und möglicherweise im Rumpf versenkt. Bei der zweiten Bauweise werden die beiden Hubschrauben – es sind immer zwei gegenläufige Schrauben erforderlich – bei der Verwandlung um 90° nach vorne geneigt, so daß sie dann Vortrieb statt Auftrieb liefern. Bei der Bauart mit Hubschraube und Propeller ist der Antrieb der Hubschraube nur kurzzeitig während des Schwebens und Langsamfluges erforderlich. Für diesen Zweck kann es lohnend sein, einen Reaktionsantrieb der Hubschraube zu verwenden, welcher leichter und billiger ist als der mechanische Antrieb. Der größere Brennstoffverbrauch des Reaktionsantriebes macht sich beim Verwandlungshubschrauber nicht allzusehr bemerkbar, da er auf relativ kurze Zeiten beschränkt ist. Abb. 161a zeigt die Draufsicht auf einen Verwandlungshubschrauber der ersten Bauart, Abb. 161b zeigt eine Draufsicht auf einen Verwandlungshubschrauber der zweiten Bauart, und Abb. 161c zeigt, wie die Hubschrauben bei der Verwandlung der zweiten Bauart nach vorne geneigt werden. Es sind einige experimentelle Muster dieser beiden Bauarten in den Vereinigten Staaten gebaut und erprobt worden. Da sie die ersten ihrer Art sind, ist es noch zu früh, um über ihre relativen Zukunftsaussichten urteilen zu können.

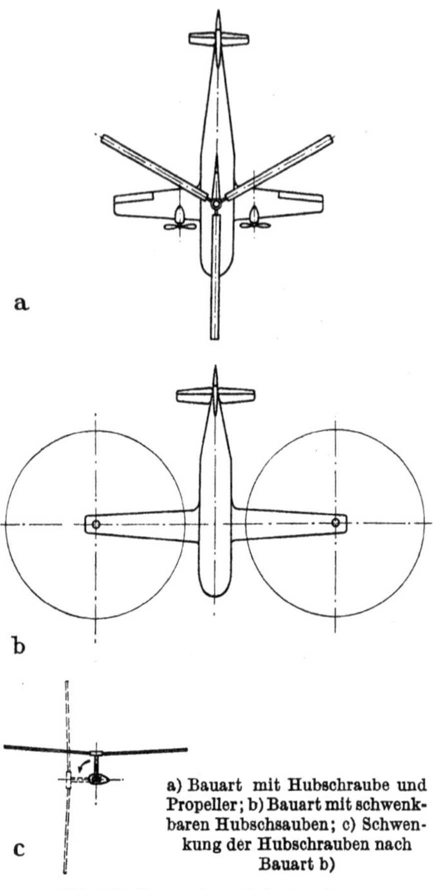

a) Bauart mit Hubschraube und Propeller; b) Bauart mit schwenkbaren Hubschsauben; c) Schwenkung der Hubschrauben nach Bauart b)

Abb. 161. Verwandlungshubschrauber

37. Der vertikale Flug

Strahltheorie der Hubschraube. Die Beziehungen, welche wir in Abschnitt 18 an Hand der Abb. 65 für einen Luftstrahlantrieb aufgestellt haben, gelten auch für den Standschub einer Luftschraube, wenn die Zustromgeschwindigkeit v gleich Null gesetzt wird. Es bezeichne wieder w die Geschwindigkeit im Strahl weit hinter der Schraube, V das je Zeiteinheit die Schraube durchströmende Luftvolumen, ϱ die Luftdichte. Nach dem Impulssatz (siehe Abschnitt 3) ist dann der Schraubenschub

$$S = \varrho\, V w\,.$$

Die je Zeiteinheit erzeugte kinetische Strahlenenergie muß aus der Leistung gedeckt werden, welche der Schraube zugeführt wird. Wenn man Blattreibungsverluste unberücksichtigt läßt, ergibt sich daher nach der Strahltheorie die Schraubenleistung zu

$$N = V w^2 \varrho/2\,.$$

Da, wie schon in Abschnitt 18 bemerkt, die Strahlgeschwindigkeit in der Schraubenebene gleich dem Mittel der Strahlgeschwindigkeit weit vor und weit hinter der Schraube beträgt, also in unserem Falle wegen $v = 0$ den Wert $w/2$ hat, ist das je Zeiteinheit die Schraubenkreisfläche F durchströmende Volumen

$$V = F w/2\,.$$

Durch Einsetzen in die erste der obigen Gleichungen erhält man

$$w/2 = \sqrt{S/2\,\varrho\, F}\,,$$

so daß sich die Schraubenleistung zu

$$N = S\, w/2 = S \sqrt{S/2\,\varrho\, F}$$

ergibt. Man nennt S/N die Leistungsbelastung der Schraube. Mißt man die Leistung in PS, so kann man die obige Gleichung auch in der Form

$$S/N = \frac{75}{\sqrt{S/2\,\varrho\, F}}$$

schreiben. Nach der Strahltheorie ist also die Leistungsbelastung einer Schraube am Stand umgekehrt proportional der Wurzel aus der Flächenbelastung S/F der Schraube. Außerdem ist die Leistungsbelastung proportional der Wurzel aus der Luftdichte, der je PS erzeugte Schraubenschub nimmt also mit der Höhe wegen der geringeren Luftdichte ab. Abb. 162 zeigt den nach der Strahltheorie zu erwartenden Schraubenschub je PS Schraubenleistung über der Flächendichte S/F aufgetragen. Es ist Meereshöhe und 3000 m Höhe in der Normalatmosphäre angenommen worden. Diese Schubwerte je PS sind Maximalwerte, die praktisch wegen der immer vorhandenen Blattreibungsverluste nie erreicht werden können. Wie wir noch sehen werden, ist die tatsächlich aufzuwendende Schraubenleistung 20 bis 30 vH größer, als sich nach der Strahltheorie ergibt.

Abb. 162 zeigt, daß eine geringe Kreisflächenbelastung der Hubschraube notwendig ist, um mit gegebener Leistung einen möglichst großen Schub zu erzeugen. Eine geringe Flächenbelastung bedeutet einen großen Schraubendurchmesser. Das Gewicht der Schraube steigt aber sehr stark mit dem Durchmesser

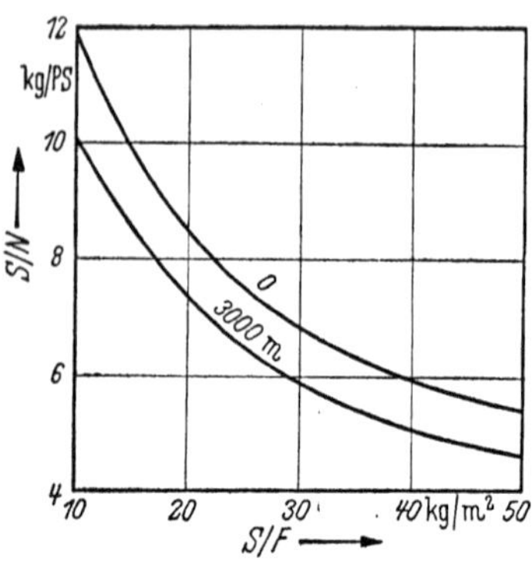

Abb. 162. Leistungsbelastung S/N über Flächenbelastung S/F nach der Strahltheorie

an, das Untersetzungsgetriebe zwischen Motor und Schraube wird ebenfalls schwerer, da große Schrauben eine niedrigere Drehzahl haben müssen, um nicht zu hohe Umfangsgeschwindigkeiten zu erhalten. Da es auf die Nutzlast des Hubschraubers ankommt und nicht auf den absoluten Schraubenschub, ergibt sich eine praktische Grenze für den Schraubendurchmesser. Würde man eine noch größere Schraube verwenden, so würde zwar der Schraubenschub je PS entsprechend Abb. 162 weiter steigen, das Gewicht der Schraube und ihres Antriebes würde aber noch rascher anwachsen, so daß bei Wahl einer zu großen Schraube die Nutzlast wieder geringer wird. Optimale Kreisflächenbelastungen hängen von der Größe des Hubschraubers ab und von dem Gewicht der Triebwerksanlage. Kleinere Hubschrauber mit relativ schweren Kolbenmotoren baut man am günstigsten mit Kreisflächenbelastungen von 10 bis 20 kg/m². Größere Hubschrauber mit Turbinentriebwerken haben ihre optimale Flächenbelastung bei sehr viel höheren Werten, die bei 40 kg/m² und mehr liegen.

Wir wollen die Beziehung für die Schraubenleistung nach der Strahltheorie

$$N = S \sqrt{S/2\varrho F}$$

mit Hilfe der bereits in Abschnitt 18 definierten Schub- und Drehmomentenbeiwerte k_s und k_d in dimensionsloser Weise ausdrücken. Es war der Schub

$$S = k_s F \varrho \, U^2/2 \,,$$

und es war das Drehmoment dividiert durch den Radius

$$M/R = k_d F \varrho \, U^2/2 = T \,.$$

U ist die Umfangsgeschwindigkeit, T ist die Tangentialkraft an der Blattspitze, welche das Drehmoment M erzeugen würde. T ist die Kraft, welche bei einem Reaktionsantrieb der Schraube an der Blattspitze erzeugt werden müßte, um die notwendige Leistung zuzuführen. Die Antriebsleistung ist

$$N = T \, U = k_d F \varrho \, U^3/2 \,.$$

Durch Einsetzen dieser Beziehungen in die Gleichung der Strahltheorie

$$N = S \sqrt{S/2 \varrho F}$$

erhält man

$$k_{d\,i} = k_s \sqrt{k_s/4} \,.$$

Der Drehmomentenbeiwert, welcher sich nach der Strahltheorie ergibt, ist mit $k_{d\,i}$ bezeichnet worden und soll induzierter Beiwert genannt werden in Analogie zu dem induzierten Widerstandsbeiwert für eine Tragfläche. Er ist in Abb. 163 über dem Schubwert k_s aufgetragen.

Profilverluste. Genau wie bei der Tragfläche zu den induzierten oder Impulsverlusten noch die Profilverluste hinzukamen, so müssen wir auch bei der Hubschraube außer den Strahlverlusten nach Abb.

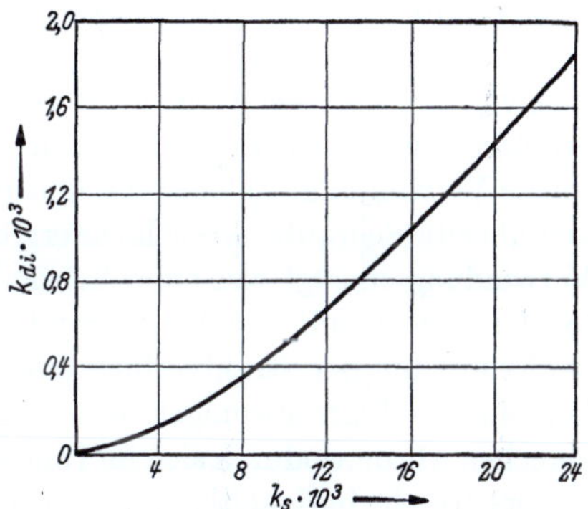

Abb. 163. Induzierter Drehmomentbeiwert $k_{d\,i}$ über Schubwert k_s

162 und 163 die Flügelprofilverluste hinzurechnen. Die Ermittlung dieser Verluste ist einigermaßen umständlich. Man muß für jedes Blattelement den Anstellwinkel kennen und dann mit

Hilfe der Profilkennlinie den Widerstand des Blattelementes ermitteln. Die Wirkungen aller Blattelemente müssen addiert werden. Hier kann auf die Einzelheiten der Rechnung nicht eingegangen werden, und es soll lediglich für einen besonders leicht zu
behandelnden Fall das Ergebnis einer solchen Rechnung dargestellt werden.

Zur Kennzeichnung der Blattreibungsverluste verwendet man
an Stelle der Beiwerte k_s und k_d, welche auf die Rotorkreisfläche
bezogen sind, die Beiwerte k_s/σ und k_d/σ, die auf die Blattfläche
bezogen sind. Hierbei ist σ die sog. Flächendichte, das ist das Verhältnis der Summe der Blattflächen zur Schraubenkreisfläche. Die
Beiwerte k_s/σ und k_d/σ sind also gleich dem Schub bzw. der Tangentialkraft dividiert durch die Blattfläche aller Blätter und dividiert durch den Staudruck der Umfangsgeschwindigkeit. Für konstante Blattiefe b ist nach
S. 125 $\sigma = nb/\pi R$, wo n
die Blattzahl bedeutet.

Abb. 164 stellt den
auf die Blattfläche bezogenen Drehmomentenbeiwert k_{do}/σ der
Blattreibung als Funk

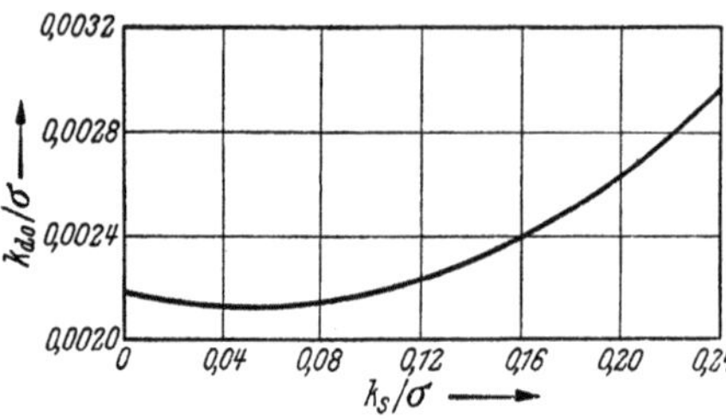

Abb. 164. Profildrehmomentbeiwert k_{do}/σ über Schubwert k_s/σ für ideal verwundenes Rechteckblatt

tion von k_s/σ dar, wenn ein ideal verwundenes Rechteckblatt angenommen wird[1]. Unter einer idealen Verwindung versteht man eine
solche Verwindung, welche eine konstante Durchflußgeschwindigkeit über die Schraubenkreisfläche ergibt. Ein Blatt mit einer idealen
Verwindung erzeugt also einen Schraubenstrahl mit gleichmäßiger
axialer Geschwindigkeit im ganzen Querschnitt, so wie er oben bei
der Ermittlung der Strahlverluste angenommen wurde. In Wirklichkeit sind die Blätter weniger verwunden, als dieser Bedingung entsprechen würde, wodurch sich im Inneren des Schraubenstrahles geringere Geschwindigkeiten ergeben als weiter außen. Infolge der
Abweichung von der idealen Verwindung entstehen zusätzliche Verluste, deren Größenordnung später angegeben werden wird. Der
Abb. 164 liegt eine Abhängigkeit des Profilwiderstandsbeiwertes

---

[1] Abb. 164 ist dem Buch von A. GESSOW und G. C. MYERS: Aerodynamics of the Helicopter, New York: Macmillan, 1952, entnommen.

der Blätter vom Anstellwinkel α in Bogenmaß zugrunde, welche durch die Gleichung

$$c_{wp} = 0{,}0087 - 0{,}021\,\alpha + 0{,}40\,\alpha^2$$

ausgedrückt ist. Es ergibt sich nach dieser Gleichung ungefähr die c_{wp}-αKurve nach Abb. 38, wenigstens soweit der Bereich unterhalb des Anstellwinkels für Abreißen der Strömung in Frage kommt. Bei gegebener Flächendichte σ läßt sich jetzt aus Abb. 163 und aus Abb. 164 der Gesamtdrehmomentenbeiwert durch

$$k_d = k_{do} + k_{di}$$

bestimmen.

Blattspitzenverluste. Bevor wir die vollständigen Kennlinien einer Hubschraube beim Schweben am Ort ermitteln, müssen wir noch auf eine Verlustquelle hinweisen, welche dadurch entsteht, daß der Auftrieb an der Blattspitze Null sein muß und bereits im äußeren Bereich des Blattes ein Abfall des Auftriebes sich bemerkbar macht. Man berücksichtigt diesen Abfall dadurch, daß man bei der Ermittlung der induzierten Verluste annimmt, daß der Schub nur innerhalb der Fläche des Kreises mit dem Halbmesser BR erzeugt wird, wobei B eine Zahl etwas kleiner als 1,0 ist.

Abb. 165 stellt das Ergebnis einer auf PRANDTL zurückgehenden Abschätzung von B für Schrauben mit geringer Flächenbelastung dar[1]. Je größer der Schubwert k_s und je geringer die Blattzahl je Rotor, desto kleiner ist B, d.h. desto größere Blattspitzenverluste treten auf.

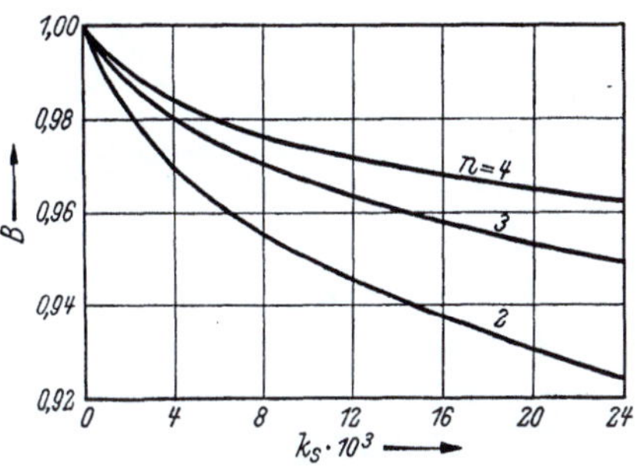

Abb. 165. Schubabminderungsfaktor B für 2, 3 und 4 Blätter je Schraube über Schubwert k_s

Schwebeflugkennlinien. Die Ermittlung der Schwebeflugkennlinien erfolgt nun in folgender Weise. Für einen gegebenen Schubwert k_s wird zunächst nach Abb. 165 der Parameter B bestimmt.

---

[1] Abb. 165 ist ebenfalls dem oben erwähnten Buch von GESSOW und MYERS entnommen.

Für die Ermittlung der Strahlverluste müssen die auf die Kreisfläche $\pi(BR)^2$ bezogenen Beiwerte genommen werden. Also ist

$$k_{di} = k_s \sqrt{k_s/4\,B^2}\,.$$

Die aus Abb. 163 abzulesenden Werte k_{di} müssen daher durch B dividiert werden. Für die Ermittlung der Profilverluste nach Abb. 164 ist k_{do} für $k_s/\sigma B^2$ zu bestimmen.

Beispiel: Es sei $k_s = 0,008$, $\sigma = 0,1$, Blattzahl $n = 3$. Nach Abb. 165 ist dann $B = 0,97$. Weiter ist

$$k_{di} = 0,008 \sqrt{0,008/4 \cdot 0,97^2} = 0,000368\,.$$

Nach Abb. 164 ist für $k_s/\sigma B^2 = 0,08/0,97^2 = 0,085$ abzulesen $k_{do}/\sigma = 0,00215$. Also ist insgesamt $k_d/\sigma = 0,00215 + 0,00368 = 0,00583$.

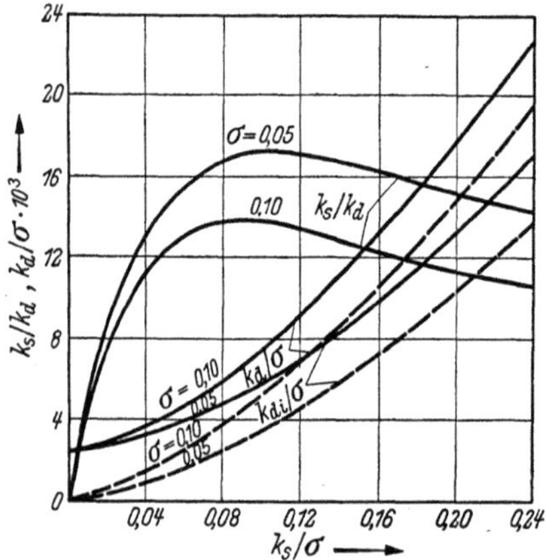

Abb. 166. Schwebeflugkennlinien einer Hubschraube mit ideal verwundenem Rechteckblatt

In ähnlicher Weise sind andere Punkte ermittelt worden, und in Abb. 166 ist k_d/σ über k_s/σ für $\sigma = 0,05$ und $0,10$ aufgetragen worden. Weiter wurde das Verhältnis $k_s/k_d = S/T$ in Abb. 166 aufgetragen.

Wie man durch den Vergleich mit Abb. 34 erkennt, besteht eine weitgehende Analogie zwischen einer Tragfläche und einer Hubschraube im Schwebeflug. An Stelle des Auftriebsbeiwertes c_a der Tragfläche ist der Schubwert k_s/σ getreten. An Stelle des Widerstandsbeiwertes c_w ist der Drehmomentenbeiwert k_d/σ getreten. An Stelle des Verhältnisses von Auftrieb zu Widerstand $A/W = c_a/c_w$ der Tragfläche ist das Verhältnis von Schub zu Tangentialkraft $S/T = k_s/k_d$ getreten. Die Kurven der Abb. 34 und 166 haben sogar ähnlichen Verlauf. Es gibt ein bestimmtes c_a bzw. k_s/σ, für welches das Verhältnis A/W bzw. S/T einen Maximalwert annimmt. Dem Seitenverhältnis b^2/F der Tragfläche entspricht die reziproke

Flächendichte σ. Je größer das Seitenverhältnis b^2/F, oder je größer die reziproke Flächendichte $1/\sigma$, desto höhere A/W- bzw. S/T-Werte erzielt man. In Abb. 166 sind auch die k_{di}/σ-Werte nach der Strahltheorie als gestrichelte Kurven eingetragen. Man sieht, daß die induzierten oder Strahlverluste den Hauptanteil der Verluste bilden.

Abb. 166 gilt für ideal verwundene Blätter von rechteckigem Grundriß. Bei üblichen Bauweisen verwendet man entweder Blätter ohne Verwindung oder man gibt dem Blatt eine gleichmäßige lineare Verwindung von -8 bis $-12°$. Das bedeutet, daß bei Fortsetzung des Blattes bis zur Rotormitte der Blatteinstellwinkel des Profiles – das ist der Winkel zwischen der Profilsehne und der Umfangsrichtung – in der Rotormitte 8 oder 12° größer ist als an der Blattspitze. Bei Verwindungen 0, $-8°$ und $-12°$ müssen die k_d/σ-Werte der Abb. 166 um die folgenden Prozentsätze erhöht werden[1]:

		$0{,}13$	$0{,}20$
k_s/σ			
	0 Verw.	$5{,}5$	$7{,}5$
% Erhöhung von k_d/σ	$-\ 8°$ Verw.	$3{,}0$	$3{,}5$
	$-12°$ Verw.	$1{,}5$	$1{,}5$

Die prozentuale Erhöhung von k_d/σ hängt von k_s/σ ab. Die Rechnung, welche der Abb. 166 zugrunde liegt, nimmt an, daß sich das Blattprofil bis zur Rotormitte erstreckt. In Wirklichkeit reicht das profilierte Blatt nur bis zu ungefähr 10 vH des Rotorradius nach innen. Die Blattwurzel ist meist verdickt, hat mehr Widerstand als das Profil und keinen Auftrieb. Der dadurch bewirkte Verlust ist im allgemeinen klein, da die relativen Strömungsgeschwindigkeiten nahe der Rotormitte gering sind.

Optimale Hubschraubenabmessungen. Die beiden wesentlichen Schraubenabmessungen sind der Durchmesser und die Blattbreite bzw. die Flächendichte. Über die Wahl des Durchmessers haben wir bereits einiges ausgeführt. Es gibt für eine bestimmte Größe des Hubschraubers und für eine bestimmte Wahl des Triebwerks einen günstigsten Durchmesser der Hubschraube. Kleinere Hubschrauben würden infolge der vergrößerten Strahlverluste ungünstig sein, größere Hubschrauben würden infolge der vergrößerten Gewichte der Schraube und ihres Antriebes ungünstig sein. Es ist jetzt noch die Blattbreite bzw. Flächendichte festzulegen. Hierzu muß zunächst eine Annahme über die Umfangsgeschwindigkeit

---

[1] Ebenfalls dem Buch von GESSOW und MYERS entnommen.

der Blattspitzen gemacht werden. Diese ist dadurch begrenzt, daß man vermeiden will, im Vorwärtsflug schallnahe Geschwindigkeiten an der Blattspitze des vorgehenden Blattes zu erhalten, da hierdurch erhebliche zusätzliche Verluste auftreten würden. Praktische Höchstwerte der Umfangsgeschwindigkeit sind in der Größenordnung von 230 m/sek. Bei größeren Hubschraubern von 10 000 kg oder mehr Fluggewicht ist es zweckmäßig, die Umfangsgeschwindigkeit gleich diesem Höchstwert zu wählen. Die Flächenbelastungen solcher Hubschrauber betragen 30 kg/m² oder mehr, und derartig hohe Flächenbelastungen sind nur bei hohen Umfangsgeschwindigkeiten tragbar, da andernfalls sehr breite Blätter mit hohem Gewicht verwendet werden müßten. Kleinere Hubschrauber, bei denen die Flächenbelastungen 20 kg/m² oder weniger betragen, verwenden oft geringere Umfangsgeschwindigkeiten, doch geht man auch hier zu den Höchstwerten über, wenn man besonderen Wert auf gute Schnellflugleistung legt. Um unser Problem zu vereinfachen, wollen wir annehmen, daß die Umfangsgeschwindigkeit mit etwa 230 m/sek festgelegt wurde, was für alle Hubschrauber über 10 000 kg Fluggewicht und für alle Hubschrauber mit besonderer Betonung der Schnellflugleistung eine vernünftige Annahme darstellt.

Abb. 166 zeigt nun, daß es bei gegebener Flächenbelastung S/F und bei gegebener Umfangsgeschwindigkeit am günstigsten ist, eine möglichst kleine Flächendichte σ zu wählen. Durch Flächenbelastung S/F und Umfangegeschwindigkeit U ist wegen $k_s = S/F \varrho U^2/2$ der Schubwert k_s festgelegt. Es sei z. B. die Flächenbelastung $S/F = 33$ kg/m², die Umfangsgeschwindigkeit $U = 230$ m/sek. Dann ergibt sich in Meereshöhe mit $\varrho = 1/8$ der Schubwert $k_s = 33/3300 = 0{,}01$. Für eine Flächendichte von $\sigma = 0{,}1$ ist $k_s/\sigma = 0{,}1$ und nach Abb. 166 $k_s/k_d = 13{,}8$. Für eine Flächendichte von $\sigma = 0{,}05$ ist $k_s/\sigma = 0{,}2$ und nach Abb. 166 ist $k_s/k_d = 15{,}2$. Die kleinere Flächendichte erfordert daher weniger Antriebsleistung als die größere Flächendichte. Eine untere Grenze der Flächendichte ist dadurch gegeben, daß man mit dem auf die Blattfläche bezogenen Schubwert k_s/σ nicht über einen gewissen Betrag hinaus gehen darf, wenn man im Vorwärtsflug des Hubschraubers ein Abreißen der Strömung am rückgehenden Blatt vermeiden will. Wir werden auf diese Erscheinung später noch zurückkommen. Hier sei nur bemerkt, daß die obere Grenze von

k_s/σ, je nach der Bauart des Hubschraubers, zwischen 0,16 und 0,20 liegt.

Die Ermittlung der optimalen Flächendichte ist demnach sehr einfach. In der Beziehung

$$\sigma = \frac{k_s}{k_s/\sigma} = \frac{S/F}{\varrho\,\dfrac{U^2}{2}\,k_s/\sigma}$$

ist für die Umfangsgeschwindigkeit U und für den auf die Blattfläche bezogenen Schubwert k_s/σ der jeweilige Höchstwert einzusetzen. Nehmen wir z. B. $U = 230$ m/sek und $k_s/\sigma = 0,16$, so erhalten wir für Meereshöhe

$$\sigma = \frac{S/F}{530}\,.$$

Eine Flächenbelastung von 26,5 kg/m² würde daher einer optimalen Flächendichte von 0,05 entsprechen, eine Flächenbelastung von 53 kg/m² würde einer Flächendichte von 0,10 entsprechen.

Bei der Wahl der Flächenbelastung spielen im übrigen nicht nur wirtschaftliche Erwägungen eine Rolle, d. h. der Wunsch, ein möglichst großes Verhältnis von Nutzlast zu Leergewicht zu erhalten, sondern es können auch Flugeigenschaftsbetrachtungen maßgebend sein. Insbesondere möchte man bei einmotorigen Hubschraubern gute Gleitflugeigenschaften erreichen, damit nach einem etwaigen Ausfall des Motors eine Notlandung ohne allzu große Schwierigkeiten unternommen werden kann. In dieser Beziehung sind geringe Flächenbelastungen – große Schraubendurchmesser – günstig. Bei mehrmotorigen Hubschraubern spielt dieser Gesichtspunkt eine geringere Rolle und man wird daher zu höheren Flächenbelastungen neigen und das wirtschaftliche Optimum aufsuchen.

Der vertikale Aufstieg. Beim vertikalen Aufstieg muß von der Hubschraube die Hebearbeit geleistet werden, welche gleich dem Fluggewicht mal der Aufstiegsgeschwindigkeit ist. Die Antriebsleistung braucht aber nicht um diesen Betrag erhöht zu werden, da beim vertikalen Aufstieg die Strahlverluste geringer sind als beim Schwebeflug. Die Ursachen hierfür sind die gleichen, wie wir sie in Abschnitt 18 für die Propeller kennengelernt haben. Je mehr Luft in der Zeiteinheit die Schraubenfläche durchsetzt, desto geringer ist der Leistungsverlust für Erzeugung eines bestimmten

Schubes. Die Profilverluste ändern sich ebenfalls etwas bei vertikalem Aufstieg. Ein Blatt, welches für den Schwebeflug ideal verwunden war, hat beim vertikalen Aufstieg nicht mehr die optimale Verwindung. Wir können auf Einzelheiten der Berechnung wieder nicht eingehen und wollen lediglich bemerken, daß für Überschlagsrechnungen es sich als brauchbar erwiesen hat, für den vertikalen Aufstieg eine Leistungsvergrößerung gegenüber dem Schwebezustand anzunehmen, welche gleich der halben Hebeleistung ist. Wenn also N_0 die Schwebeleistung der Hubschraube in PS ist, G das Fluggewicht in kg und w_s die vertikale Steiggeschwindigkeit in m/sek, dann ist die Schraubenleistung während des vertikalen Aufstieges

$$N = N_0 + \frac{G\,w_s}{150}\,\text{PS}\,.$$

Diese Annäherung ist nur für relativ geringe vertikale Steiggeschwindigkeiten gültig, etwa bis 3 m/sek Steiggeschwindigkeit. Bei größeren Steiggeschwindigkeiten unterschätzt man mit der obigen Näherung die Schraubenleistung.

Der vertikale Abstieg. Beim vertikalen Abstieg muß man drei Bereiche unterscheiden, von denen zwei harmlos, der dritte recht unangenehm ist. Die beiden harmlosen Bereiche sind dem Schweben und dem vertikalen Autorotationsflug benachbart. In dem ersten Bereich ist die Schraubenleistung nahezu gleich der Schwebeleistung, die vertikale Sinkgeschwindigkeit ist gering. Dieser Flugzustand wird bei jeder Hubschrauberlandung benutzt. In dem zweiten Bereich ist die Schraubenleistung nahezu Null, die vertikale Sinkgeschwindigkeit ergibt sich aus dem in Abb. 159 aufgetragenen Schubbeiwert c_s für $\alpha = 90°$. Die Sinkgeschwindigkeit ist aus

$$G/F = c_s\,\varrho\,w_s^2/2$$

zu bestimmen. Man erhält z. B. für Meereshöhe, $c_s = 1{,}3$ und $G/F = 30$ kg/m² eine vertikale Sinkgeschwindigkeit mit autorotierender Schraube von $w_s = 19{,}2$ m/sek. Dies ist zwar eine sehr hohe Sinkgeschwindigkeit, und eine vertikale Landung mit einer derartig hohen Sinkgeschwindigkeit ist ohne Beschädigung des Hubschraubers kaum möglich, aber der Zustand des vertikalen Sinkfluges mit autorotierender Schraube ist stabil und steuerbar und kann zum mindesten vorübergehend verwendet werden.

Sowohl beim Schweben und bei geringen vertikalen Sinkgeschwindigkeiten, wie auch bei den hohen Sinkgeschwindigkeiten
des Autorotationszustandes findet eine gleichmäßige Durchströmung der Schraubenkreisfläche statt. Im ersten Fall ist die relative
Durchflußgeschwindigkeit durch die Kreisfläche von oben nach
unten gerichtet, im zweiten Fall ist sie von unten nach oben gerichtet. Dazwischen gibt es nun einen Bereich, in welchem die
Durchströmung der Schraubenkreisfläche ungleichmäßig ist.
Es ist das der sog. Wirbelringzustand, in welchem der Hubschrauber seine Steuerfähigkeit
nahezu einbüßt und in
welchem auch starke
Schwingungen auftreten.
Abb. 167 zeigt die erfor-
derliche Schraubenlei-
stung, bezogen auf die
Schwebeleistung als Funk-
tion der vertikalen Sink-
geschwindigkeit w_s, bezogen auf die Durch-
flußgeschwindigkeit im

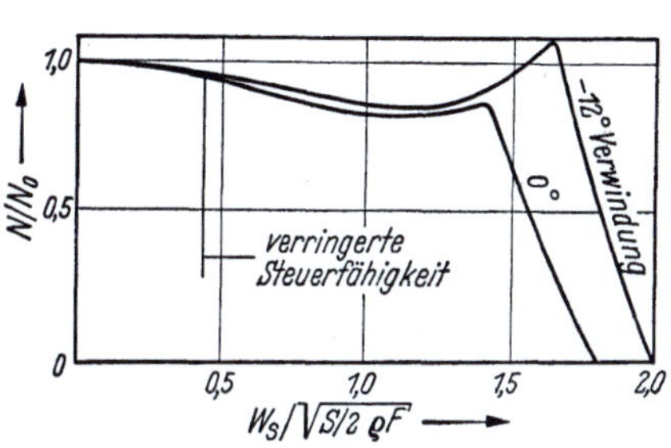

Abb. 167. Schraubenleistung über vertikaler Sinkgeschwindigkeit für 0° und für −12° Blattverwindung

Schwebeflug $\sqrt{S/2\varrho F}$[1]. Die Grenze des Wirbelringzustandes mit
seiner herabgesetzten Steuerfähigkeit ist eingetragen. Man erkennt, daß die Schraubenleistung zuerst abnimmt, dann sogar
etwas zunimmt, wenn man vom Schwebeflug in den vertikalen
Sinkflug übergeht. Abb. 167 zeigt, daß ein Leistungsverlust im
Schwebeflug etwa durch Ausfall eines von mehreren Motoren
immer dann gefährlich ist, wenn die übrigen Motoren nicht in
der Lage sind, die ausgefallene Leistung auszugleichen. Es ist
daher allgemein unzulässig, mit einem Hubschrauber in einem
Höhenbereich zu schweben, der sich von wenigen Metern über dem
Boden bis zu etwa 100 m über dem Boden erstreckt. Wenn ein
Motor beim Schweben in wenigen Metern über dem Boden ausfällt,
ist die Zeit bis zur Bodenberührung zu klein, um den Hubschrauber
in den Wirbelringflugzustand zu bringen. Wenn ein Motor beim
Schweben in größerer Höhe ausfällt, kann man durch Drücken des

---

[1] Abb. 167 ist entnommen dem Bericht von W. CASTLES und R. B. GRAY
über Windkanalversuche an Modellhubschrauben, NACA T. N. 2474, Oktober 1951.

Hubschraubers rechtzeitig Vorwärtsgeschwindigkeit aufnehmen, ehe der kritische Wirbelringzustand des vertikalen Sinkfluges eintritt. Ein Schweben in dem Zwischenbereich ist nur dann gefahrlos, wenn bei Ausfall eines Motors die übrigen genügend Leistungsreserve haben, um sofort die ausgefallene Leistung zu ersetzen.

Einfluß der Bodennähe. Beim Schwebeflug in Bodennähe bildet sich ein „Luftkissen" zwischen dem Rotor und dem Boden aus, welches die Tragfähigkeit erhöht, ohne die erforderliche Schraubenleistung zu erhöhen. Abb. 168 zeigt den Schub in Bodennähe S im Verhältnis zum Schub in großem Abstand vom Boden $S\infty$ bei gleicher Schraubenleistung als Funktion des Abstandes der Schraube vom Boden z im Verhältnis zum Schraubendurchmesser D. Der Bodeneinfluß hängt von dem auf die Blattfläche bezogenen Schubwert k_s/σ ab. Je kleiner der Schubwert, desto größer ist der Bodeneinfluß[1]. Das Luftkissen beim Schweben in Bodennähe ist nicht sehr stabil und kann leicht durch geringe Windgeschwindigkeiten gestört werden. Die Werte der Abb. 168 gelten für völlige Windstille und Bewegungslosigkeit des Hubschraubers. Wenn Wind herrscht, oder wenn durch Steuerbewegungen der Schwebeflug gestört wird, sinkt die Tragfähigkeit beträchtlich bzw. es ist mehr Leistung erforderlich, um das gleiche Gewicht zu tragen. Erst bei größeren relativen Windgeschwindigkeiten sinkt die zum Fluge notwendige Leistung wieder, wie wir noch näher im folgenden Abschnitt erörtern werden.

Die Erhöhung der Tragkraft einer Hubschraube in Bodennähe ist praktisch von großer Bedeutung. Wenn man einen kleinen Hub-

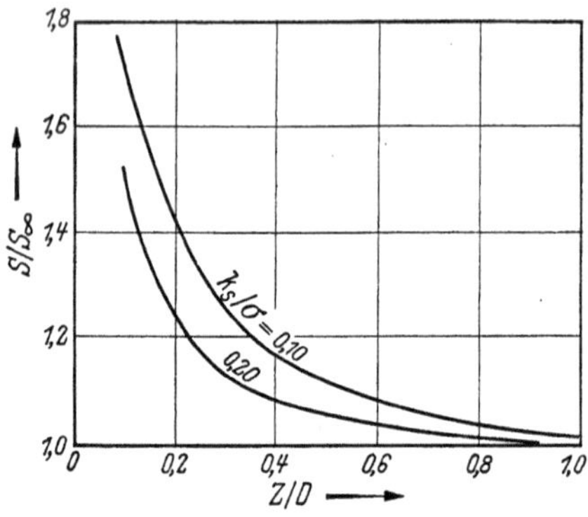

Abb. 168. Schraubenschub über Bodenabstand bei konstanter Schraubenleistung

---

[1] Abb. 168 ist dem Bericht von J. ZBROZEK: Ground Effect on the Lifting Rotor. Br. R. & M. 2347, 1950, entnommen und beruht im wesentlichen auf deutschen Windkanalmodellversuchen.

schrauberflughafen oder zum mindesten ein kleines offenes Gelände benutzt, kann man den Hubschrauber erheblich überladen. Der Abflug des überladenen Hubschraubers erfolgt so, daß zunächst ein ganz kurzes vertikales Abheben bis auf wenige Meter über dem Boden stattfindet und ein anschließendes Vorwärtsbeschleunigen ebenfalls nahe über dem Boden, bis genügend Vorwärtsgeschwindigkeit zum Steigen erreicht wurde. Diese Technik des Abfluges mit einem kurzen „Anlauf" dicht über dem Boden ist im übrigen auch dann, wenn genügend Leistung für einen vertikalen Aufstieg vorhanden ist, die sicherste mit Bezug auf einen möglichen Motorausfall.

38. Der Vorwärtsflug

Induzierte Verluste im Vorwärtsflug. Genau wie im Schwebeflug hat man auch im Vorwärtsflug eines Rotors zwei Verlustquellen zu berücksichtigen: die induzierten oder Strahlverluste und die Profilwiderstandsverluste. Die induzierten Verluste entstehen dadurch, daß, ähnlich wie bei der Tragfläche, Luft vom Rotor erfaßt und nach abwärts beschleunigt wird, um Schub zu erzeugen. Die induzierte Verlustenergie ist gleich der kinetischen Energie der zurückbleibenden Abwindströmung. Es hat sich erwiesen, daß der induzierte Widerstand eines tragenden Rotors im Vorwärtsflug, gleichgültig, ob der Rotor vom Flugwind angetrieben ist oder einen mechanischen Antrieb besitzt, mit Hilfe der in Abschnitt 10 abgeleiteten Beziehung für starre Tragflächen berechnet werden kann. Der induzierte Widerstandsbeiwert einer Tragfläche war – siehe S. 86 –

$$c_{wi} = \frac{c_a^2}{\pi \lambda}\,.$$

Für eine kreisförmige Tragfläche ist das Seitenverhältnis

$$\lambda = \frac{(2\,R)^2}{\pi\,R^2} = 4/\pi\,.$$

Man erhält also

$$c_{wi}/c_a = c_a/4\,.$$

Diese für einen Einzelrotor geltende Beziehung muß berichtigt werden, wenn zwei Rotoren vorhanden sind, die sich gegenseitig beeinflussen. Für nebeneinander liegende Rotoren ist der induzierte Widerstand geringer als sich nach der obigen Beziehung ergibt, da das Seitenverhältnis größer als $4/\pi$ ist. Für hintereinander liegende Rotoren ist der induzierte Widerstand größer, als sich nach der obigen Beziehung ergeben würde. Der induzierte Widerstand eines Rotorsystems ist im langsamen Vorwärtsflug groß im Vergleich zum Profilwiderstand. Es ist daher erheblich weniger Leistung zum Fliegen erforderlich, wenn zwei Rotoren nebeneinander angeordnet sind. Diese Tatsache macht man sich z.B. dadurch zunutze, daß man Tandemhubschrauber mit hintereinander angeordneten Schrauben seitlich fliegen läßt, wenn es sich darum handelt, im langsamen Flug einen Flugzeugträger zu begleiten. Wir wollen hier auf die quantitativen Verhältnisse bei neben- und hintereinander angeordneten Hubschrauben nicht eingehen, sondern unsere Berechnungen auf Einzelrotoren beschränken.

An Stelle der Widerstands- und Auftriebsbeiwerte der Schraube, welche genau so definiert sind wie die der starren Tragfläche, wollen wir jetzt die Schub- und Drehmomentenbeiwerte einführen. Bei mäßigen Rotoranstellwinkeln kann man näherungsweise den Rotorschub in Richtung der Achse gleich dem Rotorauftrieb senkrecht zur Anströmrichtung setzen. Es ist dann angenähert

$$k_s = \frac{S}{\varrho\,F\,U^2/2} = \frac{A\,\mu^2}{\varrho\,F\,v^2/2} = c_a^2\,\mu^2\,,$$

wo $\mu = v/U$ den Fortschrittsgrad darstellt.

Wir hatten oben die induzierten Verluste in Form eines induzierten Widerstandes eingeführt. Wie wir noch näher sehen werden, kann ein tragender Rotor Widerstand oder Vortrieb haben, je nachdem, wie die Rotorkreisebene gegen die Strömungsrichtung eingestellt wird. Je mehr Widerstand der Rotor erzeugt, desto geringer ist die Antriebsleistung zur Aufrechterhaltung der Umdrehungsgeschwindigkeit und zur Erzeugung der Schubkraft. Wie wir wissen, kann man ganz ohne Antriebsleistung nur durch Flugwindantrieb Schub erzeugen. Die hierzu notwendige Energie wird dann durch die Widerstandsleistung aufgebracht. Wenn der Rotor so eingestellt wird, daß neben dem Schub auch Vortrieb erzeugt wird, muß natürlich zur Aufrechterhaltung der Energiebilanz mehr Leistung an die Rotorwelle abgegeben werden, als zur reinen Schuberzeugung notwendig wäre. Wegen dieser Anpassungsfähigkeit des Rotors können wir die Verluste, hier also die induzierten Verluste, auch durch Angabe des induzierten Drehmomentenbeiwertes kennzeichnen an Stelle des oben verwendeten induzierten Widerstandsbeiwertes. Die Umrechnung von einer Darstellung der Verluste zur anderen ergibt sich einfach dadurch, daß man die Verlustenergie einmal als Widerstandsenergie, das andere Mal als Wellenenergie anschreibt.

$$N_i = c_{wi} F \varrho \, v^3/2 = k_{di} F \varrho \, U^3/2 \, .$$

Mit $\mu = v/U$ ergibt sich hieraus

$$k_{di} = c_{wi} \mu^3 \, .$$

Durch Einsetzen der Gleichungen für k_s und für k_{di} in die eingangs aufgestellte Beziehung $c_{wi}/c_a = c_a/4$ erhält man

$$k_{di}/k_s = k_s/4\mu \, .$$

Diese Beziehung tritt im Vorwärtsflug an die Stelle der Gleichung $k_{di}/k_s = \sqrt{k_s/4}$, die wir im vorigen Abschnitt für die Schraube im Schwebeflug abgeleitet haben. Eigentlich müßte wieder, wie für den Schwebefall, ein Schubabminderungsfaktor eingeführt werden, welcher den Schubabfall an den Blattspitzen erfaßt, doch wollen wir der Einfachheit halber hier diese Berichtigung unterlassen.

Die obige Beziehung ist in ihrer Gültigkeit auf relativ kleine Anstellwinkel der Schraubenebene gegen die Strömung und auf größere Fortschrittsgrade beschränkt. Man wird keinen großen Fehler begehen, wenn man sie für Anstellwinkel der Schraubenebene bis zu $\pm 15°$ und für Fortschrittsgrade größer als $\mu = 0{,}15$ verwendet. Im Bereich zwischen $\mu = 0$ (Schwebeflug) und $\mu = 0{,}15$ gelten kompliziertere Ausdrücke für den induzierten Verlust, auf die hier nicht eingegangen werden kann.

Profilverluste im Vorwärtsflug. Die Berechnung der Profilverluste im Vorwärtsflug ist noch wesentlich langwieriger als im Schwebeflug. Wir können diese Berechnung hier nicht wiedergeben und müssen uns, ebenso wie im Falle des Schwebefluges, darauf beschränken, die Ergebnisse der Rechnung zu betrachten. Es soll jedoch kurz auf einige wichtige Umstände hingewiesen werden, welche die Größe der Profilverluste im Vorwärtsflug beeinflussen. Wie wir im folgenden Abschnitt sehen werden, muß man im Vorwärtsflug dafür sorgen, daß die Ungleichförmigkeit der Strömung am Blatt während des Umlaufes ausgeglichen wird, da andernfalls große Rollmomente auftreten würden. Das vorgehende Blattelement, das wir im Abstand r von der Rotormitte annehmen wollen, bewegt sich mit einer Geschwindigkeit $v + \omega r$ gegen die Luft, wo ω die Winkelgeschwindigkeit der Rotordrehbewegung ist, und wo v die Fluggeschwindigkeit ist (siehe Abb. 169). Das rückgehende Blattelement bewegt sich mit der Geschwindigkeit $\omega r - v$ gegen die Luft.

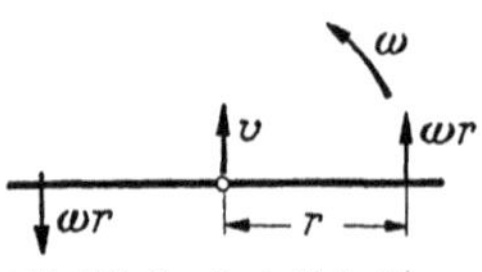

Abb. 169. Geschwindigkeiten am Blattelement im Vorwärtsflug

Bei gleichem Anstellwinkel des Blattes würde beim Vorgehen ein höherer Auftrieb entstehen als beim Rückgehen. Man muß daher durch periodische Anstellwinkeländerung dafür sorgen, daß die Auftriebe bzw. die Momente der Auftriebskräfte in bezug auf die Rotormitte am vorhergehenden und am rückgehenden Blatt gleich werden. Hierzu muß der Anstellwinkel am vorhergehenden Blatt gegenüber dem Mittelwert verkleinert, am rückgehenden Blatt gegenüber dem Mittelwert vergrößert werden. Je größer der Fortschrittsgrad μ ist, desto größer müssen die Anstellwinkeldifferenzen sein. Im folgenden sei angenommen, daß eine solche periodische Blattwinkeländerung vorliege, so daß im Zeitmittel das Rollmoment in bezug auf die Rotormitte verschwindet. Auf welche Weisen eine derartige Blattwinkeländerung hervorgebracht werden kann, wird in Abschnitt 39 erörtert werden.

Wir wissen nun von Abschnitt 10, daß eine Tragfläche bei einem bestimmten Anstellwinkel bzw. bei einem bestimmten Auftriebsbeiwert das größte Verhältnis von Auftrieb zu Widerstand liefert. Für größere und für kleinere Anstellwinkel ergeben sich weniger günstige Werte. Daraus folgt, daß durch die Ungleichförmigkeit der Anstellwinkel während des Umlaufes der Hubschraubenblätter Verluste auftreten müssen. Neben diesen Ungleichförmigkeitsverlusten ist jedoch noch eine weitere erhebliche Verlustquelle zu beachten. Am rückgehenden Blatt können die Anstellwinkel so hoch werden, daß ein Abreißen der Strömung erfolgt. Hierdurch wird nicht nur der Profilverlust stark erhöht, sondern es treten auch andere unerwünschte Begleiterscheinungen auf, z. B. erhöhte Schwingungen und eine verringerte Steuerfähigkeit des Hubschraubers.

Abb. 170 stellt das Ergebnis von Rechnungen dar, welche vom NACA durchgeführt wurden[1]. Es handelt sich um einen Rotor mit

---

[1] GESSOW, A. u. R. J. TAPSCOTT: NACA T. N. 3323, Jan. 1955 (− 8° Blattverwindung) und T. N. 3482, Juli 1955 (0° und 16° Blattverwindung).

rechteckigen Blättern und mit $- 8°$ theoretischer Verwindung (gerechnet von der Rotormitte bis zur Blattspitze). Für vier Fortschrittsgrade $\mu = 0{,}15,\ 0{,}2,\ 0{,}3,\ 0{,}4$ ist das Verhältnis des Profil-

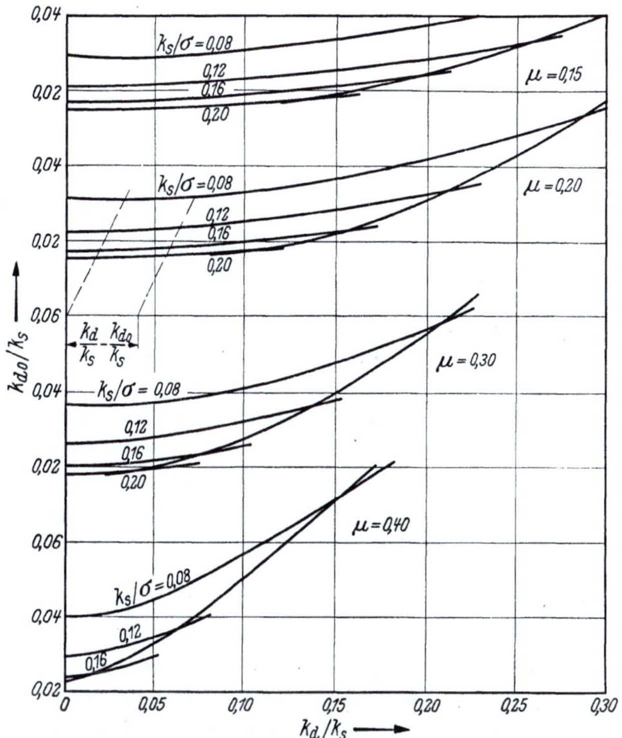

Abb. 170. Profildrehwert, bezogen auf Schubwert k_{do}/k_s über Gesamtdrehwert, bezogen auf Schubwert k_d/k_s für Rechteckblatt mit $-8°$ Verwindung

drehwertes zum Schubwert k_{do}/k_s über dem Verhältnis des Gesamtdrehwertes zum Schubwert k_d/k_s aufgetragen. Es sind Kurven für vier auf die Blattfläche bezogene Schubwerte $k_s/\sigma = 0{,}08,\ 0{,}12,$ $0{,}16,\ 0{,}20$ eingezeichnet. Die Grenzlinien, welche die Schaubilder nach rechts und nach unten begrenzen, stellen Zustände dar, bei denen an der Spitze des rückgehenden Blattes ein Anstellwinkel von $12°$ erreicht wird. Für ein übliches Blattprofil mit etwa 12 vH Dicke kann man annehmen, daß bei diesem Anstellwinkel ein Abreißen der Strömung einsetzt.

Für einen gegebenen Gesamtwert k_d — d. h. für gegebene Wellenleistung — wird k_{do}/k_s am kleinsten, wenn die Flächendichte σ möglichst klein gewählt wird, so daß k_s/σ bei dem Fortschrittsgrad des Schnellfluges so groß wie möglich wird, ohne dabei die Abreißgrenze zu überschreiten. Man erkennt aus Abb. 170, daß dieses k_s/σ um so kleiner sein muß, je größer der Fortschrittsgrad μ und je größer die Gesamtleistung k_d.

Rotorkennlinien. Die Kenntnis der Profilverluste nach Abb. 170 und die Kenntnis der induzierten Verluste $k_{di}/k_s = k_s/4\,\mu$ setzt uns in den Stand, Rotorkennlinien zu entwickeln. Wir wollen zunächst annehmen, daß der Rotor weder Widerstand noch Vortrieb hat und lediglich Auftrieb erzeugt. Die dem Rotor zugeführte Wellenleistung muß dann gleich der Summe der induzierten und der Profilverluste sein, oder in Beiwerten:

$$k_d/k_s = k_{di}/k_s + k_{do}/k_s = k_s/4\,\mu + k_{do}/k_s\,.$$

Für gegebene Werte k_s, μ und σ lassen sich mit Hilfe der Abb. 170 k_d/k_s und k_{do}/k_s leicht ermitteln. Wir haben zu diesem Zweck lediglich, wie in Abb. 170 für den Fortschrittsgrad $\mu = 0,2$ angedeutet, eine Gerade durch den Ursprung des Koordinatensystems zu ziehen, welche Punkte gleicher Werte k_d/k_s und k_{do}/k_s verbindet, und zu dieser Geraden im Abstand $k_d/k_s - k_{do}/k_s$ die Parallele zu ziehen. Der Schnittpunkt dieser Parallelen mit der Kurve k_s/σ liefert die beiden Werte k_d/k_s und k_{do}/k_s, wie daraus hervorgeht, daß die Parallele die Darstellung für die obige Gleichung ist.

An Stelle von k_d/k_s kann man auch als Gütemaß für die Hubschraube das Verhältnis Auftrieb zu äquivalentem Widerstand A/W verwenden. Wegen der oben abgeleiteten Beziehungen

$$k_d = c_w\,\mu^3 \quad \text{und} \quad k_s = c_a\,\mu^2 \quad \text{ist} \quad A/W = c_a/c_w = \mu\,k_s/k_d\,.$$

Es sei daran erinnert, daß die hier untersuchte Schraube so gegen die Strömung angestellt sein soll, daß sie weder Widerstand noch Vortrieb entwickelt, d. h., daß die Schubkraft senkrecht auf der Flugrichtung steht. Der Widerstand W in dem Gütemaß A/W ist daher nicht als physikalischer Widerstand aufzufassen, sondern als äquivalenter Widerstand, welcher, mit der Fluggeschwindigkeit multipliziert, die Leistung ergibt, die der Schraubenwelle zugeführt werden muß. Das Gütemaß A/W ist deshalb von anschaulicher Bedeutung, weil es sich direkt mit den entsprechenden A/W-Verhältnissen von starren Tragflächen z. B. nach Abb. 34 vergleichen läßt.

Beispiel: Es sei der auf die Blattfläche bezogene Schubwert $k_s/\sigma = 0{,}16$, der Fortschrittsgrad sei $\mu = 0{,}2$, die Flächendichte sei $\sigma = 0{,}06$. Außerdem nehmen wir an, daß der Rotor rechteckige Blätter mit $-8°$ Verwindung besitze, so daß Abb. 170 für die Bestimmung der Profilverluste anwendbar ist. Es ergibt sich $k_s = 0{,}0096$, $k_s/4\,\mu = 0{,}012$, daher $k_d/k_s - k_{d_0}/k_s = 0{,}012$. Abb. 170 liefert auf die oben angegebene Weise $k_{d_0}/k_s = 0{,}017$ und $k_d/k_s = 0{,}029$. Schließlich ist $A/W = 0{,}2/0{,}029 = 6{,}9$.

Auf die gleiche Weise wurden die Gütezahlen A/W für andere Zustände berechnet und in Abb. 171 über dem Fortschrittsgrad μ aufgetragen. Diese Abbildung enthält auch noch zwei weitere Kurven für Schubwerte $k_s/\sigma = 0{,}12$ und $0{,}20$. Bis zu $\mu = 0{,}2$ unterscheiden sich die drei Kurven nur wenig, die höhere Schubbelastung ergibt etwas schlechtere A/W-Werte. Oberhalb $\mu = 0{,}2$ weichen die drei Kurven mehr voneinander ab, wobei die höhere Schubbelastung k_s/σ etwas bessere A/W-Werte liefert. Im Vergleich mit starren Tragflächen (siehe Abb. 34) ist der tragende Rotor zwar erheblich schlechter in bezug auf A/W-Werte, doch sind immerhin äquivalente Auftriebe zu Widerstandsverhältnissen von

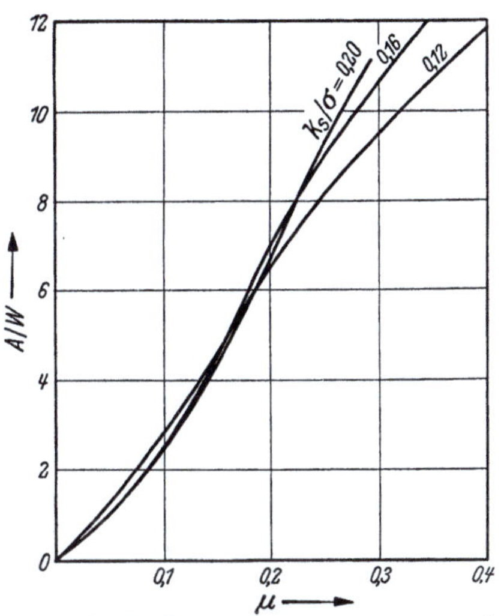

Abb. 171. Kennlinien des Rotors mit Rechteckblatt, $-8°$ Verwindung, 0,06 Flächendichte, Rotorschub senkrecht zur Flugrichtung

10 erreichbar. Dieses Verhältnis nimmt zu mit wachsendem Fortschrittsgrad, wir werden jedoch gleich sehen, daß diese Zunahme nicht immer ausgenutzt werden kann, wenn der tragende Rotor auch zur Vortriebserzeugung verwendet wird.

Vortriebswirkungsgrad des Rotors. Wenn wir den Rotor nach vorne neigen, so daß nicht nur Auftrieb, sondern auch Vortrieb erzeugt wird, ist mehr Leistung erforderlich, um den gleichen Auftrieb zu erzeugen, da ja jetzt auch noch die Vortriebsleistung zugeführt werden muß. Die Vortriebskraft sei X, die beim Vorneigen der Schraube zusätzlich aufzubringende Leistung sei ΔN, dann definieren wir den Vortriebswirkungsgrad der Hubschraube durch

$$\eta = X\,v/\Delta N\,.$$

Bei den üblichen relativ kleinen Vorneigungswinkeln kann man die Änderung der Strahlverluste infolge der Vorneigung vernachlässigen. Es ist dann lediglich die Änderung der Profilverluste nach Abb. 170 zu berücksichtigen. Wenn Δk_d die Änderung des Drehwertes infolge der Vorneigung bezeichnet und Δk_{do} die Änderung des Profildrehwertes, so kann man den Vortriebswirkungsgrad der Hubschraube auch durch

$$\eta = (\Delta k_d - \Delta k_{do})/\Delta k_d = 1 - \frac{\Delta k_{do}/k_s}{\Delta k_d/k_s}$$

ausdrücken.

Wenn wir die in Abb. 171 dargestellten Zustände, bei denen der Schraubenschub senkrecht zur Flugrichtung steht, als Ausgangszustände benützen und eine kleine Erhöhung von k_d, also eine kleine Vorneigung annehmen, erhalten wir mit Hilfe der obigen Gleichung die in Abb. 172 dargestellten Vortriebswirkungsgrade η. Der Quotient $(\Delta k_{do}/k_s)/(\Delta k_d/k_s)$ ist dabei das Steigungsverhältnis der Tangente an die k_s/σ-Kurven in Abb. 170. Man sieht, daß der Vortriebswirkungsgrad der Hubschraube nahezu eins ist und von der Schubbelastung k_s/σ nur wenig beeinflußt wird. Nur bei hohen Fortschrittsgraden über 0,3 sinkt der Vortriebswirkungsgrad auf Werte unter 0,9 ab.

In Abb. 172 sind auch die größten Werte $\Delta k_d/k_s$ eingetragen, die sich für jeden Fortschrittsgrad μ und für jede Schubbelastung k_s/σ aus Abb. 170 auf der Grenzkurve für beginnendes Abreißen der Strömung an der Blattspitze ergeben. Diese Kurven geben an, wieviel Vortriebsleistung die Hubschraube umzusetzen in der Lage ist. Je geringer der Schubwert k_s/σ und je geringer der Fortschrittsgrad, desto mehr Leistung kann der Hubschraube zugeführt und zum Vortrieb verwendet werden. Oberhalb gewisser Fortschrittsgrade, die von der Schubbelastung abhängen, ist überhaupt keine Vortriebsleistung mehr zu gewinnen. Für eine übliche Schubbelastung von $k_s/\sigma = 0{,}16$ liegt dieser Punkt bei einem Fortschrittsgrad von $\mu = 0{,}36$. Die in Abb. 171 und 172 dargestellten Kenn-

linien setzen uns instand, für den betreffenden Rotor mit rechteckigen Blättern, — 8° Verwindung und 0,06 Flächendichte alle
Leistungsfragen zu beantworten.

Um es zu wiederholen: Wird die Hubschraube ausschließlich zur
Auftriebserzeugung herangezogen, so steigt das äquivalente Auf-

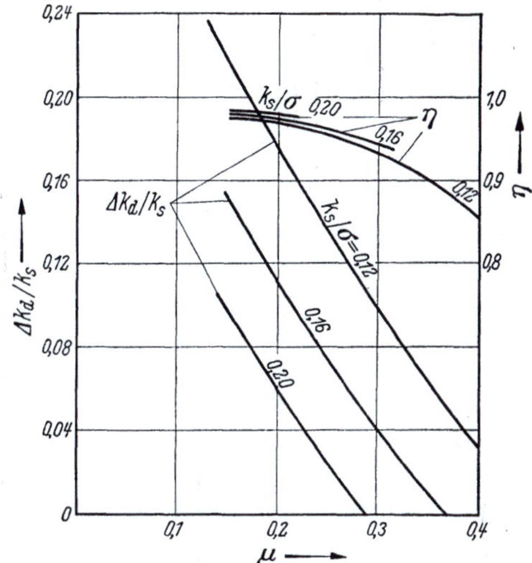

Abb. 172. $\Delta k_d/k_s$ für größte Vortriebsleistung und Vortriebswirkungsgrad η
für Rotor von Abb. 171

triebs- zu Widerstandsverhältnis A/W mit dem Fortschrittsgrad
an. Es ist relativ unabhängig von der Schubbelastung k_s/σ und es
erreicht bei einem Fortschrittsgrad von $\mu = 0{,}3$ Werte von etwa 10.
Wird die Schraube zwecks Vortriebserzeugung vorgeneigt, so ergeben sich innerhalb weiter Grenzen Vortriebswirkungsgrade, die
nur wenig unterhalb eins liegen, da weder die induzierten noch die
Profilverluste durch die Vorneigung wesentlich verändert werden.
Die Grenze der Vorneigung bzw. der umsetzbaren Vortriebsleistung ist durch beginnendes Abreißen der Strömung an der
Spitze des vorgehenden Blattes gegeben. Diese Grenze verbietet
es, oberhalb gewisser Werte des Fortschrittsgrades Vortrieb zu
gewinnen. Der Grenzfortschrittsgrad, bei welchem keine Vortriebsleistung mehr umgesetzt werden kann, steigt mit sinkender Schubbelastung k_s/σ.

Es sei übrigens darauf hingewiesen, daß wir hier lediglich die Blattverluste berücksichtigt haben. In Wirklichkeit sind die aerodynamischen Verluste der meist unverkleideten Blattwurzel und der Nabe recht erheblich. Der Nabenwiderstand muß ebenso wie die übrigen Widerstände des Hubschraubers durch den Vortrieb der Schraube überwunden werden. Würde man den Nabenwiderstand hinzurechnen, dann wären die A/W-Verhältnisse der Hubschraube, besonders bei hohen Fortschrittsgraden, wesentlich geringer als in Abb. 171 dargestellt.

Einfluß von Starrflügel. An Hand der Abb. 171 und 172 können wir uns veranschaulichen, unter welchen Bedingungen der Zusatz eines Starrflügels oder eines Propellers zu einem Hubschrauber von Vorteil ist. Wir betrachten zunächst die Verhältnisse für einen zusätzlichen Starrflügel. Die Übertragung von Auftrieb von der Hubschraube auf den Starrflügel bedeutet, daß die Hubschraube nunmehr mit einer geringeren Schubbelastung k_s/σ arbeitet. Nach Abb. 171 und 172 wird dann – wenigstens im Bereich hoher Fortschrittsgrade μ – sowohl das A/W-Verhältnis der Hubschraube wie auch ihr Vortriebswirkungsgrad η etwas geringer. Dieser Verschlechterung steht eine Verbesserung gegenüber, die dadurch hervorgebracht wird, daß die Hubschraube nur ein A/W-Verhältnis von etwa 10 entwickelt, während mit dem Tragflügel A/W-Werte von 15 und darüber erreicht werden können. Insgesamt heben sich die Verbesserungen und Verschlechterungen gegenseitig angenähert auf, so daß vom Standpunkt des Gütegrades die Kombination Hubschraube und Tragflügel etwa der reinen Hubschraube gleichwertig ist.

Die Kurven der größten Vortriebsleistung $\Delta k_d/k_s$ in Abb. 172 zeigen, daß zur Erreichung hoher Fortschrittsgrade μ und damit hoher Fluggeschwindigkeiten niedrige Schubbelastungen k_s/σ erforderlich sind. Es kann der Fall eintreten, daß zwar die Leistung zur Erreichung einer gewissen Fluggeschwindigkeit vorhanden ist, daß jedoch diese Fluggeschwindigkeit durch vorzeitiges Abreißen der Strömung an der rückgehenden Blattspitze, d. h. also durch die Kurve $\Delta k_d/k_s$ in Abb. 172 begrenzt ist. In diesem Falle muß die Schubbelastung k_s/σ verringert werden, um die leistungsmäßig mögliche Fluggeschwindigkeit auch wirklich ohne Abreißen der Strömung am Blatt zu erzielen. Eine Verringerung der Schubbelastung k_s/σ z. B. durch Verbreiterung der Blätter (größere

Flächendichte σ) hat einen ungünstigen Einfluß auf die Tragfähigkeit im Schwebeflug (siehe Abb. 166) und man wünscht daher die Schubbelastung k_s/σ im Schwebeflug an ihrem optimalen, relativ hohen Wert zu belassen, im Schnellflug jedoch zu erniedrigen. Man könnte daran denken, zu diesem Zwecke im Schnellflug die Rotordrehzahl im Vergleich zur Schwebeflugdrehzahl zu erhöhen. Gerade im Schnellflug arbeitet jedoch die vorgehende Blattspitze ohnedies mit schallnahen Geschwindigkeiten, und vom Standpunkt der Kompressibilitätsverluste ist umgekehrt eine Erniedrigung der Drehzahl im Schnellflug erwünscht. Hier hilft nun die Hinzufügung einer kleinen starren Tragfläche, welche im Schnellflug einen Teil des Auftriebes übernimmt und dadurch die Schubbelastung der Schraube herabsetzt.

Beispiel: Nehmen wir an, wir hätten bei einem Fortschrittsgrad von $\mu = 0{,}3$ eine Vortriebsleistung entsprechend $\Delta k_d/k_s = 0{,}08$ verfügbar. Die Schubbelastung sei $k_s/\sigma = 0{,}16$ bei einer Flächendichte von $\sigma = 0{,}06$. Nach Abb. 172 kann $\Delta k_d/k_s = 0{,}08$ bei $k_s/\sigma = 0{,}16$ nur bis zu einem Fortschrittsgrad von $\mu = 0{,}22$ verwendet werden. Entlasten wir nun den Rotor durch eine starre Tragfläche vom Schubwert $k_s/\sigma = 0{,}16$ auf $0{,}12$, so entspricht jetzt die verfügbare Vortriebsleistung dem Wert $k_d/k_s = 0{,}08 \cdot 0{,}16/0{,}12 = 0{,}106$. Nach Abb. 172 kann dieser Wert bei $k_s/\sigma = 0{,}12$ bis zu einem Fortschrittsgrad von $\mu = 0{,}29$ verwendet werden. Die Hinzufügung der Starrfläche hat daher den größten Fortschrittsgrad, bei dem die verfügbare Leistung im Rotor untergebracht werden kann, ohne Abreißen der Strömung am Blatt zu verursachen, von $0{,}22$ auf $0{,}29$ erhöht. Obwohl der Gesamtgütegrad der Anordnung kaum verändert ist, erlaubt die starre Tragfläche höhere Fluggeschwindigkeiten zu erreichen.

Die Größe der Tragfläche ergibt sich aus den Auftriebsbeiwerten von Hubschraube und Fläche mit Hilfe der Bedingung, daß die Hubschraube dreimal soviel Auftrieb hat als die Tragfläche:

$$c_{aH} F_H = 3 c_{aF} F_F.$$

Bei $\mu = 0{,}29$, $k_s/\sigma = 0{,}12$ und $\sigma = 0{,}06$ ist $c_{aH} = k_s/\mu^2 = 0{,}086$. Nehmen wir z.B. $c_F = 0{,}8$ an, so ist $F_F/F_H = 0{,}036$. Die Tragfläche ist $3{,}6$ vH der Rotorkreisfläche, also relativ klein.

Einfluß von Propeller. Während die starre Tragfläche den Rotor vom Auftrieb entlastet, jedoch ein höheres Vortriebsverhältnis $\Delta k_d/k_s$ erfordert, entlastet der Propeller den Rotor vom Vortrieb und erniedrigt daher $\Delta k_d/k_s$ bei gleichem Schubwert k_s/σ. Vom Standpunkt des Gütegrades ist der Propeller eine Verschlechterung. Nach Abb. 171 ist der Vortriebswirkungrad der Hubschraube – wenigstens unterhalb $\mu = 0{,}3 - 0{,}95$ und darüber. Ein Propeller wird immer einen schlechteren Wirkungsgrad haben (siehe Abb. 69). Solange es möglich ist, die gesamte verfügbare Leistung im Schnellflug in der Hubschraube unterzubringen, würde die Hinzufügung eines Propellers nur schädlich sein. Wenn dagegen, wie oben besprochen, im Schnellflug mehr Leistung verfügbar ist als ohne Abreißen der Strömung am rückgehenden Blatt verwendet werden kann, ist der Propeller ein geeignetes Mittel, um den Überschuß an Leistung aufzunehmen.

Beispiel: Es sei wieder $k_s/\sigma = 0,16$, $\sigma = 0,06$ und $\Delta k_d/k_s = 0,08$, so daß der Fortschrittsgrad wie oben auf $\mu = 0,22$ beschränkt ist. Leitet man einen Leistungsanteil entsprechend $\Delta k_u/k_s = 0,04$ in einen Propeller, so daß der Rotor nur noch die Hälfte der Vortriebsleistung zu verarbeiten hat, so erhöht sich nach Abb. 172 der Fortschrittsgrad, welcher bei voller Leistung ohne Abreißen der Strömung am Blatt erreicht werden kann, von $\mu = 0,22$ auf 0,30. Leitet man einen Leistungsanteil entsprechend $\Delta k_u/k_s = 0,08$ in den Propeller, so daß der Rotor keinen Vortrieb mehr zu erzeugen hat, so erhöht sich nach Abb. 172 der größte Fortschrittsgrad weiter auf 0,36. Obwohl an Gütegrad eingebüßt wird, sind infolge des Propellers wesentlich höhere Geschwindigkeiten möglich, ohne die Hubschraube aerodynamisch zu überlasten.

Hubschrauberflugleistungen. Die Rotorkennlinien und Vortriebswirkungsgrade der Abb. 171 und 172 erlauben, die Flugleistungen eines Hubschraubers mit rechteckigen Blättern, $-8°$ Verwindung und 0,06 Flächendichte zu ermitteln, wenn außerdem noch der schädliche Widerstand des Rumpfes usw. bekannt ist. Man muß zu diesem Zweck ein Schaubild entwickeln, ähnlich den Abb. 110 und 111 für Drachenflugzeuge. Wir wollen an Stelle der früher verwendeten dimensionslosen Geschwindigkeit $\bar{v} = \sqrt{1/c_a}$ den Fortschrittsgrad der Hubschraube μ benutzen. Weiter wollen wir an Stelle des Widerstandes W die äquivalente Tangentialkraft T_w an der Flügelspitze einführen, welche, mit der Umfangsgeschwindigkeit multipliziert, die gleiche Leistung ergibt wie Widerstand W, multipliziert mit der Fluggeschwindigkeit, so daß

$$T_W = \mu\, W.$$

Nach unserer Definition der Beiwerte ist

$$T_W/G = k_{dw}/k_s.$$

Wir haben zwei Anteile der zum Waagrechtflug erforderlichen Tangentialkraft T_w zu unterscheiden. Der erste Anteil rührt vom Rotor her und beträgt $T_R/G = \mu W/A$, wo A/W aus Abb. 171 zu entnehmen ist. Der zweite Anteil rührt vom schädlichen Widerstand her. Wenn wir mit c_{ws} den auf die Rotorkreisfläche und auf den Staudruck des Flugwindes bezogenen schädlichen Widerstandsbeiwert bezeichnen, so ist der Tangentialkraftanteil des schädlichen Widerstandes $T_S/G = \mu^3 c_{ws}/k_s$ (da allgemein nach den Ausführungen auf S. 328 $k_d = \mu^3 c_w$ ist). Zur Berechnung der aufzubringenden Rotorleistung muß dieser Wert noch durch den Vortriebswirkungsgrad nach Abb. 172 dividiert werden. Es ist daher insgesamt der Widerstandsanteil

$$T_W/G = \mu\, W/A + \mu^3\, c_{ws}/k_s\, \eta\,.$$

Diese Tangentialkraft ist erforderlich zur Aufrechterhaltung des Waagrechtfluges. Ist die gesamte vorhandene Tangentialkraft T, so steht $\eta\,(T - T_W)$ zum Steigen zur Verfügung. Die äquivalente Vortriebskraft ist $\eta\,(T - T_W)/\mu$, und die Steiggeschwindigkeit w ergibt sich nach Abb. 112 zu $w/v = \eta\,(T - T_W)/G\mu$. Wenn $T = T_W$ ist die maximale Waagrechtgeschwindigkeit erreicht. Aus einem Schaubild, in welchem die erforderliche Tangentialkraft T_W/G und die verfügbare Tangentialkraft T/G über dem Fortschrittsgrad μ aufgetragen ist, lassen sich genau wie früher für das Drachenflugzeug die größte Waagrechtgeschwindigkeit und die Steigleistungen bestimmen. Entwickelt man dieses Schaubild auch für verschiedene Höhen, so ergeben sich die Höhenleistung, Gipfelhöhe, Steigzeiten usw. genau wie früher für das Drachenflugzeug erörtert.

Beispiel: Es sei das Fluggewicht $G = 4250$ kg, der Rotordurchmesser sei 15 m, die Umfangsgeschwindigkeit 200 m/sek. Die Flächendichte sei 0,06, die rechteckigen Blätter seien $-8°$ verwunden, so daß Abb. 171 und 172 anwendbar sind. Es ergibt sich eine Rotorkreisfläche von $F = 177$ m², eine Kreisflächenbelastung von 24 kg/m², ein Schubwert in Meereshöhe von $k_s/\sigma = 0,16$. Im Schwebeflug erhält man für ideale Verwindung nach Abb. 166 $k_s/k_d = 15,5$. Bei $-8°$ Verwindung ist dieser Wert nach S. 317 zu 15,0 anzunehmen. Schädlicher Widerstand ist im Schweben nicht vorhanden, so daß man für $\mu = 0$ den Wert $T_W/G = k_d/k_s = 0,067$ erhält.

Der schädliche Widerstandsbeiwert sei $c_{ws} = 0,01$.

Für $\mu = 0,2$ ergibt sich dann z. B. $T_S/G = \mu^3 c_{ws}/k_s\eta = 0,0085$, da $k_s = 0,0096$ und $\eta = 0,97$ nach Abb. 172. Der Rotoranteil ist nach Abb. 171 $T_R/G = \mu\, W/A = 0,0300$, so daß sich für den Widerstandsteil insgesamt $T_W/G = 0,0385$ ergibt. In gleicher Weise wurden weitere Punkte berechnet und in Abb. 173 aufgetragen. Sowohl die Kurve für den Rotor allein wie auch die Gesamtwiderstandskurve sind gezeigt. Man erkennt, daß bis etwa $\mu = 0,12$ der schädliche Widerstand kaum eine Rolle spielt. Nehmen wir als gesamte verfügbare Tangentialkraft $T/G = 0{,}07$ an (800 PS), das ist etwas über der erforderlichen Schwebeleistung, so erhält man einen größten Fortschrittsgrad von 0,32. Die Grenzkurve $T/G_{max} - T_R/G = \varDelta\,k_d/k_s$ ist für $k_s/\sigma = 0{,}16$ aus Abb. 172 in Abb. 173 eingetragen. Sie schneidet eine kleine Ecke des Waagrechtflugbereiches ab. Will man Abreißen der Strömung am rückgehenden Blatt vermeiden, so muß man unter der Kurve T/G_{max} bleiben, also den Fortschrittsgrad auf 0,308 beschränken, was nur 0,89 der vollen Leistung entspricht. Die Höchstgeschwindigkeit ist dann 222 km/st.

Die größte Steigleistung erhält man bei etwa $\mu = 0{,}16$. Es ist hier $T/G - T_W/G = 0{,}034$. Mit dem Vortriebswirkungsgrad von 0,98 multipliziert ergibt sich hieraus $w/v = 0{,}033/0{,}16 = 0{,}208$ oder $w = 0{,}16 \cdot 200 \cdot 0{,}208 = 6{,}7$ m/sek Steiggeschwindigkeit. Es ist leicht, die der

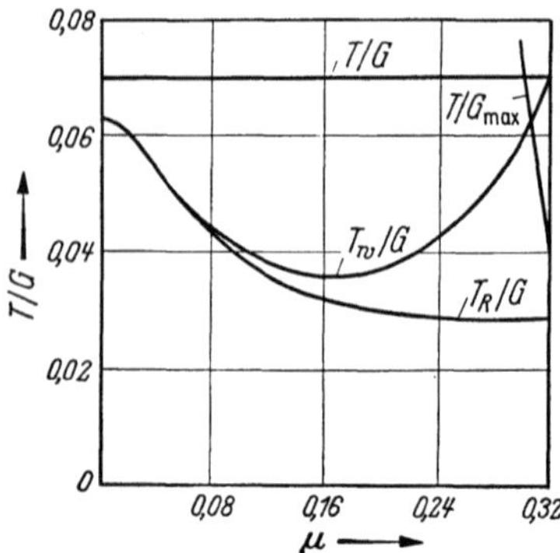

Abb. 173. Für Waagrechtflug erforderliche Tangentialkraft T_w und verfügbare Tangentialkraft T über Fortschrittsgrad μ, $k_s/\sigma = 0{,}16$

Abb. 173 entsprechenden Kurven auch für andere Höhen als Meereshöhe zu entwerfen, und es soll darauf hier nicht weiter eingegangen werden. Abb. 173 zeigt eine für Hubschrauber typische Eigenschaft: Ist genügend Leistung zum Schwebeflug vorhanden, so ergibt sich im Vorwärtsflug eine beträchtliche Steigleistung.

39. Blattbewegungen

Kegelwinkel. Bei der Übertragung der Schubkraft eines Hubschraubenblattes auf die Nabe spielt die Fliehkraft eine entscheidende Rolle. Am Stand, d.h. ohne Drehung des Rotors, beträgt die Durchbiegung des Blattes nach unten unter dem Eigengewicht meist mehr als die Durchbiegung nach oben im Fluge unter der 20mal größeren Schubkraft. Der Grund hierfür ist darin zu sehen, daß während der Drehbewegung die Fliehkraft bestrebt ist, das Blatt in horizontaler Lage zu halten, und daß sie dadurch eine versteifende Wirkung auf das Blatt ausübt. Bei der CIERVASCHEN Bauart, welche für einen großen Teil der heutigen Hubschrauber verwendet wird, sind die Blätter an die Nabe angelenkt, so daß sie innerhalb gewisser Grenzen frei auf- und abschlagen können. Unter der Belastung im Fluge nehmen die Blätter eine Auslenkung nach oben an, d.h. sie beschreiben beim Umlauf einen flachen Kegel.

Der Erhebungs- oder Kegelwinkel a_0 (siehe Abb. 174) kann leicht berechnet werden, wenn man annimmt, daß die Auftriebskräfte ΔA am Blatt ebenso verteilt sind wie die Zentrifugalkräfte ΔZ. Für ideale Verwindung der Blätter ergibt sich z. B. eine gleichmäßige Schubbelastung je Flächeneinheit der Rotorkreisfläche, d. h. die Auftriebskräfte sind linear über die Blattlänge verteilt. Dieser Fall ist in Abb. 175 dargestellt. Wenn man das Blatt in gleiche Längenelemente Δr unterteilt und die auf jedes Element wirkende Auftriebskraft in der Mitte des Elementes einträgt, liegen

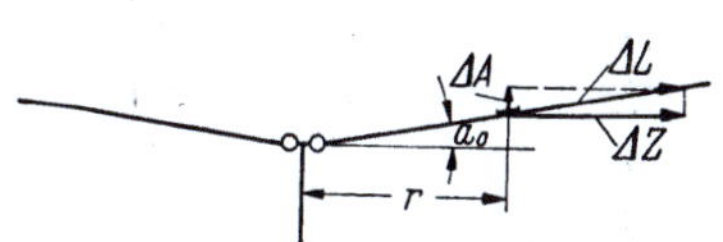

Abb. 174. Kräfte am angelenkten Blatt

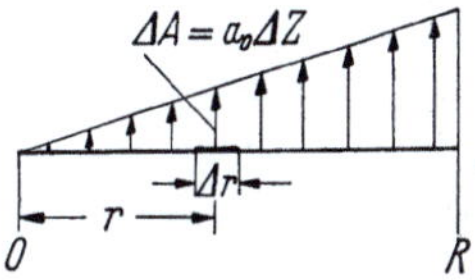

Abb. 175. Lineare Verteilung der Auftriebskräfte und der Zentrifugalkraftkomponenten

die Spitzen der Auftriebsvektoren auf einer Geraden durch die Rotormitte.

Bei gleichmäßiger Massenverteilung des Blattes über die Länge sind die Zentrifugalkräfte ebenfalls linear über den Radius verteilt. Wenn m die konstante Masse je Längeneinheit des Blattes ist und ω die Winkelgeschwindigkeit der Drehung, erhält man als Zentrifugalkraft des Massenelementes $\Delta r m$ die Größe $\Delta Z = \Delta r m r \omega^2$. Wir fassen jetzt entsprechend Abb. 174 die am Blattelement angreifende Zentrifugalkraft ΔZ und die am gleichen Element angreifende Auftriebskraft ΔA zu einer Resultierenden ΔL zusammen. Da sowohl ΔA wie auch ΔZ linear mit dem Abstand von der Rotormitte zunehmen, haben die Längskräfte ΔL für alle Blattelemente die gleiche Richtung, die durch den Kegelwinkel

$$\operatorname{tang} a_0 = a_0 = \Delta A / \Delta Z = A / Z$$

gegeben ist, wobei wegen der Kleinheit des Winkels a_0 dessen Tangens durch den Winkel in Bogenmaß ersetzt werden kann. Für ideale Blattverwindung und für gleichmäßige Massenverteilung des Blattes über die Länge ist also der Kegelwinkel in Bogenmaß gleich dem Verhältnis von Blattauftrieb zu Blattfliehkraft. Bei den üblichen Verwindungen von 8 bis 12° ist der Kegelwinkel a_0 etwas größer als bei idealer Verwindung. Die Größe des Kegelwinkels be-

trägt für praktische Ausführungen 3 bis 7°, wobei der untere Wert
für schwere Blätter insbesondere mit Düsen an der Blattspitze und
der obere Wert für leichtere Blätter bei mechanischem Antrieb gilt.

Bei manchen Rotorbauarten verwendet man Blätter, die untereinander steif verbunden sind, die jedoch als Ganzes um ein Zentral-
gelenk schwenken können. Trotz der steifen Verbindung zwischen
den Blättern ist meist genügend Biegeelastizität vorhanden, so daß
die Blätter auch hier im Fluge annähernd einen Kegel beschreiben,
dessen Erhebungswinkel a_0 ungefähr durch die obige Beziehung
ermittelt werden kann. Zur Entlastung der Blätter von Biege-
momenten werden sie in solchen Fällen schon von Haus aus unter
dem Kegelwinkel a_0 angeordnet, der sich bei Vorhandensein eines
Gelenkes im Fluge einstellen würde.

Blattschlagbewegung. Wir erwähnten bereits im vorhergehenden
Abschnitt, daß ein starrer tragender Rotor, wenn horizontal bewegt, ein starkes Rollmoment erzeugen würde, da das vorgehende
Blatt wesentlich höheren Auftrieb erzeugt als das rückgehende
Blatt. Bei Zweischraubenbauarten gleichen sich zwar die Rollmomente der gegenläufigen Schrauben gegenseitig aus, doch sind
dann die Blätter beim Umlauf großen Wechselbiegemomenten
unterworfen. Man vermeidet daher auch bei Zweischraubenbauweisen das Auftreten solcher Rollmomente. Die naheliegendste
Lösung besteht darin, dem Blatt durch einen geeigneten Mechanismus eine periodische Einstellwinkeländerung aufzuzwingen, bei
welcher das vorgehende Blatt einen geringeren, das rückgehende
Blatt einen größeren Einstellwinkel erhält. Eine derartige Anordnung wurde seinerzeit von RIESELER in Deutschland und von WIL-
FORD in den Vereinigten Staaten versucht, hat sich jedoch nicht
durchgesetzt. Heute verwendet man durchweg die CIERVAsche
Lösung, bei welcher infolge von geeigneten Gelenken die Übertragung von Rollmomenten auf den Rumpf vermieden wird. Die
Blätter sind dabei entweder individuell an die Nabe angelenkt,
oder sie sind untereinander steif verbunden und durch ein Zentral-
gelenk an die Rotorwelle angeschlossen. In beiden Fällen können
Rollmomente nicht auf den Rumpf übertragen werden.
Um die Wirkungsweise der tragenden Rotoren mit angelenkten
Blättern zu verstehen, wollen wir zunächst annehmen, daß die
Blatteinstellwinkel gegenüber einer Ebene senkrecht zur Rotor-
achse während des Umlaufs unverändert sind und daß die Blätter

eine periodische Schlagbewegung ausführen, wobei vorne der größte Ausschlag a_1 nach oben, hinten der größte Ausschlag $-a_1$ nach unten erreicht wird. Eine solche Schlagbewegung ist gleichbedeutend mit dem Umlauf der Blätter in einer Ebene, welche um den Winkel a_1 nach hinten gegen die Normalebene zur Rotorachse

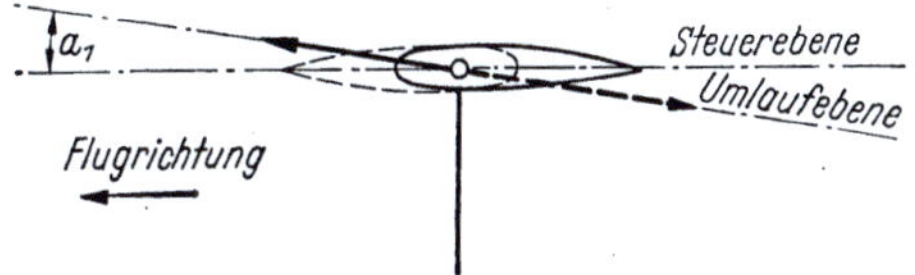

Abb. 176. Steuerebene und Umlaufebene

geneigt ist. In Abb. 176 ist eine Seitenansicht auf das vorgehende Blatt gezeigt. Das rückgehende Blatt ist gestrichelt eingetragen. Man erkennt, daß infolge der aufsteigenden Bewegung des vorgehenden Blattes dessen Anstellwinkel gegen die Relativströmung verringert wird, während infolge der absteigenden Bewegung des rückgehenden Blattes dessen Anstellwinkel gegen die Relativströmung vergrößert ist. Wir erhalten also am vorgehenden Blatt Abtrieb, am rückgehenden Blatt Auftrieb, d.h. ein Rollmoment, welches das im Vorwärtsflug am starren Blatt auftretende Rollmoment auszugleichen in der Lage ist.

Wenn man die Blätter frei schlagen läßt, beschreiben sie im Vorwärtsflug eine Umlaufebene, welche um einen solchen Winkel a_1 gegen die Steuerebene nach hinten geneigt ist, daß das Rollmoment der Blätter verschwindet. In bezug auf die Umlaufebene – genauer Umlaufkegel – haben wir eine periodische Einstellwinkeländerung der Blätter. Sie hat automatisch immer den richtigen Wert, der erforderlich ist, um das Rollmoment zum Verschwinden zu bringen.

Abb. 177 zeigt das Ergebnis einer beim NACA durchgeführten Rechnung für einen Rotor mit rechteckigen Blättern und mit $-8°$ Verwindung[1]. Der Rückneigungswinkel a_1 gegen die Steuerebene steigt mit dem Schubwert k_s/σ, mit dem Fortschrittsgrad μ und mit dem mittleren Blattwinkel in 0,75 Radius Θ. Es sind wieder die Grenzlinien für $12°$ Anstellwinkel am rückgehenden Blatt eingetragen. Für übliche Werte von $k_s/\sigma = 0{,}16$, $\mu = 0{,}3$ und $\Theta = 10°$ erhält man Rückneigungswinkel a_1 von etwa $6°$.

---

[1] Tapscott, R. J. u. A. Gessow: NACA T. N. 3616, März 1956.

22*

Neben der Schlagbewegung, welche mit einer Rückneigung des Umlaufkegels gegen die Steuerebene identisch ist, treten noch andere Schlagbewegungen auf, die einer Seitenneigung des Umlauf-

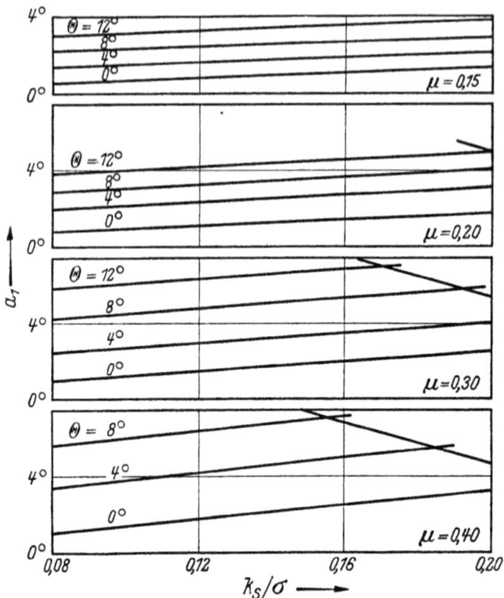

Abb. 177. Rückneigung a_1 der Umlaufebene gegen die Steuerebene über Schubwert k_s/σ für verschiedene Blattwinkel Θ in 0,75 R und für verschiedene Fortschrittsgrade μ

kegels entsprechen. Sie sind im allgemeinen wesentlich kleiner als a_1. Auf ihre Berechnung wie auch auf die Ermittlung der mit doppelter und dreifacher Drehzahl erfolgenden kleinen Schlagschwingungen kann hier nicht eingegangen werden.

Blattschwenkbewegung. Außer dem Schlaggelenk, welches eine vertikale Blattbewegung erlaubt, verwendete CIERVA nach anfänglichen Mißerfolgen mit tangential starr angeschlossenen Blättern auch ein Schwenkgelenk für jedes Blatt, welches eine freie Schwingungsbewegung der Blätter in der Umlaufebene gestattet. Die Notwendigkeit von Schwenkgelenken kann man sich an Hand von Abb. 178 klarmachen. Hier ist eine Seitenansicht des geneigten Umlaufkegels gezeichnet. Es sei OA die vordere Lage des Blattes, OD die hintere Lage. Wird die Rotorwelle um 90° gedreht, so müßte sich die Blattspitze von A nach C bzw. von D nach C

bewegen, um einen gleichmäßigen Umlauf des Blattes zu erreichen.
Wenn kein Schwenkgelenk vorhanden ist, bewegt sich jedoch die
vordere Blattspitze von A nach B, die hintere von D nach B. Die
Blätter laufen dadurch ungleichmäßig um und erzeugen Lauf-
unruhe und tangentiale Biegemomente. Die Schwenkgelenke tragen dadurch, daß sie eine Bewegung der Blätter von OB nach OC
erlauben, wesentlich zur Laufruhe des Rotors bei. Abb. 178 läßt
im übrigen auch erkennen, daß ein Rotor mit einem zentralen

Gelenk, um welches die
Nabe schwenken kann,
keine Schwenkgelenke für
die einzelnen Blätter be-
nötigt.

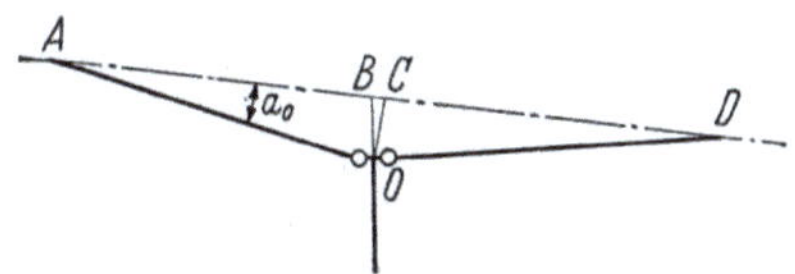

Abb. 178. Schwenkbewegung infolge
Neigung des Umlaufkegels

Da die Schwenkbewe-
gung proportional dem
Kegelwinkel a_0 ist, kann man bei schweren Blättern manchmal ohne
Schwenkgelenk auskommen, besonders dann, wenn es gelingt, auch
die Neigung des Umlaufkegels klein zu halten. Konstruktionen ohne
Schwenkgelenk und ohne zentrales Gelenk erfordern Blätter mit
großer Biegeelastizität in tangentialer Richtung. Einen Sonderfall
bildet der zweiblättrige See-Saw-Rotor mit starrer Verbindung der
beiden Blätter. Ein solcher Rotor erfordert als Ersatz für die
Schwenkgelenke eine in horizontaler Richtung elastische Lagerung
der Nabe. Auf die kritischen Schwingungszustände der tragenden
Rotoren, bei denen die Schwenkbewe-
gung maßgeblich beteiligt ist, werden
wir weiter unten etwas eingehen.

Simultane Blattverstellung. Die vertikale Steuerung eines Hubschraubers
durch Veränderung des Schraubenschu-
bes erfolgt mit Hilfe der simultanen
Blattverstellung. Abb. 179 zeigt eine
schematische Darstellung des hierzu
verwendeten Mechanismus. Ein Blatt
ist im Querschnitt dargestellt. Sein
Einstellwinkel wird durch eine verti-

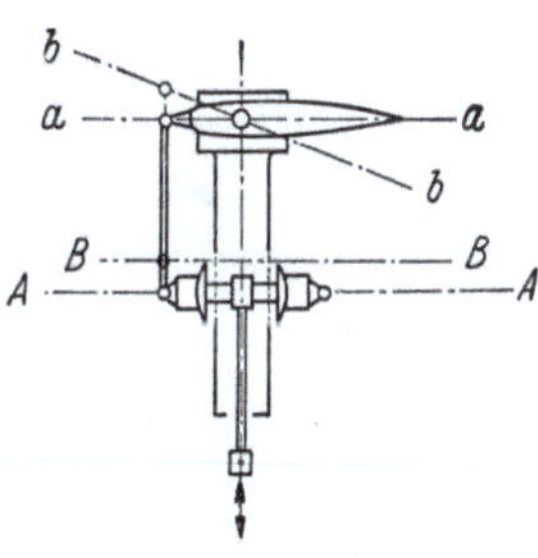

Abb. 179. Mechanismus für
simultane Blattverstellung

kale Stoßstange geregelt. Die unteren Enden der Stoßstangen
für die verschiedenen Blätter des Rotors sind in einem vertikal
beweglichen Steuerelement befestigt. Eine Verschiebung dieses

Steuerelementes aus der Lage $A-A$ in die Lage $B-B$ verursacht eine Vergrößerung des Blattwinkels, wobei die Sehne des Blattprofiles sich von der Stellung $a-a$ in die Stellung $b-b$ verschiebt.

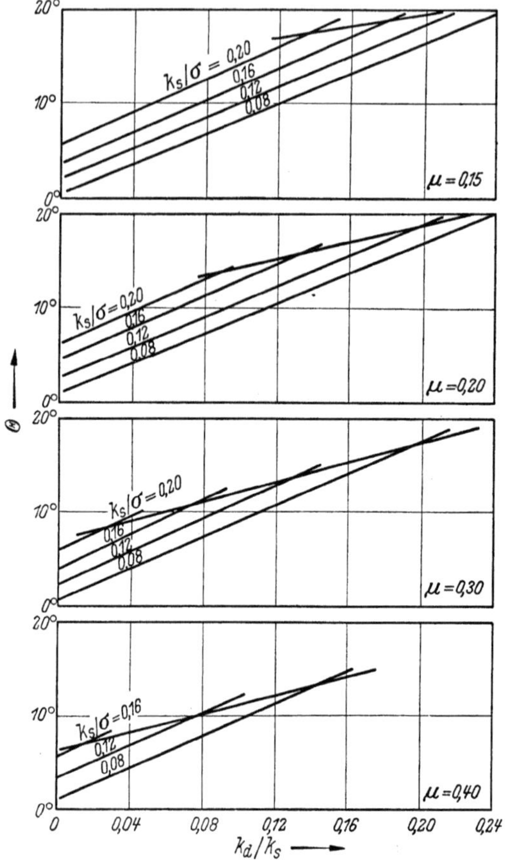

Abb. 180. Blattwinkel Θ in 0,75 R für Rechteckblatt mit $-8°$ Verwindung

Abb. 180 zeigt für den schon mehrfach zugrunde gelegten Rotor mit rechteckigen Blättern und $-8°$ Verwindung die Abhängigkeit des Blattwinkels Θ in 0,75 Radius vom Schubwert k_s/σ, vom Fortschrittsgrad μ und vom Drehwert zum Schubwertverhältnis k_d/k_s. Eine Vergrößerung des Schubwertes oder eine Vergrößerung der Schraubenleistung bei gleichem Schubwert erfordert einen größeren Blatteinstellwinkel Θ. Bei gleichem k_s/σ und bei gleichem k_d/k_s steigt Θ auch etwas mit dem Fortschrittsgrad μ. Es sind wieder die Grenzen für 12° Anstellwinkel an der Spitze des vorhergehenden Blattes (Abreißgrenze) eingetragen. Abb. 180 beruht auf den früher erwähnten Rechnungen des NACA[1].

Im allgemeinen will man im Fluge die Rotordrehzahl konstant halten, man will also mit konstantem Schubwert k_s/σ fliegen. Abb. 180 läßt erkennen, daß bei konstantem Schubwert k_s/σ die Blattwinkel sich proportional zu k_d/k_s erhöhen, und zwar ist die Zunahme je Einheit der Größe k_d/k_s – das ist die Steigung der Kurve – nahezu unabhängig vom Fortschrittsgrad. Man verwendet daher vielfach mit Erfolg eine Kopplung zwischen Motorleistung und Blattwinkel so, daß für steigende Blattwinkel die Leistungszufuhr erhöht wird, entsprechend den in Abb. 180 dargestellten Verhältnissen. Der Steuerhebel für die Blattverstellung ist links vom Führersitz angeordnet, wobei ein Heraufziehen des Handgriffes dieses Hebels die Blattwinkel erhöht, ein Herabdrücken des Handgriffes die Blattwinkel erniedrigt. Die Leistungsdrossel ist ebenfalls an den Handhebel angeschlossen, so daß ein Heraufziehen die Leistung vergrößert. Neben dieser Synchronisierung von Blattverstellung und Leistungsverstellung gibt es noch eine Leistungsfeinregelung, die meistens durch Drehen des Handgriffes vom Blattverstellhebel bewirkt wird.

Bei einer guten Synchronisierung von Blattverstellung und Leistungsverstellung ist es für den Piloten nicht schwierig, die Rotordrehzahl im Fluge unter den verschiedensten Bedingungen konstant zu halten. Um den Piloten völlig von der Aufgabe der Drehzahlregelung zu entlasten, hat man auch – besonders bei Turbinentriebwerken – eine automatische Drehzahlregelung für das Triebwerk eingebaut. Der Pilot betätigt in diesem Falle lediglich den Blattverstellhebel, und die automatische Leistungsregelung sorgt dafür, daß gerade die erforderliche Leistung zur Einhaltung der Rotordrehzahl bereitgestellt wird.

Im Falle eines Triebwerksausfalles versagt die Drehzahlregelung. Wie aus Abb. 180 hervorgeht, muß nach Ausfall des Triebwerks – also für $k_d/k_s = 0$ – der Blattwinkel verringert werden, um die Drehzahl – d.h. um k_s/σ – konstant zu halten. Für $k_s/\sigma = 0{,}16$ ist

---

[1] Gessow, A. u. R. J. Tapscott: NACA T. N. 3323, Jan. 1955.

z. B. ohne Leistungszufuhr $\Theta = 5$ bis $6°$ gegenüber $10°$ oder mehr bei voller Leistung.

Ein für den Hubschrauberflug sehr wichtiger Umstand muß hier noch erwähnt werden. Autorotation nach Ausfall des Motors ist grundsätzlich nur unterhalb eines gewissen Blattwinkels möglich, der für unseren Rotor bei etwa $8°$ liegt. Bei höheren Blattwinkeln bleibt der Rotor stehen, wenn die Leistungszufuhr aufhört. Die Flugfähigkeit des Hubschraubers nach Motorausfall hängt also davon ab, daß der Pilot rechtzeitig – spätestens wenige Sekunden nach Ausfall der Motorleistung – den Blattwinkel unter den kritischen Wert erniedrigt. Die deutschen, von FOCKE und von FLETTNER entwickelten Hubschrauber hatten eine automatische Blattwinkelregelung, welche im Falle eines Motorausfalles den Blattwinkel erniedrigten, ohne daß der Pilot einzugreifen brauchte. Man steht jedoch heute auf dem Standpunkt, daß der Eingriff eines Automaten in die primäre Steuerung unerwünscht ist und daß die Simultanverstellung jederzeit unter der vollen Kontrolle des Führers stehen soll, es sei denn, daß die gesamte Hubschraubersteuerung einem Autopiloten anvertraut wird. Es ist jedoch anzunehmen, daß man auf die Dauer nicht auf eine so elementare Sicherheitsmaßnahme wird verzichten können.

Zyklische Blattverstellung. Die ersten Drehflügelflugzeuge von CIERVA wurden, wie Drachenflugzeuge, mit Hilfe von Höhenrudern, Seitenrudern und Querrudern gesteuert. Anfang der dreißiger Jahre flog das erste Autogiroflugzeug, welches keine dieser drei Steuerarten hatte, sondern ausschließlich vom Rotor gesteuert wurde, und zwar erfolgte die Rotorsteuerung durch Neigen der Rotornabe, einschließlich der Rotorwelle. Diese Methode bewährte sich gut für Tragschraubenflugzeuge ohne Rotorantrieb. Wenn jedoch ein Drehmoment in den Rotor eingeleitet wird, ist es unzweckmäßig die Nabe zwangsmäßig zu steuern, da dann erhebliche Steuerkräfte auftreten. Für Hubschrauber wird daher allgemein die zyklische Blattverstellung verwendet, um den Umlaufkegel nach vorne und hinten oder nach der Seite zu neigen.

Abb. 181 ist eine schematische Darstellung einer zyklischen Blattverstellung. Die Anordnung ist die gleiche wie in Abb. 179. Das Steuerelement, an welchem die vertikalen Stoßstangen angreifen, kann nicht nur zum Zweck der Simultanverstellung der Blätter auf und ab bewegt werden, wie in Abb. 179 gezeigt, sondern dieses

Element kann auch seitlich geneigt werden. Bringt man diesen sog. Richtungsweiser aus der Lage $A-A$ in die geneigte Lage $B-B$, so wird die vertikale Stoßstange jedes Blattes beim Umlauf zyklich auf und ab bewegt. In der in Abb. 181 gezeigten Stellung des Blattes verändert sich seine Lage von $a-a$ nach $b-b$. Während des Umlaufes bleibt die Sehne des Blattprofils parallel zum Richtungsweiser. Die Ebene des Richtungsweisers ist die Steuerebene, in bezug auf welche sich der Blattwinkel während des Umlaufes nicht verändert.

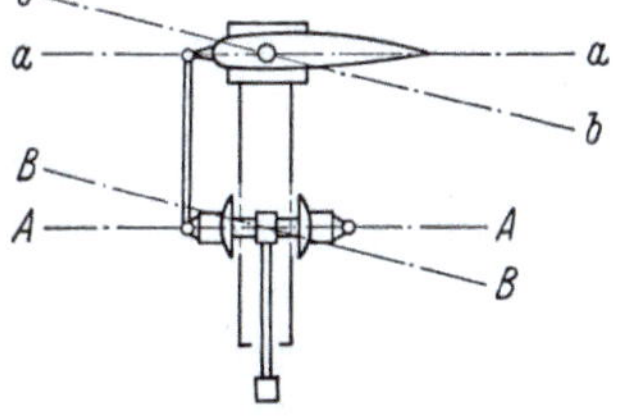

Abb. 181. Mechanismus für zyklische Blattverstellung

Im Schwebeflug ist die Umlaufebene immer parallel zur Steuerebene. Wird eine plötzliche Neigung des Richtungsweisers vorgenommen, so entsteht vorübergehend in der Umlaufebene eine zyklische Anstellwinkelveränderung der Blätter. Die Luftkräfte am Blatt bewirken jedoch eine rasche Überführung der Bewegung in die Umlaufebene parallel zum Richtungsweiser, da nur bei einem solchen Umlauf keine periodischen Luftkräfte am Blatt auftreten. Im Vorwärtsflug ist die Umlaufebene um den Winkel a_1 nach Abb. 177 gegen die Richtungsweiserebene nach rückwärts geneigt. Führt man im Vorwärtsflug eine Rückneigung des Richtungsweisers ein, so erfolgt eine Rückneigung der Umlaufebene um einen etwas größeren Betrag. Infolge der Rückneigung des Rotors erhöht sich der Schubwert k_s/σ, und damit nach Abb. 177 auch der Winkel a_1. Im Vorwärtsflug ist daher die Steuerwirkung in Richtung „Ziehen" etwas größer als in Richtung „Drücken". Es sei noch einmal darauf hingewiesen, daß die Neigung der Umlaufebene infolge zyklischer Blattwinkeländerung nur durch Anlenkung der Blätter ermöglicht wird. Wäre das Blatt starr an die Nabe angeschlossen, so würde eine zyklische Anstellwinkeländerung große Längs- oder Rollmomente, jedoch keine Neigung der Umlaufebene bewirken können.

Die Steuerkräfte in der zyklischen Blattverstellung können relativ gering gehalten werden, wenn ein druckpunktfestes Blattprofil verwendet wird und wenn die Blattschwerpunktslage nahe dem aerodynamischen Mittelpunkt gewählt wird. Die zyklische Blattsteuerung kann als aerodynamische Servosteuerung ange-

sehen werden, da mit geringen Blattverstellkräften die Umlaufebene des ganzen Rotors verschwenkt wird. Die Nachfolgezeit der
Servosteuerung, d. h. die Zeit zwischen einer plötzlichen Verstellung
des Richtungsweisers und dem vollzogenen Übergang in die neue
Umlaufebene der Blätter, ist sehr gering und beträgt weniger als
die Zeit einer Rotorumdrehung. Der Grund, warum viele Hubschrauber weniger rasch auf Steuerausschläge ansprechen als
Drachenflugzeuge, ist nicht, wie manchmal irrtümlich angenommen
wird, die Trägheit des Rotors im Nachfolgen der Richtungsweiser-
ausschläge, sondern vielmehr die relative Kleinheit des auf den
Rumpf ausgeübten Steuermomentes im Verhältnis zum Trägheitsmoment des Rumpfes. Wir werden diese Verhältnisse sogleich noch
etwas näher erörtern. Hier wollen wir festhalten, daß die Umlaufebene des Rotors mit zyklischer Blattverstellung und mit angelenkten Blättern (oder mit frei schwenkbarer Nabe) in einem
Bruchteil einer Sekunde dem Steuerausschlag folgt.

40. Hubschraubersteuerung, Stabilität, Schwingungen

Steuerung der Hubschrauber. Das Steuermoment um den Flugzeugschwerpunkt, welches bei Neigung der Hubschraube entsteht,
können wir an Hand von Abb. 182 leicht ermitteln. Wenn S der
Rotorschub ist, β seine Neigung
gegen die Symmetrieachse und h
der vertikale Abstand des Rotors
vom Flugzeugschwerpunkt, ist

$$M = S\,h \sin \beta = S\,h\,\beta$$

das Moment auf den Hubschrau-
berrumpf, wobei wegen der
Kleinheit von β der Sinus durch
den Winkel in Bogenmaß ersetzt

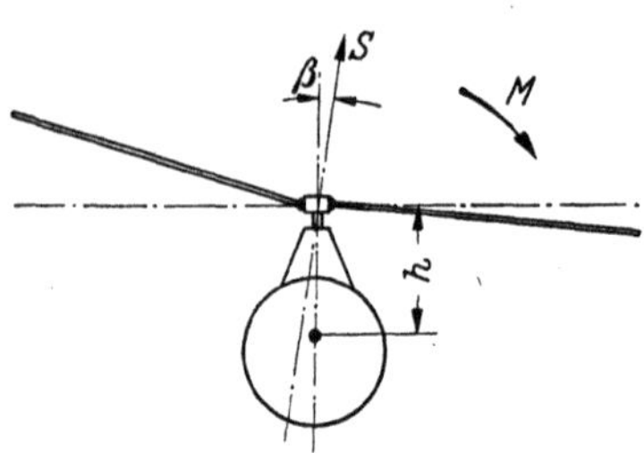

Abb. 182. Steuermoment durch Rotorneigung

werden kann. Sind die Blätter im Abstand e von der Rotorachse
angelenkt (siehe Abb. 183), so erhöht sich dieses Moment um einen
Anteil, der proportional zu e und proportional zur Fliehkraft des
Blattes ist. Man kann dann mit einem effektiven Schwerpunktsabstand h' rechnen, der bei üblichen Gelenkabständen e und bei
üblichen Blattgewichten etwa 20 vH größer ist als h. Die zulässigen
Neigungswinkel β hängen von der Konstruktion des Hubschrau-

bers, insbesondere der Rotornabe ab. Die größten verfügbaren Neigungswinkel sind im allgemeinen 7 bis 10°. Darüber hinaus bietet eine wesentliche Vergrößerung des Neigungswinkels erhebliche konstruktive Schwierigkeiten.

Das mit Rotorneigung erzielbare Steuermoment auf das Flugzeug ist angenähert unabhängig von der Fluggeschwindigkeit, abgesehen von dem Einfluß von a_1 nach Abb. 177, den wir bereits erwähnten, und der im Vorwärtsflug das Längsmoment auf den Hubschrauber in Richtung Ziehen vergrößert, in Richtung Drücken verkleinert.

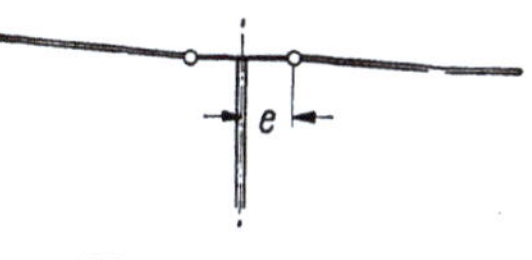

Abb. 183. Abstand e der Schlaggelenke

Die Quersteuerung eines Einschraubers ist meist recht empfindlich, da der Hubschrauber nur ein geringes Trägheitsmoment um die Längsachse besitzt und daher sofort auf eine Seitenneigung der Hubschraube anspricht. Die Längssteuerung eines Einschraubers ist meist etwas träge, da das Trägheitsmoment des Rumpfes um die Querachse infolge des langen Auslegers für die Schwanzschraube groß ist. Es verzögert sich dadurch nicht nur die Reaktion des Hubschraubers auf einen Längssteueranschlag, sondern es besteht auch die Tendenz zum Übersteuern, d. h. mehr Neigungsänderung des Rumpfes zu erhalten als angestrebt. Das Steuern des Hubschraubers erfordert Übung und ist weniger leicht zu lernen als das Steuern eines Drachenflugzeuges.

Die Seitensteuerung des Einschraubers mit Hilfe der Schwanzschraube ist dadurch erschwert, daß bei Blattwinkeländerungen der tragenden Schraube oder bei Leistungsänderungen dieser Schraube sich auch das Drehmoment verändert, das vom Schwanzrotor ausgeglichen werden muß. Man hilft sich hier dadurch, daß die Blattverstellung der Schwanzschraube mit der Blattverstellung der tragenden Schraube verbunden wird, doch bleiben meist noch Resteinflüsse bestehen, die vom Piloten ausgeglichen werden müssen.

Während beim Einschrauber die Längs- und Quersteuerung durch Neigen des Hauptrotors erfolgen und die Seitensteuerung durch den Schwanzrotor bewirkt wird, werden bei Zweischraubern die Steuermomente um alle drei Achsen von den tragenden Rotoren erzeugt. Zum Beispiel verwendet man bei dem Tandemhubschrauber differentielle Seitenneigung der beiden Rotoren nach

Abb. 184 zum Zwecke der Seitensteuerung. Quersteuerung wird durch simultane Seitenneigung der beiden Rotoren hervorgebracht und für die Längssteuerung benutzt man differentielle Schubände-

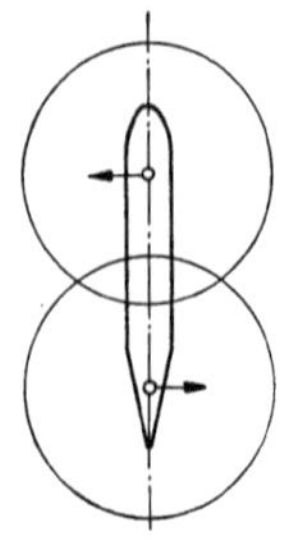

Abb. 184
Seitensteuerung des
Tandemhubschraubers

rung der beiden Schrauben, d.h. beim Ziehen wird der Schub des vorderen Rotors erhöht, derjenige des hinteren Rotors erniedrigt. Man erhält hierdurch ein wesentlich kräftigeres Steuermoment als beim Einschrauber, doch bedeutet das nicht, daß der Tandemhubschrauber leichter zu fliegen ist. Die hintere Schraube ist auch dann, wenn sie höher angeordnet ist als die vordere (siehe Abb. 160 c), vom Strömungsfeld der vorderen Schraube betroffen, und es entstehen dadurch instabilisierende Momente. Außerdem treten unerwünschte Kopplungseffekte zwischen den drei Steuerungen auf, die hier nur erwähnt werden können, ohne ihre Einzelheiten zu besprechen.

Bei koaxialen Hubschrubern (Abb. 160 d) und bei Anordnungen mit kleinem seitlichen Nabenabstand (Abb. 160 e) wird die Seitensteuerung durch differentielle Schubänderung der beiden Schrauben gewonnen. Die Schubänderungen gleichen sich dabei angenähert aus, doch addieren sich wegen der Gegenläufigkeit der Schrauben die damit verbundenen Drehmomentenänderungen. Höhen- und Quersteuerung erfolgt bei diesen Bauarten genau wie beim Einschrauber durch Neigung der Rotoren.

Stabilität der Hubschrauber. Wir wollen hier lediglich die Frage der Längsstabilität des Hubschraubers kurz erörtern. Beim Drachenflugzeug liegt Längsstabilität vor, wenn eine Erhöhung des Anstellwinkels ein kopflastiges Moment erzeugt. Da eine Verlangsamung der Fluggeschwindigkeit beim Drachenflugzeug mit einer Erhöhung des Anstellwinkels verbunden ist, muß man beim Ziehen mit dem Höhenruder ein schwanzlastiges Moment hervorbringen, um damit das kopflastige stabilisierende Moment aus der Anstellwinkelerhöhung auszugleichen. Ein Maß für die Stabilität eines Drachenflugzeuges ist der Betrag, um den man den Knüppel ziehen muß, um die Fluggeschwindigkeit um eine Einheit zu verringern.

Beim Hubschrauber ist der Anstellwinkel des Rumpfes ohne Bedeutung. Besitzt der Rumpf eine Trimmvorrichtung, so kann man bei jeder Fluggeschwindigkeit die Fluglage, d.h. den Anstell-

winkel des Rumpfes beliebig verändern. Der Anstellwinkel nimmt
auch nicht notwendigerweise mit der Fluggeschwindigkeit ab, obwohl meistens hohe Fluggeschwindigkeiten des Hubschraubers mit
Vorneigung des Rumpfes verbunden sind. In einem weiten Flugbereich von 0 bis zur Reisefluggeschwindigkeit ist jedoch im allgemeinen die Abhängigkeit des Anstellwinkels von der Fluggeschwindigkeit sehr gering. Dagegen findet nach Abb. 177 mit wachsendem
Fortschrittsgrad, also mit zunehmender Fluggeschwindigkeit eine
wachsende Rückneigung a_1 des Rotors in bezug auf die Steuerebene statt. Um diese Rückneigung auszugleichen, muß die Steuerebene mit wachsender Fluggeschwindigkeit mehr und mehr vorgeneigt werden. Dies bedeutet, daß der Steuerknüppel bei höheren
Fluggeschwindigkeiten weiter vorne steht als bei geringeren Fluggeschwindigkeiten. Da Hubschrauber diese Eigenschaft mit einem
stabilen Drachenflugzeug gemeinsam haben, sagt man, daß auch
der Hubschrauber Stabilität besitze. Es ist jedoch eine ganz andere
Art Stabilität als diejenige des Drachenflugzeuges. Das Längsmoment wird nicht durch Lageänderungen bei konstanter Geschwindigkeit hervorgerufen wie bei Drachenflugzeugen, sondern
durch Geschwindigkeitsänderungen bei konstanter Fluglage. Man
muß beim Hubschrauber zwischen Lagestabilität und Geschwin-
digkeitsstabilität unterscheiden. Der Hubschrauber hat im allgemeinen keine Lagestabilität – er ist sogar meist instabil in bezug
auf Lageänderungen –, dagegen besitzt der Hubschrauber Ge-
schwindigkeitsstabilität, d. h. es entsteht bei Erhöhung der Fluggeschwindigkeit ein schwanzlastiges Moment.

Um trotz des Fehlens von Lagestabilität erträgliche Flugeigenschaften zu erhalten, ist Dämpfung der Längsbewegung erforderlich. Dämpfung ist dadurch definiert, daß z. B. bei einer Drehung
des Hubschraubers um die Querachse im Sinne einer Vorneigung
ein schwanzlastiges Moment auftritt, welches proportional zur
Drehungsgeschwindigkeit ist. Ein Rotor mit angelenkten Blättern
hat eine beträchtliche Dämpfung. Der Mechanismus der Dämp-
fungserzeugung ist folgender: Bei der Drehung um die Flugzeug-
querachse im Sinne einer Vorneigung werden proportional zur
Drehgeschwindigkeit Kreiselkräfte an den Blättern im Sinne einer
Drehung um die Flugzeuglängsachse geweckt. Das vorgehende
Blatt wird durch die Kreiselkräfte gehoben, das rückführende gesenkt. Dadurch nimmt die Umlaufebene eine gegen die Steuerebene

nach hinten geneigte Lage an, so daß auf das Flugzeug ein schwanzlastiges Moment wirkt, welches proportional zur Drehgeschwindigkeit um die Querachse ist. Je schwerer die Blätter, desto größer ist
die Dämpfung. Die gleiche Dämpfung tritt natürlich auch bei Rollbewegungen um die Längsachse auf.

Dämpfung ist in gewisser Beziehung ein Ersatz für Lagestabilität. Man kann dies ungefähr so erklären, daß bei Vorhandensein
von genügend Dämpfung eine Lagestörung auch bei Instabilität
der Lage nur langsam zunehmen kann, so daß dadurch Zeit gewonnen wird für eine Fluggeschwindigkeitsänderung, welche beim
Hubschrauber meist stabilisierend wirkt.

Hubschrauberschwingungen. Infolge der großen tragenden
Schrauben mit ihren elastischen Blättern werden im Hubschrauber
Schwingungen erheblicher Amplitude erzeugt, die von den Insassen
als störend empfunden werden. Statt der Schwingungsamplitude
gibt man meist die Schwingungsbeschleunigung an, welche proportional der Amplitude und außerdem proportional dem Quadrat der
Schwingungsfrequenz ist. In den Bauvorschriften für Hubschrauber ist z. B. angegeben, daß die Schwingungsbeschleunigung für
jede Schwingungsfrequenz nicht über $\pm 0,1\,g$ sein soll – g ist die
Erdbeschleunigung. Die meisten Hubschrauber zeigen jedoch
größere Schwingungen, zum mindesten an den Schwingungsbäuchen der Rumpfschwingung. Die
Grundschwingung eines langgestreckten Rumpfes sieht z. B. aus
wie in Abb. 185 gezeigt. Der Führersitz ist in der Nase und schwingt

Abb. 185. Grundschwingungsform
eines Rumpfes

stärker als die weiter hinten gelegenen Teile der Kabine. Während die Schwingungen in der Kabine erträglich sein können,
empfindet der Flugzeugführer, der ganz vorne sitzt, unter Umständen die Schwingungen der gleichen Schwingungsform als außerordentlich störend.

Man unterscheidet zwei Arten von Schwingungen, die meist gemeinsam auftreten. Die erste Art ist grundsätzlicher Natur und
entsteht auch bei völlig ausgewuchtetem Rotor. Die Frequenzen
dieser Schwingung sind gleich der Rotordrehzahl mal der Blattzahl
je Rotor. Jeder Rotor überträgt auf den Rumpf eine erhebliche
Schwingungserregung mit dieser Frequenz, und es ist die Aufgabe
der dynamischen Konstruktion des Rumpfes, dessen Steifigkeit und

Massenverteilung so anzuordnen, daß keine Resonanz einer Rumpfeigenschwingung mit der Rotorerregung auftreten kann (siehe Abb. 146). Die Vermeidung einer solchen Resonanz ist meist recht schwierig, da der Rumpf vieler Eigenschwingungsfrequenzen fähig ist und keine von ihnen mit der Erregerfrequenz zusammenfallen darf. In manchen Fällen mußte man einen neuen Rotor mit einer anderen Blattzahl entwickeln, um Resonanzschwingungen zu vermeiden, z.B. von einem dreiblättrigen Rotor zu einem vierblättrigen Rotor übergehen. Das Wesentliche dieser Art Schwingung ist, daß sie von den dynamischen Konstruktionsparametern abhängt und daher nur durch drastische Konstruktionsänderungen behoben werden kann, wenn ein Hubschraubermuster von ihr betroffen ist.

Man hat gelegentlich versucht, die Schwingungsübertragung vom Rotor auf den Rumpf durch eine elastische Lagerung des Rotors im Rumpf zu verringern. Während in manchen Fällen eine derartige Bauart erfolgreich war, kann man sehr leicht durch Einbau einer zusätzlichen Elastizität die Schwingungsverhältnisse ungünstig beeinflussen. Das schwingende System wird dadurch noch komplizierter und hat noch eine größere Zahl von Eigenschwingungsfrequenzen als bei starrem Einbau des Rotors, so daß unter Umständen zwar die eine Schwingungserregung mit der Frequenz Blattzahl mal Rotordrehzahl gemildert wird, dafür aber die Unwuchtschwingungserregung, von der wir gleich sprechen werden, erhöht wird.

Die zweite Art von Schwingungen rührt daher, daß selbst bei sorgfältiger Herstellung es nie gelingt, alle Blätter eines Rotors genau gleich zu machen. Kleine Abweichungen im Profil erzeugen einen ungleichen Widerstand der Blätter. Abweichungen in der Biegesteifigkeit der Blätter erzeugen ungleiche Eigenfrequenzen der Blätter und damit ungleiche schwingende Ausschläge. Ungleiche Gewichte der Blätter haben denselben Effekt, überdies entsteht eine Massenunwucht. Ungleiche Einstellwinkel der Blätter verursachen ungleiche Auftriebe und verschiedene Widerstände. Alle diese Ursachen wirken zusammen, um eine mit dem Rotor umlaufende Kraft zu erzeugen, welche Schwingungen am Rumpf erzeugt, deren Frequenz gleich der Drehzahl ist. Besonders bei Rotoren mit Schwenkgelenken ist es sehr schwer, die Unwuchtschwingungen klein zu halten, da das Schwenkgelenk eine außen am

Blatt angreifende Störkraft stark vergrößert. Abb. 186 zeigt ein Blatt mit Schwenkgelenk im Abstand e von der Drehachse, an welchem im Radius r eine Störkraft P angreift. Das Blatt wird in Richtung der Kraft ausgelenkt. Aus Gründen des Momentengleichgewichts um die Drehachse muß die am Gelenk übertragene Kraft Pr/e sein. Wegen des Schwenkgelenkes ist nämlich das auf die Nabe übertragene Drehmoment gleich der Tangentialkraft am Schwenkgelenk mal dem Gelenkabstand, und dieses Drehmoment ist auch

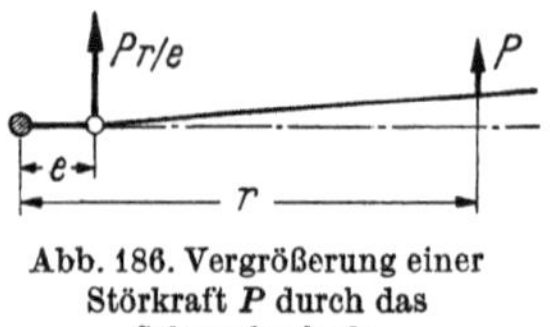

Abb. 186. Vergrößerung einer Störkraft P durch das Schwenkgelenk

durch Pr gegeben, woraus sich für die Tangentialkraft am Gelenk der angegebene Wert ergibt. Der Schwenkgelenkabstand e ist meist recht klein, so daß der Faktor r/e, mit dem sich jede Störkraft am Blatt multipliziert, groß ist. Ein Rotor mit biegesteif in der Drehebene angeschlossenen Blättern ist in dieser Beziehung wesentlich besser, da die Störkräfte am Blatt mit viel kleineren Faktoren multipliziert werden müssen, um die Unwuchtkraft an der Nabe zu erhalten.

Um die Ungleichförmigkeiten in der Herstellung der Blätter so gut wie möglich auszugleichen und Unwuchtschwingungen gering zu halten, verwendet man zwei Methoden. Erstens nimmt man eine dynamische Auswuchtung des Rotors vor. Hierzu kann man z.B. eine Rumpf- oder Fahrgestellschwingung benutzen, die von der Rotorunwucht erregt wird. Bei der Resonanzdrehzahl mißt man den Schwingungsausschlag und die Phase der Schwingung und kann daraus auf die Unwucht schließen. Durch kleine Zusatzgewichte an den Flügelspitzen wird dann die Unwucht ausgeglichen. Zweitens nimmt man eine dynamische Blattwinkeleinstellung vor. Man mißt hierzu entweder optisch oder primitiver mit Hilfe eines Farbpinsels, der langsam gehoben wird, bis er ein Blatt trifft, die relative Lage der Umlaufebenen der verschiedenen Blätter, die normalerweise voneinander etwas verschieden sind. Man bringt dann Einstellwinkelkorrekturen für jedes einzelne Blatt an, bis sie alle praktisch die gleiche Spitzenkreisebene haben. Aus den Gründen, welche an Hand der Abb. 186 erklärt wurden, sind Rotoren mit Schwenkgelenken besonders empfindlich gegen kleine Fehler in der Blatteinstellung. Bei tangential steifen Blättern kann man oft auf die dynamische Einstellung verzichten.

Mechanische Instabilität. Während die seither besprochenen Schwingungserscheinungen zwar für die Insassen von Hubschraubern lästig sind, haben sie im allgemeinen auf die Flugsicherheit und Festigkeit der Hubschrauber keinen Einfluß. Es gibt jedoch auch eine Art von Schwingungen, die selbsterregt sind, und die in kurzer Zeit zur Zerstörung des Hubschraubers führen können. Wenn aerodynamische Kräfte mit im Spiel sind, nennt man diese Erscheinung, wie bei Drachenflugzeugen auch, Flattern. Der Rotor mit seinen elastischen schmalen langen Blättern ist natürlich ein viel komplizierteres System als ein fester Tragflügel, und es können eine ganze Reihe von flatterähnlichen Erscheinungen am Rotor auftreten. Die Mittel zur Vermeidung von Drehflügelflattern sind ähnliche wie beim festen Tragflügel. Man braucht eine möglichst große Torsionssteifigkeit des Drehflügels und man muß dafür sorgen, daß die Massen richtig verteilt sind. Eine andere Art von selbsterregten Schwingungen findet ganz ohne Beihilfe aerodynamischer Kräfte statt. Unter gewissen Umständen erregen horizontale Rumpfschwingungen an der Rotornabe die Blätter zu Schwenkschwingungen, diese Schwenkschwingungen erregen den Rumpf zu verstärkten horizontalen Schwingungen und so fort. Durch die gegenseitige Erregung oder Selbsterregung steigt die Schwingungsamplitude in kurzer Zeit zu sehr hohen Werten und kann zur Zerstörung des Hubschraubers führen.

Besonders leicht kann eine solche mechanische Instabilität auftreten, wenn der Hubschrauber noch am Boden ist, kurz vor dem Abflug oder kurz nach der Landung. Es treten dann Rumpfschwingungen auf, die im wesentlichen durch die Elastizität der Fahrwerksstreben und der Reifen bedingt sind und die eine genügend niedrige Frequenz haben können, um mit den horizontalen Blatteigenschwingungen des umlaufenden Rotors zu koppeln. Mechanische Instabilität am Boden ist besonders kritisch für Rotoren mit Schwenkgelenken. Bei dem üblichen geringen Gelenkabstand ist eine kräftige Dämpfung der Drehbewegung in den Schwenkgelenken sowie eine kräftige Dämpfung im Fahrwerk erforderlich, um mechanische Instabilität zu vermeiden. Trotz dieser Vorsichtsmaßnahmen ist kein Hubschrauber mit Schwenkgelenken wirklich geschützt vor mechanischer Instabilität, und es sind gewisse Lande- und Abflugbedingungen – z.B. Verweilen mit den Rädern am Boden jedoch mit dem Rotorschub fast gleich dem

Hubschraubergewicht – zu vermeiden. Bei tangential biegesteifen Blättern kann ebenfalls mechanische Instabilität vorkommen, und sie ist dann wegen der fehlenden Dämpfung noch drastischer. Bei richtiger dynamischer Konstruktion des Hubschraubers kann man jedoch erreichen, daß alle Flug- und Landebedingungen außerhalb des Bereiches mechanischer Instabilität liegen. Im Gegensatz zum Hubschrauber mit Schwenkgelenken gibt es hier eine völlige Sicherheit gegen mechanische Instabilität, wenn die geeigneten dynamischen Parameter gewählt wurden. Auf die quantitativen Zusammenhänge kann hier nicht eingegangen werden. .

Die Theorie der mechanischen Instabilität, die während des zweiten Weltkrieges in den USA und in Deutschland entwickelt wurde, ist noch nicht völlig abgeschlossen. Es sei nur eine einfache Regel erwähnt, welche die Theorie liefert, und welche sich gut bewährt hat. Das Zentrum der mechanischen Instabilität liegt dann vor, wenn die Summe der tangentialen Blatteigenfrequenz im umlaufenden Rotor und der Rumpfeigenfrequenz gleich der Rotordrehzahl ist. Man erkennt, daß man mechanische Instabilität ausschließen könnte, wenn die niedrigste Rumpfeigenfrequenz höher wäre als die höchste Rotordrehzahl. Konstruktiv ist dies jedoch so gut wie unmöglich, wenn man Blätter mit Schwenkgelenken nahe der Rotorachse hat, die eine sehr niedrige Eigenfrequenz besitzen. Man erkennt aus der angegebenen Regel ebenfalls, daß man mechanische Instabilität ausschließen kann, wenn die tangentiale Blatteigenfrequenz höher ist als die höchste Drehzahl. Dies ist nun tatsächlich mit tangential steifen Blättern möglich, und ein solcher Hubschrauber ist unter allen Umständen vor mechanischer Instabilität geschützt.

Ermüdungsfestigkeit der Hubschrauber. Auf die Belastung der Hubschrauber im Fluge können wir hier nicht eingehen. Es sei lediglich darauf hingewiesen, daß die Ermüdungsfestigkeit, deren Bedeutung für Drachenflugzeuge wir in Abschnitt 12 streiften, bei Hubschraubern eine ganz ausschlaggebende Rolle spielt. Die meisten Teile der Rotorblätter, der Nabe und der Rotorsteuerung sind in erster Linie auf ausreichende Ermüdungsfestigkeit zu dimensionieren. Da die Voraussage von Ermüdungsfestigkeiten von Konstruktionselementen noch sehr ungewiß ist, muß man vor dem ersten Fluge eines neuen Hubschraubermusters ausgedehnte Ermüdungsversuche mit kritischen Bauteilen machen. Da auch die

Voraussage der Wechsellasten für Hubschrauber reichlich ungewiß ist, weil der Hubschrauber als dynamisches System so außerordentlich verwickelt ist, bekommt man erst durch Flugmessungen einen einwandfreien Überblick über die auftretenden Wechsellasten. Die Ermüdungsversuche vor dem ersten Flug können nur auf roh geschätzten Lasten beruhen. Nachdem Flugmessungen vorliegen, müssen weitere Ermüdungsversuche an Bauteilen mit berichtigten Wechsellasten vorgenommen werden. Man ersieht aus alledem, daß die Entwicklung eines Hubschraubers langwierig, mühevoll und kostspielig ist. Dieser Umstand ist wohl auch der Grund, warum relativ so langsame Fortschritte im Drehflügelwesen gemacht werden. Obwohl 20 Jahre seit den ersten erfolgreichen Flügen der Focke FA 61 vergangen sind, gibt es noch kaum einen Hubschrauberflugverkehr. Das Düsenflugzeug hat jedenfalls eine sehr viel raschere und stürmischere Entwicklung durchgemacht.

Wie alle in diesem Buch behandelten Gebiete konnte auch das der Drehflügelflugzeuge nur aus der Vogelschau betrachtet werden. Für den näher Interessierten sind in den letzten Jahren eine Reihe guter Lehrbücher über dieses Gebiet erschienen[1].

X. Kursbestimmung und Flugbeförderung

41. Einfluß des Windes auf Kurs und Flugdauer[2]

Gerade Flugbahn. Die wichtigste Aufgabe der Navigation besteht darin, den *Kompaßkurs* für jede zu durchfliegende Strecke und die für den vorgeschriebenen Flug *erforderliche Zeit* zu bestimmen. Bei Windstille ist diese Aufgabe recht einfach. Der Kurs ist durch die Richtung der Verbindungsgeraden zwischen Ausgangsort und

---

[1] Neben dem bereits erwähnten Buch von A. GESSOW und G. C. MYERS JR. siehe z. B. auch A. A. NIKOLSKY, Helicopter Analysis, New York 1951, und J. SHAPIRO, Principles of Heliocopter Engineering, London 1955. Die Deutsche Studiengemeinschaft Hubschrauber, Stuttgart-Flughafen, ist im Begriff ein umfangreiches Material an Büchern und Berichten über Hubschraubertheorie und Praxis herauszugeben. Ein Teil des Werkes, von W. JUST verfaßt, ist bereits verfügbar.

[2] Zu diesem Abschnitt vgl. die Aufsätze von R. v. MISES: „Über Fluggeschwindigkeit, Windstärke und Eigengeschwindigkeit des Flugzeuges." Z. f. Flugtechn. u. Motorluftsch. 1917, Heft 19/20 und „Zum Navigationsproblem der Luftfahrt". Z. f. angew. Math. u. Mech. 1931, S. 373.

Zielort gegeben, die Flugzeit durch a/v Stunden, wo a die Entfernung in km und v die Flugzeuggeschwindigkeit in km/st darstellt. Will man bei Wind von Ort zu Ort geradlinig fliegen, dann stimmt die Kursrichtung nicht mehr mit der Richtung der Verbindungsgeraden überein, auch die Flugdauer ist nicht durch den Ausdruck a/v gegeben. In Abschnitt 28 über Messung der Flugleistungen lernten wir, wie man aus Eigengeschwindigkeit v und Windgeschwindigkeit w mit Hilfe des Geschwindigkeitskreises die Richtung und Größe der Fluggeschwindigkeit ermittelt (Abb. 121). Hier haben wir die Aufgabe, bei gegebener Verbindungslinie zweier zu überfliegender Orte A und B den Kurs, d. h. die Richtung der Eigengeschwindigkeit v bei gegebener Windgeschwindigkeit und Richtung w zu ermitteln. Wir tragen wieder die Windgeschwindigkeit w als Vektor in einem bestimmten Maßstab auf,

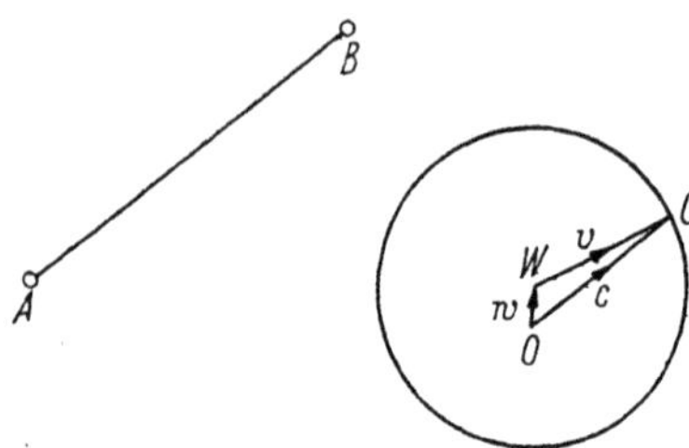

Abb. 187. Ermittlung des Kompaßkurses WC

siehe Abb. 187 Strecke OW, schlagen um den Endpunkt des Vektors w den Kreis mit dem Radius gleich der Eigengeschwindigkeit v des Flugzeuges und ziehen durch O zu AB die Parallele, welche den Kreis in C schneidet. WC ist dann die Kursrichtung, OC ist die Fluggeschwindigkeit. Die Flugdauer ist AB/OC, wo AB in km und OC in km/st einzusetzen ist.

Man kann dieses Verfahren auf eine beliebige, aus Geraden zusammengesetzten Flugbahn anwenden, indem man für jedes gerade Stück wie beschrieben verfährt.

Geschlossene Flugbahn. Wenn man die Flugdauer für eine geschlossene Bahn bei verschiedenen Windstärken berechnet, so wird man finden, daß sie mit zunehmender Windstärke *immer zunimmt*. Wir wollen uns ein genaueres Urteil über den Einfluß des Windes bilden, indem wir die Zeit bestimmen, die zum Durchfliegen einer *Kreisbahn* erforderlich ist. Hierzu gelangt man am einfachsten, wenn man sich den Kreis als ein regelmäßiges Vieleck von großer Seitenzahl, z. B. als 24-Eck vorstellt und nun für die einzelnen Seiten nach dem in Abb. 187 durchgeführten Verfahren die Flugzeiten ermittelt. Die Flugzeit wird um so mehr verlängert, je größer das Verhältnis w/v von Windgeschwindigkeit zu Eigengeschwindigkeit ist. Das Ergebnis der Rechnung ist in Abb. 188 dargestellt, welche das Verhältnis t/t_0 der Flugzeit t zu der Flugzeit bei Windstille t_0 in Abhängigkeit von w/v wiedergibt. Zum Beispiel zeigt in Abb. 188 für $w : v = 0{,}25$ die Kurve die Ordinate 1,055, d. h. bei einer Windstärke gleich einem Viertel der Eigengeschwindigkeit dauert das Durchfliegen einer Kreisbahn um 5,5 vH länger als bei Windstille; beträgt die Windstärke drei Viertel der Eigenge-

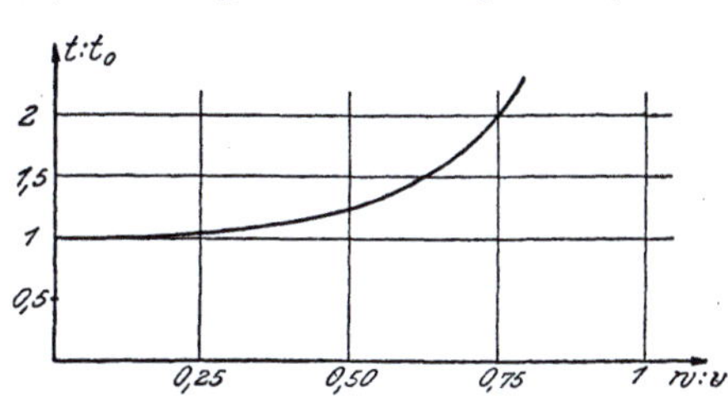

Abb. 188. Vergrößerung der Flugdauer durch Wind

schwindigkeit, so ist die Flugdauer schon die doppelte der für Windstille. Nähert sich die Windstärke der Größe der Eigengeschwindigkeit, so wächst die Flugzeit t ins Unendliche. Für geschlossene Linien, die in ihrer Gestalt nicht viel von einem Kreis abweichen, behalten diese Ergebnisse noch annähernd ihre Gültigkeit.

Rascheste Flugbahn bei gleichmäßigem Wind. Man kann schließlich die Frage aufwerfen, ob bei jeder Windstärke und -richtung die *rascheste Verbindung* zwischen zwei gegebenen Punkten die *gerade* Flugbahn ist. Fliegt man nämlich (Abb. 189) von A nach B über C, so hat man zwar im ganzen einen etwas längeren Weg, weil $AC + CB$ größer ist als AB, aber auf dem größten Teil dieses Weges, nämlich auf AC, ist die Geschwindigkeit größer, als sie auf der geraden Bahn AB wäre, wie der beigefügte Geschwindigkeitskreis

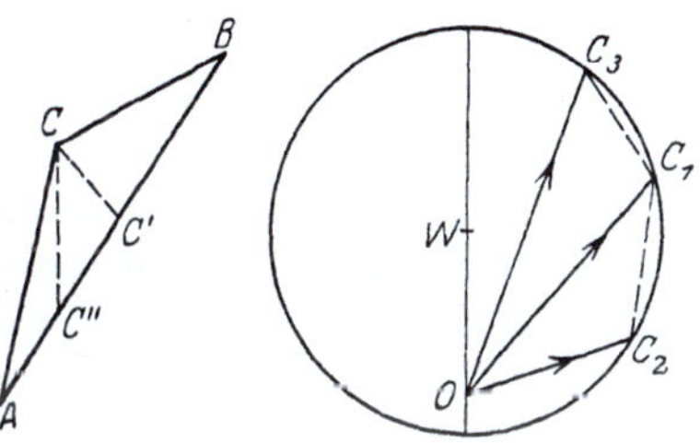

Abb. 189. Gerade als rascheste Flugbahn

zeigt. Hier ist OC_3 parallel zu AC und OC_1 parallel zu AB gezogen und man sieht, daß OC_3 größer ist als OC_1. Um die Frage zu entscheiden, ziehen wir durch C eine Hilfslinie CC' parallel der Strecke C_3C_1 im Geschwindigkeitskreis. Es sind dann die Dreiecke ACC' und OC_3C_1 ähnlich. Da OC_3 die Geschwindigkeit für AC ist, haben wir in dem Quotienten $AC : OC_3$ die Zeit, die man zum

Durchfliegen der Geraden AC braucht, und die t_3 heißen möge. Aus der Ähnlichkeit folgt:

$$AC':OC_1 = AC:OC_3 = t_3, \quad \text{also} \quad AC' = t_3\, OC_1.$$

Ebenso erhält man, wenn CC'' parallel C_1C_2 gezogen und die zum Durchfliegen von BC erforderliche Zeit $BC:OC_2$ mit t_2 bezeichnet wird, aus der Ähnlichkeit der Dreiecke BCC'' und OC_2C_1 die Proportion

$$C''B:OC_1 = BC:OC_2 = t_2, \quad \text{also} \quad C''B = t_2\, OC_1.$$

Addiert man die beiden Ergebnisse, so erhält man:

$$AC' + C''B = (t_2 + t_3)\, OC_1 \quad \text{oder} \quad t_2 + t_3 = \frac{AC' + C''B}{OC_1}.$$

Die Zeit t_1, die man zum Zurücklegen der geraden Strecke AB brauchen würde, ist gleich $AB:OC_1$. Nun ist aber $AC' + C''B$ größer als AB, weil dabei das Stück $C'C''$ doppelt gezählt wird. Daher ist auch der Quotient von $AC' + C''B$ durch OC_1 größer als der Quotient $AB:OC_1$, d. h. $t_2 + t_3$ größer als t_1. Wir sehen daraus, daß die Flugzeit auf jeden Fall *vergrößert* wird, wenn man nicht geradlinig auf das Ziel zu fliegt, sondern einen *Umweg macht*.

Rascheste Flugbahn bei ungleichmäßigem Wind. Die bisher angestellten Betrachtungen über den Einfluß des Windes auf Fluggeschwindigkeit und Flugdauer und über die Bestimmung des Kurses galten nur für den Fall *konstanter Windrichtung und Windstärke* im ganzen Fluggebiet. Wir haben hierfür soeben das Resultat gefunden, daß die Gerade als kürzeste Verbindung zwischen zwei Punkten auch die rascheste ist. Dieses Ergebnis gilt nicht mehr, sobald im Fluggebiet *veränderlicher* Wind herrscht. Wir wollen der sich daraus ergebenden Frage, welche Bahn zwischen zwei Punkten o_1 und o_2 im örtlich veränderlichen Windgebiet die rascheste ist, zunächst in einem besonders einfachen Falle nähertreten und sie untersuchen für zwei durch eine Gerade A getrennte Windgebiete. Links von A liege o_1, rechts o_2, die Windgeschwindigkeit links sei w_1, rechts w_2. Da die Flugbahn in jedem der beiden Gebiete geradlinig verlaufen muß, weil innerhalb jedes Gebietes unveränderlicher Wind herrscht, kann sie nur aus zwei Geradenstücken bestehen, die in irgendeinem Punkte auf der Geraden A zusammentreffen. Es fragt sich nun, wie groß der Winkel ist, den die beiden Geraden der raschesten Flugbahn miteinander bilden. Es sei an einen ähnlich gelegenen, allerdings einfacheren Fall aus der Optik erinnert. Die Bahn der Lichtstrahlen beim Durchtritt durch Medien mit verschiedenen Fortpflanzungsgeschwindigkeiten des Lichtes ist bekanntlich dadurch gekennzeichnet, daß sie unter allen möglichen Bahnen zwischen zwei Punkten die rascheste ist. Andrerseits weiß man, daß an der Grenze zweier Medien die Lichtstrahlen einen solchen Winkel miteinander bilden, daß sich der Sinus des Einfallwinkels zum Sinus des Ausfallwinkels (das sind die Winkel zwischen Strahl und der Normalen auf der Grenzfläche) verhält wie die Fortpflanzungsgeschwindigkeit des Lichtes im ersten Medium zu der im zweiten Medium (Brechungsgesetz). Der Unterschied zwischen dem Verhalten der Lichtstrahlen an der Grenze zweier Medien und unserem Fall ist der, daß die Lichtstrahlen innerhalb jedes Mediums in jeder Richtung mit der gleichen Geschwindigkeit wandern, während in unserem Fall das Flugzeug in jeder Richtung eine andere Geschwindigkeit besitzt. Trotzdem läßt sich zeigen, daß in unserem Falle die Winkel zwischen den Geraden der raschesten Bahn einen dem Brechungsgesetz des Lichtes ähnlichen Gesetz genügen[1]. Es verhalten sich nämlich die Sinus der Winkel zwischen der Flugzeugachse und der Senkrechten zur Windgrenze vor und nach dem Durchgang durch die Grenze so wie die Komponenten der Fluggeschwindigkeit in der Achsrichtung.

Ein praktisches Verfahren zur Konstruktion von Bahnlinien, die dieser Bedingung entsprechen, zeigt Abb. 190. Von einem Festpunkt o aus trägt man zunächst in den beiden Windrichtungen die Windstärken w_1 und w_2 auf und zieht durch o eine Parallele A' zur Trennungslinie A. Die beiden Geschwindigkeitskreise K_1 und K_2 mit den Mittelpunkten m_1 bzw. m_2 und dem Halbmesser v enthalten die Endpunkte aller Geschwindigkeiten c_1 und c_2, die in den beiden Windgebieten möglich sind. Wählt man nun einen beliebigen ersten Strahl $o\,p_1$, so findet man den zu einer raschesten Bahn gehörigen Strahl im Windgebiet 2 folgendermaßen: Man ziehe durch p_1 an K_1 die Tangente bis zum Schnitt k mit A' und von k die Tangente an K_2. Der Fahrstrahl von o zu dem so gefundenen Berührungspunkt p_2 bestimmt die Richtung des zweiten Teils der raschesten

---

[1] Das allgemeine mathematische Problem der raschesten Bahn eines Flugzeuges wurde zum erstenmal von E. Zermelo gelöst. Siehe Z. f. angew. Math. u. Mech. Bd. 11 (1931), S. 114—124.

Bahn. Zieht man nämlich durch o zu $m_1\,p_1$ und zu $m_2\,p_2$ Parallelen bis zum Schnitt r_1 und r_2 mit den jeweiligen Tangenten, so ist

$$1 : \overline{o\,k} = \frac{\sin d_1}{\overline{o\,r_1}} = \frac{\sin d_2}{\overline{o\,r_2}}.$$

Da aber $o\,r_1$ und $o\,r_2$ gerade die Komponenten der Geschwindigkeiten in Richtung der Flugzeugachse sind, und da weiter die Win-

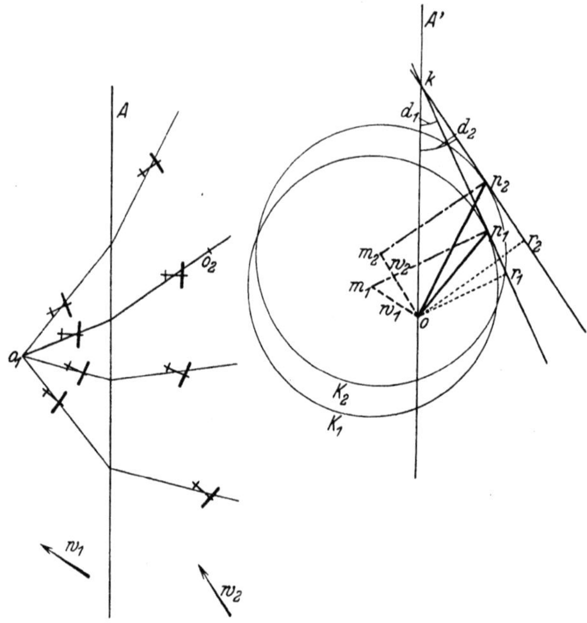

Abb. 190. Konstruktion raschester Flugwege

kel d_1 und d_2 gleich den Winkeln der Flugzeugachse mit der Senkrechten zur Windgrenze sind, so ist die oben geforderte Beziehung zwischen den beiden Geraden der raschesten Bahn erfüllt.

Ist ein Punkt o_1 im ersten und o_2 im zweiten Windgebiet gegeben, und beginnt man, von o_1 ausgehend mit einer beliebigen Richtung, so findet man in der eben beschriebenen Weise als Fortsetzung zu dieser einen Strahl im zweiten Windgebiet, der die rascheste Verbindung zwischen allen auf ihm liegenden Punkten und o_1 darstellt. Der gegebene Punkt o_2 wird aber im allgemeinen von diesem Strahl nicht getroffen werden. Eine Bestimmung der raschesten Bahn von

o_1 nach o_2 ist nur so möglich, daß man probeweise eine Reihe von Linienzügen auf die eben geschilderte Art konstruiert und durch Zwischenschaltung neuer Strahlen schließlich zu einem gelangt, der o_2 trifft. In Abb. 190 sind vier derartige Linienzüge gezeichnet, gleichzeitig wurden die jeweiligen Stellungen der Flugzeugachse eingetragen, die im Geschwindigkeitsplan z. B. für die Richtungen $o\,p_1$ und $o\,p_2$ durch $m_1\,p_1$ und $m_2\,p_2$ gegeben sind.

Die bisherigen Betrachtungen gelten unverändert, wenn die beiden Windgebiete nicht durch eine Gerade A, sondern durch eine Kurve C voneinander getrennt sind, man muß nur A durch die Tangente an die Kurve C in einem bestimmten Punkt ersetzen. Allerdings ist dieser Punkt nicht von vornherein bekannt, sondern ist nur durch Probieren zu finden. Von noch allgemeinerem Interesse wäre die Frage, wie bei einer beliebigen gegebenen Windverteilung, wenn also nicht nur *zwei* verschiedene Windstärken mit *einer* Grenze bestehen, die rascheste Bahn zu bestimmen wäre. Abgesehen aber davon, daß es in den seltensten Fällen gelingen wird, die örtlichen Windverhältnisse im gesamten Fluggebiet vor dem Abflug für die Dauer des Fluges aufzunehmen, führt die theoretische Behandlung der raschesten Bahn in einem stetig örtlich veränderlichen Windgebiet der mathematischen Schwierigkeiten wegen über den hier gesteckten Rahmen hinaus.

42. Funknavigation

Übersicht der Navigationsmethoden. Obwohl die Funknavigation über unser eigentliches Thema der Fluglehre im Sinne der mechanischen Grundlagen des Fluges etwas hinausgeht, wollen wir trotzdem wenigstens die zur Anwendung gelangenden Prinzipien kurz erörtern, weil das Problem der Funknavigation bei den immer größeren Fluggeschwindigkeiten und bei der ständig zunehmenden Flugdichte von ganz außerordentlicher Bedeutung für das Flugwesen ist. Die stürmische Entwicklung der elektronischen Navigationshilfen im zweiten Weltkrieg und in der darauffolgenden Zeit war die notwendige Vorbedingung für den heutigen ausgedehnten und vom Wetter fast unabhängigen Flugbetrieb.

Die ehrwürdige Methode der astronomischen Ortsbestimmung wird zwar noch immer für Flugzeuge angewendet, wenn das Wetter sie erlaubt und wenn genügend Zeit zur Verfügung steht. Wir wollen uns jedoch hier auf die Navigationshilfen beschränken, die auch im Blindflug die Kursbestimmung erlauben. Die älteste Methode der Funknavigation ist die Funkpeilung, bei welcher der Sender gleichmäßig in alle Richtungen für ihn typische Signale ausstrahlt, die von einer richtungsempfindlichen Antenne im Flugzeug empfangen werden. Wir werden weiter unten die geometrische Konstruktion kennenlernen, mit deren Hilfe man aus den Richtungswinkeln dreier Sendestationen bekannter Lage die Ortsbestimmung durchführen kann.

Die Funkpeilung erfordert naturgemäß einige Zeit, welche nicht zur Verfügung steht, wenn man im Blindflug in die Nähe des Flughafens gelangt und den richtigen Anflugkurs bestimmen will. Hierzu verwendet man die Methode der Richtstrahlen. Der Sender strahlt nicht gleichmäßig in alle Richtungen, sondern es gibt in bestimmten Richtungen Intensitätsmaxima und Minima. Im Flugzeug sind Geräte mitgeführt, welche akustisch oder visuell dem Flugzeugführer anzeigen, ob er sich auf dem Strahl befindet oder nach welcher Richtung das Flugzeug vom Strahl abweicht. Wie in Abschnitt 32 bemerkt, kann man das vom Richtstrahl empfangene Signal auch direkt zur automatischen Steuerung des Flugzeuges verwenden, so daß Kursrichtung und Gleitwinkel ohne Zutun des Führers automatisch so gesteuert werden, daß das Flugzeug dem Richtstrahl folgt. Der Richtstrahl gibt lediglich Auskunft über den erforderlichen Kurs und über den erforderlichen Gleitwinkel des Flugzeuges, sagt dagegen nichts über die Entfernung von dem Flughafen aus. Hierzu werden besondere, durch ihre Rufzeichen erkenntliche Funkbaken verwendet, die in gewissen Abständen längs der Anflugstrecke angeordnet sind. (ILS-Verfahren = *Instrument-Landing-System*.)

Eine Blindlandung mit Hilfe eines derartigen Richtstrahl- und Funkbakensystems stellt erhebliche Anforderungen an die Konzentrationsfähigkeit des Flugzeugführers. Das System ist auch im allgemeinen nicht genau genug, um eine völlige Blindlandung damit durchzuführen, es erfordert vielmehr wenigstens für die letzten 100 m Höhe eine ausreichende Sicht der Landebahn. Für den Führer weniger verantwortungsvoll ist die Methode des vom Boden durch Radar kontrollierten Anfluges. Wie wir noch etwas näher erörtern werden, kann man mit Hilfe des im zweiten Weltkrieg entwickelten Radargerätes (Radar = *Radio Detection and Rang-*

ing) nicht nur das in den Wolken verborgene Flugzeug auf dem Schirm sehen (detection), sondern man kann auch aus der Lage des Bildes im Schirm im Verhältnis zu markierten Linien die Entfernung des Flugzeuges vom Flughafen mit einiger Genauigkeit beurteilen (ranging). Sobald das Flugzeug in den Sichtbereich des Radargerätes kommt, der sich auf etwa 30 km erstreckt, beginnt der Bodenbeobachter dem Flugzeugführer durch Funkspruch die Kurs- und Gleitwinkeländerungen durchzusagen, welche für den richtigen Anflug der Landebahn notwendig sind. (GCA-Verfahren = *Ground Control Approach*.)

Neben den Navigationshilfen für den blinden Anflug zur Landung, welche ihrer Bestimmung gemäß nur eine relativ kurze Reichweite haben, hat man ebenfalls während des zweiten Weltkrieges eine Reihe von Navigationshilfen mit größerer Reichweite entwickelt, welche im Streckenflug verwendet werden. Zwei von diesen Systemen, das Decca- und das Loransystem (Loran = *Long Range Navigation*), werden wir weiter unten noch etwas im einzelnen erörtern. Bei beiden Systemen wird die Differenz der Entfernung des Flugzeuges von zwei Stationen gemessen. Nach einem bekannten Satz der Geometrie ist die Hyperbel der geometrische Ort für alle Punkte, für welche die Differenz der Entfernungen von zwei gegebenen Punkten, den Brennpunkten der Hyperbel, einen festen Wert hat.

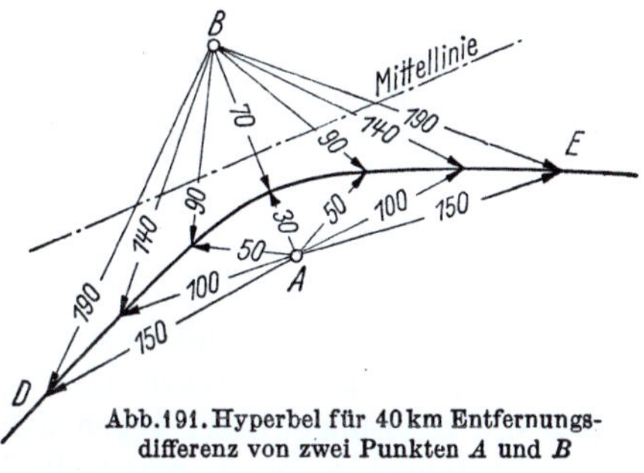

Abb. 191. Hyperbel für 40 km Entfernungsdifferenz von zwei Punkten *A* und *B*

Abb. 191 zeigt z. B. eine Hyperbel für 40 km Differenz von zwei festen Punkten *A* und *B*. Die Entfernungen der Punkte *D* bis *E* von den Brennpunkten sind in km eingetragen. Aus der Differenzmessung der Entfernungen zu den beiden Sendern *A* und *B* weiß man, daß sich das Flugzeug auf einer bestimmten Hyperbel befindet. Unter Zuhilfenahme einer dritten Station *C* und der differentiellen Entfernungsmessungen nach *A* und *C* oder *B* und *C* kann man eine zweite Hyperbel als Ort für das Flugzeug ermitteln und damit den Schnittpunkt der Hyperbeln als die derzeitige Lage des Flugzeuges erhalten.

Bei den zuletzt genannten Funknavigationssystemen ist zur Kursbestimmung noch immer eine zeitraubende Berechnung des Windeinflusses erforderlich. Dies gilt auch für die Funkpeilung z. B. mit Hilfe des Radiokompasses. Der Flugzeugführer kennt zwar die Richtung, in welcher sein Ziel liegt, er kennt aber nicht den Kurs, den er infolge der Windversetzung nehmen muß. Das erste Funknavigationssystem, welches diesen Nachteil vermied, war das sog. VOR-Verfahren der Errichtung von „Luftstraßen" mit Hilfe von UKW-Drehfunkfeuern. Bei diesem System kann der Führer mit Hilfe eines Wählers eine von zahlreichen Luftstraßen einstellen, und ein „fliege links – fliege rechts"-Anzeigegerät gibt ihm, wie beim ILS-Verfahren, die notwendige Anweisung, um auf der gewählten Luftstraße unabhängig von allem Windeinfluß zu verbleiben. Das VOR-Verfahren (*V*ery high frequency *O*mni *R*ange) wird heute für Mittelstrecken viel verwendet. Als Ergänzung zu dieser reinen Richtungsanzeige kommen zum Teil noch Einrichtungen zur Entfernungsmessung zwischen Flugzeug und Ziel zur Anwendung, DME (*D*istance *M*easuring *E*quipment), welche auf der auch bei Radar und Loran benutzten Impulstechnik beruhen. Das neueste Mittelstreckensystem ist das Tacan-System (*T*actical *A*ir *N*avigation), welches, mit höherer Frequenz als VOR arbeitend, leichtere Bordanlagen und genauere Angaben erlaubt. Dieses System gibt dem Flugzeugführer sowohl die Richtung zum Ziel wie auch die Entfernung vom Ziel an und wird wohl das VOR-System im Laufe der Jahre verdrängen.

Funkpeilung. Die Ermittlung des Ortes mit Hilfe der Funkpeilung erfolgt folgendermaßen. Es werden z. B. mit dem Radiokompaß die Richtungswinkel gegen die Nordrichtung a_1, a_2, a_3 von drei Stationen p_1, p_2, p_3 ermittelt. Die Winkel a_2-a_1 und a_3-a_2 stellen dann die Sichtwinkel der Strecken $\overline{p_1 p_2}$ und $\overline{p_2 p_3}$ vom Beobachtungspunkt aus dar (Abb. 192). Daß die Punkte p_1, p_2, p_3 in Wirklichkeit nicht zu sehen sind, ist für die Ortsbestimmung ohne Bedeutung. Verbindet man p_1 mit p_2 und p_2 mit p_3 auf der Karte und zeichnet über ihnen als Sehnen die Kreise mit den Mittelpunktswinkeln $2(a_2-a_1)$ bzw. $2(a_3-a_2)$, so sind nach einem bekannten Kreissatz die Umfangswinkel der beiden Kreise gleich den Sichtwinkeln a_2-a_1 bzw. a_3-a_2. Das Flugzeug muß sich also gleichzeitig auf beiden Kreisen, d. h. in einem ihrer beiden Schnittpunkte befinden. Die Eindeutigkeit ist dadurch sichergestellt, daß einer der beiden Schnittpunkte eine der drei Stationen ist. In Abb. 192 ist angenommen, daß vom Peilungsort die Stationen p_1, p_2, p_3 unter den Winkeln 45°, 75° und 98° gegen die Nordrichtung liegen. Wird die Konstruktion auf der Karte durchgeführt, so ergibt sie im Punkte p mit ziemlicher Genauigkeit die Lage des Flugzeugs über dem Gelände.

Das Decca-System. Unter den zahlreichen Funkortungssystemen, welche während des zweiten Weltkrieges entwickelt wurden, hat das Decca-System einen wichtigen Platz. Die Ortsbestimmung ist recht genau und die Handhabung einfach. Wir betrachten Abb. 191 und nehmen an, daß in den Punkten A und B

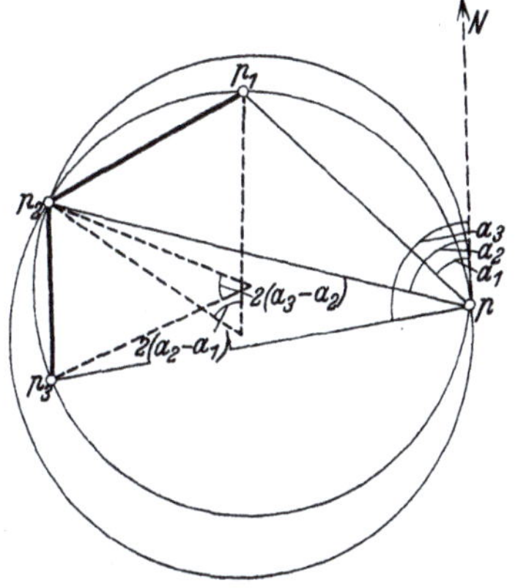

Abb. 192. Anpeilung eines Flugzieles

je ein Sender aufgestellt ist, der ununterbrochen mit einer bestimmten Wellenlänge sendet. Es wird dafür Sorge getragen, daß die Phasen der in A und B erzeugten elektromagnetischen Schwingungen die gleichen sind. Die Hyperbeln mit A und B als Brennpunkten sind die geometrischen Orte für den Empfang der Sendungen von A und B mit konstanter Phasendifferenz. Es gibt z. B. eine Hyperbel, für welche die Phasendifferenz gerade gleich einer Wellenlänge ist, eine zweite, für welche die Phasendifferenz gleich zwei Wellenlängen ist usw.

Es sind natürlich zur Festlegung des Ortes zwei Scharen von Hyperbeln notwendig. Für jede Schar gibt es ein Senderpaar, der eine oder Meistersender ist den beiden Paaren gemeinsam. Der Empfänger enthält ein Gerät, in welchem ein Schreibstift proportional zur Phasendifferenz der einen Hyperbelschar nach oben und proportional zur Phasendifferenz der anderen Hyperbelschar nach der Seite bewegt wird. Die Aufzeichnung der Flugbahn erfolgt auf Karten mit besonderen kartographischen Projektionen, in denen die zwei Hyperbelscharen als rechtwinklige Koordinaten erscheinen.

Der wesentliche Kunstgriff, welcher dieses System ermöglicht, geht auf den Erfinder O'BRIEN zurück. Würde man nämlich die abhängigen Sender wirklich mit der gleichen Wellenlänge und der gleichen Phase wie der Meistersender arbeiten lassen, dann würden im Empfänger die drei Signale sofort zu einem einzigen kombinieren, und eine Phasenmessung wäre nicht möglich. Der Kunstgriff besteht darin, daß man, ohne die Phase zu verändern, in jedem der abhängigen Sender die Frequenz des Meistersenders auf ein ganzzahliges Vielfaches transformiert. Im Empfänger werden dann die drei Signale auf drei verschiedenen Wellenlängen erhalten und können daher ohne Schwierigkeit voneinander getrennt gehalten und in der Phase verglichen werden, nachdem man sie wieder auf die Frequenz des Meistersenders umgeformt hat. Das Decca-System ist in einem großen Teil von Westeuropa verfügbar und wird neuerdings auch in Indien eingeführt. Die Kenntnis der vergangenen Flugbahn und des derzeitigen Ortes enthebt den Flugzeugführer natürlich nicht von der Notwendigkeit, bei der Kursbestimmung den Windeinfluß in Rechnung zu setzen.

Das Loran-System. Während das Decca-System ursprünglich für die Schiffahrt entwickelt wurde und die Anwendungen im Flugwesen erst später kamen, wurde das Loran-System in erster Linie für die Luftfahrt entwickelt. Zu einem vollständigen System gehört wieder eine Kette von mindestens drei Sendern, die in Abständen von etwa 500 km errichtet sind. Die Frequenz der Loran-Sender ist etwa 1900 kc/sek. Diese Frequenz wird in kurzen Impulsen von 40 Mikrosekunden (eine Msek = 1 Millionstel sek) ungefähr alle 40000 Msek gesendet[1]. Das Intervall zwischen Sendungen ist also groß im Verhältnis zur Dauer des Impulses. Elektromagnetische Wellen haben bekanntlich eine Geschwindigkeit von 300000 km/sek oder 300 m/Msek, so daß z.B. 9 km in 30 Msek zurückgelegt werden. Bei einer Frequenz von 1900 kc/sek werden während eines Impulses von 40 Msek Dauer 76 Schwingungen übertragen. Werden die Impulse von zwei Sendern gleichzeitig gegeben, so entsteht im Empfänger eine Zeitdifferenz zwischen den Impulsen, aus welcher auf die Lage des Flugzeuges geschlossen werden kann. Praktisch verwendet man gewisse Zeitunterschiede in den ausgesandten Impulsen, um die verschiedenen Sender einer Kette identifizieren zu können.

---

[1] Über die Impulsmethoden siehe z.B. E. KRAMAR: Die Anwendung der Impulstechnik in der Funknavigation. Impulstechnik (Vortragsreihe), Springer, Jan. 1956.

Am Empfangsort werden die Impulse von den verschiedenen Sendern eines Paares mit Hilfe einer Kathodenstrahlröhre sichtbar gemacht. Man hat durch Drehung eines Knopfes die Bilder der Impulse auf dem Schirm der Röhre zur Deckung zu bringen und kann dann direkt die Zeitdifferenz in Msek ablesen. Dadurch, daß man eine solche Ablesung für das zweite Senderpaar wiederholt, erhält man den Flugzeugort als Schnittpunkt zweier Loran-Hyperbeln, ähnlich wie bei dem Decca-System. Die Reichweite der Sender ist etwa 1200 km bei Tag und 2400 km bei Nacht. Während am Ende des zweiten Weltkrieges 30000 Flugzeuge mit Loran-Empfängern ausgerüstet waren und weite Teile der Welt – außerhalb Europas – von Loran-Sendern erreicht wurden, hat sich das System nach dem Kriege nicht halten können und ist im Begriff, durch bessere Langstreckensysteme verdrängt zu werden, welche, ähnlich wie Tacan, dem Flugzeugführer ohne irgendwelche Manipulationen und Berechnungen den Kurs zum Ziel und die Entfernung vom Ziel anzeigen.

Radar als Navigationshilfe. Radar zeigt nicht nur die Gegenwart von Flugzeugen, Küstenlinien, Flüssen usw. an, sondern erlaubt auch die Messung der Richtungswinkel und der Entfernungen der abgebildeten Gegenstände vom Beobachtungsort. Die Antenne einer Radaranlage sendet einen gerichteten Strahl elektromagnetischer Wellenenergie aus, der aus kurzen Impulsen von etwa 1 Msek besteht. Wie bei Loran sind die etwa 1000mal je Sekunde gesendeten Impulse kurz im Vergleich zu den Zwischenzeiten, und jeder Impuls enthält nur wenige Schwingungen der Sendefrequenz. Die Antenne dreht sich um eine vertikale Achse, so daß der Strahl während einer Umdrehung die ganze Umgebung bestreicht.

Sowie ein Impuls einen Gegenstand trifft, wird dort ein Teil der Wellenenergie reflektiert. Zu der Zeit, zu welcher der reflektierte Impuls die Antenne trifft, hat die Sendung aufgehört, und die Antenne ist an den Empfänger statt an den Sender angeschlossen. Ein wichtiges Element des Radar ist der elektronische Schalter, welcher die Antenne etwa 1000mal in der Sekunde vom Sender auf den Empfänger und wieder zurück schaltet. Der schwache Echoimpuls wird auf dem Leuchtschirm einer Kathodenstrahlröhre sichtbar gemacht, ähnlich wie bei dem Loran-System. Eine Abbildung der Umgebung des Radargerätes auf den Schirm erhält man auf folgende Weise. Mit Hilfe einer stromdurchflossenen Spule wird der Kathodenstrahl aus der Mittellage, in welcher er die Mitte des Leuchtschirms trifft, abgelenkt. Der Spurpunkt des Strahles auf dem Schirm bewegt sich dabei in radialer Richtung mit gleichmäßiger Geschwindigkeit bis zum Rande des Schirmes und springt dann wieder sehr rasch zur Mittellage zurück. Abb. 193 zeigt die Bewegung des Spurpunktes als Funktion der Zeit. Man erhält ein Sägezahndiagramm. Die Spule, welche die Ablenkung des Kathodenstrahles bewirkt, rotiert um die Achse der Röhre synchron mit der Antenne. Man kann auch ein festes System von Spulen verwenden, in denen durch geeignete Stromstärkenänderungen eine Drehung der Schwingungsebene des Kathodenstrahles erzeugt wird. Wenn die rotierende gerichtete Antenne nach rechts zeigt, bestreicht der Kathodenstrahl die rechte Seite des Schirmes (siehe Abb. 193a), wenn die gerichtete Antenne nach links zeigt, bestreicht der Kathodenstrahl die linke Seite des Schirmes (siehe Abb. 193b).

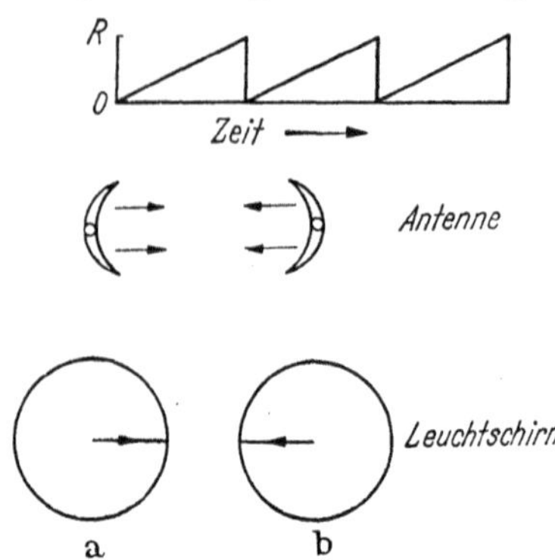

Abb. 193. Synchronisierung von Antenne in Schwingungsrichtung des Kathodenstrahlspurpunktes und Sägezahndiagramm

Durch eine Gegenspannung wird im unangeregten Zustand des Empfängers der Kathodenstrahl daran verhindert, den Schirm zu erreichen. Ein von der Antenne aufgefangener Echoimpuls überwindet die Gegenspannung, so daß der Kathodenstrahl in diesem Augenblick auf dem Schirm einen Leuchtfleck erzeugt. Die Frequenz der Sägezahnbewegung des Kathodenstrahles ist gleich der Frequenz der Impulserzeugung. Zur Zeit der Sendung eines Impulses befindet sich der Kathodenstrahl in der Mitte und wandert in der Pause zwischen zwei Impulsen mit gleichmäßiger Geschwindigkeit nach außen, um zur Zeit der nächsten Impulssendung wieder zur Mitte zurückzuspringen. Je länger die Zeit zwischen der Aussendung eines Impulses und dem Empfang des Echoimpulses dauert, desto weiter von der Mitte hat sich der (unsichtbare) Kathodenstrahl bewegt, desto weiter von der Mittes des Schirmes liegt dann der Leuchtfleck, welcher von dem Echoimpuls erzeugt wird. Der Schirm ist fluoreszent und leuchtet während der Zeit der Umdrehung der Antenne nach, so daß man ein ständiges Bild der Umgebung auf dem Schirm erhält. Der Radiusvektor von der Mitte des Schirmes zu dem Bild eines Gegenstandes gibt die Richtung des Gegenstandes an, und seine Länge ist proportional der Entfernung des Gegenstandes vom Beobachtungsort. Man braucht auf dem Schirm lediglich konzentrische Kreise mit den zugehörigen Entfernungszahlen einzutragen, um sofort die Entfernung aus dem Bild auf dem Schirm ablesen zu können.

Über die Anwendung von Radar als Mittel zur Bodenkontrolle des Anfluges haben wir oben kurz gesprochen. Eine Radarbordanlage, wie sie neuerdings in großen Verkehrsflugzeugen zu finden ist, ist natürlich eine sehr wertvolle Hilfe für die Navigation im Blindflug, da sie das überflogene Gelände und vor allem auch andere Flugzeuge der Umgebung zu erkennen gestattet und dadurch die Kollisionsgefahr im Blindflug herabgesetzt wird. Bordradar wird auch dazu verwendet, um Sturmzentren rechtzeitig in ihrer Schwere zu beurteilen und zu vermeiden. Ähnlich wie in der Schiffahrt kann man schließlich auch die Anflugstrecke von Flughäfen durch Radarbaken kenntlich machen. Dies sind Impulssender, welche, durch die aufgefangenen Impulse der Bordanlage angeregt, sehr viel stärkere Impulse aussenden, als man durch Echowirkung erreichen kann.

Die vorstehenden kurzen Bemerkungen über ein weites und rasch sich entwickelndes Gebiet müssen hier genügen. Die elektronischen Hilfsmittel zum Fluge, wie Funknavigation und automatische Steuerungen, waren der Anlaß zur Schaffung einer neuen Industrie (Avionics Industrie), welche in den USA schon heute nahezu den Umfang der Flugzeugindustrie erreicht hat.

43. Die direkten Kosten der Flugbeförderung

Wirtschaftlichkeit des Flugtransportes. Luftbeförderung war in den Anfängen des Flugverkehrs nur mit staatlicher Subvention möglich, und noch heute gibt es viele Lufttransportorganisationen, die ohne direkte oder indirekte Subventionierung nicht existieren könnten. Die Luftpostbeförderung war die erste wirtschaftliche Leistung, welche den Luftverkehr in die Nähe der Rentabilität brachte. Heute gibt es, besonders auf dem Gebiete des Langstrecken-verkehrs, eine ganze Reihe von Lufttransportunternehmen, die ohne direkte staatliche Zuschüsse Rentabilität aufweisen, und zwar sowohl in bezug auf Personen wie auch in bezug auf Güter-beförderung. Mit wachsender Größe und Geschwindigkeit der Flug-zeuge nehmen die Beförderungskosten je Fluggast ständig ab, so daß heute schon die Flugpreise je Kilometer trotz der erheblich rascheren Beförderung nicht viel über denjenigen von Eisenbahn oder Schiff liegen, und es ist abzusehen, daß in einiger Zeit wenig-stens für längere Strecken die Flugbeförderung von Personen billi-ger sein wird als die Beförderung mit anderen Verkehrsmitteln. Auch die Güterbeförderung im Flugzeug ist im raschen Anwachsen und die Kosten der Güterbeförderung sind im Absinken.

Wir müssen zunächst abgrenzen, was wir unter „wirtschaftlicher Leistung" einer Flugbeförderung zu bezeichnen haben. Man hat den Vorteil größerer Schnelligkeit, für Personenverkehr in vieler Hinsicht den einer größeren Bequemlichkeit (Freiheit von Er-schütterungen, von Staub usw.), und schließlich den Umstand in Rechnung zu stellen, daß man ohne langwierige Vorbereitung der Strecke, wie sie der Bau von Straßen oder von Eisenbahngleisen darstellt, fliegen kann. Mit einer Abwägung dieser Leistungen wer-den wir uns im folgenden nicht weiter befassen, sondern nur den wirtschaftlichen *Aufwand*, den der Flugverkehr erfordert, in seiner Abhängigkeit von einigen technischen Einzelheiten untersuchen.

Aber auch diese Abgrenzung des Problems ist noch zu weit. Der Aufwand, den die Aufrechterhaltung eines regelmäßigen Flugver-kehrs erfordert, setzt sich in der Hauptsache aus drei Teilen zusam-men: den Kosten des eigentlichen *Betriebes*, also des Brennstoffes usf. und der Flugzeugführung, dann den Kosten der Flugzeug-*herstellung*, Überholung und Reparatur und drittens denen der übrigen Einrichtungen wie Flughäfen und dergleichen. Der letzte Punkt spielt eine entscheidende Rolle bei der Bewertung der Drachenflugzeuge gegenüber den Hubschraubern, die sehr viel kleinere Flughäfen erfordern. Wir wollen hier jedoch auf die Kosten der Flughäfen, der Blindflug- und Funknavigationsanlagen usw. nicht eingehen. Diese Kosten werden meist von der öffentlichen Hand bestritten und erscheinen entweder gar nicht oder nur in-direkt in Form von Flughafenbenutzungsgebühren in den Kosten der Luftbeförderung. Ebenfalls unberücksichtigt lassen wollen wir die Kosten der Bodenorganisation, welche mit dem Ein- und Ausladen von Gütern, mit der Betreuung der Fluggäste, mit dem Verkauf von Flugkarten, mit der Werbung für die Flugbeförderung usw. zusammenhängen. Die Wirksamkeit dieser Bodenorganisation kann sehr wohl über Gewinn oder Verlust in der Bilanz eines Lufttransportunternehmens entscheiden. Wir wollen jedoch lediglich die mit dem eigentlichen Fliegen verbundenen Kosten betrachten, das sind die Kosten für die Anschaffung, Überholung, Reparatur und Versicherung der Transportflugzeuge sowie die Kosten für Brennstoff und Öl. Man nennt dies die direkten Kosten des Lufttransportes.

Unsere Aufgabe wird es sein, diese Kosten in Beziehung zu der Transportleistung zu bringen. Als Einheit der Transportleistung in der Güterbeförderung verwendet man den Tonnenkilometer, der geleistet wird, wenn eine Tonne – 1000 kg – über eine Strecke von einem Kilometer oder eine halbe Tonne über eine Strecke von zwei Kilometer usw. befördert wird. Als Einheit der Transportleistung in der Personenbeförderung verwendet man den Fluggastkilometer. Die Wirtschaftlichkeit des Flugzeuges wollen wir dadurch zu beurteilen versuchen, daß wir die direkten Lufttransportkosten je Tonnenkilometer oder je Fluggastkilometer ermitteln.

Zuladung. Zum Zwecke der Flugkostenermittlung wollen wir das Abfluggewicht in drei Teile unterteilen, Rüstgewicht, Nutzlast und Brennstoffgewicht. Das Rüstgewicht ist das Gewicht des flugfertigen Flugzeuges einschließlich Besatzung, Nutzlast und Brennstoffgewicht machen die Zuladung aus. Bei einem Kurzstreckenflugzeug ist ein großer Teil der Zuladung Nutzlast, ein kleinerer Teil Brennstoff, bei einem Langstreckenflugzeug ist ein relativ kleinerer Teil der Zuladung Nutzlast, ein größerer Teil Brennstoff. Wie auch immer die Zuladung zusammengesetzt ist, so ist ohne weiteres klar, daß es zur Geringhaltung der Flugkosten darauf ankommt, ein möglichst großes Verhältnis von Zuladung zu Rüstgewicht zu erreichen. Je größer das Rüstgewicht für eine bestimmte Zuladung ist, desto mehr Leistung ist zum Fliegen erforderlich, desto größer ist der Brennstoffverbrauch je Kilometer Flugstrecke, desto größer sind die Anschaffungskosten und die Überholungs- und Reparaturkosten.

Den Einfluß des Triebwerkes auf das Verhältnis von Zuladung zu Rüstgewicht haben wir bereits bei der Besprechung der verschiedenen Triebwerksarten kennengelernt. Kolbenmotore und

Verbundmotore sind je PS am schwersten, bedingen also ein relativ hohes Rüstgewicht. Dafür ist der Brennstoffverbrauch niedrig. Propellergasturbinen sind je PS wesentlich leichter und erlauben daher geringere Rüstgewichte, dafür sind die Brennstoffverbrauche oft etwas höher. Düsentriebwerke sind nochmals je PS Vortriebsleistung sehr viel leichter und erlauben noch kleinere Rüstgewichte, dafür ist der Brennstoffverbrauch, wenigstens im Bereich von hohen Unterschallgeschwindigkeiten, wesentlich größer. Um die Güte eines Flugzeuges in bezug auf das Verhältnis von Zuladung zu Rüstgewicht zu beurteilen, muß man also die Art des Triebwerkes berücksichtigen.

Der Einfluß der Reichweite auf das Verhältnis von Zuladung zu Rüstgewicht ist ebenfalls beträchtlich. Kurzstreckenflugzeuge mit geringem Brennstoffvorrat müssen einen relativ viel größeren und damit schwereren Rumpf haben als Langstreckenflugzeuge, bei denen ein großer Teil der Zuladung aus Brennstoff besteht, der in den Flügeln untergebracht ist. Bei der Benutzung des Zuladungsverhältnisses als Gütemaß für ein Flugzeug muß man sich daher auf den Vergleich von Flugzeugen mit ungefähr gleicher Reichweite beschränken.

Begreiflicherweise hat man sich besonders eingehend mit der Frage beschäftigt, wie die Wirtschaftlichkeit des Flugzeuges mit seiner *Größe* zusammenhängt. Die einfachste Grundlage für eine derartige Überlegung ist die, daß Flächenbelastung und Leistungsbelastung unverändert bleiben. Es müssen also Gesamtgewicht und Motorleistung proportional der Fläche, das ist mit dem Quadrat der linearen Abmessungen zunehmen. Hier gelangt man nun zu folgender Schwierigkeit. Wenn man die Lastverteilung beim großen Flugzeug ähnlich der des kleinen macht, also alle Lasten im wesentlichen in einem Mittelrumpf unterbringt und durch die weit ausgebreiteten Flügel tragen läßt, so wachsen die *Beanspruchungen*, denen die Flügel dort, wo sie an den Rumpf anschließen, ausgesetzt sind, stärker als die Gewichte. Denn die Lasten im Rumpf suchen die Flügel zu brechen, so wie ein in der Mitte belasteter, beiderseits gelagerter Balken durch eben diese Last beansprucht wird. Die Größe einer solchen Beanspruchung wird durch das sog. Biegungsmoment gemessen, nämlich durch das Produkt aus der Auflagerkraft (dem halben Gewicht) und dem Abstand des Auflagers (der Flügelmitte) von der Trägermitte (dem Rumpf). Demnach wächst die Beanspruchung mit dem Produkt aus Gewicht und Längenabmessung oder nach dem oben Dargelegten mit der dritten Potenz der Längen. Daraus muß man schließen, daß eine Verstärkung des Flügelquerschnittes in einem Maße erforderlich ist, die das reine Flügelgewicht jedenfalls stärker wachsen läßt als mit dem Quadrat der Längen; diesem proportional wächst aber das Gesamtgewicht, wenn die Flächenbelastung unverändert bleibt. Daraus folgt also, daß der *Anteil des Leergewichts* am Gesamtgewicht mit zunehmender Größe des Flugzeuges auch *zunimmt* und damit würde der Vergrößerung bald eine Grenze gesetzt sein.

Tatsächlich sind die Verhältnisse von Zuladung zu Rüstgewicht im Laufe der Entwicklung zu immer größeren Flugzeugen eher besser geworden als schlechter. Der Grund hierfür ist darin zu sehen, daß entgegen unserer obigen Voraussetzung die Flächenbelastung *nicht* unverändert geblieben ist, sondern ständig mit der Größe der Flugzeuge zugenommen hat. Da, wie wir wissen, der sparsamste Flug bei einem optimalen Widerstands- zu Auftriebsverhältnis W/A stattfindet, welches bei einem bestimmten Auftriebsbeiwert c_a erreicht wird, ist eine vergrößerte Flächenbelastung gleichbedeutend mit einer erhöhten Fluggeschwindigkeit. Diese aber verlangt eine höhere Leistung je kg Fluggewicht, also eine verringerte Leistungsbelastung. Die Beibehaltung oder gar Verbesserung des Verhältnisses von Zuladung zu Rüstgewicht bei der Vergrößerung der Flugzeuge wäre ohne die gleichzeitige Erhöhung der Geschwindigkeit, Erhöhung der Leistung je kg Fluggewicht und Erhöhung der Last je Quadratmeter Tragfläche nicht möglich gewesen.

Nutzlast. Aus der Zuladung G_Z erhält man die Nutzlast G_N durch Subtraktion des Brennstoffgewichtes G_B, $G_N = G_Z - G_B$. Auf S. 217 hatten wir für das Propellerflugzeug eine Beziehung zwischen der Abnahme an Fluggewicht ΔG infolge Brennstoffverbrauchs und der Flugstrecke ΔR aufgestellt. Die Beziehung galt für kleine Gewichtsänderungen und kleine Flugstrecken. Für große Flugstrecken erhält man eine für die meisten Fälle ausreichende Näherung, wenn man ΔG durch das mitgeführte Brennstoffgewicht G_B, wenn man ΔR durch die Reichweite R, und wenn man das jeweilige Fluggewicht G durch das mittlere Fluggewicht $\overline{G}$ während des Fluges ersetzt. Es ist dann

$$G_B = R\,\overline{G}\,(W/G)\,e_N/270\,\eta\,,$$

wobei die Reichweite R in km, der spezifische Brennstoffverbrauch e_N in kg/PS st gemessen wird, und wobei η der Propellerwirkungsgrad ist[1]. Die entsprechende Beziehung für das Düsenflugzeug heißt (siehe S. 222)

$$G_B = R\,\overline{G}\,(W/G)\,e_S/v\,,$$

wobei wieder die Reichweite R in km, der spezifische Brennstoffverbrauch e_S in kg/kg st und die Fluggeschwindigkeit v in km/st gemessen wird.

Für die größte Wirtschaftlichkeit kommt es darauf an, das Verhältnis von Nutzlast zu Rüstgewicht möglichst groß zu machen. Hierzu ist erstens eine möglichst große Zuladung und zweitens bei gegebener Reichweite ein möglichst geringer Brennstoffverbrauch erforderlich. Ein geringer Brennstoffverbrauch ist bei der Flugbeförderung in doppelter Hinsicht wirksam. Erstens sind dann die Brennstoffkosten gering, und zweitens kann mehr Nutzlast mitgeführt werden, was im allgemeinen einen noch größeren Einfluß auf die Wirtschaftlichkeit hat als die direkte Brennstoffkostenersparnis. Die obigen Beziehungen sind daher von sehr großer Bedeutung für die Flugunkostenbilanz. Wie schon früher ausgeführt, kommt es zur Geringhaltung der Brennstoffmenge darauf an, beim Propellerflugzeug die Größe Gleitzahl W/G mal spezifischen Brennstoffverbrauch je PS-Stunde dividiert durch Propellerwirkungsgrad möglichst kleinzuhalten. Beim Düsenflugzeug kommt es darauf an, die Größe Gleitzahl W/G mal spezifischen Brennstoffverbrauch je kg-Stunde dividiert durch die Fluggeschwindigkeit möglichst kleinzuhalten. Beim Propellerflugzeug kommt die Fluggeschwindigkeit nicht in dem Ausdruck für die Brennstoffmenge vor. Man kann daher auch für geringere Fluggeschwindigkeiten kleine Brennstoffverbrauche je km Reichweite erhalten. Beim Düsenflugzeug steht die Fluggeschwindigkeit im Nenner, und man erzielt um

---

[1] Die exakte Beziehung heißt (siehe Anmerkung auf S. 221)

$$ln\,\frac{G_1}{G_1 - G_B} = R\,(W/G)\,e_N/270\,\eta\,,$$

wo G_1 das Abfluggewicht ist. Der Ersatz von $ln\,\dfrac{G_1}{G_1 - G_B}$ durch $\dfrac{G_B}{\overline{G}}$ $= \dfrac{G_B}{G_1 - G_B/2}$ ist recht genau für die meisten praktisch vorkommenden G_B/G_1-Werte.

so größere Wirtschaftlichkeit je schneller man fliegt, natürlich nur solange nicht durch die Schallnähe die Gleitzahl W/G wesentlich leidet.

Je größer die Reichweite, desto geringer muß die Nutzlast sein. Vom Standpunkt der direkten Kosten der Flugbeförderung ist es daher ungünstig, zu lange Flugstrecken zu wählen. Tatsache ist jedoch, daß die Flugtransportorganisationen, welche lange Strecken befliegen, wirtschaftlich viel gesünder sind als diejenigen mit kürzeren Strecken. Es hängt dies damit zusammen, daß für lange Strecken die Vorteile der Flugbeförderung von Personen und von Gütern hinsichtlich des Zeitgewinnes gegenüber anderen Transportmitteln viel einleuchtender sind als für kurze Strecken, und daher von seiten anderer Transportmittel weniger Wettbewerb besteht. Außerdem ergibt sich bei langen Strecken eine erhebliche Ersparnis an Kosten für die Bodenorganisation, bezogen auf den Flugkilometer, so daß die indirekten Kosten sich erniedrigen. Eine weitere Verbilligung des Flugbetriebes über lange Strecken gegenüber dem Kurzstreckenbetrieb entsteht dadurch, daß die Zahl der täglichen Flugstunden im allgemeinen größer sein wird, da weniger Flughafenaufenthaltszeit je Flugstunde und eine bessere Ausnutzung der Nachtstunden für den Flugbetrieb erreicht wird. Die Zahl der täglichen Flugstunden hat aber einen beträchtlichen Einfluß auf die Flugkosten. Je besser die Ausnutzung des Flugzeuges, desto geringer ist der Kapitalaufwand und die damit zusammenhängenden Kosten für Abschreibung, Versicherung und Verzinsung für eine bestimmte tägliche Transportleistung.

Beförderungskosten je Tonnenkilometer. Wir wollen das Rüstgewicht G_0 als Basis für die Kostenaufstellung benutzen. Es sollen vier verschiedene Kostenquellen berücksichtigt werden: Abschreibung des Anlagekapitals, Versicherung und Verzinsung des Anlagekapitals, Wartung und Überholung der Flugzeuge und Brennstoffverbrauch. Kosten für etwaige Bodenanlagen und für Bodenpersonal – ausgenommen das zum Flugbetrieb notwendige technische Personal – seien außer acht gelassen. K_1 bezeichne die Anschaffungskosten in DM je kg Rüstgewicht G_0. Als ungefähren Anhaltspunkt für diese Kosten können wir die folgenden, für moderne Transportflugzeuge geltenden Zahlen ansehen[1].

---

[1] Siehe F. H. Robertson: Journal Royal Aeron. Soc. Bd. 59, Nov. 1955, S. 762.

$$K_1 \text{ DM/kg}$$

	K_1 DM/kg
Propellerflugzeug mit Kolbenmotoren	100.—
Düsenflugzeug	140.—
Hubschrauber mit Gasturbinen	150.—

Um die Abschreibungskosten je Flugstunde zu erhalten, müssen wir die Zahl der Jahre n kennen, über welche die Anschaffungskosten abgeschrieben werden sollen, sowie die Zahl der Flugstunden h im Jahr. Es sind dann die Abschreibungskosten je Flugstunde $K_1 G_0/nh$. Bei der Wahl von n muß nicht nur die zu erwartende Lebensdauer des Flugzeuges berücksichtigt werden, sondern auch die Tatsache, daß ein Flugzeugmuster relativ rasch veraltet und dann gegen leistungsfähigere und wirtschaftlichere Muster nicht mehr wettbewerbsfähig ist. Obwohl Transportflugzeuge 20 Jahre und länger in ununterbrochenem Dienst gestanden haben, kann man wohl $n = 8$ Jahre als vernünftige Zeit für die Abschreibung der Anschaffungskosten ansehen.

Die Zahl der jährlichen Flugstunden h hängt natürlich sehr von der Art des Flugbetriebes ab. Ein Wert von $h = 3000$ Flugstunden im Jahr ist typisch für eine gute Ausnutzung eines Transportflugzeuges. Je nach den besonderen Verhältnissen kann dieser Wert jedoch stark schwanken.

Als nächsten Kostenanteil betrachten wir den Aufwand für Versicherung und Verzinsung. Es sei p der durchschnittliche jährliche Anteil des Anschaffungspreises, der für Versicherung und Verzinsung aufgewendet werden muß. Es sind dann die Kosten für Versicherung und Verzinsung je Flugstunde $pK_1 G_0/h$. Es kann etwa $p = 0{,}075$ angenommen werden.

Als dritten Kostenanteil haben wir den Aufwand für Wartung und Überholung der Flugzeuge. K_2 bezeichne die jährlichen Kosten hierfür in DM je kg Rüstgewicht. Je Flugstunde sind dann die Wartungs- und Überholungskosten $K_2 G_0/h$. Als Anhaltspunkt für den Wert von K_2 können die folgenden Verhältnisse angesehen werden:

	K_2/K_1
Starrflügler	0,35
Drehflügler	0,50

Der Aufwand für Wartung und Überholung ist also recht erheblich. 35 bis 50 vH der Anschaffungskosten werden in einem Jahr für Wartung und Überholung des Flugzeuges ausgegeben.

Als letzte Kostenquelle, die wir hier berücksichtigen wollen, haben wir die Brennstoffkosten. K_3 bezeichne die Kosten für 1 kg Brennstoff (in der Größenordnung von 0,6 DM/kg). Dann sind nach den auf S. 373 angegebenen Gleichungen die Brennstoffkosten je Flugstunde

für ein Propellerflugzeug $K_3 e_N (W/G) \overline{G} v / 270 \, \eta$
für ein Düsenflugzeug $K_3 e_S (W/G) \overline{G}$

Die Gesamtkosten wollen wir statt auf die Flugstunde auf den Tonnenkilometer Beförderungsleistung beziehen, indem wir die obigen vier Kostenanteile durch $G_N v / 1000$ dividieren (v in km/st). Wir erhalten die Kosten je Tonnenkilometer zu

$$K = \frac{1000}{G_N v} \left[\frac{K_1 G_0}{h} \left(\frac{1}{n} + p \right) + \frac{K_. G_0}{h} + K_3 e_S (W/G) \, \overline{G} \right] .$$

Hierin ist die Nutzlast G_N und das mittlere Fluggewicht $\overline{G} = G_1 - G_B/2$ in kg, die Fluggeschwindigkeit v in km/st, der spezifische Brennstoffverbrauch e_S in kg/kg st einzusetzen. Der obige Ausdruck gilt für Düsenflugzeuge. Bei Propellerflugzeugen ist e_S durch $e_N v / 270 \, \eta$ zu ersetzen, wobei der spezifische Brennstoffverbrauch e_N in kg/PS st, v wieder in km/st zu rechnen ist.

Der obige Ausdruck bezieht sich auf die verfügbaren Tonnenkilometer. Um die Kosten je tatsächlichen Tonnenkilometer zu erhalten, muß man den Ausdruck noch durch den „Besetzungsfaktor" dividieren. Im Personenflugverkehr wird man wohl mit einem durchschnittlichen Besetzungsfaktor von nicht viel über 2/3 rechnen müssen. Gewinn oder Verlustbetrieb hängen natürlich davon ab, daß es gelingt, den Besetzungsfaktor nicht unter einen gewissen Minimalwert absinken zu lassen. Setzt man das mittlere Gewicht eines Fluggastes einschließlich Gepäck mit 100 kg an, so sind die Kosten je Sitzkilometer 1/10 des obigen Ausdruckes, und bei einem Besetzungsfaktor von 2/3 sind die Kosten je Fluggastkilometer 1,5/10 des obigen Ausdruckes.

Zahlenbeispiele (Propellerflugzeug, Hubschrauber, Düsenflugzeug). Um eine Vorstellung von der Größe der Flugbeförderungskosten zu bekommen, wollen wir die abgeleitete Gleichung der Kosten je Tonnenkilometer für drei hypothetische Fälle auswerten, ein Propellerflugzeug mit Kolbenmotor, ein Hubschrauber mit Gasturbinen und ein Düsenflugzeug, wie es in naher Zukunft im Flugverkehr eingesetzt werden wird. Die folgende Zahlentafel gibt an, welche Werte der verschiedenen Parameter für die drei Fälle zugrunde gelegt wurden.

	G_0/G_1	G_N/G_1	G_B/G_1	$\frac{h}{\text{St}}$	n	p
Propellerflugzeug mit Kolben-motoren	0,64	0,26	0,10	3000	8	0,075
Hubschrauber mit Gasturbinen	0,66	0,22	0,12	2000	8	0,075
Langstreckendüsenflugzeug	0,46	0,14	0,40	3000	8	0,075

	K_1 DM/kg	K_2 DM/kg	K_3 DM/kg	$\frac{e_S}{e_N}$	G/W	η	$\frac{v}{\text{km/st}}$
Propellerflugzeug mit Kolbenmotoren	100	35	0,6	0,22	15	0,80	300
Hubschrauber mit Gasturbinen	150	75	0,6	0,30	7	0,98	180
Langstreckendüsen-flugzeug	140	49	0,6	0,90	20	—	800

Mit diesen Werten in die Kostengleichung eingesetzt erhalten wir die folgenden Kosten in DM je Tonnenkilometer.

	Abschreibung Zinsen Versicherung	Wartung Überholung	Brennstoff	Summe
Propellerflugzeug mit Kolbenmotoren	0,061	0,107	0,160	0,33
Hubschrauber mit Gasturbinen	0,250	0,625	0,414	1,29
Langstreckendüsen-flugzeug	0,041	0,067	0,193	0,30

An diesem Ergebnis ist bemerkenswert, daß der Hubschrauber etwa viermal so hohe Kosten je Tonnenkilometer erfordert als das Drachenflugzeug. Der Grund hierfür ist, daß Anschaffungskosten, Wartungs- und Überholungskosten je kg Rüstgewicht höher sind als selbst beim Düsenflugzeug, daß das Nutzlastverhältnis geringer ist, und vor allem, daß die Fluggeschwindigkeit so viel kleiner ist. Weiterhin ist an dem Ergebnis bemerkenswert, daß die Beförderungskosten in einem Langstreckendüsenflugzeug bei 800 km/st Reisegeschwindigkeit sogar noch etwas geringer sind als in einem Mittelstreckenflugzeug mit Kolbenmotoren und nur 300 km/st Reisefluggeschwindigkeit. Diese Verbesserung für das Düsenflugzeug wird erreicht, obwohl die Nutzlast im Verhältnis zum Rüstgewicht geringer ist, obwohl die Anschaffungs- und Wartungskosten je kg Rüstgewicht höher sind und obwohl die Brennstoffkosten höher sind. Der Einfluß der hohen Fluggeschwindigkeit ist genügend groß, um alle diese ungünstigen Einflüsse mehr als auszugleichen. Der Brennstoffkostenanteil an den Gesamtbetriebskosten ist beim Hubschrauber etwa 1/3, beim Propellerflugzeug mit Kolbenmotor etwa 1/2 und beim Düsenflugzeug 2/3 der Gesamtkosten. Das Propellerflugzeug mit Gasturbinen ist, wie schon in Abschnitt 23 angedeutet, dem Düsenflugzeug in bezug auf Beförderungskosten je Tonnenkilometer etwas überlegen, wenn die Reisefluggeschwindigkeit etwa 700 km/st beträgt. Die Meinungen hierüber sind jedoch nicht einheitlich, und da geringe Verschiebungen in den grundlegenden Annahmen die eine oder andere Art Flugzeug überlegen erscheinen lassen, haben wir hier davon abgesehen, das Propellerflugzeug mit Gasturbinen in den Vergleich einzubeziehen, obwohl diese Bauart wahrscheinlich, wenigstens für eine gewisse Zeitspanne, für einen großen Teil der Weltluftbeförderung verwendet werden wird.

Die angegebenen Zahlenwerte für die Beförderungskosten sollen im übrigen nur einen Hinweis auf Tendenzen darstellen und nicht als absolut gültige Werte aufgefaßt werden. Die Kosten sind erstens zeitbedingt und gelten für 1956. In den meisten Ländern kann man wohl im Durchschnitt mit 5 vH Preissteigerung im Jahr rechnen. Die Kosten sind auch recht empfindlich gegen Änderung der zahlreichen getroffenen Annahmen. Zum Beispiel wurde für den Hubschrauber nur mit einer jährlichen Flugstundenzahl von 2000 gerechnet gegenüber 3000 für die Drachenflugzeuge, da der Hubschrauber auf kürzeren Flugstrecken verwendet würde. Der Aufwand an Wartungs- und Überholungskosten wurde jedoch nicht je Flugstunde, sondern je kg Rüstgewicht als konstant angenommen, was nicht mehr richtig ist, wenn große Unterschiede in den jährlichen Flugstunden bestehen. In einer genaueren Kostenanalyse müßten viele der getroffenen Annahmen verfeinert und den jeweiligen besonderen Verhältnissen angepaßt werden. Immerhin zeigt unsere Kostenrechnung, daß trotz immer größerer Fluggeschwindigkeiten und höherer Triebwerksleistungen die Flugbeförderungskosten eher niedriger als höher werden. Mit 100 kg Fluggastgewicht ergibt die obige Zahlentafel je Sitzkilometer 3 Pfennig direkte Flugunkosten, bei einem Besetzungsfaktor von 2/3 also 4,5 Pfennig je Fluggastkilometer. Diese Unkosten sind in der Größenordnung derjenigen für Eisenbahn oder Schiff. Tatsäch-

lich kann man heute für den gleichen oder einen geringeren Kilo-
meterpreis fliegen als man – wenigstens in den besseren Klassen –
für Eisenbahn oder Schiff bezahlt.

Die folgende kleine Übersicht der von den planmäßigen Fluglinien in der Welt (ausgenommen Sowjetunion und China) im Jahr
beförderten Tonnenkilometer an Fluggästen und an Gütern und
Post zeigt, daß die Beförderungsleistungen sich in jedem Jahrfünft
verdoppelt bis verdreifacht haben.

Jahr	Tonnenkilometer in Millionen	
	Fluggäste	Fracht und Post
1935	100	
1940	254	
1945	816	270
1950	2720	1060
1955	6040	1880

Andere Wirtschaftszwecke des Flugzeuges. Neben der Flugbeförderung durch die planmäßigen Fluglinien werden Flugzeug
und Hubschrauber auch für andere Wirtschaftszwecke verwendet.
Der Privatbesitz von Flugzeugen ist – wenigstens in den Vereinigten Staaten – einigermaßen verbreitet und die meisten größeren
Unternehmen verfügen über eigene Flugzeuge für den Geschäfts-
reiseverkehr. Eine wirkliche Massenverwendung von Flugzeug oder
Hubschrauber, ähnlich derjenigen des Kraftwagens, liegt jedoch,
wenn sie überhaupt möglich ist, noch in einiger Zukunft. Flugzeuge
und Hubschrauber werden in der Land- und Forstwirtschaft verwendet, teils um Schutzmittel gegen Insektenfraß von der Luft zu
streuen, teils zum Überwachungsdienst gegen Waldbrände. Über-
landleitungen für Erdgas und Rohöl werden ebenfalls gelegentlich
von der Luft aus überwacht. Flugzeuge und Hubschrauber werden
auch vielfach für die geologische Übersicht in der Suche nach
Erdöl oder Mineralien benutzt. Hubschrauber haben sich in einigen
Fällen von großem wirtschaftlichen Wert erwiesen, als es sich
darum handelte, in abgelegenen Gegenden Siedlungen zur Mineral-
gewinnung zu errichten. Lange ehe ein Straßenbau zu der Siedlung
fertiggestellt werden konnte, war der Aufbau der Siedlung und der
technischen Anlagen durch Luftbeförderung mit Hubschraubern
möglich. Es gibt in den Vereinigten Staaten und in Europa eine
Reihe von Unternehmen, welche im Besitz von Flugzeugen und

Hubschraubern sind, die sie einschließlich des zum Fliegen und zur Wartung nötigen Personals für die verschiedensten Wirtschaftszwecke ausleihen.

Schließlich seien noch einige Verwendungszwecke von Flugzeugen und Hubschraubern erwähnt, die zwar nicht direkt „wirtschaftlich" im Sinne von gewinnbringend für ein Unternehmen sind, die jedoch für die Öffentlichkeit von großer Bedeutung sind und von der öffentlichen Hand finanziert werden. Da ist zunächst das Luftbildwesen. Zu mannigfachen Zwecken und in verschiedener Weise kann man Lichtbildaufnahmen aus Flugzeugen machen. Zunächst bekommt man sehr anschauliche und übersichtliche Bilder von Einzelgebäuden, Hafen- oder Industrieanlagen usf., durch einfache Aufnahme in schräger Richtung. Die Bilder bieten eine sog. Vogelperspektive, etwa das, was das Auge unmittelbar sehen würde, wenn man an Stelle des wirklichen Gegenstandes ein stark verkleinertes Modell vor sich hinstellte. Auch für wissenschaftliche Zwecke finden solche Luftbildaufnahmen Verwendung. So ist es z. B. in England und Deutschland gelungen, die im Boden abgedrückten Umrißformen einiger römischer Kastelle, welche sich für ein in geringer Höhe befindliches Auge nicht mehr abheben, durch das Luftbild an den vermuteten Stellen aufzufinden. In vielen Ländern bestehen zentrale Organisationen, die sich mit der planmäßigen Herstellung von Luftbildern aller bemerkenswerten Kunst- und Naturdenkmäler befassen. Einen besonderen Zweig bildet dabei die Benutzung von Doppelbildern, sog. Stereoskopaufnahmen, die einen deutlich ausgeprägten räumlichen Eindruck von dem abgebildeten Objekt vermitteln. Weit wichtiger ist aber die Verwertung der Lichtbildaufnahmen für *kartographische* Zwecke. Nimmt man ein Gelände mit vertikal gestellter optischer Achse auf, so erhält man – bei genügend genauer Linse – schon nahezu einen richtigen Grundriß, also eine „Karte" des Geländestückes. Dabei erscheinen nicht nur die Umrisse von Wäldern, Wiesen usf., wie sie auf gewöhnlichen Karten verzeichnet sind, sondern – zufolge der verschiedenen Färbung – auch die Grenzen zwischen Laub- und Nadelwald usf. Vollkommene Genauigkeit einer Karte läßt sich erreichen, sobald man das unmittelbare Ergebnis der Aufnahme einer Bearbeitung nach den Regeln der sog. Bildmeßkunst (Photogrammetrie) unterwirft. Für diese „Luftbildmessung" sind in ausgedehntem Maße die theoretischen und praktischen Verfahren entwickelt

und zur Erleichterung der Arbeit geeignete Apparate durchgebildet
worden. Alle Kulturländer arbeiten in vollem Eifer daran, ihre
Karten einem Grade der Vollendung zuzuführen, der mit den
früheren Mitteln unerreichbar war.

Weiterhin werden Flugzeuge und Hubschrauber im Rettungs-
dienst verwendet. Militärische Hubschraubereinheiten sind verschiedentlich mit Erfolg bei Überschwemmungen zur Rettung eingesetzt worden, es gibt aber auch besondere Seenotrettungsorgani-
sationen, welche über Hubschrauber verfügen. Bei Flugzeugunfäl-
len in unzugänglichem Gelände werden vielfach Hubschrauber für
die erste Hilfe verwendet, und Flugzeuge und Hubschrauber dienen
zur Auffindung der Unfallstelle.

Mit diesen kurzen Andeutungen, die ja über das eigentliche
Thema unserer Vorträge, die *Flugmechanik*, schon etwas hinausgehen, wollen wir hier schließen. Werfen wir noch einmal einen
Blick auf das Ganze, so müssen wir uns bewußt werden, überall
und immer wieder nur Stückwerk geleistet zu haben. Wie schon
oft hervorgehoben wurde, haben wir überall vieles unterdrückt, was
in einer vollständigeren Darstellung nicht fehlen dürfte, immer in
dem Bestreben, die *wesentlichsten Züge* der Erscheinungen hervor-
treten zu lassen. Man muß, um ein Wort *Bacons* zu gebrauchen, die
Natur „zerschneiden“, um sie zu erklären. Indem wir die Stücke,
die uns die wichtigsten schienen, einer Betrachtung unterzogen,
sind uns nicht nur die übrigen entgangen, sondern auch das, was
an den Schnittstellen liegt, ist großenteils verloren. Diese Lücken
wird vor allem der am unmittelbarsten empfinden, der den Erscheinungen nicht zergliedernd gegenübertritt, sondern sie in ihrer
Gesamtheit und Geschlossenheit aufzunehmen gewohnt ist: das ist
in unserem Fall der Flieger selbst. Aber wir dürfen dem Satz, daß
man die Natur zerstückeln müsse, um sie zu erklären, den andern
hinzufügen: *Man muß aus dem Stückwerk das Ganze erfassen können, um eine Theorie zu verstehen.*

44. Einige neuere Flugzeugmuster

Flugzeugbauarten. Um einigen Einblick in die Mannigfaltigkeit
der Flugzeugbauarten zu gewähren, die heute für die verschiedensten Zwecke Verwendung finden, sind im folgenden sechs neuere
Flugzeugtypen verschiedener Herkunft im Bilde dargestellt und

kurz beschrieben. Überdies geben wir in Zahlentafel 4 eine Zusammenstellung der wichtigsten Hauptabmessungen der dargestellten und von zwei weiteren Flugzeugmustern.

Die in Zahlentafel 4 und in den Abbildungen 194 bis 199 dargestellten Flugzeugtypen sind natürlich nur eine kleine Auswahl der zur Zeit verwendeten und in Produktion befindlichen Muster. Die dargestellten Flugzeugmuster gehören zu den fünf Kategorien Reiseflugzeuge, Verkehrsflugzeuge, militärische Transportflugzeuge, Bombenflugzeuge und Hubschrauber. Nicht vertreten sind Forschungsflugzeuge, die nur in wenigen Exemplaren gebaut werden und zur Erforschung der Flugbereiche oder neuer Flugmethoden dienen. Nicht vertreten sind auch die zahlreichen, für militärische Sonderzwecke entwickelten Flugzeuge, wie Jagd- und Kampfflugzeuge, Beobachtungsflugzeuge, Tankerflugzeuge für Brennstoffversorgung der Bomben- und Kampfflugzeuge im Fluge usw. Die Erfordernisse des Luftkrieges ändern sich sehr rasch, so daß etwaige Angaben sehr bald veraltet sein würden. Zum Beispiel ist es fraglich, ob das einsitzige Jagdflugzeug, welches seither eine so hervorragende Rolle in der Luftkriegführung gespielt hat, noch eine lange Lebenszeit haben wird und nicht in absehbarer Zeit durch unbemannte Kampfstoffträger mit automatischer Ansteuerung des Zieles ersetzt werden wird. Im übrigen sind militärische Flugzeuge, über welche Angaben verfügbar sind, bereits veraltet, und über die neuen Muster sind Zahlen kaum erhältlich.

Die hier dargestellten Muster sind auch durchweg Landflugzeuge. Wasserflugzeuge oder Flugboote werden zur Zeit nur wenig verwendet. Die Gründe hierfür haben wir in Abschnitt 33 gestreift. Wir bemerkten auch bereits früher, daß sich diese Bevorzugung von Landflugzeugen auch einmal wieder ändern könnte, wenn die Fluggeschwindigkeiten so hoch werden, daß die dadurch notwendige Versteifung des Rumpfes diesen zur Wasserung geeignet machen würde. In bezug auf Triebwerke sind die wichtigsten Bauarten in der Zahlentafel 4 vertreten, der Kolbenmotor, das Kolbenverbundtriebwerk, die Propellerturbine und das Düsentriebwerk.

Reise. Als Vertreter des privaten Reiseflugzeuges zeigt Abb. 194 das von der Firma Aero Design in Oklahoma gebaute Muster „Aero Commander". Die Reihe 1 in Zahlentafel 4 enthält die zugehörigen Daten. Die Hochdeckerbauweise ergibt eine gute Sicht nach unten aus allen Fenstern der Kabine. Die Kabine enthält 5 bis 7 Sitze. Mit der relativ geringen Motorleistung von zweimal 225 PS wird immerhin über 300 km/st Reisegeschwindigkeit erreicht. Die niedrige Leistungsbelastung von 5 kg/PS gibt dem Flug-

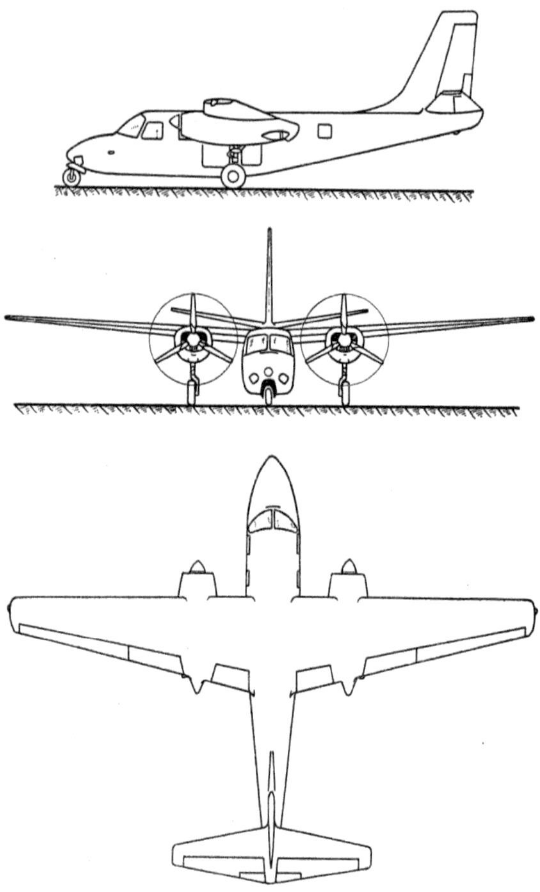

Abb. 194. Reiseflugzeug Aero Commander der Firma Aero Design

zeug eine gute Steiggeschwindigkeit (7 m/sek) und eine gute Dienstgipfelhöhe (6,7 km). Die Landegeschwindigkeit ist 100 km/st. Die Flächenbelastung ist relativ gering, 122 kg/m². Der Preis von 75000 Dollar ist allerdings in einer Größenordnung, daß die Anschaffung des Flugzeuges sich nur für größere Firmen lohnen kann.

Verkehr. Die Reihen 2 bis 5 in Zahlentafel 4 enthalten Angaben über 4 Verkehrsflugzeuge. Abb. 195 und 196 zeigen zwei dieser Flugzeuge. Das kleinste dieser 4 Verkehrsflugzeuge ist das von der

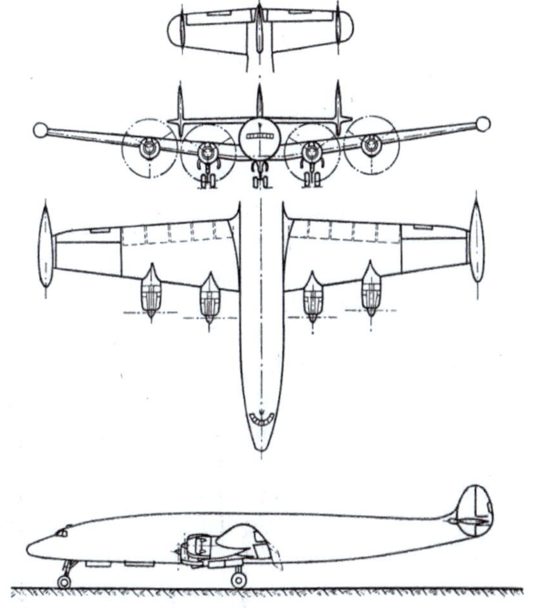

Abb. 195. Verkehrsflugzeug Super G Constellation der Firma Lockheed

Firma Fokker in den Niederlanden entwickelte Muster „Friendship". Es werden zwei Gasturbinen der Firma Rolls-Royce in England verwendet – Angaben über die Dart-Turbine siehe Zahlentafel 3 auf S.191. Das Flugzeug hat 36 Sitze und ist für den Kurzstreckenverkehr gedacht. Mit der niedrigen Leistungsbelastung von 4,5 kg/PS ergeben sich gute Flugleistungen, und bei einer Reisegeschwindigkeit von 400 km/st ist die Tragflächenbelastung 220 kg/m². Man beachte in Zahlentafel 4, wie mit wachsender Geschwindigkeit und mit wachsender Flugzeuggröße auch die Flächenbelastung zunimmt. Wie wir im vorigen Abschnitt ausführten, ist dies notwendig, um das Gewicht der Tragfläche bei Vergrößerung der Flugzeuge prozentual nicht anwachsen zu lassen. Das Muster „Friendship" wird das erste Kurzstreckenflugzeug mit Gasturbinen sein. Für ein solches Flugzeug ist ein erheblicher

25 U   v. Mises/Hohenemser, Fluglehre. 6. Aufl.

Markt vorhanden, da viele Fluglinien für ihren Kurzstreckenverkehr noch immer das vor dem zweiten Weltkrieg entwickelte und heute natürlich recht veraltete Muster Douglas DC-3 verwenden, das bei einer Sitzzahl von 21 eine Reisegeschwindigkeit von nur 250 km/st hat.

Reihe 3 in Zahlentafel 4 enthält Angaben über das von der Firma Vickers-Armstrongs in England entwickelte Muster „Viscount", welches als Mittelstreckenflugzeug angesehen werden kann. Es wird von 4 Gasturbinen – ebenfalls die Rolls-Royce-Dart-Turbine – angetrieben. Das Muster wird mit 52 bis 65 Sitzen geliefert. Es ist das erste im Verkehr eingesetzte Muster mit Propellergasturbinenantrieb. Die Leistungsbelastung von nur 4,0 kg/PS ist die kleinste der in Zahlentafel 4 aufgeführten Propellerflugzeuge.

Reihe 4 in Zahlentafel 4 enthält Angaben über das Langstreckenmuster „Super G Constellation" der Firma Lockheed in California. Es hat 4 Verbundmotoren der Type R-3350-34 der Firma Curtiss-Wright in New Jersey. Zahlentafel 2 enthält Angaben über diesen Motor. Das Muster „Super G Constellation" wird unter anderem im Transatlantikverkehr verwendet und wurde auch von der neuen Deutschen Lufthansa als Langstreckenmuster gewählt. Es wird mit einer Sitzzahl von 47 bis 94 geliefert. Die Reichweite beträgt 9400 km, die Reisegeschwindigkeit ist 540 km/st. Abb. 195 zeigt die drei Ansichten des Musters. Es hat die typischen 3 Schwanzflossen. Die Landeklappe ist eine sog. Fowlerklappe, die sich nach hinten herausschiebt und dadurch die Fläche des Flügels vergrößert. Das Muster hat Flügelendtanks für zusätzlichen Brennstoff, die Hauptbrennstoffmenge ist in üblicher Weise im inneren Flügelbereich untergebracht. Das Muster ist, wie die meisten Verkehrsflugzeuge, seit der Einführung dieser Bauart durch Junkers ein Tiefdecker, d. h. die Flügelholme laufen unter dem Rumpf durch. Man beachte die V-Stellung der Flügel in der Frontansicht.

Schließlich haben wir in Reihe 5 der Zahlentafel 4 und in Abb. 196 das Flugzeugmuster DC-8 der Firma Douglas in California, welches bereits in vielen Exemplaren an Fluglinien verkauft ist, obwohl es erst in der Konstruktion begriffen ist. Es sind vier Turbodüsentriebwerke des Musters JT 4 A-3 der Firma Pratt & Wittney in Connecticut vorgesehen, wahlweise auch vier Turbodüsentriebwerke des Musters „Conway" der Firma Rolls-Royce in England, welches ein Düsentriebwerk mit Kaltluftzusatz ist (siehe Abb. 100). Der

gesamte statische Schub der Triebwerke ist 27 000 kg, wodurch
sich ein Verhältnis des Fluggewichts zum Düsenschub von 5,4 ergibt. Bei einer Reisegeschwindigkeit von 940 km/st ist die Trag-

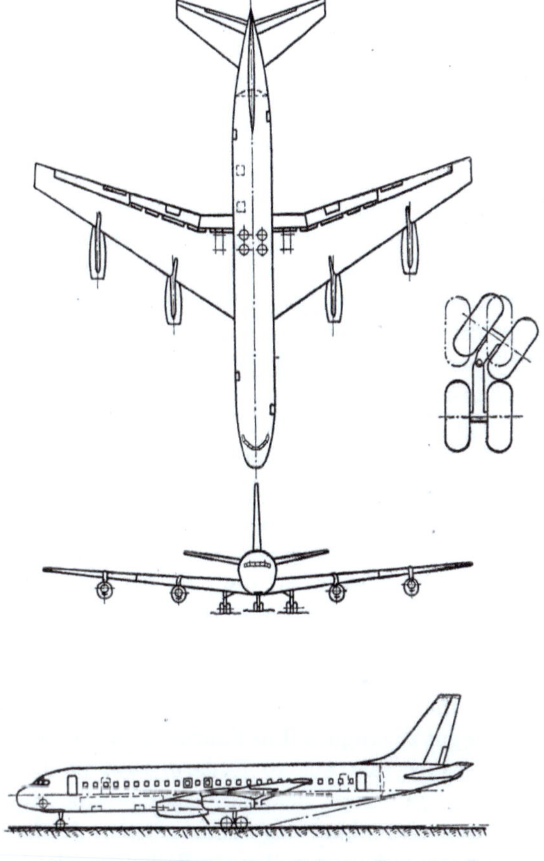

Abb. 196. Düsenverkehrsflugzeug DC-8 der Firma Douglas

flächenbelastung 540 kg/m², also wiederum höher als für alle vorhergehenden Flugzeugmuster. Es sind 122 bis 144 Sitze geplant.
Die Reichweite wird etwa 7000 km sein, also etwas geringer als für
die Super G Constellation. Als Länge der Abflugbahn wird etwa
2,7 km erforderlich sein, so daß es nur wenige Flughäfen gibt,
welche für dieses Muster brauchbar sein werden. Eine weitere

Schwierigkeit bei Düsenverkehrsflugzeugen ist die Unfähigkeit, mit gedrosseltem Brennstoffverbrauch längere Zeit flugfähig zu bleiben, wie es z.B. vor der Landung auf verkehrsreichen Flughäfen und bei schlechtem Wetter notwendig ist. Im Gegensatz zu den Kolbenmotoren läßt sich der Brennstoffverbrauch der Düsentriebwerke im sparsamsten Flug nicht sehr verringern, so daß die Flugzeitreserve für ein Düsenverkehrsflugzeug wesentlich geringer sein muß als für ein Flugzeug mit Kolbenmotoren. Ein weiteres Problem bietet die Lärmerzeugung der Düsentriebwerke, welche die Überfliegung von Großstädten in niedriger Höhe verbieten wird, es sei denn, daß bis zur Einführung des Düsenverkehrsflugzeuges Mittel zur Lärmverringerung gefunden werden, welche nicht auch die Leistung verringern. Es ist bemerkenswert, daß trotz zahlreicher ungeklärter Fragen des Düsenverkehrsflugzeuges viele Fluglinien es für ratsam fanden, feste Bestellungen einer großen Zahl dieser neuen Bauart aufzugeben, obwohl noch nicht einmal ein Versuchsmuster hergestellt ist.

Abb. 196 zeigt die drei Ansichten des Musters DC-8. Typisch ist der Pfeilflügel, welcher für hohe Unterschallgeschwindigkeiten sich als vorteilhaft erwiesen hat, siehe die Ausführungen auf S. 91. Höhen- und Seitenleitwerk haben ebenfalls Pfeilform. Die Triebwerke sind unten an den Tragflügel angehängt, eine Bauart, die aerodynamisch recht günstig ist, die jedoch im allgemeinen bei Propellertriebwerken wegen der Forderung nach Bodenfreiheit des Propellers nicht möglich ist. Die niedrige Höhe der Triebwerke über dem Boden ist natürlich auch für die Wartung günstig. Außerdem sind die völlig außerhalb der Flügelkontur liegenden Triebwerke sehr gut zugänglich. Das Fahrwerk für dieses 130000 kg schwere Flugzeug besteht aus 10 Rädern, zwei im Bugradfahrgestell, je 4 für jede Seite des Hauptfahrgestells. Zwei dieser 4 Räder sind frei schwenkbar angeordnet, wie in der besonderen Skizze angedeutet, um Kurvenrollen am Boden zu erleichtern. Die DC-8 ist auch wieder eine Tiefdeckerkonstruktion.

Es sei übrigens an dieser Stelle erwähnt, daß mit dem Düsenverkehrsflugzeug Comet der Firma De Havilland in England mit vier Düsentriebwerken des Musters Avon der Firma Rolls-Royce bereits erhebliche Pionierarbeit auf dem Gebiete des Düsenverkehrs geleistet wurde. Das Muster Comet ist etwa halb so groß als das Muster DC-8 sein wird und hat nicht genügend Reichweite für den direkten Transatlantikverkehr. Der jahrelange erfolgreiche Betrieb mit diesem Muster wurde leider dadurch unterbrochen, daß auf Grund von einer Reihe von Unfällen es sich herausstellte, daß das Muster ungenügende Ermüdungsfestigkeit in bezug auf die wiederholte Anbringung von innerem Kabinendruck in der großen Flughöhe aufwies. Seit der unglücklichen Erfahrung mit dem Comet ist es überall üblich geworden, die Kabinen von Höhenflugzeugen nicht nur einmalig auf Innendruck zu prüfen, sondern eine extra hierfür hergestellte Kabine wiederholt mit Innendrucken zu belasten, bis ein Ermüdungsbruch auftritt.

Ein Düsenflugzeug für den Mittelstreckenverkehr wurde in Frankreich von der Firma SNCA-SE entwickelt (Caravelle, 2 Rolls-Royce-Avon-Strahlturbinen im Rumpfende).

Neben Douglas in California und De Havilland in England ist noch eine dritte Firma, Boeing in Seattle, Washington, mit der Entwicklung von Langstreckendüsenverkehrsflugzeugen beschäftigt. Das Muster Boeing 707 mit den gleichen Düsentriebwerken wie für die DC-8 vorgesehen, hat bereits eine erfolgreiche Flugerprobung hinter sich und eine Weiterentwicklung dieses Musters ist ebenfalls für den Transatlantikverkehr geplant. Die Luftverskehrsgesellschaften haben bereits Bestellungen von etwa 200 Flugzeugen der Muster Douglas DC-8 und Boeing 707 aufgegeben, und man rechnet für das Jahr 1959 oder 1960 mit Indienststellung der ersten dieser Langstreckendüsenflugzeuge.

Militärischer Transport. Reihe 6 der Zahlentafel 4 enthält Angaben und Abb. 197 die drei Ansichten eines großen militärischen Transportflugzeuges mit Propellerturbinen, des Musters C-133 A der Firma Douglas in California. Es sind vier Gasturbinen des Musters T-34 der Firma Pratt & Wittney eingebaut, über welche Zahlentafel 3 nähere Angaben bietet. Bei einer geschätzten Reisegeschwindigkeit von 600 km/st ist die Leistungsbelastung 5,2 kg/PS, die Flächenbelastung 465 kg/m². Die Hochdeckerbauart ist typisch für militärische Transportflugzeuge und erlaubt einen niedrigen Rumpfboden, so daß Fahrzeuge über die hintere herablaßbare Rampe direkt in den Rumpf fahren können. Man beachte die geringe Größe der Triebwerksgondeln in der Frontansicht, etwa im Vergleich zu Abb. 195. Dies wird durch Verwendung von Gasturbinen statt der Kolbentriebwerke erreicht. Es ist genügend Laderaum vorhanden, um einen großen Teil der Zuladung von

25*

65,5 Tonnen als Nutzlast über kurze Strecken zu befördern. Für lange Strecken muß natürlich die Nutzlast entsprechend verringert werden und gegebenenfalls extra Brennstoff im Rumpf mitgeführt werden.

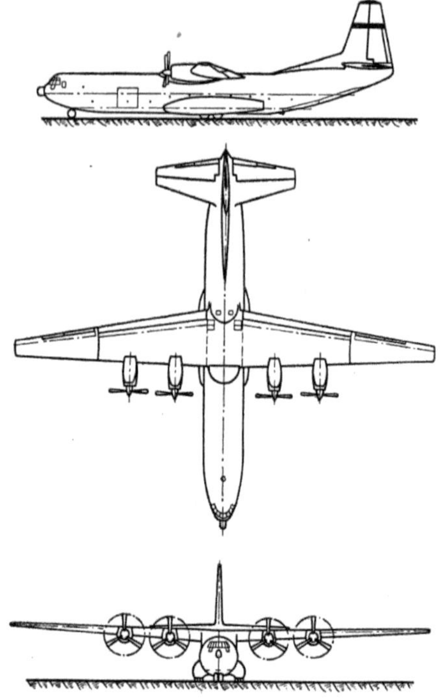

Abb. 197. Militärisches Transportflugzeug C-133 A der Firma Douglas

Langstreckenbomber. Reihe 7 der Zahlentafel 4 und Abb. 198 beziehen sich auf das Muster B-52 A der Firma Boeing in Seattle, Washington. Es sind 8 Düsentriebwerke vom Muster J 57 der Firma Pratt & Wittney eingebaut, je zwei in einer gemeinsamen Triebwerksgondel. Die Triebwerke sind wieder unten an den Tragflügel angehängt. Der Flügel hat starke Pfeilform. Der Rumpf ist relativ sehr schmal, da die Nutzlast nicht viel Raum beansprucht. Die Besatzung besteht nur aus 6 Mann. Der Flügel ist relativ hoch am Rumpf angeordnet, das Fahrwerk zeigt die Tandembauweise, über die wir auf S. 277 einiges ausführten. Man beachte, daß der Flügel in der Frontansicht eher negative V-Stellung zeigt. Die

Hochdeckeranordnung ergibt eine wirksame V-Stellung auch ohne
tatsächliche V-Anordnung der Flügel. Dies ist auch aus den anderen Beispielen ersichtlich. Während die Tiefdecker nach Abb. 195
und 196 erhebliche V-Winkel der Flügel zeigen, sind die V-Winkel

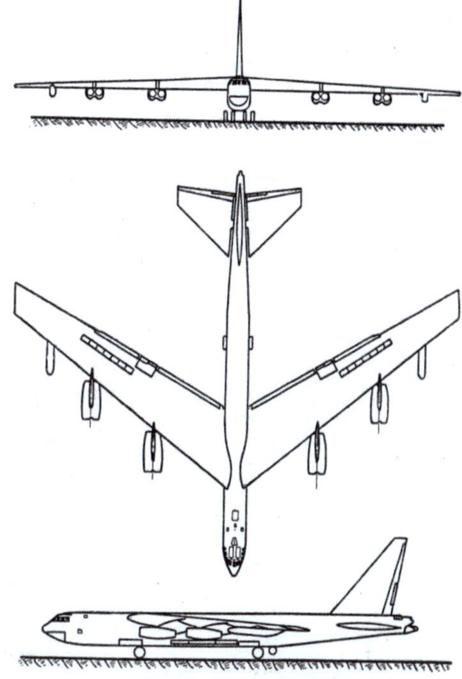

Abb. 198. Langstreckendüsenbomber B-52 A der Firma Boeing

der drei Hochdeckerbauweisen von Abb. 194, 197 und 198 sehr
gering oder gar etwas negativ. Zuladung, Geschwindigkeit und
Gipfelhöhe der B-52 sind nicht veröffentlicht. Zahlentafel 4 enthält geschätzte Werte von 1000 km/st für die Reisegeschwindigkeit
und 15 km für Dienstgipfelhöhe.

Hubschrauber. Reihe 8 von Zahlentafel 4 enthält Angaben und
Abb. 199 zeigt die drei Ansichten des Hubschraubermusters S-58
der Firma Sikorsky in Connecticut, die zusammen mit Pratt &
Wittney Motoren und Hamilton Standard Propeller zu dem Kon-
zern der United Aircraft Corporation gehören. Der Antrieb erfolgt
durch den Wright R-1820-Motor, über den Zahlentafel 2 nähere

Angaben enthält. Der Hubschrauber, welcher mit 12 Sitzen geliefert wird, hat bei einer Rotorkreisflächenbelastung von 25 kg/m² eine Reisegeschwindigkeit von 165 km/st. Die Gipfelhöhe von

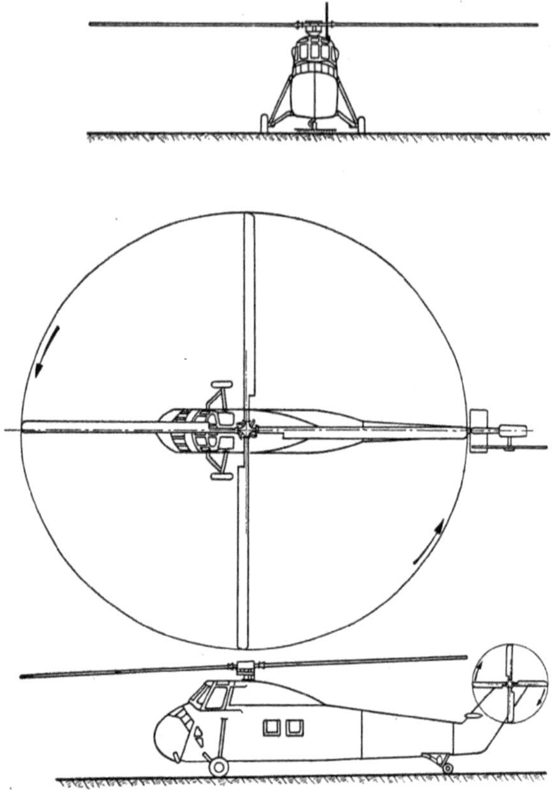

Abb. 199. Hubschrauber S-58 der Firma Sikorsky

0,7 km bezieht sich auf Schwebefähigkeit außerhalb des Bodeneinflusses. Schweben im Bodeneinfluß ist bei sehr viel größerer Höhe möglich, und im Vorwärtsflug können wiederum größere Höhen aufgesucht werden. Immerhin erkennt man, wie knapp die Leistung des Hubschraubers trotz der geringen Leistungsbelastung von 3,9 kg/PS bemessen ist, so daß ein vertikaler Aufstieg nur bis zu einer sehr geringen Höhe möglich ist. Ein erheblicher Teil der Motorleistung geht dadurch verloren, daß die Ausgleichsschraube etwa 8 vH der Leistung verbraucht, daß die Kühlung des Motors durch ein Gebläse während des Schwebens etwa 6 vH der Motorleistung entzieht, und daß die Getriebe mit ihren zahlreichen Zahnrädern ebenfalls einige Prozent der Motorleistung verschlucken. Das Hubschraubermuster S-58 hat einen vierblättrigen Rotor und ein festes Fahrwerk. Der Motor ist in die Rumpfnase eingebaut und durch eine abnehmbare Haube leicht zugänglich. Die Piloten sitzen erhöht über und etwas hinter dem Motor, die Kabine nimmt den Raum um den Schwerpunkt des Hubschraubers an. Diese Anordnung hat sich als sehr praktisch erwiesen, da der Hubschrauber nur eine relativ geringe Schwerpunktsverschiebung zuläßt. Außerdem ergibt sich auf diese Weise eine kurze Rumpfnase und entsprechend gute Flugeigenschaften. Am Rumpfende ist nicht nur die Ausgleichschraube, sondern auch ein kleines festes Höhenleitwerk angeordnet.

Das Muster S-58 steht in Wettbewerb mit einem Hubschraubermuster der Firma Vertol in Pennsylvania, welches den gleichen Motor verwendet, jedoch zwei gegenläufige Hubschrauben in Tandembauweise – hintereinander – gebraucht. Der Tandemhubschrauber hat zwar eine bessere Schwebeleistung, ist aber in bezug auf Flugeigenschaften und Schwingungen weniger befriedigend als das Muster S-58 aus Gründen, die wir auf S. 302 erörtert haben[1].

Bemerkungen zur Zahlentafel 4. In der ersten Spalte ist neben dem Namen der Herstellungsfirma und der Handelsbezeichnung der betreffenden Bauart eine kurze Angabe über den Verwendungszweck des Flugzeuges gemacht. Hierauf folgen die Angaben über Anzahl, Firma und maximale Stärke der eingebauten Triebwerke. Bei Propellertriebwerken ist die maximale Leistung in PS, bei Strahltriebwerken ist der größte Standschub in kg angegeben. Die Ziffer der Flächengröße bezieht sich natürlich auf die *tragende* Fläche der Flügel. Unter „Spannweite", „Länge", „Höhe" sind jedesmal die *größten* Abmessungen in den Richtungen der Querachse, Längsachse und Lotachse verstanden. Etwas unsicher und nur mit Vorsicht zu gebrauchen sind die Gewichtsangaben, da

---

[1] Die Abbildungen 194 bis 198 sind der Zeitschrift Western Aviation vom März 1956, Abb. 199 der Zeitschrift Aviation Age vom Oktober 1955 entnommen, während die Daten in Zahlentafel 4 großenteils der Zeitschrift Aviation Week vom 12. März 1956 entstammen.

Zahlentafel 4. *Abmessungen einiger neuzeitlicher Flugzeuge*

	Firmenname Baumuster Verwendung	Zahl	Triebwerke		Flächengröße m²	Spannweite m	Länge m	Höhe m	Leergewicht kg	Zuladung kg	Abfluggewicht kg	Flächenbelastung kg/m²	Leistungsbelastung kg/kg kg/PS	Reisefluggeschwindigkeit km/st	Dienstgipfelhöhe km
			Firmenname Baumuster Art	Gesamtstärke kg, PS											
1	Aero Design Aero Commander Reise	2	Lycoming 60-480-D1A Kolbenmotor	550 PS	22,5	13,6	10,8	4,5	1910	820	2730	122	5,0	315	6,7
2	Fokker Friendship Verkehr	2	Rolls-Royce Dart Propellerturbine	3420 PS	70	29,0	22,2	8,1	9400	6100	15 500	220	4,5	400	—
3	Vickers-Armstrongs Viscount Verkehr	4	Rolls-Royce Dart Propellerturbine	6840 PS	90	28,6	26,0	8,1	17 900	9600	27 500	306	4,0	460	—
4	Lockheed Super G Constellation Verkehr	4	Wright R-3350-34 Verbundmotor	13 200 PS	155	37,7	35,3	7,6	33 000	30 000	63 000	405	4,7	540	7,4
5	Douglas DC-8 Verkehr	4	Pratt & Wittney JT-4 A-3 Strahlturbine	27 000 kg	240	42,6	45,3	12,9	53 000	77 000	130 000	540	5,4	940	—
	Douglas C-133 A Militärtransport	4	Pratt & Wittney T-34 Propellerturbine	22 200 PS	250	55,0	46,6	14,7	50 500	65 500	116 000	465	5,2	(600)	—
7	Boeing B-52 A Langstreckenbomber	8	Pratt & Wittney J-57 Strahlturbine	36 000 kg	340	56,5	47,5	14,6	—	—	160 000	470	4,4	(1000)	(15)
8	Sikorsky S-58 Hubschrauber	1	Wright R-1820 Kolbenmotor	1470 PS	227	17,0	14,3	4,3	3400	2300	5700	25	3,9	165	0,7

keine ganz einheitlichen Gesichtspunkte für die Abgrenzung dessen, was zum „Leergewicht" gehört, bestehen. Das Gewicht der Besatzung (einschließlich des Führers) und das der Betriebsmittel, Benzin und Öl (einschließlich des im Motorgehäue befindlichen Ölvorrates) zählt jedenfalls zur „Zuladung". Die Zahlen der Flächen- und Leistungsbelastung sind aus dem Gesamtgewicht unter [Zugrundelegung der angegebenen Flächengröße und maximalen Leistung bzw. größtem Standschub gerechnet. Die in den letzten beiden Spalten stehenden Zahlen über Fluggeschwindigkeit und Gipfelhöhe sind mehr oder weniger unsichere Schätzungswerte, dies gilt insbesondere für die in Klammern gesetzten Zahlen.

Zahlentafel 5: *Temperatur, Druck, Dichte, Schallgeschwindigkeit und Zähigkeit der Luft in der Normalatmosphäre*

Höhe km	0	2	4	6	8	10	12	14	16
$t\,°C$	15	2	-11	-24	-37	-50	$-56,5$	$-56,5$	$-56,5$
$T\,°K$	288	275	262	249	236	223	216,5	216,5	216,5
$\delta = p/p_0$	1,0	0,784	0,609	0,466	0,353	0,262	0,190	0,139	0,102
$\sigma = \varrho/\varrho_0$	1,0	0,822	0,669	0,538	0,428	0,338	0,251	0,185	0,136
c m/sek	340	332	324	316	308	300	295	295	295
ν m^2/sek 10^{-5}	1,4	1,7	2,0	2,4	2,9	3,5	4,6	6,3	8,6
$\sqrt{\vartheta} = \sqrt{T/T_0}$	1,0	0,976	0,953	0,930	0,905	0,880	0,866	0,866	0,866
$\delta \sqrt{\vartheta}$	1,0	0,765	0,580	0,433	0,320	0,230	0,164	0,120	0,088

Zusammenstellung der wichtigsten Bezeichnungen

In folgendem sind die Bedeutungen der wichtigsten im Text verwendeten Bezeichnungen und die Dimensionen der bezeichneten Größen angegeben. Die vierte Spalte enthält formelmäßige Definitionen der Zeichen und die Zahlen der fünften Spalte weisen auf den Abschnitt hin, in welchem die betreffende Bezeichnung zuerst eingeführt wurde.

Zeichen	Bedeutung	Dimension	Zusammenhänge	Abschnitt
γ	Raumgewicht der Luft	kg/m^3		2
g	Erdbeschleunigung	m/sek^2		2
ϱ	Luftdichte	$kg\,sek^2/m^4$	$\varrho = \gamma/g$	2
p	Luftdruck	kg/m^2		2
v_s	Spezifisches Volumen	m^3/kg	$v_s = 1/\gamma$	2
T	Absolute Temperatur	$°K$		2
R	Gaskonstante	$mkg/kg°$	$R = p\,v_s/T$	2
v	Strömungsgeschwindigkeit oder Fluggeschwindigkeit	m/sek km/st	$v\,km/st = 3{,}6\,v\,m/sek$	3
q	Staudruck	kg/m^2	$q = \varrho\,v^2/2$	3
c	Schallgeschwindigkeit	m/sek	$c = \sqrt{\varkappa\,g\,R\,T}$	4
M	Machsche Zahl		$M = v/c$	4
c_v	Spezifische Wärme, konstantes Volumen	$mkg/kg°$		4
c_p	Spezifische Wärme konstanter Druck	$mkg/kg°$		4
$\varkappa$	Exp. adiabat. Expans.		$\varkappa = c_p/c_v$	4
u	Innere Energie	mkg/kg	$u = c_v\,T$	4
i	Enthalpie	mkg/kg	$i = u + p/\varrho\,g$	4
O	Oberfläche	m^2		5
F	Ansichtsfläche	m^2		5
W	Luftwiderstand = Luftkraft in Strömungsrichtung	kg		5
c_R	Reibungswiderstandsbeiwert	—	$c_R = W/O\,q$	5
c_w	Widerstandsbeiwert	—	$c_w = W/F\,q$	5

Zei-chen	Bedeutung	Dimension	Zusammenhänge	Ab-schnitt
v	Zähigkeitszahl	m²/sek		5
l	Linearabmessung	m		5
R_e	REYNOLDSsche Kennzahl	—	$R_e = v\,l/v$	5
F	Tragflächengröße	m²		8
A	Auftrieb = Luftkraft senkrecht zur Strömungsrichtung	kg		8
c_a	Auftriebsbeiwert	—	$c_a = A/F\,q$	8
ε	Gleitzahl	—	$\varepsilon = c_w/c_a$	8
α	Profilanstellwinkel	o		8
b	Tragflächen-spannweite	m		10
W_i	Induzierter Widerstand	kg		10
c_{wi}	Beiwert des induzierten Widerstandes	—	$c_{wi} = W_i/F\,q = \dfrac{1}{\pi}\,\dfrac{c_a^2}{b^2/F}$	10
G	Fluggewicht	kg		10
c_{ws}	Beiwert des schäd-lichen Widerstandes	—	$c_{ws} = W_s/F\,q$	13
v_0	Bezugsgeschwindigkeit	m/sek	$v_0 = \sqrt{2G/\varrho\,F}$	13
$\bar{v}$	Dimensionslose Geschwindigkeit	—	$\bar{v} = v/v_0 = \sqrt{1/c_a}$	13
w	Sinkgeschwindigkeit	m/sek	$w = v \sin \varepsilon$	13
U	Umfangsgeschwindig-keit der Luftschraube	m/sek		18
D	Schraubendurchmesser	m		18
S	Schraubenschub	kg		18
k_s	Schubbeiwert der Luftschraube	—	$k_s = S/F\,\varrho\,\dfrac{U^2}{2}$	18
M	Schraubendrehmoment	m/kg		18
k_d	Drehmomentenbeiwert der Luftschraube	—	$k_d = M/F\,\dfrac{D}{2}\,\varrho\,\dfrac{U_2}{2}$	18
η	Luftschrauben-wirkungsgrad	—	$\eta = \dfrac{k_s}{k_d}\,\dfrac{v}{U}$	18
n	Motordrehzahl	/Min		21
N	Motorleistung	PS	1 PS = 75 m kg/sek	21

Zei-chen	Bedeutung	Dimension	Zusammenhänge	Ab-schnitt
V	Hubvolumen des Motors	Liter		21
p	Mitteldruck des Motors	kg/cm²	$p = \dfrac{900\,N}{Vn}$	21
η_{th}	Thermodynamischer Wirkungsgrad	—		21
e_N	Spezifischer Brennstoffverbrauch	kg/PS st	$e_N = 0{,}06/\eta_{th}$	21
δ	Druckverhältnis	—	$\delta = p\,\mathrm{at}/1{,}033$	23
Θ	Temperaturverhältnis	—	$\Theta = T^\circ\,\mathrm{K}/288$	23
σ	Dichteverhältnis	—	$\sigma = \varrho/0{,}125$	23
e_s	Spezifischer Brennstoffverbrauch	kg/kg st		27
t	Mittlere Flügeltiefe	m		31
M	Längsmoment	mkg		31
c_m	Längsmomentenbeiwert	—	$c_m = M/F\,t\,q$	31
μ	Fortschrittsgrad	—	$\mu = v/U$	37
σ	Flächendichte	—	$\sigma = n\,b/\pi R$	37
n	Blattzahl			37
b	Flügelbreite	m		37
R	Rotorradius	m		37
T	Tangentialkraft	kg	$T = N/U$	37
N	Rotorleistung	mkg/sek		37
Θ	Blatteinstellwinkel	°		37
a_0	Kegelwinkel	°		37